기계공학과 전기전자의 융합
기전공학

홍준희 지음

GS인터비전

머리말

기계는 전자기술과 결합하므로써 고성능화, 다기능화, 소형·경량화 되게 되었다. 그 때문에 기계 기술자에 있어서 전자 기술의 지식 습득은 피할 수 없는 요건이 되었다. 그런데 대부분의 시판되고 있는 서적은 메커트로닉스라는 이름으로 전자적인 이론에 많은 비중을 두고 있어 기계공학 학생들에게 많은 생소함을 주고 있다.

필자가 기계공학도로서 전자를 접하게 된 것은 일본 유학시절이다. 처음에는 전자가 무엇인지도 모르는 상태에서 계측에 관심을 갖기 시작하면서 부터 기전공학에 대한 관심이 많아졌다. 그러나 전자에 대한 기초가 없는 상태에서 처음에는 소위 맨땅에 해딩하는 격이었다. 차차 전지를 알아가면서 기계공학도에게도 전자기술이라는 것이 매우 필요하다는 것을 느끼고 귀국해서 학생들을 가르치면서 계속해서 이 쪽 분야에 대한 강의 및 집필을 해 왔었다. 어떻게 하면 기계공학도들에게 자동화 시대에 살면서 전자 분야를 습득시킬 것인지 고민도 많이 했었다. 일본에서 유학시절에 전자를 접하기는 했지만 부족한 것이 너무 많아 충분한 전달이 되지 못한다는 것을 알면서도 계속해서 기계공학도에게 전자의 중요성을 강조해 왔다. 이러한 필자의 노력과 경험을 바탕으로 기계 전공을 하는 학생들에게 적어도 자동기계에 어떻게 모터가 접목되었는지를 알릴 필요가 있으며 또한 기계공학과 전자공학의 융합 기술을 조금 더 적극적으로 전달할 필요가 있다고 생각했다. 이에 저자의 지식과 경험을 바탕으로 다소 미흡하지만 하나의 참고 서적이 되기를 기대하며 집필하였다.

본서의 구성은 기전시스템에서 기초인 기계장치의 역학적 개념을 비롯하여 전기전자의 기초개념, 전자기학과 모터의 기초 등을 다루고 있으며 기전시스템의 주요 구성요소인 운동변환 기구, 액추에이터 및 센서를 대상으로 하여 모두 8장으로 꾸며져 있다. 본서의 내용은 4년재 대학에서 1학기용으로 강의하기에 적합하도록 구성하였으며 기계를 전공하는 학생들에게 초점을 맞추었기에 다소 부족한 부분도 있으리라 생각되나 조금 더 심도있는 공부를 하고자 하는 학생들은 각 분야별로 다른 전공서적을 참조해 주기 바란다.

끝으로 본서의 출판에 많은 도움을 준 GS인터비전의 송기수 대표님과 임직원 여러분께 진심으로 감사드린다.

2016년 정월에

저자 홍준희

차례

1장 역학의 기초 및 관성모멘트

2장 전기와 전자의 기초

3장 전자기학과 모터의 기초

4장 디지털 공학의 기초

5장 기전시스템 개요

6장 운동 변환 기구

7장 액추에이터

8장 센 서

CHAPTER 1

역학의 기초 및 관성모멘트

기전공학이란 간단히 말해서 기계에 전기기술 및 전자기술을 접목하거나 또는 전기 제품 또는 전자 제품에 기계기술을 접목하는 학문이라 할 수 있다. 기계적 측면에서 기전시스템은 기전공학을 이용한 자동 기계장치(기계시스템)라 할 수 있다. 이러한 기계장치에는 동력을 주어 필요한 운동을 행하는 부분이 반드시 필요하다. 설계에 있어서 운동 부분의 움직임과 동력의 관계를 검토할 때에 필요 불가결한 개념이 관성모멘트(GD^2)이다.

운동의 이론적 기초는 역학이지만 실제 설계에서는 직접 역학적 공식으로 취급하는 것이 거의 없고 공식을 적용할 수 있도록 모델화할 필요가 있다. 모델화하는 경우에 중요한 것은 역학적 감각이다. 이 감각은 공식을 외우는 것이 아니고 역학적으로 중요한 개념을 이해하는 것으로 몸에 배도록 하는 것이다. 이것에 의해 설계 문제의 본질을 오인하지 않고 적절히 모델화 하여 여러 공식을 활용할 수 있다.

따라서 본 장에서는 운동 역학의 개념적인 포인트를 간단하게 정리하도록 한다.

1.1 역학의 기초

위치제어에 사용하는 모터에는 여러 가지가 있으며 그의 적절한 선정은 시스템 설계자에 있어서 항상 문제이다. DC, AC 서보모터, 스테핑모터 등은 제각각 특징이 있으며 이것을 충분히 파악하여 최적의 모터를 선정하는 것이 중요하다. 여기서는 서보모터에 관해 그 선정을 위한 기본 사항과 각 모터의 선정 순서와 트러블 대책에 대해 간단하게 설명한다.

기계 운동 장치에는 동력을 주어 필요한 운동을 행하는 부분이 반드시 필요하다. 설계에 있어서 운동 부분의 움직임과 동력의 관계를 검토할 때에 필요 불가결한 개념이 관성모멘트(GD^2)이다.

운동의 이론적 기초는 역학이지만 실제 설계에서는 직접 역학적 공식으로 취급하는 것이 거의 없고 공식을 적용할 수 있도록 모델화할 필요가 있다.

모델화하는 경우에 중요한 것은 역학적 감각이다. 이 감각은 공식을 외우는 것이 아니고 역학적으로 중요한 개념을 이해하는 것으로 몸에 배도록 하는 것이다. 이것에 의해 설계 문제의 본질을 오인하지 않고 적절히 모델화하여 제 공식을 활용할 수 있다. 아래에 운동 역학의 개념적인 포인트를 간단하게 정리하여 본다.

1.1.1 직선 운동

1) 힘과 가속도와 질량

기계의 운동 부분은 복잡한 운동을 하는 것처럼 보이지만 실제는 간단한 직선운동과 회전운동의 병합에 불과하다. 우선 직선운동에 대한 역학적인 설명을 이해해 놓으면 설계상 충분하므로 필요한 역학적 개념을 요약하기로 한다.

정지한 물체는 아무것도 하지 않는 한 정지 상태를 계속 유지하고 일정속도로 운동하고 있는 물체는 마찰 등의 저항이 없으면 언제까지나 그 속도를 유지하며 운동한다는 것은 누구나 알고 있다. 또한 정지한 물체가 운동을 시작한 경우 등과 같이 물체의 운동 상태가 변화할 때에 작용하는 것이 힘임을 알 수 있다. 즉, 물체의 속도를 변화시키는 것이 힘이다. 위에서 서술한 정지 물체는 속도 0의 운동 상태라고 생각할 수 있다.

이상의 것을 정리한 것이 잘 알고 있는 뉴톤의 운동법칙이다.

(1) 운동의 제 1법칙

물체에 힘이 작용하지 않는 한 운동 상태(정지나 등속 운동)를 바꾸는 것은 없다. 이 성질을 관성의 법칙이라 한다.

(2) 운동의 제 2법칙

물체에 힘을 작용할 때 운동상태(속도)의 변화 즉, 가속도가 발생한다. 가속도는 힘이 작용한 방향을 가지며 그 크기는 힘의 크기에 비례한다. 이 성질을 **운동의 법칙**이라 한다.

운동의 법칙을 그대로 식으로 표현하면 가속도를 α, 힘을 F로 하면 다음의 관계를 갖는다.

$$\alpha \propto F$$

이제 비례정수 m을 넣으면 다음과 같이 된다.

$$\alpha m = F \tag{1.1}$$

식 (1.1)은 직선 운동을 나타내는 운동 방정식이다. 이 비례정수 m은 **질량**(관성질량)이라 부르는 것이며, 본래는 힘이 작용할 때 운동의 변화를 발생시키기 어려운 성질의 양으로서 개념적으로 이해하는 것이 중요하다.

무거운 물건은 감각적으로 움직이기 어렵기 때문에 무게와 질량을 혼동하기 쉽지만 개념이 동일하지 않다는 것을 이해해야 한다.

무게는 힘이다. 지구상에서 물체가 무게 W를 갖는 것은 아래 방향으로 일정한 중력 가속도 g가 물체에 작용하고 있기 때문이다. 즉, 무게는 다음과 같다.

$$W = mg \tag{1.2}$$

설계에서는 이 무게 W가 잘 이용되지만 필요한 경우 아래 식으로 물체의 질량을 구하면 된다.

$$m = \frac{W}{g}(g = 9.8m/s^2) \tag{1.3}$$

2) 변위(거리), 속도, 가속도와 시간

기계장치의 운동은 구면 캠 등의 특별한 경우를 제외하고 거의 평면운동이다. 여기서는 평면좌표를 이용하여 직선운동에서의 변위, 시간과 속도, 가속도의 관계를 개념적으로 정리해 본다.

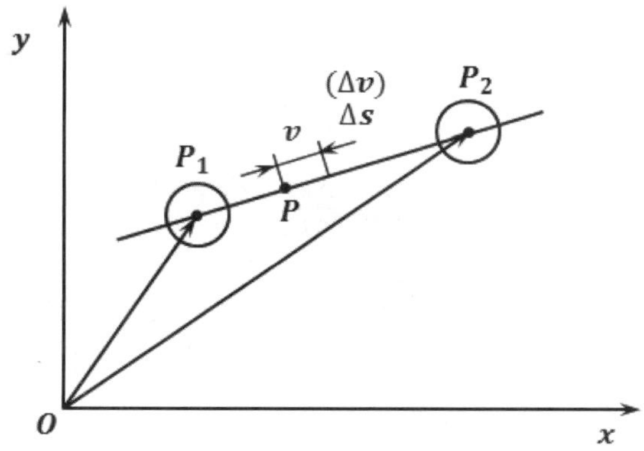

그림 1.1 직선운동

그림 1.1에 나타냈듯이 원점 O와 x, y축을 정하고 물체가 점 P_1으로부터 P_2까지 직선적으로 이동할 경우를 생각한다. 점 P_1, P_2는 좌표의 원점으로부터 어떤 방향에 얼마만큼의 거리에 있는 가로 결정되므로 방향과 크기를 갖는 벡터량이다. 이 점 P_1과 P_2의 위치 차를 변위(이동거리)라 한다. 변위 s도 방향과 크기를 갖는 벡터량이다.

$$\vec{s} = \overrightarrow{P_1} - \overrightarrow{P_2} \tag{1.4}$$

지금 물체가 P_1으로부터 P_2에 다다르는 도중의 임의 위치를 P라 하고 미소 시간 Δt 사이에 미소거리 Δs만큼 이동했다고 하고 시간에 대한 이동거리의 비율 $\Delta s/\Delta t$를 생각하여 ΔS, Δt를 무한이 작게 했을 경우의 값(미분값) v를 점 P에 있어서의 속도라 한다.

$$v = \lim \frac{\Delta s}{\Delta t} = \frac{ds}{dt} \tag{1.5}$$

속도는 방향과 크기를 갖는 벡터이다. 이 속도가 일정한 경우의 운동을 등속운동이라 한다. 식 (1.5)를 적분하여 변위 s로 구하면 다음과 같다.

$$s = \int v\,dt = vt + s_0 \tag{1.6}$$

여기서 s_0는 $t = 0$에서의 초기위치이다.

그런데 정지(속도 0)의 상태로부터 물체가 움직이기 시작할 경우나 등속 상태로부터 감속하여 정지할 경우 등에서는 속도가 시간적으로 변화한다.

이 경우 속도의 시간에 대한 변화율을 생각하면 임의점 P에서 속도 v가 미소 시간 Δt 사이에 $v+\Delta v$로 변화했다고 하고 이 사이의 속도 변화 비율 $\Delta v/\Delta t$를 생각하여 Δv, Δt를 무한히 작은 것으로 했을 때의 값 α를 점 P에 있어서의 가속도라 한다.

$$\alpha = \lim \frac{\Delta v}{\Delta t} = \frac{dv}{dt} \tag{1.7}$$

이 가속도가 일정할 경우의 운동을 등가속도 운동이라 한다. 특별한 캠 등의 경우는 가속도가 더욱 시간적으로 변화하는 예도 있지만 설계에서 취급하는 기계의 운동은 일반적으로 이 등가속도 운동까지를 생각하고 있으면 충분하다.

등가속도 운동의 경우 속도나 변위는 식 (1.8)과 같이 구할 수 있다.

$$v = \int \alpha dt = \alpha t + v_0 \tag{1.8}$$

여기서 v_0는 $t=0$에서의 초속도이며 $ds = vdt = (\alpha t + v_0)dt$이므로 변위는 다음과 같이 된다.

$$s = \int (\alpha t + v_0)dt = \frac{1}{2}\alpha t^2 + v_0 t + s_0 \tag{1.9}$$

변위나 속도나 가속도는 역학적으로는 방향과 크기를 갖는 벡터량이지만 실제 설계에서는 그 크기만을 생각하여 문제를 해결하는 것이 많다.

그러나 계산에서는 항상 방향과 크기를 잊지 않고 의식해 놓는 것이 중요하다.

1.1.2 회전운동

1) 토크와 각가속도와 관성모멘트

기계의 운동 부분에는 회전운동을 행하는 부분이 상당히 많다. 이것은 거의 모든 경우 동력을 모터에 의해 행하고 있기 때문이다.

회전운동은 직선운동과 공간적으로 운동이 다르게 보이지만 사실은 역학적으로 완전히 같은 개념으로 취급하는 것으로 이 개념 이해는 설계자에 있어서 중요하다. 직선운동과 관계를 지어 회전운동의 역학적 개념을 서술하기로 한다.

직선운동에서 서술했듯이 일정속도로 움직이고 있는 물체는 아무것도 하지 않는 한 그 운동 상태를 유지하고 있다. 팽이나 플라이휠은 같은 회전 속도로 계속해서 돌릴 수 있듯이(엄밀하게 마찰이 없는 경우) 이 성질은 회전운동에서도 같은 것이다.

정지(각속도 $\omega = 0$의 상태)하고 있는 회전체를 돌리기 시작할 때와 같이 그 운동 상태가 변하는(회전속도가 변화) 경우에 작용하는 것이 토크라 불리는 것이다.

회전운동에서의 토크 T는 직선운동 경우의 힘 F에 해당하며 회전속도의 변화 즉, 각가속도 $\dot{\omega}$는 작용하는 토크에 비례한다.

$$\dot{\omega} \propto T \tag{1.10}$$

비례정수를 I라 하고 식으로 나타내면 식 (1.11)과 같이 된다.

$$\dot{\omega} I = T \tag{1.11}$$

식 (1.11)은 회전운동을 나타내는 운동방정식이다. 회전운동을 취급할 때의 여러 식이나, 각도나 각속도나 각가속도 등의 계산은 모두 이 식을 기초로 하여 구할 수 있다.

이 비례정수를 관성모멘트라 한다. 토크를 줄 때 각속도의 변화율 $\dot{\omega}$은 I에 반비례한다. 직선운동에서의 질량 m과 같은 성질을 갖는 것으로 관성모멘트 I는 회전체의 회전운동 상태의 변화하기 어려움, 회전하기 어려움이나 멈추기 어려움을 나타내는 양이다.

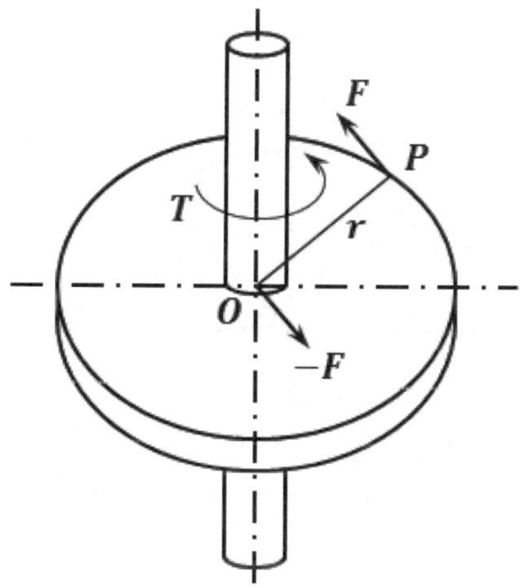

그림 1.2 토크와 힘의 모멘트

설계에서 말하는 토크는 역학에서는 그림 1.2에 나타내듯이 힘의 모멘트라 불려지는 것으로 회전축을 갖는 물체에 회전축으로부터 거리 r의 위치에 힘 F를 작용시킬 경우 물체를 회전시키는 작용 효과를 말한다. 이것은 우력의 모멘트의 특별한 경우로 한 쌍의 힘 F, $-F$의 하나가 축의 반작용으로 작용하고 있는 경우이다.

토크 T는 힘 F와 회전축의 거리 r의 곱으로 주어질 수 있다.

$$T = Fr \tag{1.12}$$

2) 각변위, 각속도, 각가속도와 시간

기계설계에서 취급하는 회전체는 기어나 차륜과 같이 어떤 일정 축에 부착된 것이 거의 대부분이다. 회전 운동에서는 그 이동량은 회전각이다.

그림 1.3과 같이 회전축을 z축으로 하고 회전면을 xy평면으로 한다. 지금 축으로부터 거리 r에 있는 물체가 점 P_1으로부터 P_2에 회전 이동한 경우 이 이동량은 $\angle P_1OP_2$로 나타낼 수 있다. 이 변위를 각변위라고 한다.

점 P_1, P_2의 위치를 x축으로 취한 각도 ϕ_1과 ϕ_2로 나타내면 각변위 ϕ는 다음과 같다.

$$\phi = \phi_2 - \phi_1 \tag{1.13}$$

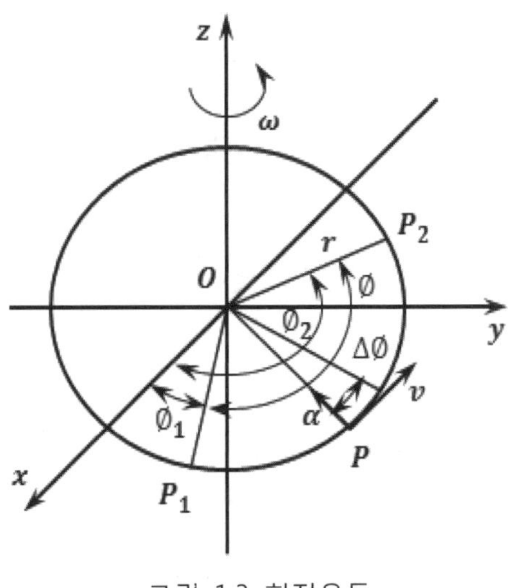

그림 1.3 회전운동

역학에서는 각도를 라디안(rad)으로 나타내지만 설계에서는 공업단위의 (도)를 나타내는 경우가 많다.

물체가 P_1, P_2 사이의 임의 위치 P에서 미소 시간 Δt 사이에 $\Delta\phi$ 회전한 경우 그 변화 비율 $\Delta\phi/\Delta t$의 극한값 ω를 점 P에서의 **각속도**라 한다.

$$\omega = \lim \frac{\Delta\phi}{\Delta t} = \frac{d\phi}{dt} \tag{1.14}$$

각변위 ϕ는 식 (1.14)로부터 ϕ에 관해 적분하면 다음과 같다.

$$\phi = \int \omega dt = \omega t + \phi_0 \tag{1.15}$$

여기서 ϕ_0는 $t=0$일 때 초기 위치각이다. 각속도는 역학에서는 rad/sec로 나타내지만 설계에서는 1분당 회전수 rpm을 이용하는 경우가 많다. 한편 rad/sec와 rpm의 환산은 다음과 같이 나타낸다.

$$n\,rpm = \frac{2\pi n}{60} rad/\sec \tag{1.16}$$

그런데 구동축을 기동 가속하는 경우나 감속 정지하는 경우 등에서는 회전 속도가 변화한다. 이 경우 시간에 대한 각속도의 변화율을 **각가속도**라 한다. 미소 시간 Δt 사이에 각속도가 $\omega + \Delta\omega$로 변화했다고 하면 각가속도 $\dot{\omega}$는 다음과 같다.

$$\dot{\omega} = \lim \frac{\Delta\omega}{\Delta t} = \frac{d\omega}{dt} \tag{1.17}$$

각속도와 각가속도와의 관계는 식 (1.17)로부터 다음과 같다.

$$\omega = \int \dot{\omega} dt = \omega t + \omega_0 \tag{1.18}$$

식 (1.18)에서 ω_0는 $T=0$에서의 초기 각속도이다. 더구나 각가속도가 있는 경우의 각속도 ϕ는 식 (1.14), 식 (1.18)로부터 $d\phi = \omega dt = (\dot{\omega} t + \omega_0)dt$이므로 적분해서 ϕ를 구하면 다음과 같다.

$$\phi = \int (\dot{\omega} t + \omega_0)dt = \frac{1}{2}\omega t^2 + \omega_0 t + \phi_0 \tag{1.19}$$

한편 여기서 직선운동에서의 속도, 가속도와 회전운동에서의 각속도, 각가속도의 관계에 대해 간단히 서술하기로 한다.

그림 1.3에서 점 P_1, P_2의 이동을 길이로 나타내면 이동거리 s는 각변위 ϕ를 rad으로 나타낸 경우, 다음과 같다.

$$s = r\phi \tag{1.20}$$

시간에 대한 거리의 변화율 즉, 속도 v는 다음과 같다.

$$v = \frac{ds}{dt} = \frac{d(r\phi)}{dt} = r\frac{d\phi}{dt} + \phi\frac{dr}{dt} \tag{1.21}$$

여기서 회전 반경 r은 항상 일정하게 시간적으로 변하지 않기 때문에 $dr/dt = 0$인 것으로부터 다음과 같다.

$$v = r\frac{d\phi}{dt} = r\omega \tag{1.22}$$

벡터적인 사고로 생각하면 이 속도의 방향은 이동 경로의 임의 위치로 접선 방향이다.

더욱이 가속도 α를 구해보면 다음과 같다.

$$\frac{dv}{dt} = \frac{d(r\omega)}{dt} = r\frac{d\omega}{dt} + \omega\frac{dr}{dt} \tag{1.23}$$

r이 시간적으로 변화하지 않는 것으로부터 $dr/dt = 0$이므로 각속도는 다음과 같다.

$$\alpha = r\frac{d\omega}{dt} = r\dot{\omega} \tag{1.24}$$

이상에 의해 간단하게 회전운동은 직선운동으로 치환하여 생각할 수 있다. 식 (1.20), 식 (1.22)와 식 (1.24)는 회전운동과 직선운동의 관계를 나타낸 중요한 식이다.

3) 관성모멘트 구하기의 기본 개념

이미 관성모멘트의 성질은 직선운동에 있어서의 질량과 마찬가지로 회전운동에 있어서의 회전시키기 어려움을 나타내는 양인 것을 서술했다.

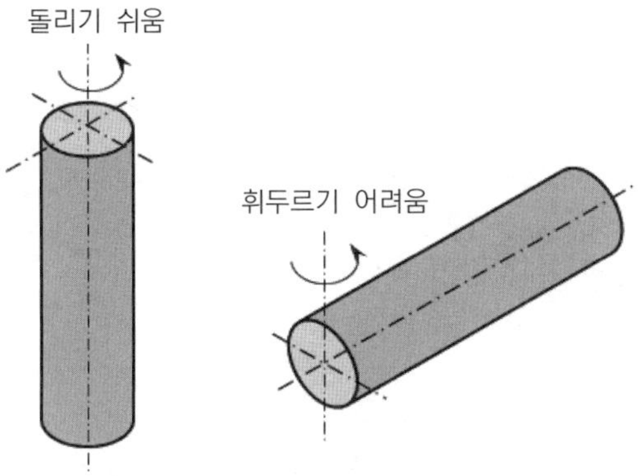

그림 1.4 관성모멘트의 상이

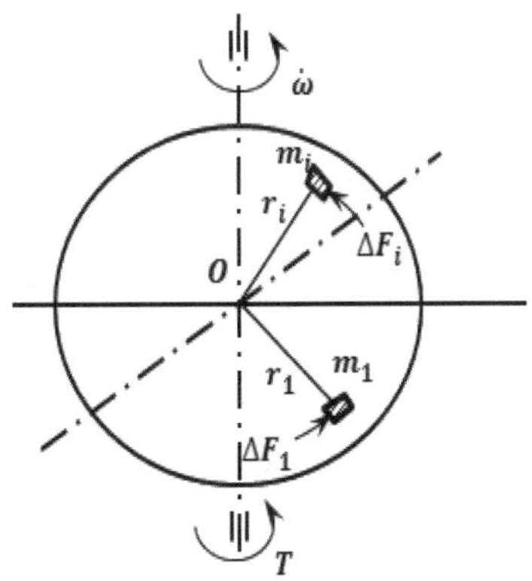

그림 1.5 관성모멘트 구하기의 기초개념

직선운동에 있어서의 움직이기 어려움이다. 질량은 무게를 중력의 가속도 g로 나눠 간단히 구할 수 있지만 회전운동에서는 회전시키기 어려움은 무게만이 아니고 그림 1.4와 같이 회전체의 형상이나 회전축의 위치 등으로 회전시키기 어려움이 다르다. 이 때문에 관성모멘트는 형상이나 축의 위치를 고려하여 계산하고 구할 필요가 있다.

여기서 관성모멘트 I가 어떻게 구할 수 있겠는가를 개념적으로 알기 쉽게 서술하기로 한다.

그림 1.5에 있어서 어떤 축을 중심으로 회전하는 물체를 생각한다. 아래와 같이 기호를 정하기로 한다.

m_i : 임의 위치에 있는 미소 질량
r_i : 축으로부터 m_i까지 거리
α_i : m_i의 가속도

m_i에 미소한 힘 ΔF_i가 작용한다고 하면

$$\Delta F_i = m_i \alpha_i \tag{1.25}$$

축에 작용하는 미소 토크 ΔT_i는

$$\Delta T_i = \Delta F_i \times r_i \tag{1.26}$$

축에 작용하는 토크 T는 이 미소 토크를 모두 모아 놓은 것이 되므로

$$T = \sum \Delta T_i = \sum \Delta F_i \times r_i \tag{1.27}$$

한편 가속도 α_i는 식 (1.24)로부터

$$\alpha_i = r_i \times \dot{\omega} = r_i \times \frac{d\phi}{dt} \tag{1.28}$$

식 (1.27)은 식 (1.25)와 식 (1.28)로부터 다음과 같이 된다.

$$T = \sum \Delta F_i \times r_i = \sum m_i \alpha_i \times r_i = \sum m_i r_i \dot{\omega} \times r_i = \sum m_i r_i^2 \dot{\omega}$$

회전 각가속도 $\dot{\omega}$는 미소 부분이 어느 위치에 있어도 같으므로 윗 식의 $\dot{\omega}$와 $\sum m_i r_i^2$와는 계산에 있어서 분리시킬 수 있다. 즉, 다음과 같다.

$$T = \left(\sum m_i r_i^2\right) \dot{\omega} \tag{1.29}$$

이 식과 식 (1.11)을 비교하면 알 수 있듯이 $\sum m_i r_i^2$가 관성모멘트 I이다.

$$I = \sum m_i r_i^2 \tag{1.30}$$

식 (1.30)은 여러 형상 물체의 회전축에 관한 관성모멘트를 구하는 경우 가장 기초가 되는 식이다.

1.1.3 일과 에너지

1) 직선 운동의 일과 에너지

일이란 물체에 힘을 작용하여 물체가 그 작용 방향으로 거리 이동한 경우 힘의 크기와 이동거리의 곱으로 정의된다.

그림 1.6과 같이 물체에 일정한 힘 F를 작용시켜 그 힘의 방향에 미소거리 ds만큼 이동한 경우의 미소 일 dE는

$$dE = F ds \tag{1.31}$$

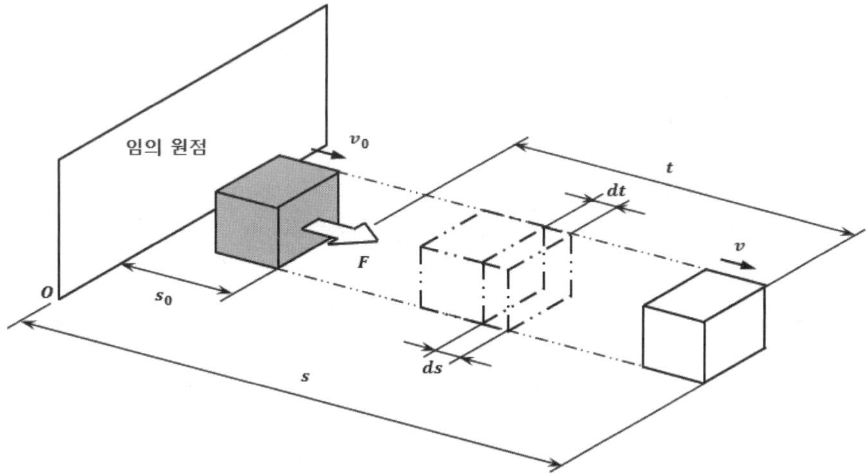

그림 1.6 직선운동과 일

전체에서 거리 s만큼 이동했다고 하면 전체 일 E는 다음과 같다.

$$E = \int F ds = Fs \tag{1.32}$$

용이하게 상상할 수 있듯이 힘 F로 물체를 거리 s 움직였을 경우 물체는 어떤 속도로 운동하게 된다. 이 운동이 갖는 에너지가 실은 일 Fs와 동등하다는 것을 유도해 보자.

물체의 질량을 m으로 하면 식 (1.31)과 식 (1.1) 및 식 (1.7)로부터

$$dE = Fds = m\alpha ds = m\frac{dv}{dt}ds = m\frac{ds}{dt}dv = mvdv$$

로 되며 v에 관해 적분하면 다음과 같다.

$$E = \int mvdv = \frac{1}{2}mv^2 \tag{1.33}$$

식 (1.33)의 $1/2mv^2$은 운동에너지로서 잘 알려져 있는 것이며 식 (1.33)의 유도로부터 일 Fs와 같다는 것을 알 수 있다.

이 사실은 일과 에너지는 같으며 힘은 물체를 이동시키는 것이고 일을 하지만 이 일은 물체의 운동에너지로 변하고 있는 것을 의미한다. 이상은 식 (1.33)을 좌로부터 우로 읽은 경우이지만 한

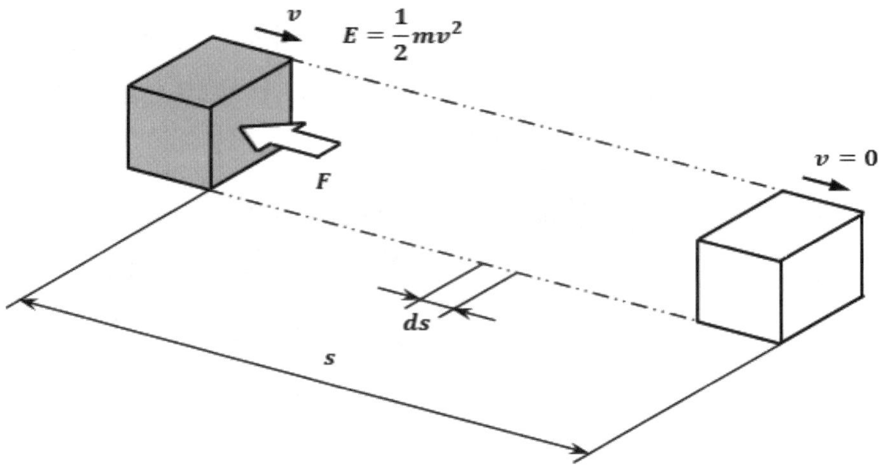

그림 1.7 제동일

편 역으로 우로부터 좌로 식을 읽으면 $E = Fs$이므로 그림 1.7과 같이 운동하고 있는 물체에 역방향으로 힘 F를 가하면 거리 s만큼 이동하고 정지한다는 것을 의미한다. 즉, 운동에너지는 일 s를 하는 것이 된다. 이것을 **에너지 보존법**칙이라 하고 있다.

이 관계는 여러 설계문제를 해결하는 경우에 중요한 개념으로 활용 범위가 넓다.

2) 회전 운동의 일과 에너지

여기서는 직선운동의 일을 기초로 회전운동의 일이나 에너지를 유도해 보기로 한다.

그림 1.8과 같이 반경 r의 원판 외주에 로프 감기를 하고 로프를 힘 F로 거리 s만큼 잡아당긴 경우를 가정한다. 이 때 원판이 각 ϕ만큼 회전했다고 하면

$$s = r\phi \tag{1.34}$$

원판의 중심축에 관한 토크 T는

$$T = Fr \tag{1.35}$$

로프의 직선운동으로 힘 F가 한 일 E는 식 (1.35)와 식 (1.34)로부터

$$E = Fs = \frac{T}{r} \times r\phi \text{ 즉, } E = T\phi \tag{1.36}$$

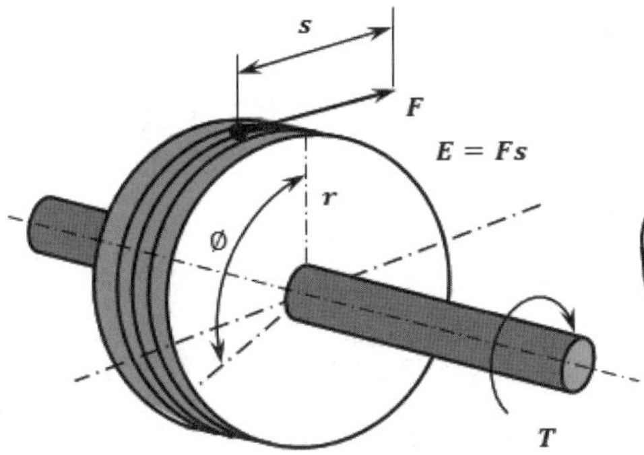

그림 1.8 회전운동과 일

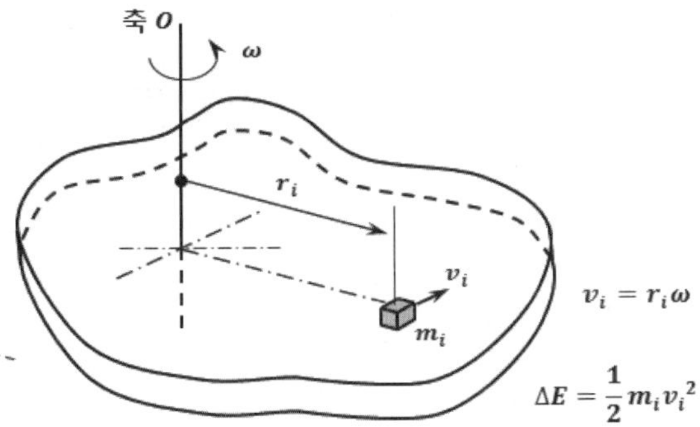

그림 1.9 회전운동의 에너지

따라서 회전운동에 있어서는 일은 토크 T와 회전각 ϕ의 곱으로 되는 것을 알 수 있다.

다음에 회전운동의 운동에너지에 대해서 생각해 보자. 그림 1.9에 있어서 질량 m_i의 임의 미소 부분에 착안하면 이 부분의 속도 v_i는 각속도를 ω로 하여 $v_i = r_i\omega$ 이다.

미소 부분이 갖고 있는 운동에너지 ΔE는 $\Delta E = \frac{1}{2}m_i{v_i}^2 = \frac{1}{2}m_i{r_i}^2\omega^2$이다.

회전체 전체가 갖는 회전운동에너지 E는 모든 미소 부분이 갖는 에너지를 합쳐

$$E = \frac{1}{2}\sum m_i{r_i}^2\omega^2 \tag{1.37}$$

각속도 ω는 어떤 미소 부분에서도 동일하므로 $m_i{r_i}^2$과 ω를 분리해서 계산할 수 있으므로 정리하면

$$E = \frac{1}{2}\left(\sum m_i{r_i}^2\right)\omega^2 \tag{1.38}$$

바로 알아차렸겠지만 식 (1.30)에서 나타내었던 $\sum m_i{r_i}^2$ 즉, 관성모멘트 I가 여기서도 나타나고 있다. 따라서 회전체의 운동 에너지는

$$E = \frac{1}{2}I\omega^2 \tag{1.39}$$

기계장치에 있어서 회전운동과 직선운동이 운동하고 있는 경우 상술한 것과 같이 회전운동의 에너지와 직선운동의 에너지를 사로 교환하여 취급할 수 있다. 이것으로부터 관성모멘트(GD^2)

표 1.1 직선운동과 회전운동의 공식 비교

	직선운동	회전운동
힘(토크)	$F = m\alpha$	$T = I\dot{\omega}$
속도(각속도)	$v = \alpha t + v_0$	$\omega = \dot{\omega} t + \omega_0$
변위(각변위)	$s = vt + s_0$ $s = \frac{1}{2}\alpha t^2 + v_0 t + s_0$	$\phi = \omega t + \phi_0$ $\phi = \frac{1}{2}\dot{\omega} t^2 + \omega_0 t + \phi_0$
에너지	$E = Fs$ $E = \frac{1}{2}mv^2$	$E = T\phi$ $E = \frac{1}{2}I\omega^2$

을 설계에 취급할 때 직선운동을 회전운동으로 치환한다든지 또한 그 역의 치환이 가능하게 된다.

이상 직선운동의 개념을 바탕으로 회전운동의 일이나 에너지의 식이 유도될 수 있다는 것을 나타내었다. 회전운동은 운동형태가 다르게 보이지만 기본적으로 동일하다는 것을 잘 알 수 있을 것이다.

여기서 직선운동식과 회전운동식을 비교해서 표 1.1에 정리해 본다. 식의 형태가 같으며 역학적으로도 마찬가지로 동일하다는 것을 잘 이해할 수 있을 것이다.

1.2 관성모멘트(GD^2)에 관한 여러 계산의 기초

1.2.1 GD^2 유래

이론적인 역학과 달리 설계에서는 실제적인 편리성으로부터 반경 대신에 계측이 용이한 직경을 이용하고, 질량 대신에 중량계로 잴 수 있는 중량이 이용되고 있다. 이 때문에 질량이나 반경을 기본으로 한 관성모멘트 I보다도 중량과 직경에 의한 GD^2이 일반적으로 많이 이용되고 있다.

이하의 여러 계산에서 이용하는 기본적인 공식은 역학적으로 구한 것을 GD^2의 공식으로 변환하는 것으로 한다. 한편 국제적으로 SI단위로 통일되어 있으므로 중량 단위로서 공업단위의 kgf와 SI단위의 N(뉴톤)을 이용하는 경우도 병행해서 서술한다. 우선 관성모멘트 I와 GD^2의

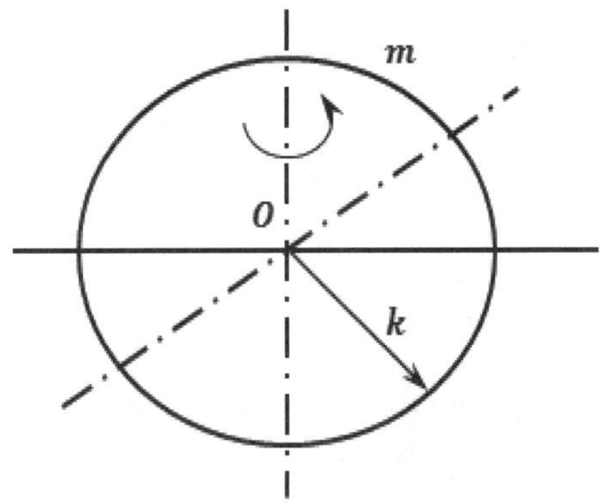

그림 1.10 회전반경의 개념

관계를 설명한다.

GD^2은 관성모멘트를 나타낸 것이지만 I와 마찬가지로 하나의 기호로서 취급되어야 한다. 개념적으로는 G는 중량을, D는 회전 직경을 나타나고 있지만 계산식은 아니다.

관성모멘트 $\sum m_i r_i^2$은 차원적으로는 질량과 길이의 2가지 양으로 구성되어 있다. 지금 $\sum m_i = m$(전 질량)이므로 어떤 특별한 평균 반경 k를 생각하여 관성모멘트를 나타내면

$$I = mk^2 \tag{1.40}$$

로 표현된다. 위 식으로부터 k를 구하면 다음과 같다.

$$k = \frac{\sqrt{I}}{m} \tag{1.41}$$

이 k는 회전 반경이라 하며, 식 (1.41)로부터 역으로 계산하여 얻어진 것이다. 엄밀히는 아니지만 이미지로서 그림 1.10과 같이 축으로부터 반경 k의 위치에 모든 질량이 모여져 있는 것과 같은 경우 k는 문자 그대로 회전반경이 된다. GD^2은 질량 m대신에 중량 $G(=mg[\mathrm{kgf}])$를, 회전반경 k대신에 회전직경 $D(=2k[\mathrm{m}])$를 추상적으로 상정한 것이며 이것을 식 (1.41)에 대입하면 다음과 같다.

$$I = mk^2 = \frac{G}{g} \cdot \left(\frac{D}{2}\right)^2$$

즉, 중량에 중력단위 [kgf]를 이용한 경우

$$I = \frac{GD^2}{4g} \tag{1.42}$$

또는

$$GD^2 = 4gI\,[\mathrm{kgf/cm^3}] \tag{1.43}$$

이것이 GD^2의 유래이다.

중량은 힘이며 질량×가속도로 주어진다. 상기 중량의 단위[kgf]는 가속도의 크기를 $g(=9.8\ \mathrm{m/s^2})$으로 한 경우이다. 이것에 대해 SI단위인 중량의 단위[N]를 이용한 경우 식 (1.42)과 식 (1.43)은 g를 α로 바꾸고 $I = GD^2/(4\alpha)$, $GD^2 = 4\alpha I$로 되며 $\alpha = 1\mathrm{m/s^2}$이므로

$$I = \frac{GD^2}{4\alpha} = \frac{GD^2}{4} \tag{1.44}$$

$$GD^2 = 4I\alpha = 4I\,[[\mathrm{N \cdot m^2}]] \tag{1.45}$$

한편 말할 것도 없지만 관성모멘트 I의 단위는 [kg · m²]이다. 또한 중력 단위 [kgf]와 SI단위 [N]의 환산은 다음과 같다.

$$1kgf = 9.9N \tag{1.46}$$

1.2.2 원주, 원판의 관성모멘트(GD^2)계산법

기계설계에서 취급하는 여러 가지 부품의 형상은 모델화 하면 원주와 직방체 등 기본적인 형상의 입체를 조합시킨 것으로 생각할 수 있다. 따라서 아래에 기본적인 형상의 입체의 중심(重心)축에 관한 관성모멘트 GD^2 구하는 방법을 서술한다.

그림 1.11과 같이 원주의 중심위치 O를 원점으로 하고 좌표와 기호를 R : 원주의 반경, l: 원주의 길이, r:회전축으로부터 미소부분까지의 거리, ϕ: 미소부분의 xz면으로부터의 위치각, ρ: 원주물체의 밀도, dm: 미소부분의 질량, m:원주의 전체질량, I: 회전축에 관한 원주의 관성모멘트와 같이 정한다.

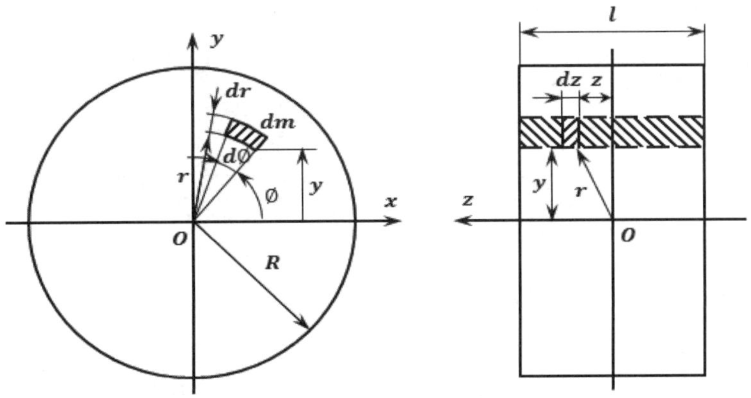

그림 1.11 원주의 관성모멘트

1) z축(원주의 중심축)에 관한 관성모멘트와 GD^2

r, ϕ의 미소부분을 dr, $d\phi$로 하고 z축으로부터의 거리 r의 위치에 있는 체적 $dr \cdot rd\phi \cdot l$의 미소부분을 생각하면 그 질량 dm은

$$dm = \rho\, l\, r\, dr\, d\phi \tag{1.47}$$

이 미소부분의 관성모멘트 dI는 식 (1.30)의 관계로부터

$$dI_z = r^2 dm = \rho\, l\, r^3\, dr\, d\phi \tag{1.48}$$

따라서 원주 전체로서는

$$I_z = \sum r^2 dm = \int_0^R \int_0^{2\pi} \rho\, l\, r^3\, dt\, d\phi = \frac{1}{2}\rho\pi l R^4 \tag{1.49}$$

여기서 원주의 전체질량 m은

$$m = \phi\pi R^2 l \tag{1.50}$$

따라서 z축에 관한 관성모멘트 I_z는

$$I_z = \frac{1}{2} m R^2 \tag{1.51}$$

z축에 관한 GD^2_z는 식 (2.4)의 관계에 따라 환산해서 구하면 된다. 즉, D: 원주의 외경, W: 원주의 중량, $D=2R$[m], $W=mg$[kgf]로 하고 중량의 단위를 [kgf]로 하면 다음과 같이 된다.

$$GD^2_z = 4gI_z = 4g \cdot \frac{1}{2}mR^2 = 4g \cdot \frac{1}{2}\left(\frac{W}{g}\right)\left(\frac{D}{2}\right)^2$$

즉,

$$GD^2_z = \frac{1}{2}WD^2[\text{kgf}\cdot\text{m}^2] \qquad (1.52)$$

중량의 단위로서 [N]을 이용한 경우는 m[kg]$\times 1\text{m/s}^2 = W$ [N]으로 하고 식 (1.45)으로부터

$$GD^2_z = 4I\times 1m/s^2 = 4\times\frac{1}{2}m\left(\frac{D}{2}\right)^2\times 1\text{m/s}^2$$

즉,

$$GD^2_z = \frac{1}{2}WD^2[\text{N}\cdot\text{m}^2] \qquad (1.53)$$

식 (1.52)와 식 (1.53)을 비교하면 알 수 있듯이 당연한 사실이지만 다만 중량 단위가 [kgf] 표시로부터 [N]표시로 바꿨을 뿐이며 식의 형식은 어느 것도 동일하다.

2) xy축에 관한 관성모멘트와 GD^2

이 경우 약간 번거롭지만 그림 1.12와 같이 z축으로부터 r, 위치 각 ϕ, xy평면으로부터 z의 위치에 있으며 체적 $dr \cdot rd\phi \cdot dz$의 미소 부분을 생각하여 계산할 필요가 있다.

미소부분의 질량은

$$dm = \rho r \cdot dr \cdot d\phi \cdot dz \qquad (1.54)$$

x축으로부터 미소부분까지의 거리 r'는 $y=r\sin\phi$이므로

$$r' = \sqrt{y^2+z^2} = \sqrt{r^2\sin^2\phi + z^2} \qquad (1.55)$$

x축에 관한 미소부분의 관성모멘트 dI_x는

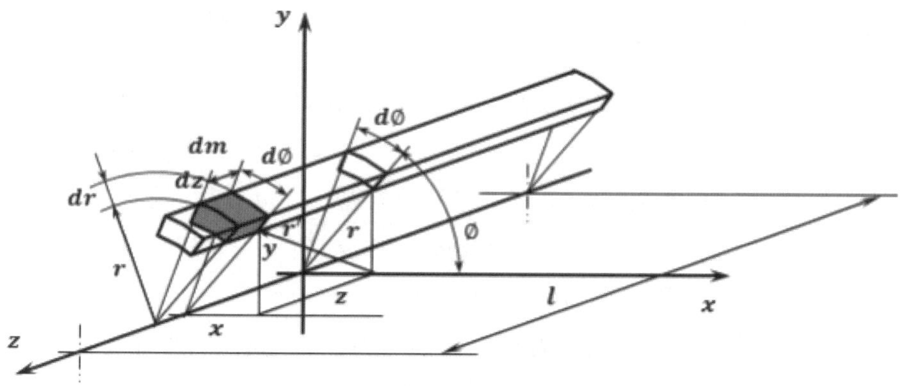

그림 1.12 원주의 x축에 관한 관성모멘트

$$dI_x = r'^2 dm = (r^2 \sin^2\phi + z^2)\rho r dr d\phi dz \tag{1.56}$$

따라서 x축에 관한 미소부분의 관성모멘트는

$$I_x = \rho \int_0^R \int_0^{2\pi} \int_{-\frac{l}{2}}^{\frac{l}{2}} r\,(r^2 \sin^2\phi + z^2) dr\, d\phi\, dz = \rho\,\pi\, R^2 l \left(\frac{R^2}{4} + \frac{l^2}{12}\right) \tag{1.57}$$

원주의 형상으로부터 x축과 y축을 바꾸어도 동일하므로 x, y축의 관성모멘트 I_x, I_y는 동일하다. 즉,

$$I_x = I_y = m\left(\frac{R^2}{4} + \frac{l^2}{12}\right) \tag{1.58}$$

관성모멘트를 GD^2으로 환산하면 중량의 단위(kgf) 또는 (N)에 따라 식 (1.43) 또는 식 (1.45)에 의해

$$GD^2{}_x = GD^2{}_y = W\left(\frac{D^2}{4} + \frac{l^2}{3}\right)[\mathrm{kgf \cdot m^2}]\cdots[\mathrm{N \cdot m^2}] \tag{1.59}$$

이상과 같이 물체의 관성모멘트를 구하는 데는 물체 내부의 임의 위치에 있는 미소부분을 생각하고 그 질량 dm과 회전축과의 거리 r을 기초로 미소부분의 관성모멘트 dI를 $r^2 dm$으로 구해, 적분하여 전체의 관성모멘트를 계산하면 된다.

GD^2으로서 구하는 데는 중량의 단위에 따라 식 (1.43) $GD^2 = 4gI$ [kgf · m²] 또는 식 (1.45) $GD^2 = 4I$ [N · m²]의 관계를 이용하여 환산하면 된다.

1.2.3 중공원주, 중공원판의 관성모멘트(GD^2)계산법

그림 1.13과 같이 중공원주의 중심위치 O를 원점으로 하고 좌표와 기호를 R_1 : 중공원주의 내경, R_2 : 중공원주의 외경, l: 중공원주의 길이, r:회전축으로부터 미소부분까지의 거리, ϕ: 미소부분의 xz면으로부터의 위치각, ρ: 중공원주물체의 밀도, dm: 미소부분의 질량, m:중공원주의 전체질량, I: 회전축에 관한 중공원주의 관성모멘트로 정하고 z축(원주의 중심축)에 관한 관성모멘트와 GD^2을 구해보기로 한다.

원주의 관성모멘트와 마찬가지로 해서 구할 수 있지만 보다 간략하게 구할 수 있다.

미소부분으로서 그림과 같은 두께 dr의 얇은 두께의 원통을 생각하면 그 질량 dm은

$$dm = 2\pi\rho\, l\, r\, dr \tag{1.60}$$

이것은 원주에서 이용한 미소부분 $\rho\, l\, r\, dr\, d\phi$를 ϕ에 관해 적분한 것에 상당한다.

$$dm = \rho\int_0^{2\pi} lr\, dr\, d\phi = 2\pi\rho\, l\, r\, dr$$

관성모멘트는 r에 관해 중공원주의 경우는 내경 R_1으로부터 외경 R_2까지 적분해서

$$I_z = \sum r^2 dm = \int_{R_1}^{R_2} r^2 dm = \int_{R_1}^{R_2} 2\pi\rho r^3 dr = \frac{1}{2}\pi\rho l\left(R_2^{\,4} - R_1^{\,4}\right) \tag{1.61}$$

중공원주의 전체질량 m은

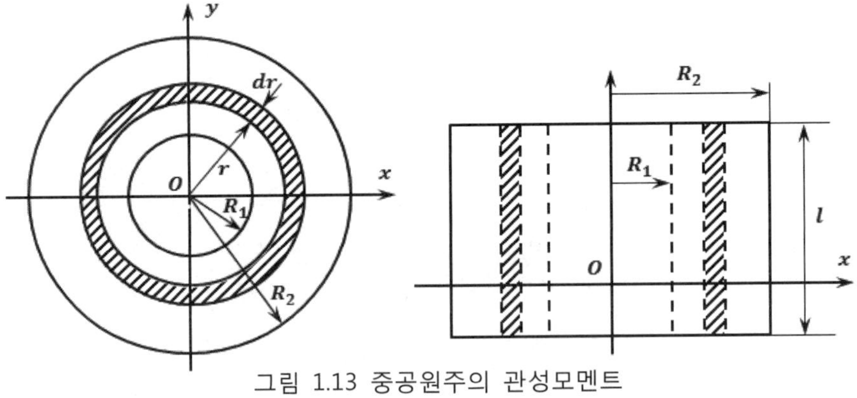

그림 1.13 중공원주의 관성모멘트

$$m = \pi \rho l \left({R_2}^2 - {R_1}^2 \right) \tag{1.62}$$

따라서 중공원주의 z축에 관한 관성모멘트 I_z는

$$I_z = \frac{1}{2} \pi \rho l \left({R_2}^2 - {R_1}^2 \right) \left({R_2}^2 + {R_1}^2 \right)$$

즉,

$$I_z = \frac{1}{2} m \left({R_2}^2 + {R_1}^2 \right) \tag{1.63}$$

z축에 관한 $GD^2{}_z$ 는 식 (1.43) 또는 식 (1.45)에 의해 환산해서 구하면 된다. 즉, D_1: 중공원주의 내경($D_1 = 2R_1$), D_2: 중공원주의 외경($D_2 = 2R_2$), W: 중공원주의 중량으로 하고, 중량의 단위를 [kgf]로 하면

$$GD^2{}_z = 4gI_z = 4g \bullet \frac{1}{2} m \left({R_2}^2 + {R_1}^2 \right) = 4g \bullet \frac{1}{2} \left(\frac{W}{g} \right) \left\{ \left(\frac{D_2}{2} \right)^2 + \left(\frac{D_1}{2} \right)^2 \right\}$$

중량의 단위로서 [N]을 이용한 경우는 위 식의 g를 $\alpha = 1\mathrm{m/s^2}$으로 바꾸면 되므로 W [kgf], W [N]의 어느 경우도 다음과 같다.

$$GD^2_z = \frac{1}{2} W \left({D_2}^2 + {D_1}^2 \right) [\mathrm{kgf \cdot m^2}] \cdots [\mathrm{N \cdot m^2}] \tag{1.64}$$

1.2.4 직방체의 관성모멘트(GD^2) 계산법

그림 1.14에 나타냈듯이 직방체의 중심위치를 원점 O로 하고 좌표를 취해 a: x축방향의 길이, b: y축 방향의 길이, c: z축 방향의 길이로 기호를 정하기로 한다.

더욱이 a, b, c는 실제로 계측된 치수, 전장 치수로 하고 있다(역학에서는 통상 전장 치수는 $2a$, $2b$, $2c$로 취한다).

1) z축에 관한 관성모멘트와 GD^2

직방체 내부의 임의 위치에 체적 $dx\,dy\,dz$의 미소부분을 생각하면 그 질량 dm은 다음과 같다.

$$dm = \rho c dx dy \tag{1.65}$$

이 미소부분과 회전축(z축)과의 거리 r은

$$r = \sqrt{x^2 + y^2} \tag{1.66}$$

관성모멘트 I_z는 $dI = r^2 dm$을 x의 범위 $-a/2 \sim a/2$, y의 범위 $-b/2 \sim b/2$로 하고 적분하면 다음과 같다.

$$I_z = \sum r^2 dm = \int_{-a/2}^{a/2}\int_{-b/2}^{b/2}(x^2+y^2)\rho c dx dy = \frac{1}{12}\rho abc(a^2+b^2) \tag{1.67}$$

직방체 전체의 질량 m은

$$m = \rho abc \tag{1.68}$$

따라서 z축에 관한 관성모멘트 I_z는

$$I_z = \frac{1}{12}m(a^2+b^2) \tag{1.69}$$

GD_z^2은 중량의 단위[kgf] 또는 [N]에 따라 식 (1.43) 또는 식 (1.45)에 의해

$$GD_z^2 = \frac{1}{3}W(a^2+b^2)\,[\mathrm{kgf{\cdot}m^2}]\cdots[\mathrm{N{\cdot}m^2}] \tag{1.70}$$

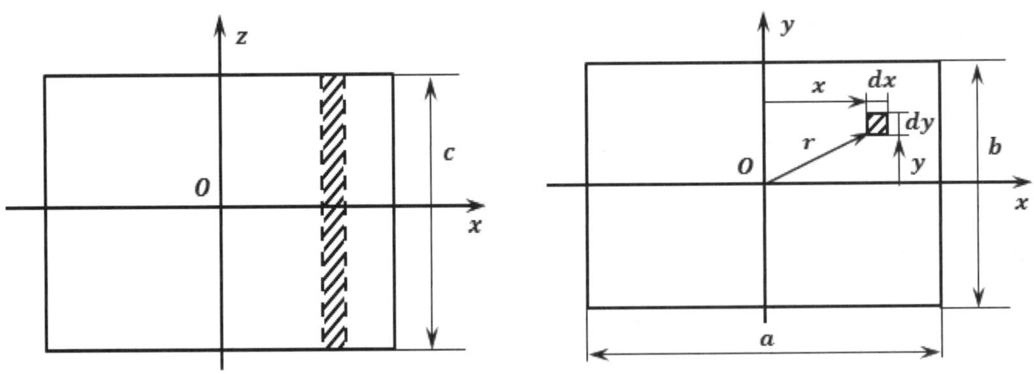

그림 1.14 직방체의 관성모멘트

2) x축에 관한 관성모멘트와 GD^2

이상의 직방체에서 정한 x, y, z축과 각 방향의 전장 a, b, c에 대해 z축을 x축으로 치환하고 $x \to y$, $y \to z$, $a \to b$, $b \to c$, $c \to a$로 변환하면 된다. 식 (1.69)으로부터 x축에 관한 관성모멘트 I_x는

$$I_x = \frac{1}{12} m (b^2 + c^2) \tag{1.71}$$

마찬가지로 GD_x^2은 중량의 단위[kgf] 또는 [N]에 따라 식 (1.43) 또는 식 (1.45)에 의해

$$GD_x^2 = \frac{1}{3} W(b^2 + c^2) [\mathrm{kgf{\cdot}m^2}] \cdots [\mathrm{N{\cdot}m^2}] \tag{1.72}$$

3) y축에 관한 관성모멘트와 GD^2

x축과 마찬가지로 식 (1.69), 식 (1.70)에 있어서 $z \to y$, $y \to x$, $x \to z$, $c \to b$, $b \to a$, $a \to a$로 변환하면 된다. 식 (1.69)으로부터 y축에 관한 관성모멘트 I_y는

$$I_y = \frac{1}{12} m (a^2 + c^2) \tag{1.73}$$

마찬가지로 GD_y^2은 중량의 단위[kgf] 또는 [N]에 따라 식 (1.43) 또는 식 (1.45)에 의해

$$GD_y^2 = \frac{1}{3} W(a^2 + c^2) [\mathrm{kgf{\cdot}m^2}] \cdots [\mathrm{N{\cdot}m^2}] \tag{1.74}$$

더욱이 관성모멘트의 공식에 나타난 특징으로서 회전축 방향의 변수는 거리의 제곱에 관한 항은 나타나지 않는다. 이상의 변환은 이 특징을 이용하면 보다 간단히 구할 수 있다.

1.2.5 반원판의 관성모멘트(GD^2)계산법

반원판의 중심축(重心軸) x, y, z에 관한 관성모멘트 GD^2을 구하는 방법을 서술한다.

그림 1.15에 나타낸 반원판의 반경을 R 반원판의 두께를 t 반원판의 중량을 W로 정한다.

가상적으로 직경 $D=2R$의 반원을 생각하고 그 중심(重心)을 통하는 3축 X, Y, Z로 한다. 가상 반원의 중량을 $2W$로 하고 식 (1.59)에 의해 X, Y축에 관해 가상 원판의 관성모멘트 (GD^2)은

$$GD^2{}_{OX} = GD^2{}_{OY} = (2W)\left\{\frac{(2R)^2}{4} + \frac{t^2}{3}\right\} = 2W\left(R^2 + \frac{t^2}{3}\right) \tag{1.75}$$

식 (1.52)로부터 Z축에 관해서는

$$GD^2{}_{OZ} = \frac{1}{2}(2W)(2R)^2 = 4WR^2 \tag{1.76}$$

반원판은 가상 원판의 대칭 부분을 제거한 것이므로 반원판의 X, Y, Z축에 관한 관성모멘트 (GD^2)은 이 관성모멘트의 반이 된다. 따라서 반원판의 GD^2은

$$GD^2{}_X = \frac{1}{2}GD^2{}_{OX} = W\left(R^2 + \frac{t^2}{3}\right) \tag{1.77}$$

$$GD^2{}_Y = W\left(R^2 + \frac{t^2}{3}\right) \tag{1.78}$$

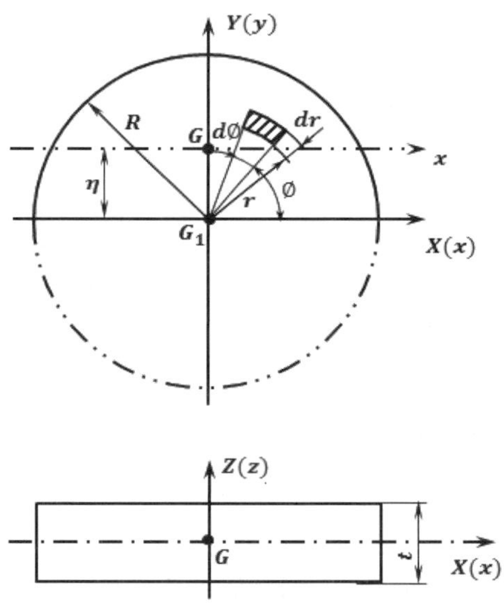

그림 1.15 반원판의 관성모멘트

$$GD^2{}_Z = 2\,WR^2 \tag{1.79}$$

한편 반원판의 중심축(重心軸) x, y, z에 관한 관성모멘트 GD^2과 상기의 X, Y, Z축에 관한 관성모멘트 GD^2의 관계는 식 (1.80)과 같이 된다.

$$\eta = \frac{4}{3\pi}R \tag{1.80}$$

따라서 예를 들어 X, x축에 관한 GD^2의 관계는 평행축의 정리로부터

$$GD^2{}_X = GD^2{}_x + 4\,W\eta^2 \tag{1.81}$$

식 (1.81)을 변형하여

$$GD^2{}_x = GD^2{}_X - 4\,W\eta^2 = W\left(R^2 + \frac{t^2}{3}\right) - 4\,W\left(\frac{4}{3\pi}R\right)^2 = WR^2 + \frac{1}{3}\,Wt^2 - \frac{64}{9\pi^2\,WR^2} \tag{1.82}$$

즉,

$$GD^2{}_x = \left(1 - \frac{64}{9\pi^2}\right)WR^2 + \frac{1}{3}\,Wt^2 \quad [\mathrm{kgf{\cdot}m^2}]\cdots[\mathrm{N{\cdot}m^2}] \tag{1.83}$$

Y, y축에 관해서는 축이 일치하므로 $\eta = 0$이므로

$$GD^2{}_y = GD^2{}_Y = W\left(R^2 + \frac{t^2}{3}\right)[\mathrm{kgf{\cdot}m^2}]\cdots[\mathrm{N{\cdot}m^2}] \tag{1.84}$$

Z, z축에 관해서는 x축의 경우와 마찬가지 이므로

$$GD^2{}_z = GD^2{}_Z - 4\,W\eta^2 = 2\,WR^2 - 4\,W\left(\frac{4}{3\pi}R\right)^2 \tag{1.85}$$

즉,

$$GD^2{}_z - 2\left(1 - \frac{32}{9\pi^2}\right)WR^2 \quad [\mathrm{kgf{\cdot}m^2}]\cdots[\mathrm{N{\cdot}m^2}] \tag{1.86}$$

이상과 같이 번잡한 적분을 이용하지 않고 평행축 정리에 의해 간단히 반원판의 각 중심축에 관한 GD^2을 구할 수 있다. 더욱이 관성모멘트 I가 필요한 경우에는 중량에 이용한 단위 [kgf] 또는 [N]에 따라 식 (1.43), (1.45)에 의해 GD^2을 환산해서 구하면 된다.

1.3 평행축의 정리

기계장치 설계에서 취급하는 부품은 반드시 원주나 직방체뿐만 아니라 이들 기본형상의 물체를 조합시킨 것이 많다. 또한 회전축은 이들 물체의 중심(重心)축과 일치하지 않는 경우도 많다. 이와 같은 조합형상 물체나 중심축 이외의 회전축을 갖는 물체의 관성모멘트(GD^2)을 구할 경우에 불가결한 것이 **평행축의 정리**이다.

그림 1.16처럼 물체 중심 G를 지나는 축을 z축이라 한다. z축으로부터 η떨어진 점 O를 지나고 z축에 평행한 축을 Z축이라 하고 각각 점 G, O를 원점으로 하고 x, y축, X, Y축을 정한다.

원점 O로부터 거리 r_i만큼 떨어진 위치$(X_i,\ Y_i)$에 있는 미소질량m_i의 Z축에 관한 관성모멘트 dI는 $r_i^{\,2} = X_i^{\,2} + Y_i^{\,2}$이므로 다음과 같다.

$$dI = m_i r_i^{\,2} = m_i (X_i^{\,2} + Y_i^{\,2}) \tag{1.87}$$

물체 전체의 Z축에 관한 관성모멘트는 다음과 같다.

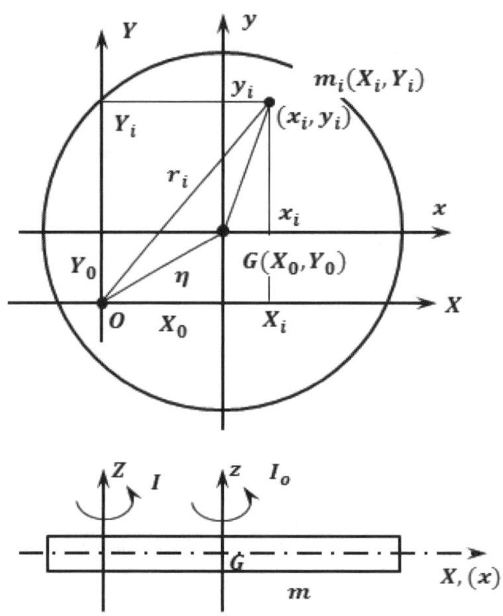

그림 1.16 평행축의 정리

$$I_Z = \sum m_i (X_i^{\,2} + Y_i^{\,2}) \tag{1.88}$$

원점 O로부터 본 물체의 중심위치를 $(X_o,\ Y_o)$로 하고 중심 G로부터 본 미소질량의 위치를 (x_i, y_i)로 하면 다음과 같다.

$$X_i = X_o + x_i, \qquad Y_i = Y_o + y_i \tag{1.89}$$

따라서 관성모멘트 I_z는 식 (1.88)와 식 (1.89)으로부터

$$\begin{aligned} I_Z &= \sum m_i \{(X_o + x_i)^2 + (Y_o + y_i)^2\} = \\ &\sum m_i (X_o^{\,2} + Y_o^{\,2}) + \sum m_i (x_i^{\,2} + y_i^{\,2}) + 2X_o \sum m_i x_i + 2Y_o \sum m_i y_i \end{aligned} \tag{1.90}$$

식 (1.90)의 제 3항과 제 4항의 $\sum m_i x_i$, $\sum m_i y_i$는 각각 y축, x축에 관한 1차 모멘트(정지모멘트)를 의미한다.

그림 1.17에 나타냈듯이 개념적으로 알기 쉬운 평판을 예로 취하면 중심 G를 지나고 y축에 대칭인 위치 $-x_i$, $+x_i$에 있는 질량 m_i는 y축에 대해 1차모멘트 $-x_i m_i$, $x_i m_i$를 만들지만 이들은 균형이 잡혀 있다. 중심 g를 지나는 x축에 관해서도 마찬가지이다. 즉,

$$\sum m_i x_i = 0, \qquad \sum m_i y_i = 0 \tag{1.91}$$

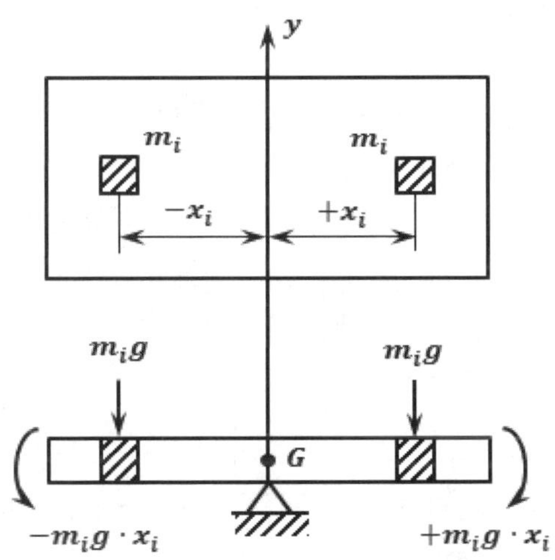

그림 1.17 1차모멘트의 평형과 중심축

역으로 말하면 중심축(重心軸)이란 그 축의 좌우에서 물체의 1차모멘트가 균형이 잡힌 축이다. 2개의 중심축의 교점이 소위 중심이다. 따라서 식 (1.90)와 식 (1.91)에 의해 다음과 같이 된다.

$$I = \sum m_i ({X_o}^2 + {Y_o}^2) + \sum m_i ({x_i}^2 + {y_i}^2) \tag{1.92}$$

여기서 관성모멘트 정의로부터 중심 G를 지나는 z축에 관한 관성모멘트를 I_o라 하면

$$I_o = \sum m_i ({x_i}^2 + {y_i}^2) \tag{1.93}$$

또한 원 O와 중심 G까지의 거리 η와 (X_o, Y_o)의 관계는

$$\eta^2 = {X_o}^2 + {Y_o}^2 \tag{1.94}$$

따라서 전체 질량을 $m = \sum m_i$로 하면 식 (1.92)은 다음과 같다.

$$I = I_o + m\eta^2 \tag{1.95}$$

즉, 중심을 지나는 축에 평행한 임의 축에 관한 관성모멘트는 그 물체 중심축에 관한 관성모멘트 I_o에 전체 질량과 이들 양축간의 거리 제곱의 곱 $m\eta^2$을 더하면 얻을 수 있다. 한편 회전축은 물체의 외부에 설치해도 이 관계는 성립한다. 이 관계를 평행축의 정리라 하며 응용 상 상당히 중요하다.

이상은 해석적으로 평행축의 정리를 유도했지만 다음과 같이 생각하면 잘 이해할 것이다.

그림 1.18과 같이 질량 m의 어떤 물체를 중심축 z에 평행하고 η만큼 떨어진 회전축 Z의 주위로 1회전시키면 물체 자체도 그 중심축의 주위로 1회전하고 원래대로 돌아온다.

즉, 관성모멘트는 회전축 Z의 주위로 질량 m의 물체가 성회하는 것에 의한 것과 물체 자체의 중심축 z의 주위의 회전에 의한 것의 2개를 더해 얻을 수 있다. 즉,

$$I = I_o + m\eta^2 \tag{1.96}$$

평행축의 정리를 GD^2을 이용하여 나타내면 지금 중량을 [kgf]단위로 나타내는 것으로 하면 식 (1.43)로부터 $GD^2 = 4gI$이므로 물체의 중심축에 관한 GD^2을 ${GD_o}^2$으로 하고 식 (1.95)는

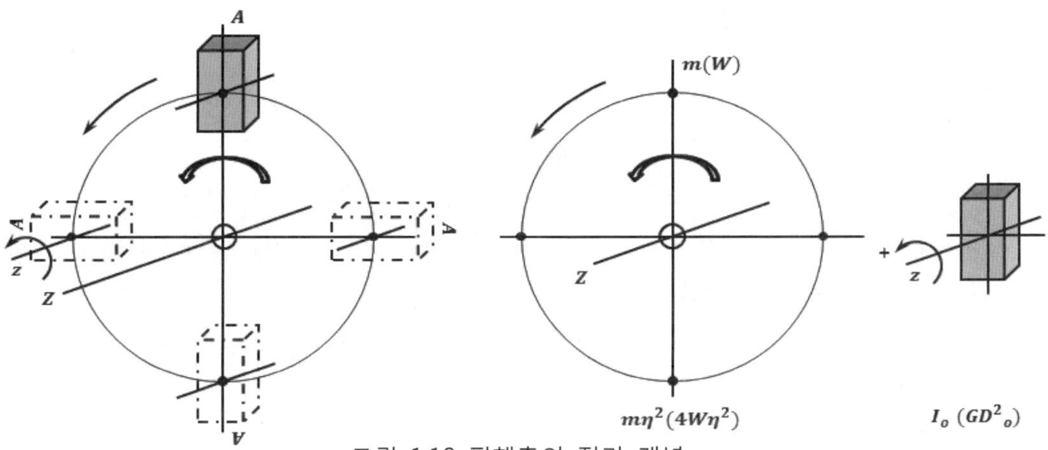

그림 1.18 평행축의 정리 개념

$$\frac{GD^2}{4g} = \frac{GD_o^{\ 2}}{4g} + \frac{W}{g}\eta^2$$

즉, GD^2에 있어서의 평행축 정리는 물체의 중량을 W로 하여

$$GD^2 = GD_o^{\ 2} + 4W\eta^2 \tag{1.97}$$

더욱이 중량 단위를 [N]으로 한 경우는 g를 $\alpha = 1\text{m/s}^2$와 치환하여 식 (1.96)과 동일하게 된다.

1.4 조합입체의 관성모멘트(GD^2)의 계산법

실제 설계에서 취급하는 입체에는 원주나 직방체 등의 기본 형상의 입체를 조합한 입체 등 여러 가지가 있다. 또한 기본 입체의 조합에는 복수개의 입체를 조합시킨 가법 조합의 경우와 입체로부터 입체를 뺀 감법 조합이 있다. 여기서는 이들의 기본적인 응용 수법에 대해 서술한다.

1.4.1 원주의 가법 조합

그림 1.19와 같은 S30C제 단붙임 축이 있다고 하자. 각부 치수를 도시한대로 하고 구체적인 수치를 이용하여 중심축에 관한 관성모멘트(GD^2)의 계산법을 나타내자. 필요한 기호는 그림 1.19 및 다음과 같이 정한다.

γ: 재료의 중량($\gamma = 7.8$[grf/㎤]), V_i: 임의 부분의 체적[㎤], W_i: 임의 부분의 중량[kgf] 계산 순서는 다음과 같이 하면 된다.

① 입체 형상에 따라서 기본적 형상으로 분할한다.

② 각 분할부분의 체적을 구한다.

③ 각 분할부분의 중량을 구한다.

④ 각 부분의 GD^2을 공식에 의해 계산한다.

⑤ 각 부분의 GD^2을 합하고 전체의 GD^2을 구한다.

축의 형상에 의해 도시한 것처럼 ①~③으로 분할한다.

첨자 1, 2,…는 각각 부분 ①, ②, …에 관한 것으로 한다.

체적은

$$\begin{aligned} V_1 &= \frac{\pi}{4}d_1^2 l_1 = \frac{\pi}{4} \times 4.2^2 \times 6.8 = 94.21\,[\text{㎤}] \\ V_2 &= \frac{\pi}{4}d_2^2 l_2 = \frac{\pi}{4} \times 5.0^2 \times 22 = 431.97\,[\text{㎤}] \\ V_3 &= \frac{\pi}{4}d_3^2 l_3 = \frac{\pi}{4} \times 2.1^2 \times 3.0 = 14.73\,[\text{㎤}] \end{aligned} \tag{1.98}$$

중량은 단위를 [kgf]로 하여

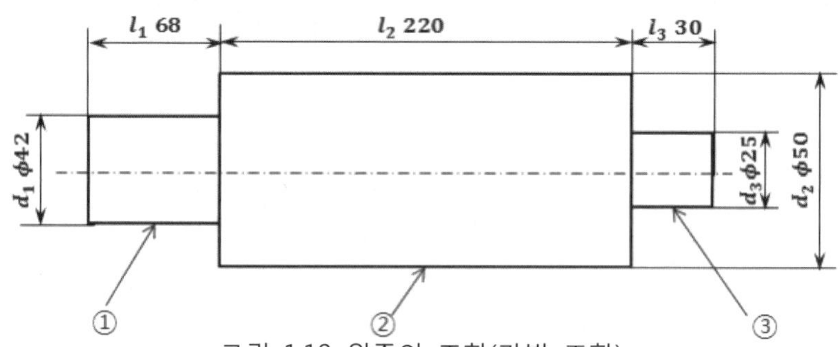

그림 1.19 원주의 조합(가법 조합)

$$W_1 = \gamma V_1 = 7.8 \times 94.21 = 734.84[\text{grf}]$$
$$W_2 = \gamma V_2 = 7.8 \times 431.97 = 3369.37[\text{grf}] \qquad (1.99)$$
$$W_3 = \gamma V_3 = 7.8 \times 14.73 = 114.89[\text{grf}]$$

각부의 GD^2은 식 (1.52)을 이용하여

$$GD_1^2 = \frac{1}{2}W_1 d_1^2 = \frac{1}{2} \times 734.84 \times 4.2^2 = 6481.29[\text{grf·㎠}]$$
$$GD_2^2 = \frac{1}{2}W_2 d_2^2 = \frac{1}{2} \times 3369.37 \times 5.0^2 = 42117.13[\text{grf·㎠}] \qquad (1.100)$$
$$GD_3^2 = \frac{1}{2}W_3 d_3^2 = \frac{1}{2} \times 114.89 \times 3.0^2 = 517.01[\text{grf·㎠}]$$

전체의 GD^2은 각부의 GD_1^2, GD_2^2, GD_3^2을 합하여

$$GD^2 = GD_1^2 + GD_2^2 + GD_3^2 = 6481.29 + 42117.13 + 517.01 = 49115.43[\text{grf·㎠}]$$

즉, 49.12[kgf·㎠]이다. GD^2을 관성모멘트 I로 환산하면 중량이 중력단위 [kgf]로 표현되고 있으므로 식 (1.43)으로부터 단위를 [gr], [cm]로 하여

$$I = \frac{GD^2}{4g} = \frac{49115.43}{4 \times 9.8} = 12.53[\text{gr·㎠}]$$

1.4.2 직방체의 감법 조합

그림 1.20에서처럼 일부 절취부가 있는 입체를 예로 하여 계산법을 나타낸다.

입체를 도시와 같이 부분 ①, 부분 ②, 부분 ③으로 분할한다. 회전축은 부분 ①의 중심축으로 하고 비중량을 $\gamma = 7.85 \times 10^{-3}$[kgf/㎤]로 한다. 더욱이 여기서는 계산에 이용하는 단위를 [kgf][cm]로 한다.

1) 부분 ①-중실축으로 취급

중량은 $W_1 = \gamma a_1 b_1 c_1 = 7.85 \times 10^{-3} \times 30 \times 16 \times 16 = 60.29\,[\text{kgf}]$이다.

식 (1.64)로부터 중심 G_1을 지나는 회전축에 관한 GD^2은

$GD^2 = 1/3 \times W_1(a_1^2 + b_1^2) = 1/3 \times 60.29 \times (30^2 + 16^2) = 23231.75\,[\text{kgf·cm}^2]$이다.

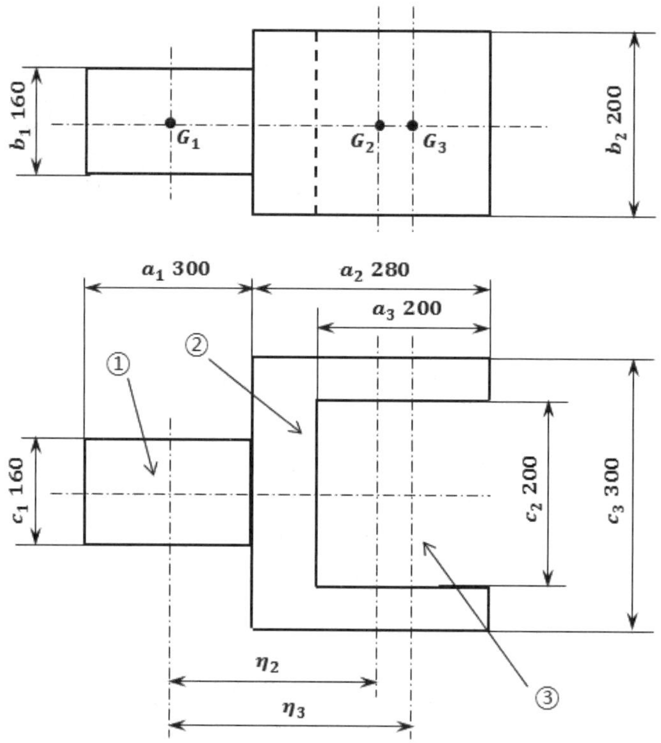

그림 1.20 직방체의 조합(감법조합)

2) 부분 ②-절취부분 ③이 없는 직방체로 취급

중량은 $W_2 = \gamma a_2 b_2 c_2 = 7.85 \times 10^{-3} \times 28 \times 22 \times 30 = 145.07\,[\text{kgf}]$이다.

부분 ②의 중심축은 회전축과 η떨어져 있으므로 ②의 중심축에 관한 GD^2_{02}을 식 (1.64)로부터 구하고 더욱이 평행축 정리를 이용하여 회전축에 관한 GD^2을 계산한다.

$$GD^2_{02} = 1/3 \times W_2(a_2^2 + b_2^2) = 1/3 \times 145.07 \times (28^2 + 22^2) = 61316.25\,[\text{kgf·cm}^2]$$

축간 거리η는 다음과 같다.

$$\eta_2 = \frac{1}{2}(a_1 + a_2) = \frac{1}{2}(30 + 28) = 29\,[\text{cm}]$$

부분 ②의 회전축에 관한 GD^2_2는

$$GD^2_2 = GD^2_{02} + 4W_2\eta_2^2 = 61316.25 + 4 \times 145.07 \times 29^2 = 549331.73\,[\text{kgf·cm}^2]$$

3) 부분 ③-절취부가 중실 직방체로 가정

중량은 $W_3 = \gamma a_3 b_3 c_3 = 7.85 \times 10^{-3} \times 20 \times 22 \times 20 = 69.08\,[\text{kgf}]$이다.

부분 ②와 마찬가지로 중심축에 관한 GD^2_{03}과 평행축 정리에 의해 GD^2을 계산한다.

$$GD^2_{03} = 1/3 \times W_3(a_3^2 + b_3^2) = 1/3 \times 69.08 \times (20^2 + 22^2) = 20355.57\,[\text{kgf·cm}^2]$$

축간 거리η는 다음과 같다.

$$\eta_3 = \frac{a_1}{2} + a_2 - \frac{a_3}{2} = \frac{1}{2}(a_1 - a_3) + a_2 = \frac{1}{2}(30 - 20) + 28 = 33\,[\text{cm}]$$

부분 ③의 회전축에 관한 GD^2_3는

$$GD^2_3 = GD^2_{03} + 4W_3\eta_3^2 = 20355.57 + 4 \times 69.08 \times 33^2 = 321268.05\,[\text{kgf·cm}^2]$$

전체의 GD^2은 부분 ①, 부분 ②의 GD^2으로부터 부분 ③을 빼면 된다.

$$GD^2 = GD^2_1 + GD^2_2 - GD^2_3 = 23231.75 + 549331.73 - 321268.05 = 251295.43\,[\text{kgf·cm}^2]$$

즉, 25.13[kgf·m²]이다.

전체의 관성모멘트 I는 $I = \dfrac{GD^2}{4g} = \dfrac{251295.43}{4 \times 980} = 64.11\,[\text{kg·cm}^2]$이다.

1.5 등가관성모멘트(GD^2) 계산

1.5.1 서론

기계 운동장치의 각 부분의 관성모멘트는 기본적인 형상의 관성모멘트의 공식과 지금까지 서술한 평행축 정리를 이용하여 모델화 하고 조합형상으로 하면 계산할 수 있다. 이 각 부분의 관성모멘트는 기본적으로 중요하지만 설계에서 필요로 하는 것은 장치로서의 관성모멘트이며 이것은 간단히 각부의 관성모멘트를 단순히 합계하여 얻을 수 있는 것은 아니다.

기계 운동 장치에서는 각 부분의 운동은 연동하고 있으며 하나의 축(예를 들면 모터축)에 의해 전체의 운동이 구동되어 제어된다. 장치의 등가관성모멘트란 이 특정의 구동축(제어축)에 관해 전체에 어느 정도의 관성모멘트로 되는지 라는 것이다.

본 절에서는 운동하고 있는 각 부분의 관성모멘트를 하나의 특정축(일반적으로 모터축이 선정된다)에 관한 관성모멘트로 변환하는 계산법에 대해 그 요점과 사고방식을 서술하기로 한다. 이 변환의 기본이 되는 것은 운동에너지이다. 에너지 개념은 설계자에 있어서 상당히 중요한 개념으로 세부의 운동에 연연하지 않고 에너지의 입력과 출력을 전체적으로 생각하고 구하는 결과를 도출할 수 있다. 관성모멘트의 변환도 운동에너지의 개념에 의해 용이하게 이해할 수 있을 것이다.

1.5.2 회전기구 장치

이미 서술했듯이 회전체의 운동에너지는 식 (1.39)로부터

$$E = \frac{1}{2} I\omega^2 \tag{1.101}$$

실제의 설계에서는 관성모멘트 I대신에 GD^2을, 각속도 ω 대신에 축회전수 $n$rpm이 많이 사용되므로 설계상 이용하기 쉬운 식으로 고치면

$$I = \frac{GD^2}{4g}\,[\mathrm{kgf \cdot m^2}] \tag{1.102}$$

$$\omega = \frac{2\pi n}{60}\,[\text{rad/s}] \tag{1.103}$$

이므로 회전운동에너지는

$$E = \frac{1}{2} \cdot \frac{GD^2}{4g} \cdot \left(\frac{2\pi n}{60}\right)^2 \tag{1.104}$$

즉,

$$E = \frac{GD^2 n^2}{7150}\,[\text{kgf, m, rpm 단위}] \tag{1.105}$$

또는

$$E = 1.4 \times 10^{-4} GD^2 n^2\,[\text{kgf, m, rpm 단위}] \tag{1.106}$$

그림 1.21에 나타낸 모터축에서 구동되는 기어를 모델로 등가관성모멘트의 개념과 그의 계산법을 나타내자.

요점은 어떤 관성모멘트를 갖는 회전체가 소정의 회전속도로 회전할 때에 갖는 운동에너지를 생각하고 이 운동에너지를 어떤 회전수로 회전하는 특정의 회전축에 관해서 갖는 데는 어느 정도의 관성모멘트가 이 특정축에 대해 있으면 좋을까를 생각하면 된다. 다음과 같은 기호로 생각하기로 한다.

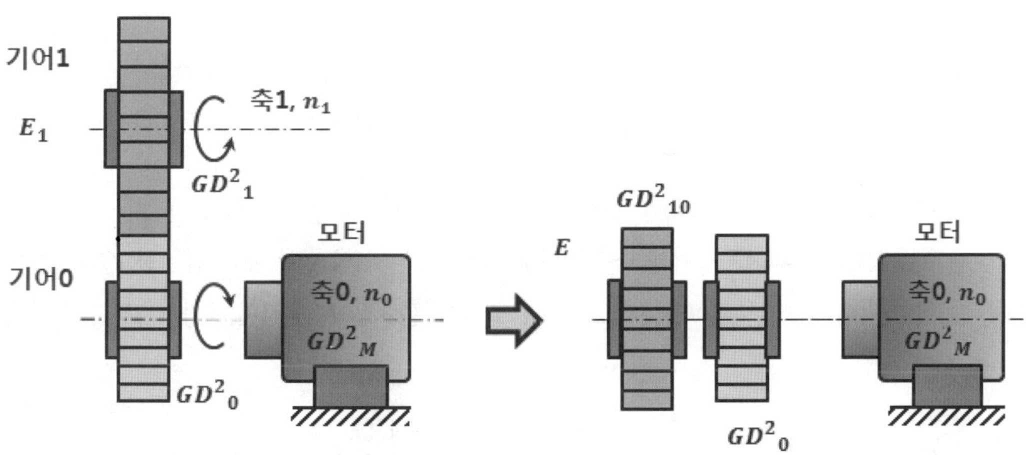

그림 1.21 등가관성모멘트의 개념

GD^2_1 : 축 1에 속한 GD^2(기어1과 축 1의 GD^2)

n_1: 축 1의 회전속도

n_0: 축 0(제어축)의 회전속도

축 1에 속한 회전체의 회전운동에너지는 식 (1.86)에 의해 다음과 같이 된다.

$$E = \frac{GD^2_1 n^2_1}{7150} \tag{1.107}$$

지금 제어축 0에 어떤 가상적으로 GD^2_{10} 의 회전체가 취부되어 있다고 생각하고 이 회전체의 회전운동에너지를 구하면 다음과 같다.

$$E = \frac{GD^2_{10} n^2_0}{7150} \tag{1.108}$$

에너지보존법칙은 항상 성립하므로 이들 에너지를 같다고 하면

$$\frac{GD^2_1 n^2_1}{7150} = \frac{GD^2_{10} n^2_0}{7150}$$

즉, 다음과 같다.

$$GD^2_{10} = GD^2_1 \left(\frac{n_1}{n_0} \right)^2 \tag{1.109}$$

상기의 GD^2_{10} 가 축 1의 GD^2_1 을 축 0의 GD^2 으로 환산한 등가 GD^2이다. 이 환산은 어떤 축이 갖는 회전운동에너지를 특정 축이 갖는 회전운동에너지로 치환하는 환산이다. 에너지를 기본으로 하고 있으므로 반드시 축 0와 축 1은 직접 서로 이웃할 필요는 없고 축이 연동하고 있으면 식 (1.108)는 항상 성립한다. 일반적으로 GD^2_i 는 임의 연동 축 i에 속한 GD^2이고, n_i는 임의 축 i의 회전속도이며 GD^2_{i0} 를 축 i의 GD^2을 축 0로 환산한 등가 GD^2으로 하면 다음 식이 성립한다.

$$GD^2_{i0} = GD^2_i \left(\frac{n_i}{n_0} \right)^2 \tag{1.110}$$

1.5.3 직동기구 장치

기계장치에는 컨베이어나 리프트, 이적 장치 등 직선운동기구를 갖는 것도 많다. 이들의 직선 운동체도 그 구동은 통상 회전축에서 행해진다.

구동이나 운동제어를 회전축에서 행하기 위해서는 직선 운동체의 관성량을 회전체의 관성모멘트(GD^2)으로 환산하는 것이 필요하다. 이 환산법을 아래에 서술한다. 그 기초는 에너지의 개념이다.

그림 1.20에 나타낸 가장 간단한 이송나사에 의한 테이블 장치를 예로 들어 그 사고방식의 요점을 서술하기로 한다. 기호는 각각 W는 테이블의 중량[kgf], v는 테이블의 이송속도[m/s], n은 모터축(구동제어축)의 회전수[rpm]으로 한다.

테이블의 운동에너지는 식 (1.33)에 의해 다음과 같다.

$$E = \frac{1}{2}\frac{W}{g}v^2 \tag{1.111}$$

이 운동에너지가 제어회전축에 부착된 회전체의 회전운동에너지와 같다고 놓으면 식 (1.92)와 식 (1.104)에 의해 다음과 같이 된다.

$$E = \frac{1}{2}\frac{W}{g}v^2 = \frac{1}{8g}GD^2\left(\frac{2\pi n}{60}\right)^2$$

즉, 직동테이블의 등가 GD^2은 다음과 같다.

$$GD^2 = \frac{3600}{\pi^2} \cdot \frac{Wv^2}{n^2} \text{ [kgf, m, s, rpm단위]} \tag{1.112}$$

식 (1.112)이 직동체(중량 W, 속도 vm/s)의 등가관성모멘트를 구한 식이다.

계수를 정리하면 다음과 같다.

$$GD^2 = 365\,W\left(\frac{v}{n}\right)^2 \text{ [kgf, m, s, rpm단위]} \tag{1.113}$$

계수는 사용단위에 의해 달라진다. 속도 v가 m/min단위의 경우는

$$GD^2 = \frac{W}{\pi^2}\left(\frac{v}{n}\right)^2 [\text{kgf, m, min, rpm단위}] \tag{1.114}$$

윗식을 보면 등가 GD^2은 속도와 회전수비의 제곱 $(v/m)^2$에 비례할 뿐이므로 일체의 구동축에서 다수의 직동체가 연동하여 움직이는 경우에도 다음과 같이 적용할 수 있다. 지금 m개의 직동체가 연동하는 경우 각 직동체의 중량을 W_1, W_2, ⋯, W_i, ⋯, W_m[kgf]으로 하고, 각 직동체의 속도를 v_1, v_2, ⋯, v_i, ⋯, v_m[m/s]로 하며 구동-제어축의 회전수를 n_0[rpm]으로 하면 제어축에 관한 등가관성모멘트는 다음과 같다.

$$GD^2 = 365\,W_1\left(\frac{v_1}{n_0}\right)^2 + 365\,W_2\left(\frac{v_2}{n_0}\right)^2 + \cdots + 365\,W_m\left(\frac{v_m}{n_0}\right)^2 \tag{1.115}$$

즉,

$$GD^2 = \sum_{i=1}^{m} 365\,W_i\left(\frac{v_i}{n_0}\right)^2 [\text{kgf, m, s, rpm단위}] \tag{1.116}$$

직동체의 속도 v가 (m/min) 단위의 경우는

$$GD^2 = \sum_{i=1}^{m} \frac{W_i}{\pi^2}\left(\frac{v_i}{n_0}\right)^2 [\text{kgf, m, min, rpm단위}] \tag{1.117}$$

예제 1.1

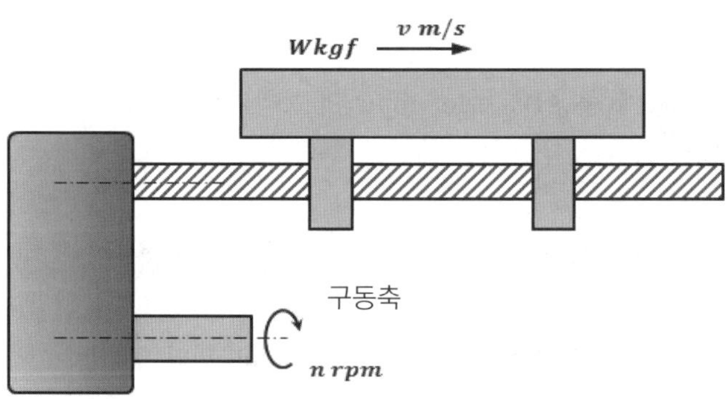

그림 1.22 직선 운동체의 등가관성모멘트(GD^2)

그림 1.22와 같이 이송테이블 장치가 테이블 중량을 $W = 120$[kgf], 테이블의 속도를 $v = 80$[cm/s], 구동축의 회전수를 $n = 1750$[rpm]으로 할 때 구동축에 관한 등가관성모멘트를 구하라.

풀이

식 (1.94)에 의해

$$GD^2 = 365\,W\left(\frac{v}{n}\right)^2 = 365 \times 120\left(\frac{80}{1750}\right)^2 = 91.53\,[\mathrm{kgf} \cdot \mathrm{cm^2}]$$

관성모멘트 I로 나타내면 식 (1.45)에 의해

$$I = \frac{GD^2}{4g} = \frac{91.53}{4 \times 980} = 23.35 \times 10^{-3}\,[\mathrm{kg} \cdot \mathrm{cm^2}]$$

전기와 전자의 기초

기전시스템의 기계장치에 동력을 주어 원하는 일을 자동으로 하기 위해서는 전기와 전자 기술의 도움이 필요하다. 즉, 기계장치에 모터를 설치하여 모터를 구동함으로써 동력을 주는데 여기에 필요한 것이 전기이며, 목적하는 일을 자동으로 하기 위해서는 컴퓨터에서 제어 신호를 주어야 하는데 이 때 전자기술이 필요하게 된다.

따라서 본 장에서는 기전시스템의 기계장치를 자동 제어하는데 필요한 전기 및 전자의 기초적 개념을 알아보도록 한다.

2.1 전기와 전자의 정의

우리들은 매일 전기와 전자를 접하면서도 전기와 전자에 대해 모르지만 잘 사용하고 있다. 사실 전기와 전자는 눈에 보이지 않기 때문이다. 어두워져 집안의 스위치를 켜면 형광등이 켜지고, TV를 보고 싶을 때 리모콘의 ON스위치를 누르면 TV가 켜지고, 추우면 전기스토브를 켜서 덥게 하는 등등 아무런 부담 없이 사용하고 있다. 또한 공장 등에서 일을 하는데 있어서 더욱 정확히, 더욱 빠르게, 더욱 효율적으로 하기 위해서는 전기 전자가 중요하다. 인간의 수작업에 대신하여 자동기계가 사용되고 이것에는 전기가 동력뿐 아니라 신경과 같은 컨트롤의 역할이 중요하게 되었다. 이와 같이 우리들 주위를 돌아보면 거의 전기가 없는 생활은 생각조차 할 수 없을 정도로 거의 모든 것에 전기가 이용되고 있다.

그러면 도대체 전기는 무엇인가? 전기의 정체를 처음으로 발견한 사람은 영국의 물리학자 J.J 톰슨이다. 그는 여러 가지 실험을 해 본 결과 전기는 극히 작은 입자라는 것을 발견했다. 이 작은 입자가 빛을 내거나 열을 발생한다는 것을 알았을 때 톰슨은 이 작은 입자를 전자(Electron)라 이름을 붙였다. 결국 톰슨의 발견으로 전기의 정체가 전자의 흐름이라는 것을 알아내었다. 다시 말하면 전자가 전기를 운반하는 캐리어인 것이다.

전자가 계속해서 움직여야만 전기를 계속 운반할 수 있는데 여기에는 외적으로 전자를 연속적으로 움직이게 하는 힘이 필요하다. 이러한 외적인 힘에 의해 일정 방향으로 전자가 흐르는 것을 전류라 한다.

전기는 전류로 되어 흘렀을 때 여러 가지 현상을 야기한다. 우리는 이 전류에 의한 현상을 잘 이용하여 소용되는 일에 연결시키고 있다. 전류가 흐름으로써 야기되는 현상을 전기의 작용이라 하며 이와 같은 전기의 작용을 이용한 기술을 전기공학이라 한다. 전기공학에서의 전류는 크게 나누어 다음 세 가지 중요한 작용이 있다. 즉, 전류의 발열 작용, 전류의 자기 작용, 전류의 화학 작용이 있다. 이러한 전류의 세 가지 작용은 전기공학 발달의 기초가 되었으며 전기가 우리들 생활의 구석구석까지 스며들어 편리성을 갖게 한 중요한 역할을 하였다.

그런데 TV나 라디오의 현상 중에는 이 세 가지 작용으로는 설명할 수 없는 것들이 많이 있다. 네온관과 같은 방전에 의한 발광, 발광 다이오드와 같은 전류에 의한 직접 발광, 트랜지스터의 증폭작용 등 전류라는 것을 전자의 흐름으로 생각하여야 할 현상이 도처에서 나타나고 있다. 이러한 현상은 앞에서 전기 공학에서의 전류의 세 가지 작용으로는 설명할 수 없기 때문에 전자의 작용이라고 부른다. 이 전자의 작용은 전류가 음의 전기를 가진 미립자, 즉 전자의 흐름이라는 것을 가지고 설명할 수 있다. 전기의 정체가 음의 전기를 가진 작은 입자, 즉 전자이며 전류는 그 전자가 이동해 가는 것이라고 생각할 뿐 전기에 관한 여러 가지 작용의 설명에서는 전자라는 것의 작용으로까지 생각하지는 않았다. 그런데 최근의 많은 전자부품, 예를 들면 IC, 트랜지스터, 다이오드 등에서는 그 동작이 전자의 작용에 의한다고 설명하여야만 되게 되었다. 이와 같은 전자의 작용을 이용한 기술을 전자공학 또는 일렉트로닉스라고 한다.

2.2 역사적으로 본 전기 현상

1) 마찰 전기의 발견은 기원전

인류가 아직 전기라는 것을 알지 못하였던 태고에는 자연현상 밖에 없었으므로 최초에 본 전기 현상은 아마 뇌(번개)였을 것이다. 번개만큼은 아니어도 나무 가지 끝이나 배의 마스트(대) 끝이 빛나 보이는 정전기(靜電氣)가 방전하는 발광 현상이 세계의 7불가사의(不可思議)의 하나였다는 것을 낡은 기록 속에서 볼 수 있다. 기원전 600년쯤에 그리스의 탈레스라는 사람이 호박(琥珀)을 모피로 문지르면 그 호박은 모발이나 먼지와 같은 가벼운 것을 빨아 당기는 것을 발견하였다. 호박이라는 것은 천연의 수지(樹脂: 송진과 같은)의 화석이지만 이것을 모피로 문지르면 무엇인가 특별한 성질을 가지게 되며 이 특별한 성질을 전기라고 불렀다. 이것은 또한 물체에 전기라는 어떤 특별한 성질을 가진 것이 옮겨져서 전기를 띤다는 의미에서 대전(帶電)하였다고도 한다.

2) 17세기가 되어 궤도에 오른 마찰전기의 연구

마찰에 의해 일어나는 전기에 대한 지식은 그 후 2,000년 이상이나 큰 진보는 없었고 인류에게 뚜렷하게 소용되지 못하였다. 그러던 가운데 1,600년경에 영국의 길버트가 이와 같은 마찰에서 일어나는 전기, 즉 마찰전기는 호박과 모피라는 특정한 물건의 조합에서 뿐 아니라 여러 가지 물체 모두에 많건 적건 일어난다는 것을 알았다. 그리고 1672년 독일의 게리커에 의해 다량의 마찰전기를 일으키는 마찰발전기라고 할 수 있는 기계가 만들어졌다. 이것에 의해 작은 전기 불꽃을 얻을 수 있을 정도의 연속적인 발전에 성공하였다. 그 후 대전한 물건 사이에 작용하는 힘이 있다는 것을 알게 되었지만 18세기에 들어서 프랑스의 쿨롱(Coulomb)이 실험에 의해 대전체 상호 간의 거리의 제곱에 반비례한다는 것을 확인하였다. 이것이 쿨롱의 법칙이다. 이 쿨롱의 법칙에 따라 대전한 물체 사이에 작용하는 힘을 쿨롱력(力)이라고 한다. 쿨롱의 법칙이 발견되었을 때쯤부터는 전기에 관한 연구가 왕성해졌다. 18세기말인 1791년에 이탈리아의 해부학자 가르바니라는 우연히도 동(銅)으로 된 갈고리에 매달려진 개구리의 다리가 철의 난간에 닿으면 개구리의 몸이 실룩실룩 경련한다는 것을 발견하였고 그 후에 개구리 의 다리에 전기를 걸면 동일하게 경련이 일어나는 것을 발견하였다. 당시는 아직 전기의 정체를 알지 못하였기 때문에 이것을 가르바니 전기라고 불렀다. 영국의 볼타는 이 가르바니 전기에서 힌트를 얻어 1799년에 전지를 발명하였다. 볼타가 만든 전지는 연한 황산 속에 동판과 아연판을 담근 구조로 동판은 플러스, 아연판은 마이너스가 되어 약 1.1V의 전압을 얻었다.

3) 동전기(動電氣)에의 발전

마찰전기는 일명을 정전기라고 하며 이 이름대로 조용히 고인 것뿐이고 한번 방전시키면(양전기를 대전한 것과 음전기를 대전한 것을 접촉시킨다) 일순간에 없어져 버린다. 따라서 이 정전기에서는 전등을 켜거나 모터를 돌리거나 할 수 없다. 그런데 볼타가 전지를 발견한 이후부터는 연속적으로 전류를 흘릴 수 있게 되었고 그 후로 전기에 관한 연구는 급속히 발전하게 되었다. 이와 같이 전류라는 형태로 흐르고 있는 전기를 동전기라고 한다. 물의 전기분해는 1800년에 영국의 니콜슨에 의해서 발견되었으며 전기분해에 관한 패러데이의 법칙은 1833년에 영국의 패러데이에 의해서 발견되었다. 전류의 자기작용(磁氣作用)은 1820년에 덴마크의 외르스테드에 의해서 발견되었으며 옴의 법칙은 1827년에 독일의 옴에 의해 발견되었다. 그리고 1831년에 패러데이에 의해 전자(電磁) 유도의 현상이 발견되었고 그 후로 이 전자 유도의 응용인 발전기와 변압기(트랜스)가 실용화되었다. 그러면서 인류는 이 편리한 에너지를 대량으로 다루어 현재의 과학문명을 만들어 낸 것이다.

2.3 전기의 정체

2.3.1 서론

물체를 문질러서 만드는 마찰전기나 정전 유도로 나타나는 전기는 물체 표면에 고여 있기만 하고 가정이나 공장에서 사용하는 것처럼 여러 가지 전기제품이나 기계를 움직일 수는 없다. 이와 같이 1개소에 고인 상태에서 이동하지 않는 전기를 정전기라고 한다. 이에 대하여 전류라는 호칭으로 표현되는 것처럼 움직이는 전기를 동전기라고 하고 우리들이 이용하고 있는 대부분은 이 동전기다. 정전기는 전기가 지나가는 길을 만든 순간에 동전기인 전류로 되지만 전류로 되어 흘러버린 분량만큼 고였던 전기가 계속 소비되기 때문에 전류도 감소하여 같은 전류 값을 유지할 수가 없다. 같은 전류 값을 장시간에 걸쳐 유지하기 위해서는 전류가 흘러도 전기가 감소한 분량만큼 발전기나 전지에서 보충시켜 주어야 한다. 이렇게 함으로써 비로소 우리들이 일상에 전기를 이용하고 있는 것처럼 연속하여 전류를 흘릴 수 있다. 바꾸어 말하면 연속하여 일을 할 수 있는 것이다. 그러면 이와 같은 동전기의 정체는 무엇인지 알아보기로 하자.

2.3.2 물질의 구조와 전자

전기의 정체는 전자의 흐름이라고 앞에서 서술했지만 이러한 전자가 무엇인가를 알기 위하여 물질 그 자체의 구조를 알 필요가 있다. 우리들 주위를 살펴보면 실로 다종다양한 물질이 존재한다. 의식주에 소용되는 것의 모든 것이 물질이며 이 지구도 이것을 둘러싼 대기도 그리고 우리들 자신의 신체도 살과 가죽과 뼈로 되어 있기 때문에 세상에 있는 모든 것이 물질이라고 할 수 있다.

이러한 모든 물질은 분자라는 작은 입자로 만들어져 있다. 물은 물의 분자가, 철은 철의 분자가 모여서 생긴 것이다. 분자라는 것은 현미경으로도 볼 수 없는 작은 것이며 그 대신 그 미세한 입자인 분자가 무수히 모여 있다고 할 수 있다.

또한 분자는 물질이 성질을 잃지 않는 조건에서 계속해서 세분하면 극한의 입자인 원자라는 미립자가 모여서 이루어진 것을 알 수 있다. 화학에서는 이 원자를 원소라고 부르고 있다.

분자의 종류는 이 지구상에 있는 물질의 수와 같을 정도의 방대한 것이 된다. 그리고 이 분자를 다시 세분한 원자의 종류는 상상을 초월할 정도로 많을 것이라는 생각이 들지만 실제는 그 반대로, 여러 가지 다른 분자에서 나뉘어 생기는 원자에는 같은 것이 여러 곳에서 생겨서 방대한 수의 분자를 구성하고 있는 원자는 겨우 100 여종에 불과하다.

원자의 종류는 이제까지에 알고 있는 것만으로 천연에 존재하는 것이 92종류이고, 인공적으로 만든 것이 11종류로 합계 103종류이다. 겨우 103종류인 원자가 복잡하게 서로 결합하여 이 지구상의 무수한 여러 가지 물질을 형성하고 있다.

분자가 원자로 되어 있다고 하였는데 그 원자는 궁극의 미립자로 이젠 이 이상은 세분할 수 없는 것인가 하면 그렇지 않다. 원자는 양(+)전기를 가진 원자핵과 음(−)전기를 가진 전자(電子)라는

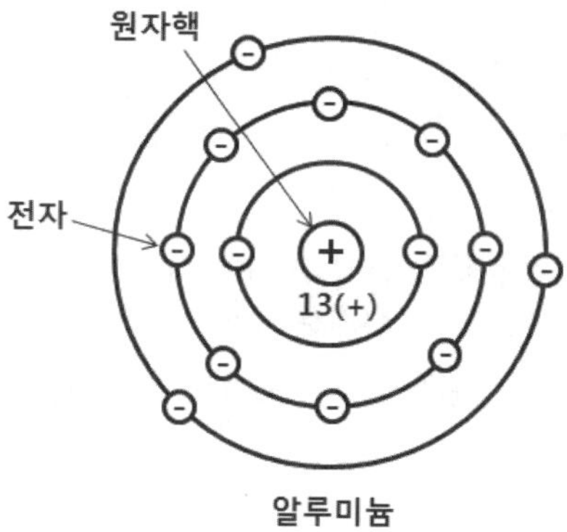

그림 2.1 원자 구조의 예

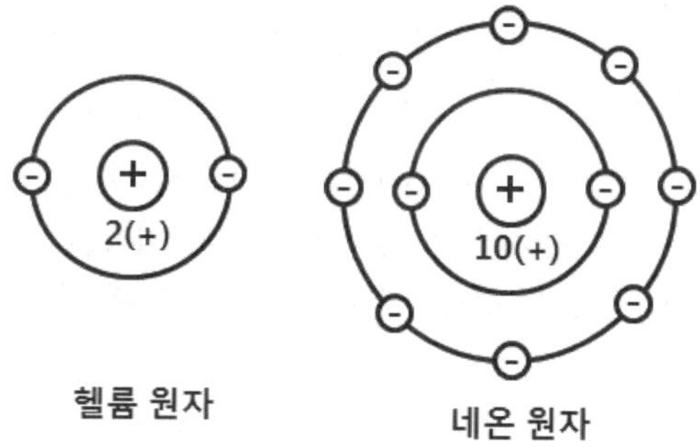

그림 2.2 가전자가 없는 원자 구조

두 종류의 미립자로 되어 있다고 한다. 여기서 비로소 전기를 가진 입자인 전자가 등장하였다. 이 두 종류의 미립자는 원자핵을 중심으로 그 주위를 정해진 궤도상에 전자가 돌고 있는 구조이다(그림 2.1).

그림 2.1과 같이 전자는 몇 개의 궤도로 나뉘어서 원자핵 주위를 돌고 있지만 안쪽 궤도일수록 원자핵부터의 전기력이 강하고 전자는 원자핵에서 쉽게 떨어질 수가 없다. 그런데 가장 바깥쪽 궤도의 전자, 이것을 가전자라 한다. 모든 원자는 전자가 원자핵에서 가장 먼 궤도의 정원 전자수를 모두 만족했을 때 화학적으로 안정된다. 즉, 가전자가 없는 원자를 화학적으로 안정된 원자라고 할 수 있다.

예를 들면 헬륨(He)이나 네온(Ne)은 화학적으로 안정된 원자라고 할 수 있다(그림 2.2). 전자가 원자핵에서 가장 먼 궤도의 정원 전자수를 충족하지 않은 원자, 즉 가전자가 있는 원자는 화학적으로 불안정하다(그림 2.3).

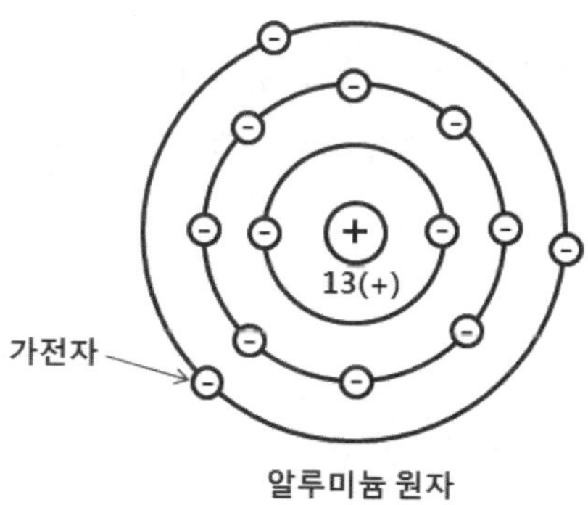

그림 2.3 가전자가 있는 원자 구조

이와 같이 원자는 가전자를 다른 원자에 주거나 다른 원자로부터 받아서 어떻게든 안정한 상태가 되려고 한다. 이 때문에 가전자가 있는 원자는 화학적으로 활발해진다. 이 원자가 화학적으로 활발한 정도에 따라 전기의 전도와 크게 관계가 있다.

또 가전자가 없는 원자는 다른 원자에 전자를 주거나 받지 않아도 안정하므로 부도체가 된다. 가전자가 있는 원자는 다른 원자에 가전자를 주거나 받아서 화학적으로 활발하기 때문에 전도성을 갖는다. 이와 같이 전자공학에서는 화학적 작용에 의해 다른 물질에 전자를 주거나 받는 과정에서의 전자의 흐름을 전류라 한다. 따라서 물질의 전기 흐름은 물질의 원자 구조, 특히 가전자에 의해 결정된다.

어느 원자 속에서 만약 1개라도 가전자가 튀어나가면 그 원자는 1개분의 부(−) 전하를 잃게 되어 지금까지의 전기적인 균형이 무너져 원자로서는 ⊕전하를 갖게 된다. 또 1개라도 다른 원자로부터 전하를 받으면 1개분의 ⊖전하가 늘어나서 원자로서는 ⊖전하를 갖게 된다.

그런데 원자로부터 전자가 튀어 나가게 하기 위해서는 외부에서 에너지를 가해야 한다. 그러나 가전자는 원자핵에서 가장 먼 거리에 있기 때문에 원자핵이 끌어당기는 인력이 다른 전자에 비해 약하고 열이나 빛 그리고 전압 등의 에너지를 외부에서 가하면 원자핵의 인력에 의해 궤도 밖으로 튀어 나가서 자유전자(free electron)가 된다.

여기서 원자끼리의 결합에서 가전자와 **자유전자**는 어떠한 움직임을 하는지 알아보기로 한다. 원자의 대표적인 결합에는 이온 결합, 공유 결합, 금속 결합 등이 있다.

1) 이온 결합

자연계에서 일어나는 이온 결합의 좋은 예가 소금(염화 나트륨)이며 그림 2.4와 같다. 나트륨(Na) 원자는 최외각에 가전자가 1개뿐이므로 이를 방출하여 안정된 상태가 되고자 한다. 반면에 염소(Cl) 원자는 최외각에 7개의 가전자를 갖고 있으므로 외부로부터 전자 1개를 더 보충하여 8개의 안정된 상태가 되고자 한다. 따라서 이 두 원자가 결합하면 나트륨은 전자 1개를 염소 원자에 주면서 양 이온인 Na+가 되고 염소는 전자 1개를 받아서 음 이온인 Cl−가 되어 서로 간에 이온 결합이 이루어진다.

2) 공유 결합

원자가 안정되기 위해 최외각에 있는 가전자를 버리는 전자 수와 안정을 취하기 위해 모자라는 전자를 받아들이는 전자의 수가 같을 경우는 두 원자가 서로간의 가전자를 공유해 버림으로써 최외각을 완전히 채우는 방식의 결합을 공유 결합이라 한다. 이는 이온 결합과 같이 한 쪽 원자가 일방적으로 전자를 방출하고 다른 쪽 원자는 일방적으로 전자를 받아들이는 것과는 달리 서로의 가전자를 공유하는 형태이므로 이온이 형성되지 않는다. 대신에 가전자를 공유하는 결속력으로써 결합이 유지되며 공유된 전자들은 한 쪽 원자에서 다른 쪽 원자로 교대로 옮겨 다니며 존재한다. 공유 결합은 이온 결합보다 결합하는 힘이 강하다.

대표적인 것으로 실리콘(Si)이나 게르마늄(Ge) 등의 반도체가 공유 결합을 한다. 따라서 반도체의 대표적인 실리콘의 원자에 대한 공유 결합에 있어서 가전자와 자유전자가 어떤 움직임을 하는지 설명하기로 한다.

실리콘의 원자 구조는 그림 2.5와 같으며 원자핵 둘레에 14개의 전자가 존재한다. 그 가운데 4개의 전자가 최외각에 위치하며 이것이 가전자이다. 따라서 각각의 원자가 결합하기 위해서는 4개의 원자가 필요하다. 즉, 그림 2.6과 같이 1개의 실리콘 원자는 인접한 4개의 원자와 가전자를 공유하여 결합하고 있다. 이와 같은 결합을 공유 결합이라 한다.

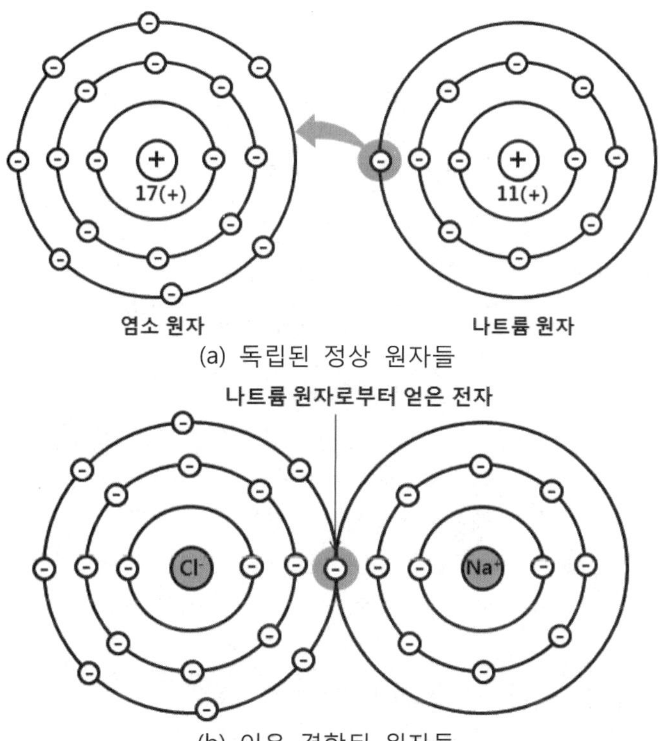

(a) 독립된 정상 원자들

(b) 이온 결합된 원자들

그림 2.4 염화나트륨 원자들의 이온 결합

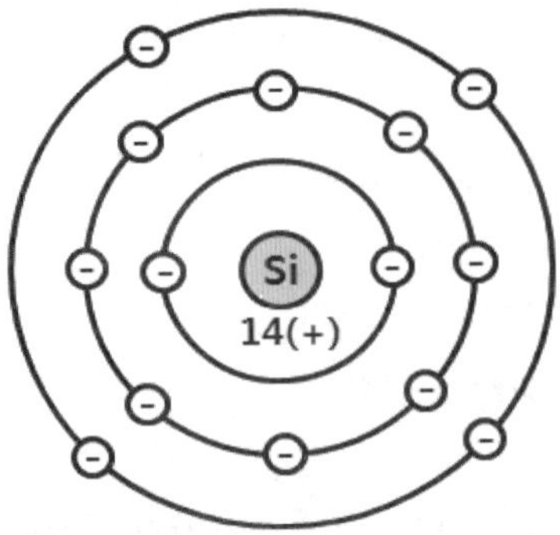

그림 2.5 실리콘의 원자 구조

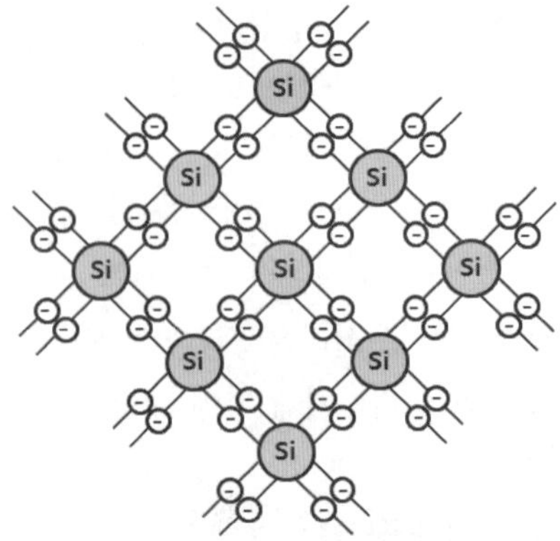

그림 2.6 실리콘의 공유 결합

이 공유 결합의 세기도 또한 물질의 전류가 흐르기 쉬움과 큰 관계가 있다. 공유 결합이 약하면 열이나 전압의 에너지를 외부에서 가할 때 결합이 무너져 자유전자가 이동하기 시작한다. 이렇게 이동하는 자유전자가 전도성을 가져온다.

게르마늄이나 실리콘과 같이 4개의 가전자를 갖고 공유 결합하고 있는 물질로는 이 밖에 납, 주석, 다이아몬드가 있다. 이 가운데 공유 결합이 가장 강한 다이아몬드는 외부에서 에너지를 가해도 결합이 무너지지 않기 때문에 자유 전자는 이동하지 못하고 절연체의 성질을 나타낸다. 또한, 납이나 주석은 공유 결합이 약하기 때문에 결합이 무너지기 쉬우므로 자유로이 이동할 수 있는 자유 전자가 많이 있어 도체의 성질을 나타낸다.

한편, 게르마늄이나 실리콘과 같이 공유 결합의 강도가 절연체와 도체의 중간 성질을 갖기 때문에 반도체라 하며 어느 정도 자유 전자가 곁들어 있음으로써 다소의 도전성을 나타낸다.

3) 금속 결합

금속 결합은 전기 전도가 좋은 도체에서 일어나는 결합이다. 구리와 같은 도체에서는 최외각의 가전자가 외부로부터의 작은 에너지에도 쉽게 영향을 받아 원자들 사이를 떠돌아다니게 된다. 이와 같이 가전자가 충분한 에너지를 얻어 원자를 완전히 떠나게 되면 자유 전자가 되고 해당 원자는 양이온이 된다. 따라서 원자들이 자유 전자들을 서로 공유하는 형태가 되며 이를 금속 결합이라 한다.

도체 내의 자유 전자들은 어떤 의미에서는 마치 구름과 같이 무리지어 떠다니는 것과 같으며 이러한 전자구름과 양이온 간에는 불규칙하지만 끊임없는 인력이 발생하므로 원자 간에 결합하는 힘이 생기는 것이다. 그림 2.7은 구리의 금속 결합을 예로 든 것이다.

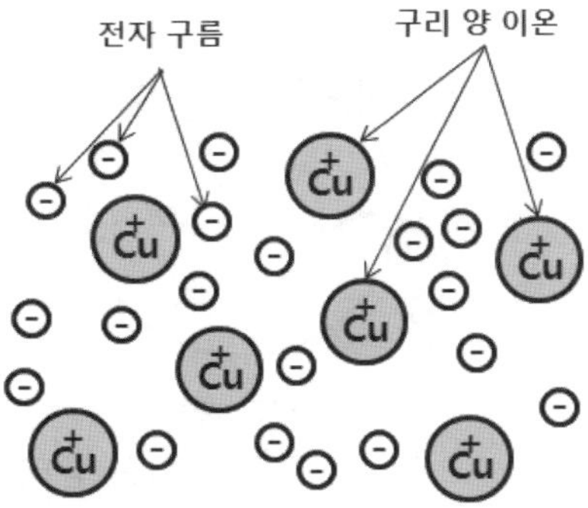

그림 2.7 구리의 금속 결합

2.3.3 전기공학 측면에서의 전자 흐름

물질은 모두 분자로, 그리고 그 분자는 다시 원자로 되어 있고 더구나 그 원자는 다시 양전기를 가진 원자핵과 음전기를 가진 전자가 기본으로 되어 있다고 하였다. 따라서 전기라는 것은 무엇으로 만들어진 것이 아니라 양과 음이 1쌍이 되어 모든 물질 속에 언제나 들어있다고 할 수 있으며 이 모습을 나타낸 것이 그림 2.8 (a)다. 원자핵이 가진 양전기와 전자가 가진 음전기가 같은 양이어서 보통은 양과 음의 전기가 서로 그 전기적 작용을 상쇄하고 있기 때문에 중성 상태를 나타내고 있다.

그런데 외부에서의 어떤 영향으로 그림 2.8 (b)처럼 몇 개의 원자 속으로부터 자유전자가 물질 바깥으로 튀어나가면 그 원자는 그만큼 음전기를 잃었기 때문에 양전기의 성질을 나타낸다. 따라서 물질은 양으로 대전한다. 또 그림 2.8 (c)처럼 외부에서 몇 개인가의 자유전자가 그 물질의 표면에 붙으면 그 물질을 형상 짓는 원자는 그만큼 전자의 음전기를 받아서 음전기의 성질을 나타낸다. 즉, 음으로 대전한다. 이와 같이 원래 중성 상태였던 것에서 전자를 상실하거나 또는 받거나 하였을 때 물질은 대전하게 된다.

전기는 모든 물질 속에 있음에도 불구하고 보통은 전기로서의 작용을 나타내지 않는다. 이것은 보통의 상태에서는 양전기와 음전기가 양이 같고 언제나 한 쌍으로 되어 있기 때문이다.

원자에서 멀리 떨어져 있는 우리들은 양전기의 작용과 음전기의 작용을 같은 크기만큼 평등하게 받고 있기 때문에 양전기와 음전기의 작용이 서로 상쇄되어서 아무 일도 일어나지 않는 것처럼 보인다. 이것이 중성 상태에 해당한다. 만약 우리들이 원자에 아주 근접하거나 또는 원자 속에 들어갔다고 하면 당연히 장소에 따라서 다른 양이나 음의 전기의 어느 한쪽 영향을 강하게 받아서 주위에 있는 모든 것이 대전될 것이다.

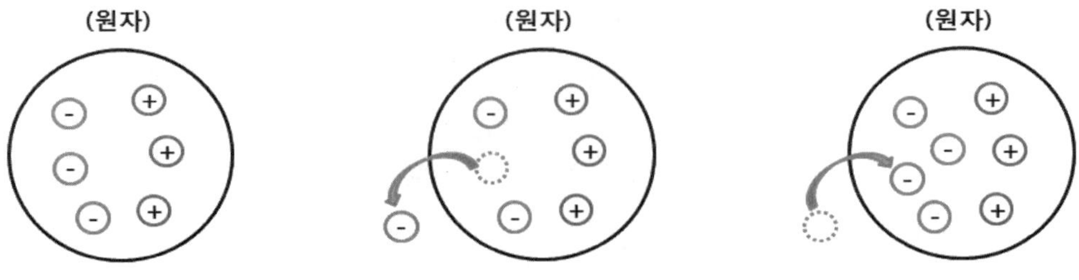

(a) 중성 상태　　(b) 양전기 상태　　(c) 음전기 상태

그림 2.8 물질의 대전 상태

원래 전기라는 것은 양과 음이 한 쌍이 되어 있는 것이 가장 안정한 상태여서 양과 음의 전기가 어떠한 원인으로 분리되었을 때 그것이 원래로 복귀하려는 힘이 발생하며 이것이 전기 에너지다. 마찰에 의해 양과 음의 전기를 분리시켜 대전시킨 것이 대전체 끼리를 접촉시키거나 또는 인체를 통하여 대지로 달아나 버려 전기가 없어진다. 즉, 방전한다는 것은 일시적으로 분리된 양과 음의 전기가 재차 안정한 원래의 상태로 복귀했다는 것이다.

그래서 대전하지 않은 상태, 즉 중성 상태라는 것은 결코 전기가 없어진 것은 아니고 전기의 작용이 나타나지 않는다는 의미로 해석하여야 한다.

이러한 중성 상태의 물질에 대해 전자를 움직이게 하는 힘은 전기 공학에서는 전기적 압력(전압)이지만, 전자 공학에서는 열, 빛, 전기 등 다양하다.

이러한 전자들이 물질에 따라 가전자 수는 정해져 있지만 외적 힘을 받으면 자유전자가 되어 움직이게 되는 정도는 다르다. 이것을 저항률이라 하며 똑같은 외적 힘을 가해도 물질마다 전자의 흐름 정도는 다르다. 이 저항의 정도에 따라 전기 공학에서는 도체와 절연체로 나누며, 전자 공학에서는 도체, 반도체, 부도체로 나눈다. 그림 2.9는 여러 물질의 저항 범위를 나타낸 것이다.

도체인 구리를 우리는 전선으로 많이 사용하고 있다. 이것은 은 보다 저항이 크지만 은은 너무 비싸기 때문에 비교적 저항률이 작은 구리를 사용하고 있다. 이러한 구리 전선은 금속 결합을 하고 있으며 원자에는 강하게 구속되지 않는 자유전자가 있기 때문에 전선 안에는 자유롭게 움직일 수 있는 자유전자가 많이 있다. 이 자유전자가 전기를 전도하는 중요한 역할을 한다.

그림 2.10 (a)와 같이 구리 전선 자체만으로는 자유 전자를 움직일 수 없다. 그러나 그림 2.10 (b)와 같이 양전하와 음전하를 연결하면 구리 전선 속의 자유 전자가 양전하에 끌리어 이동하게 된다. 이와 같이 구리 전선 속의 자유 전자 이동은 양전하 쪽으로 계속 이동하게 되는 데 이 전자 이동, 즉 전자의 흐름을 전기 공학적 측면에서의 전류라 한다. 말하자면 전기 공학적 측면에서의 캐리어는 자유 전자가 되며 이 캐리어의 흐름이 전류인 셈이다.

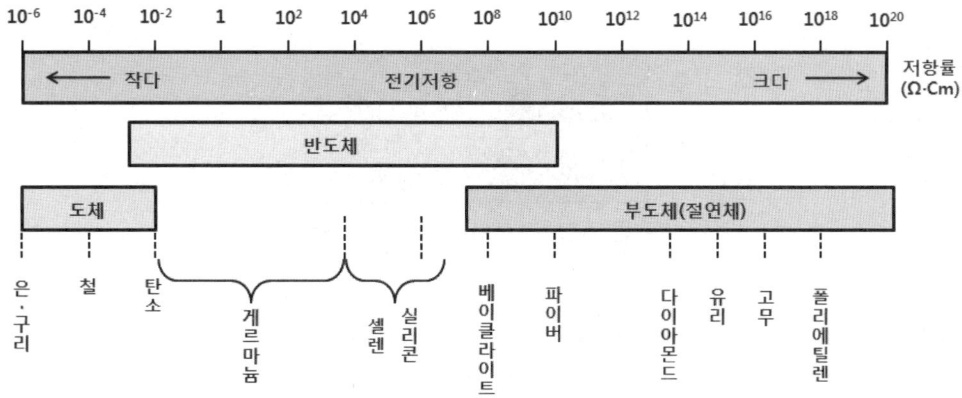

그림 2.9 여러 가지 물질의 저항 범위

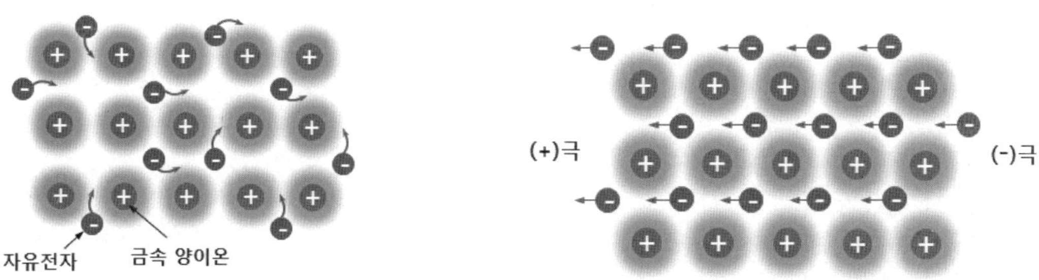

(a) 전류가 흐르기 전

(b) 전류가 흐를 때

그림 2.10 자유 전자의 이동 방향

2.3.4 전자공학 측면에서의 전자 흐름

다이오드나 트랜지스터는 실리콘이나 게르마늄 등의 4가 원소로 만들고 있으며 그림 2.9에서 알 수 있듯이 저항의 정도에서 반도체이다. 이러한 실리콘이나 게르마늄은 외부에서 전극을 가하면 전류가 흐르는데 이것을 바탕으로 전류를 설명하기로 한다.

그림 2.11와 같이 홀과 전자의 농도가 동일한 진성 반도체 양단에 외부에서 전극을 가하게 되면 진성 반도체의 음전하인 전자는 양전극으로 끌려가는 반면 양전하인 홀은 음전극 쪽으로 끌려간다.

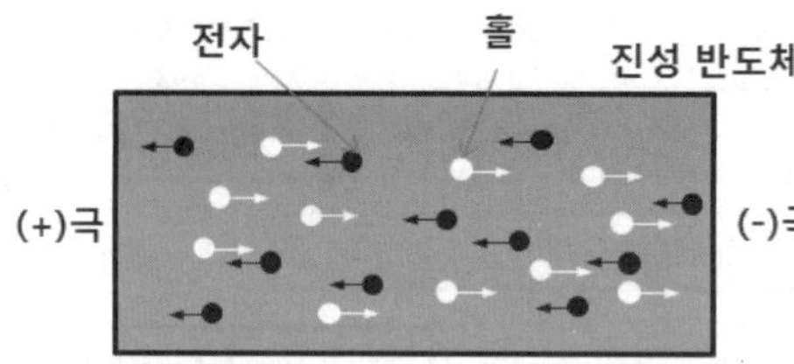

그림 2.11 전자와 홀의 이동 방향

이와 같이 반도체 속의 전자는 양전극 쪽으로 홀은 음전극 쪽으로 계속 이동하게 되는 데 이 전자 이동 및 홀의 이동을 전자 공학적 측면에서의 전류라 한다. 말하자면 전자 공학적 측면에서의 캐리어는 전자와 홀이 되며 이 캐리어의 흐름이 전류인 셈이다.

2.4 전류

2.4.1 전자의 동작

그림 2.12 (a)와 같이 구리 선선 자체만으로는 자유 전자를 움직일 수 없다. 그러나 그림 2.12 (b)와 같이 양전하를 가진 A와 음전하를 가진 B를 전선으로 연결하면 전선 속의 자유 전자가 A의 양전하에 끌리어 A쪽으로 이동하여 양전하와 결합하고 중성이 된다. 이 때문에 전선 속의 자유 전자가 일제히 A쪽으로 움직여 그림 2.12 (c)와 같이 B에는 자유 전자가 부족하게 된다.

이와 같이 전선 속의 자유 전자 이동은 A의 양전하가 모두 중성이 될 때까지 계속된다. 이 전선 속의 전자 이동, 즉 전자의 흐름을 전류라 한다.

다시 말하면 전기는 음전기로 대전한 물질과 양전기로 대전한 물질이 전선으로 연결되면 가만히 있지 못하고 음전하의 전자가 양전하 쪽으로 흐르게 된다. 즉, 양전하 대전체의 부족한 전자를 보충시켜 주기 위해 음전하 대전체의 과잉 전자가 이동하게 되는데 이를 전기가 흐른다고 하는 것이다.

전자는 분명히 ⊖쪽에서 ⊕쪽으로 흐르고 있으나 우리는 전류의 흐름을 ⊕에서 ⊖로 흐른다고 하고 있다. 옛날은 전류의 본질이 음전기를 가진 입자인 전자라는 것을 알지 못하였기 때문에 전류는 양에서 음으로 향하여 흐른다고 하였다. 지금도 전류의 방향과 전자의 방향은 반대지만 전

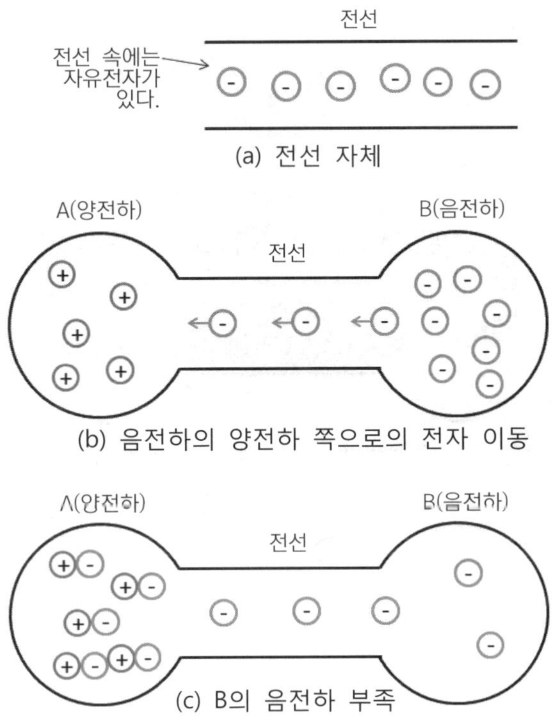

그림 2.12 전류

기 현상 즉, 전등이 켜지거나 모터가 돈다는 것을 일일이 전자의 흐름에 결부하여 생각하지 않아도 좋은 경우에는 전류는 양에서 음의 방향으로 흐른다고 기억하여도 된다. 그것은 옛날부터 있었던 전기에 관한 법칙이나 현상이 전기는 양에서 음으로 향하여 흐른다고 설명되어 있어서 그 쪽이 여러 가지로 편리하였기 때문이다.

이러한 전자의 흐름(전류)을 계속 유지시키기 위해서는 계속해서 전기적 압력이 가해져야 한다. 이것을 우리는 전압이라 하며 전기공학에서 전류를 일으키는 원인이 전압인 것이다. 이 전압을 만들어 내는 힘을 기전력이라 하고 기전력을 발생시키는 것을 전압원(또는 간단히 전원)이라 한다. 특히 시간에 관계없이 크기가 일정한 전압원을 직류 전압원이라 하고 시간에 따라 양의 전기와 음의 전기를 발생시키는 전압원을 교류 전압원이라 한다.

우리가 흔히 사용하는 전지(밧테리)가 직류 전압원의 대표적인 것이고 일반 가정에서 사용하는 냉장고, 에어컨, TV 등의 전압원은 모두 교류 전압원이다.

직류 전압원(건전지)과 꼬마전구의 접속을 통한 전류의 흐름을 살펴보기로 한다.

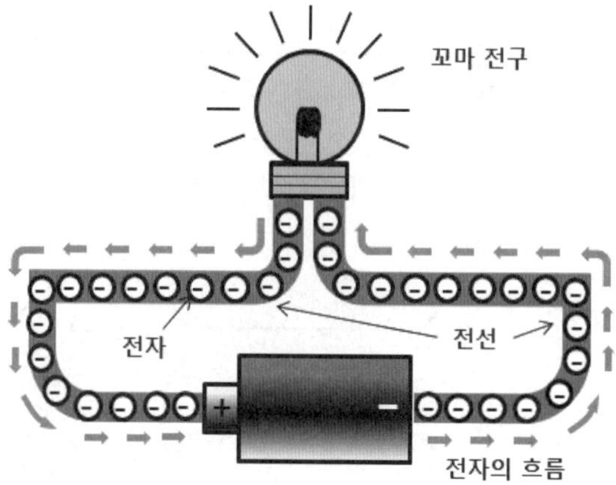

그림 2.13 건전지에 의한 전선 속의 전자의 흐름

그림 2.13은 전선 속에는 직류 전압원인 건전지에 의해 건전지의 음극으로부터 나온 전자가 연속해서 양극으로 흐르고 있는 모습을 보이고 있다. 이러한 전자의 흐름을 전기공학에서 말하는 전기(전류)라 한다.

2.4.2 전류의 크기

전류는 전자라는 극히 작은 입자의 흐름이라고 하였다. 그런데 이러한 전자의 질량은 어느 정도일까 매우 궁금한데 질량은 9.1×10^{-31}[㎏]이라 한다. 감을 잡을 수 없는 매우 작은 무게이다. 그러면 전자를 1g을 만들려면 도대체 몇 개가 모여야 1g이 될까? 답은 1.0989×10^{27}개 이다. 상상이 가지 않는 개수이다. 이와 같이 작은 입자이므로 원자의 틈새를 자유롭게 빠져 나갈 수 있는 것이다.

우리는 전류의 단위로 A를 사용한다. 1A의 전류라는 것은 1초에 약 6.25×10^{18}개의 전자가 이동했을 때를 말한다. 그리고 부의 성질을 가진 전자가 약 6.25의 10억(10^9)의 10억 배의 수가 모였을 때의 전기량을 1쿨롱(Coulomb, 약해서 C라고도 쓴다)이라 하며 전하의 단위로 사용한다. 그렇다면 1A는 매초 1C의 전하가 이동하는 전류의 크기라고 할 수 있다. 예를 들어 5초간에 10C의 전하가 흐를 때의 전류 크기는 2A가 된다.

2.4.3 전류의 작용

1) 발열 작용

우리 생활 속에 전등, 전열기, 다리미, 전기히터 등이 발열 작용을 응용한 가전제품이다. 금속에는 전류의 흐름을 방해하는 전기 저항이 있다. 이 전기 저항에 전류가 흐르면 열이 발생한다. 일정한 시간 내에 발생하는 열량은 저항값이 크고 전류가 많을수록 많아진다.

전류의 발열작용은 말 그대로 전류가 흐름으로써 열이 발생하는 작용이다. 전열기나 다리미 등 열을 이용하는 전기기구는 이 실례다. 전기는 2개의 전선과 스위치 하나로 컨트롤할 수 있어서 극히 편리하지만 그 반면, 난방용 등에서 대량으로 사용하는 경우에는 가스나 석유 등의 연료보다는 비용은 많이 든다. 열 그 자체를 이용하지 않는 경우에도 역시 전류에 의한 발열작용을 이용하는 일이 많다. 이는 열의 발생이 작은 부분에 집중하여 일어나면 대단히 높은 온도가 되어 발생한 열의 일부는 빛이 된다. 이것은 전구, 정확히 말하면 백열전구의 예인 데 이 경우에는 전류의 발열작용에 의해서 빛을 얻고 있다.

2) 자기 작용

전류의 자기작용은 전류가 흐름으로써 그 주위가 자석으로서의 성질을 가지게 된다. 예를 들어 직선의 전선에 전류를 흘리면 그 가까이에 있는 자석이 흔들리는 것을 볼 수 있다. 사실 옴이 옴의 법칙을 발견하였을 때의 전류는 이와 같은 방법으로 측정한 것이다. 전선을 빙빙 감아서 코일 구조로 하면 전류의 자기작용이 강화되며 이 코일 속에 철의 막대기(철심이라고 한다)를 넣으면 이것은 강력한 자석이 된다. 그리고 전류를 멈추면 자석의 성질은 없어진다. 전류가 흐르고 있을 때만 자석의 성질을 나타내므로 전자석이라고 한다. 모터나 버저나 스피커와 같이 움직이는 기계, 따라서 운동 에너지를 이용한 것의 대부분은 이 전류의 자기작용을 이용한 것이다. 또 움직이지 않는 것이라도 라디오의 동조 또는 튜너용 코일이나 트랜스는 역시 전류의 자기작용을 이용하고 있다.

우리 일상생활에서 모터를 상당히 많이 사용하고 있다. 냉장고, 전자레인지, 오븐 믹서, 세탁기, 헤어드라이어, 환기 팬, 컴퓨터, 자동차 등에 모터가 이용되고 있다. 이 모터는 전기적 에너지를 기계적 에너지로 바꾸는 것이며 역으로 발전기는 기계적 에너지를 전기적 에너지로 바꾸는 것이다. 또한 2개 이상의 독립된 코일을 감은 다음 하나의 코일에 전류가 흐르면 자기가 발생한다. 이 전류의 흐름을 주기적으로 변화시키면 그에 따라 자기의 세기도 주기적으로 변화하고 다른 코일에 전기를 발생시킨다. 이것이 변압기의 원리이며 승압기 또는 감압기 등에 응용되고 있다.

3) 화학 작용

전류의 화학작용을 이용한 것의 대표적인 예는 전기분해다. 물질이 주로 액체일 때 분자가 전자를 놓치거나 가두어 놓거나 한 상태로 되어 있을 때가 있다. 분자가 전자를 놓치거나 가두어 놓거나 하면 분자는 양전기 또는 음전기의 성질을 나타낸다. 이와 같이 양 또는 음의 전기를 가진 분자를 이온이라고 하며 이온이 된 액체를 전해액이라고 하다. 전류의 화학작용이라는 것은 이 전해액에 전류를 흘림으로써 분자를 원자로 분해하거나 전자를 꺼내거나 할 수 있는 작용이다. 전기분해, 전기 도금, 전해 에칭, 전지 등이 이 예이다. TV나 라디오 속에서 사용되고 있는 것에는 전지와 전해 콘덴서가 대표적이다.

2.5 전압과 기전력

2.5.1 전압

그림 2.14 (a)와 같이 A, B 수조가 있고 두 수조를 파이프를 연결하여 물의 흐름을 보기로 한다. 일상생활에서 이러한 물의 흐름을 우리는 경험으로 알고 있듯이 A의 수면은 B의 수면보다 높아야 한다. 이것을 수위라 하며 이 A, B의 수면 높이 차를 수위차라 한다. 수위차가 있으면 물을 흘리기 위한 압력이 걸리므로 수위차를 수압이라 한다. 수압이 높을수록 물은 힘차게 파이프를 통과하게 된다. 즉, 물은 물의 압력(수압)에 의해 높은 쪽(A)에서 낮은 쪽(B)으로 수압의 차에 의해 물의 세기가 결정된다. 이와 마찬가지로 그림 2.14 (b)와 같이 양전기가 있는 물체 A와 음전기가 있는 물체 B를 전선으로 연결하여 전기의 흐름을 살펴보기로 한다. 전기의 경우도 마찬가지로 전류를 흐르게 하는 힘의 원천이 전위라 할 수 있다. 전기는 물처럼 눈으로 볼 수 없으므로 전위는 양전하의 차라 생각해도 좋다. 즉, 양전하가 많은 쪽(+)에서 적은 쪽(−)으로 전류가 흐른다. 그림 2.14 (b)에서 보면 A쪽이 양전하가 많고 B쪽이 양전하가 작으며 이것에 의해 전기적 압력이 발생한다. 이 전기적 압력을 전압 또는 전위차라 한다. 즉, 전압(전위차)에 의해 (+) 쪽에서 (−) 쪽으로 전기가 흐르며(전자의 흐름 방향은 반대) 전압의 차에 의해 전기의 크기가 결정된다. 이 전압의 크기를 볼트(V)라는 단위로 나타낸다.

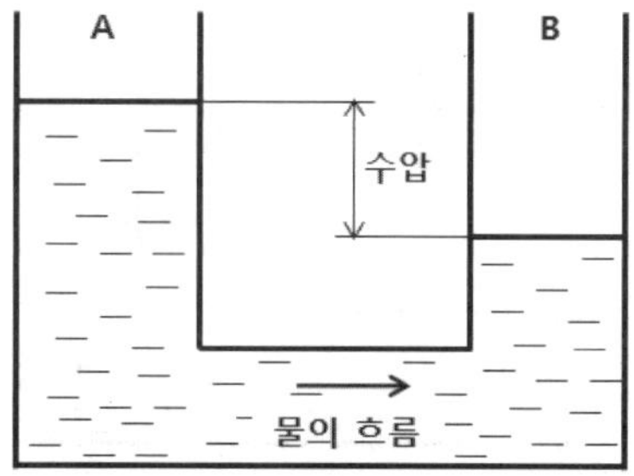

(a) 물의 흐름(수류)

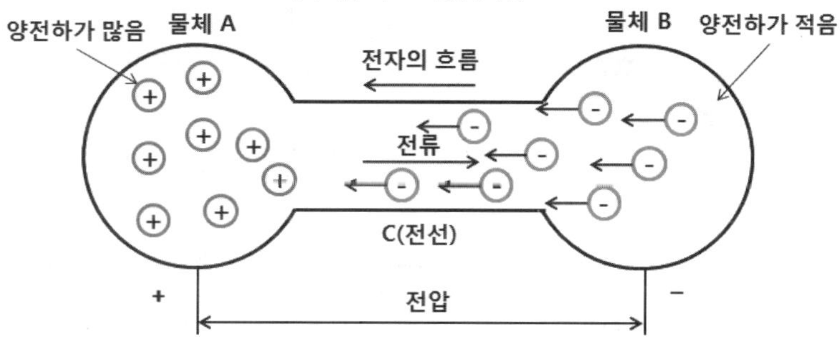

(b) 전기의 흐름(전류)

그림 2.14 수압과 전압의 비교

2.5.2 기전력

그림 2.15 (a)와 같이 A, B 수조를 파이프를 연결하면 물이 흘렀지만 시간이 흐름에 따라 A 수조의 물은 줄고 B 수조의 물은 늘어나므로 수위차는 점점 줄어든다. 그리고 결국은 A 수조와 B 수조의 물의 높이가 같게 되며 물의 흐름은 멈추게 된다. 즉, 수위차(수압)가 없어지면 물의 흐름은 멈추게 된다.

전기의 경우도 마찬가지로 그림 2.15 (b)와 같이 물체 A로부터 물체 B로 전류가 흐름에 따라 A의 양전하가 적어지고 B의 양전하는 많아져서 결국 물체 A와 B는 중성으로 되며 전위차(전압)가 없어지게 된다. 그리고 미침내 전류기 멈추게 된다. 이와 같이 수압과 전압이 없으면 물이 흐르지 않으며 전류도 흐르지 않는다. 따라서 지속적으로 물을 흐르게 하려면 그림 2.16과 같이 펌프로 물을 퍼 올려 수위차를 만들어 주면 된다. 마찬가지로 지속적으로 전류를 흐르게 하려면 전압을 만들어 내야 하는데 이것을 기전력이라 한다. 기전력을 발생시키는 것을 전원이라 하며 단위는 전압과 같이 볼트(V)를 사용한다. 전원에는 전지나 발전기 등이 있다.

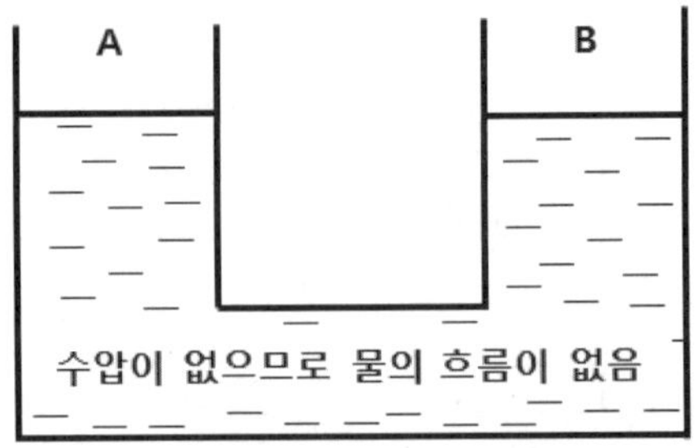

(a) 수압이 없는 경우

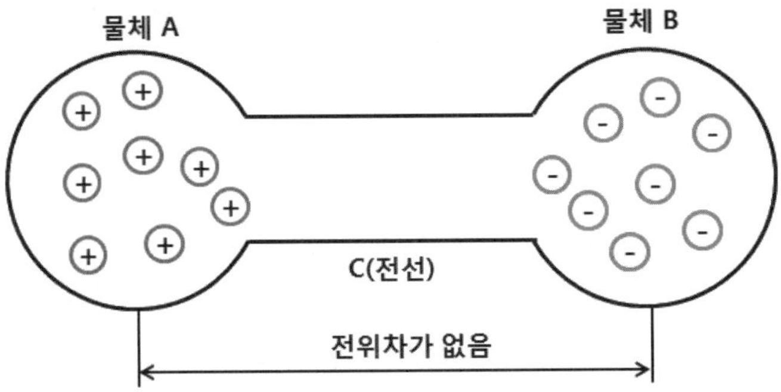

(b) 전압이 없는 경우

그림 2.15 수압과 전압이 없는 경우

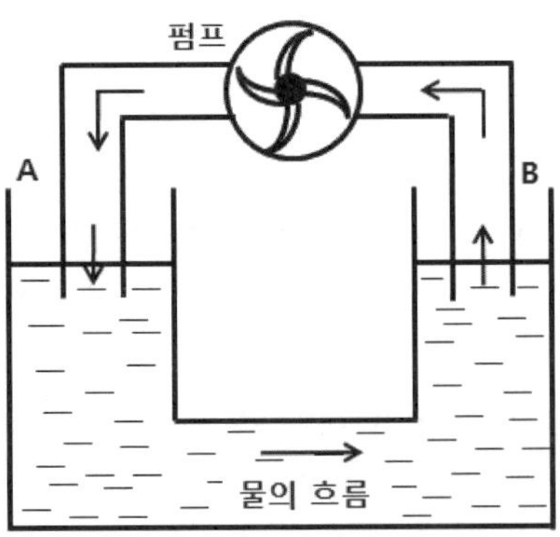

(a) 펌프에 의한 물의 흐름

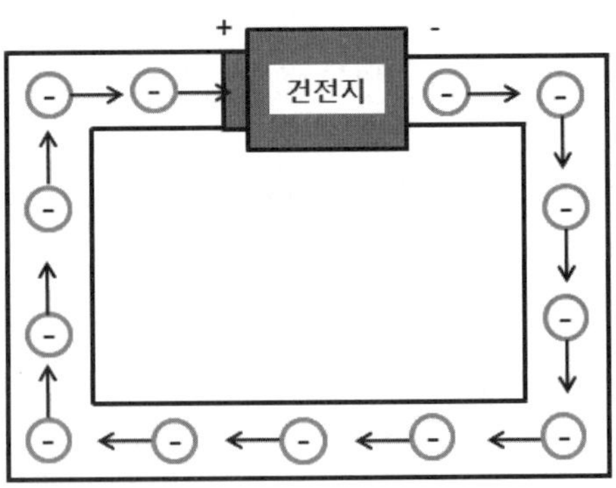

(b) 건전지에 의한 전자의 흐름

그림 2.16 펌프와 건전지가 수압과 전압을 만듦

2.6 저항

2.6.1 저항의 정의와 의미

전류의 흐르기 쉬운 성질, 흐르기 어려운 성질은 물질에 따라서 매우 차이가 나며 우리 주위에는 금속과 같은 도체로부터 유리, 천처럼 부도체까지 실로 여러 가지 있다. 전류가 흐르기 어려운 성질, 바꾸어 말하면 전류의 흐름에 대하여 역행하는 성질을 전기 저항, 또는 단지 저항이라고 한다.

저항의 기호는 보통, 영어 Resistance 또는 Resistivity의 머리 문자를 인용하여 R로 표시한다. 단위는 옴으로 Ohm이라고 쓸 때도 있고 희랍 문자의 Ω(오메가)를 사용하고 이것을 옴이라고 할 때도 있다. 스위치의 접촉 저항처럼 대단히 작은 저항일 때는 밀리 옴(mΩ)을 사용한다. 1mΩ은 1/1,000Ω이다. 또 대단히 큰 저항일 때는 킬로 옴(㏀) 또는 메가 옴(㏁)을 사용한다. 1㏀은 1,000Ω, 1㏁은 1,000,000Ω이다.

저항은 문자대로 전류의 흐름을 방해하는 것으로 회로에 저항이 있다는 것은 바람직하지 않을 경우도 있지만 경우에 따라서는 전류의 지나친 흐름을 억제하기 위하여 필요한 저항의 크기를 가지도록 만든 부품(저항기)을 의도적으로 회로 중에 넣는 경우도 있다.

그러면 전기를 잘 통과시키는, 즉 저항이 크지 않은 것을 도체라 하는데 이것들의 대표적인 것은 금속이 이에 해당한다. 그림 2.17은 도체의 대표적 몇 가지 금속에 대해 저항을 비교한 것으로 가장 저항이 낮은 것은 은이고 다음이 동, 금, 알루미늄의 순서다. 전기를 잘 통과시키고 싶은 곳에서는 물론 은과 금을 사용하면 좋지만 은과 금은 비싸서 보통의 전선이나 전기제품에서 동을 사용하고 있다. 전열기나 다리미의 히터에 사용되는 니크롬에는 동의 60배나 되는 저항을 가지고 있으며 큰 저항값을 가지는 것이 필요할 때는 이와 같이 고저항의 재료를 사용하고 있다.

그런데 같은 물체라도 굵기와 길이가 바뀌면 저항의 크기는 변한다. 이것은 저항이라는 것이 전자가 흐르기 어려운 성질을 나타내기 때문이어서 강에 흐르는 물의 양이 강의 폭과 길이에 관계하듯이 물체의 저항 R은 길이 l에 비례하고 단면적 S에 반비례한다(그림 2.18). 이때 비례 상수를 비저항(ρ) 이라고 하면 저항은 다음과 같이 나타낸다. 즉, 저항을 작게 하려면 굵고 짧은 선을 사용해야 한다는 것을 알 수 있다.

$$\text{저항}(R) = \text{비저항}(\rho) \times \frac{\text{길이}(l)}{\text{단면적}(S)} \tag{2.1}$$

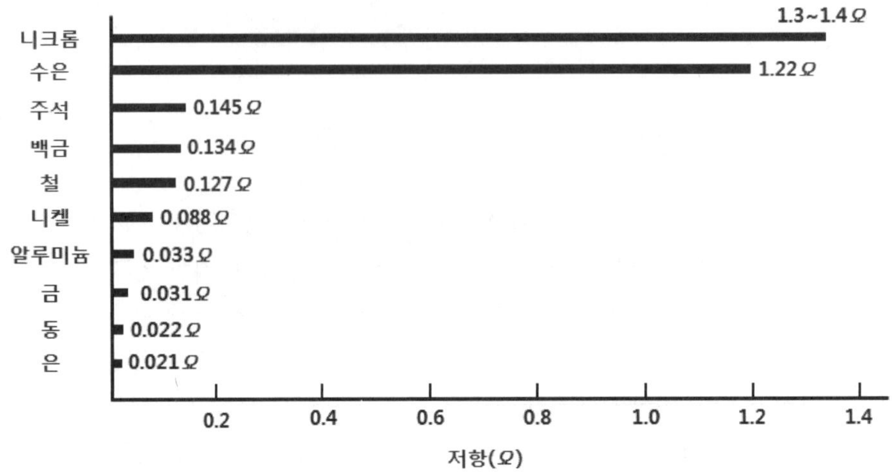

그림 2.17 금속선의 저항 비교(지름 1㎜, 길이 1m)

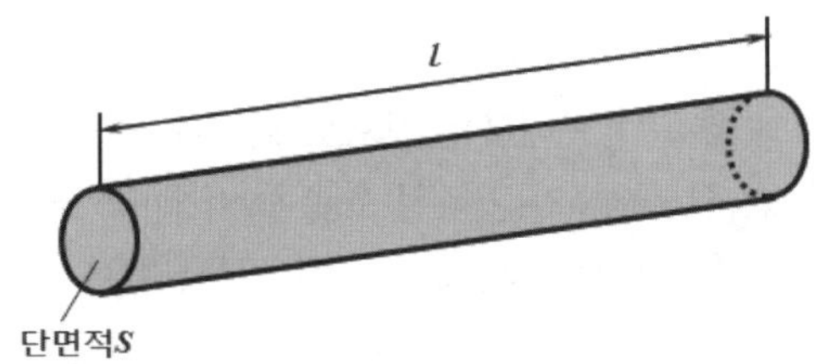

그림 2.18 물체의 길이와 단면적

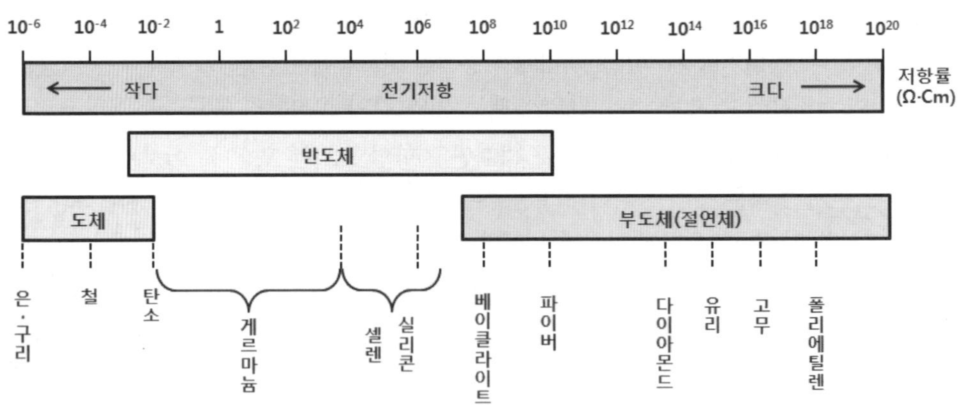

그림 2.19 여러 가지 물질의 비저항 분포

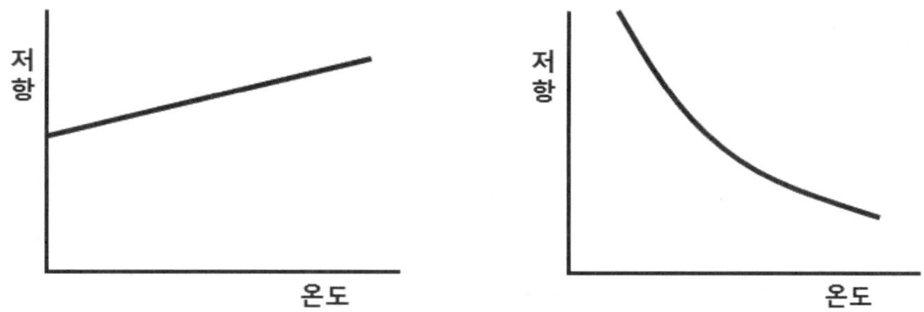

(a) 금속 (b) 반도체
그림 2.20 온도와 저항의 관계

앞에서 비저항이라는 것은 물체의 저항이 그 길이에 비례하고 단면적에 반비례할 때의 비례 상수라고 설명하였지만 이것을 좀 더 쉽게 설명하면 비저항이란 가로 1㎝, 세로 1㎝, 높이 1㎝인 입방체 형태로 하였을 때의 저항이다. 물체의 저항은 형태에 따라서 변하기 때문에 물질로서의 저항을 비교할 때에는 이와 같이 어떤 기준이 되는 치수를 정해 두어야 한다. 어떤 물질의 비저항을 알면 그 비저항의 값에 길이를 곱하여 단면적으로 나누면 임의 형태의 저항을 알 수 있다.

이러한 비저항의 단위는 옴 센티(Ω·㎝)다. 우리의 주변에 있는 여러 가지 물체를 이 비저항으로 비교해 보면 그림 2.19처럼 분포하고 있다. 도체의 대표는 금속으로 거의 10^{-6}에서 10^{-3} Ω·㎝ 사이에 있다. 또 부도체는 일반적으로 비금속으로 거의 10^{6}에서 10^{18} Ω·㎝에 걸쳐 있다. 그 중간에 있는 것은 경계는 별로 분명치 않지만 대체로 10^{-3}에서 10^{6}Ω·㎝에 걸쳐 분포하고 있는 것이 반도체에 해당한다.

한편 물체의 저항은 같은 물질이라도 온도에 따라서 변화한다. 금속인 경우는 일반적으로 온도가 오름으로써 1℃당 0.5% 정도 증가하는 것뿐이어서 상온 부근에서는 그다지 문제되는 일은 없다. 전열기의 니크롬선이나 전구의 텅스텐 필라멘트는 대단히 높은 온도로 되기 때문에 저온에서 측정한 값과 실제로 동작하고 있을 때에 측정한 값과는 큰 차이가 있다. 물체의 온도가 1℃ 상승할 때 마다 저항이 증가하는 비율을 그 물체의 저항의 온도 계수라고 한다.

보통의 금속이 온도가 오르는 데 따라서 저항이 약간 씩 증가(이것을 양의 온도 계수를 가진다고 한다)하는 반면 많은 반도체에서는 온도가 오르는 데 따라서 저항이 크게 감소(이것을 음의 온도 계수를 가진다고 한다)하는 성질이 있다. 그림 2.20는 그 경향을 가리킨 것이다.

2.6.2 저항의 역할

1) 전류조정

기계나 전기기구 중에서는 전류가 너무 흘러서는 곤란한 경우도 있다. 예를 들어 전기가 일을 하기 위해서는 그 일의 양에 알맞은 전류가 필요하며 불필요하게 큰 전류는 비경제적이다. 그래서 전압이 정해진 경우 전류를 원하는 크기로 하고 싶을 때는 회로 중에 일부러 저항을 넣어서 전류가 너무 흐르지 않게 한다.

이해하기 쉬운 예로서 우리 일상생활 가운데 스탠드의 전구 밝기를 희미하게, 중간 불빛 그리고 밝은 불빛을 터치 센서를 이용하여 3가지로 나타내는 것이 있다. 여기에는 그림 2.16과 같이 가변용 저항기를 전환스위치(터치센서)로 사용한 회로를 사용하고 있다. 즉, 한번 전환 스위치를 터치할 때마다 그림 2.21의 가변 저항기가 일정 회전을 하여 저항 값이 달라지도록 만든 스위치이다. 희미한 불빛은 저항을 크게 하여 전류가 많이 흐르지 못하게 하고 있으며 밝은 불빛은 저항을 작게 하여 많은 전류가 흐르게 하여 불의 밝기를 조절하고 있다. 말하자면 전구의 필라멘트인 텅스텐은 자체 저항에 의해 전류의 크기가 커지면 불빛의 밝기가 밝아지고 전류가 작아지면 불빛의 밝기가 약해진다. 이와 같이 전류의 크기에 따라 전구의 불 밝기가 달라지며 이 전류를 조절하는 것이 가변 저항기이다. 또한 라디오나 텔레비전을 비롯하여 전기를 이용하는 기계, 장치 중에도 전류를 조절하기 위한 저항이 사용되고 있다.

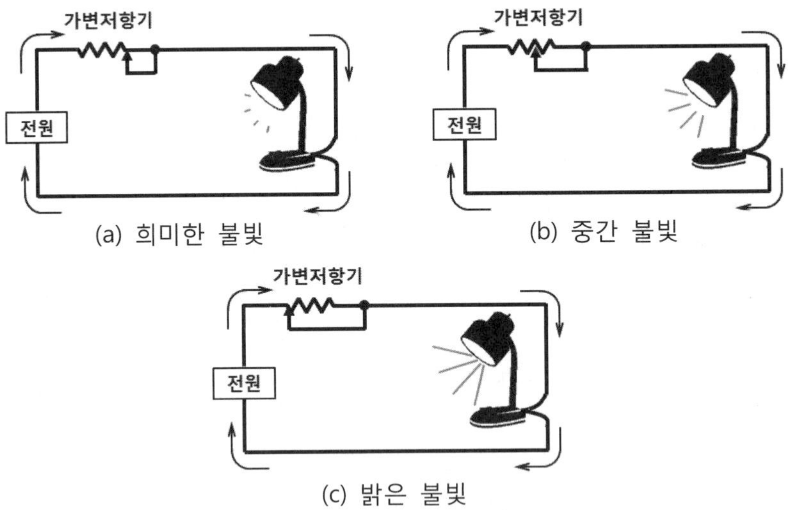

그림 2.21 가변 저항에 의한 스탠드의 3단계 불 밝기

만약 저항이 제로인 것(도체)과 저항이 무한대인 것(부도체) 2종류뿐이라면 대단히 불편할 것이다. 인간이 사용하는 전기는 전원 전압만 가지고 봐도 2.3V인 수은전지 1개로 움직이는 전자 손목 시계로부터 50만V나 되는 초고압 전선까지 실로 광범위하며 취급하는 전류도 수 pA에서 수 만A에 이르고 있다. 또한 전기를 에너지가 아닌 신호 정보로서 사용하는 통신이나 일렉트로닉스에서는 볼트[V]의 백만분의 1단위인 마이크로볼트[μV]로 나타내는 작은 전압을 다룬다. 그래서 필요한 저항도 낮은 저항은 쇼트에 가까운 수[mΩ]에서 높은 저항은 절연물에 가까운 수 백MΩ까지 있다.

2) 열에의 이용

저항을 가진 것에 전류가 흐르면 전류는 흐르기 어려운 곳을 무리하게 흐르기 때문에 열이 발생한다. 열이 발생했다는 것은 열도 에너지의 일종이기 때문에 전기 에너지가 열에너지로 변한 것이다. 이것은 열이 발생한 만큼 전기 에너지가 없어지므로 열을 낼 필요가 없거나 또는 열이 나서는 곤란한 경우에는 당연히 저항이 가급적 작은 재료를 사용한다. 그런데 전기 에너지를 사용해서 열을 내고 싶은 경우에는 열을 발생시키는 것이 목적이므로 저항이 큰 재료를 사용하여야 한다. 전열기나 다리미의 발열체(히터)에 니크롬선을 사용하는 것은 그 예이다.

3) 저항의 전압 분할

저항의 또 하나의 중요한 작용은 가한 전압을 분할할 수 있다는 것이다. 회로에 저항을 직렬로 접속하여 전류가 흐르게 하면 전체 저항의 일부분인 저항의 양단에서 원래의 전압보다도 작은 전압을 꺼낼 수 있다. 원래 전압의 몇 분의 1이 되는지, 즉 전압의 분할비는 전체 저항과 분할한 전압을 꺼내야 하는 일부분의 저항과의 비가 된다. 즉, 가한 전압을 저항비로 분할할 수 있다.

그림 2.22는 전압을 저항으로 분할한 예로서 12V인 전지의 전압을 200Ω과 400Ω의 2개 저항으로 분할하여 200Ω인 저항의 양단의 전압을 꺼내는 것을 생각하자. 200Ω인 저항의 양단의 전압은

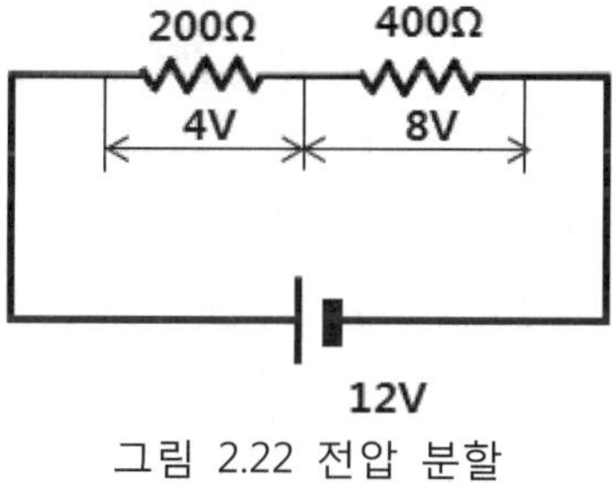

그림 2.22 전압 분할

$$12(V)\times\frac{200(\Omega)}{200(\Omega)+400(\Omega)}=4(V)$$

가 된다. 즉, 전압 분할비 4V/12V는 저항 분할비 200Ω/600Ω과 같다고 계산할 수 있다.

이와 같이 전압 분할비가 저항 분할비와 같아진다는 것은 분할하여 얻어진 전압은 전압으로만 사용하며 2개 저항의 분기점에서 전류는 흐르지 않는다는 전제가 필요하다. 그림 2.17처럼 분할하여 얻은 전압에서 전류가 흐르는 경우 전압은 저항 분할비에서 계산한 전압보다도 작아진다. 어느 정도 작아지는지는 흐르는 전류가 클수록, 전체 저항에 흐르는 전류(이 예에서는 20mA)가 작을수록 심해진다. 이 계산식은 여기서는 풀이 하지 않고 결과만을 가리키고 뒤의 옴의 법칙과 회로 계산을 공부한 후 설명하기로 한다. 여하간 전압 분할비가 저항 분할비에 거의 같게 하기 위해서는 분할하여 얻은 전압에서 흐르는 전류에 비하여 충분히 큰 전류를 전체의 저항에 흐르게 할 필요가 있다.

저항에 의한 전압 분할비는 간단하고 편리하지만 트랜스와 달라서 원래 전압의 전압보다 높게 할 수 없다는 것과 전체의 저항에 항상 전류가 흐르고 있으므로 전력 소비가 커서 비경제적이라는 결점이 있다. 이 때문에 분할하여 얻은 전압을 무엇인가 큰 전력을 위하여 사용하는 경우에는 적당하지 않고 작은 전류만 꺼내는 회로에 사용되고 있다.

4) 옴의 법칙

그림 2.23에서 전압이 E(V)인 전원에 저항이 R(Ω)인 부하를 연결하였을 때의 전류 I(A)의 크기에 대하여 생각한다.

전류는 전압이 높을수록 크고 회로의 저항이 클수록 작아진다는 것은 감각적으로 이해되지만 이 관계를 수식으로 표현하여 비례 관계에 있다는 것을 확인한 것은 독일의 물리학자인 옴이라는 사람으로 1827년의 일이다. 이것을 옴의 법칙이라고 하여 전기회로의 계산에 가장 기본적인 것이다.

옴의 법칙은 다음과 같다.

전류[A] = 전압[V] / 저항[Ω] 또는 전압[v] = 전류[A] × 저항[Ω] (2.2)

예를 들어 4Ω인 저항에 12V인 전압을 가하면 전류 I는 I=12V/4Ω=3A로 된다.

도체인 금속에서도 작지만 저항이 있다고 하면 회로에는 전원 저항과 부하 저항 외에도 이것들을 연결하는 도선 저항이 있다. 그렇다면 전류가 흐르는 회로 상에 저항이 있으면 어떠한 일이 일어나는지를 조사해 보기로 한다.

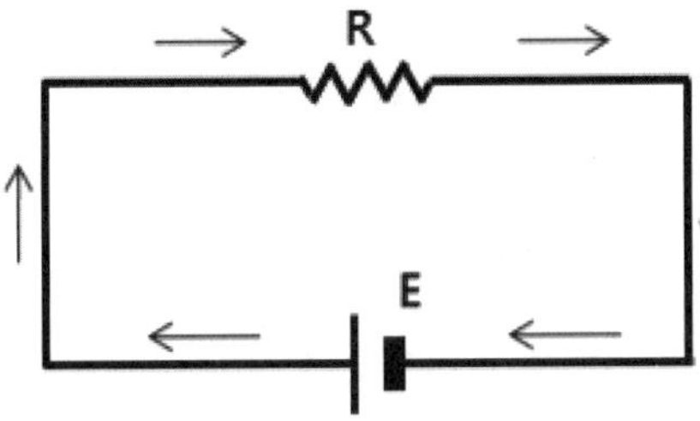

그림 2.23 I=E/R(옴의 법칙)

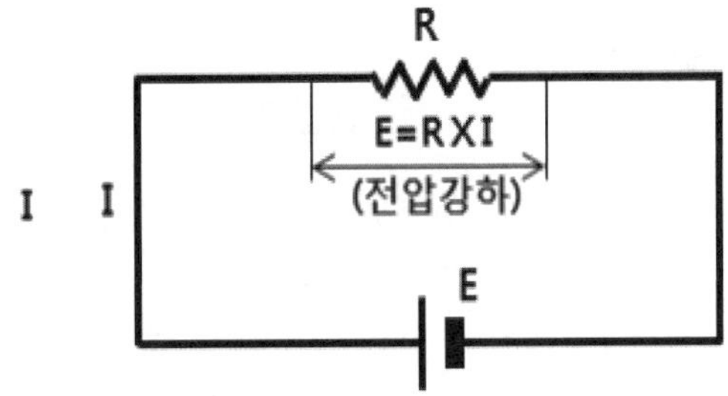

그림 2.24 전압 강하

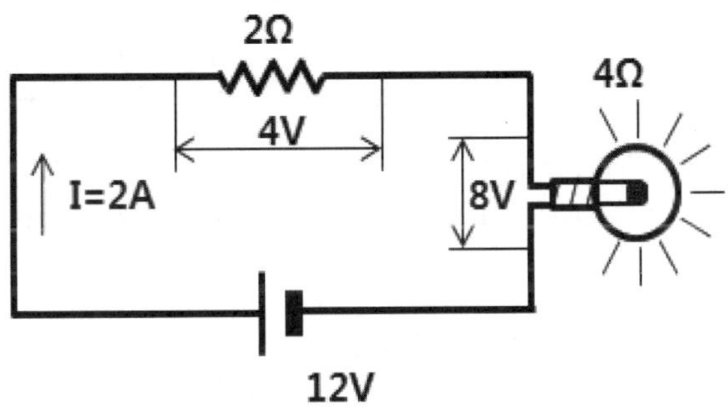

그림 2.25 전압 강하 예

전류는 전위차 또는 전압이라는 원동력에 의해서 흐른다. 저항은 이 전류를 방해하는 것이므로 전류가 흐르는 회로 상에 저항이 있으면 전위차 또는 전압의 작용은 당연히 약해진다. 이 때문에 원래의 전압 작용을 약하게 하는 힘이 이 저항의 양단에 생긴다. 여기서 옴의 법칙을 적용하면 저항 R에 전류 I가 흐름으로써 저항 양단의 전압 E는 R×I, 즉 저항의 양단에서 E=R×I 만큼의 전압이 생겨 이 전압만큼 원래의 전원 전압의 힘을 약하게 하려고 작용한다. 그래서 저항 양단에 생긴 전압을 전압 강하라고 한다(그림 2.24). 회로 속에 저항이 있으면 그 전압 강하에 의하여 전원 전압이 유효하게 부하에 전달되지 않는다.

여기서 하나의 예를 들어 그림 2.25와 같이 전구의 부하 저항이 4Ω인 회로에 2Ω의 저항을 추가하면 회로에 흐르는 전류가 2A(12/(2+4)=2)이고 추가된 저항 양단의 전압은 4V(저항 양단의 진입-2Ω×2A-4[V])이므로 전구에 가해지는 진입은 12V에서 8V로 저하된다. 이것이 전압 강하이다.

2.7 콘덴서

2.7.1 개요

전기회로에서 기호 C로 표현되는 전하를 축적하는 소자를 흔히 콘덴서(condenser) 또는 커패시터(capacitor)라고 한다. 그러면 콘덴서와 커패시터는 같은 말인가? 결론부터 말하면 이는 서로 약간의 차이는 있지만 엄격하게 구별할 필요는 없다고 생각한다. 학술적으로는 순수하게 정전 용량(capacitance)만을 가지는 이상적인 소자를 커패시터라 부르는 경향이 있다. 대부분의 회로에서는 이를 이상적인 소자로 가정하고 해석하므로 회로이론이나 전자 공학에 관한 서적들은 거의 모두 커패시터라는 용어를 사용한다.

일반적으로 실제의 콘덴서에는 그림 2.26과 같이 C성분 이외에 직렬로 등가 인덕턴스(다음 절에서 설명) 및 등가 저항이 존재하며 C와 병렬로 등가 저항이 존재하게 된다. 여기서 R_S는 리드선과 전극에서의 저항값에 기인하며 R_P는 전극 사이에 완전한 절연이 이루어지지 않으므로 누설되는 전류가 있는데 이에 따른 절연 저항을 나타낸다. 또한 L_S는 리드선 및 전극의 구조에 따른 등가 인덕턴스로서 리드선이 길면 이 값이 커진다. 처음 접하는 사람은 이것이 무엇이야 하고 생각하겠지만 여기서는 콘덴서와 커패시터의 차이를 나타내기 위한 것이니까 이런 것이 차이구나 하는 정도로 알아 두기 바란다.

콘덴서라는 이름은 전기를 압축(Condense)한다는 의미에서 붙은 이름이지만 영문에서 Condenser에는 축전기라는 의미도 있으며 실제로는 냉매를 압축하는 응축기라는 뜻으로 더 많이

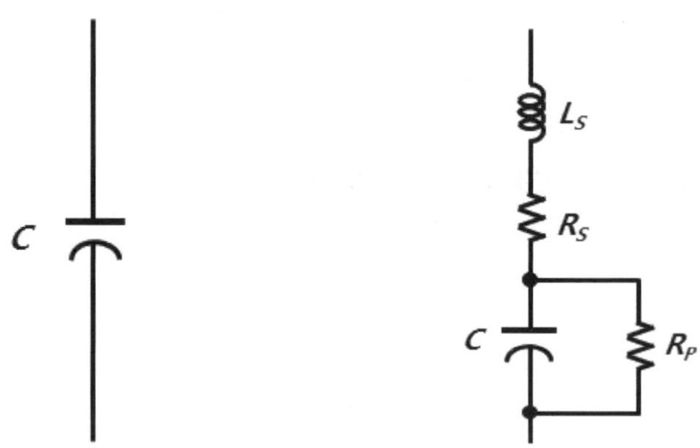

(a) 이상적인 커패시터 (b) 실제의 콘덴서 회로

그림 2.26 콘덴서의 일반적인 등가 회로

사용한다. 그런데 우리나라에서 콘덴서라는 단어를 일반적으로 사용하는 이유는 일본에서 콘덴서라는 명칭을 사용하기 때문이다. 그리고 우리나라에서는 콘덴서라는 말이 더 많이 사용하고 있으므로 이를 굳이 구분하려 하지 않는 것이 좋을 것 같다. 이 책에서도 우리에게 더욱 익숙한 콘덴서라는 용어를 사용하기로 한다.

2.7.2 콘덴서의 동작

콘덴서의 기본 동작은 전하의 충전과 방전이므로 이를 이용하여 여러 가지 전기적인 동작을 한다. 가장 기본적인 동작은 직류는 통과시키지 않고 교류만 통과시키는 동작이다.

콘덴서는 직류가 가해지면 전하가 충전되고 다시 충전된 전압과 반대되는 방향의 회로가 연결되면 방전이 일어난다. 만일 이 과정을 빠른 속도로 반복하면 어떻게 될까? 콘덴서의 양쪽 끝에는 충전과 방전으로 인한 교류 전류가 흐르게 될 것이다. 콘덴서가 직류는 통과시키지 않고 교류만 통과 시킨다는 것은 바로 이런 동작을 가리키는 말이다.

콘덴서는 이와 같은 기본 동작을 이용하여 다음과 같은 다양한 회로를 구성하는데 사용된다.

1) 정류회로

다이오드와 함께 그림 2.27와 같은 정류회로를 구성하여 교류를 직류로 만든다.

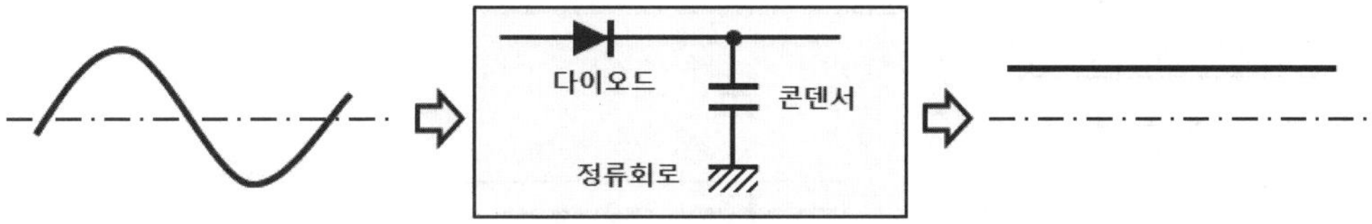

그림 2.27 정류회로에서의 동작

2) 지연회로

콘덴서의 충전 시간 동안 신호를 전달하는 시간을 늦추는 그림 2.28과 같은 지연회로에 사용한다.

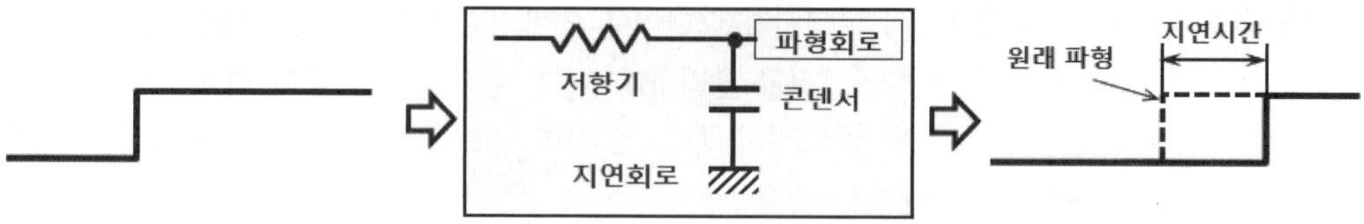

그림 2.28 지연회로

3) 저역통과 필터

저항과 함께 일정한 주파수보다 낮은 주파수의 신호만을 통과시키는 그림 2.29와 같은 저역통과 필터(Low-Pass Filter) 역할을 한다.

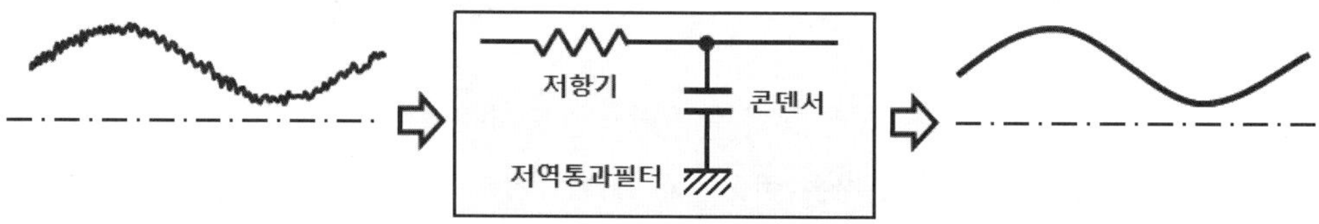

그림 2.29 저역통과 필터

4) 고역통과 필터

저역통과 필터와 반대로 일정한 주파수 보다 높은 신호만을 통과시키는 필터가 그림 2.30과 같은 고역통과 필터이다.

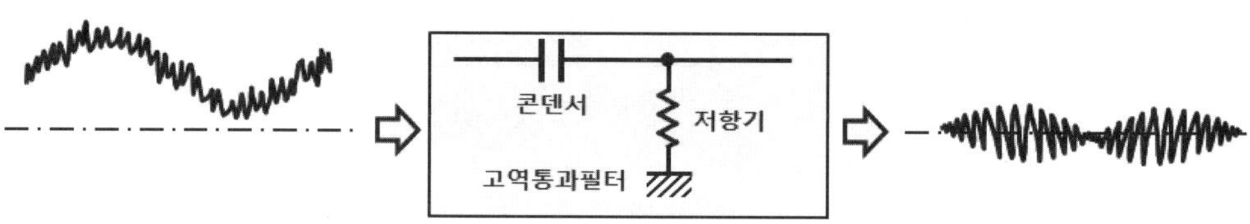

그림 2.30 고역통과 필터

2.8 인덕터

2.8.1 개요

인덕터는 에너지를 자기장 형태로 저장하는 소자로서 저항, 콘덴서, 전자관, 트랜지스터, 전원(電源) 등과 함께 전기회로를 이루는 가장 중요한 부품 가운데 하나이다. 구리나 알루미늄 등을 절연성 재료로 싸서 나사 모양으로 여러 번 감은 권선(捲線:코일) 형태로 전류의 변화량에 비례해 나타나는 권선이 인덕터이다. 즉, 도선을 감은 코일로 가장 기본적인 회로 부품이자 회로 소자이다.

도선에 전류가 흐르면 도선 주변에 자기장이 생긴다. 그런데 도선 주변 자기장은 일종의 관성과 유사하게 한 번 형성된 자기장은 계속 같은 형태를 유지하려고 한다. 따라서 항상 일정한 크기를 유지하는 DC의 경우는 도선을 흐르는 전류가 자기 스스로 만든 자기장의 영향을 받지 않지만 AC의 경우는 다르다. AC는 계속해서 도선의 전류 크기가 바뀌니까 주변 자기장도 모양을 바꿔야 한다. 그런데 앞에서 자기장은 일종의 관성이 있어 모양 바꾸기를 싫어한다고 했다. 그러니까 자기장은 안 바뀌려고 하고 전류는 자꾸만 자기장을 바꾸려고 하므로 AC의 경우는 일종의 노이즈가 생기게 된다. 그런데 이런 영향이 오히려 득이 될 때도 있다. 도선을 꼬아 인덕터로 만들면 이런 자기장의 영향이 커지게 된다. 도선에 AC전류가 흐를 때 이 인덕터를 달면 AC외부의 노이즈 영향을 오히려 줄일 수 있다. 왜냐하면 앞에서도 서술했지만 자기장의 모양이 바뀌지 않으려 하므로 도선 외부 영향에 의해 생기는 작은 노이즈에 의한 리플(ripple)들이 모습을 바꾸지 않으려는 자기장이 유도하는 전류에 의해 사라진다. 실제 회로 설계하는데 인덕터는 이렇게 전류 노이즈를 제거하는데 쓰인다.

인덕터에 전류가 흐르고 있을 때 인덕터의 한 쪽을 갑자기 끊어 버리면 전류는 순식간에 0이 되면서 매우 높은 전압이 발생하고, 이로 인해 끊어진 회로 부위에는 스파크가 일어난다. 이런 원리를 이용해 인덕터는 각종 전자제품, 발진회로, 전원회로의 전류저장소자 등에서 전류의 급격한 변화를 막고 전기 잡음을 걸러내는 필터 등으로 사용된다.

인덕터는 그림 2.31과 같이 코어에 코일을 감은 구조로 되어 있다. 코어에는 공기(air), 페라이트(ferrite) 및 철(iron) 등을 사용한다. 코어가 없는 공심형은 인덕턴스값이 낮으며 라디오 회로에 널리 사용된다. 페라이트 코어 형은 높은 인덕턴스값 제공하며 RF 공진회로에 사용된다. 그리고 분말 형태의 페라이트 물질에 공극이 많이 포함되게 한 파우더(powder)코어 형태로 많이 이용된다. 이 경우 코어의 손실이 감소하며 포화전류가 증가하게 되며 Ni−Fe−Mo 함금,

그림 2.31 인덕터(코일)의 구조

Ni-Fe 합금, Fe-Si-Al 합금 등이 재료로 사용된다. 철 코어 형은 저주파 오디오 회로, 전원 회로 등에 사용된다.

2.8.2 인덕터의 성질

앞에서 도선을 감은 코일이 인덕터라고 하였다. 이와 같이 도선을 나선 모양으로 감으면 원래의 도선이 지닌 특성과는 전혀 다른 여러 가지 특성이 나온다. 여러 특성 가운데서 몇 가지 주요 특성에 대해 그 개요를 쉽게 설명하기로 한다.

1) 전류의 변화를 안정시키려고 하는 성질이 있다

전류가 흐르려고 하면 인덕터는 전류를 흘리지 않으려고 하며 전류가 감소하면 계속 흘리려고 하는 성질이다. 이것을 렌츠의 법칙이라 부르는데 뒤의 자기 부분에서 설명하겠지만 전자유도작

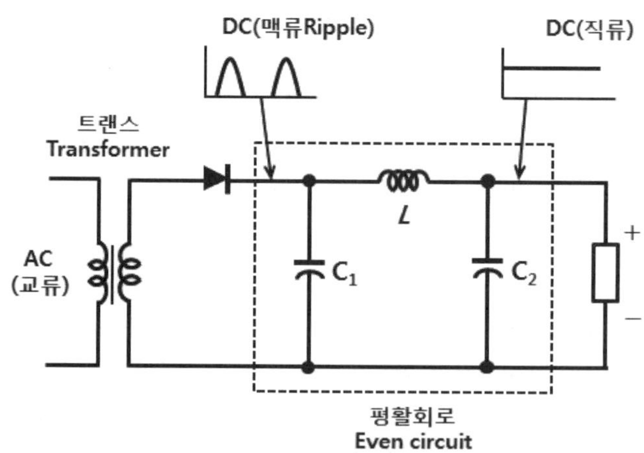

그림 2.32 평활 회로의 예

용에 의해 회로에 발생하는 유도전류는 항상 유도 작용을 일으키는 자속의 변화를 방해하는 방향으로 흐른다는 것이다. 이 성질을 이용하여 교류로부터 직류로 변환하는 전원의 평활회로(그림 2.32)에 사용된다. 교류를 정류기에 의해 직류로 변환한 경우 그대로는 맥류(리플:Ripple)라고 하여 교류성분이 많은 직류이며 완전한 직류가 아니다. 플러스의 직류로 정류한 경우 마이너스 전압성분은 없어지지만 0V와 플러스 전압을 왕래하고 있다.

평활회로는 콘덴서와 인덕터를 조합한 회로를 사용하면 인덕터가 전류의 변화를 저지하려는 작용을 하고 콘덴서가 입력전압이 0V로 되어도 축적한 전기를 그때 방출하기 때문에 안정한 직류를 얻을 수 있다. 간단한 평활회로에서는 인덕터 대신에 저항기를 사용하여 콘덴서의 평활 기능만 이용하는 경우도 있다.

2) 상호유도작용이 있다

이것은 두 코일을 가까이 하면 한쪽 코일의 전력을 다른 쪽 코일에 전달할 수 있다는 것이다. 이 성질을 이용한 것이 트랜스이다. 전력을 공급하는 쪽의 코일(입력)을 1차측, 전력을 꺼내는 쪽(출력)을 2차측이라고 한다. 1차측 권수와 2차측 권수의 비율에 따라 2차측의 전압이 변화한다.

전원트랜스 등은 2차측에서 권선의 도중에 선을 내어(tap이라고 한다) 그림 2.33과 같이 복수의 전압을 얻을 수 있도록 한 것이 많다.

3) 전자석의 성질이 있다

여러분이 잘 알고 있듯이 전류가 흐르면 철이나 니켈을 흡착하는 성질이다. 이 성질을 이용한 것으로 그림 2.34와 같은 계전기(릴레이)가 있다. 전류가 흐를 때에 철판을 끌어당겨 철판에 부착된 스위치를 닫도록 하는 것이다. 그리고 차임벨도 전자석의 성질을 이용한 것이다.

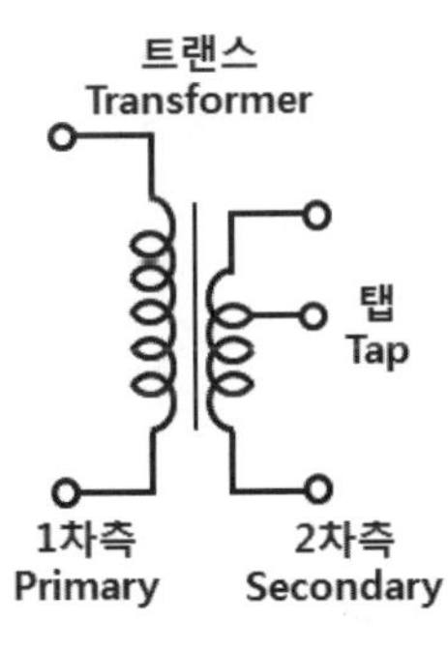

그림 2.33 전원 트랜스의 예

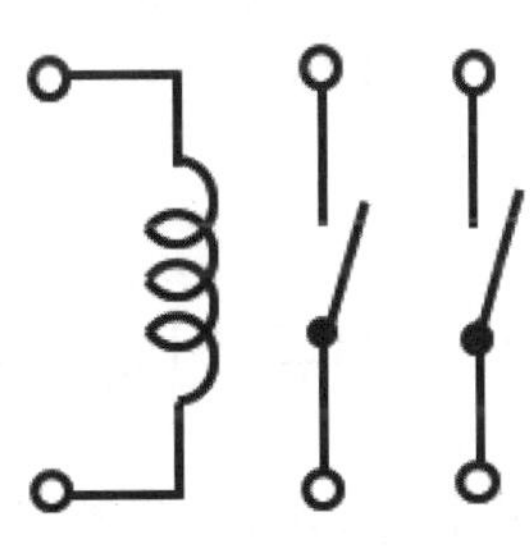
그림 2.34 전자 릴레이(계전기)

4) 공진하는 성질이 있다

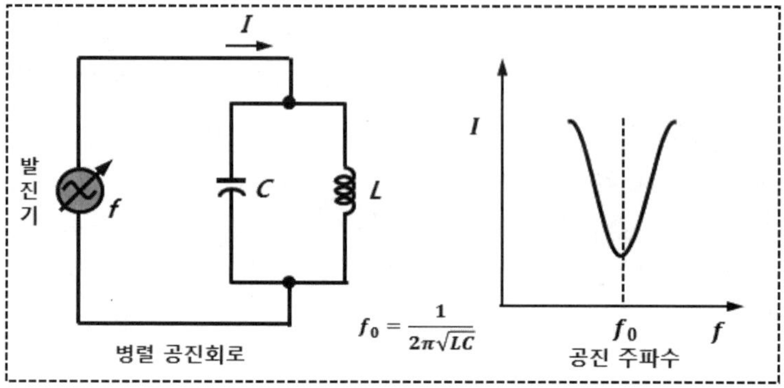

(a) 병렬 공진회로

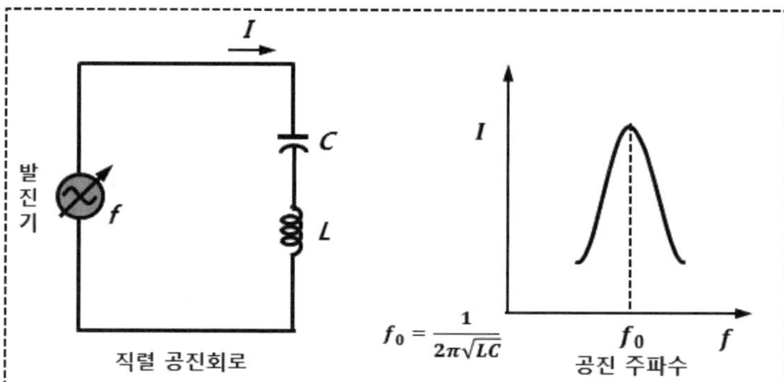

(b) 직렬 공진회로

그림 2.35 공진회로

코일과 콘덴서를 조합하면 어떤 주파수의 교류전류가 흐르지 않거나 쉽게 흐르기도 한다. 라디오의 방송국을 선택하는 튜너는 이 성질을 이용하여 특정한 주파수만을 선택하고 있는 것이다. 이러한 성질을 이용한 것이 공진회로이며 그림 2.35와 같이 병렬공진회로와 직렬 병진회로가 있다.

2.8.3 인덕터의 전류-전압 관계식

패러데이의 유도법칙에 의해 그림 2.36에 표시된 방향으로 인덕터 양단에 전압이 유도 된다.

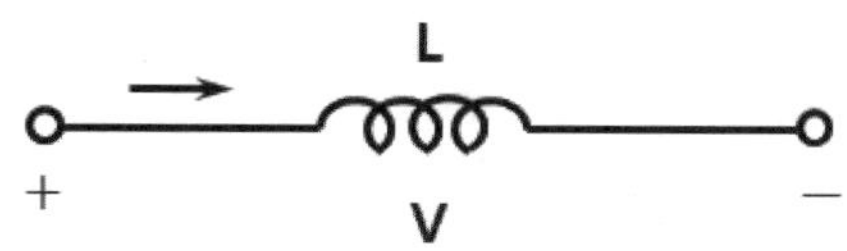

그림 2.36 인덕터의 전압-전류 관계

$$v = \frac{d\lambda}{dt} = L\frac{di}{dt} \tag{2.13}$$

$$i = \frac{1}{L}\int_0^t v(t)dt + i(0)$$

2.8.4 인덕터에 저장된 자기장 에너지

인덕터를 저항과 직렬 연결한 후 그림 2.37과 같이 t=0인 순간에 직류전원에 연결할 경우

$$v_R + v_L = iR + L\frac{di}{dt} = V_0 \tag{2.14}$$

식 (2.14)의 해를 구하면

$$i(t) = i_h(t) + i_p(t),\ \ i_h(t) = Ae^{-t/(L/R)},\ \ i_p(t) = \frac{V_0}{R} \tag{2.15}$$

전류의 초기 조건 $i(0)=0$을 적용하여 상수 A를 구하면 $A=-V_0/R$이 되어

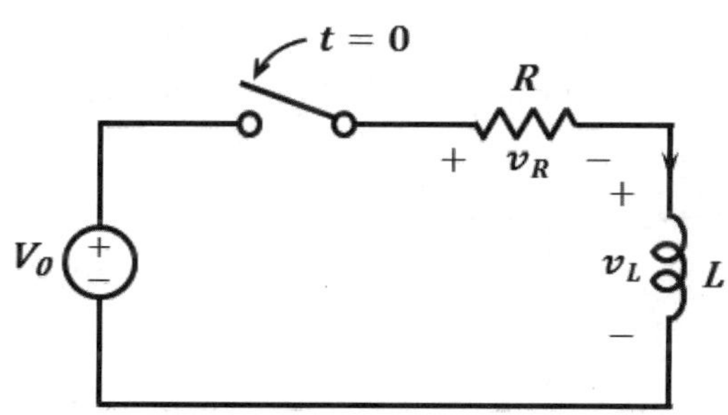

그림 2.37 인덕터 회로의 예

$$i(t) = \frac{V_0}{R}\left(1 - e^{-t/(L/R)}\right) \tag{2.16}$$

인덕터 양단의 전압은

$$v_L(t) = L\frac{di}{dt} = L\frac{V_0}{R}\frac{R}{L}e^{-t(L/R)} = V_0 e^{-t/(L/R)} \tag{2.17}$$

그러므로 $0 \le t < \infty$의 시간 동안 인덕터에 저장된 총 에너지는

$$\begin{aligned} W_M &= \int_0^\infty v_L(t)i(t)dt = \int_0^\infty \frac{V_0^2}{R}\left[e^{-t(L/R)} - e^{-2t/(L/R)}\right]dt \\ &= \frac{V_0^2}{R}\left[-\frac{L}{R}e^{-t/(L/R)} + \frac{L}{2R}e^{-2t/(L/R)}\right]_0^\infty = \frac{1}{2}L\left(\frac{V_0}{R}\right)^2 = \frac{1}{2}LI^2 \end{aligned} \tag{2.18}$$

여기서 전류 I는 $I = \dfrac{V_0}{R}$로서 정상 상태에서 인덕터에 흐르는 전류이다.

$$W_M = \frac{1}{2}LI^2 \tag{2.18}$$

2.9 반도체

2.9.1 개요

회로 소자를 에너지 견지에서 대별하면 수동소자(passive element)와 능동소자(active element)로 구별된다.

전기 에너지를 발생하는 능력이 없는 전기회로 소자에서 설명한 저항, 콘덴서 및 인덕터 등은 수동소자라 한다. 한편 전기 에너지를 발생하는 능력을 가진 전원을 포함한 전자회로 소자인 트랜지스터, 전자관 등을 능동소자라 한다.

여기서는 전체적인 능동소자를 전부 설명할 수는 없고 일반적인 반도체 소자인 다이오드, 트랜지스터, FET에 한해 설명하기로 한다.

그러나 반도체 소자는 온도에 따라 특성이 크게 변하므로 그 영향을 받기 어렵게 하는 것이 중요하다. 어떤 파라미터가 온도의 영향을 받기 쉬운가 등의 부분에 대해 알기 위해 반도체 소자 속에서 어떤 일이 발생하고 있는지에 대해 알아두는 것도 상당 부분 중요하다. 그러므로 반도체 소자를 설명하기에 앞서 먼저 반도체의 성질에 대해 알아보기로 한다.

반도체의 여러 현상 특히 반도체 안에서의 전자 이동을 생각할 때 밴드 이야기를 빼 놓을 수 없다. 그림 2.38과 같이 실리콘이나 게르마늄의 가장 바깥쪽 전자는 보통 궤도를 돌고 있다. 그러나 만일 어떤 힘(에너지)을 가하게 되면 또 하나의 자유로운 바깥쪽 통로로 튀어 나갈 수 있다. 이 힘은 전압을 가하거나 온도를 높이거나 빛을 받는 등 여러 가지 방법을 써서 얻는다.

그런데 전자의 입장에서 보면 바깥쪽으로 튀어 나가기 위해서는 어떤 힘을 받지 않으면 안 되므로 바깥쪽 궤도는 평소에 존재하는 궤도보다 높다. 즉, 낮은 쪽 궤도에 있는 전자가 자기보다 높은(위의) 궤도를 올라가기 위해서는 에너지를 받아 뛰어 오를 수 있다. 보통 낮은 궤도에 존재하는 전자가 비탈길을 올라가서 뛰어 오르면 위 궤도에 알맞게 존재할 수 있다.

다음에 전자가 많이 모여 결정을 만들게 되면 상태가 조금씩 달라진다. 전자나 원자가 인근에 대단히 증가하므로 전자 궤도의 모양이 변한다. 이것은 전자가 서로 전기적 힘을 가하기 때문이다.

그 결과 2개의 궤도는 그림 2.39와 같이 수가 늘어 마치 계단과 같이 조금씩 높아진다. 즉, 같은 궤도라도 높이가 다르기 때문에 궤도의 높이에 따라 너비가 생긴다. 이 너비를 밴드라 한다.

그림 2.39는 궤도가 4개의 통로로 구성되어 있는 것처럼 보이지만 그 수는 실제로 아주 많으며 결정 속의 전자 수정도(10의 몇십 곱)가 된다. 그래서 그림 2.39를 더 간단히 나타내기 위해 원자핵도 생략하고 통로를 하나의 선으로 나타낸 것이 그림 2.40 (a)이다. 이때 가로축은 별로 의미가 없다. 또 하나하나의 선을 긋기는 어려우므로 그림 2.40 (b)와 같이 너비만을 나타낸 것이다.

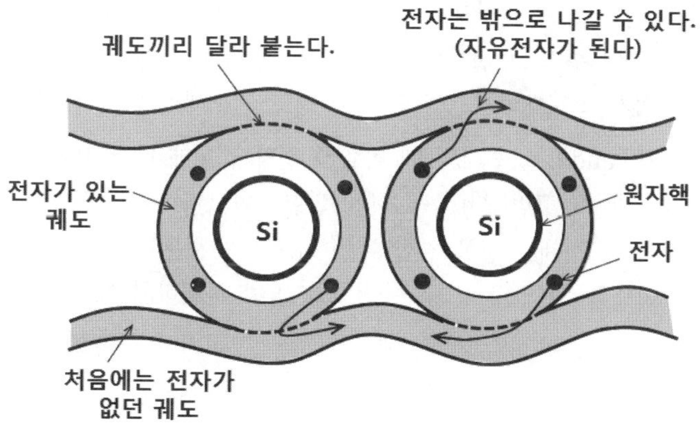

그림 2.38 4가 실리콘의 최외각 전자의 이동 모습

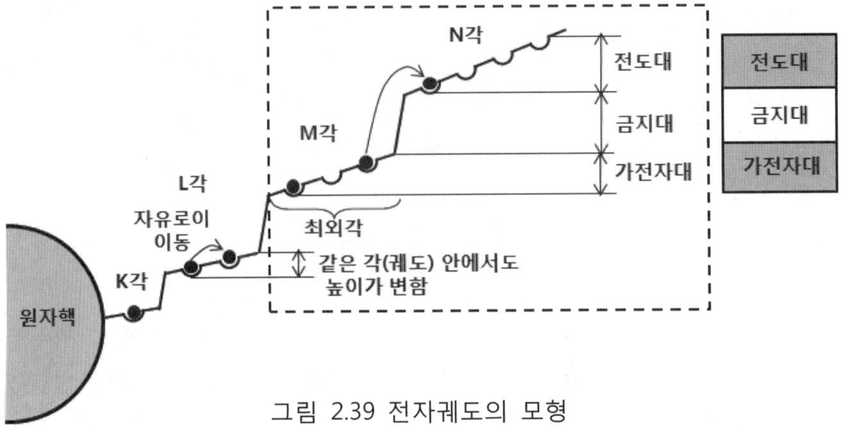

그림 2.39 전자궤도의 모형

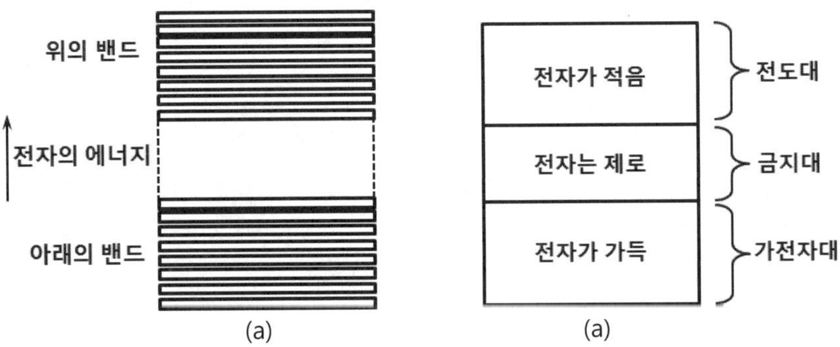

그림 2.40 전자 궤도를 간략하게 한 밴드도

각각의 밴드에 명칭을 붙여 맨 위를 **전도대**(conduction band)라 한다. 전자가 들어가는 밴드이며 통로 즉, 빈 공간은 많은데 전자가 텅텅 비어 있는 상태이다. 그래서 어떤 방법을 동원하여 이 전자를 전도대에 넣어 주면 그 전자는 결정 속을 자유롭게 돌아다닐 수 있다. 그래서 전기를 전도하는 밴드라는 뜻에서 전도대라 명명하였다. 그리고 전도대로 들어간 전자를 **자유전자**라 한다.

가전자대(valence band))는 원자의 맨 바깥쪽 전자 궤도에 해당한다. 여기서는 원자 한 개에 대해 8개분의 전자의 통로, 그림 2.40 (a)에서 말한다면 선의 수만큼 있다. 원자 1개에 갖고 있는 전자는 4개이며 결정 전체는 공유 결합을 위해 모든 통로는 전자로 가득 차 있다. 따라서 전자는 결정 속에서 이동할 수 없다. 그것은 전자가 많이 존재하기 때문이다.

다음에 밴드가 없는 곳, 이곳은 비탈길에 해당하는 곳이지만 일종의 밴드로 생각하여 이것을 **금지대**(forbidden band)라 한다. 이 금지대에는 전자가 들어 갈 수도 없으며 머물 수도 없다. 그러므로 아무 쓸모없는 밴드라고 생각할 수도 있지만 반드시 그렇지는 않고 여러 가지 준위(레벨)는 모두 금지대 안에서 이루어지므로 중요한 역할을 한다. 또한 금지대의 너비는 반도체에 따라 다르며 그 물질을 결정하는데 있어서 매우 중요하다.

이와 같이 밴드의 그림 2.40의 세로축은 궤도의 상하, 즉 에너지를 여분으로 갖고 있으며 아래쪽으로 갈수록 적은 에너지를 갖는다. 다시 말하면 위쪽일수록 전자가 활발하다고 할 수 있다.

2.9.2 진성 반도체의 성질

현대 반도체 소자의 대부분은 모래의 주성분인 실리콘(규소: 원소기호 Si)으로 이루어져 있으며 그 구조는 그림 2.41 (a)와 같다. 실리콘이나 게르마늄에 외부에서 전압을 가하면 전류가 흐른다. 이 상태를 실리콘이나 게르마늄의 다이아몬드 구조 측면에서 보면 다이아몬드 구조를 형성하고 있는 가전자에는 원자핵의 흡인력이 작용하고 있나. 그러나 외부에서 어떤 전압을 가하면 새로운 전류가 흐르는 방향과 반대 방향의 힘이 가전자에 작용하게 된다.

계속 전압을 높여 가면 어느 시점에서 전압에 의한 힘이 원자핵의 흡인력보다 커져 가전자는 궤도에서 벗어나 자유전자로 변한다.

그림 2.41 (b)와 같이 가전자가 자유전자가 되면 그 자리에는 전자가 없는 빈 공간이 생긴다. 이것을 정공(hole)이라 하며 정공은 가까이에서 움직이고 있는 자유전자를 붙잡아 빈 공간을 메우려고 한다. 이 때문에 자유 전자를 마이너스 전하를 가진 입자로 생각하면 정공은 플러스 전하를 가진 입자라고 생각할 수 있다.

자유전자와 정공은 반도체의 전기 전도를 담당하는 점에서 **캐리어(carrier)**라 한다. 예를 들어 온도가 올라가면 전하를 운반하는 입자인 전자와 정공, 즉 캐리어가 많아져 그 만큼 전류가 흐르기 쉬워진다.

이것은 온도가 올라가면 저항값이 작아지는(부의 온도 특성) 성질이며 금속의 온도 특성과 반대인 것은 앞에서도 언급했다. 이것은 반도체가 갖는 매우 중요한 성질이다.

그리고 지금까지 전도성에 대해 설명했는데 반도체는 결정 속에 불순물을 전혀 함유하지 않은 신성 반도체이며 이 **진성 반도체**의 순도는 대략 99.999999999%(일레븐 나인)로 9가 11개나 되는 순도로 정제되어 있다. 게르마늄은 9개 이상이고 실리콘은 12개 이상이다.

다음에 에너지 준위도에 의한 전자와 정공은 그림 2.42와 같이 $\triangle$E(금지대)는 작게 되어 있다. 이 때문에 상온에서도 그 열에너지를 받아 가전대에 속하는 전자의 일부가 금지대를 뛰어 넘어 이미 전도대로 옮겨 간다.

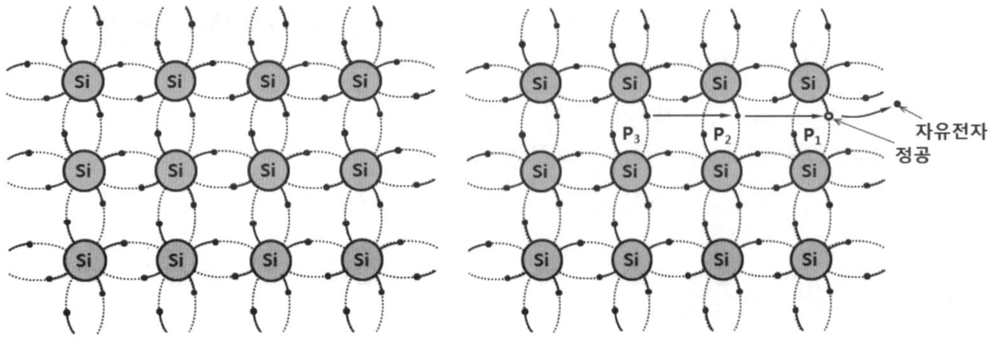

(a) 공유 결합 (b) 온도나 및 등 외부 에너지에 의해 자유전자나 정공이 생김

그림 2.41 진성 반도체(Si)의 구조

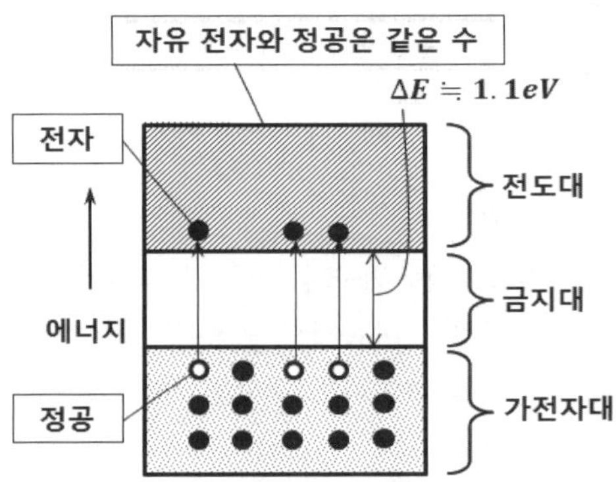

그림 2.42 진성 반도체의 에너지 준위

가전대에는 전자가 빠져나간 자리에 정공이 생긴다. 이 결정에 전계를 가하면 전자는 전도대 안에서 움직인다. 또한 정공은 가전대 안에서 움직인다.

2.9.3 n형 반도체와 p형 반도체

이 진성 반도체에 전도성을 더 좋게 하기 위해 특정의 불순물을 첨가한 것을 **불순물 반도체**라 한다. 다이오드나 트랜지스터 등 일반적인 반도체는 이 불순물 반도체이다. 이 불순물 반도체도 첨가하는 불순물의 역할에 따라 두 가지가 있다. 불순물의 역할은 첫째 반도체 속의 자유전자를 증가시키고 둘째 반도체 속의 정공을 증가 시킨다.

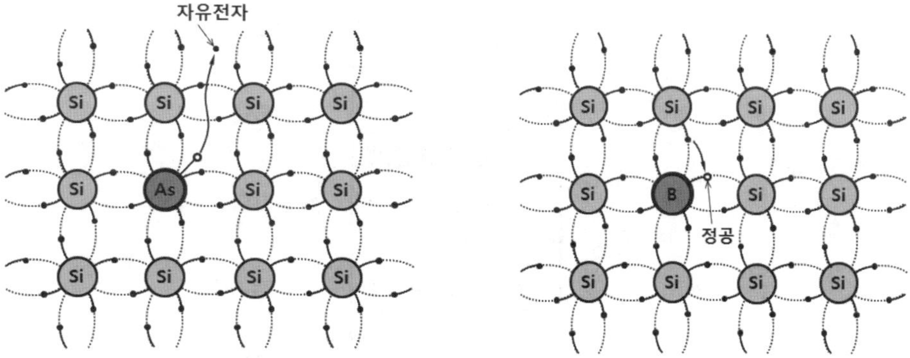

(a) N형 반도체 (b) p형 반도체

그림 2.43 불순물 반도체의 구조

그림 2.43 (a)과 같이 진성 반도체를 구성하는 실리콘 중 소수를 V족 원자[P(인), As(비소)] 등의 불순물로 치환하면 자유전자가 증가한 **n형 반도체**(n : Negative)로 된다. 이러한 원자는 최외각에 5개의 전자를 갖고 있어 주변 4가의 실리콘과의 공유 결합에서 하나의 전자가 남는데 이것을 **과잉전자**라 한다. 이 과잉전자는 원자핵에 구속되는 힘이 약하므로 약간의 에너지로 반도체의 결정 안을 자유로이 돌아다니는 자유전자가 된다. 이와 같이 자유전자를 공급하는 불순물을 **도너**라고 한다.

마찬가지로 그림 2.43 (b)과 같이 진성 반도체에 소수의 Ⅲ속의 원자[Ga(갈륨), In(인듐)]로 대표되는 불순물로 치환하면 정공을 증가한 **p형 반도체**(p : Positive)로 된다. 이러한 불순물은 최외각 전자가 3개 밖에 없으므로 정공이 생기게 된다. 정공을 발생시키는 원자를 **억셉터**라고 한다. 정공도 자유전자와 마찬가지로 실리콘 결정 내를 자유롭게 돌아다니므로 전기전도에 기여한다.

도너와 억셉터에 의해 자유 전자와 정공이 생기고 전기전도가 좋아진다. 이렇게 하여 생긴 자유 전자 혹은 정공을 **다수 캐리어**라고 한다. 불순물 반도체에는 다수캐리어 외에 소수캐리어도 존재하며 자유 전자의 밀도와 정공 밀도의 곱은 불순물을 첨가하기 전의 전자와 정공 농도의 곱과 같다는 관계가 있다. n형 반도체와 p형 반도체를 조합함으로써 다양한 반도체 소자가 이루어진다.

1) N형 반도체의 에너지 준위도

그림 2.44와 같이 남은 한 개 전자의 에너지 준위는 전도대의 바로 아래에 위치한다.
이 새로운 준위와 전도대와의 에너지 갭은 작기 때문에 상온에서 다수의 전자가 이 새로운 준위에서 전도대로 올라간다. 불순물 원자의 혼합으로 생긴 새로운 준위를 **도너 준위**라 한다.

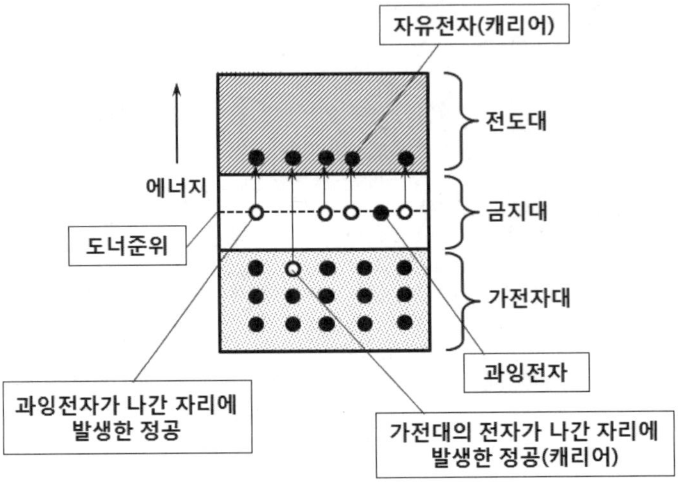

그림 2.44 N형 반도체의 에너지 준위도

2) P형 반도체의 에너지 준위도

그림 2.45를 보면 가전대 바로 위에 비어 있는 준위가 새로 생겼다. 이 새로운 준위와 가전대의 에너지 갭은 작으므로 항상 가전대 일부가 비어 있는 준위로 쉽게 올라가서 이 준위로 들어간다. 그러므로 이 가전대에는 정공이 생긴다. 불순물 원자의 혼합으로 생긴 새로운 준위를 **억셉터 준위**라 한다.

여기서 캐리어의 행동에 대해 알아본다. 반도체에 전계를 가하면 캐리어인 정공과 자유 전자는 이 힘을 받아 전계의 방향과 반대 방향으로 각각 이동한다. 이 때문에 전계의 방향으로 전류가 흐른다. 이와 같은 현상을 **드리프트**라 하며 드리프트에 의해 흐르는 전류를 **드리프트 전류**라 한다.

또한 반도체에서도 캐리어의 농도에 차이가 있으면 높은 쪽에서 낮은 쪽으로 향해 캐리어의 이동이 발생한다. 이와 같은 현상을 확산이라 하고 확산에 의해 흐르는 전류를 **확산 전류**라 한다. 이와 같이 빛이나 열 또는 전계의 에너지에 의해 발생한 반도체 내의 캐리어인 정공과 자유전자는 일정 시간 내에 서로 결합하며 소멸한다. 이와 같은 현상을 캐리어의 재결합이라 한다. 반도체에서는 캐리어의 발생과 재결합이 동시에 이루어지므로 캐리어의 발생과 재결합의 비율이 같기 때문에 평균하면 캐리어의 총수는 변하지 않는다.

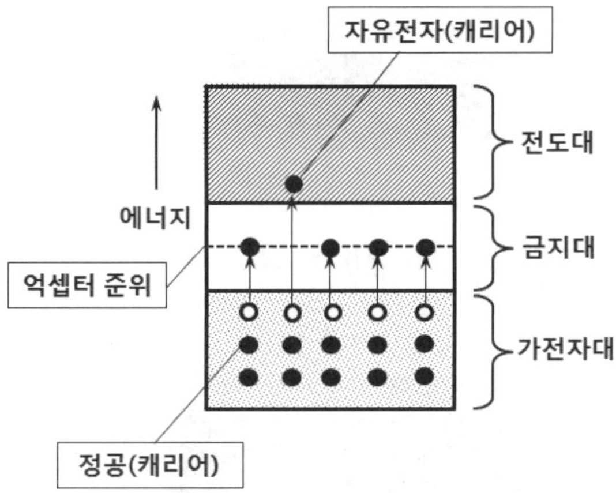

그림 2.45 P형 반도체의 에너지 준위

2.10 다이오드

다이오드란 전류를 한쪽 방향으로만 흘리는 반도체 부품이다. 반도체란 원래 이러한 성질을 가지고 있기 때문에 반도체라 부르는 것이다. 트랜지스터도 반도체이지만, 다이오드는 특히 이와 같은 한쪽 방향으로만 전류가 흐르도록 하는 것을 목적으로 하고 있다.

다이오드는 원래 2단자 소자를 의미하는 di−electrode에서 유래한 언어이며 반도체 2단자 소자를 지칭하는 것이 보통이다. 반도체의 재료는 실리콘(규소)이 많지만 그 외에 게르마늄, 셀렌 등이 있다. 그림 2.46과 같이 p형 반도체와 n형 반도체를 접합하여 단자를 설치하면 다이오드로 된다. 이와 같은 다이오드는 **pn 접합 다이오드**라고 한다. 이와 다른 구조로는 **PIN 다이오드** 등이 있다. 그림 2.46은 다이오드에 전압이 가해지지 않았을 때의 상태로서 P영역에는 양(+)전하의 성질을 가진 정공(hole)들이 분포되어 있고 N영역에는 음(-)전하의 성질을 가진 전자(electron)들로 분포되어 있다.

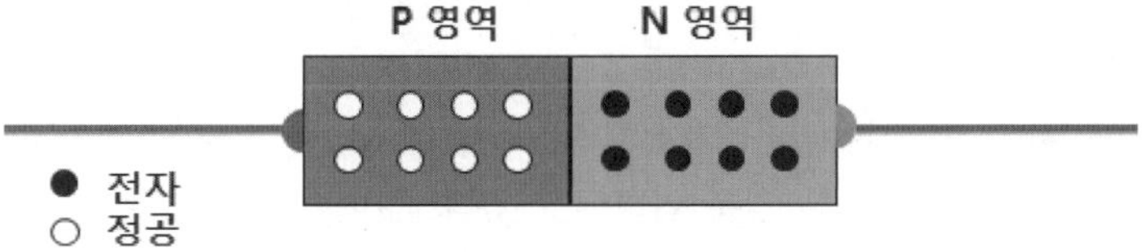

그림 2.46 PN 접합 다이오드 구조

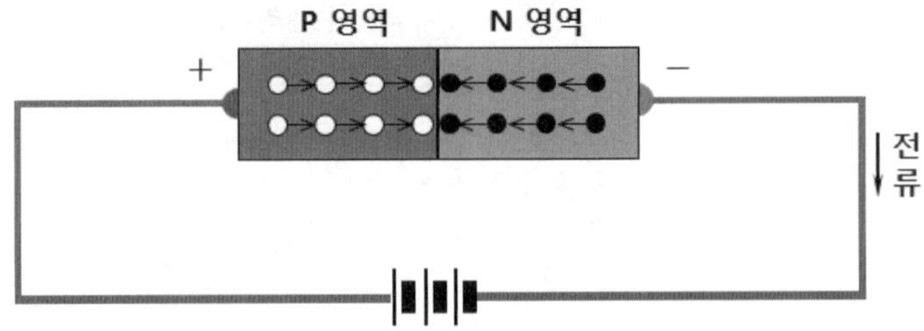

(a) 순방향 접속

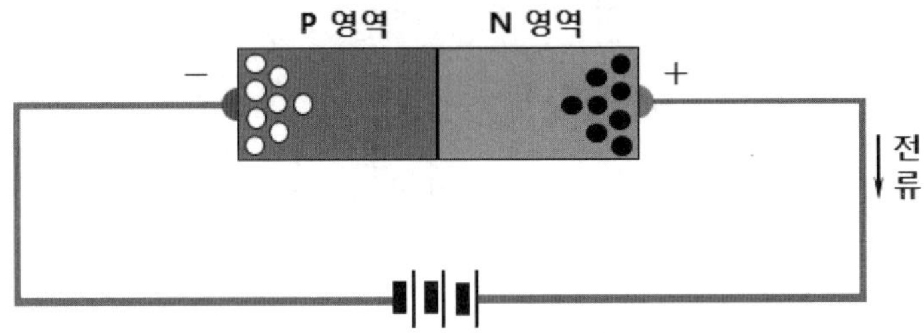

(b) 역방향 접속

그림 2.47 정류기로 동작하는 PN접합의 동작 특성

그림 2.47 (a)와 같이 전압을 걸면 각 영역에 전자장이 형성되어 디바이스 내에 전계가 발생하고 그 결과 다수 캐리어(정공과 전자)들이 PN접합부를 향해 이동한다. 그러나 P영역 쪽과 N영역 쪽에서는 각각 새로운 정공과 전자가 계속해서 생성되어 접합부로 이동하게 되므로 결국 P영역 쪽과 N영역 쪽 사이에는 전류가 흐르게 된다. 이와 같이 되는 것을 순방향 바이어스를 건다고 한다. 한편 같은 그림 2.47 (b)와 같이 역방향 전압을 가하면 P영역 쪽에는 음극의 전압이 가해져 양전하의 성질을 띤 정공들이 모이게 되며 N영역 쪽에는 양극의 전압이 가해져 음전하의 성질을 띤 전자가 모이게 된다. 결국 P영역 쪽과 N영역 쪽 사이에는 전하의 양극화 현상이 나타나며 전류의 흐름이 차단되게 된다. 단지 소수 캐리어에 의해 약간의 전류가 흐른다. 이 전류를 포화 전류 IS라고 한다. 즉, PN접합 다이오드는 순방향으로 전류를 흐르게 하고 역방향으로 전류의 흐름을 차단하는 정류기의 역할을 한다. 그러므로 다이오드는 PN접합을 이용한 정류형 반도체 소자를 의미한다.

회로기호는 —▶|— 가 사용된다. 기호의 의미는 (애노드) —▶|— (캐소드)로 애노드측에서 캐소드측으로는 전류가 흐른다는 것을 나타내고 있다. 다이오드 중에는 단지 순방향으로 전류가 흐르는 성질을 이용하는 것 이외에 정전압 다이오드(제너 다이오드)의 회로기호는 —▶|— 으로 역방향으로 전압을 가했을 경우에 어떤 전압에서 안정하는 성질을 이용하여 일정한 전압을 얻

기 위해 사용한다. 발광 다이오드(LED) 회로기호는  로 전류를 순방향으로 흘렸을 때에 발광하는 다이오드이다. 가변용량 다이오드(배리캡 또는 버랙터:varactor) 회로기호는 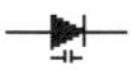 로 전압을 역방향으로 가했을 경우에 다이오드가 가지고 있는 콘덴서 용량(접합용량)이 변화하는 것을 이용하여 전압의 변화에 따라 발진주파수를 변화시키는 등의 용도에 사용한다. 역방향의 전압을 높이면 접합 용량은 작아진다.

한편 그림 2.48 (a)와 같이 AC전원을 인가했을 때 저항의 양단에 걸리는 전압의 파형은 그림 2.48 (b)와 같이 나타난다. 파형을 보면 알 수 있듯이 양의 값을 갖는 반주기 동안은 순방향 전압인가와 같은 전류가 흐르므로 양단에 전압이 나타나지만 음의 값을 갖는 반주기 동안은 역방향의 전압인가와 같은 전류가 흐르므로 전류의 흐름이 차단되어 저항의 양단에는 전압이 걸리지 않고 모든 전압은 다이오드의 양단에 걸린다.

그림 2.49에 실리콘(Si) 다이오드의 특성을 나타내고 있다. 그림에서 알 수 있듯이 다이오드에 순방향으로 전압을 인가했을 때는 0.6V 이상에서 전류가 흐르기 시작하며 역방향으로 전압을 인가했을 때는 전압의 크기를 어느 정도 증가시켜도 누설 전류만 흐르게 되어 OFF상태가 된다.

순방향으로 흘릴 수 있는 전류는 다이오드에 따라 규정되어 있다. 그리고 통상적으로 사용하는 경우 다이오드 자체의 저항성분에 의해 강하하는 전압은 0.6~1V(VF) 정도이다(실리콘 다이오드의 경우, 대략 0.6V).

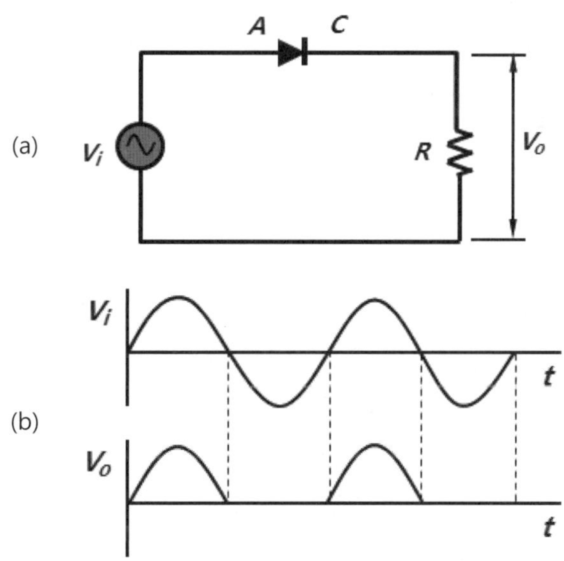

그림 2.48 다이오드에 의한 정류작용

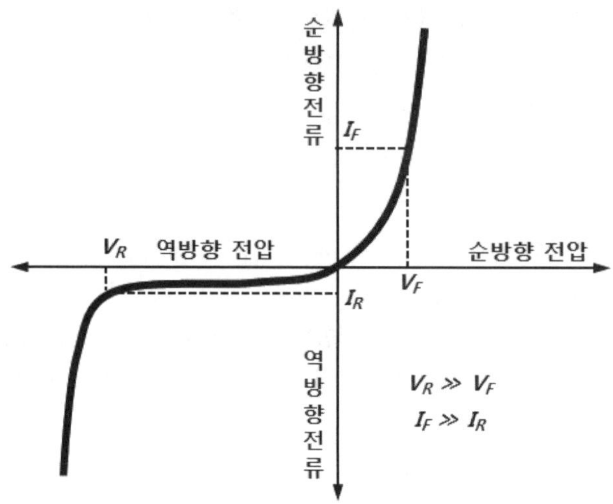

그림 2.49 다이오드(Si)의 특성 곡선

여러 개의 다이오드를 직렬로 접속하여 사용하는 회로에서는 이 전압강하도 고려할 필요가 있다. 정류용으로 사용하는 경우, 순방향의 전류 허용값은 중요한 체크 포인트이다.

역방향으로 전압을 가했을 경우, 역방향 전류는 흐르기 어렵다는 것을 나타내고 있다.

역방향으로 가할 수 있는 전압은 다이오드의 종류에 따라 여러 가지가 있으므로 용도에 따라 선택한다. 그리고 역방향 전류는 매우 작어 수μA에서 수 mA이며, 다이오드의 종류에 따라 다르다. 정류용으로 사용하는 경우, 역방향의 전압 허용값은 중요한 체크 포인트이다.

2.11 트랜지스터

2.11.1 개요

트랜지스터는 구조적으로 N형 반도체와 P형 반도체를 PNP/NPN 형태로 접합한 구조이다. 이것은 전류의 흐름 등을 조절할 수 있도록 하여 만든 회로구성에서 중요한 반도체 소자이다. 트랜지스터는 기본적으로는 전류를 증폭할 수 있는 부품이지만 그 외에 스위칭, 검파용으로써 모든 전자 시스템에 한 가지 또는 여러 가지 형태로 사용된다. 아날로그 회로에서는 매우 많은 종류의 트랜지스터가 사용되지만 디지털 회로에서는 그다지 많은 종류는 사용하지 않는다.

디지털 회로에서는 ON 아니면 OFF의 2치 신호를 취급하기 때문에 트랜지스터의 증폭 특성에 대한 차이는 별로 문제가 되지 않는다. 회로 기능은 대부분이 IC로 처리하는 경우가 많다. 디지털 회로에서 트랜지스터를 사용하는 경우는 릴레이라고 하는 전자석 스위치를 동작시킬 때(릴레이는 구동전류를 많이 필요로 하기 때문에 IC만으로는 감당하기 어려운 경우가 있다)나 발광 다이오드를 제어하는 경우 등이다.

1948년에 3명의 물리학자 (W. Shockley, J. Bardeen, W. Brattain)에 의해 트랜지스터가 발명되었으며 당시 전자 공업계에 상당한 충격을 주었다. 그로부터 전자 산업은 빠르게 발전하기 시작했으며 오늘날 일렉트로닉스 시대의 개막에 시초가 되었다. 그 후의 컴퓨터를 시작으로 전자공학의 급속한 발전은 우리의 생활을 편리하고 풍부하게 해 주었다.

트랜지스터는 당초 게르마늄이라는 반도체로 만들어졌으나 게르마늄은 약 80℃정도의 온도밖에 견디지 못하는 결점이 있었다. 이 때문에 지금에 와서는 거의 실리콘을 이용하고 있으며 실리콘은 약 180℃ 이상의 온도에도 견딜 수 있는 물질이다.

그림 2.50에 PNP 트랜지스터와 NPN형 트랜지스터 구조의 모형을 나타낸다. 이들은 P형 반도체와 N형 반도체를 PNP 혹은 NPN 순으로 접속하여 만든다. 그 때문에 접합형 트랜지스터 혹은 전류가 소수 캐리어와 다수 캐리어의 쌍방에 의해 운반되는 것으로부터 바이폴라 트랜지스터라 부른다. 3개의 전극은 각각 이미터(emitter), 베이스(base), 컬렉터(collector)라 명명되어 있다. 이들의 트랜지스터로는 이미터로부터 베이스에 주입된 소수 캐리어의 대부분이 컬렉터에 도달될 수 있도록 베이스의 폭은 충분히 좁게 되어 있다.

그리고 트랜지스터는 용도와 상기의 유형에 따라 표 2.1과 같은 명칭이 붙여진다. 고주파용과 저주파용의 구별은 명확하지 않으며 제조업체(등록업체)의 지정에 의해 정해진다.

예를 들면 200MHz 정도의 저주파용도 있는가 하면 30MHz 이하의 고주파용도 있다.

표 2.1 트랜지스터의 용도와 유형에 따른 명칭

명칭	용도
2SA×××	PNP형의 고주파용
2SB×××	PNP형의 저주파용
2SC×××	NPN형의 고주파용
2SD×××	NPN형의 저주파용

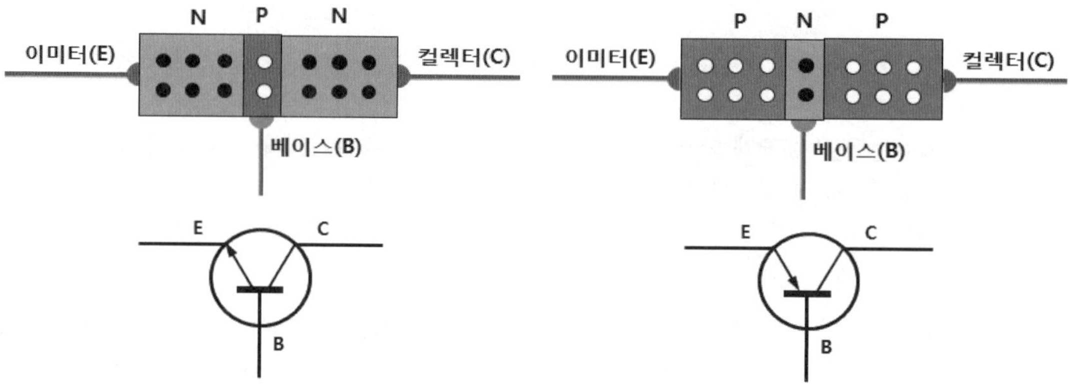

(a) NPN형 트랜지스터 (b) PNP형 트랜지스터

그림 2.50 트랜지스터의 2가지 유형

2.11.2 트랜지스터의 기본 동작

PNP형 트랜지스터와 NPN형 트랜지스터를 작동시키기 위해서는 먼저 PN접합의 이미터와 베이스 사이에 순방향의 직류 전압을 가하고 베이스와 컬렉터 사이에는 역방향의 직류 전압을 가해야 한다. 이와 같이 트랜지스터에 직류 전압을 가하는 것을 바이어스 전압(바이어스)을 가한다고 한다.

바이어스 전압을 가하면 트랜지스터의 결정 속에서는 어떤 현상이 일어나고 또 캐리어의 작용은 어떻게 되는지 트랜지스터의 성질에 대해 알아본다.

1) PNP형 트랜지스터의 경우

먼저 PNP형 트랜지스터에 대해 알아본다. 그림 2.51 (a)의 경우 베이스와 컬렉터 사이에 역방향의 전압이 V_{CB}가 가해져 있으므로 PN접합에서는 전위 장벽이 높아져 베이스와 컬렉터 사이에는 전류가 흐르지 않는다.

다음에 그림 2.51 (b)의 경우 베이스와 컬렉터 사이에 순방향의 전압이 V_{BE}가 가해져 있으므로 PN접합에서는 전위 장벽이 낮아지고 이미터의 P형 쪽에서는 불순물의 농도를 높게 했으므로 정공이 다수 발생하고 있다. 베이스의 N형 쪽은 매우 얇고 불순물의 농도는 더 낮게 되므로 전자는 극히 적어진다. 따라서 이미터 안의 정공이 전위장벽을 뛰어 넘어 확산에 의해 베이스 쪽으로 들어가며 그 일부분의 베이스 전자와 결합하여 소멸한다. 이러한 소수의 전자는 전원의 음극이 보급을 계속하므로 이것이 약간의 베이스 전류 I_B로 된다.

이 때 그림 2.51 (a)의 역방향 전압과 그림 2.51 (b)의 순방향 전압을 결합하여 그림 2.52와 같이 결합하고 특히 컬렉터와 베이스 사이에 역방향으로 더 높은 전압 V_{CE}를 공급하면 이미터에서 베이스 측으로 들어가던 정공의 대부분이 컬렉터 측의 높은 전압에 끌려 컬렉터 측으로 이동하며 이것이 컬렉터 전류 IC가 된다. 그리고 소수의 정공만이 베이스 측으로 이동한다. 즉, 대부분의 전류는 컬렉터 측으로 흐르고 작은 전류가 베이스 측으로 흐르게 된다.

순방향 전압 V_{BE}에 의하여 이미터 측의 정공이 이동 할 때는 원래 베이스 측으로 이동하기 위하여 베이스의 영역내로 들어가서 이미터 전류 I_E가 되지만 정공이 베이스의 영역에 일단 들어가면 훨씬 높은 전압이 걸려있는 컬렉터에 가까워 졌으므로 정공은 대부분 컬렉터에 끌려가고 소수의 정공이 베이스 측으로 이동하게 되는 것이다.

그러므로 순방향 전압 V_{BE}를 높여서 이미터로부터 베이스 측으로 들어가는 정공의 수를 많아지게 하면 거기에 비례하여 컬렉터 측으로 끌려가는 정공의 수도 자연히 많아지게 된다.

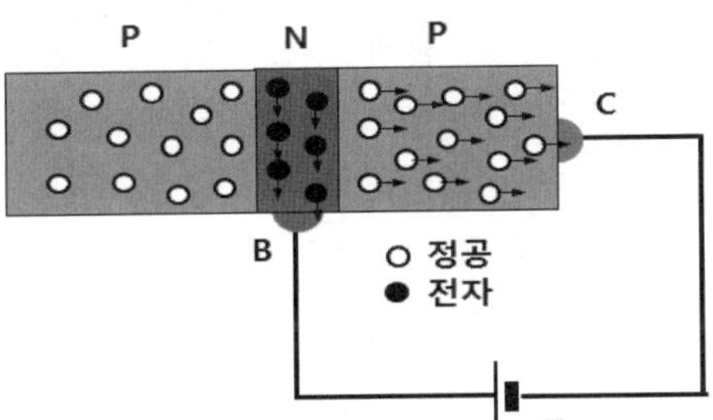

(a) 역방향 전압

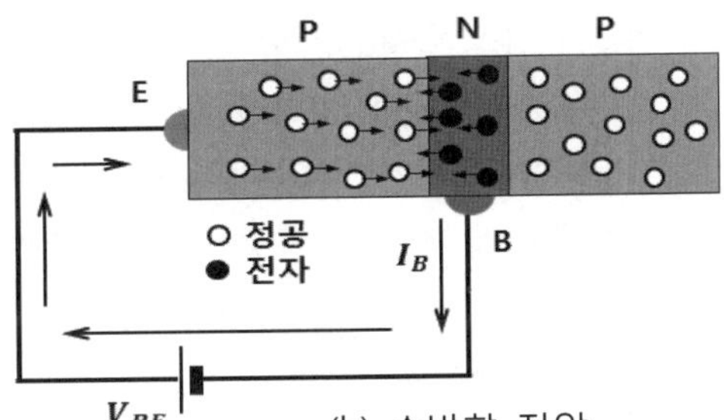

(b) 순방향 전압

그림 2.51 바이어스 전압을 가했을 때의 PNP형 트랜지스터의 기본 동작

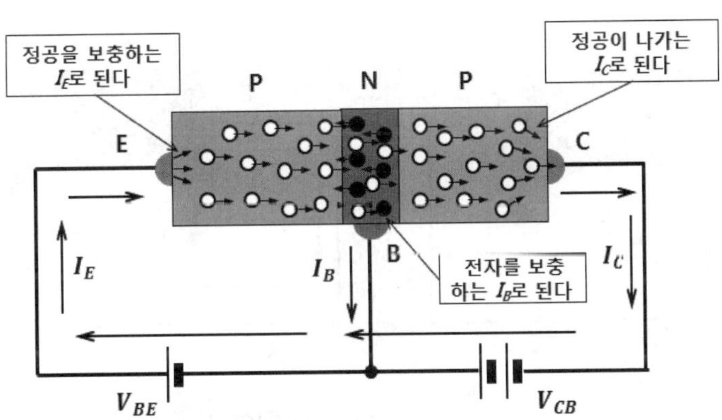

그림 2.52 이미터 전류 I_E에서 컬렉터 전류 I_C가 생기는 원리

따라서 트랜지스터는 순방향 전압 V_{BE}에 의하여 베이스 전류(I_B)를 증가시키면 컬렉터 전류(I_C)는 자연히 증가하게 되는 것이다.

2) NPN형 트랜지스터의 경우

NPN형 트랜지스터의 기존 동작은 PNP형과 다르지 않다. 다만 다른 점은 전원의 극성을 반대로 접속하는 것이다. 따라서 PNP형에서는 정공이 캐리어이었지만 NPN형에서는 전자가 캐리어이다.

그러면 그림 2.53를 보면서 설명하도록 한다. 그림 2.53 (a)에서 컬렉터와 베이스 사이에 역방향의 전압이 V_{CB}가 가해져 있으므로 PN접합에서는 전위 장벽이 높아져 베이스와 컬렉터 사이에는 전류가 흐르지 않는다.

다음에 그림 2.53 (b)의 경우 베이스와 컬렉터 사이에 순방향의 전압이 V_{BE}가 가해져 있으므로 PN접합에서는 전위 장벽이 낮아지고 이미터의 N형 쪽에서는 불순물의 농도를 높게 했으므로 전자가 다수 발생하고 있다. 베이스의 P형 쪽은 매우 얇고 불순물의 농도는 더 낮게 되므로 정공은 극히 적어진다. 따라서 이미터 안의 전자는 전위장벽을 뛰어 넘어 확산에 의해 베이스 쪽으로 들어가며 그 일부분의 베이스 정공과 결합하여 소멸한다. 이러한 소수의 정공은 전원의 양극이 보급을 계속하므로 이것이 약간의 베이스 전류 I_B로 된다.

그런데 이 때 그림 2.54와 같이 컬렉터-베이스 사이에 역방향으로 더 높은 전압 V_{CB}를 공급하면 이미터에서 베이스 측으로 들어가던 전자의 대부분이 컬렉터 측의 높은 전압에 끌려 컬렉터 측으로 이동하게 되는 것이다. 여기에서도 I_B가 흐르면 I_C가 흐르고 I_B가 증가하면 I_C가 수배 내지 수십 배 정도로 크게 증폭되어 흐른다.

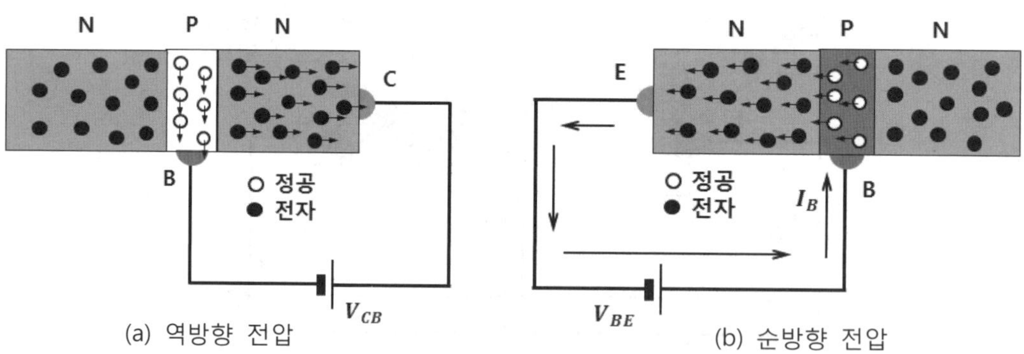

그림 2.53 바이어스 전압을 가했을 때의 NPN형 트랜지스터의 기본 동작

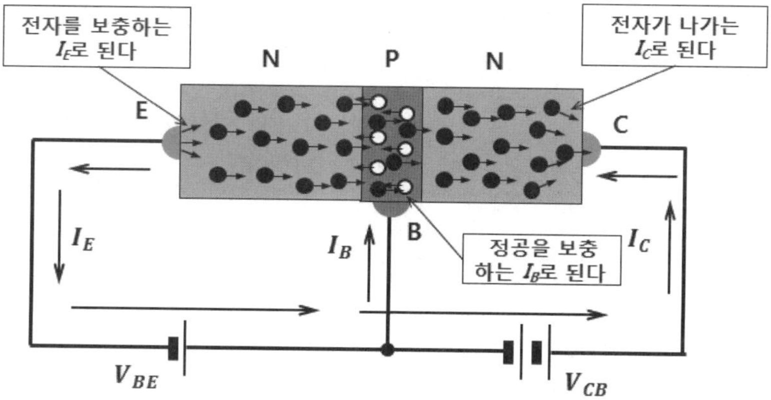

그림 2.54 컬렉터 전류 I_C에서 이미터 전류 I_E가 생기는 원리

트랜지스터의 기능을 수도에 비유해 보면 이해가 쉽다. 베이스는 수도의 밸브, 컬렉터는 수도꼭지 그리고 이미터는 수도 배관에 비유할 수 있다. 수도 밸브를 작은 힘(베이스의 입력신호)으로 컨트롤 하여 수도꼭지에서 많은 물이 나오도록 물의 양(컬렉터 흐르는 전류)을 조절한다고 생각하면 정확하다.

2.11.3 트랜지스터의 증폭작용

트랜지스터의 대표적인 작용으로 증폭 작용과 스위칭 작용이 있다. PNP형 트랜지스터를 사용하여 증폭 작용에 대해 설명한다.

그림 2.55와 같은 회로의 경우 이미터 전류(I_E)를 100mA흐르게 하면 컬렉터 전류(I_C)는 99mA 가 흐르고 베이스전류(I_B)는 1mA가 흐르게 된다. 마찬가지로 이미터 전류(I_E)를 200mA 흐르게 하면 컬렉터 전류 (I_C)는 198mA가 흐르고 베이스전류(I_B)는 2mA가 흐르게 된다. 그러므로 이런 트랜지스터는 I_B가 1mA에서 2mA로 1mA 증가할 때 I_C는 99mA에서 198mA로 99mA가 증가하게 되므로 I_C는 I_B의 99배나 확대되어 흐르는 것이 된다. 이와 같은 예에서 I_C는 I_B가 99배 전류증폭이 되었다고 하며 이 트랜지스터는 전류 증폭률이 99라고 한다. 이 처럼 트랜지스터는 베이스 측으로 약간의 전류만 흘려도 컬렉터 측으로는 수배 내지 수십 배로 큰 전류가 흐르게 하는 전류 증폭 작용이 있는 것이다. 그리고 이때 이미터에 흐르는 전류(I_E)는 컬렉터 전류(I_C)와 베이스 전류(I_B)로 나누어져 흐르므로 항상 $I_E = I_C + I_B$의 관계

가 성립하며 컬렉터 전류(I_C)와 베이스 전류(I_B)의 비를 전류 증폭률이라 한다. 즉, 전류 증폭률 $=I_C/I_B$ 이다.

베이스 전류를 몇 배로 하였는가에 따라 앞에서 설명한 전류 증폭률이라 하고 h_{FE}는 컬렉터 전류를 베이스 전류로 나눈 것이며 다음 식으로 나타낸다.

$$h_{FE} = \frac{I_C}{I_B} \tag{2.10}$$

식 (2.10)을 이용하면 베이스 전류를 50배로 증폭하는 것을 간단히 이해할 수 있으리라 생각한다.

$$h_{FE} = \frac{I_C}{I_E} = \frac{50mA}{1mA} = 50$$

$I_B = 20mA$일 때 $I_C = 200mA$가 흘렀다면 전류 증폭률은 100이 된다. 즉,

$$h_{FE} = \frac{I_C}{I_E} = \frac{200mA}{2mA} = 100$$

또한 식 (2.10)을 변형하면 식 (3.2)와 같이 나타낼 수 있다.

$$I_C = h_{FE} \cdot I_B \tag{2.11}$$

식 (2.11)는 예를 들어 $h_{FE} = 50$의 트랜지스터에 $1mA$의 베이스 전류 I_B가 흘렀을 때 컬렉터 전류 I_C는 어느 정도 흐르는가를 계산할 때 아주 편리하다.

2.11.4 트랜지스터의 스위칭 작용

트랜지스터의 또 하나의 대표적인 작용인 스위칭 작용에 대해 설명한다.

증폭 작용의 설명에서 트랜지스터의 이미터와 컬렉터 사이를 도통하는 상태로 하기 위해서는 베이스 전류를 흐르게 하면 된다고 설명하였다. 이것을 거꾸로 생각하면 베이스 전류를 ON, OFF함으로써 이미터와 컬렉터 사이의 도통을 ON, OFF할 수 있다는 것을 의미한다.

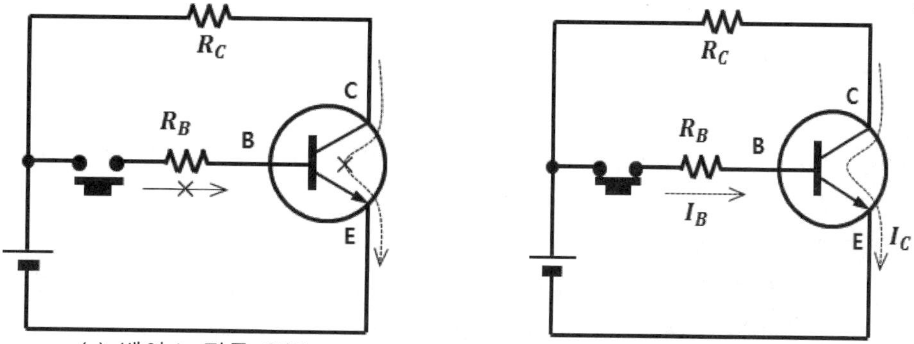

(a) 베이스 전류 OFF　　(b) 베이스 전류 ON

그림 2.55 트랜지스터의 스위칭 작용

이것을 트랜시스터의 증폭 작용 가운데 하나로서 **트랜지스터의 스위칭** 작용이라 한다. 이 트랜지스터의 스위칭 작용을 이용하면 트랜지스터가 릴레이와 같은 작용을 하게 할 수 있다.

그림 2.55와 같이 NPN형 트랜지스터로 소개를 하기로 한다. 릴레이는 여자코일에 흐르는 전류를 ON, OFF함으로써 접점을 ON, OFF시킨다. 그러나 트랜지스터에서는 베이스 전류를 ON (그림 2.55(a)), OFF(그림 2.55 (b))함으로써 컬렉터 전류를 ON, OFF할 수 있다.

릴레이의 여자 전류에 해당하는 것이 트랜지스터의 베이스 전류이며 트랜지스터는 릴레이와 접점과 같은 기계 접점을 사용하지 않고 릴레이와 같은 작용을 할 수 있다. 이와 같은 트랜지스터의 스위칭 작용은 릴레이와 비교하여 다음과 같은 이점이 있다.

① 스위칭 동작의 ON, OFF가 빠르다. 1초간에 1000회 이상 반복 동작이 가능하여 릴레이의 100 내지 200회에 비하면 동작이 압도적으로 빠르다.

② 기계 접점이 없기 때문에 릴레이와 같은 접점의 개폐시 탁탁 소리를 내며 진동(채터링)이 없고 동작이 안정되어 있다.

③ 베이스 전류를 가감하여 컬렉터 전류를 컨트롤할 수 있다.

2.11.5 트랜지스터의 특징

그림 2.56에 나타낸 그래프는 트랜지스터의 특성을 설명하기 위한 컬렉터 전류, 컬렉터-이미터 사이의 전압, 베이스 전류 사이의 관계를 나타내고 있다.

트랜지스터는 다음과 같은 3가지 영역을 가지고 있다.

- 선형 동작 영역(Active or Linear Region)
- 포화 영역(Saturation Region)
- 컷오프 영역(Cut-off Region)

베이스 단자에 전류가 흐르지 않을 경우 컬렉터 단자에는 거의 미세한 전류만이 흐르게 된다. 이와 같은 상태는 트랜지스터가 컷오프 영역에서 동작하고 있음을 의미한다. 베이스 단자에 전류가 흐르는 경우에는 트랜지스터가 포화영역이나 선형동작에서 동작하고 있음을 의미한다. 포화영역은 원점에서 시작하여 서로 다른 베이스 전류 곡선들과 공통적으로 연결된 곡선 부분을 나타낸다. 선형동작 영역에서는 서로 다른 베이스 전류에 의해 여러 개의 평행한 곡선이 나타나는 특징이 있다. 선형동작 영역에서 컬렉터 전류 I_C와 베이스 전류 I_B와의 비율을 전류 증폭계수(f_{FE}) 라 하며 이것은 다음과 같이 정의한다.

$$h_{FE} = (I_C / I_B) \qquad (3.1)$$

이와 같은 변수(h_{FE})는 일정한 것이 아니고 전압, 전류, 온도에 따라 바뀌게 된다. 30A 이상의 높은 전류를 제어하는 전력용 트랜지스터의 경우에는 h_{FE}가 10 또는 20 정도의 값을 갖는다.

트랜지스터를 증폭로 사용하는 경우에는 선형동작 영역에서 동작하는 것이다. 반면에 트랜지스터를 PWM 증폭기에서처럼 스위칭 소자로 사용할 경우는 ON상태는 포화 영역에서 동작하고 OFF상태는 컷오프 영역에서 동작하게 된다.

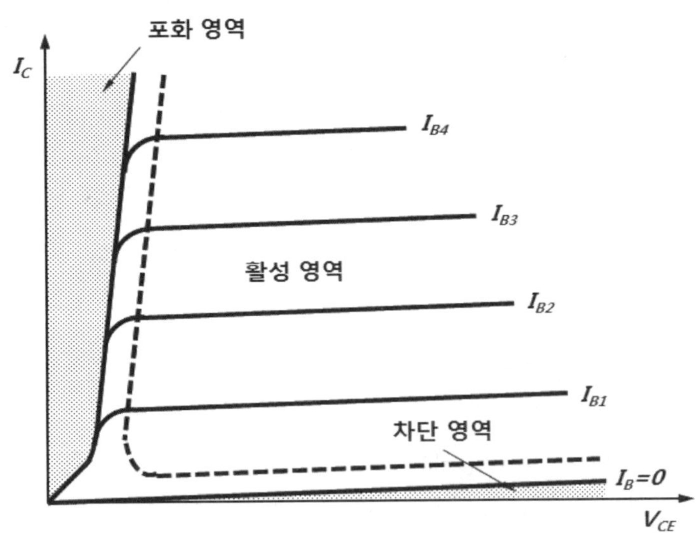

그림 2.56 바이폴라 트랜지스터의 컬렉터 특성(이미터 접지방식)

2.12 FET

2.12.1 구조

FET란 전계효과트랜지스터(Field effect transistor)를 가리키는 말인데 FET는 일반적인 접합트랜지스터와 외관은 거의 유사하지만 내부구조와 동작원리는 전혀 다른 것이다. FET는 각종 고급 전자 기계와 측정 장비, 자동제어 회로 등에 이용되고 있다.

FET는 구조에 의해 분류하면 그림 2.57과 같이 접합FET(J-FET)와 MOS FET의 두 종류가 있으며 이것들은 각각 전류의 통로가 P형 반도체로 된 P채널형과 전류의 통로가 N형 반도체로 된 N채널 형이 있다. P채널형은 정공이 전류를 운반하는 것으로 PNP형 트랜지스터와 비슷하고 N채널형은 전자가 전류를 운반하는 것으로 NPN형의 트랜지스터와 비슷하다.

1) P채널형 접합 FET

그림 2.58 (a)는 P채널 접합 FET의 구조이다. 이것은 P형 반도체의 측면에 N형 반도체를 접합하고 P형 반도체의 양단과 측면에 부착된 N형 반도체로부터 각각 리드를 내놓은 것인데 측면에 나온 리드는 게이트(G: Gate)이고 P형 반도체의 양단에서 나온 두개의 리드중 한쪽은 소스(S: Source)라 하며 다른 한쪽은 드레인(D : Drain)이라고 한다.

그림 2.58 (b)는 P채널 접합 FET를 나타내는 기호이다. 게이트에 표시된 화살표는 게이트 접합부의 순방향을 나타낸 것으로 P채널 형임을 알려 주는 것이다. 화살표가 트랜지스터에서 밖으로 나오는 방향으로 있을 때는 P채널 형이고, 밖에서 트랜지스터쪽으로 들어가는 방향일 때는

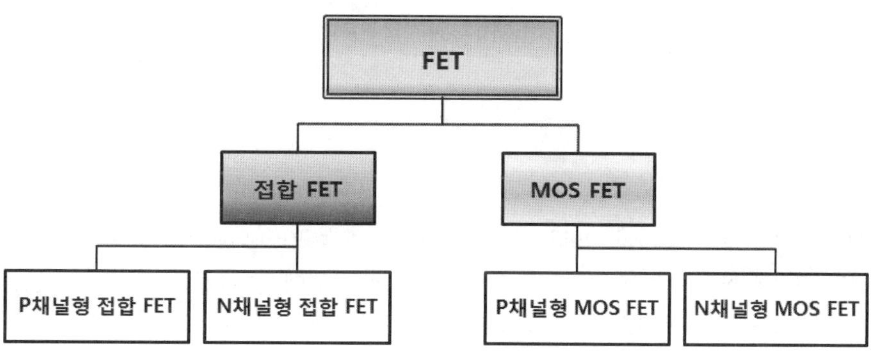

그림 2.57 FET의 구조에 의한 분류

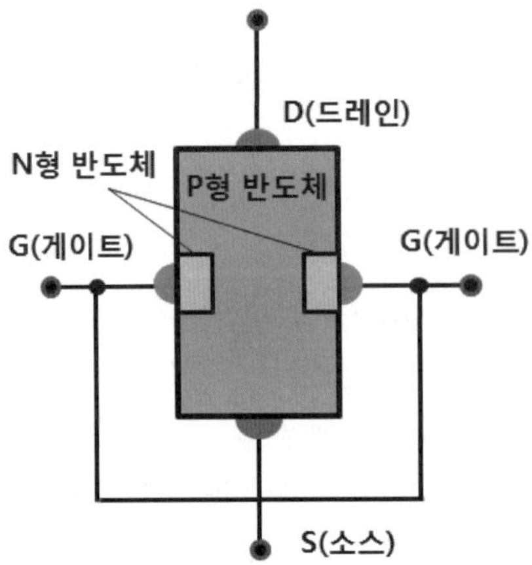

(a) 구조

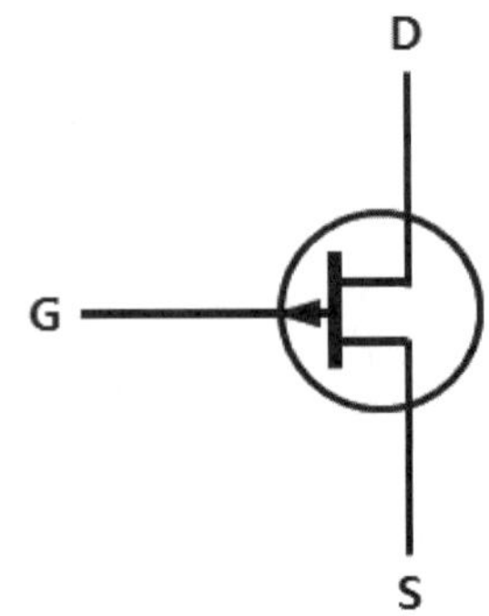

(b) 기호

그림 2.58 P채널형 접합 FET

N채널 형이다. FET가 동작할 때는 드레인과 소스 간에 전류가 흐르는데 위의 그림에서는 전류가 흐르는 통로가 P형 반도체로 되어 있기 때문에 P채널 형이라고 한다. FET의 명칭 가운데서 2SJ11, 3SJ11 등과 같이 J형으로 되어 있는 트랜지스터는 P채널 형의 FET이다.

그림 2.58과 달리 게이트가 2개로 되어 있는 경우도 있다. 게이트가 2개로 되어 있는 것은 2개의 게이트가 내부에서 연결되어 있지 않고 개별적으로 나와 있는 것이다.

2) N채널형 접합 FET

그림 2.59는 N형 반도체의 측면에 P형 반도체를 접합하고 N형 반도체의 양단과 측면에 있는 P형 반도체로부터 각각 리드를 내놓은 것인데 이것은 N채널 접합 FET이다.

FET의 명칭 가운데서 2SK11, 3SK14등과 같이 K형으로 되어 있는 트랜지스터는 N채널 형의 FET이다.

3) MOS FET

그림 2.60은 MOS(Metal Oxide Semiconductor)형 FET의 구조 및 회로도 기호이다. P형 반도체의 기판에 N형 반도체를 만들고 N형 반도체의 표면에 알루미늄으로 된 게이트를 부착시킨 것인데 N형 반도체와 게이트사이에는 산화 실리콘의 엷은 막을 형성시켜서 절연도가 매우 높게 하였습니다.

그림 2.60 (a)에는 N형 반도체 양단에서 나온 두개의 리드 중 한 쪽은 드레인이고 다른 한쪽은 소스인데 이와 같은 구조로 된 것을 디플레이션(depletion)형 MOS FET이라고 한다.

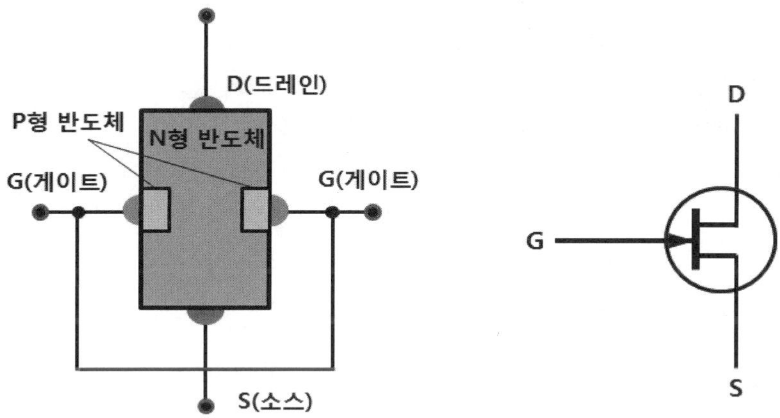

(a) 구조 (b) 기호

그림 2.59 N채널 접합 FET

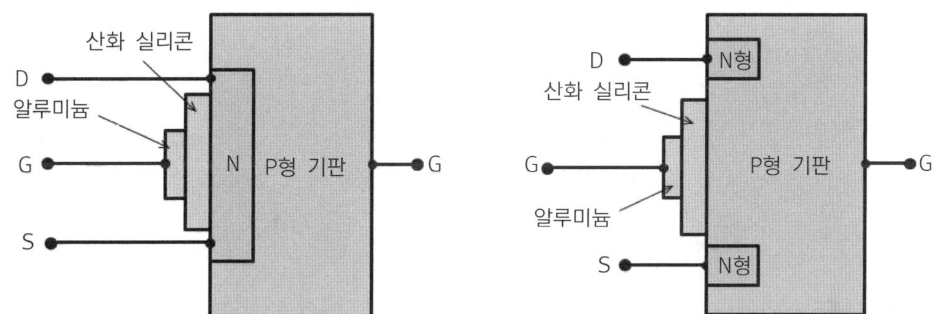

(a) Depletion 형 (b) Enhancement 형

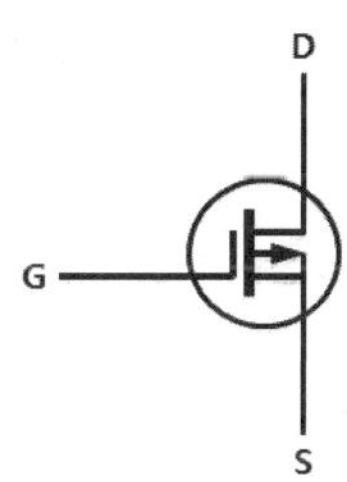

(c) 회로도 기호

그림 2.60 MOS FET 구조와 기호

그림 2.60 (b)는 인핸스먼트(enhancement)형 MOS FET라고 하는 것의 구조도로 이것은 N채널이 없는 것으로 되어있으나 동작 시에는 실리콘산화물의 엷은 막 옆에 N채널이 형성된다.

FET와 접합 트랜지스터를 비교하면 FET의 드레인은 트랜지스터의 컬렉터와 같고 소스는 이미터와 같으며 게이트는 베이스와 같습니다. 그리고 P채널형은 PNP형과 비슷하고 N채널형은 NPN형 트랜지스터와 비슷하기 때문에 PNP형 트랜지스터의 컬렉터에 －전압을 공급하는 것과 마찬가지로 P채널 FET의 드레인에는 －의 전압을 공급하고, NPN형 트랜지스터의 컬렉터에 ＋전압을 공급하는 것처럼 N채널 FET의 드레인에는 ＋전압을 공급해야 한다.

2.12.2 FET의 동작원리

1) 접합형 FET

그림 2.61 (a)와 같이 N채널 접합 FET의 드레인과 소스에 드레인이 ＋가 되는 방향으로 전압을 공급하면 (이것을 드레인 전압이라고 함) N형 반도체 내에 산재하여 있는 과잉전자가 소스 전극에 서 드레인 전극 측으로 이동하여 드레인 전류 I_D가 흐른다.

이 때 그림 2.61 (b)와 같이 게이트와 소스 간에 역방향 전압을 공급하면(이것을 게이트전압이라고 함) 게이트의 －전압에 의해 N채널 내에 전자가 반발당하여 공핍층이 생긴다. 이때 생긴 공핍층은 전자가 없는 부분으로 절연 영역이므로 전자가 이동할 수 있는 통로(채널)가 좁아져서 드레인 전류 I_D는 감소한다. 여기에서 만약 역방향 전압을 더욱 증가시킨다면 통로는 더욱 좁아져서 I_D는 더욱 감소하게 된다.

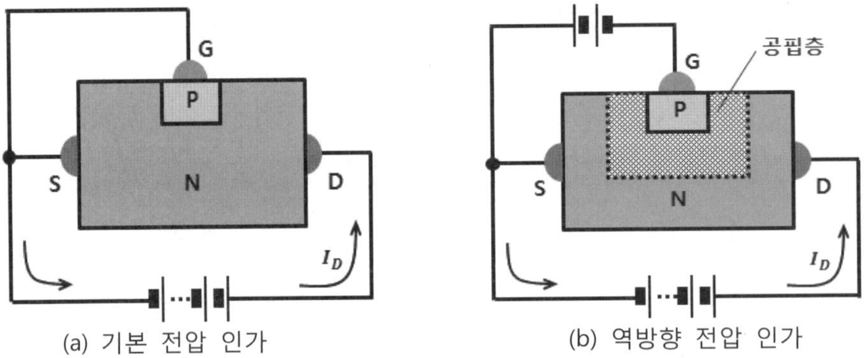

그림 2.61 접합형 FET에서 공핍층의 너비 변화

이와 같이 공핍층의 두께를 게이트 전압에 의해 바꾸어 소스에서 드레인으로 흐르는 자유 전자 수를 제어하여 드레인에서 소스로 흐르는 전류를 제어한다.

2) MOS형 FET

MOS-FET(Metal-Oxide-Slicon Field Effect Transistor)는 전력전자 회로에서 주로 사용되는 스위칭 소자로서, 게이트 단자에 가해지는 전압에 의해서 전력을 제어하게 된다. 또한 게이트 단자는 절연필름에 의해서 소스 단자와 드레인 단자로부터 절연되어 있다.

그림 2.62는 MOS-FET의 동작 특성을 나타내고 있다. 그림 2.62 (a)의 경우, 게이트 단자와 소스 단자 사이에 전압이 인가되지 않으면 MOS-FET에는 전류가 흐르지 않음을 나타내며, 그림 2.62 (b)의 경우, 게이트 단자와 소스 단자 사이에 전압이 인가되면 드레인 단자와 소스 단자가 동전되어 회로에 전류가 흐르게 된다. 이와 같이 MOS FET의 게이트 단자에 인가되는 전압에 의해서 주회로의 전류를 제어하게 되는 것이다.

그림 2.63는 게이트 전압(V)을 변수로 해서 드레인 전류(I_d)와 드레인-소스간 전압(V_{ds})의 관계를 나타내고 있다.

바이폴러 트랜지스터의 포화영역에 상응하는 영역으로서 MOS-FET에서 는 “일정 저항영역(Constant Resistance region)"이 있다. 이 영역에서는 전압이 거의 전류에 비례하여 증가한다. 그러나 전류가 증가함에 따라 저항이 증가하게 되어 MOS-FET는 ”일정 전류영역(Constant Current region)"에서 동작하게 된다.

그림 2.56과 그림 2.63을 비교해 보면 앞에서 언급한 바와 같이 바이폴러 트랜지스터는 전류 제어형 소자(Current-controlled device)이고, MOS-FET는 전압 제어형 소자(Voltage-controlled device)임을 확실히 알 수 있다.

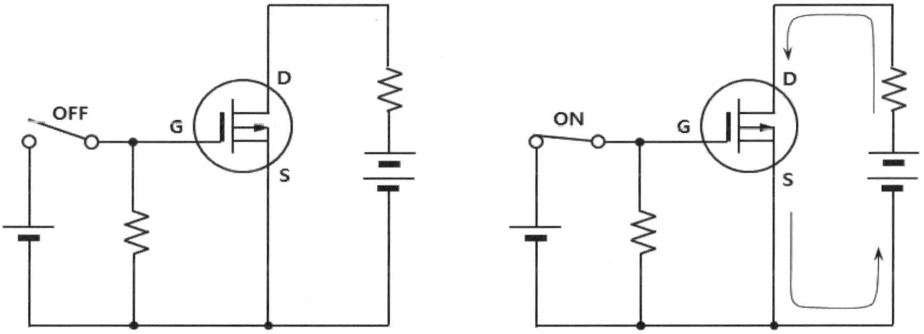

(a) OFF상태 (b) ON상태

그림 2.62 MOS-FET의 동작 특성

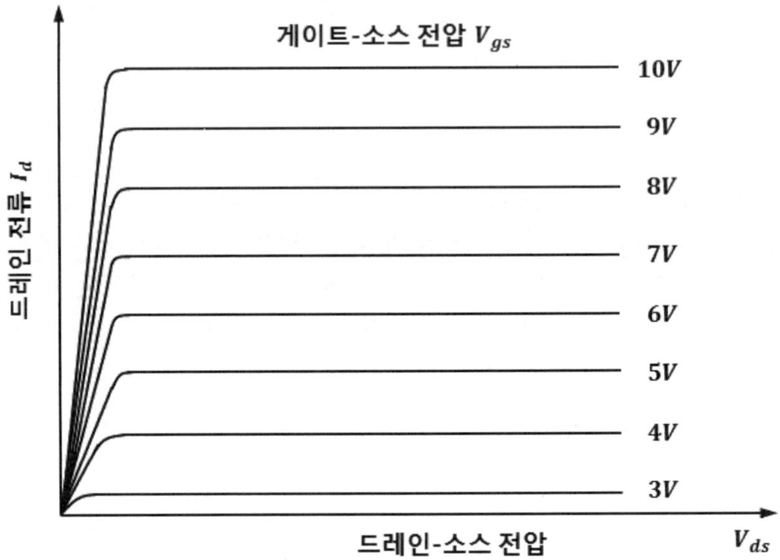

그림 2.63 MOS-FET의 특성 그래프

“ON 상태 저항(On-resistance)"또는 ”일정저항 영역에서의 저항“이 중요한 변수의 역할을 한다. 왜냐하면, MOS-FET는 일정저항 영역에서 스위칭 소자로 동작하면, 이때 ON상태 저항이 주어진 방열조건 하에서 드레인 전류(Drain current)를 결정하기 때문이다.

MOS-FET는 바이폴라 트랜지스터보다 스위칭 타임이 짧으며, MOS-FET의 응답시간은 게이트와 소스간의 정전용량에 의해서 결정된다.

CHAPTER 3

전자기학과 모터의 기초

3.1 전류와 자계와의 관계

3.2 전자기유도에 의한 전류의 발생

3.3 전자기력의 발생

3.4 자기와 전기

3.5 모터의 기초

앞 장에 이어서 본장에서는 기전시스템의 기계장치(기구)를 구동하기 위해서는 모터가 사용된다. 모터에는 DC모터, AC모터 및 스테핑 모터 등 여러 종류의 모터가 사용되고 있다. 이러한 모터의 구동원리를 이해하는 것은 기전시스템을 구성하는데 많은 도움을 준다. 전자기학은 모터 구동의 기본이므로 이를 이해하는 것이 필요하다.

따라서 본 장에서는 전자기학의 개략적 내용을 다루고 이를 바탕으로 모터의 기초까지 알아보도록 한다.

3.1 전류와 자계와의 관계

3.1.1 코일에서 나오는 자기력선

코일에서 나오는 자기력선의 N극과 S극은 어떻게 알 수 있을까? 이것은 그림 3.1과 같이 N극과 S극을 알고 있는 자침을 접근시키면 간단히 구별할 수 있다. 이 때 코일에 흐르는 전류의 방향을 바꾸어 주면 코일의 전류방향이 반대가 되고 N극과 S극도 뒤바뀌어질 것이다.

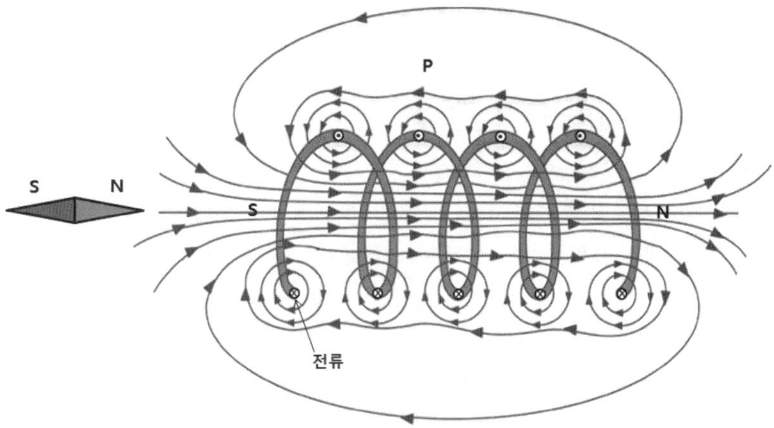

(a)

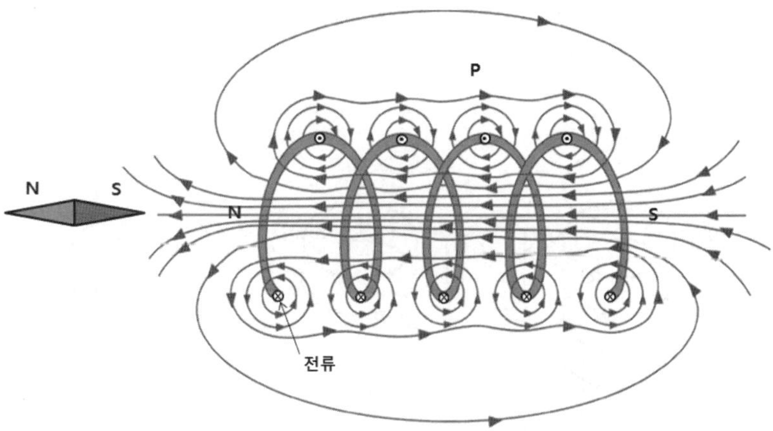

(b) 반시계 방향

그림 3.1 전류의 방향과 자기력선

그림 3.1 (a)와 같이 코일이 코일의 끝 쪽에서 보아 시계방향으로 감겨 있다고 하자. 그 끝에서부터 전류를 흘려서 조사하면 거기가 S극으로 되고 코일의 반대쪽을 조사하면 N극으로 된다. 전류를 흘려보내는 방법을 반대로 하면 코일의 N와 S는 당연히 S와 N으로 바뀐다. 그림 3.1 (b)와 같이 전류의 방향은 같고 코일이 감기는 방법을 반시계 방향으로 하면 N와 S극 방향이 반대로 측정된다.

자기력선이 N극에서 나와 S극으로 들어간다고 하였으므로 결국 코일에 발생하는 자기력선의 양극은 자석의 방향과 일치한다는 것을 알 수 있다.

3.1.2 곧은 도선과 자기력선

코일이 만드는 자기력선으로부터 출발하여 곧은 한 가닥의 도선은 어떤 자기력선을 만드는지 생각해 보자.

그림 3.1의 코일은 축 방향으로 도선이 몇 번이나 감겨져 있었다. 이 감은 수가 점점 적어지면 자기력선은 어떻게 되어 갈까? 감은 수가 확 줄어들어 단 한 번이 되면 자기력선이 어떻게 되리라고 생각하는가?

이 경우 감은 수가 한 번뿐이라도 코일임에는 틀림없기 때문에 전류를 흘려보내면 자석이 될 것이다. 종이 면에 원을 그려 이것이 한 번만 감긴 코일이라고 하자. 이 코일에 시계방향으로 전류를 흘려보냈다고 하면 그림 3.2와 같이 코일의 위쪽(종이의 표면)은 S극, 코일의 아래쪽(종이 뒷면)은 N극이 된다. 자기력선은 N극에서 나와 코일의 바깥쪽을 빙 둘러서 S극으로 들어가기 때문이다.

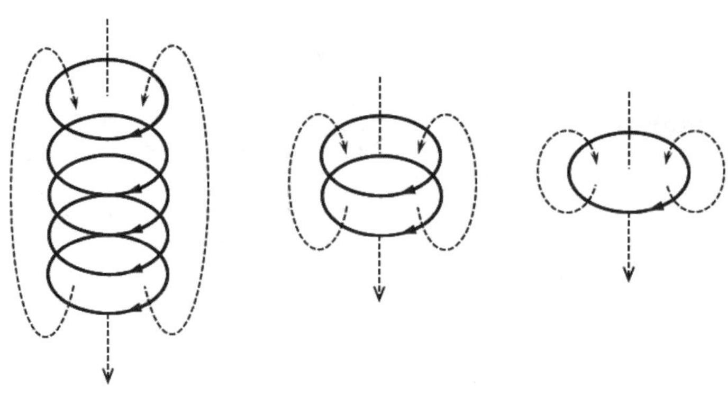

그림 3.2 코일 감은 수와 자기력선 모습

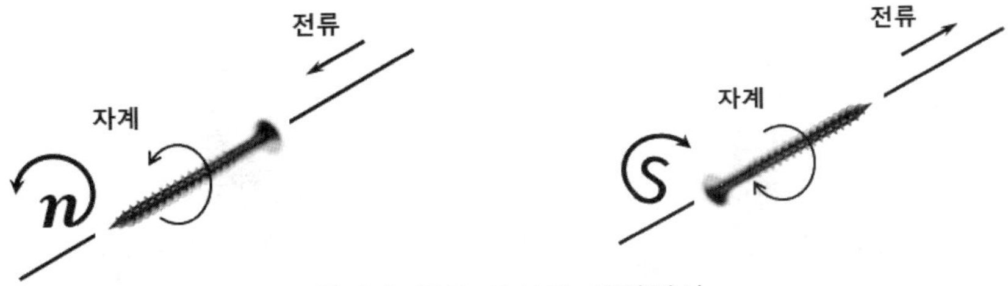

그림 3.3 곧은 도선의 자기력선

이것은 도선을 따라 전류가 흐르는 방향이 그림 3.3과 같이 오른나사를 비틀면서 진행시키고 있는 것과 같은 방향이다. 자기력선은 오른 나사를 전류방향으로 향해 비틀어 돌리고 있는 형상으로 발생한다고 생각하면 알기 쉽다.

그러면 곧은 도선에 전류를 흘려보냈을 경우 자기력선은 어떻게 될까? 이것은 한 번 감은 코일에 대한 것을 잘 이해하고 있다면 알 수 있을 것이다. 곧은 도선이란 한 번 감긴 코일을 똑바로 늘여놓은 것이라고 생각해도 되고, 한 번 감은 매우 큰 코일의 일부라고 생각해도 될 것이다. 이 도선을 흐르는 전류에 오른 나사의 사고방식을 적용시키면 금방 알 수 있다.

3.2 전자기유도에 의한 전류의 발생

3.2.1 패러데이의 전자기유도

코일에 자석을 끼워 넣었다 뺐다 하면 그 때마다 코일에 전류가 흐른다. 이것을 전류가 유도되었다고 하며 이 현상을 **전자기유도**(電磁氣誘導)라고 한다. 이것은 1831년에 영국의 패러데이(M. Faraday)가 발견한 현상으로 전기 발전의 기본이 되는 대발견이었다.

자석을 움직이면 전류가 발생하는 것이다. 자기력선이 없었던 곳에 자기력선을 통과시키거나 또는 그 반대로 전부터 있던 자기력선을 없애 버리는 변화에 의해 전류가 발생하는 것이다. 자석을 코일에 넣었다 뺐다 하는 것은 이와 같은 변화를 준 것이다. 좀 더 이 내용을 직선적으로 표현하여 「코일을 통과하는 자기력선의 수를 변화시키면 그 코일에 전류가 유도된다.」고 한다. 문제는 자기력선이기 때문에 자기력선을 내는 근원으로는 영구자석 대신 전자석이라도 상관없다.

이렇게 하여 전류를 발생시킨다는 것은 알았으며 이 전류가 어느 방향으로 유도되느냐에 대해

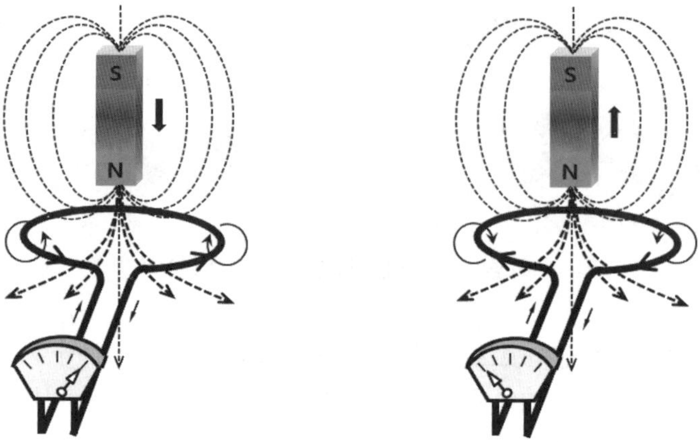

(a) 자석을 넣었을 때 (b) 자석을 뺐을 때

그림 3.4 전자기 유도의 원리

설명한다. 코일을 관통하는 자기력선의 수가 변화할 경우에 이 변화를 방해하듯이 전류가 코일에 유도된다. 좀 다른 표현으로 말한다면 코일을 관통하고 있는 자기력선은 그 수를 바꾸고 싶어 하지 않는 것이다. 자기력선의 이 소망을 들어줄 만한 방향으로 전류가 유도되는 것이다. 이와 비슷한 일은 일상생활에서도 자주 일어나며 운동량은 변화하고 싶어 하고 싶지 않은 현상을 말할 수 있다. 운동량이란 움직이고 있는 물체의 질량과 속도를 곱한 값이다. 전차가 갑자기 움직이기 시작하면 타고 있던 사람은 정지 상태를 바꾸고 싶어 하지 않기 때문에 발은 어쩔 수 없이 바닥과 함께 진행하려 하지만 상체는 그대로 남아 뒤로 쓰러지게 된다. 달려가고 있던 전차가 급정거를 하면 이와 반대 현상이 일어난다.

자기력선이 증가하려 하면 반대 방향의 자기력선이 새로 생겨 증가하려는 자기력선을 억제시켜 주면 된다. 그러기 위해서는 어떻게 하면 될까? 그것은 자기력선을 새로 생기게 하기 위해 코일에 전류를 흘려주면 된다. 코일을 흐르는 전류의 방향에 따라 코일의 안쪽에서는 자기력선이 다른 방향을 향해 발생한다. 즉, 코일 속의 자기력선을 증가시키고 싶은지 또는 줄이고 싶은지의 요구에 따른 방향으로 유도전류를 코일에 흘려주는 것이다. 이상의 내용을 정리한 것이 그림 3.4이다.

3.2.2 렌츠의 법칙(Lenz's law)

이 전자기유도라는 현상은 매우 중요한 것이기 때문에 다른 표현으로 거듭 설명하겠다.

유도 기전력의 방향은 코일 속의 자속의 변화를 방해하는 방향으로 발생한다. 그림 3.5는 여러

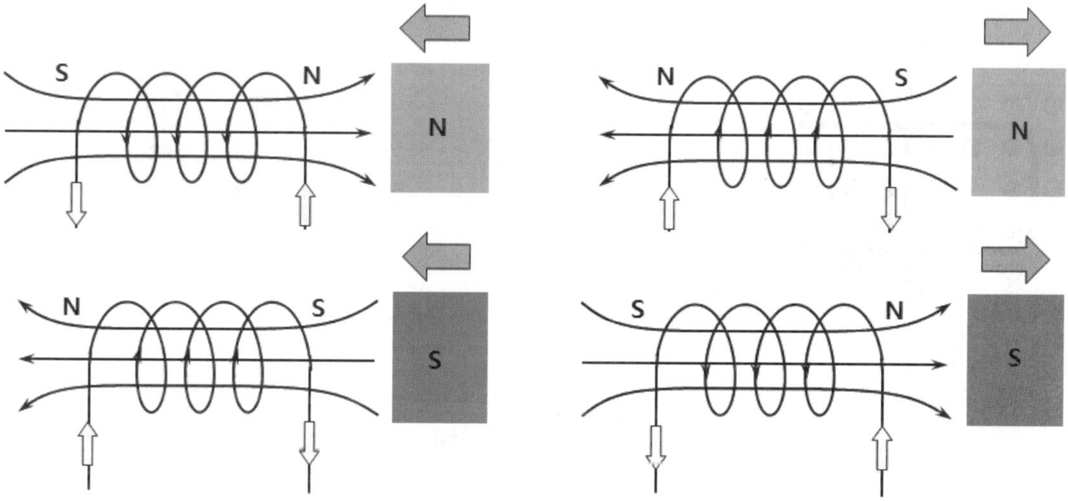

그림 3.5 렌츠의 법칙

경우를 생각할 때 유도 기전력의 방향을 나타낸 것이다. 이것을 렌츠가 체계적으로 정립하였다고 하여 **렌츠의 법칙**이라 한다.

3.2.3 플레밍의 오른손의 법칙

그림 3.6과 같이 자기력선이 균일하게 분포해 있는 곳에 U자형의 도체가 놓여 있고, 그 도체 위에 다른 가느다란 둥근 막대모양의 도체가 놓여 있다. 둥근 막대 도체와 U자형 도체는 「ㅁ」 자 모양의 한 번 감은 코일을 형성하고 있다고 할 수 있다.

그러면 둥근 막대 도체가 오른쪽으로 굴러 가면 어떻게 될까? 「ㅁ」 자의 코일 속을 관통하고 있던 자기력선의 수가 증가하게 된다. 이와는 반대로 증가하지 않게 하려면 앞에서도 설명했듯이 이 코일을 위에서 보아 시계방향으로 전류가 유도되도록 하면 되지 않겠는가. 도체가 좌로 굴러 가면 전류가 반시계방향으로 유도되는 것은 말할 나위도 없다.

원리를 고려하지 않고 자기력선의 방향과 전류의 방향 및 힘의 방향만을 알겠다면 좋은 방법이 있다. 오른손의 엄지, 인지와 중지를 그림 3.7과 같이 각각 직각이 되게 뻗는다. 먼저 그 인지를 자기력선의 방향으로 돌리고, 엄지를 도체가 움직이는 방향에 맞춘다.

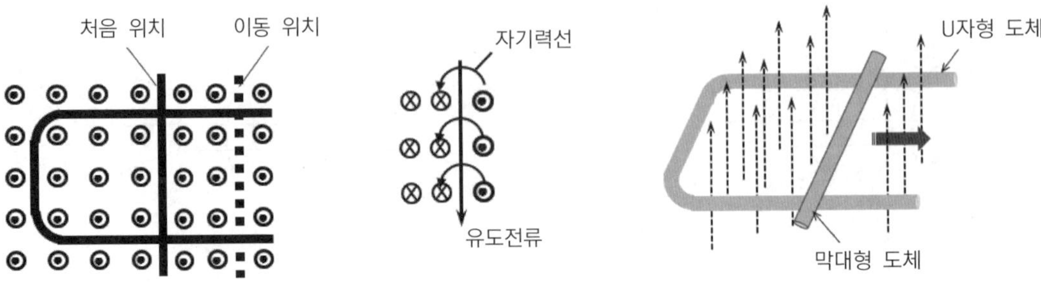

그림 3.6 U자형 도체 위를 구르는 도체

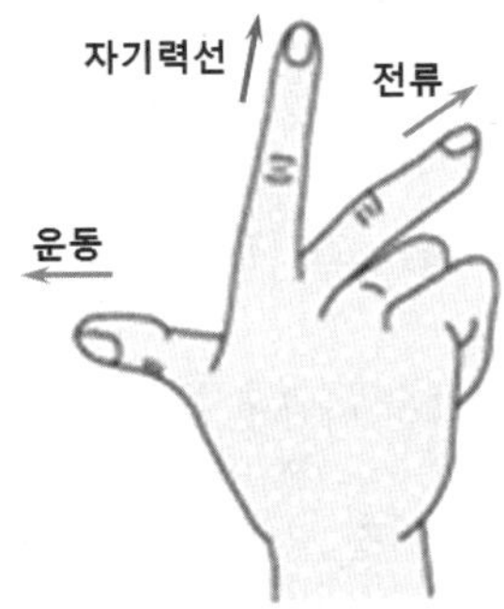

그림 3.7 플레밍의 오른손 법칙

그렇게 하면 중지가 전류의 방향을 바로 가리켜준다. 아주 간단하다. 이것을 고안한 사람의 이름을 따서 **플레밍(J.A Fleming)의 오른손의 법칙**이라고 부른다.

여기서 특히 주의해 둘 일은 법칙이 있기 때문에 그것에 따라 현상이 일어나는 것이 아니라는 점이다. 거기서 일어나고 있는 현상을 잘 정리해 보고 간단한 「문장」으로 표현할 수 있었다는 것이다. 그것을 「법칙」이라 말하고 있다. 표현을 달리하면 어떤 현상을 생각하기 위한 「사고방식」을 「법칙」이라는 형태로써 가리키고 있다고 해도 될 것이다. 「처음에 현상이 있었다.」고 말할 수 있다.

3.2.4 아라고의 원리

그림 3.8과 같이 원판과 자석이 접촉하고 있지 않은 상태에서 자석을 A 방향으로 이동하면 원판도 동일 방향으로 회전한다. 이것은 자석의 이동과 동시에 원판 내부에 기전력이 유도되고 소

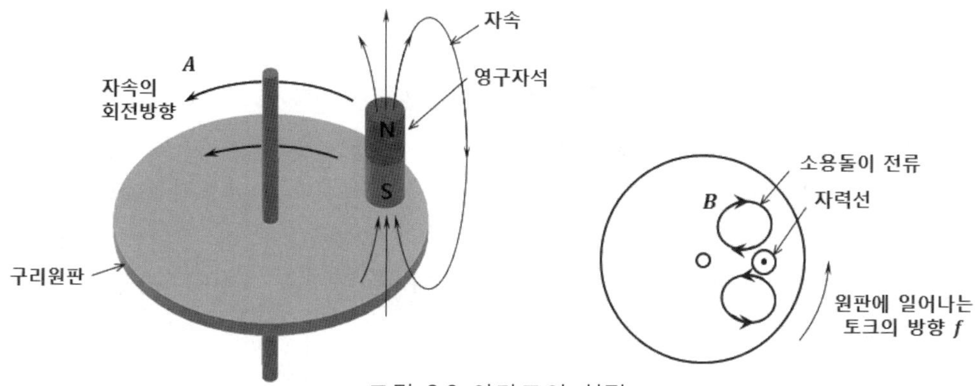

그림 3.8 아라고의 회전

용돌이 전류(유도전류) i가 흐르기 때문이다. 원판에 유도된 소용돌이 전류와 자석에 의한 자속 사이의 관계(플레밍의 왼손법칙)에 의해 전자력이 생겨 화살표 f의 방향으로 원판이 돈다. 이를 프랑스의 물리학자 아라고(D.F. Arago, 1786~1853)에 의해 최초로 실험되었다고 하여 **아라고의 회전**이다.

3.3 전자기력의 발생

3.3.1 자기력선의 성질

본론으로 들어가기 전에 자기력선의 재미있는 성질을 알아두면 편리하기 때문에 그것을 설명하겠다.

자기력선은 자석과 함께 자주 등장하지만, 쇠가루를 써서 실험한 것과 같은 선을 왜 생길까? N극에서부터 S극으로 향하는(것이라고 약속했다) 활처럼 휜 곡선이 어째서 생기느냐는 것이다. 이것은 알갱이 하나하나의 쇠가루가 자화되어 작은 자석이 됨으로써 서로 연결되어 있기 때문이다. 마치 바늘이나 못이 차례로 이어져서 자석에 부착되는 것과 같다. 바늘이나 못은 형상이 크기 때문에 N극과 S극 사이에서 연결되어도 깨끗한 곡선 모양으로는 되지 않는다. 쇠가루와 같은 작은 입자라면 앞에서 실험한 것처럼 활 모양으로 휘어져 연결된다.

각 입자의 N극과 S극이 연달아 이어져서 선 모양이 되기 때문에 그 선의 양단에서 자석에 달라붙어 있는 곳은 N와 S로 되어 있다. 한 가닥의 선으로 보이는 것은 한 가닥의 길쭉한 자석이라 생각하면 된다.

이렇게 한 줄로 연결되어 있는 수많은 작은 자석은 서로 끌어당기고 있다. 그러므로 이들은 늘여 놓은 고무줄처럼 스스로 수축하려 한다.

이웃에 있는 길쭉한 자석의 행렬은 어느 쪽도 같은 방향을 향하고 있는 자석이므로 서로 반발할 것이다.

정리해서 결론을 말하면 자기력선은 스스로 수축하려는 경향을 가지며 자기력선끼리는 서로 반발하는 성질이 있다.

- 자기력선은 N극에서 나와서 S극으로 들어가며, 자석 내부에서도 계속되는 폐곡선이다.
- 자기력선은 도중에 서로 교차되거나 분리되지 않는다.
- 자기력선 위의 한 점에서 그은 접선의 방향은 그 점에서 자기장의 방향을 나타낸다.
- 자기력선이 밀집된 곳(자기력선의 간격이 좁은 곳)일수록 자기장의 세기가 크다.

3.3.2 플레밍의 왼손의 법칙

지금 자기력선이 이 종이면 위의 앞쪽에서부터 저편을 향해 균일한 밀도로 평행하게 배열해 있다고 하자. 종이 면에 수직으로 도선을 관통시키고 여기에 종이 위에서부터 표면 쪽을 향하는 방향으로 전류를 흘려보낸다. 어떤 일이 일어날까?

도선의 주위에는 물론 자계가 형성된다. 자기력선으로 말하면, 도선을 둘러싸고 종이면 위에서 반시계방향으로 도는 원형의 자기력선이 몇 개나 생긴다. 도선의 오른쪽과 왼쪽에서는 자기력선의 방향이 반대로 되어 있다. 도선의 오른쪽에서는 처음부터 있었던 자기력선에 새로 자기력선이 더해져서 증가하고, 도선의 왼쪽에서는 반대로 전부터 있던 자기력선이 줄어들게 된다.

즉, 도선의 오른쪽에서는 자기력선의 밀도가 증대하고 왼쪽에서는 밀도가 줄어들게 된다. 그림으로 나타내면, 도선의 오른쪽에서는 자기력선이 몰리게 되고 도선의 왼쪽에서는 그만큼 성글게 된다(그림 3.9).

그러면 여기서 처음에 든 자기력선의 두 가지 성질을 적용시켜 보자.

자기력선이 빽빽하게 밀집해 있는 곳에서는 이웃끼리의 반발력이 강하게 작용될 것이다. 또 자기 자신이 수축하려는 힘은 자기력선이 뻗어있는 곳에서 강해질 것이다. 이 두 힘은 어느 쪽도 다 전류의 흐름을 왼쪽으로 밀어내려 한다.

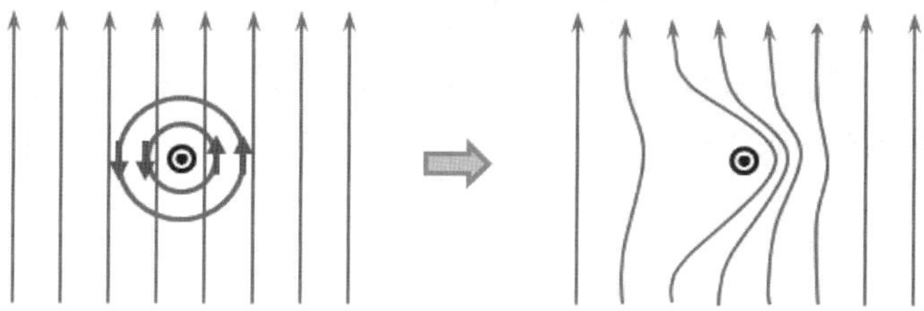

그림 3.9 균일한 자계 속의 도선에 전류를 흘렸을 때 모습

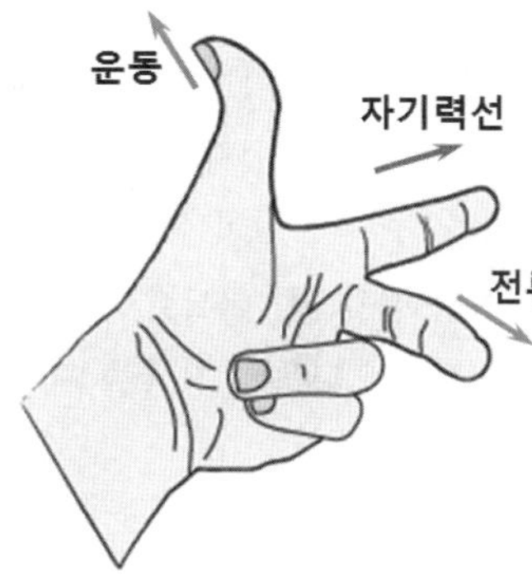

그림 3.10 플레밍의 왼손 법칙

이와 같은 현상을 「자계와 전류가 서로 작용하여 선자기력이 발생했다」고 말한다.

이 경우에도 앞의 전자기유도에 의한 전류의 발생과 마찬가지로 플레밍의 법칙을 응용할 수 있다. 다만 이번에는 오른손이 아니라 「왼손의 법칙」이 되는 것에 주의해야 한다.

그림 3.10과 같이 왼손의 세 손가락을 앞처럼 서로 직각으로 벌리고, 인지를 자기력선, 중지를 전류의 방향으로 돌리면 엄지가 운동의 방향을 가리켜 준다.

전류를 흘리면 운동이 일어나기 때문에 이것은 전기에너지를 회전이라고 하는 운동에너지로 바꾸는 모터의 원리에 해당한다. 이에 대한 것은 모터에서 설명하도록 한다.

3.4 자기와 전기

3.4.1 자기와 전기의 차이

그런데 자기란 무엇이냐? 전기란 무엇이냐 하는 질문을 받게 되면 쉽게 대답할 수가 없다. 그러나 우리 주변에 있는 자석은 「자기를 띠고 있기 때문에 쇠를 부착한다. 자기란 그런 것이다」라고 하면 무엇인지 알듯한 느낌이 든다. 그리고 자석의 양단에는 N극과 S극이 있다는 것, 같은 극끼리는 반발하고 다른 극끼리는 당긴다는 것 등이 잘 알려져 있다. 우리도 실험으로 확인했었다.

전기, 정확하게는 정전기(靜電氣)인 경우에도 플러스와 마이너스 두 종류가 있고, 그들 사이의 인력과 반발은 자기의 경우와 마찬가지로 생각하면 된다는 것이 알려져 있다.

이 정도만 살펴보아도 전기와 자기는 아주 흡사하다. 그러나 무척 다른 점이 있다. 전기는 플러스와 마이너스 전기가 쌍으로 존재하거나 또는 따로 각각 존재한다. 그런데 자기의 경우 N극과 S극은 우리가 알고 있는 한은 언제나 쌍을 이루고 있고 결코 단독으로는 존재하지 않는다.

N극과 S극이 단독으로도 존재하는 것이 아닐까 하는 것은 특히 물리학자의 흥미를 끌어온 문제이다. 이 단독의 자극을 자기 단극자(磁氣單極子:monopol)라고 부르는데, 실제로는 아직 발견되지 않았다.

3.4.2 기자력과 자속

그럼 본론으로 들어가 전기와 자기를 비교하며 살펴보기로 하자.

우선 전기라고 하면 전류라든가 전압이라든가 하는 말이 머리에 떠오를 것이다. 이 전류를 흐르게 하는 원동력이 되는 것이 전압이다. 전기적인 압력으로 전기를 밀어내는 힘이다. 건전지로부터 흘러 나간 전류가 파일로트램프에 불을 켠다. 이것이 전혀 빛을 내지 않거나 어두워지거나 하면, 「전지가 없어졌다」니 「전압이 떨어졌다」느니 하고 말한다. 이 전류를 흘려보내는 원동력이 되는 것을 「기전력(전압)」이라 부른다.

전압과 전류는 그림 3.11과 같이 직선관계로 되어 있다. 전압이 2배가 되면 전류도 2배가 된다. 익히 아는 "옴의 법칙"이다. 자석의 경우는 "기자력(起磁力)"이라는 것을 생각한다. 기전력보다는 약간 알기 힘들지 모르겠으나 되도록 쉽게 설명해 보겠다.

자석의 성질을 나타내는 데에 그림 3.12와 같은 감자곡선이 사용된다는 것을 이미 설명했었다. 영구자석에서는 외부로부터 자계가 가해지는 일이 없다. 자기자신이 만드는 자계로써 여러 가지 일을 해야 한다. 이 자계가 앞으로 말한 감자력(減磁力)의 근원이며 기자력에 해당한다. 이것이 원동력이 되어 자기력선을 밀어내는 것이다. 다만 그것을 자류(磁流)라고는 부르지 않는다. 전류에 해당하는 것은 앞에서 말한 자기력선이고, 자기력선의 다발을 자속(磁束)이라 한다. 그것이 자극의 단위면적($1cm^2$)에서부터 얼마만큼 나오고 있느냐를 가리키는 것이 자속밀도(B)이다. 자석으로부터 나오는 자속의 총량은 자속밀도(B)의 값에 자극면적(A)을 곱한 값(B×A)이 된다. 이것이 전기의 경우에는 도선 내를 흐르는 전류에 해당하는 셈이다. 전기의 전압-전류의 관계는 직선으로 나타내어지고 있었으나, 자기의 경우 자속-자속밀도(H-B)의 관계는 직선이 아니다. 곡선이다. 기자력(자계 H)이 어느 값일 때, 자속밀도가 얼마만큼으로 되느냐 하는 것은 이 곡선으로부터 찾아야 한다.

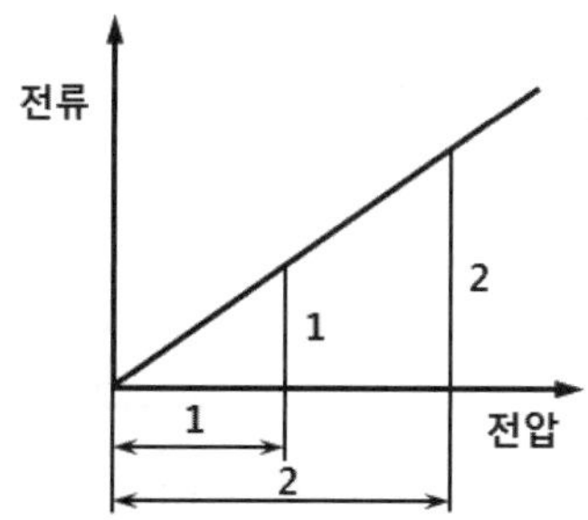

그림 3.11 전압과 전류의 관계

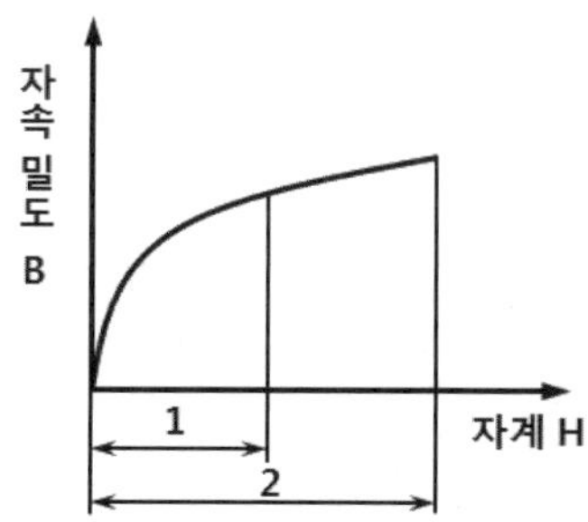

그림 3.12 감자 곡선

이것이 자기가 전기보다 까다롭다고 하는 점이다. 그러나 그것은 그렇다고 치고 자계(H)와 자속밀도(B)의 관계를 전압(V)와 전류(I)의 관계에 견주어서 알아주었으면 한다.

3.4.3 자로란?

전기라는 말을 들으면 전선이나 전기코드를 생각하는 사람도 있을 것이다. 확실히 이런 것들이 없으면 필요한 장소까지 전기를 전할 수가 없다. 전기는 가느다란 선일지라도 멀리까지 전달할 수 있기 때문에 매우 편리하게 사용되고 있다.

자기의 경우 어떨까? 전기에서는 동선 등을 도전선(導電線)이라 하고, 구리 등은 전기의 도체라고 불린다. 자기에서도 이 도체에 해당하는 것이 있다. 쇠처럼 자석에 부착되는 금속(자성체)이 그것이다. 자극으로부터 나간 자속을 자기의 도체에 해당하는 철을 통해서 필요한 곳까지 이끌어 준다. 이것을 자로(磁路)라고 한다. 전기회로라는 말에 대응하여 자기회로라는 말도 있다.

이와 같이 도체를 사용하여 전기도 자기도 다른 곳으로 전도되는데 양자 사이에는 큰 차이가 있다. 그것은 저항(抵抗)이다. 전기저항은 잘 알고 있을 것이다. 저항을 R이라 하면 전압V와 전류I와의 관계가 V=I·R로써 나타내진다고 하는 바로 그 저항이다. 동선의 저항에 비해 공기의 저항은 무한대라고 해도 된다. 그래서 공기는 전기의 절연체라고 일컬어진다. 그 때문에 나동선(裸銅線)을 써서 전기를 유도해도 전기는 동선 안을 통하고 공기 속으로는 새어 나가지 않는다. 즉 전기의 +단자와 −단자가 드러나 있어도 그 사이에는 전기가 흐르지 않는 것이다.

자기에서는 그렇게는 안 된다. 자기에 대한 저항이라 할 만한 것은 공기와 자로의 재료로는 보통 1000:1 정도의 차이 밖에 없다. 이 때문에 자속은 자로 속뿐만 아니라 반드시 얼마쯤은 공기 속으로 번져 나간다. 공기도 일종의 자로라고 할 수 있다.

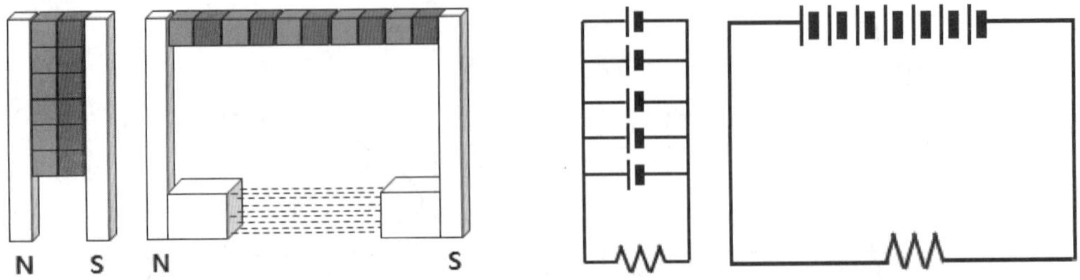

(a) 자석의 경우 (b) 전지의 경우

그림 3.13 직렬 접속과 병렬 접속

이와 같이 다루기 힘든 점이 있기는 해도 자기의 경우에도 그림 3.13과 같이 전기회로와 비슷한 회로를 만들 수가 있다. 전지에 해당하는 자석으로부터 그 자기적인 압력으로 자속이 자로에 흐르는 것이다. 조금씩 자로 밖으로 새어 나가면서 말이다.

3.4.4 자석과 전지의 비교

고저항 부분에 전류를 흘려보내는 데는 고전압이 필요하다. 전지를 사용하여 고전압을 내는 데는 적층건전지(積層乾電池)등의 편리한 방법이 있다. 이것은 1.5V의 전지를 몇 개나 세로, 즉 직렬로 접속한 구조로 되어 있다.

자석의 경우에는 어떻게 생각하면 될까? 자기저항이 높다는 것은 자로 앞 끝에 있는 극과 극의 관계가 넓다는 것이다. 거기에 자속을 통과시키는 데는 자석을 역시 직렬로 접속한다. 바꿔 말하면 긴 자석을 사용한다는 것이다.

큰 전류를 흘려보내는 데는 전지를 몇 개나 가로로 배열하여 병렬로 접속하면 된다. 반면에 자속을 많이 통과시키는 데는 자석을 병렬로, 바꿔 말해서 자극 면적이 넓은 자석을 사용하면 될 것이다.

자극의 면적을 크게 하여 거기서부터 나가는 많은 자속을, 단면적은 작더라도 자기저항이 적은 재료로 만든 자로를 통해 필요한 장소로 유도하면 된다.

이렇게 생각하면 앞에서 말한 평편한 자석에 대한 이해도 깊어질 것이다. 평편하다는 것은 길이가 짧고 단면적이 크다는 것을 말한다. 기자력이 본래 큰 자석을 사용하면 그 길이는 짧게 할 수 있다. 그리고 단면적만 확대시키면 필요한 만큼의 자속량이 얻어진다.

페라이트자석에 모자를 씌운 것과 같은 마그네트압정이 그 좋은 보기이다. 또 뒤에서 나오는 스피커에서도 이 실례를 볼 수 있다. 금속자석과 페라이트자석으로는 전혀 다른 사용방법을 취하고 있다. 금속자석은 단면이 작고 길이를 크게, 페라이트자석은 단면을 크게 길이를 작게 하여 사용하고 있다.

3.5 모터의 기초

3.5.1 모터의 정의

전기식 모터(일반적으로 그냥 모터라고 함)는 기기가 어떤 일을 할 때 그 기기의 구동원이 되는 것이다. 모터는 전원을 넣으면 전기 작용에서 발생되는 회전력을 축으로 꺼내어 벨트 또는 기어를 다른 기계로 힘을 전달시키는 작용을 하거나 회전축과 직결시켜 어떤 구체적인 작용을 한다.

이 모터는 모든 기기의 심장과 같은 중요한 역할을 하는 것이다. 한마디로 정의하면 모터란 전기 에너지를 기계 에너지(회전 에너지)로 변환하는 장치이다.

3.5.2 모터의 원리

근본적으로 자기장 속에 도체가 놓였을 때 이 도체가 어떤 방향으로든지 운동을 하려고 하면 도체 내부에서는 전류가 유기되어 흐른다. 반대로 도체 내에 전류를 흘리면 특정한 방향으로 힘을 받아 운동하려고 한다. 이러한 전자기적 원리를 이용하여 인위적으로 자기장을 형성하고 도체를 구성한 후 전류를 공급하면 이 도체가 운동을 하는데 이것을 바로 **모터**라고 한다.

자속밀도 B[Wb/㎡] 가운데 놓여진 길이 l[m]의 도체에 전압 V[V]를 인가하면 도체에 I[A]의 전류가 흐르고 도체가 회전하게 되는데 이 때 유도기전력 E_0[V]가 발생한다. E_0는 플레밍의 오른손 법칙에 의해 결정되며 전동기에 가한 인가전압 V[V]에 대해 극성은 반대 방향이고 전기자 전류 I_a[A]를 방해하도록 흘러 이 유도 기전력을 **역기전력**이라 한다.

여기서 도체에 작용하는 전자력 $F = B \times I \times l$이며, 지름이 D인 1개의 도체에 작용하는 회전력 $\tau = F \times (D/2) = B \times I \times l \times (D/2)$[N · m]이다. 전체 도체수가 Z이면 전체 회전력 $T = Z \times \tau$가 된다. 이 회전력을 토크라 한다. 도체가 축을 중심으로 회전운동을 하면 일반적으로 말하는 모터이고 직선적으로 움직이면 **리니어 모터**라 한다.

자계를 형성하는 방법으로는 영구자석을 사용하거나 계자 권선에 전류를 흘려 전자석으로 만들어 사용하는 것이 있다.

3.5.3 모터의 종류

1) 직류 모터

(1) 직류 모터의 기본구조와 특징

직류(DC) 모터는 큰 기동 토크, 입력전압의 변화에 대한 직선적인 회전특성, 입력전류에 대한 출력 토크의 직선성, 출력 효율이 높음, 가격이 저렴하다는 장점을 가지고 있다. 그러나 브러시나 정류자(commutator) 등 기계적 접점을 가지기 때문에 소음이나 수명 등의 문제가 있다. 직류 모터의 기본 구조는 그림 3.14와 같이 크게 고정자(스테이터), 회전자(로터), 정류자 그리고 브러시로 구성되어 있다. 고정자란 모터의 내부에 일정한 자계를 만드는 것으로서, 자력선을 통과하는 요크(계철)와 마그넷으로 구성되어 있다. 또한 회전자는 외부에서 전류를 공급하여 회전자석을 만드는 것으로서 여기에서는 구동 권선이 사용되고 있다. 이 경우, 로터는 연속적으로 회전해야 하므로 정류기가 부가되고 있다. 정류기의 역할은 브러시를 통하여 공급되는 전류를 차례로 전환시켜 로터가 어디에 있어도 일정한 방향으로 회전을 계속하는 것이다.

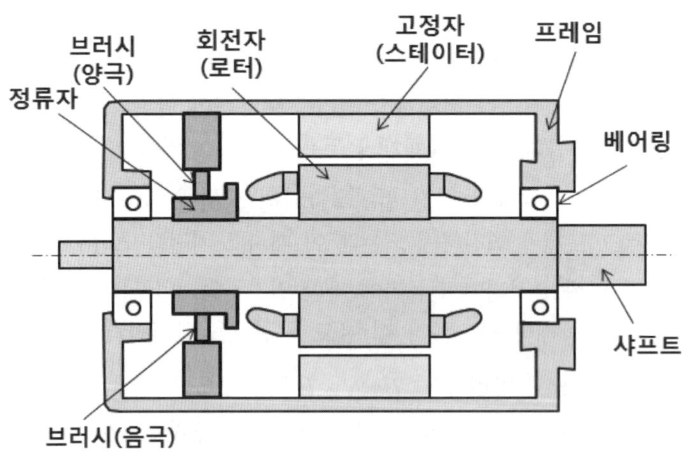

그림 3.14 직류 모터의 구조

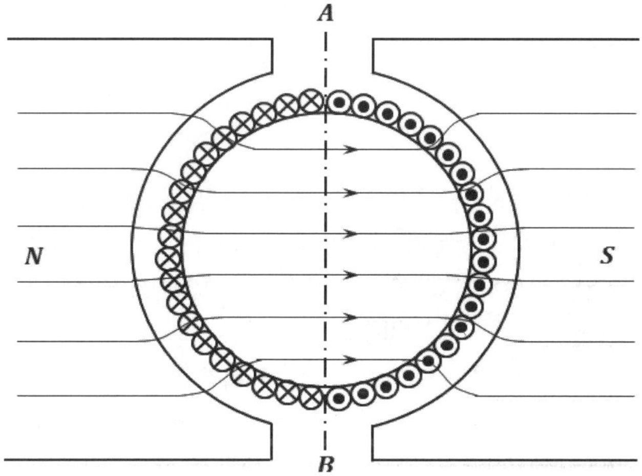

그림 3.15 직류 모터의 코일에 흐르는 전류의 분포

직류 모터의 원리는 모터 내부에서 회전자에 작용하는 힘의 원리를 설명하는 것이 **플레밍의 왼손법칙**(Flemings left hand rule)이다.

앞에서 설명했지만 자계 속에 하나의 도선(구리나 알루미늄 전선)을 놓아두고 여기에 전류를 흘리면 도선에 힘이 작용하게 된다. 이 때 전류와 힘 그리고 자계 방향 사이의 관계를 설명하는 것이 앞에서 언급한 플레밍의 왼손 법칙이다. 이 법칙에 의하면 이 법칙에 의하면 왼손의 세 손가락을 서로가 직각이 되게 펼치고 가운데 손가락을 전류, 집게손가락을 자계의 방향으로 하면 힘은 엄지가 가리키는 방향으로 작용하게 된다. 자계의 방향이 바뀌면 힘도 반전하며 또한 전류의 방향을 바꿔도 힘은 반전한다. 그러나 전류와 자계의 방향이 동시에 변하면 힘의 방향은 바뀌지 않는다.

그림 3.15의 직류모터 단면에서 보면 중심선 AB의 좌측 도선에는 ⊗(지면에서 흘러들어가는 방향) 방향의 전류가 흐르고 있고 자계는 중심으로 향하고 있기 때문에 시계 방향으로 힘이 작용한다. 반면에 AB의 우측 도선에는 ⊙(지면으로 흘러나오는 방향) 방향의 전류가 흐르고 있고 자계는 바깥쪽으로 향하고 있기 때문에 반시계 방향으로 힘이 작용한다.

여기서 그림 3.15를 보도록 하자. 하나의 동선에는 어떤 때는 N극을 어떤 때는 S극을 통과하기 때문에 플레밍의 오른손법칙에 따라서 코일에 발생하는 것은 교류전압이라고 할 수 있다. 그런데 그림 3.14를 보면 모터에는 정류자와 브러시라는 것이 있는데 이들이 기계적으로 접촉함에 따라 동선에 발생된 전압과 전류의 방향이 바뀌게 된다. 회전자를 외부의 힘으로 회전시킴으로써 각각의 코일에 발생한 교류는 이들에 의해 직류로 바뀌게 되고 있는 것처럼 보인다. 이것이 바로 정류자(교류를 직류로 바꾸는 것)라고 이름을 붙이게 된 유래이다.

단, 모터의 경우에는 전지로부터 공급되는 직류 전류를 교류 전류로 바꾸는 역할을 하므로 정류자가 아니라 전류자라고 하는 편이 옳을지 모르지만 역시 정류자라고 부르고 있다.

(2) 모터의 발전기 작용

플레밍의 오른손법칙을 이용한 가장 쉽게 접할 수 있는 것에 자전거의 발전기이다. 앞바퀴의 고무 타이어와 풀리가 서로 맞물려 돌아가면서 모터가 고속으로 회전하여 발전을 하게 된다.

사실은 보통의 직류모터에서도 이 같은 플레밍의 오른손법칙은 중요한 역할을 하고 있다. 모터의 단자에 접속된 전지로부터 받은 전류와 영구자석의 자계가 작용하여 플레밍의 왼손법칙에 따라서 회전력을 발생시키는 것이 모터이다. 그런데 회전자가 회전하게 되면 플레밍의 오른손법칙에 의해 전지의 전류와는 반대 방향의 전압이 회전속도에 비례해서 발생한다. 이 전압은 전지의 전류를 감소시킨다. 따라서 모터의 속도가 빨라지면 회전력이 감소하는 현상이 나타난다.

실제로는 모터가 돌아가는 속도는 회전력과 부하가 서로 균형이 되는 점에서 머무르게 된다. 모형비행기가 상승할 때는 공기의 저항이 커 회전력이 감소하므로 전류를 많이 흘려야 하기 때문에 전지의 소모가 심한 반면 강하 시에는 공기의 저항이 적어 모터는 고속으로 회전할 수 있기 때문에 전류의 소모가 자연히 적게 된다. 이 같은 자기조절 작용이 모터 내에서는 플레밍의 오른손법칙과 플레밍의 왼손법칙이 서로 작용하여 나타나게 된다.

직류 모터를 단독으로 공회전 시키면 전류는 거의 흐르지 않는데 이는 전지의 전압과 발전 작용에 의해 발생한 역전압이 서로 균형을 이룬 상태가 되었기 때문이다. 전지의 전압을 높여 전류를 증가시키면 회전력이 커져 고속으로 되지만 발전되는 전압과 균형 잡힌 속도로 안정이 되면 전류는 다시 감소하게 된다. 이와 같이 플레밍의 오른손법칙은 모터가 쓰데없는 전력을 소비하지 않고 경제적으로 작동을 하도록 하는 역할을 한다.

(3) 직류 모터의 성능계수와 특성

앞에서 서술한 내용을 간단한 수식을 써서 다음과 같이 정리하면 모터의 역학적인 의미가 분명해 질 것이다.

우선 완성된 영구 자석형 직류 모터에서 플레밍의 왼손법칙에 의해 발생된 회전력(토크) T는 전류 I에 비례한다. 그리고 이 관계는 토크 계수 K_T라는 것에 의해 다음과 같이 표현된다.

$$T = K_T \times I \tag{3.1}$$

왜 이와 같이 간단한 관계일까?

회전력을 발생시키는데 필요한 자속, 즉 자계를 영구 자석으로부터 얻고 있으므로 완성된 모터에서는 이를 일정한 값으로 간주할 수 있다. 간단히 말해 그림 3.15에 있는 각 도선은 모두 같은 강도의 자계를 받고 있다는 것이다. 실제로는 회전자의 코일에 흐르는 전류 때문에 생기는 자계가 영구 자석이 만드는 자계의 분포를 변형시키지만 이 자계는 크기가 작기 때문에 여기서는 그 영향에 대해 무시한다(실제의 모터에서는 회전자의 전류에 의해 형성된 자계가 특성에 거의 영향을 미치지 않도록 설계되어 있다). 또한 전류도 각 도선에 같은 양이 흐르게 된다. 따라서 각 도선에는 같은 크기의 회전력이 걸리며 이를 모두 합한 것이 모터 축에 나타나는 회전력으로 식 (3.1)과 같이 표현할 수 있게 된다.

마찬가지로 플레밍의 오른손법칙에 의해 모터 내에 발생하는 역기전력 E는 회전 속도 N에 비례하여

$$E = K_E \times N \tag{3.2}$$

이다. 이 때 K_E를 역기전력계수라고 한다. 토크계수와 역기전력계수는 모터의 카탈로그에도 표시되어 있는 중요한 계수인데 다음에는 이 두 가지로부터 회전력(토크)과 속도 사이의 관계를 도출해 보도록 하자.

그림 3.16은 직류 모터를 전기회로로 표현한 것으로 이것을 등가회로라고 한다. “등가”란 의미는 이 회로가 모터의 기본적 성질을 나타내기 때문에 이를 이용하여 계산하는 것과 모터를 물리학적으로 해석하여 계산하는 것과 같은 결과를 갖는다는 것이다.

그러면 회전력과 회전속도의 관계를 명확히 세우기 위해 우선 모터의 회전력을 계산해 보도록 하겠다.

전지의 전압 V와 역기전력 E의 차 $V-E$가 저항에 걸리는 전압이고 한편 저항에서의 전압강하는 저항 R에 전류 I를 곱하면 되므로 다음의 관계가 성립한다.

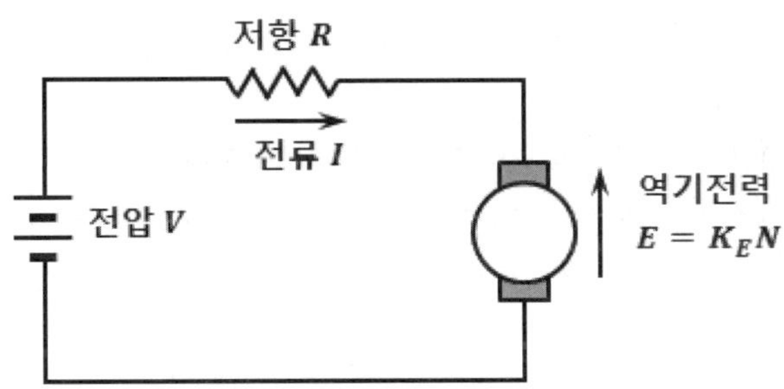

그림 3.16 직류 모터의 등가회로

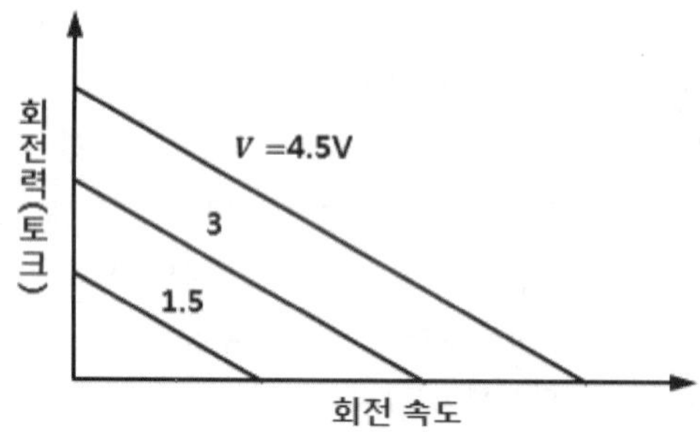

그림 3.17 직류 모터의 회전력과 회전속도의 관계

$$V - E = R \times I \tag{3.3}$$

따라서

$$I = (V - E) / R \tag{3.4}$$

식 (3.1)에 대입하면 회전력은 다음과 같이 된다.

$$T = \left(\frac{K_T}{R}\right)(V - E) \tag{3.5}$$

로 되는데 여기에 식 (3.2)를 대입하면 다음 식이 성립한다.

$$T = \left(\frac{K_T}{R}\right)(V - K_E N) \tag{3.6}$$

전지의 전압 V를 몇 가지(1.5V, 3V, 4.5V)로 선택하여 식 (3.6)의 관계식을 그래프로 나타내면 그림 3.17과 같이 매우 단순한 직선들로 나타나는데 이들로부터 다음 사실들을 알 수 있다.

기동 토크(속도가 0일 때의 회전력)는 전압 V에 비례한다.

무부하 속도(회전력이 0일 때의 속도)도 전압 V에 비례한다.

속도가 빨라짐에 따라 회전력이 저하하는데 이 기울기는 속도, 전압 및 회전력에 관계없이 일정하며 K_T/R이다.

그런데 재미있는 것은 토크계수 K_T와 역기전력계수 K_E가 본질적으로 같다는 것이다. 이 사실에 대해 서술해보기로 한다.

모터는 회전하고 있으면 점점 뜨거워지는데 이것은 전지나 교류 전원으로부터 공급된 전력이 열로 손실되기 때문이다. 손실의 원인에는 구리와 같은 전선에 소비되는 성분과 철심 속에서 철의 전자기적 성질 때문에 소비되는 성분이 있다. 소형의 직류 모터에서는 전자의 구리선에 의해 야기되는 손실이 훨씬 크다. 이들 손실은 그림 3.16의 등가회로의 저항에서 소비되는 전력에 해당한다.

만약 사용하고 있는 전선이 저항이 전혀 없는 초전도 재료라면 모터 내부에서의 손실은 없게 되며 따라서 모터에 입력된 전력은 전부 기계적인 일로 변환되어 모터에 연결된 축으로 출력될 것이다. 저항이 0일 때 모터에 인가되는 전압과 역기전력 E는 같으며 입력 전력은 $E\times I$로 표시된다. 한편 역학적 원리에 의하면 1초 동안 축이 부하에 대해 하는 일(이것이 출력)은 회전력 T와 회전속도 N을 곱한 것으로 $T\times N$이다.

따라서 $E\times I$와 $T\times N$은 같음에 틀림없다. 결국,

$$E\times I = T\times N \tag{3.7}$$

식 (3.7)에 식 (3.2)의 E와 식 (3.1)의 T를 대입하면

$$K_E\times N\times I = K_T\times I\times N \tag{3.8}$$

로 되고 양변에서 N과 I를 없애면 K_E와 K_T는 같다는 결론이 얻어진다.

이와 같이 프레밍의 왼손법칙에서 도출된 계수 K_T와 프레밍의 오른손법칙에서 도출된 계수 K_E가 같은 것은 두 법칙이 본질적으로 같은 물리적 현상을 나타내기 때문이라고 할 수 있다. 다시 말해서 전기역학적인 현상을 어느 한 면에서 보면 힘에 관한 프레밍의 왼손법칙으로, 다른 한 면에서 보면 발전에 관한 프레밍의 오른손법칙으로 관찰된다는 것이다.

손실이 있을 때에도 위의 관계가 성립된다는 것이 잘 알려져 있다. 그러나 주의할 점은 이 관계가 항상 일정한 단위계로서 국제단위계(SI)를 들 수 있는데 여기서 회전력의 단위는 N · m이고 회전 속도의 단위는 rad/s이다. 그러므로 회전력의 단위로 kg · m를 쓰고 회전속도에 분당 회전수를 쓰면 K_E와 K_T는 전혀 다른 값을 갖는다는 것을 명심해야 한다.

(4) 직류 모터의 종류와 특성

직류 모터는 계자코일과 전기자 코일의 접속방법에 따라 구분하고 있다. 그림 3.18은 직류 모터의 종류를 계자코일과 전기자 코일의 접속방법에 따라 구분한 것이다.

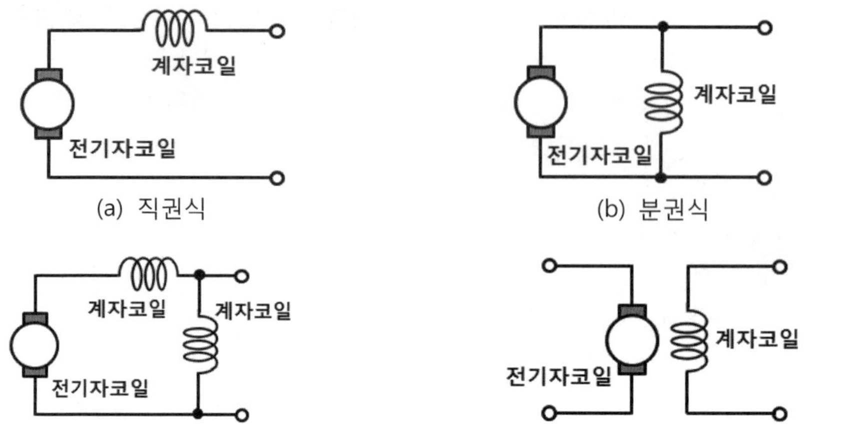

(a) 직권식 (b) 분권식 (c) 복권식 (d) 타여자식

그림 3.18 직류모터의 접속방법에 따른 종류

① 직권식 모터(series winding type)

직권식 모터는 그림 3.19와 같이 전기자 코일과 계자 코일이 전원에 대해 직렬로 접속한 것으로 자동차에서는 그림 3.20과 같이 기동 모터로 사용하고 있다.

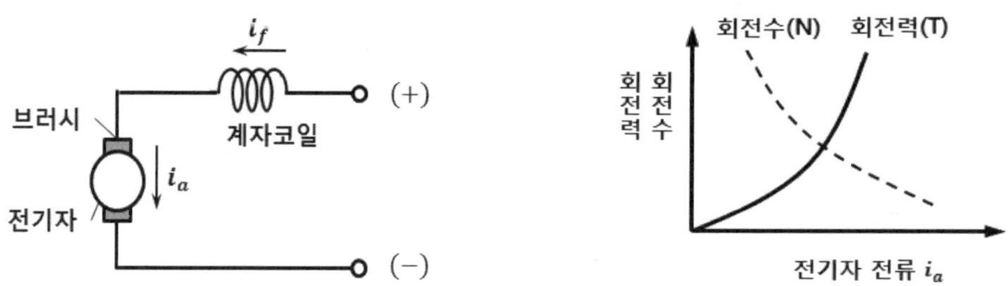

(a) 구조 (b) 특성 곡선

그림 3.19 직류 직권식 전동기 구조와 특성 곡선

그림 3.20 직류직권 전동기-기동모터

② 분권식 모터(shunt winding type)

분권식 모터는 그림 3.21과 같이 전기자 코일과 계자 코일이 전원에 대해 병렬로 접속한 것으로 가해진 전원 전압이 일정하면 계자 전류도 일정/자장의 세기도 일정하다. 자동차에서는 그림 3.22와 같이 팬 모터로 사용하고 있다.

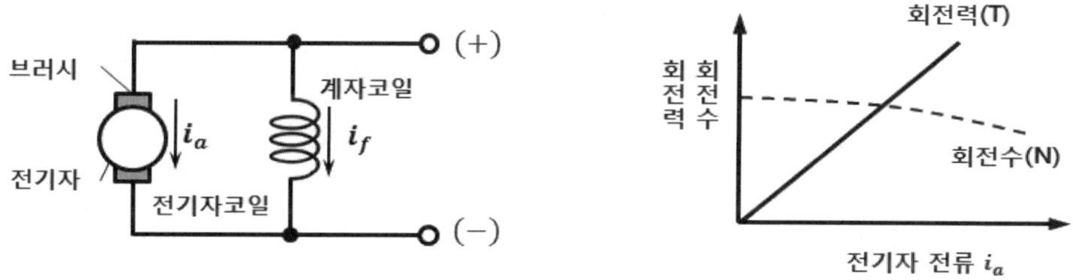

(a) 구조 (b) 특성 곡선

그림 3.21 직류 분권식 전동기 구조와 특성 곡선

그림 3.22 팬 모터

③ 복권식 모터(compound winding)

복권식 모터는 그림 3.23과 같이 두개 계자 코일이 하나는 전기자 코일에 직렬/ 다른 하나는 병렬로 접속한 것으로 시동할 때에는 직권식 특성 / 시동이 된 뒤에는 분권식과 같은 특성을 나타낸다. 자동차에서는 그림 3.24와 같은 윈도우 와이퍼 모터로 사용하고 있다.

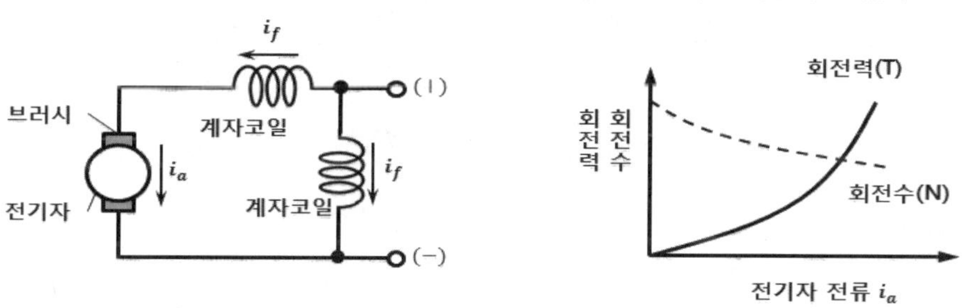

(a) 구조 (b) 특성 곡선

그림 3.23 직류 복권식 전동기

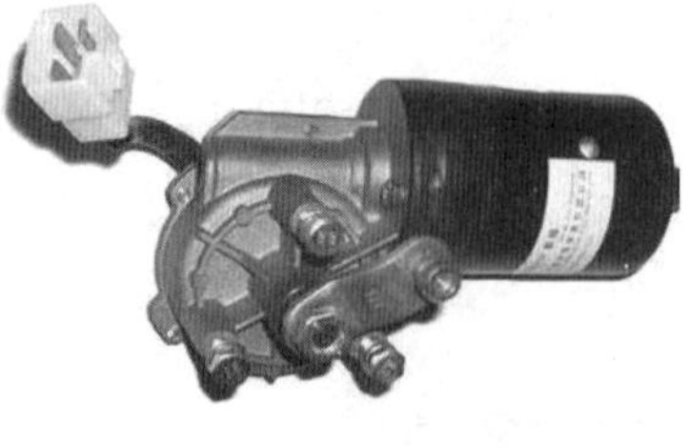

그림 3.24 윈도우 와이퍼 모터

2) 교류 모터

(1) 교류 모터의 구조와 특징

교류(AC) 모터는 교류 전원으로 운전되며, 생활 주변에서 가장 널리 쓰이는 모터이다. 교류 모터의 회전 원리는 3.2.3에서 언급한 아라고의 회전을 이용한 것이다. 교류전류를 고정자 권선에 공급하여 전자기유도 의해 자기장을 변화시키고 회전자에 의해 유도전류를 발생시켜 토크에 의해 회전자에 있는 축에서 회전력이 발생하게 된다.

그림 3.25는 교류 모터의 구조를 나타낸 것이다. 고정자에 코일이 감겨져 있어 코일에 교류 전류가 흐르면 고정자의 코일에 세기와 방향이 변하는 자기장이 형성된다. 고정자의 코일에서 자기장의 변화에 의해 회전자에 전류가 유도된다. 유도전류는 렌츠의 법칙에 따라 자기장의 변화를 방해하는 방향으로 흐르므로 고정자와 회전자 사이에 자기력이 작용하여 회전자가 회전한

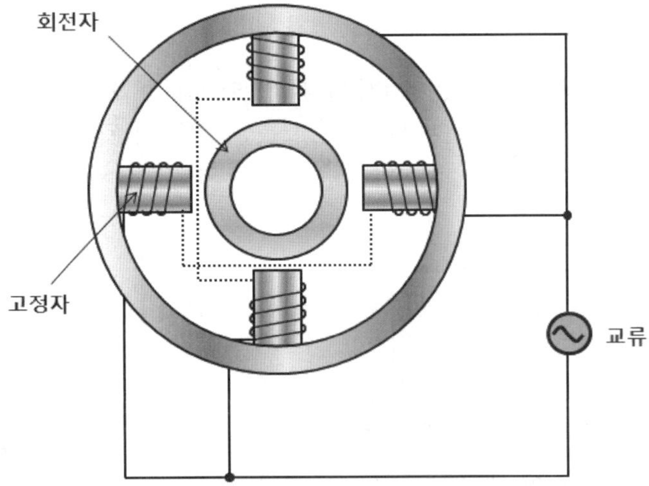

그림 3.25 교류 모터의 구조

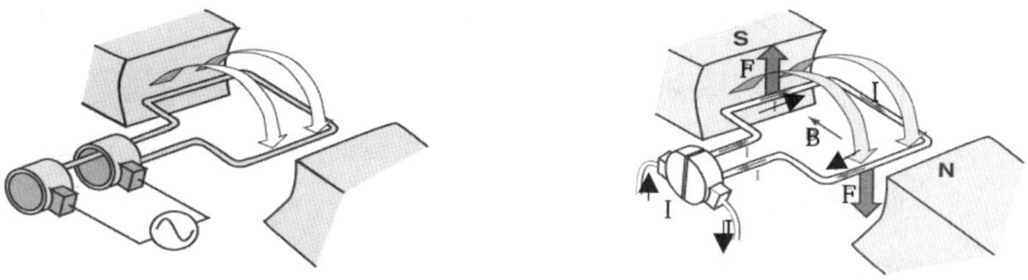

(a) AC모터　　　　　　　　　　(b) DC모터

그림 3.26　모터의 구분

다. 즉, 고정자의 변하는 자기장이 자석을 돌려주는 것과 같은 역할을 하며 자기장의 변화(아라고의 원판에서 자석의 회전)에 따라 아라고의 회전과 같이 회전자가 회전하는 것이다. 이러한 회전자에는 영구 자석을 사용하기도 하고 전자석을 사용하기도 한다. 전자를 동기 모터라 하고 후자를 유도 모터라 한다.

그림 3.26은 교류 모터와 직류 모터를 구분하여 나타낸 것이다. 교류 모터는 크게 단상식과 삼상식으로 구분한다. 교류 모터의 장점은 구조가 간단하고 브러시나 정류자와 같은 기계 소모부가 없고, 고속에서 순간 최대 토크를 출력할 수 있어 응답특성이 빠르며 무게 당 토크가 크므로 소형 경량화 할 수 있다. 교류 모터의 단점은 직류모터에 비해 제어 방법이 복잡하다는 것이다.

(2) 유도 모터(Induction Motor)

유도 모터는 고정자에 교류를 흘리면 회전 자계가 생기고 이것에 의해 회전자 도체에 기전력이 생김으로써 전류가 흘러 회전자를 회전시키는 모터이다.

회전 자계의 회전하는 속도를 동기 속도라 하는 이 동기 속도 n_s는 다음과 같다.

$$n_s = \frac{120f}{p}(\text{rpm}) \tag{3.9}$$

여기서 f는 교류의 주파수이고, p는 자극 수이다.

회진자는 동기속도보다 조금 늦은 속도로 돈다. 부하가 증가하면 속도는 조금 늦게 된다.

유도 모터의 경우 슬립이 일어나는데 이 슬립 s는 동기 속도에 대한 동기 속도와 실제 회전 속도(n)와의 차 비율(%)로 나타낸다. 즉, 다음과 같다.

$$s = \frac{n_s - n}{n_s} \times 100(\%) \tag{3.10}$$

① 단상 유도 모터(single phase induction motor)

단상 교류는 쉽게 구할 수 있는 전원이므로, 단상 유도 모터는 가정용과 산업용으로 많이 사용된다. 자력 기동을 할 수 없으므로, 별도의 기동권선(start winding)이 필요하다. 즉 운전권선(run winding)과 기동권선이 있다.

그림 3.27은 단상 유도모터의 구조를 나타낸 것이다.

그림 3.28은 회전이 가능한 자석 속에 농형으로 만든 구리막대의 회전자를 둔 장치라 할 수 있다. 따라서 자석을 회전시켜 주면, 회전자도 자석과 같은 방향으로 회전하게 된다. 자석의 회전을 정지시키면 회전자도 정지하고 자석을 역방향으로 돌리면 회전자도 역방향으로 돌게 된다.

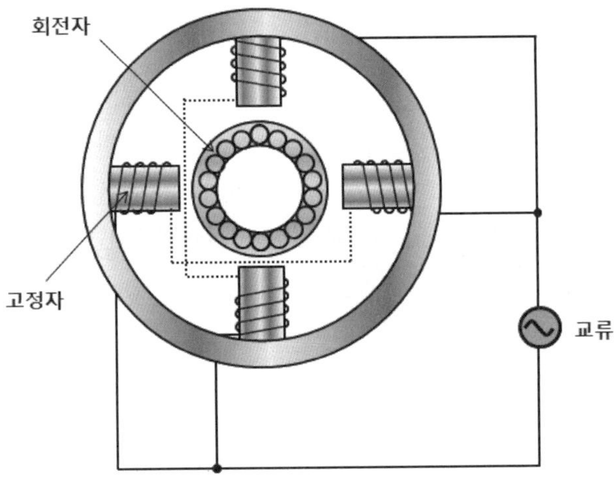

그림 3.27 단상 유도모터의 구조

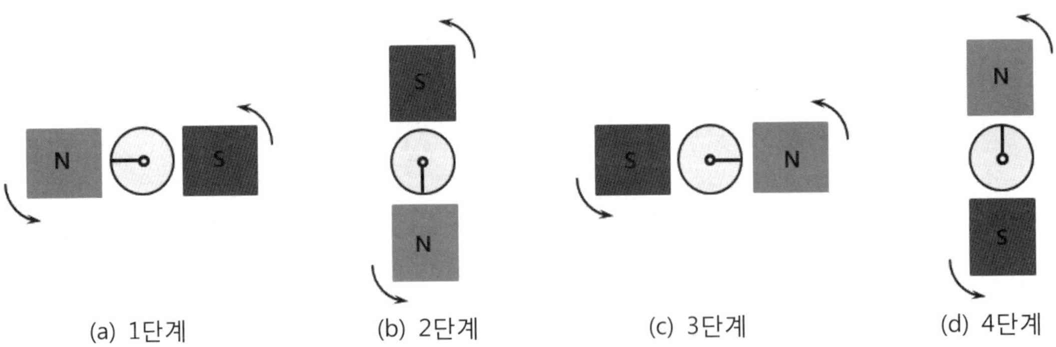

그림 3.28 단상 유도 모터의 원리

표 3.1 단상 유도 모터의 종류와 특징

종류	특 징
분상 기동형 (split phase motor)	• 회전자는 농형권선(squirrel cage winding)으로 되어있고, 고정자는 주권선인 운전권선(running winding)과 보조권선인 기동권선(starting winding)이 병렬로 감겨져 있어서 이 병렬회로에 단상 교류전압을 가하면 운전권선과 보조권선 사이의 리액턴스 차이로 두 회로에 흐르는 전류에 위상차이가 생겨서 회전자기장이 발생하여 토크가 발생하게 된다. • 가격이 싸나, 기동 토크가 작고 원심력 스위치 때문에 부피가 크며 큰 기동전류 때문에, 소형 분수 마력형 모터(냉장고, 펌프, 세탁기 등)에 많이 사용되고 있다.
콘덴서 기동형 capacitor start motor	• 분상 기동형 모터와 비슷하나, 기동토크 증대 목적으로 콘덴서를 기동권선과 직렬로 연결한 점이 다름. • 분상기동형 모터에 비하여 기동토크가 크고 기동전류가 작으며, 분수 마력형에서 10여 마력까지 다양하고, 펌프 에어컨 냉장고 등에 사용된다.
영구콘덴서형 permanent split capacitor motor	• 콘덴서 기동형 모터에서 원심력 스위치를 제거한 것. 따라서 컨덴서를 기동 시 뿐만 아니라 정상 운전 시에도 계속하여 사용. • 용량이 적은 콘덴서를 사용하기 때문에 기동 토크는 콘덴서 기동형 모터보다 작으나, 원심력 스위치가 없어서 구조가 간단하다. • oil-filled capacitor가 주로 사용되며, 큰 기동 토크가 필요하지 않은 선풍기나 세탁기 등에 많이 사용.
셰이딩 코일형 shaded pole motor	• 각각의 고정자 자극의 한쪽 끝에 홈을 파서 돌출(salient)극을 만들고 이 돌출극에 셰이딩코일(shading coil)이라 부르는 구리 단락 고리를 끼운 것. 이 shading coil에 의해서 회전 자계장이 형성되어 토크가 발생하여 회전하게 된다. • 운전 중에도 shading coil에 전류가 계속 흐르므로 효율과 역률이 아주 작으며, 기동토크도 작다. • 구조가 간단하고 견고하지만 회전방향을 변경할 수 없다. • FCU의 fan, 소형 condensing unit의 fan, 소형 선풍기, record player 등에 쓰인다.

회전자에서 생긴 유도전류와 자석의 자계 사이에 플레밍의 왼손 법칙에 따른 전자력이 발생한다. 전자력의 방향은 자석의 회전방향과 일치한다.

② 삼상 유도 모터(three phase induction motor)

같은 마력수의 단상 유도 모터에 비해서 구조가 간단하고 더 소형이다. 회전자의 구조에 의해서 농형(squirrel cage induction motor)과 권선형(star winding induction motor)으로 나누어진다. 고정자의 권선법에는 성형결선(star winding or Y winding)법과 델타(delta winding) 결선법이 있다.

표 3.2 삼상 유도 모터의 종류와 특징

종류	특 징
농형 (squirrel cage induction motor)	• 회전자는 구리나 알루미늄 환봉을 도체 철심 속에 넣어서 그 양쪽 끝을 원형 측판(shorting ring)에 의해서 단락시킨 것으로, 그 모양이 마치 다람쥐 쳇바퀴처럼 생겼다하여 squirrel cage라고 함. • 회전자의 구조가 간단하고 튼튼하며 운전 성능이 좋으므로 건축설비에 쓰이는 대부분의 삼상 모터는 농형이다. • 권선이 타기 쉽고 공급전원에 나쁜 영향을 끼친다. • 기동 토크는 전부하 토크의 100~150% 정도.
권선형 (wound-rotor induction motor)	• 회전자에도 3상의 권선을 감고(대개 wye 결선), 각각의 단자를 Slip Ring을 통해서 저항기에 연결한다. 저항기의 저항치를 가감하여 광범위하게 기동특성을 바꿀 수 있다. • 회전자 권선으로 인하여 농형보다 구조가 복잡하다. • 상대적으로 적은 전원 용량에서 큰 기동 토크를 얻을 수 있다. • 기동이 빈번하여 농형으로는 열적으로 부적합한 경우 및 대용량에 많이 사용.

대부분 공장용으로 사용되며, 1마력 이상에서 수 천 마력까지 다양한 크기가 생산된다(분수 마력도 생산이 되는 경우가 있으나 납기가 길다).

소용량에서는 대부분 농형이 사용되고, 기동전류가 문제가 되는 대용량에서는 권선형이 사용된다. 대부분의 중소형 삼상 모터는 결선을 바꾸어 고·저 두 개의 전압 중 어느 전압에서도 작동하게 할 수 있다.

(2) 동기 모터(synchronous motor)

동기모터는 3상 대형 모터에 널리 사용하며 고정자 쪽은 3상 유도모터와 동일한 구조로 보아도 되지만, 회전자는 직류 여자 된 자극을 둔다.

동기 모터 작동원리는 자유롭게 회전할 수 있는 자침의 둘레에 영구자석을 설치하여 회전시키면 같은 극은 서로 밀고 다른 극은 서로 잡아당기는 자석의 성질 때문에 자침이 자석을 따라 자석보다 약간 뒤쳐져서(속도는 같다) 회전한다.

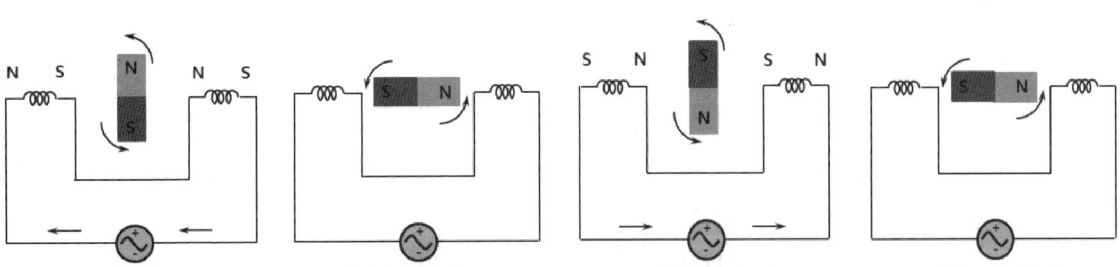

(a) 단계 1 (b) 단계 2 (c) 단계 3 (d) 단계 4

그림 3.29 AC 동기모터의 작동원리

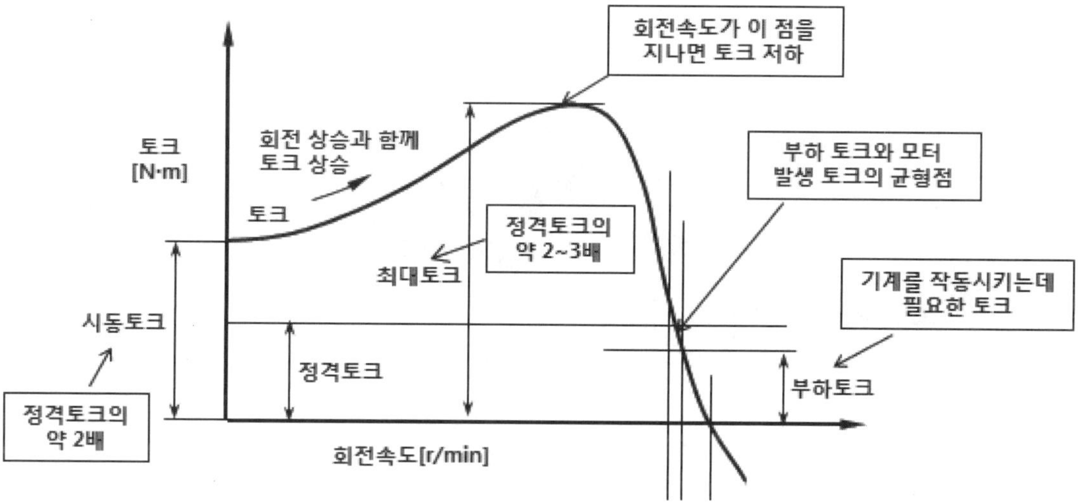

그림 3.30 모터의 회전속도와 토크의 관계

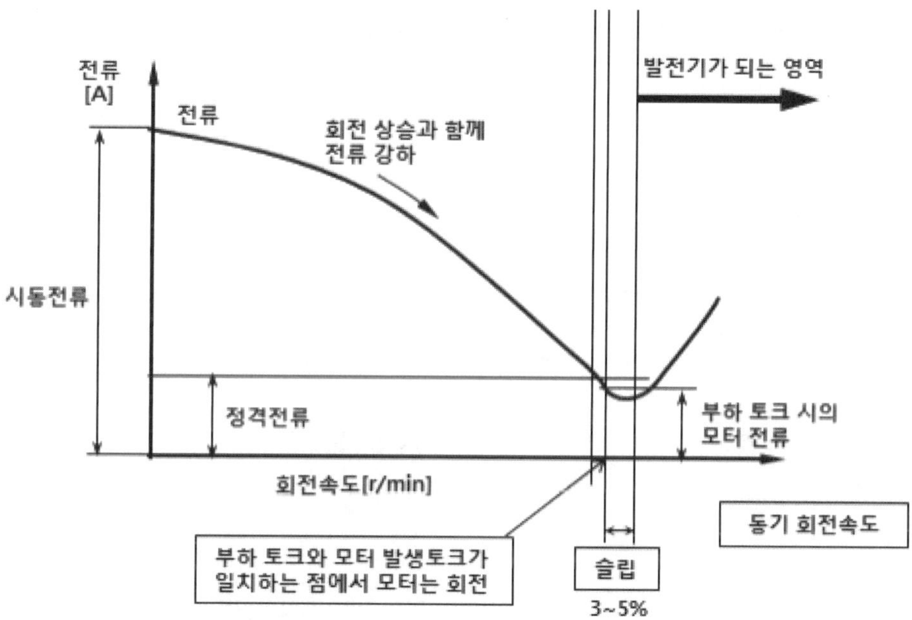

그림 3.31 모터의 회전속도와 전류의 관계

CHAPTER 4

디지털 공학의 기초

4.1 기본 논리 회로
4.2 논리 수학
4.3 2진법
4.4 일반적인 논리회로
4.5 기능 회로

손은 수를 세기 위해 자연이 만든 가장 편리한 도구이다. 우리들이 사용하고 있는 10진수가 이 10개의 손가락을 기본으로 하고 있는 것은 자연적이며 행운이기도 하다.

10진법은 우리들의 사회에 상당히 널리 퍼져있기 때문에 다른 수 체계는 거의 상상할 수 없지만, 그렇다고 해서 10진법이 컴퓨터 등의 기계에 가장 효율적인 수 체계라고는 할 수 없다. 사실상 『2진법이 기계에 있어서는 가장 자연적이며 효율적이다』라는 것이 증명되어 있듯이 기계의 동작을 제어하는 신호가 2종류 밖에 없는 것이다.

따라서 이 2종류의 신호 조합은 각각 어떤 의미가 있는가를 정하지 않으면 안 된다. 이러한 법칙 체계를 논리라고 하며, 2종의 신호 중에서 몇 개를 받아서 그 조합에 따라 하나의 신호를 송출하는 회로를 논리 회로라 한다.

기계 제어 장치(MCU)에 의해 실행되는 논리 동작에 대한 제어 기능은 전자 회로에 의존하므로 본 장에서는 디지털 공학의 기초가 되는 논리 수학, 논리 회로 및 기능 회로에 대해 살펴보기로 한다.

4.1 기본 논리 회로

4.1.1 논리회로

수치 제어(numerical control) 장치, 디지털 계산기 등의 디지털 기기에 있어서 기계 내부의 신호의 교환은 2진법으로 행해지며 디지털 회로에서 취급하는 신호도 2가지 종류 밖에 없다.

디지털 장치에서는 취급하는 신호가 수뿐만이 아니라 장치의 동작을 제어하는 신호 역시도 이 2종류의 신호 조합으로 표현된다. 역으로 말하면 이 2종류의 신호만으로 모든 계산을 행하고 디지털 장치의 모든 동작을 제어해야 한다는 것이다. 따라서 이 2종류의 신호 조합은 각각 어떤 의미가 있는지 정해야 한다. 디지털계에 있어서 수량과 성질을 규정하는 이 법칙 체계를 논리라 한다. 그리고 2종의 신호 중에서 몇 개를 받아서 그 조합에 따라 하나의 신호를 송출하는 회로를 논리 회로라 한다.

논리라는 말은 우리들의 사고 과정을 수학적으로 표현하여 올바른 결론을 유도하는 논리학으로부터 파생한 것이며 논리학에서 맞는가 틀리는가를 판단하고 그것을 조합하여 결론을 유도하는 과정이 디지털계와 동일하기 때문에 논리학에 사용되는 논리 대수(불 대수)가 그대로 디지털 회로에 이용되는 것이다.

논리 회로에서는 이 2가지의 상태(신호)를 1과 0 또는 A와 $\overline{A}$(not A라고 읽음), B와 $\overline{B}$ 등으로 표시하고 논리학에 있어서 명제의 긍정과 부정에 대응시키고 있다. 이 2가지 상태는 실제의 회로에서는 어떤 점의 전압이 높은가 낮은가, 스위치가 ON인가 OFF인가, 전류가 흐르는가 안 흐르는가, 펄스가 있는가 없는가와 같이 표시된다. 디지털 회로에서는 명확히 구별할 수 있는 2가지의 상태를 가지며 이 2가지의 상태 중 어느 것인가 취하는 것을 외부로부터 제어할 수 있는 것이 있다면 어떠한 회로 소자라도 사용할 수 있지만 현재 널리 사용되는 것은 다이오드, 트랜지스터, 저항, 콘덴서 및 이러한 것들을 조합시킨 전기 회로이다. 지금부터 이 책에서 다루는 회로에서는 대부분의 경우 어떤 점의 전압이 높은가 낮은가에 의해 그 상태를 나타내고 이 전압의 높고 낮음을 1과 0으로 대응시키기로 한다.

그림 4.1의 회로를 고찰해 보기로 한다.

먼저 A점의 전압 V_A가 낮고(0V), NPN형 트랜지스터 Tr이 OFF 상태일 때에는 컬렉터에는 아주 미소한 누설 전류를 제외하고는 전류가 흐르지 않으므로 Z점의 전압 V_Z는 전원 전압 V_0와 거의 같게 된다. 역으로 V_A가 높고(+E[V]) Tr이 ON의 상태일 때에는 컬렉터-이미터 사이는

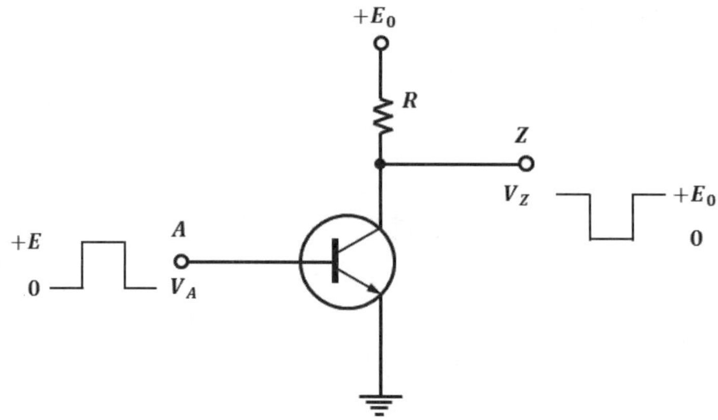

그림 4.1 디지털 논리 소자의 예

도통하고 V_Z는 거의 0V로 된다. 따라서 Z점의 전압은 E_0 나 0의 어느 상태를 취하게 되며 이중에서 어느 쪽이든지 1, 0을 취할 수 있다.

1(=+ E_0), 0(=0)과 같이 상대적으로 높은 전압을 1, 낮은 전압을 0으로 한 디지털계를 정논리라 한다. 역으로, 1(=0), 0(= + E_0)와 같이 상대적으로 낮은 전압을 1, 높은 전압을 0으로 한 디지털계를 부논리라 한다. 따라서 정논리를 사용하는가 부논리를 사용하는가에 따라서 뒤에서 기술하는 OR회로와 AND회로, NOR회로와 NAND회로는 그 기능이 역으로 되지만 여기서는 특히 지정하지 않으면 정논리를 사용해서 논리 회로를 취급하기로 한다.

디지털계에 있어서는 논리합(OR), 논리곱(AND) 및 부정(NOT)의 3종류 회로를 기본으로 하고 기타의 기능을 가진 회로는 모두 3종류 회로를 조합해서 사용할 수 있다.

4.1.2 논리합 회로

논리합 회로는 **OR회로** 또는 **OR게이트**라고 부르며 그 동작은 그림 4.2와 같은 병렬형 스위치를 가진 회로에 의해서 설명된다.

입력으로서 2개의 스위치(S_1, S_2)에 대해 닫힌 상태를 1, 열린 상태를 0으로 한다. 또한 출력으로서 램프(L)의 점등 상태를 1, 소등 상태를 0으로 한다. 이 회로에서 스위치 S_1이 1(S_1을 닫는다)로 되면 램프는 1(점등)로 되고 또한 S_2가 1이 되어도 L은 1로 된다. 물론 S_1, S_2가 1이 되어도 램프는 점등되므로 L은 1로 된다. 따라서 L이 0(소등)이 되는 것은 S_1, S_2가 함께

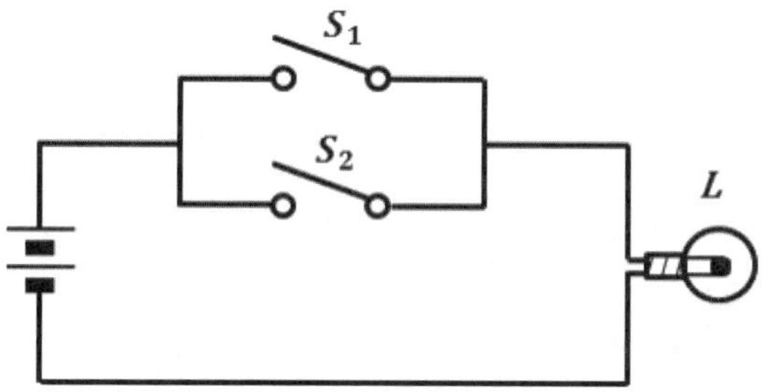

그림 4.2 논리합 회로의 모델(병렬형 스위치 회로)

표 4.1 병렬형 스위치 회로의 진리표

S_1	S_2	L
1	0	1
0	1	1
1	1	1
0	0	0

0일 때 만이다. 이 스위치의 개폐 상태와 램프의 점등, 소등의 관계를 표시하면 표 4.1과 같이 된다.

표 4.1과 같이 입력의 여러 가지 조합 상태에 따라 출력의 상태를 나타내는 표를 **진리표**리 힌다. 이와 같이 입력 중에서 적어도 하나가 1이 되면 출력이 1로 되는 회로를 **논리합 회로**라고 하며 그림 4.3과 같이 다이오드 또는 트랜지스터와 저항을 사용하여 구성할 수 있다.

(a)의 다이오드로 구성한 회로에서 입력 A가 1(+E[V])로 되면 다이오드 D_1이 도통하고 출력 Z에는 거의 E와 같은 전압이 나타나며 1의 상태로 된다. 이 때 B가 0(0V)이면 다이오드 D_2는 역방향으로 전압이 걸려(이것을 **역바이어스**라고 한다) 컷오프되어 전류가 흐르지 않으며 출력 Z에 대해 B는 관계없다. 입력 B가 1이고 A가 0의 경우도 완전히 같은 결과로 된다. A, B가 함께 1인 경우에는 다이오드 D_1, D_2는 함께 도통하고 Z에는 거의 E와 같은 전압이 나타난다. 따라서 A, B가 함께 0인 경우만 Z에 거의 0V에 가까운 낮은 전압이 나타나며 0의 상태가 된다.

다음에 (b)의 트랜지스터로 구성된 회로에 관해서 생각해 보자. 입력 A가 1(+EV)로 되면 트랜지스터 Tr_1은 ON상태로 되어 Tr_1의 컬렉터-이미터 사이는 도통하고 Z에는 거의 전원 전압 E_0와 같은 고전압이 나타나며 1의 상태로 된다. 이 때 B가 0(0V)이면 Tr_2의 베이스-이미터 사이에는 역방향으로 전압이 걸려 Tr_2는 OFF상태가 되며, 출력 Z에는 영향을 미치지 않는다. 이것은 B가 1이고 A가 0의 경우도 같다. A, B가 함께 1인 경우에는 Tr_1, Tr_2는 함께 ON상태가 되며, Z에는 E_0에 가까운 고전압이 나타난다. 따라서 A, B가 함께 0인 경우에만 Z가 0V의 저전압(0의 상태)으로 된다. 그림 4.4는 논리합 회로의 기호 및 진리표를 나타낸다.

지금까지는 입력이 2개인 경우에 관해서 설명했지만 입력이 3개, 4개로 증가한다해도 다이오드 또는 트랜지스터의 수가 증가할 뿐이고 생각하는 방법은 동일하다. OR회로는 입력의 수에 따라 2입력 OR회로, 3입력 OR회로, 4입력 OR회로라 부른다.

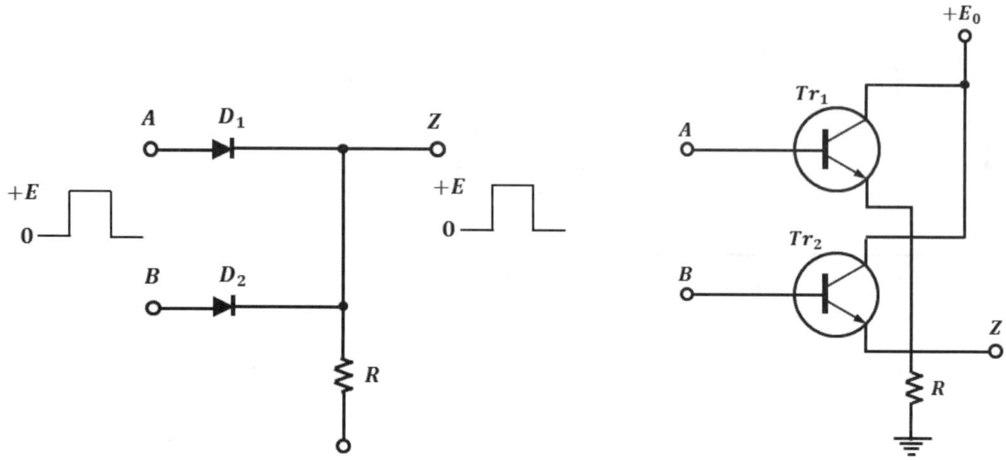

(a) 전기소자 논리합 회로 (b) 전자소자 논리합 회로

그림 4.3 논리합 회로

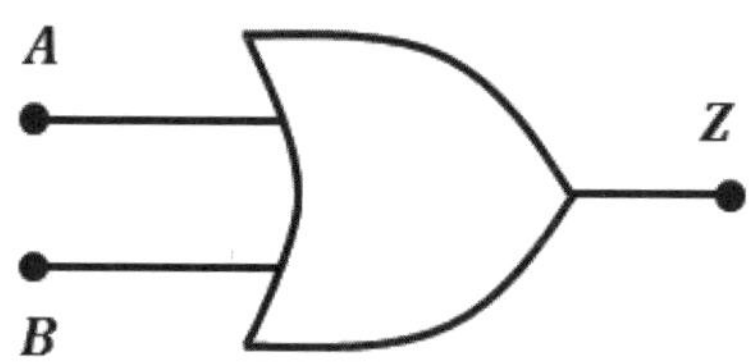

(a) 기호

A	B	Z
0	0	0
0	1	1
1	0	1
1	1	1

(b) 진리표

그림 4.4 논리합 회로의 기호 및 진리표

4.1.3 논리곱 회로

논리곱 회로는 AND**회로** 또는 AND**게이트**라고 부르며 그 동작은 그림 4.5와 같은 직렬형 스위치를 가진 회로에 의해서 설명된다.

OR회로의 경우와 같이 입력으로써 2개의 스위치(S_1, S_2)를 직렬로 연결하고 그 개폐를 0, 1로 대응시키며 출력 램프의 점등, 소등을 1, 0에 대응시킨다. S_1이 1이 되어도 S_2가 0이면 L은 0이고, 역으로 S_2가 1이고 S_1이 0인 경우도 동일하다. S_1, S_2가 함께 0인 경우도 당연히 L은

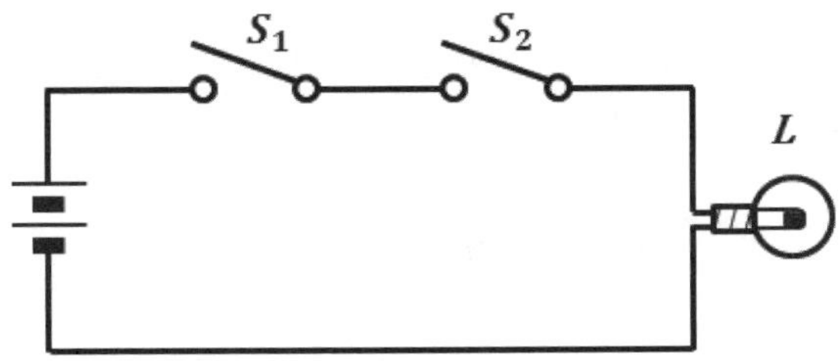

그림 4.5 논리곱 회로의 모델(직렬형 스위치 회로)

표 4.2 직렬형 스위치 회로의 진리표

S_1	S_2	L
1	0	0
0	1	0
0	0	0
1	1	1

0으로 된다. 따라서 L이 1이 되는 것은 S_1과 S_2가 함께 1이 되는 경우뿐이다. 이 관계를 표로 나타내면 표 4.2와 같이 된다.

이와 같이 입력의 모두가 1이 되는 경우만 출력이 1이 되는 회로를 논리곱 회로라 하며 그림 4.6과 같이 다이오드와 저항을 조합해서 구성할 수 있다.

이 회로에서 A가 0(0V)이면 다이오드 D_1은 도통해서 출력 Z에는 거의 0V에 가까운 낮은 전압(0의 상태)이 나타난다. 이 때 B가 1(+EV)인 경우 다이오드 D_2는

역바이어스 되어 컷오프 되지만 출력 Z에 대해서 B는 무관하다. 입력 B가 0이고 A가 1인 경우도 동일한 결과로 된다. A, B가 함께 0인 경우에는 D_1, D_2가 같이 도통하고 Z에는 낮은 전압이 나타나 0의 상태가 된다. 따라서 A, B가 동시에 1(+EV)의 경우에만 Z의 전압은 거의 EV와 같은 높은 전압이 되어 1의 상태로 된다. 논리곱 회로의 기호 및 진리표를 그림 4.7에 나타낸다.

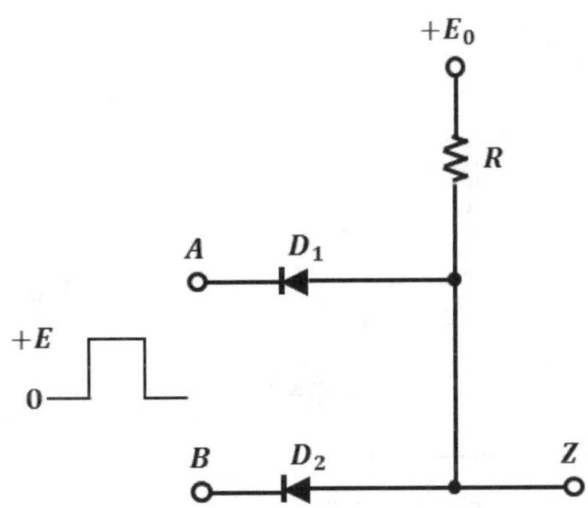

그림 4.6 논리곱 회로

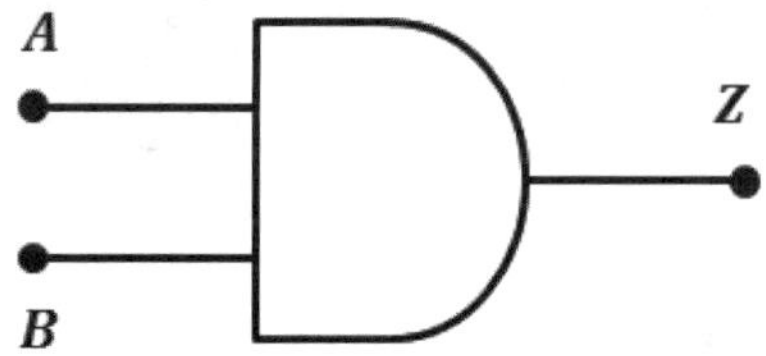

(a) 기호

A	*B*	*Z*
0	0	0
0	1	0
1	0	0
1	1	1

(b) 진리표

그림 4.7 논리곱 회로의 기호 및 진리표

이 AND회로도 OR회로와 같이 입력의 수를 3개, 4개로 증가하면 3입력 AND회로, 4입력 AND회로라고 부르고 2입력의 경우와 같은 방법으로 생각하면 된다.

4.1.4 부정 회로

부정 회로는 NOT회로, **반전 회로** 또는 **인버터**라고 부르며 그 동작은 그림 4.8과 같다.

OR회로, AND회로에서와 같은 방법으로 입력 스위치 S의 개폐를 0, 1에 대응시키고 출력 램프 L의 점등, 소등을 1, 0에 대응시킨다. 지금 스위치 S가 0이면 릴레이 A는 작동하지 않고 따라서 램프 L은 점등인 1의 상태로 된다. 역으로 A가 1이면 A는 작동하여 램프 L은 꺼지고 0의 상태로 된다. 이 관계를 표로 나타내면 표 4.3과 같이 된다.

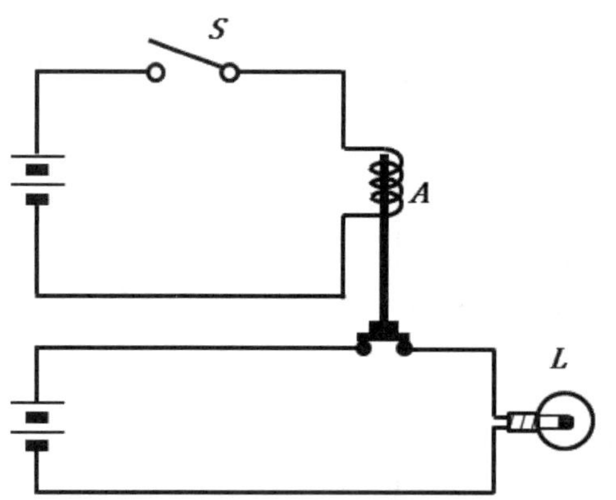

그림 4.8 부정 회로의 모델(릴레이 스위치 회로)

표 4.3 릴레이 스위치 회로의 진리표

S	*L*
0	1
1	0

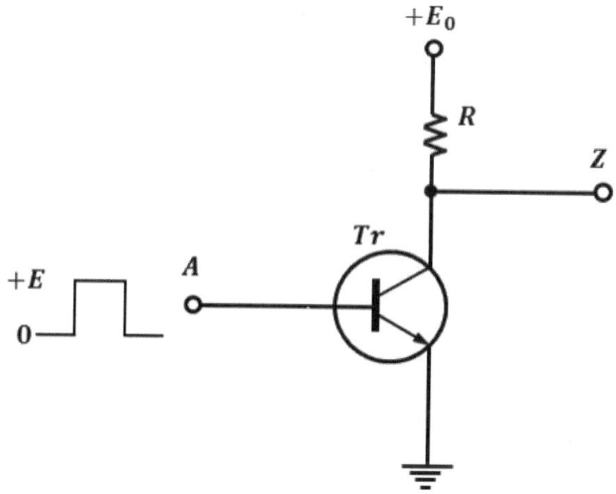

그림 4.9 부정 회로

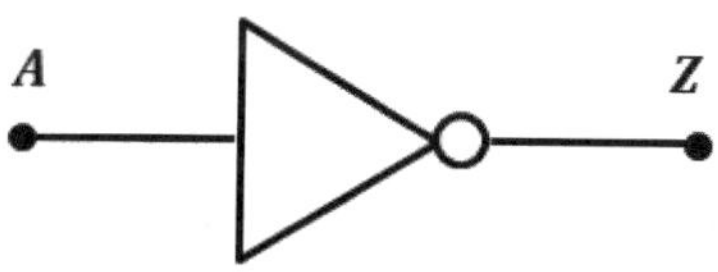

(a) 기호

A	Z
0	1
1	0

(b) 진리표

그림 4.10 부정 회로의 기호 및 진리표

이와 같이 출력이 항상 입력의 반대로 되는 회로를 부정 회로라 하고 그림 4.9와 같이 트랜지스터와 저항을 사용해서 구성할 수 있다.

이 회로는 4.2.1항에서 설명한 바와 같이 입력 A가 0(0V)이면 Tr은 오프되고 Z에는 거의 E_0와 같은 고전압이 나타나며 Z는 1로 된다. 역으로 A가 1(+EV)이면 Tr은 온(ON)되고 Z에는 거의 0V와 같은 낮은 전압이 나타나 0의 상태가 된다. 이 회로의 기호 및 진리표를 그림 4.10에 나타낸다.

4.2 논리 수학

4.2.1 불 대수

불(Boole) 대수는 19세기에 영국의 수학자 George Boole에 의해 논리 수학적인 해석을 위하여 고안되었지만 디지털 회로에의 응용은 20세기에 되었다.

디지털 회로에 있어서 회로가 릴레이 회로로 구성되었거나 혹은 전자 회로로 구성되었거나 그 구성 요소인 릴레이 접점 또는 다이오드 및 트랜지스터의 수는 될 수 있는 대로 적게 되도록 노력해야 한다. 이러한 것은 경험이나 또는 시행착오적으로 배선도를 반복해서 그려 봄으로써 실현할 수도 있다. 그러나 회로가 대규모로 되고 복잡화함에 따라 점점 곤란하게 되는 것은 명백하다. 이러한 경우에 불 대수는 강력한 수단이 될 수 있다. 불 대수는 하나하나 회로도를 그리지 않고서도 식을 사용하여 바로 회로의 동작을 이해할 수 있고 여러 가지의 정리를 응용함으로써 식을 간소화하여 실제의 회로를 간소화할 수 있다. 그렇지만 한편 불 대수는 디지털 회로의 설계에 있어서 결코 만능이 아니라는 것도 동시에 이해하지 않으면 안 된다. 예를 들면 시간이 관계되는 순차 회로에 있어서 기억 회로를 적당히 배치한 제어 회로의 경우에 불 대수는 크게 활용할 수 있지만 기억 요소의 배치 자체는 직관(直觀)에 의존하여야 된다.

불 대수에 있어서 기본적인 개념은 논리합, 논리곱 및 부정의 3가지로서 각각 다음과 같이 정의된다.

- 논리합

  2개의 명제 A, B가 있고 A, B중 적어도 하나가 참이 되는 논리 함수를 A, B의 논리합이라고 말하고 A+B라 써서 "A or B"라고 읽는다.

- 논리곱

  2개의 명제 A, B가 있고 A, B가 함께 참일 때만 참이 되는 논리 함수를 A, B의 논리곱이라고 말하고 $A \cdot B$ 또는 AB라 써서 "A and B"라고 읽는다.

- 부정

  하나의 명제 A가 있고 이것이 거짓일 때에 참이 되는 논리 함수를 A의 부정이라고 말하고 $\overline{A}$라 써서 "not A"라고 읽는다.

4.2.2 불 대수의 공리

- 공리 1. X가 1이 아니면 X는 0이다. 또한 X가 0이 아니면 X는 1이다.

불 대수에 있어서 변수 X는 2개의 값만을 가지며 이것을 1과 0으로 표시한 것이다. 따라서 정의에서와 같이 하나의 명제 또는 논리 함수가 취할 수 있는 상태는 참과 거짓의 2가지 상태뿐이며 이 2가지 상태에 1과 0을 대응시킨 것이다.

- 공리 2. $0+0=0$, $0+1=1+0=1$, $1+1=1$이다.

불 대수에 있어서 가산의 기호 +는 or라는 의미를 갖는다. 제 1식은 0 or 0은 0, 제 2식은 0 or 1 및 1 or 0은 1, 제 3식은 1 or 1은 1이 된다는 것을 표시하고 있다. 이 공리는 2개의 변수의 or는 적어도 하나가 1이면 1이 된다는 것을 의미하고 있다.

- 공리 3. $0 \cdot 0=0$, $0 \cdot 1=1 \cdot 0=0$, $1 \cdot 1=1$이다.

불 대수에 있어서 곱셈의 기호 · 는 and라는 의미를 갖는다. 제 1식은 0 and 0은 0, 제 2식은 0 and 1 및 1 and 0은 0, 제 3식은 1 and 1은 1이 된다는 것을 표시하고 있다. 이 공리는 2개의 변수의 모두가 1일 때만 1이 된다는 것을 의미하고 있다.

4.2.3 불 대수의 정리

- 정리 1. $0+X=X$

증명: $X=0$일 때 좌변 = 0 + 0 = 0, 우변 = 0 ∴ 좌변 = 우변
$X=1$일 때 좌변 = 0 + 1 = 1, 우변 = 1 ∴ 좌변 = 우변

- 정리 2. $1+X=1$

증명: $X=0$일 때 좌변 = 1 + 0 = 1
$X=1$일 때 좌변 = 1 + 1 = 1

- 정리 3. $X+X=X$

증명: $X=0$일 때 좌변 = 0 + 0 = 0, 우변 = 0
∴ 좌변 = 우변

$X=1$일 때 좌변 $=1+1=1$, 우변 $=1$

$\therefore$ 좌변 = 우변

X는 0과 1의 값밖에 취할 수 없으므로 $X+X=X$

- 정리 4. $0 \cdot X = 0$

증명: $X=0$일 때 좌변 $=0 \cdot 0=0$

$X=1$일 때 좌변 $=0 \cdot 1=0$

- 정리 54. $1 \cdot X = X$

증명: $X=0$일 때 좌변 $=1 \cdot 0=0$, 우변 $=0$

$X=1$일 때 좌변 $=1 \cdot 1=0$, 우변 $=1$

- 정리 6. $X \cdot X = X$

증명: $X=0$일 때 좌변 $=0 \cdot 0=0$, 우변 $=0$

$X=1$일 때 좌변 $=1 \cdot 1=1$, 우변 $=1$

- 정리 7. $\overline{(\overline{X})} = X$

증명: $X=0$일 때 좌변 $=\overline{(\overline{0})}=\overline{(1)}=0$, 우변 $=0$

$X=1$일 때 좌변 $=\overline{(\overline{1})}=\overline{(0)}=1$, 우변 $=1$

- 정리 8. $X+\overline{X}=1$

증명: $X=0$일 때 좌변 $=0+\overline{0}=0+1=1$

$X=1$일 때 좌변 $=1+\overline{1}=1+0=1$

- 정리 9. $X \cdot \overline{X}=0$

증명: $X=0$일 때 좌변 $=0 \cdot \overline{0}=0 \cdot 1=0$

$X=1$일 때 좌변 $=1 \cdot \overline{1}=1 \cdot 0=0$

- 정리 10. $X+Y=Y+X$

증명:

X	Y	$X+Y$	$Y+X$
0	0	0+0=0	0+0=0
0	1	0+1=1	1+0=1
1	0	1+0=1	0+1=1
1	1	1+1=1	1+1=1

- 정리 11. $XY=YX$

증명:

X	Y	XY	YX
0	0	0·0=0	0·0=0
0	1	0·1=0	1·0=0
1	0	1·0=0	0·1=0
1	1	1·1=1	1·1=1

- 정리 12. $X+Y+Z=(X+Y)+Z=X+(Y+Z)$

증명:

X	Y	Z	$X+Y+Z$	$X+Y$	$(X+Y)+Z$	$Y+Z$	$X+(Y+Z)$
0	0	0	0+0+0=0	0+0=0	0+0=0	0+0=0	0+0=0
0	0	1	0+0+1=1	0+0=0	0+1=1	0+1=1	0+1=1
0	1	0	0+1+0=1	0+1=1	1+0=1	1+0=1	0+1=1
1	0	0	1+0+0=1	1+0=1	1+0=1	0+0=0	1+0=1
0	1	1	0+1+1=1	0+1=1	1+1=1	1+1=1	0+1=1
1	0	1	1+0+1=1	1+0=1	1+1=1	0+1=1	1+1=1
1	1	0	1+1+0=1	1+1=1	1+0=1	1+0=1	1+1=1
1	1	1	1+1+1=1	1+1=1	1+1=1	1+1=1	1+1=1

- 정리 13. $XYZ = (XY)Z = X(YZ)$

증명:

X	Y	Z	XYZ	XY	$(XY)Z$	YZ	$X(YZ)$
0	0	0	$0 \cdot 0 \cdot 0=0$	$0 \cdot 0=0$	$0 \cdot 0=0$	$0 \cdot 0=0$	$0 \cdot 0=0$
0	0	1	$0 \cdot 0 \cdot 1=0$	$0 \cdot 0=0$	$0 \cdot 1=0$	$0 \cdot 1=0$	$0 \cdot 0=0$
0	1	0	$0 \cdot 1 \cdot 0=0$	$0 \cdot 1=0$	$0 \cdot 0=0$	$1 \cdot 0=0$	$0 \cdot 0=0$
1	0	0	$1 \cdot 0 \cdot 0=0$	$1 \cdot 0=0$	$0 \cdot 0=0$	$0 \cdot 0=0$	$1 \cdot 0=0$
0	1	1	$0 \cdot 1 \cdot 1=0$	$0 \cdot 1=0$	$0 \cdot 1=0$	$1 \cdot 1=1$	$0 \cdot 1=0$
1	0	1	$1 \cdot 0 \cdot 1=0$	$1 \cdot 0=0$	$0 \cdot 1=0$	$0 \cdot 1=0$	$1 \cdot 0=0$
1	1	0	$1 \cdot 1 \cdot 0=0$	$1 \cdot 1=1$	$1 \cdot 0=0$	$1 \cdot 0=0$	$1 \cdot 0=0$
1	1	1	$1 \cdot 1 \cdot 1=1$	$1 \cdot 1=1$	$1 \cdot 1=1$	$1 \cdot 1=1$	$1 \cdot 1=1$

- 정리 14. $X(Y+Z) = XY+XZ$

증명:

X	Y	Z	$Y+Z$	$X(Y+Z)$	XY	XZ	$XY+XZ$
0	0	0	$0+0=0$	$0 \cdot 0=0$	$0 \cdot 0=0$	$0 \cdot 0=0$	$0+0=0$
0	0	1	$0+1=1$	$0 \cdot 1=0$	$0 \cdot 0=0$	$0 \cdot 1=0$	$0+0=0$
0	1	0	$1+0=1$	$0 \cdot 1=0$	$0 \cdot 1=0$	$0 \cdot 0=0$	$0+0=0$
1	0	0	$0+0=0$	$1 \cdot 0=0$	$1 \cdot 0=0$	$1 \cdot 0=0$	$0+0=0$
0	1	1	$1+1=1$	$0 \cdot 1=0$	$0 \cdot 1=0$	$0 \cdot 1=0$	$0+0=0$
1	0	1	$0+1=1$	$1 \cdot 1=1$	$1 \cdot 0=0$	$1 \cdot 1=1$	$0+1=1$
1	1	0	$1+0=1$	$1 \cdot 1=1$	$1 \cdot 1=1$	$1 \cdot 0=0$	$1+0=1$
1	1	1	$1+1=1$	$1 \cdot 1=1$	$1 \cdot 1=1$	$1 \cdot 1=1$	$1+1=1$

- 정리 15. $(X+Y)(X+Z) = X+YZ$

증명:

$$\begin{aligned}(X+Y)(X+Z) &= (X+Y)X+(X+Y)Z \\ &= XX+YX+XZ+YZ \\ &= X+YX+XZ+YZ \\ &= X(1+Y)+XZ+YZ\end{aligned}$$

$$= X + XZ + YZ$$
$$= X(1 + Z) + YZ$$
$$= X + YZ$$

- 정리 16. $X + XY = X$

증명: $X + XY = X(1 + Y) = X$

- 정리 17. $X(X + Y) = X$

증명: $X(X + Y) = XX + YY = X$

- 정리 18. $X(\overline{X} + Y) = XY$

증명: $X(\overline{X} + Y) = X\overline{X} + XY = XY$

- 정리 19. $X + \overline{X}Y = X + Y$

증명:

X	Y	$\overline{X}$	$\overline{X}Y$	$X+\overline{X}Y$	$X+Y$
0	0	1	0	0	0
0	1	1	1	1	1
1	0	0	0	1	1
1	1	0	0	1	1

- 정리 20. $\overline{(X + Y)} = \overline{X} \cdot \overline{Y}$

증명:

X	Y	$X+Y$	$\overline{(X+Y)}$	$\overline{X}$	$\overline{Y}$	$\overline{X} \cdot \overline{Y}$
0	0	0	1	1	1	1
0	1	1	0	1	0	0
1	0	1	0	0	1	0
1	1	1	0	0	0	0

- 정리 21. $\overline{(X \cdot Y)} = \overline{X} + \overline{Y}$

증명:

X	Y	$X \cdot Y$	$\overline{(X \cdot Y)}$	$\overline{X}$	$\overline{Y}$	$\overline{X}+\overline{Y}$
0	0	0	1	1	1	1
0	1	0	1	1	0	1
1	0	0	1	0	1	1
1	1	1	0	0	0	0

예제 4.1

다음 식을 간단히 하시오.

(1) $A+B+\overline{B}$ (2) $A(A+B+C)$

풀이

(1) $A+B+\overline{B} = A+1 = 1$

(2) $A(A+B+C) = AA+AB+AC = A+A\overline{B}+AC$

$= A(1+B+C) = A$

예제 4.2

다음 식을 간단히 하시오.

$Z = (AB+C)(\overline{B}\overline{C}+D\overline{E})+\overline{(AB+C)}$

풀이

$X = AB+C$, $Y = \overline{B}\overline{C} + D\overline{E}$ 라 놓으면

$Z = XY+\overline{X} = Y+\overline{X}$

$= \overline{B}\overline{C}+D\overline{E}+\overline{(AB+C)}$

예제 4.3

다음 식을 계산하시오.

(1) $\overline{\overline{A}\,\overline{C}+B+AD}$　　　　(2) $\overline{\overline{AB}\cdot\overline{CD}}$

풀이

(1) $\overline{\overline{A}\,\overline{C}+B+AD} = \overline{\overline{A}\,\overline{C}}\cdot\overline{B}\cdot\overline{AD}$

$= (A+C)\cdot\overline{B}\cdot(\overline{A}+\overline{D})$

(2) $\overline{\overline{AB}\cdot\overline{CD}} = AB+CD$

예제 4.3

다음 식을 증명하시오.

(1) $A(A+B)=A$　　　　(2) $AB+BC+\overline{A}\,C=AB+\overline{A}\,C$

풀이

(1) $A(A+B)=AA+AB=A+AB=A(1+B)=A$

(2) $AB+BC+\overline{A}\,C=AB+(A+\overline{A})BC+\overline{A}\,C$

$=AB+ABC+\overline{A}BC+\overline{A}\,C$

$=AB(1+C)+\overline{A}\,C(B+1)$

$=AB+\overline{A}\,C$

4.2.4 불 대수의 응용

4.2.3항의 제정리를 이용하면 어떤 하나의 논리 기능을 표현하는 논리식은 비단 하나만이 아니라 여러 가지 형으로 나타낼 수 있다. 예를 들어 정리 21을 사용하면 두개의 입력 신호 X, Y의 논리곱 $X\cdot Y$의 부정$\overline{(X\cdot Y)}$는 각 입력의 부정 $\overline{X}$, $\overline{Y}$의 논리합 $\overline{X}+\overline{Y}$로도 나타낼 수 있다. 따라서 장치를 조립할 때는 이와 같이 많은 논리식 중에서 가장 간단하고 장치 전체로서도 가장

싸게 되는 논리식을 사용하여 회로를 구성하는 것이 바람직하다. 이 절에서는 주어진 논리 기능에 적합한 회로를 구성하는 데에 불 대수가 어떻게 이용되는가를 예를 들어 설명하기로 한다.

지금, 한 예로 2개 입력 신호 A, B가 있고 이 A, B가 같을 때만 출력이 있는 회로(일치 회로)를 고찰해 본다.

이 회로의 출력을 Z로 놓고 주어진 기능에 따라 진리값을 작성하면 표 4.4가 된다. 이 진리값으로부터 논리식을 유도하기 위해 Z가 1이 되는 입력의 조합에 주목하면 된다. Z가 1이 되기 위해서는A가 0이고 B가 0 즉, $\overline{A} \cdot \overline{B}$일 때든지 A가 1이고 B가 1 즉, $A \cdot B$일 때 이므로 Z의 논리식은

$$Z = \overline{A} \cdot \overline{B} + A \cdot B \tag{4.1}$$

로 된다. 이 식으로부터 논리 회로를 구성하면 그림 4.11과 같다.

다음은 3개의 입력 A, B, C에 대해 출력 Z가 표 4.5의 진리표와 같이 될 경우의 논리 기능을 갖는 회로에 대해 고찰해 보자.

출력 Z의 논리식은 앞의 예에서와 같이 Z가 1로 되는 No.3의 $\overline{A}B\overline{C}$, No.4의 $\overline{A}BC$, No.5의 $A\overline{B}\ \overline{C}$, No.7의 $AB\overline{C}$, No.8의 ABC의 논리합으로 주어지므로

표 4.4 일치회로의 진리표

A	B	Z
0	0	1
0	1	0
1	0	0
1	1	1

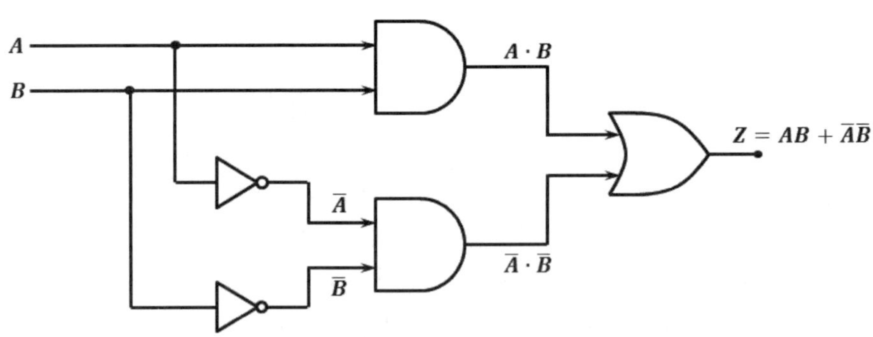

그림 4.11 일치 회로

표 4.5 논리 기능의 예

$No.$	A	B	C	Z
1	0	0	0	0
2	0	0	1	0
3	0	1	0	1
4	0	1	1	1
5	1	0	0	1
6	1	0	1	0
7	1	1	0	1
8	1	1	1	1

$$Z = \overline{A}B\overline{C} + \overline{A}BC + A\overline{B}\ \overline{C} + AB\overline{C} + ABC \tag{4.2}$$

로 된다. 이 식으로부터 직접 회로를 구성하면 그림 4.12 (a)와 같은 복잡한 회로가 되지만 불대수의 정리를 이용하면 식 (4.2)는 식 (4.3)과 같이 간소화시킬 수 있고 이 식으로부터 회로를 구성하면 그림 4.12 (b)와 같이 아주 간단한 회로가 된다.

$$\begin{aligned} Z &= \overline{A}B\overline{C} + \overline{A}BC + A\overline{B}\ \overline{C} + AB\overline{C} + ABC \\ &= \overline{A}B(\overline{C} + C) + A\overline{C}\ (\overline{B} + B) + ABC \\ &= \overline{A}B + A\overline{C} + ABC \\ &= \overline{A}B + A(\overline{C} + BC) \\ &= \overline{A}B + A(\overline{C} + B) \\ &= \overline{A}B + A\overline{C} + AB \\ &= B(\overline{A} + A) + A\overline{C} \\ &= B + A\overline{C} \end{aligned} \tag{4.3}$$

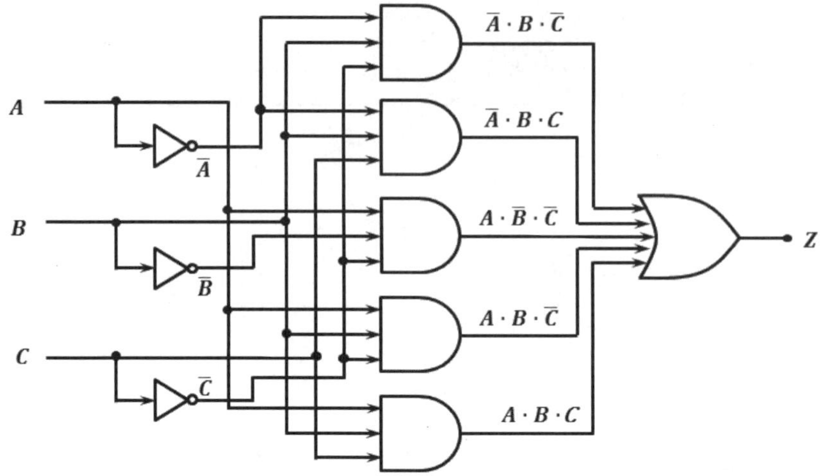

(a)

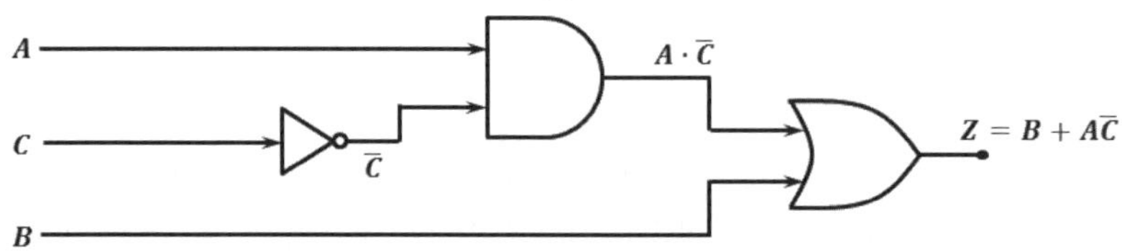

(b)

그림 4.11 논리 회로의 예

이와 같이 불 대수를 사용하면 논리식을 변형시켜 간단하게 할 수 있다.

예제 4.5

다음그림과 같은 스위치 회로의 논리식을 구하시오.

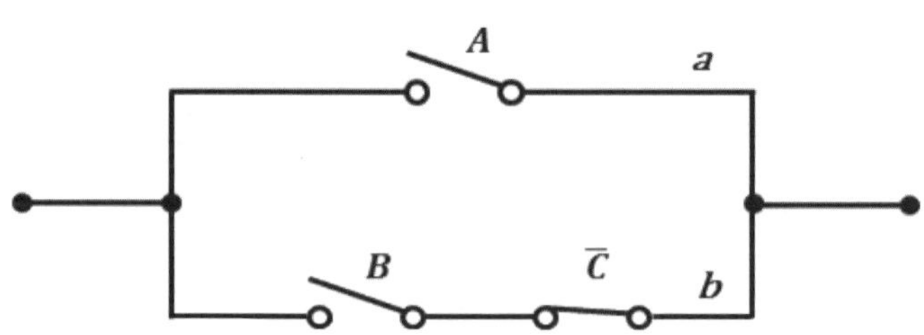

(1)

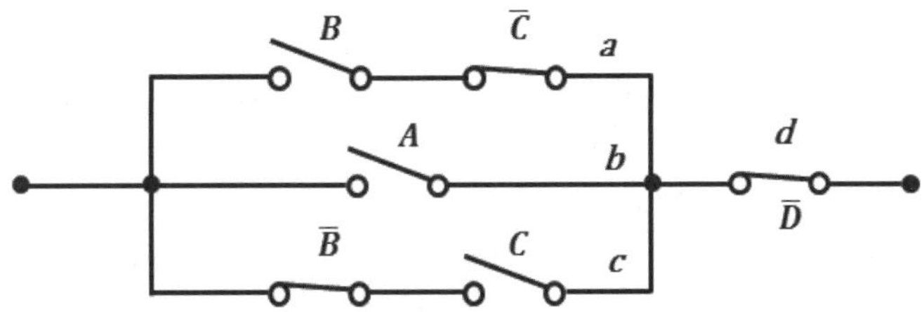

(2)

풀이

(1) 출력 Z가 나타나기 위해서는 회로 a, b중 적어도 하나가 ON이 되지 않으면 안 된다. 따라서 회로 a가 ON이 된다는 것은 A가 ON, 즉 A이며, 회로 b가 ON이 된다는 것은 B가 ON이며 동시에 C가 OFF, 즉 $B \cdot \overline{C}$이므로 출력 Z는 회로 a가 ON되는 조건 (A)와 회로 b가 ON되는 조건 $(B \cdot \overline{C})$의 논리합으로서 다음과 같은 논리식으로 표시된다.

$$Z = A + B \cdot \overline{C}$$

(2) d에 출력이 나타나기 위해서는 회로 a, b, c중 적어도 하나는 ON되지 않으면 안 된다. 이것은 회로 a가 ON되는 조건 $(B\overline{C})$, 회로 b가 ON되는 조건 (A), 회로 c가 ON되는 조건 $(\overline{B}C)$의 논리합, 즉 $B\overline{C} + A + \overline{B}C$로 된다. 다음에 이 조건과 동시에 회로 d가 도통하는 조건 $(\overline{D})$의 논리곱이 만족될 때만 출력 Z가 나타나므로 다음과 같이 된다.

$$Z = (A + B\overline{C} + \overline{B}C) \cdot \overline{D}$$

예제 4.6

그림과 같은 논리 회로의 논리식을 구하시오.

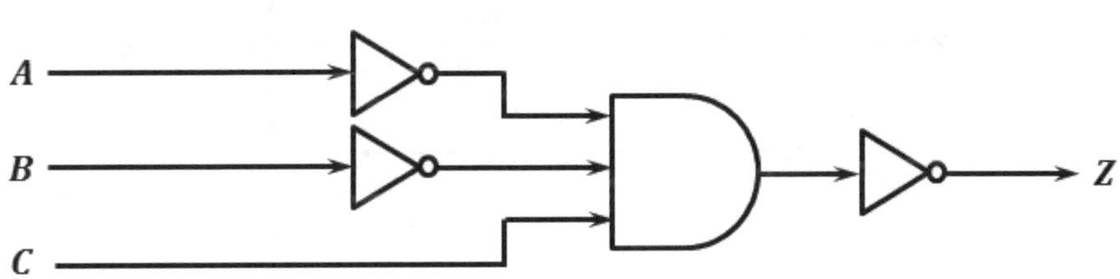

풀이

회로도 각 요소의 출력으로부터 논리식은 $\overline{\overline{A}\ \overline{B}C}$로 된다. 위 회로의 논리식을 아래와 같이 바꿀 수 있다.

$$Z = \overline{\overline{A}\ \overline{B}C} = \overline{\overline{A}} + \overline{\overline{B}} + \overline{C} = A + B + \overline{C}$$

예제 4.7

다음 스위치 회로를 간단히 하시오.

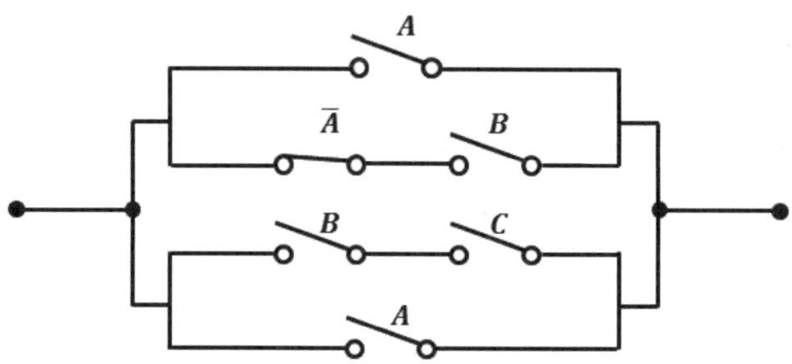

풀이

출력의 논리식은

$$\begin{aligned} Z &= A + \overline{A}B + BC + A = A + \overline{A}B + BC = A + B + BC \\ &= A + B(1 + C) = A + B \end{aligned}$$

이 된다. 따라서 간단한 회로는 다음 그림과 같이 된다.

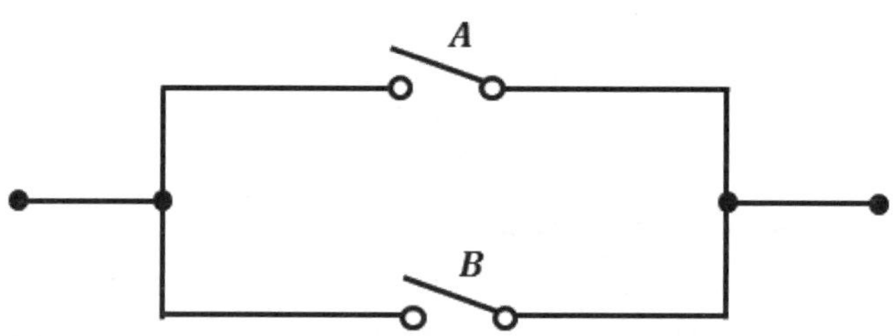

4.2.5 카르노도(Karnaugh map)

1) 1변수의 카르노도

논리 변수 A가 취하는 값은 0과 1의 2가지뿐이므로 그림 4.12 (a)와 같이 장방형을 둘로 나누어 그 왼쪽 반은 $\overline{A}$ ($\overline{A}=0$), 오른쪽 반은 A($A=1$)에 대응하도록 논리 함수를 표시한다.

(a)

A	
$\overline{A}$	A

(b)

A	$0(\overline{A})$	$1(A)$

그림 4.12 1변수의 카르노도

이 경우 카르노도의 눈중에 대응하는 변수 $\overline{A}$, A를 기입하면 변수의 수가 많아짐에 따라 복잡하게 되므로 (b)와 같이 장방형의 밖에 0, 1 또는 $\overline{A}$, A라고 쓰는 것이 보통이다.

(a)

A	0	1
	1	0

(b)

A	0	1
	1	

그림 4.13 1변수의 카르노도의 예 ($Z_{(A)}=\overline{A}$)

다음에 이 카르노도와 진리표를 대응시켜 보자. 진리표가 표 4.8과 같은 경우에는 논리 변수 A가 0일 때 논리 함수 Z는 1이 되고 A가 1일 때 Z는 0이 되므로 이 진리표에 대응하는 카르노도는 그림 4.13과 같이 된다. (b)는 기입상의 편의를 위해 1만을 기입하고 0의 기입을 생략한 것이다.

표 4.8 1변수의 진리표의 예($Z_{(A)}=\overline{A}$)

A	Z
0	1
1	0

A \ B	0	1
0	$\overline{A}\,\overline{B}$	$A\overline{B}$
1	$\overline{A}B$	AB

그림 4.14 2변수의 카르노도

A \ B	0	1
0	1	0
1	0	1

그림 4.15 2변수의 카르노도 예(일치 회로)

2) 2변수 카르노도

2개의 논리 변수 A, B가 있는 경우 A, B는 각각 0과 1의 값을 취하므로 카르노도는 그림 4.14와 같이 4개의 눈을 갖고 각각의 눈은 그 눈 중에 기입된 상태에 대응하는 논리 함수를 나타낸다. 따라서 4.2.4항의 예로 든 일치 회로의 논리 함수

$$Z = \overline{A} \cdot \overline{B} + A \cdot B \tag{4.4}$$

로 표시되는 카르노도는 $\overline{A} \cdot \overline{B}$, $A \cdot B$에 대응하는 눈에 1을 기입하고 나머지 눈에 0을 기입해서 그림 4.15와 같이 된다.

3) 3변수 카르노도

3개의 논리 변수 A, B, C가 있는 경우 각각의 변수는 2개의 값을 가지므로 카르노도는 그림 4.16과 같이 $2^3 = 8$개의 눈을 갖고 각각의 눈은 그 눈 중에 기입된 상태에 대응하는 논리 함수를 나타낸다.

여기에서 2개의 변수를 나란히 쓰는 경우에는 후에 설명하는 바와 같이 논리식을 간소화하기 위해서 변수의 배열 순서를 00, 01, 11, 10과 같이 변수의 한쪽만을 변화시켜야 하며 00, 11 또는 10, 01과 같이 변수의 양쪽을 동시에 변화시켜서는 안 된다는 것에 주의할 필요가 있다. 4.2.4항의 예로 든 3변수의 논리 함수

AB \ C	00	01	11	10
0	$\overline{A}\,\overline{B}\,\overline{C}$	$\overline{A}B\overline{C}$	$AB\overline{C}$	$A\overline{B}\,\overline{C}$
1	$\overline{A}\,\overline{B}C$	$\overline{A}BC$	ABC	$A\overline{B}C$

그림 4.16 3변수의 카르노도

AB \ C	00	01	11	10
0		1	1	1
1		1	1	

그림 4.17 3변수의 카르노도 예

$$Z = \overline{A}B\overline{C} + \overline{A}BC + A\overline{B}\ \overline{C} + AB\overline{C} + ABC \tag{4.5}$$

로 표시되는 카르노도는 그림 4.17과 같이 된다.

4) 4변수 카르노도

4변수 카르노도의 경우도 변수의 배열 순서를 00, 01, 11, 10과 같이 하여 논리 함수를 쓰면 그림 4.18와 같이 된다.

5변수 이상의 카르노도도 그릴 수 있지만 복잡한 형으로 되어 이용 가치가 없으므로 여기서는 설명을 생략한다.

다음에 4변수의 논리 함수 $Z(A,B,C,D) = ABD + CD$를 카르노도로 표시하여 보자.

이것은 $Z_1 = ABD$, $Z_2 = CD$를 논리합 한 것이므로 ABD의 그림과 CD의 그림을 중합하면 구할 수 있다.

먼저 Z_1은 변수 C를 포함하고 있지 않으므로 변수 C를 포함한 형이므로 변형하면,

$$Z_1 = ABD = AB(C + \overline{C})D = ABCD + AB\overline{C}D \tag{4.6}$$

AB \ CD	00	01	11	10
00	$\overline{A}\,\overline{B}\,\overline{C}\,\overline{D}$	$\overline{A}B\overline{C}\,\overline{D}$	$AB\overline{C}\,\overline{D}$	$A\overline{B}\,\overline{C}\,\overline{D}$
01	$\overline{A}\,\overline{B}\,\overline{C}D$	$\overline{A}B\overline{C}D$	$AB\overline{C}D$	$A\overline{B}\,\overline{C}D$
11	$\overline{A}\,\overline{B}CD$	$\overline{A}BCD$	$ABCD$	$A\overline{B}CD$
10	$\overline{A}\,\overline{B}C\overline{D}$	$\overline{A}BC\overline{D}$	$ABC\overline{D}$	$A\overline{B}C\overline{D}$

그림 4.18 4변수의 카르노도

AB \ CD	00	01	11	10
00				
01			1	
11			1	
10				

그림 4.19 4변수의 카르노도의 일부 ($Z_1 = ABD$)

이 된다. 따라서 이 카르노도는 그림 4.19와 같이 된다.

Z_1은 $A=1$, $B=1$, $D=1$이면 되고 변수 C는 0과 1중 어느 값이라도 된다.

AB \ CD	00	01	11	10
00				
01				
11	1	1	1	1
10				

그림 4.20 4변수의 카르노도의 일부 ($Z_2 = CD$)

같은 방법으로 Z_2는 $C=1$, $D=1$이면 되고 A 및 B는 어느 값이라도 좋으므로 카르노도는 그림 4.20과 같이 된다. 따라서 Z의 카르노도는 Z_1, Z_2의 카르노도를 중첩하면 되지만 카르노도에 있어서 하나의 눈에 1을 몇 번 중첩해서 합해도 1이므로 다만 1이라고 기입하면 된다. Z의 카르노도는 그림 4.21과 같이 된다.

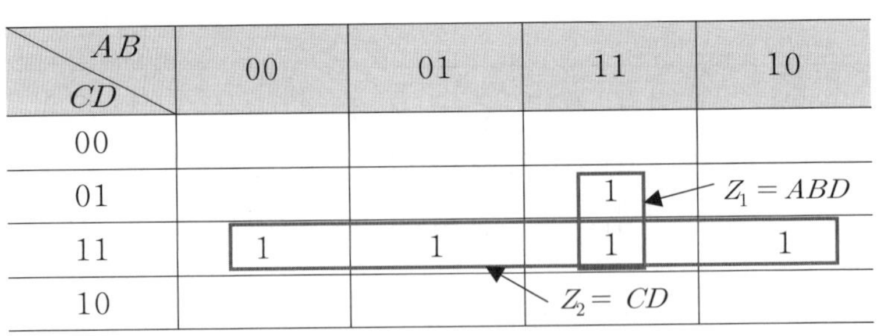

그림 4.21 4변수의 카르노도의 예

4.2.6 카르노도에 의한 논리식의 간소화

$A\overline{B}\overline{C}D$와 $A\overline{B}CD$와 같이 다만 한 개의 변수(이 경우에는 C)에서 상태가 달라지고 있는 항의 논리합을 구하면

$$A\overline{B}\overline{C}D + A\overline{B}CD = A\overline{B}D(C + \overline{C}) = A\overline{B}D \qquad (4.7)$$

로 되고 변수 C가 생략되어 한 개의 항으로 압축된다. 카르노도에 있어서는 이와 같은 항은 인접한 눈으로 표시된다. 따라서 카르노도 상의 두개의 인접한 눈은 그 두개의 눈에서 같은 값인 변수만을 포함한 항으로 압축해서 읽을 수 있다. 따라서 이렇게 조합할 수 있는 눈을 그림 4.22와 같이 사각형을 그리면 함수를 읽는데 편리하다.

그림 4.23의 ABD와 $A\overline{B}D$와 같이 인접한 두 개의 사각형의 논리합을 구하면

$$ABD + A\overline{B}D = AD(B + \overline{B}) = AD \qquad (4.8)$$

로 되어 두 개의 사각형에서 같은 값인 변수만으로 표시된 큰 사각형으로 된다. 또한 큰 사각형 중의 작은 사각형은 무시해도 된다. 따라서 카르노도의 눈 및 사각형은 가능한 한 사각형을 크게 할수록 변수가 적어지고 간단한 논리함수로 표현된다.

그러면 이번에는 4.2.4항에서 예로 든 논리함수

$$Z = \overline{A}B\overline{C} + \overline{A}BC + A\overline{B}\overline{C} + AB\overline{C} + ABC \qquad (4.9)$$

를 간소화 해 보자.

AB \ CD	00	01	11	10
00				
01				1
11				1
10				

그림 4.22 카르노도에 의한 논리식의 간소화

AB \ CD	00	01	11	10
00				
01			1	1
11			1	1
10				

그림 4.23 카르노도에 의한 논리식의 간소화

Z의 카르노도는 4.2.4항에서 구했으므로 이것을 사각형으로 합치면 그림 4.24와 같이 된다. 따라서 주어진 논리함수 Z를 간소화하면

$$Z = B + A\overline{C} \tag{4.10}$$

로 되어 불 대수의 정리를 이용하여 간소화한 식과 동일한 결과가 얻어진다.

AB \ CD	00	01	11	10
00			$A\overline{C}$	
01		1	1	1
11	B	1	1	
10				

그림 4.24 카르노도에 의한 논리식의 간소화

4.3 2진법

4.3.1 디지털 기기와 2진법

현재 우리들이 일상생활에서 사용하고 있는 것은 10진법임에도 불구하고 수치 제어 장치, 디지털 계산기 등 소위 디지털 기기에 있어서는 거의 대부분 기기 내부의 신호로서 2진법을 사용하고 있다. 우리가 사용하는 데 익숙하지 않은 2진법을 사용하는 이유는 단순히 온인가 오프인가, 전류가 흐르는가 안 흐르는가, 전압이 높은가 낮은가 등 아주 간단한 조작으로 계산을 행할 수 있다는 것 이외에 다음과 같은 두 가지 견해로 보아 필연적인 것이다.

즉, 첫째는 안정성 및 신뢰성이 높다. 둘째는 경제적이다.

먼저 안정성과 신뢰성에 대해 서술한다. 안정성과 신뢰성은 기계, 장치가 안정한 동작을 수행해야 하므로 절대로 필요한 조건이다. 이를 위해서는 기계 소자가 취할 수 있는 상태의 수가 적으면 적을 수록 안정성, 신뢰성은 높아지게 된다. 정보 식별의 최저 기준은 2이고 유일한 상태 밖에 취할 수 없는 소자로서는 정보의 표현이 불가능하기 때문에 안정성, 신뢰성이라는 견해로 보아 스위치와 같은 온 오프의 2가지 상태 밖에 취할 수 없는 소자가 최적이며 3가지 상태, 4가지 상태 등 취할 수 있는 상태가 많아짐에 따라서 이 조건이 나쁘게 된다.

다음은 경제성에 대해 서술한다. 같은 양의 정보를 취급하기 위해 필요한 소자의 수는 다음과 같이 수학적으로 구할 수 있다.

지금 r진법의 n자리수로 표현할 수 있는 수의 총수를 M이라 하면

$$M = r^n \tag{4.11}$$

이고 개개의 r진수 a는

$$\begin{aligned} a &= a_{n-1}r^{n-1} + a_{n-2}r^{n-2} + \cdots + a_1 r + a_0 \\ a_i &= 0, 1, 2, \cdots, (r-1) \end{aligned} \tag{4.12}$$

로 표현된다.

다음에 각 자리를 표현하기 위해 r개의 소자가 필요하다고 하면 M을 표현하기 위해 필요한 소자의 수 N은

$$N = nr \tag{4.13}$$

로 된다. 따라서 여기서 N은 주어진 것으로서 일정하다고 생각하고 N을 최소로 하는 r을 구하면 식 (4.11)로부터

$$n = \frac{\log M}{\log r} \tag{4.14}$$

식 (4.13)에 대입해서

$$N = \frac{\log M}{\log r} \cdot r = \log M \cdot \frac{r}{\log r} \tag{4.15}$$

$dN/dr = 0$로 하면 N을 최소로 하는 r이 구해지므로

$$\frac{dN}{dr} = \log M \frac{\log r - 1}{(\log r)^2} = 0 \tag{4.16}$$

따라서

$$\begin{aligned} \log r &= 1 \\ r &= e = 2.7182\cdots \fallingdotseq 3 \end{aligned} \tag{4.17}$$

로 된다.

예로서 $M = 10^6$인 경우의 r과 N의 관계를 나타내면 표 4.6과 같다.

이상의 계산에 의해서 경제성의 견지에서 보면 3진법이 가장 바람직하지만 표 4.1에서 보면 알 수 있듯이 2진법과 3진법은 39.86을 반올림해서 40개, 37.73을 반올림해서 38개로 거의 경제성은 변하지 않으며 제 1의 안정성, 신뢰성이라는 견지에서 보아 2진법이 사용된다. 우리들이 일상 사용하는 10진법은 안정성, 신뢰성 및 경제성의 모든 면에서 2진법보다 크게 떨어진다.

표 4.6 $M = 10^6$인 경우의 진수(r)과 소자(N)의 관계

r	2	3	4	5	10
N	39.86	37.73	39.86	44.92	60.00

4.3.2 2진법

우리가 일상적으로 사용하고 있는 수는 0, 1, 2, 3, 4, 5, 6, 7, 8, 9의 10종류의 수이며 10을 기수로 하고 그 지수로 표현되는 10진수이다. 예를 들어 135는

$$135 = 1 \times 10^2 + 3 \times 10^1 + 5 \times 10^0$$

의 의미를 갖는다. 기수로서 10을 사용하게 된 것은 사람의 손가락이 10개이기 때문이라고 말하고 있다. 그러나 수를 나타내는 데에 반드시 10을 기수로 하는 10진법을 사용하지 않으면 안 되는 것은 아니며 사실 12진법, 20진법, 60진법 등이 과거에 사용되어 현재에도 구미의 화폐, 도량형 제도, 시간의 단위 등에 그 영향이 남아 있다.

여기서 10진수의 135를 기수 2로 하여 나타내 보자.

$$2^0 = 1$$

$$2^1 = 2$$

$$2^2 = 4$$

$$2^3 = 8$$

$$2^4 = 16$$

$$2^5 = 32$$

$$2^6 = 64$$

$$2^7 = 128$$

$$2^8 = 256$$

이므로

$$\begin{aligned} 135 &= 128 + 4 + 2 + 1 \\ &= 2^7 + 2^2 + 2^1 + 2^0 \\ &= 1 \times 2^7 + 0 \times 2^6 + 0 \times 2^5 + 0 \times 2^4 + 0 \times 2^3 + 1 \times 2^2 + 1 \times 2^1 + 1 \times 2^0 \end{aligned}$$

이 되어 10진법의 135는 2진법에서는 10000111이 된다.

역으로 2진수를 10진수로 나타내는 경우, 예를 들어 2진수의 110110을 10진법으로 표시하면

$$\begin{aligned} 110110 &= 1\times 2^5 + 1\times 2^4 + 0\times 2^3 + 1\times 2^2 + 1\times 2^1 + 0\times 2^0 \\ &= 32 + 16 + 4 + 2 = 54 \end{aligned}$$

로 된다.

이러한 것은 표시된 수가 소수라도 같으며 예를 들어 10진수의 11.8125는 2진법으로는

$$\begin{aligned} 2^{-1} &= \frac{1}{2} = 0.5 \\ 2^{-2} &= \frac{1}{4} = 0.25 \\ 2^{-3} &= \frac{1}{8} = 0.125 \\ 2^{-4} &= \frac{1}{16} = 0.0625 \\ 2^{-5} &= \frac{1}{32} = 0.03125 \end{aligned}$$

이므로

$$\begin{aligned} 11.8125 &= 8 + 2 + 1 + 0.5 + 0.25 + 0.0625 \\ &= 1\times 2^3 + 0\times 2^2 + 1\times 2^1 + 1\times 2^0 + 1\times 2^{-1} + 1\times 2^{-2} + 0\times 2^{-3} + 1\times 2^{-4} \\ &= 1011.1101 \end{aligned}$$

로 되고 2진수의 11.101은 10진수에서는

$$\begin{aligned} 11.101 &= 1\times 2^1 + 1\times 2^0 + 1\times 2^{-1} + 0\times 2^{-2} + 1\times 2^{-3} \\ &= 2 + 1 + \frac{1}{2} + \frac{1}{8} \\ &= 2 + 1 + 0.5 + 0.125 \\ &= 3.625 \end{aligned}$$

로 된다.

이와 같이 2를 기수로 하고 그 지수로 수를 표시하는 체계를 2진법이라 한다.

2진수를 표시하기 위한 숫자는 0과 1의 2종류이다. 이것은 지금가지 설명한 바와 같이 전압이 높은지 낮은지, 펄스가 있는지 없는지 또는 회로가 열렸는지 닫혔는지를 말하며 2가지 상태 밖에 취할 수 없는 디지털 회로에 응용하기에 최적인 수의 표현 방법이다.

4.3.3 2진법의 연산

1) 덧셈

2진수의 덧셈은 다음의 3가지 규칙을 사용해서 간단히 행할 수 있다.

1. 0과 0의 합은 0
2. 0과 1, 또는 1과 0의 합은 1
3. 1과 1의 합은 0이며 1자리 위에 캐리를 보낸다.

예를 들어 4자리의 수 0101과 0110의 합은 다음과 같이 할 수 있다.

```
   0 1 0 1
 +)0 1 1 0
 ---------
   0 0 1 1
 +)1           ---------캐리
 ---------
   1 0 1 1
```

0101, 0110, 1011을 10진법으로 표시하면 다음과 같다.

$$
\begin{array}{cccccc}
0 & 1 & 0 & 1 & = & 5 \\
0 & 1 & 1 & 0 & = & 6 \\
1 & 0 & 1 & 1 & = & 11
\end{array}
$$

2) 뺄셈

2진수의 뺄셈은 덧셈과 반대로 행하면 되지만 일반적으로 계산기 등에서는 회로를 간단히 하기 위해서 덧셈 회로만을 가지고 있으며 뺄셈의 경우에는 빼수의 보수(complement)를 구해서 이를 덧셈 회로에 넣는 방법을 사용한다.

보수라는 것은 어느 기준수로부터 하나의 수를 뺀 나머지 수를 말하며 이 둘을 합하면 원래의 완전한 기준수로 된다는 의미가 있다. 예를 들어 10진법으로 1자리수를 취급하는 경우 기준이 되는 수는 10으로 하는 것이 편리하다. 이 때 1의 보수는 9, 2의 보수는 8이 되며 3이하의 수에 대해서도 같은 방법으로 보수를 구할 수 있다.

여기서 7 - 4를 계산하는 경우를 생각해 보자. 7에서 4의 보수를 더하면 4의 보수는 6이므로 7과의 합을 구해서 13이 된다. 이 합으로부터 기준수가 되는 수 10을 빼면 7로부터 4를 뺀 차 3이 구해진다. 결국 보수를 구하는 것에 의해 뺄셈은 덧셈 회로를 사용해서 구할 수 있다. 이것은 다음 식에 의해서도 쉽게 이해할 수 있을 것이다.

$$\frac{7}{\text{피감수}} + \frac{(10-4)}{\text{뺄수의 보수}} = \frac{10}{\text{기준수}} + \frac{(7-4)}{\text{차}}$$

2진법의 경우에도 같은 방법으로 보수를 더하는 것에 의해 뺄셈을 행할 수 있다. 예를 들어 4자리수의 뺄셈으로 1011에서 0110을 빼는 경우 기준으로 되는 수를 10000으로 하면 보수는

$$10000 - 0110 = (1111 + 1) - 0110 = (1111 - 0110) + 1$$

```
   1 1 1 1
 -)0 1 1 0    -------1의 보수
   1 0 0 1
 +)      1    -------2의 보수
   1 0 1 0
```

계산과 같이 각 자리에 0과 1을 교환해서 얻어지는 수(이것이 1의 보수로서 1111을 기준으로 할 때의 보수이다)에 1을 더하면(이것을 2의 보수라 한다) 구해지므로 0110의 보수(2의 보수)는 1010이 된다. 따라서 1011에 1010을 더하면

```
     1 0 1 1
 -)  1 0 1 1
   1 0 1 0 1
```

계산과 같이 10101이 구해지므로 10진법의 경우와 같이 기준수 10000을 빼서(제 5자리의 1을 삭제해서)구한 차는 0101이 된다.

다음에 0101로부터 0110을 빼는 경우와 같이 감수의 편이 커서 뺀 결과가 음수가 되는 경우를 생각해 보자. 앞의 예와 같이 0101에 0110의 보수(2의 보수) 1010을 더해서

```
   0 1 0 1
 -)1 0 1 0
   1 1 1 1
```

계산과 같이 1111이 되고 10000보다 작은 수가 구해진다(제 5자리에 1이 나타나지 않는다). 이 결과가 구해진 차인데 음의 수가 보수의 형으로 주어져 있다. 1111의 보수(2의 보수)는 0001이므로 0101로부터 0110을 뺀 차는 -0001이 된다. 각 수를 10진법으로 표시하면 다음과 같이 된다.

```
0 1 0 1 = 5
0 1 1 0 = 6
0 0 0 1 = 1
```

3) 곱셈

2진수의 곱셈은 덧셈의 경우와 같이 다음 3가지 규칙에 의해 행해진다.

1. $0 \times 0 = 0$
2. $0 \times 1 = 1 \times 0 = 0$
3. $1 \times 1 = 1$

```
        0 1 0 1
     ×) 0 1 1 0
        -------
        0 0 0 0
      0 1 0 1
    0 1 0 1
 +) 0 0 0 0
 -------------
      1 1 1 1 0
```

예를 들어 4자리의 수 0101과 0110의 곱은 위와 같이 계산된다. 각 수를 10진법으로 표시하면 다음과 같다.

```
  0 1 0 1 = 5
  0 1 1 0 = 6
1 1 1 1 0 = 30
```

4) 나눗셈

2진법의 나눗셈은 10진법과 같이 곱셈의 역을 행하면 된다. 예를 들어 1001을 0100으로 나눈 몫은 다음과 같이 된다.

```
        1 0 . 0 1
       ----------
1 0 0 )1 0 0 1
       1 0 0        (-
       ----------
          1 . 0 0
          1 . 0 0(-
       ----------
                0
```

각 수의 10진수는 다음과 같이 된다.

```
1 0  0 1 = 9
0 1  0 0 = 4
1 0 .0 1 = 2.25
```

4.3.4 부호화 10진법

디지털 회로에 응용하는 데는 2진법이 최적이라는 것은 앞에서 설명한 바 있지만 우리가 일상적으로 사용하고 있는 것은 10진법이기 때문에 디지털 회로에 신호가 입출력 될 때는 10진수를 2진수로 또는 2진수를 10진수로 변환할 필요가 있다. 이 때 디지털 회로에서는 순 2진수를 사용하는 것보다 부호화 한 2진수를 사용하는 경우가 많다. 이것을 **부호화 10진수**라고 부르고 여러 가지 종류가 있다.

1) 2진 부호화 10진법 (BCD 코드)

10진수의 각 자리를 각각 독립해서 2진수로 표시하는 것인데 0~9까지의 각 수는 순 2진수와 완전히 같게 된다. 여기서 2자리 이상의 수에 관해서는 예를 들어 135는

$$135 = 0001 : 0011 : 0101$$

로 되고 10진수의 각 자리는 각각 순 2진수로 표시된다.

10진수에서 각 자리의 0~9까지의 10개의 수를 표시하기 위해서는 2진수 3자리로는 23=8개의 상태밖에 구별하지 못하므로 4자리수가 필요하다. 4자리수의 2진수를 사용하면 24=16개의 상태가 구별할 수 있게 되고 이 가운데에서 10개 밖에 사용하지 않으므로 다소 비경제적이지만 직관적으로 이해하기 쉽기 때문에 이 방법이 많이 사용된다.

이 때 10진수의 각 자리(0, 1, 2,⋯, 9)를 **디지트**(digit), 2진수의 각 자리(0, 1)를 **비트**(bit)라고 한다. 따라서 1디지트는 4비트로 표시된다. 여기서 135의 0001 : 0011 : 0101과 같이 몇 개의 **디지트**가 집합되어서 하나의 의미를 나타내는 것을 **워드**(word), **바이트**(bite) 또는 **코드**(code)라고 부른다.

2) 엑세스 3부호화 10진법

4자리의 2진수로 표시되는 0~15의 수 중 최초의 3개(0, 1, 2)와 최후의 3개(13, 14, 15)를 버리고 중간의 10개(3, 4, 5,⋯, 12)를 10진수의 각 자리의 0~9에 대응시킨 것으로 2진 부호화 10진법의 각 자리에 3을 더한 것이다. 이 때문에 **엑세스**(excess) 3이라고 부르고 있다.

예를 들어 135는

135 = 0100 : 0110 : 1000

로 된다.

이 방법의 특징은 첫째로 0의 경우에도 0011로 되어 0이 포함되므로 회로의 0이라는 숫자가 주어질 때와 어떠한 신호도 없을 때가 명확히 구별된다. 둘째로 표 4.7에 나타낸 것과 같이 9의 보수(2진법에 있어서 1의 보수에 대응하는 것으로 10진법에서 9로 뺀 나머지 수)가 단순히 0과 1을 교환한 것으로 간단히 얻어진다.

3) 2 out of 5부호화 10진법

2진 부호화 10진법, 엑세스 3부호화 10진법에서는 10진수의 각 자리를 표시하는데 2진수 4자리를 사용하지만 5자리를 사용하면 25=32종류의 상태를 표시할 수 있다. 이 중에서 1을 2개 포함한 것이 10종류인데 이것을 10진수의 각 자리를 표시하는데 사용한 것이 2 out of **5부호화 10진법**이다. 이 방법을 사용하면 1이 한 개만 포함하고 있다든지 또는 반대로 3개를 포함하고 있는 디지트가 있으면 어느 곳에 오동작이 있다는 증거가 되어 오동작을 검출할 수 있다.

4) 5-2진법

10진수의 각 자리를 표시하는데 있어서 숫자가 0~4사이에 있는가 5~9사이에 있는가를 각각 01 및 10으로 표시하고 그 다음에 0을 1개만 포함하고 있는 5자리의 2진수를 부가해서 10진수를 결정한 것으로 1디지트는 7비트로 구성되어 있다.

이 방법은 대부분 릴레이를 사용하는 회로에 이용된다.

5) 교번 2진법

순 2진법에서는 어느 수로부터 다음의 수로 진행할 때에 많은 자리의 숫자를 변경할 필요가 있다. 예를 들어 0111의 다음은 1000이고, 제 1, 2, 3자리는 1로부터 0으로 제 4자리는 0으로부터 1로 변경할 필요가 있다. 이것은 A/D(analogue to digital) 변환에 있어서 오동작을 발생시킬 위험성을 증대시키므로 표 4.7과 같이 다음의 수로 진행할 때 어느 하나의 비트만을 변경시키면 되는 부호 체계를 고안하여 이것을 **교번 2진법**이라고 부른다. 그러나 이 방법 그대로 연산한다는 것은 아주 어렵기 때문에 바로 순 2진법 등 연산에 편리한 방법으로 변환할 필요가 있다.

표 4.7 부호화 10진법의 종류

10진법	순2진법	교번2진법	엑세스 3부호화10진법	2 out of 5 부호화10진법	5-2진법
0	0000	0000	0011	11000	0100001
1	0001	0001	0100	00011	0100010
2	0010	0011	0101	00101	0100100
3	0011	0010	0110	00110	0101000
4	0100	0110	0111	01001	0110000
5	0101	0111	1000	01010	1000001
6	0110	0101	1001	01100	1000010
7	0111	0100	1010	10001	1000100
8	1000	1100	1011	10010	1001000
9	1001	1101	1100	10100	1010000
10	1010	1111			
11	1011	1110			
12	1100	1010			
13	1101	1011			
14	1110	1001			
15	1111	1000			

4.4 일반적인 논리회로

4.4.1 NOR 회로

1) NOR 회로

NOR회로는 입력의 논리합(OR)의 부정(NOT)이 출력으로 나오는 것인데 출력 Z는 입력을 A, B로 할 때 다음 식 (4.18)로 표시되며 그 진리표는 표 4.8과 같다.

$$Z = NOR(A,B) = NOT\{OR(A,B)\} = NOT\{A+B\} = \overline{A+B} \tag{4.18}$$

이 NOR회로는 그림 4.25와 같이 OR회로와 NOT회로를 조합해서 만들 수 있다.

그림 4.26은 실제로 다이오드 또는 트랜지스터와 저항을 조합해서 OR회로와 NOT회로를 구성한 NOR회로를 표시하고 있다.

NOR회로를 조합한 것에 의해 4.1절의 기본 회로에서 설명한 모든 OR회로, AND회로, NOR회로를 조립할 수 있다.

표 4.8 NOR 회로의 진리표

A	B	$A+B$	$Z=\overline{A+B}$
0	0	0	1
0	1	1	0
1	0	1	0
1	1	1	0

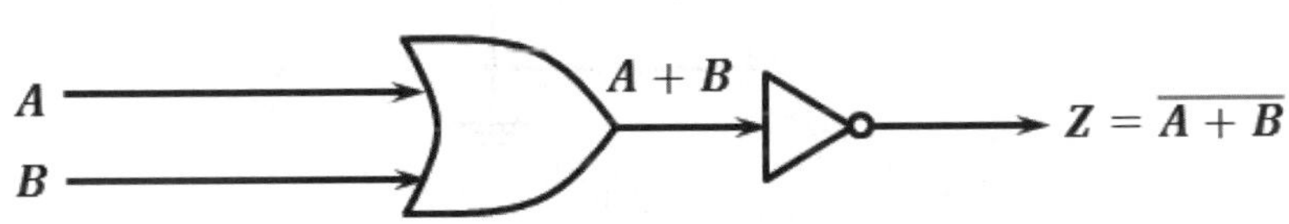

그림 4.25 NOR 회로의 조합

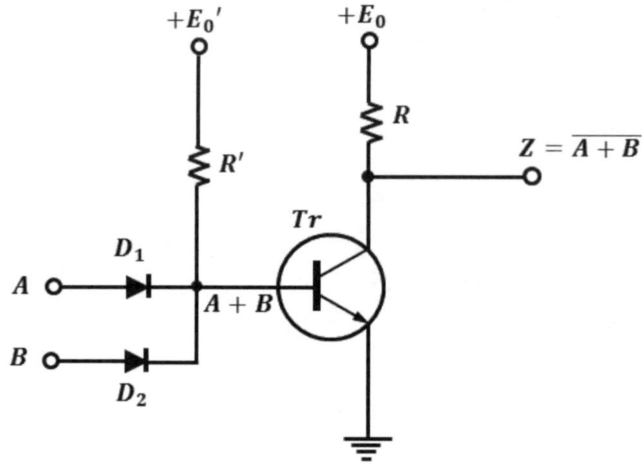

(a)

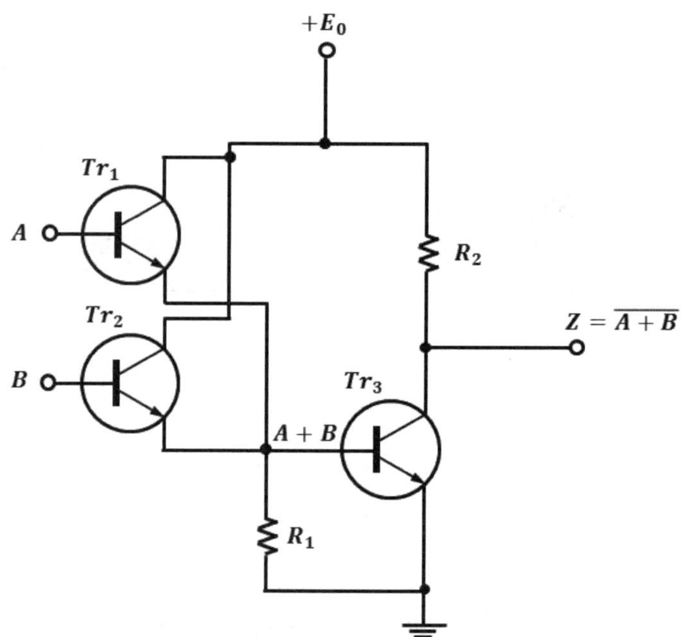

(b)

그림 4.26 NOR 회로

2) NOR회로에 의한 NOT회로의 조립

신호 A의 부정 $\overline{A}$는 식 (4.18)에 표시한 것과 같이 A와 0또는 A와 A의 NOR로서 주어진다.

$$NOT(A) = \overline{A} = \overline{A+0} = NOR(A,0) = \overline{A+A} = NOR(A,A) \qquad (4.19)$$

따라서 NOR회로를 그림 4.27과 같이 사용하면 NOT회로로서 동작한다.

3) NOR회로에 의한 OR회로의 조립

신호 A, B 논리합 $A+B$는 식 (4.20)과 같이 A와 B의 NOR를 부정하는 것에 의해서 얻어지므로 NOR회로를 그림 4.28과 같이 조합하면 OR회로를 조립할 수 있다. 이것은 입력 신호가 3개 이상이 되어도 동일하다

$$OR(A,B) = A+B = \overline{(\overline{A+B})} = NOT\{NOR(A,B)\} \qquad (4.20)$$

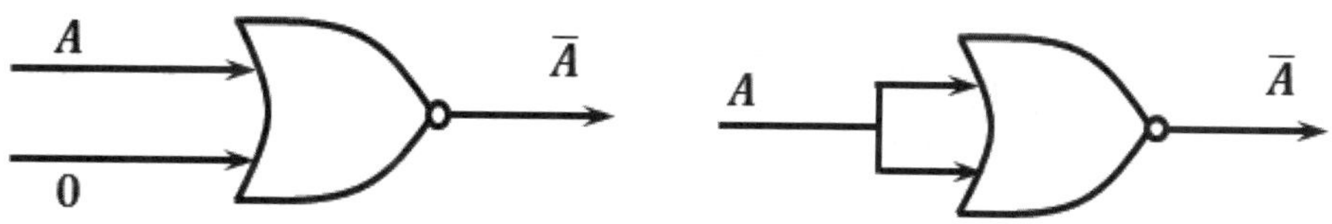

그림 4.27 NOR 회로에 의한 NOT 회로의 조립

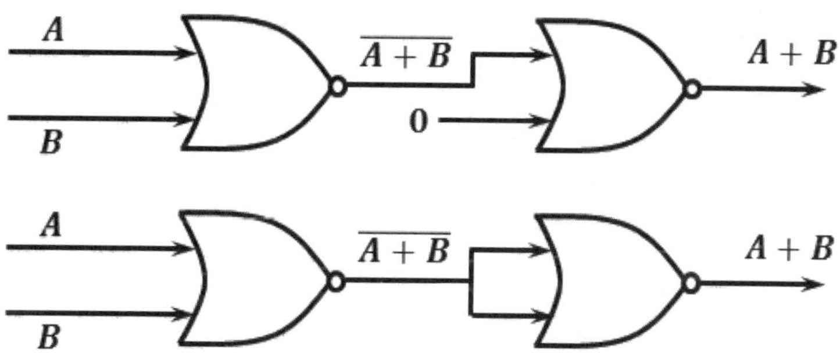

그림 4.28 NOR 회로에 의한 OR 회로의 조립

4) NOR회로에 의한 AND회로의 조립

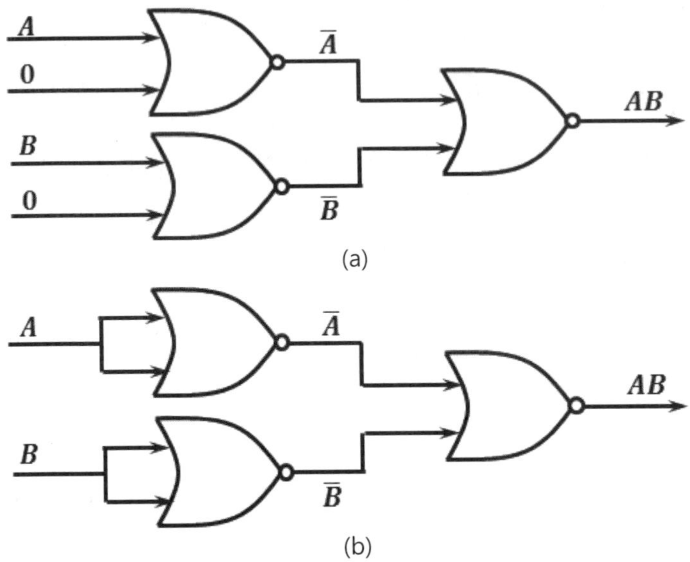

그림 4.29 NOR 회로에 의한 AND 회로의 조립

신호 A, B의 논리곱 $A \cdot B$는 불 대수의 정리 21을 사용하면 식 (4.21)과 같이 A의 부정과 B의 부정의 NOR로서 주어질 수 있다.

$$AND(A,B) = A \cdot B = \overline{\overline{(A \cdot B)}} = \overline{(\overline{A} + \overline{B})} = NOR\{NOT(A), NOT(B)\} \qquad (4.21)$$

따라서 NOR회로를 3개 조합하는 것에 의해 그림 4.29와 같이 AND회로를 조립할 수 있다. 이것은 OR회로 조립의 경우와 마찬가지로 입력 신호가 3개 이상이 되어도 동일하다.

4.4.2 NAND회로

1) NAND회로

NAND회로는 입력의 논리곱(AND)의 부정(NOT)이 출력으로 나오는 회로인데 출력 Z는 입력을 A, B로 할 때 식 (4.22)로 표시되며 그 진리표는 표 4.9와 같이 된다.

표 4.9 NAND 회로의 진리표

A	B	$A \cdot B$	$Z = \overline{A \cdot B}$
0	0	0	1
0	1	0	1
1	0	0	1
1	1	1	0

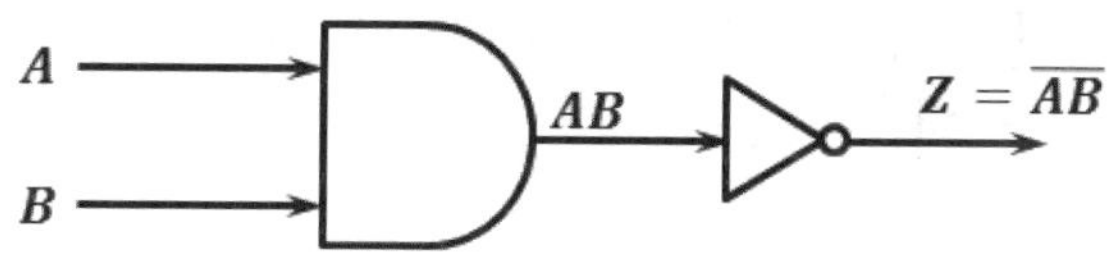

그림 4.30 NAND 회로의 조립

$$Z = NAND(A,B) = NOT\{AND(A,B)\} = NOT\{A \cdot B\} = \overline{A \cdot B} \qquad (4.22)$$

이 NAND회로는 그림 4.30과 같이 AND회로와 NOT회로를 조합해서 만들 수 있다.

실제로 AND회로와 NOT회로를 조합한 NAND회로는 그림 4.31과 같은 회로가 되지만 NAND회로는 또한 트랜지스터와 저항을 그림 4.32와 같이 조합해서 구성할 수도 있다.

그림 4.32의 회로에서 지금 입력 A, B가 함께 0(0V)이면 트랜지스터의 베이스 전압과 이미터 전압은 거의 같고 Tr_1, Tr_2는 함께 오프 상태로 되어 출력 Z에 전원 전압 V와 같은 고전압이 나타난다. 즉, 출력 Z는 1이 된다. 다음에 입력 A가 1(+EV), B가 0일 때는 트랜지스터 Tr_1은 온(ON) 상태로 되어 Tr_1의 컬렉터−이미터 사이는 도통하지만 Tr_2가 오프(OFF) 상태이기 때문에 전류는 흐르지 않고 출력 Z에는 고전압이 나타나 1의 상태가 유지된다. 반대로 A가 0, B가 1일 때도 Tr_2는 도통하지만 Tr_1이 차단되어 있기 때문에 전류는 흐르지 않고 출력은 1로 된다.

따라서 이 회로는 입력 A, B가 함께 1일 때만 Tr_1, Tr_2가 모두 온 상태로 되어 전류가 흐르고 출력 Z에는 거의 0V가 되는 낮은 전압이 나타난다. 즉 출력 Z가 0으로 되는 것이다. 따라서 이 회로의 진리표는 표 4.10과 같이 NAND회로의 기능을 갖게 된다.

일반적으로 IC에 사용되는 논리 회로는 이 NAND회로이며 2입력 NAND/NOR 게이트 4개, 3입력 NAND/NOR 게이트 3개, 4입력 NAND/NOR 게이트 2개, 8입력 NAND/NOR 게이트 1개와 같이 각각 듀얼인라인형 패키지, 또는 플레이트 패키지에 들어가 있다.

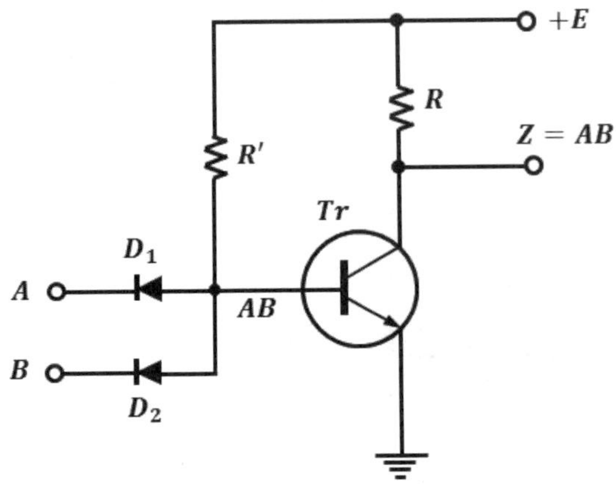

그림 4.31 NAND 회로

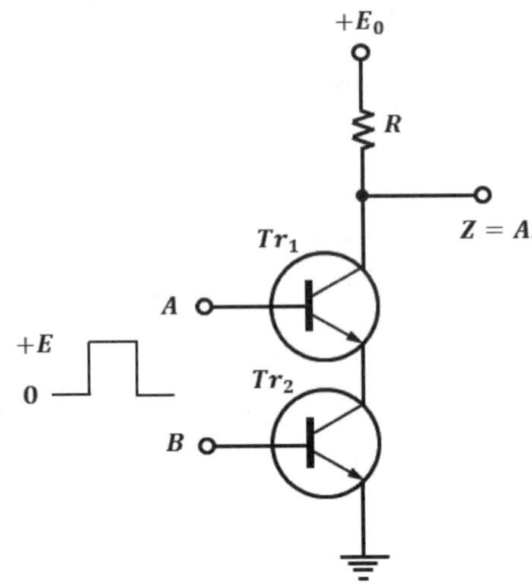

그림 4.32 NAND 회로

표 4.10 그림 4.32 회로의 진리표

A	B	Z
0	0	1
0	1	1
1	0	1
1	1	0

NAND회로는 NOR회로와 같이 적당히 조합하면 OR회로, AND회로 및 NOT회로의 어느 것도 조립할 수 있다.

2) NAND 회로에 의한 NOT 회로의 조립

신호 A의 부정 $\overline{A}$는 식 (4.23)에 표시한 것과 같이 A와 1 또는 A와 A의 NAND로서 주어진다.

$$NOT(A) = A = A \cdot 1 = NAND(A,1) = A \cdot A = NAND(A,A) \qquad (4.23)$$

따라서 NAND회로를 그림 4.33과 같이 사용하면 NOT회로의 기능을 얻을 수 있다.

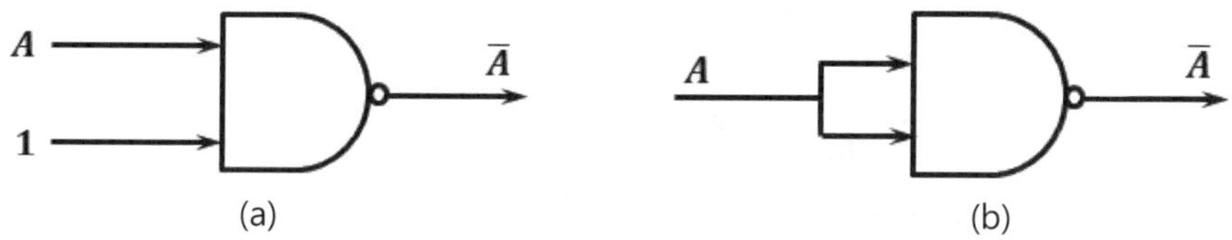

그림 4.33 NAND 회로에 의한 NOT 회로의 조립

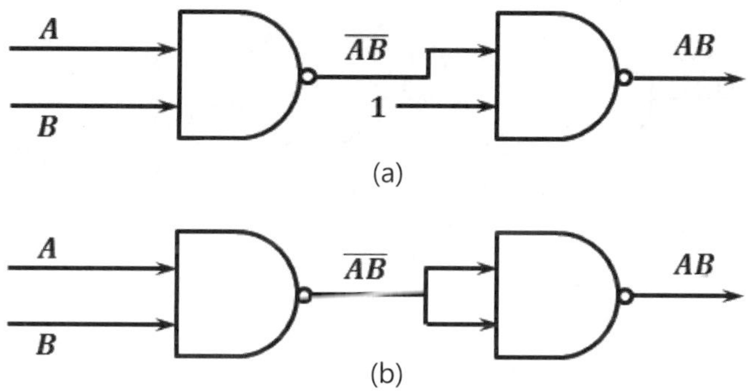

그림 4.34 NAND 회로에 의한 AND 회로의 조립

3) NAND 회로에 의한 AND 회로의 조립

신호 A, B의 회로곱 $A \cdot B$는 식 (4.24)와 같이 A와 B의 NAND를 부정하므로써 얻을 수 있다.

$$AND(A,B) = A \cdot B = \overline{(\overline{A \cdot B})} = NOT\{NAND(A,B)\} \tag{4.24}$$

따라서 NAND회로를 그림 4.34와 같이 조합하면 AND회로를 조립할 수 있다.

4) NAND 회로에 의한 OR 회로의 조립

신호 A와 신호 B의 논리합 $A+B$는 불 대수의 정리 20을 이용하면 식 (4.25)와 같이 A의 부정과 B의 부정의 NAND로 주어질 수 있다.

$$OR(A,B) = A+B = \overline{(\overline{A+B})} = \overline{(\overline{A} \cdot \overline{B})} = NAND\{NOT(A), NOT(B)\} \tag{4.25}$$

따라서 NAND 회로를 3개 조합한 것에 의해 그림 4.35와 같이 OR 회로를 조립할 수 있다.

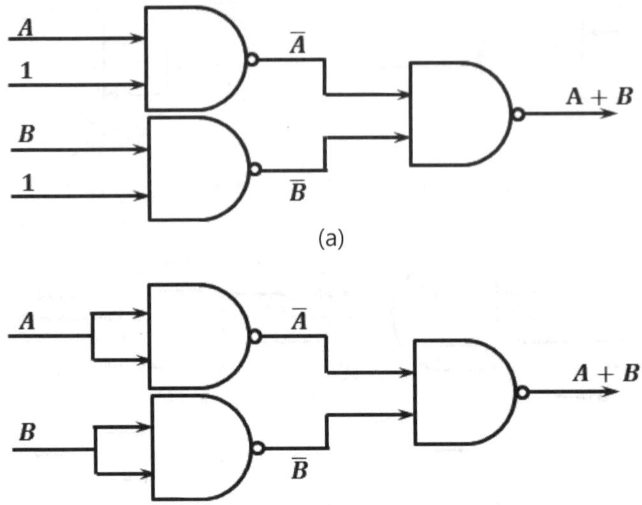

(a)

(b)

그림 4.35 NAND 회로에 의한 OR 회로의 조립

4.4.3 가산 회로

1) 반가산 회로(half adder)

2개의 2진 1자리를 가산하는 회로를 반가산 회로라고 한다. 2진 1자리는 0 또는 1의 값밖에 취할 수 없으므로 2진수와 같은 자리를 표시하는 수 A, B의 합 S와 캐리(carry) C는 다음과 같이 된다.

A	0	0	1	1
B	+) 0	+) 1	+) 0	+) 1
S	0	1	1	0
	↙	↙	↙	↙
C	0	0	0	1

따라서 반가산기의 진리표는 표 4.11과 같이 되며 합 S, 캐리 C의 논리식은

$$S = \overline{A}B + A\overline{B} \tag{4.26}$$

$$C = A \cdot B \tag{4.27}$$

표 4.11 반가산 회로 진리표

A	B	S	C
0	0	0	0
0	1	1	0
1	0	1	0
1	1	0	1

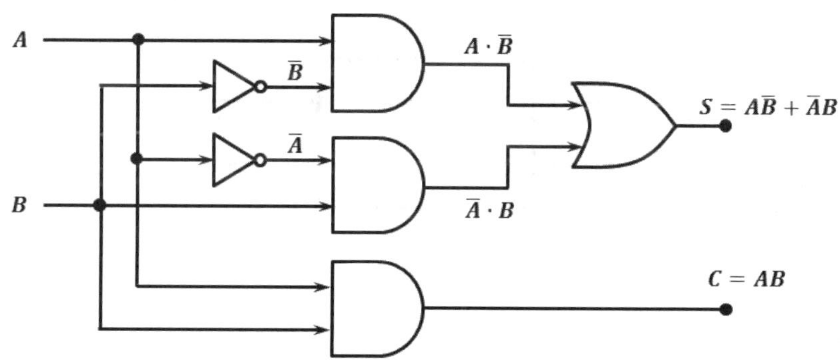

그림 4.36 반가산 회로(1)

가 된다. 이 논리식으로부터 반가산기의 논리 회로를 구성하면 그림 4.36과 같이 된다.

합 S의 논리식을 변형하면

$$\begin{aligned} S &= \overline{A}B + A\overline{B} \\ &= \overline{A}A + \overline{A}B + A\overline{B} + B\overline{B} \\ &= \overline{A}(A + B) + \overline{B}(A + B) \\ &= (\overline{A} + \overline{B})(A + B) \\ &= \overline{AB}(A + B) \end{aligned} \tag{4.28}$$

가 되므로 그림 4.37과 같은 간단한 조합으로 구성할 수 있다. 반가산 회로의 기호는 그림 4.38과 같다.

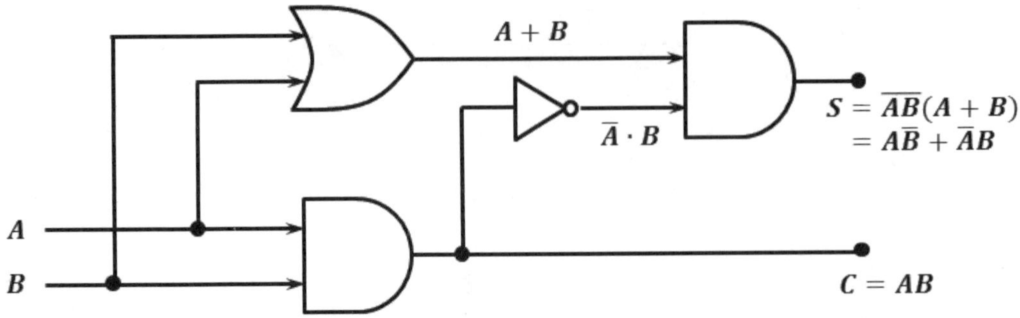

그림 4.37 반가산 회로(2)

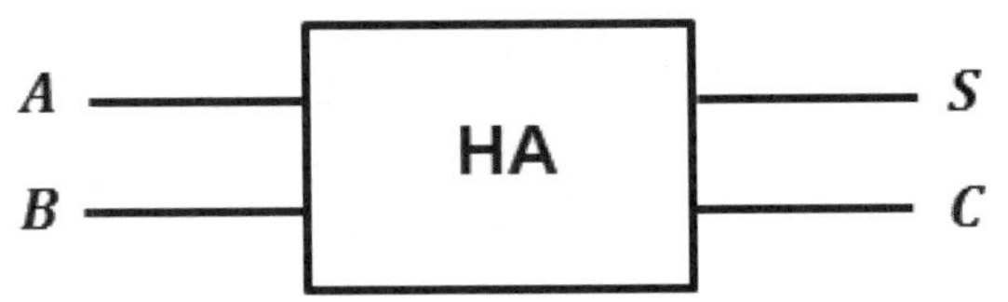

그림 4.38 반가산 회로의 기호

2) 전가산 회로(full adder)

반가산 회로에서는 2개의 2진 1자리를 합할 뿐이고 아랫자리로부터 위로 올라가는 캐리를 전혀 처리하지 않았지만 아랫자리로부터 위로 올라가는 캐리도 동시에 고려해서 2진수를 가산하는 따라서 2진 1자리의 수 3개를 가산하는 회로를 전가산기라고 부른다.

아랫자리로부터의 캐리를 C_{n-1}이라 할 때 전가산기의 합 S_n, 캐리 C_n의 논리식은 다음과 같이 된다.

$$S_n = \overline{A}\ \overline{B}C_{n-1} + \overline{A}B\overline{C}_{n-1} + A\overline{B}\overline{C}_{n-1} + A\ B\ C_{n-1} \qquad (4.29)$$

$$\begin{aligned} C_n &= \overline{A}BC_{n-1} + A\overline{B}C_{n-1} + AB\overline{C}_{n-1} + ABC_{n-1} \\ &= AB + AC_{n-1} + BC_{n-1} \end{aligned} \qquad (4.30)$$

따라서 전가산기의 회로 구성은 그림 4.39와 같이 되며 전가산의 진리표는 표 4.12와 같이 된다.

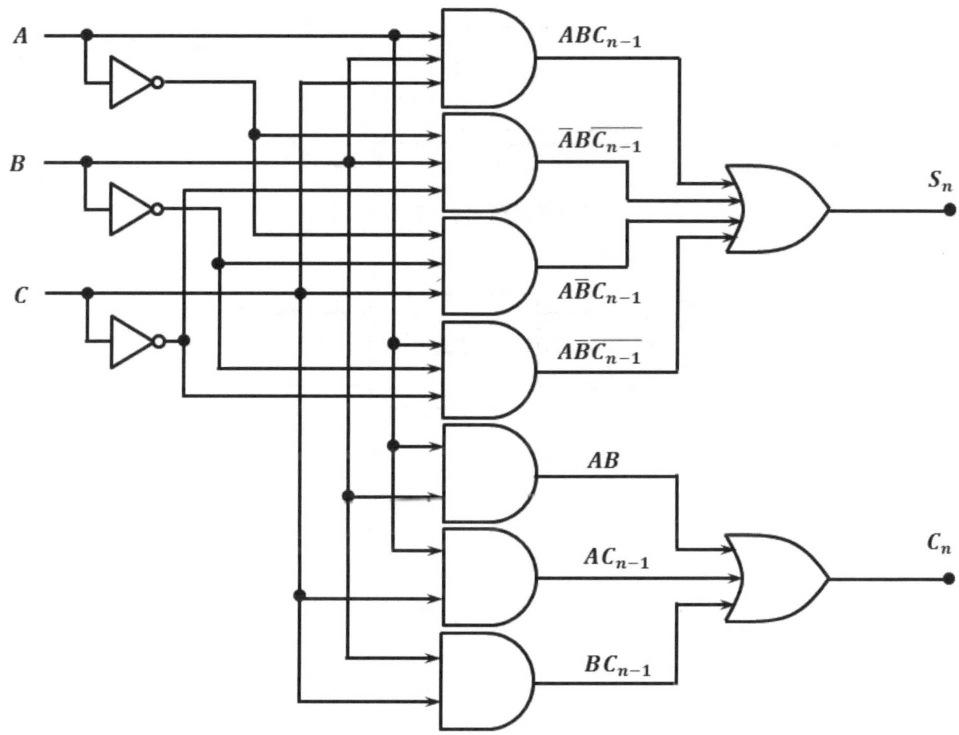

그림 4.39 전가산 회로

표 4.12 전가산 회로 진리표

A	B	C_{n-1}	S_n	C_n
0	0	0	0	0
0	0	1	1	0
0	1	0	1	0
0	1	1	0	1
1	0	0	1	0
1	0	1	0	1
1	1	0	0	1
1	1	1	1	1

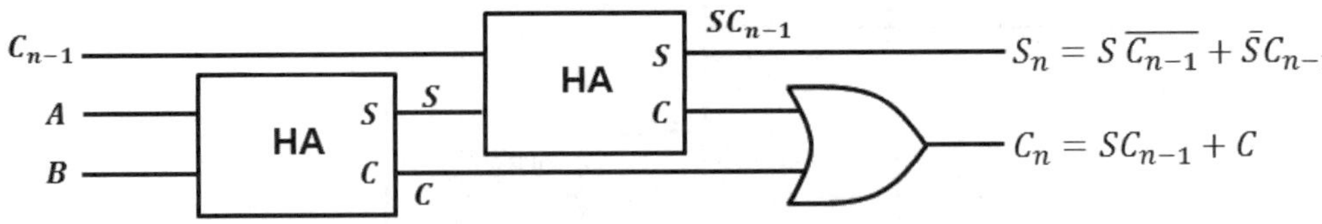

그림 4.40 전가산 회로의 조립

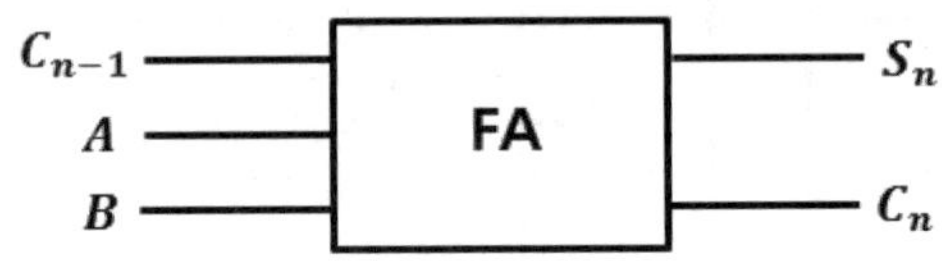

그림 4.41 전가산 회로의 기호

전가산기의 합은 반가산기의 합 S와 아랫자리로부터 올라가는 캐리 C_{n-1}의 합이므로

$$S_n \;=\; \bar{S}C_{n-1} \;+\; S\overline{C_{n-1}} \tag{4.31}$$

이 되고 캐리 C_n은 식 (4.26), (4.27)과 식 (4.30)로부터

$$\begin{aligned} C_n \;&=\; A\ BC_{n-1} \;+\; A\bar{B}C_{n-1} \;+\; AB\overline{C_{n-1}} \;+\; A\ B\ C_{n-1} \\ &=\; (\bar{A}B \;+\; A\bar{B})C_{n-1} \;+\; AB(\overline{C_{n-1}} \;+\; C_{n-1}) \\ &=\; (\bar{A}B \;+\; A\bar{B})C_{n-1} \;+\; AB \\ &=\; SC_{n-1} \;+\; C \end{aligned} \tag{4.32}$$

가 된다.

따라서 반가산기 HA 2개를 사용해서 그림 4.40과 같이 전가산기를 조립할 수 있다. 그림 4.41에 전가산 회로의 기호를 나타낸다.

4.4.4 기억 회로

4.1절에서 설명한 OR회로, AND회로, NOT회로와 본 절의 NOR회로, NAND회로등은 입력 신호가 있을 때는 그 회로에 따른 출력이 나오지만 입력 신호가 없어지면 즉, 입력 신호가 모두

표 4.13 기억 회로에 주어지는 세트, 리셋 입력 신호의 조합

No.	S	R	
1	0	0	세트, 리셋의 어느 입력도 주어져 있지 않다.
2	0	1	리셋 입력만이 주어져 있다.
3	1	0	세트 입력만이 주어져 있다.
4	1	1	세트, 리셋의 모든 입력이 주어져 있다.

0이 되면 출력 신호는 변하고 값을 기억해 둘 수 없다.

이에 대해서 이 항에서 설명하는 회로는 한번 입력이 주어지면 이 입력이 없어진 후 즉, 입력 신호가 모두 0이 될 때도 최초의 출력을 유지하는 기능을 가지고 있다.

지금 기억 회로의 출력을 1로 하는 입력(세트 입력) 신호를 S, 0으로 하는 입력(리셋 입력) 신호를 R로 하면 S와 R의 조합은 표 4.13과 같이 된다.

먼저 No.1의 조합 $S=0$, $R=0$ 즉 $\overline{S}\cdot\overline{R}$일 때는 세트, 리셋의 입력 중 어느 것도 들어가 있지 않은 경우인데 이 때 출력 Z_2는 입력이 조합되기 전의 상태 Z_1을 유지하지 않으면 안 된다.

다음에 No.2의 $S=0$, $R=1$ 즉, $\overline{S}\cdot R$일 때는 전의 출력 Z_1이 1이 되어 있든지 0이 되어 있든 가에 관계없이 출력 Z_2는 0이 되지 않으면 안 된다. 같은 방법으로 No.3의 $S=1$, $R=0$ 즉, $S\cdot\overline{R}$일 때는 앞의 출력 Z_1의 상태에 관계없이 출력 Z_2는 1이 되지 않으면 안 된다. 최후에 $S=1$, $R=1$ 즉, $S\cdot R$ 조합에서는 세트, 리셋 입력이 모두 주어지는 것을 의미하며 이와 같은 입력의 조합이 주어지는 일은 없다. 따라서 이 기능을 진리표로 나타내면 표 4.14와 같다.

이 진리표에 의해서 출력 Z_2의 논리식은 $\overline{S}\overline{R}Z_1$, $S\overline{R}Z_1$, $S\overline{R}\overline{Z_1}$의 논리합으로서 주어지므로

$$Z_2 = \overline{S}\overline{R}Z_1 + S\overline{R}Z_1 + S\overline{R}\overline{Z_1} \tag{4.33}$$

로 된다. 이것을 불 대수의 정리 또는 카르노도를 사용해서 간소화 하면

$$Z_2 = \overline{R}(S + Z_1) \tag{4.34}$$

이 된다. 신호 Z_1은 출력 신호를 입력 신호로 돌려놓으면 얻어지므로 OR회로, AND회로, NOT 회로를 그림 4.42와 같이 조합하면 기억 회로가 조립된다.

표 4.14 기억 회로의 진리표

No.	S	R	Z_1	Z_2
1	0	0	0	0
	0	0	1	1
2	0	1	0	0
	0	1	1	0
3	1	0	0	1
	1	0	1	1
4	1	1	0	–
	1	1	1	–

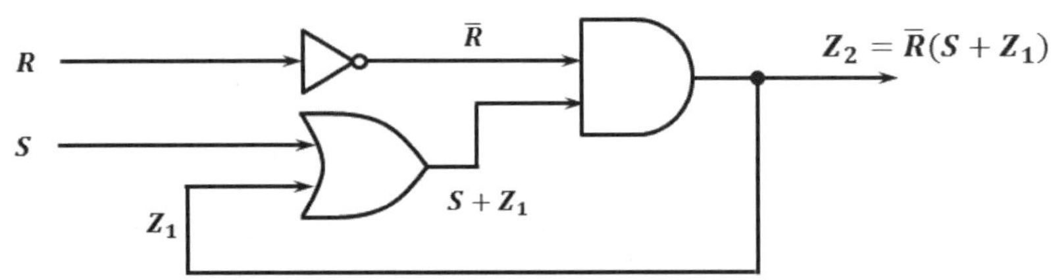

그림 4.42 기억 회로의 조립

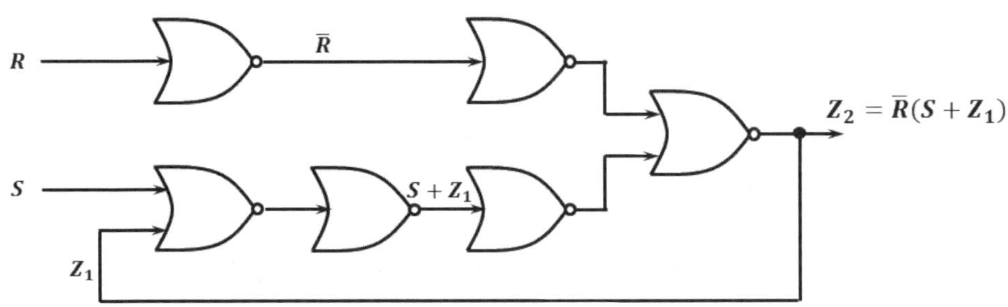

그림 4.43 NOR 회로에 의한 기억 회로의 조립(1)

또한 4.4.1항에서 설명한 바와 같이 OR, AND, NOT 회로는 각각 NOR 회로로 조립할 수 있으므로 이 기억 회로는 NOR 회로만으로 조립하면 그림 4.43과 같이 된다.

그림에서 NOR 회로와 NOR 회로의 직렬은 부정의 부정이 되어 원래의 신호로 환원되므로 이것들을 생략할 수 있다. 따라서 그림 4.43의 회로는 그림 4.44 (a) 또는 (b)와 같이 간소화 된다.

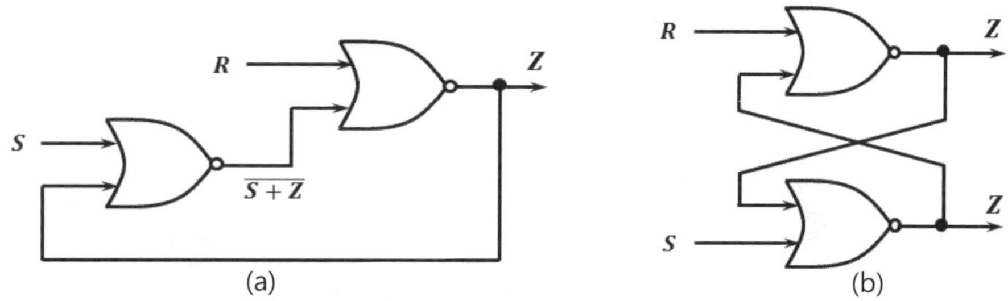

그림 4.44 NOR 회로에 의한 기억 회로의 조립(2)

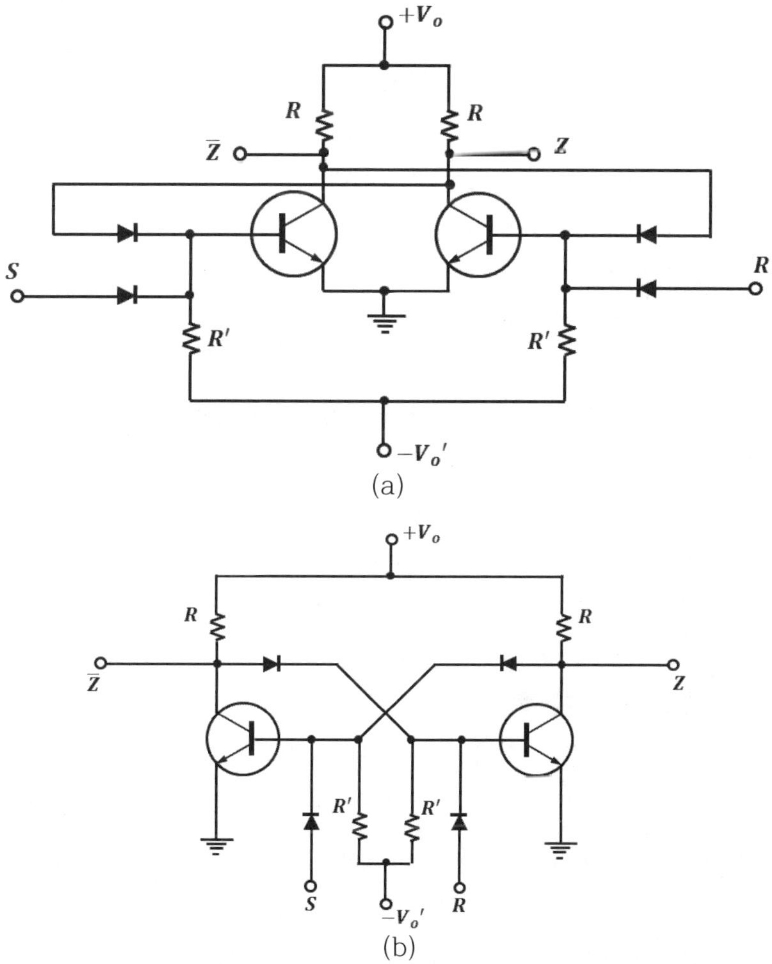

그림 4.45 기억 회로

이 회로를 실제의 다이오드, 트랜지스터 및 저항을 사용해서 표시하면 그림 4.45 (a)와 같이 된다. (b)는 다음절에서 설명하는 플립플롭(flip-flop)회로를 사용해서 표시한 것이다.

4.4.5 플립플롭 회로

1) 트리거 플립플롭(trigger flip-flop)

트리거 플립플롭(T-플립플롭) 회로는 2종류(0과 1)의 안정한 전압 상태를 취할 수 있으며 트리거 펄스 1개가 들어오면 다른 전압 상태로(0으로부터 1로 또는 1로부터 0으로) 이행하고 2개의 펄스가 들어오면 원래의 전압 상태로 복귀한다. 즉, 입력 2개 마다 출력은 동일 상태로 되며 2진 계산 회로에 널리 사용된다.

그림 4.46은 이 트리거 플립플롭 회로를 나타내며 하단에 들어온 입력 펄스 T를 논캐리어 측과 캐리어 측에 서로 분배한다.

그림 4.46에서 다이오드 D_1, D_2, 저항 R_{r1}, R_{r2}, 콘덴서 C_{r1}, C_{r2}는 플립플롭의 상태를 외부로부터 제어하기 위한 트리거 회로이므로 먼저 이 트리거 회로를 제외한 기억 회로(플립플롭 회로)에 관해서 생각해 보자.

트랜지스터 Tr_1, Tr_2는 동일 규격의 것을 사용하지만 실제로는 특성의 차가 있으므로 전원 전압을 가한 순간 어느 한쪽의 트랜지스터에 보다 많은 전류가 흐른다. Tr_1에 조금더 많은 전류가 흐른다고 하면 그 결과 a점의 전압은 b점의 전압 보다도 낮게 되고 따라서 d점의 전압은 c점의 전압 보다 낮게 된다. 이 때문에 트랜지스터 Tr_2의 베이스-이미터 사이의 전압은 트랜지스터 Tr_1의 베이스-이미터 사이의 전압보다도 낮게 되고 Tr_2를 흐르는 전류 i_2는 Tr_1을 흐르는 전류 i_1보다 적게 된다. 이와 같이 진행하여 최후에는 Tr_1이 온(ON), Tr_2가 오프(OFF)로 결정된다. 이 역의 경우도 완전히 동일하다.

트리거 펄스를 가하면 e점, f점의 전압은 부(否)로 되고 여기에서 다이오드 D_1, D_2를 통해서 트랜지스터 Tr_1 또는 Tr_2의 베이스 전류를 흡수하고 트랜지스터를 컷오프시킨다.

Tr_1이 온이 되었다고 하면 전류 i_1때문에 a점의 전압은 $+V_{CC}$보다 하강하고 거의 0V에 가까운 전압이 된다. 따라서 d 점의 전압도 0V에 가까우므로 Tr_2는 오프되어 전류 i_2는 거의 흐르지 않는다. 따라서 b점의 전압은 $+V_{CC}$에 가까운 고전압이 되어 있다(이 전압으로 인해 Tr_1이 온 되어 있다).

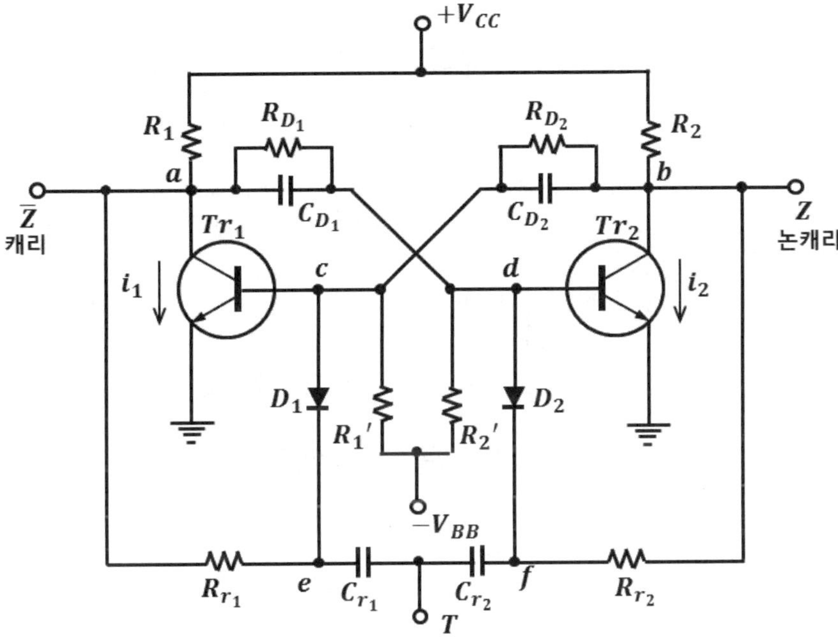

그림 4.46 T-플립플롭

이 때 부(否)의 트리거 펄스 T를 가하면 a점(Z)는 거의 0V의 저전압이므로 e점의 전압은 부(否)로 되고 다이오드 D_1을 통해서 트랜지스터 Tr_1의 베이스 전류는 흡수되어 Tr_1은 컷오프된다.

f점의 전압은 b점의 전압이 높기 때문에 트리거 펄스가 가해져도 부(否)로 되지 않고 따라서 트랜지스터 Tr_2는 직접적으로는 트리거 펄스의 영향을 받지 않는다. 트랜지스터 Tr_1이 컷오프되면 Tr_1의 컬렉터 전압(a점의 전압)은 $+V_{CC}$에 가깝게 상승하고 R_{D1}을 통해서 Tr_2의 베이스 전류를 공급할 수 있으므로 Tr_2가 온(ON)된다. 온된 Tr_2의 컬렉터 전압(b점의 전압)은 0V에 가깝게 하강하고 Tr_1의 베이스 전류를 공급할 수 없게 되므로 Tr_1은 오프된다. 최초의 Tr_2가 온이라고 가정해도 완전히 동일하게 된다. 이와 같이 T−플립플롭 회로에서는 1개의 트리거 펄스로 a와 b점의 전압이 바뀌고 즉 Z와 $\overline{Z}$의 상태가 바뀌고 2개의 펄스로 원래의 상태로 돌아간다. 여기서 출력이 펄스로서 사용될 때는 Z, $\overline{Z}$로부터 콘덴서를 통해서 출력하면 된다.

이 회로의 기능은 그림 4.47에 나타낸 T−플립플롭 회로의 기계 모델을 이용하면 이해하기 쉽다. 그림에서 입력 펄스를 홀수 번호의 흰 구슬, 짝수 번호의 검은 구슬로 나타내면 검은 구슬 2가 떨어질 때 안내판 G는 좌측으로 기울어져 있으므로 검은 구슬 2는 우측의 출구로 보내진다.

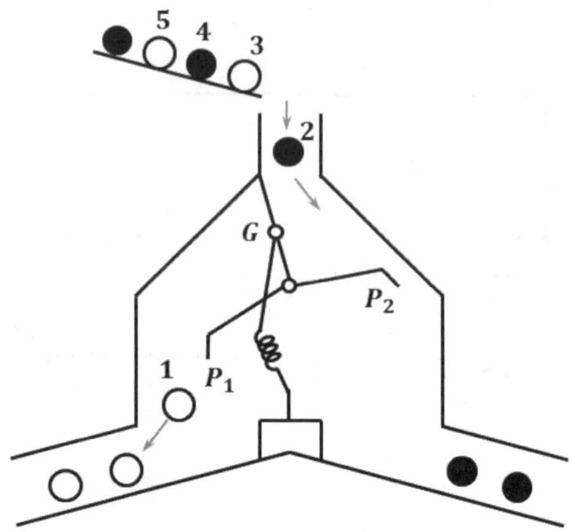

그림 4.47 T-플립플롭 회로의 기계 모델

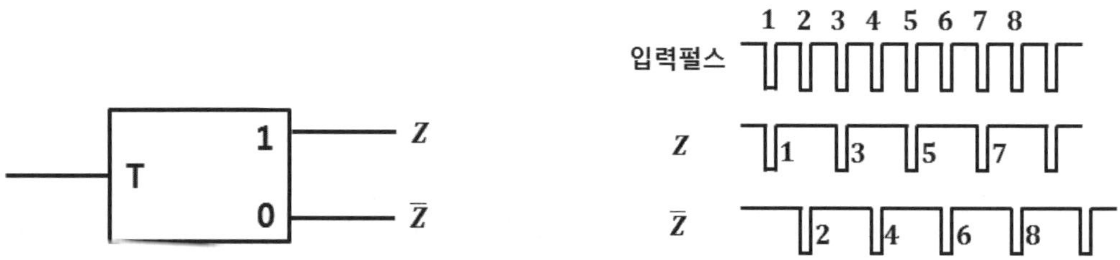

(a) (b)

그림 4.48 T-플립플롭의 기호와 동작

다음에 도중에 있는 스커트 P_2를 통해서 내려온다. 안내판 G, 스커트 P_1, P_2는 연동되므로 검은 구슬 2가 통과하면 G는 우측으로 기울고 다음의 흰 구슬 3은 좌측의 출구로 보내진다. 결국 좌측의 출구에는 1, 3, 5, …와 같이 홀수 번호의 구슬(흰 구슬)만 우측의 출구에는 2, 4, 6, …과 같이 짝수 번호의 구슬(검은 구슬)만 보내진다. 실제의 플립플롭 회로에서는 중앙의 트랜지스터의 베이스 회로가 안내판 G에, 컬렉터 회로가 스커트 P_1, P_2에 해당한다.

여기서 이 T-플립플롭의 회로상 기호를 그림 4.48 (a)에 나타내었으며 같은 그림 (b)에는 T-플립플롭의 동작을 나타내었다. 즉, 1, 2, 3, 4, …의 입력 펄스는 (b)와 같이 2군으로 나누어져 1, 3, 5, …는 논캐리 펄스로서 출력단 1에, 2, 4, 6, …은 캐리 펄스로서 출력단 2에 나타난다.

2) 세트-리셋 플립플롭

세트-리셋 플립플롭(RS-플립플롭) 회로는 그림 4.49에 나타낸 것과 같이 T-플립플롭 회로의 트리거 회로에 피드백되고 있는 출력 z, $\overline{z}$ 대신에 외부로부터 세트 입력 S, 리셋 입력 R을 준 것이며 기타 부분은 T-플립플롭과 완전히 동일하다.

여기서 T에 일정 기간의 클록 펄스를 주면 앞의 항에서 설명한 바와 같이 트리거 회로는 S, R에 대해서 1차 지연 회로, T에 대해서 1차 미분 회로가 되기 때문에 클록 펄스가 가해질 때 S가 0V이면 Tr_1은 컷오프 되고 R이 0V이면 Tr_2가 컷오프 된다.

따라서 이 회로의 동작 파형은 그림 4.50과 같이 된다.

부논리로 생각하면 출력 Z, $\overline{Z}$는 클록 펄스가 가해지기 전의 입력 상태가 $S=1$, $R=0$이면 클록 펄스가 가해진 후에는 $Z=1$, $Z=0$이 되고 $S=0$, $R=1$의 경우에는 $Z=0$, $Z=1$ 다음에 $S=R=0$이면 Z, $\overline{Z}$는 전의 상태에서 변하지 않는다.

RS-플립플롭을 회로상의 기호와 진리표로 나타내면 그림 4.51과 같다. 진리표에서 Z_n, Z_{n+1} 등의 첨자는 시간적인 전후 관계를 나타내며 어떤 클록 펄스가 가하기 전의 상태가 Z_n, $\overline{Z_n}$, 펄스를 가한 후의 상태가 Z_{n+1}, $\overline{Z_{n+1}}$이다.

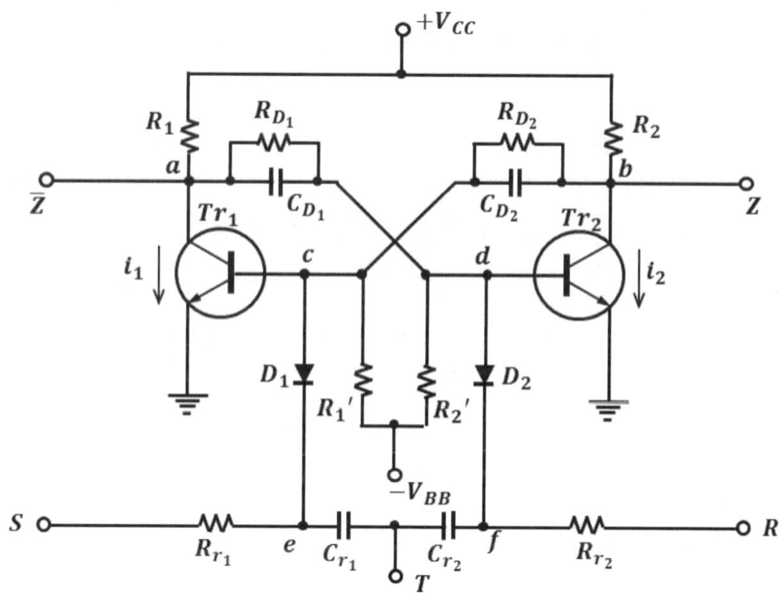

그림 4.49 RS-플립플롭

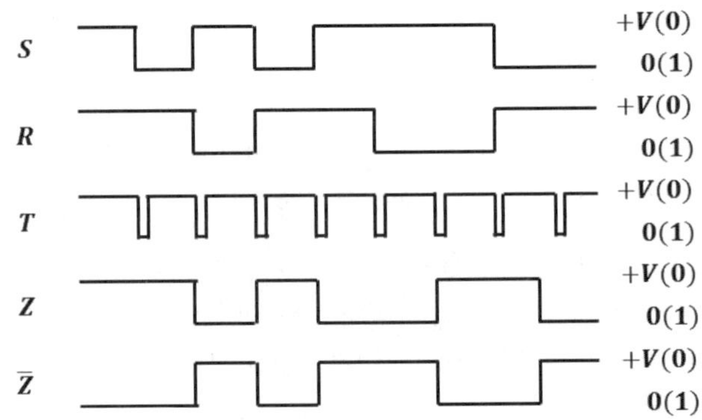

그림 4.50 동기식 RS-FF

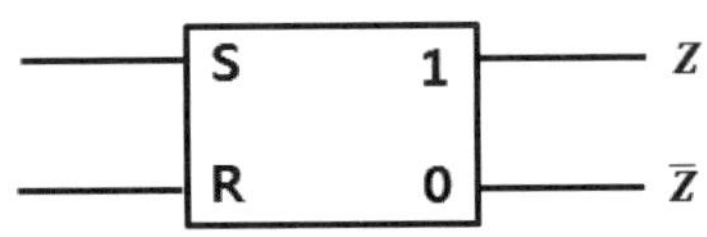

(a) 기호

S	R	Z_{n+1}	$\bar{Z}_{n+1}$
0	0	Z_n	$\overline{Z_n}$
0	1	0	1
1	0	1	0
1	1	?	?

(b) 진리표

그림 4.51 RS-플립플롭 회로의 기호와 진리표

표 중에서 $S=R=1$일 때 Z, $\bar{Z}$가 "?"로 되어 있는 것은 $S=R=1$일 때 즉 S, R이 함께 0V일 때는 클록 펄스에 의해서 트랜지스터 Tr_1, Tr_2가 다같이 오프 트리거 되어 펄스가 가해진 플립플롭의 상태가 어떻게 되어야 하는 가를 결정할 수 없기 때문이다.

이 RS-플립플롭에 있어서 출력 Z, $\bar{Z}$의 상태는 지금까지 설명한 바와 같이 S 또는 R이 변화한 순간에 결정되는 것이 아니고 1차 지연 회로에 의해서 지연되기 때문에 그 다음의 클록 펄스에 의해서 결정된다.

RS-플립플롭 회로에 있어서 이 지연 기능은 다음절에서 설명하는 기능 회로에서 회로의 동작을 안정시키는 데 중요한 역할을 한다. 단체의 플립플롭 회로에서는 트리거 회로의 저항과 콘덴서에 의해서 생기며 이 콘덴서를 IC중에 넣는 것이 곤란하기 때문에 IC용의 RS-플립플롭으로서는 지연 회로를 갖지 않는 2개의 다이렉트 RS-플립플롭을 사용해서 클록 펄스가 1일 때 마스터 플립플롭의 상태를 결정하고 클록 펄스가 0일 때에 슬레이브 플립플롭에 그 정보를 전송하는 마스터 슬레이브 플립플롭 회로가 사용된다.

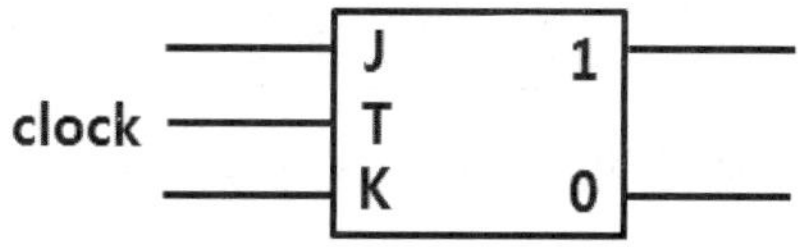

J	K	Z_{n+1}
0	0	Z_n
0	1	0
1	0	1
1	1	$\overline{Z}_n$

그림 4.52 JK-플립플롭

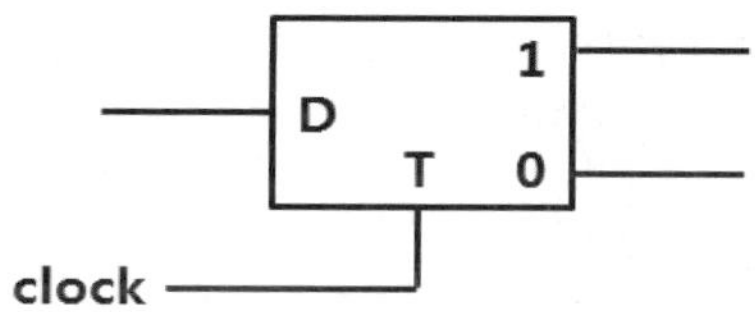

D	Z_{n+1}
1	1
0	0

그림 4.53 D형 플립플롭

플립플롭 회로에는 많은 종류가 있으며, 이외에도 그림 4.52와 같이 $S=R=1$일 때도 플립플롭의 상태가 결정되도록 되어 있는 JK−플립플롭이 있다. 이것은 소위 동기형 디지털 회로에 널리 이용되고 있다. 또한, 그림 4.53과 같이 입력을 1클록 지연시키는 D형 플립플롭 등도 있다.

이상의 각 플립플롭은 사용에 차이는 있지만 결국은 디지털 정보의 기억에 이용된다. 플립플롭 회로가 있기 때문에 디지털 회로에 기억 능력이 주어졌으며 계산을 비롯해서 고도의 연산이나 조작을 고속도로 실현할 수 있다.

4.5 기능 회로

4.5.1 카운터

1) 2진 카운터

우선 그림 4.54에 의해 2진 카운터 메카니즘을 고찰해 보자. 각 상자 FF_i(i = 0~2)에는 특수한 지침 부착 문 T_i가 있어 지침이 오른쪽으로 기울든지(0의 상태) 왼쪽으로 기울든지(1의 상태) 하는 것 외에 아무 것도 없다고 한다. 처음에 각 T_i는 0의 상태에 있는 것으로 한다. 이 때 최초의 작은 쇠구슬 1이 오면 그 무게로 T_0는 왼쪽으로 기우러 구슬 1은 이 상자의 왼쪽 실로 들어가고 출구 $\overline{Z_0}$로 빠져 나온다. 다음 구슬 2가 오면 T_0는 1의 상태에 있기 때문에 이 구슬은 T_0를 오른쪽(0의 상태)으로 기우려서 오른쪽 실로 들어가고 출구 Z_0로부터 다음 상자 FF_1에 들어간다. T_1은 0의 상태에 있으므로 구슬 2는 T_i을 왼쪽(1의 상태)으로 넘어뜨리며 출구 $\overline{Z_1}$으로부터 밖으로 나온다. 3번째 구슬 3은 T_0를 왼쪽(1의 상태)으로 넘어뜨리며 $\overline{Z_0}$로부터 밖으로 나온다. 이 때 T_0와 T_1은 1의 상태를 나타내고 있다. 지금 T_i의 상태에 2^i의 웨이트를 붙여서 생각하면 이것은 011 즉, 2진수로 3을 의미하며 지금까지 나온 구슬의 수를 나타낸다.

이와 같이 2진 카운터는 입력한 펄스를 계수하고 이 수를 2진수 형으로 기억하는 것이다. 1비트의 기억에 1개의 플립플롭이 이용되는 것은 이미 서술했다. 3비트의 경우를 예로 들면 이 회로

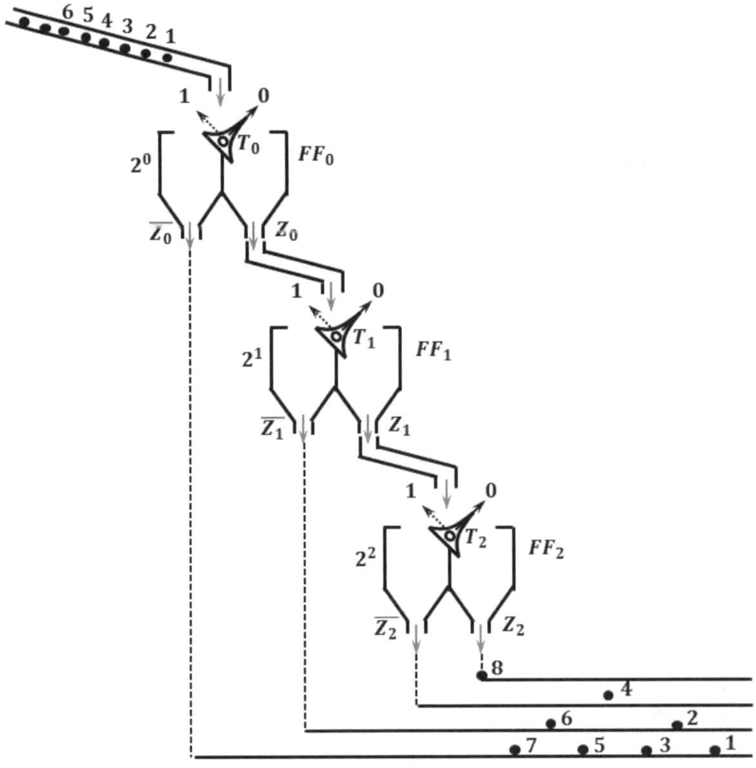

그림 4.54 2진 카운터의 메카니즘

동작표는 그림 4.55 (a)와 같이 된다. 최상단의 수자 n은 도래한 펄스의 수를 나타낸다. Z_i는 2^i(i = 0~2)자리의 플립플롭 상태를 나타낸다. 3비트이므로 2^3 = 8개의 펄스가 오면 이 회로는 원래의 상태로 돌아간다. 우선 플립플롭 FF_0가 세트된다. 즉 Z_0를 1로 하는 조건을 S_{Z0}로 하고 이것을 구해보자.

(a)의 표로부터 Z_0는 홀수번째에 1(세트)로 되므로 그 하나 앞의 짝수번째(0을 포함)의 Z_i 상태로부터 구하는 조건을 결정할 수가 있다. 즉, 세트 조건은

$$\begin{aligned} S_{Z0} &= \overline{Z_0} \cdot Z_1 \cdot Z_2 + \overline{Z_0} \cdot \overline{Z_1} \cdot Z_2 + \overline{Z_0} \cdot Z_1 \cdot \overline{Z_2} + \overline{Z_0} \cdot \overline{Z_1} \cdot \overline{Z_2} \\ &= \overline{Z_0} \cdot Z_1 \cdot (Z_1 + \overline{Z_1}) + \overline{Z_0} \cdot \overline{Z_2} \cdot (Z_1 + \overline{Z_1}) \\ &= \overline{Z_0} \cdot Z_2 + \overline{Z_0} \cdot \overline{Z_2} \\ &= \overline{Z_0} \cdot (Z_2 + \overline{Z_2}) \\ &= \overline{Z_0} \end{aligned} \tag{4.35}$$

행 \ n	0	1	2	3	4	5	6	7	8
20	Z_0	0	1	0	1	0	1	0	1
21	Z_1	0	0	1	1	0	0	1	1
22	Z_2	0	0	0	0	1	1	1	1

(a) 동작표

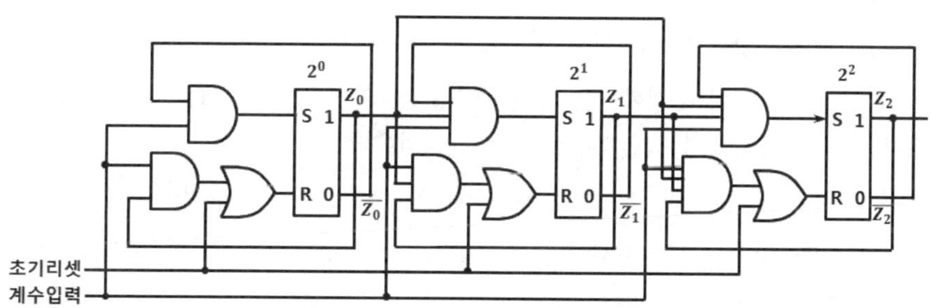

(b) 원리회로

그림 4.55 플립플롭에 의한 2진 계수

마찬가지로 FF_0를 리셋($Z_0=0$)하는 조건을 R_{Z0}로 하면

$$R_{Z0}=Z_0\cdot\overline{Z_1}\cdot Z_2+Z_0\cdot Z_1\cdot\overline{Z_2}+Z_0\cdot\overline{Z_1}\cdot\overline{Z_2}+Z_0\cdot Z_1\cdot Z_2=Z_0 \tag{4.36}$$

다음에 FF_1의 세트 조건 S_{Z1}은 같은 표를 참조하여(n=2, 6에 주목)

$$\begin{aligned}S_{Z1}&=Z_0\cdot\overline{Z_1}\cdot\overline{Z_2}+Z_0\cdot\overline{Z_1}\cdot Z_2\\&=Z_0\cdot\overline{Z_1}\end{aligned} \tag{4.37}$$

이하 마찬가지로 해서

$$R_{Z1}=Z_0\cdot Z_1 \tag{4.38}$$

$$S_{Z2}=Z_0\cdot Z_1\cdot\overline{Z_2} \tag{4.39}$$

$$R_{Z2}=Z_0\cdot Z_1\cdot Z_2 \tag{4.40}$$

RS−플립플롭을 이용해서 상기의 제조건을 정직하게 회로에 옮긴 것이 그림 4.57 (b)이다. 물론 초기 리셋 회로는 설치해 놓을 필요가 있다.

이 원리 회로는 이하와 같은 고찰에 의해 간소화할 수 있다. 즉, 식 (4.35), (4.36)을 보면 FF_0는 최초에 리셋해 놓으면 입력 펄스 때마다 반전한다는 것을 알 수 있다. 따라서 FF_0는 JK−플립플롭을 이용한다고 하면 그림 4.54의 표로부터 $J=K=1$로 해 놓으면 된다. 또한, 식 (4.37), (4.38)으로부터 FF_1을 최초에 리셋해 놓으면 $Z_0=1$일 때는 입력 펄스마다에 반전한다는 것을 알 수 있다. 마찬가지로 식 (4.39), (4.40)로부터 FF_2의 반전에는 $Z_0=Z_1=1$의 조건이 필요하다는 것을 알 수 있다.

이상의 것을 고려하여 구성한 것이 그림 4.56 (a)의 회로이다. 이것은 입력 펄스에 대해서 각 단의 플립플롭이 동시에 동작한다. 소위 **동기형 카운터**이다.

이 회로는 또한 같은 그림 (b)에 나타냈듯이 T−플립플롭으로 구성할 수도 있다. FF_0는 리셋 단자를 갖는 T−플립플롭 그 자체이다. 식 (4.37)의 조건은 FF_0의 Z_0 출력을 FF_1의 T입력으로 하는 것에 의해 간단히 만족된다. 즉, FF_1은 Z_0 출력이 1로부터 0으로 변하는 순간의 부(負)전압 변화에 의해 트리거 된다.

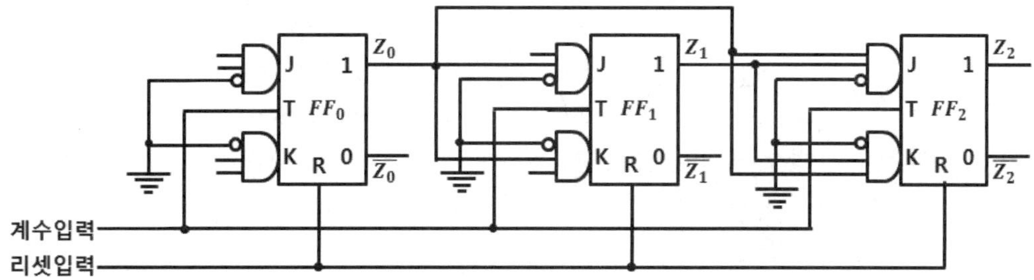

(a) 동기형

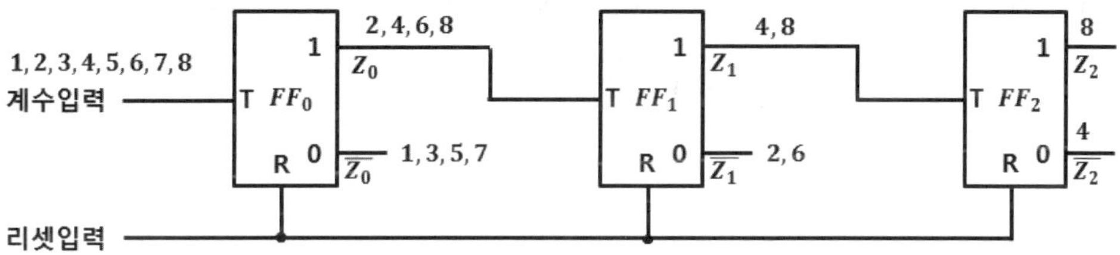

(b) 비동기형

그림 4.56 2진 카운터 회로

마찬가지로 식 (4.39)의 조건을 만족하는데는 FF_1의 Z_1 출력을 FF_2의 T입력으로 하면 된다. 이 회로는 소위 **비동기형**이며 그림 4.56과 완전한 대응이 된다.

비동기형 회로에서는 이 그림으로부터도 알 수 있듯이 어떤 회로의 동작이 종료하면 그 신호를 받아서 다음 회로가 작동하는 것처럼 마치 도미노식으로 정보가 흘러간다. 이 형의 회로에서는 요소의 수가 적어서 회로 자체 설계는 간단하게 되는 반면 다른 회로 동작과의 시간적 관계를 고려해서 행하지 않으면 안 된다. 이를테면 논리 회로가 복잡하게 된다.

한편 동기형에서는 각 회로가 클록 펄스로 동기를 취해나가면서 할당된 시간 내에 일정 순서에 따라서 정보가 흐르기 때문에 시스템 전체의 논리 회로가 용이하게 된다. 이 때문에 조금 큰 시스템에서는 계수 회로에 한정하지 않고 일반 디지털 회로는 거의 이 동기형이 사용된다.

실제 문제와는 별도로 동기형과 비동기형의 기능은 완전히 같으므로 본서의 수치 제어 회로의 설명은 대부분 구성이 간단한 비동기형 회로로 한다.

2) 프리러닝 카운터

디지털 기기에 있어서 수를 셈한다는 것은 가장 기본적인 기능의 하나이며, 이 기능은 어떤 수를 기억한 상태에서 입력 펄스가 들어올 때 그 내용에 1을 더하는 조작이 필요하다. 플립플롭 회로를 구성 소자로 사용함으로써 이 목적을 달성할 수 있다. 이것을 **카운터**라고 부른다.

카운터에서 가장 간단한 것은 클록 펄스를 한 개씩 제한 없이 계산하는 것으로 이 것을 프리러닝 카운터라고 부른다. 2진 4자리의 **프리러닝 카운터**는 16개의 상태를 구별할 수 있으며 16을 계수한 후에는 모두 0으로 복귀되므로 **16진 카운터**라고도 부른다. 이 16진 카운터를 설계해 보자.

사용하는 4개 RS-플립플롭 FF_0, FF_1, FF_2, FF_3의 출력 Z_0, Z_1, Z_2, Z_3가 각각 2진수의 제 1자리, 제 2자리, 제 3자리, 제 4자리를 나타내도록 하면 플립플롭에 클록 펄스가 들어오기 전의 상태(n)와 후의 상태(n+1)는 표 4.15의 진리표와 같이 된다.

이 진리표를 시간에 따라 나타내면 표 4.16과 같이 된다. 이것을 타임 차트라고 부른다.

표 4.15 프리 러닝 카운터의 진리표

n					$n+1$				
10진수	Z_3	Z_2	Z_1	Z_0	10진수	Z_3	Z_2	Z_1	Z_0
0	0	0	0	0	1	0	0	0	1
1	0	0	0	1	2	0	0	1	0
2	0	0	1	0	3	0	0	1	1
3	0	0	1	1	4	0	1	0	0
4	0	1	0	0	5	0	1	0	1
5	0	1	0	1	6	0	1	1	0
6	0	1	1	0	7	0	1	1	1
7	0	1	1	1	8	1	0	0	0
8	1	0	0	0	9	1	0	0	1
9	1	0	0	1	10	1	0	1	0
10	1	0	1	0	11	1	0	1	1
11	1	0	1	1	12	1	1	0	0
12	1	1	0	0	13	1	1	0	1
13	1	1	0	1	14	1	1	1	0
14	1	1	1	0	15	1	1	1	1
15	1	1	1	1	0	0	0	0	0

표 4.16 프리 러닝 카운터의 타임 차트

Z_0	0	1	0	1	0	1	0	1	0	1	0	1	0	1	0	1	0
Z_1	0	0	1	1	0	0	1	1	0	0	1	1	0	0	1	1	0
Z_2	0	0	0	0	1	1	1	1	0	0	0	0	1	1	1	1	0
Z_3	0	0	0	0	0	0	0	0	1	1	1	1	1	1	1	1	0

→ 시간

따라서 플립플롭 FF_0의 출력 Z_0가 0에서 1로 세트되는 입력 조건(S_{Z0})은 진리표 또는 타임 차트로부터

$$\begin{aligned} S_{Z0} \;=\;& \overline{Z_0}\cdot\overline{Z_1}\cdot\overline{Z_2}\cdot\overline{Z_3} + \overline{Z_0}\cdot Z_1\cdot\overline{Z_2}\cdot\overline{Z_3} + \overline{Z_0}\cdot\overline{Z_1}\cdot Z_2\cdot\overline{Z_3} \\ &+ \overline{Z_0}\cdot Z_1\cdot Z_2\cdot\overline{Z_3} + \overline{Z_0}\cdot\overline{Z_1}\cdot\overline{Z_2}\cdot Z_3 + \overline{Z_0}\cdot Z_1\cdot\overline{Z_2}\cdot Z_3 \\ &+ \overline{Z_0}\cdot\overline{Z_1}\cdot Z_2\cdot Z_3 + \overline{Z_0}\cdot Z_1\cdot Z_2\cdot Z_3 \end{aligned} \tag{4.41}$$

로 되며 역으로 Z_0가 1에서 0으로 리셋되는 입력 조건(R_{Z0})은

$$\begin{aligned} R_{Z0} \;=\;& Z_0\cdot\overline{Z_1}\cdot\overline{Z_2}\cdot\overline{Z_3} + Z_0\cdot Z_1\cdot\overline{Z_2}\cdot\overline{Z_3} + Z_0\cdot\overline{Z_1}\cdot Z_2\cdot\overline{Z_3} \\ &+ Z_0\cdot Z_1\cdot Z_2\cdot\overline{Z_3} + Z_0\cdot\overline{Z_1}\cdot\overline{Z_2}\cdot Z_3 + Z_0\cdot Z_1\cdot\overline{Z_2}\cdot Z_3 \\ &+ Z_0\cdot\overline{Z_1}\cdot Z_2\cdot Z_3 + Z_0\cdot Z_1\cdot Z_2\cdot Z_3 \end{aligned} \tag{4.42}$$

로 된다. 플립플롭 FF_1, FF_2, FF_3의 출력 Z_1, Z_2, Z_3에 대해서도 같은 방법으로

$$\begin{aligned} S_{Z1} \;=\;& Z_0\cdot\overline{Z_1}\cdot\overline{Z_2}\cdot\overline{Z_3} + Z_0\cdot\overline{Z_1}\cdot Z_2\cdot\overline{Z_3} + Z_0\cdot\overline{Z_1}\cdot\overline{Z_2}\cdot Z_3 \\ &+ Z_0\cdot\overline{Z_1}\cdot Z_2\cdot Z_3 \end{aligned} \tag{4.43}$$

$$\begin{aligned} R_{Z1} \;=\;& Z_0\cdot Z_1\cdot\overline{Z_2}\cdot\overline{Z_3} + Z_0\cdot Z_1\cdot Z_2\cdot\overline{Z_3} + Z_0\cdot Z_1\cdot Z_2\cdot Z_3 \\ &+ Z_0\cdot Z_1\cdot\overline{Z_2}\cdot Z_3 \end{aligned} \tag{4.44}$$

$$S_{Z2} = Z_0\cdot Z_1\cdot\overline{Z_2}\cdot\overline{Z_3} + Z_0\cdot Z_1\cdot\overline{Z_2}\cdot Z_3 \tag{4.45}$$

$$R_{Z2} = Z_0\cdot Z_1\cdot Z_2\cdot\overline{Z_3} + Z_0\cdot Z_1\cdot Z_2\cdot Z_3 \tag{4.46}$$

$$S_{Z3} = Z_0\cdot Z_1\cdot Z_2\cdot\overline{Z_3} \tag{4.47}$$

$$R_{Z3} = Z_0\cdot Z_1\cdot Z_2\cdot Z_3 \tag{4.48}$$

로 되며 이것을 불 대수의 정리 또는 카르노도를 사용해서 간소화하면

$$S_{Z0} = \overline{Z_0} \tag{4.49}$$

$$R_{Z0} = Z_0 \tag{4.50}$$

$$S_{Z1} = Z_0 \cdot \overline{Z_1} = R_{Z0} \cdot \overline{Z_1} \tag{4.51}$$

$$R_{Z1} = Z_0 \cdot Z_1 = R_{Z0} \cdot Z_1 \tag{4.52}$$

$$S_{Z2} = Z_0 \cdot Z_1 \cdot \overline{Z_2} = R_{Z1} \cdot \overline{Z_2} \tag{4.53}$$

$$R_{Z2} = Z_0 \cdot Z_1 \cdot Z_2 = R_{Z1} \cdot Z_2 \tag{4.54}$$

$$S_{Z3} = Z_0 \cdot Z_1 \cdot Z_2 \cdot \overline{Z_3} = R_{Z2} \cdot \overline{Z_3} \tag{4.55}$$

$$R_{Z3} = Z_0 \cdot Z_1 \cdot Z_2 \cdot Z_3 = R_{Z2} \cdot Z_3 \tag{4.56}$$

가 된다. 따라서 플립플롭을 그림 4.57과 같이 조합하면 16진 카운터를 구성할 수 있다.

그림 4.58과 같이 플립플롭을 조합해도 이론적으로는 완전히 같게 되며 또한 AND 게이트에 요하는 다이오드의 수는 그림 4.57에서 18개이었던 것이 12개로 감소되어 회로가 간단하게 된다.

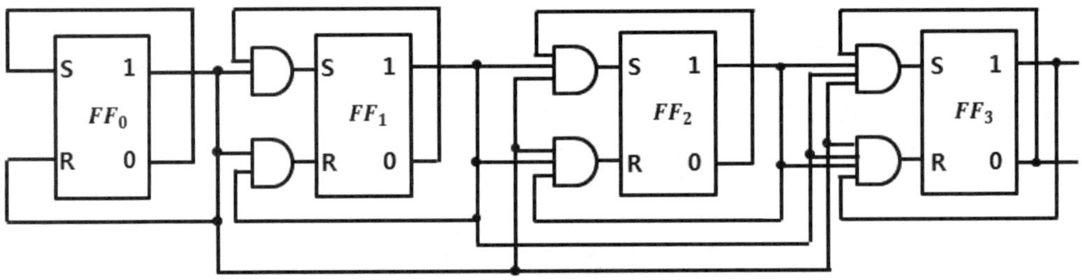

그림 4.57 16진 카운터(1)

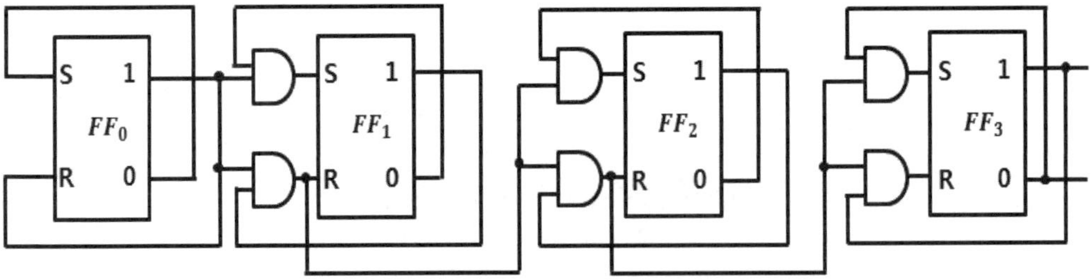

그림 4.58 16진 카운터(2)

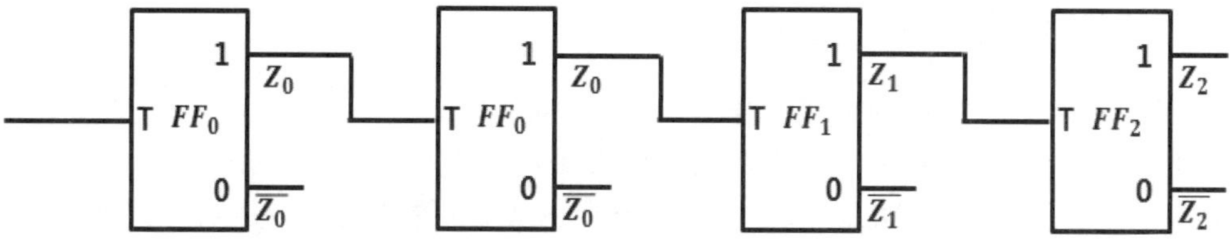

그림 4.59 T-플립플롭에 의해서 구성된 프리러닝 카운터

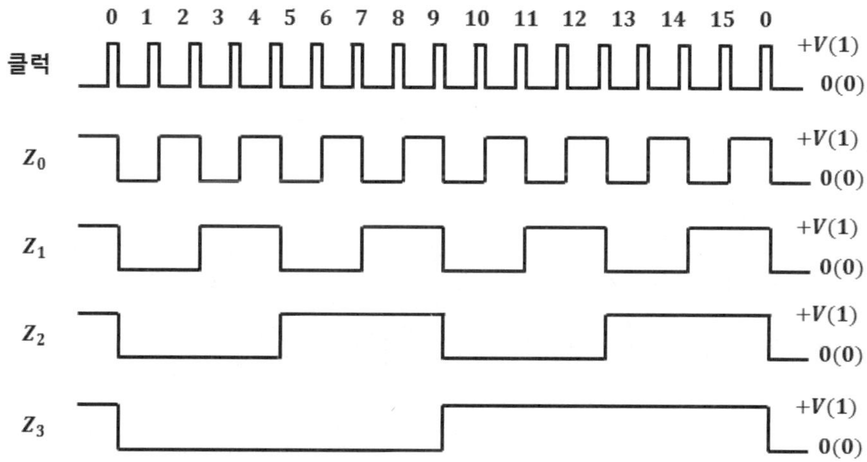

Z_0	1	0	1	0	1	0	1	0	1	0	1	0	1	0	1	0	1	0
Z_1	1	0	0	1	1	0	0	1	1	0	0	1	1	0	0	1	1	0
Z_2	1	0	0	0	0	1	1	1	1	0	0	0	0	1	1	1	1	0
Z_3	1	0	0	0	0	0	0	0	0	1	1	1	1	1	1	1	1	0

그림 4.60 T-플립플롭에 의한 프리러닝 카운터의 동작 파형

그러나 FF_3에 들어가는 세트 조건, 리셋 조건인 Z_0신호가 AND게이트를 3단 직렬로 통과하므로 게이트를 통과할 때의 신호의 감쇠에 의해서 오동작이 발생하는 원인이 되므로 실용 회로로서는 좋지 않다.

지금까지는 RS-플립플롭을 사용해서 프리 러닝 카운터를 설계했지만 T-플립플롭을 사용하면 그림 4.59와 같이 간단히 프리 러닝 카운터를 구성할 수 있다. 이 회로의 입력 및 각 플립플롭의 상태는 그림 4.60과 같다.

3) 10진 카운터

논리 회로의 내부에서는 순 2진법을 사용하는 편이 회로 구성이 간단히 되지만 우리가 일상 사용하는 것은 10진 카운터가 가장 많이 사용된다. 10진 카운터 중에서 가장 간단한 것은 2진 부호화 10진법을 사용한 것으로서 10진수의 1자리 당 4개의 플립플롭을 사용하여 그것을 순 2진법과 같이 사용한 것이다.

여기서는 이 2진 부호화 10진법을 사용한 10진 카운터를 고려해 보자.

10진 카운터의 각 플립플롭 상태를 나타내는 진리표는 표 4.17과 같이 되며 프리 러닝 카운터의 경우와 같이

$$\begin{aligned} S_{Z0} &= \overline{Z_0}\cdot\overline{Z_1}\cdot\overline{Z_2}\cdot\overline{Z_3} + \overline{Z_0}\cdot Z_1\cdot\overline{Z_2}\cdot\overline{Z_3} + \overline{Z_0}\cdot\overline{Z_1}\cdot Z_2\cdot\overline{Z_3} \\ &\quad + \overline{Z_0}\cdot Z_1\cdot Z_2\cdot\overline{Z_3} + \overline{Z_0}\cdot\overline{Z_1}\cdot\overline{Z_2}\cdot Z_3 = \overline{Z_0}(\overline{Z_1}\cdot\overline{Z_2} + \overline{Z_3}) \end{aligned} \tag{4.57}$$

$$\begin{aligned} R_{Z0} &= Z_0\cdot\overline{Z_1}\cdot\overline{Z_2}\cdot\overline{Z_3} + Z_0\cdot Z_1\cdot\overline{Z_2}\cdot\overline{Z_3} + Z_0\cdot\overline{Z_1}\cdot Z_2\cdot\overline{Z_3} \\ &\quad + Z_0\cdot Z_1\cdot Z_2\cdot\overline{Z_3} + Z_0\cdot\overline{Z_1}\cdot\overline{Z_2}\cdot Z_3 + C \\ &= Z_0(\overline{Z_1}\cdot Z_2 + Z_3) + C \end{aligned} \tag{4.58}$$

$$S_{Z1} = Z_0\cdot\overline{Z_1}\cdot\overline{Z_2}\cdot\overline{Z_3} + Z_0\cdot\overline{Z_1}\cdot Z_2\cdot\overline{Z_3} = Z_0\cdot\overline{Z_1}\cdot\overline{Z_3} \tag{4.59}$$

$$\begin{aligned} R_{Z1} &= Z_0\cdot Z_1\cdot\overline{Z_2}\cdot\overline{Z_3} + Z_0\cdot Z_1\cdot Z_2\cdot\overline{Z_3} + C \\ &= Z_0\cdot Z_1\cdot\overline{Z_3} + C \end{aligned} \tag{4.60}$$

$$S_{Z2} = Z_0\cdot Z_1\cdot\overline{Z_2}\cdot\overline{Z_3} \tag{4.61}$$

$$R_{Z2} = Z_0\cdot Z_1\cdot Z_2\cdot\overline{Z_3} + C \tag{4.62}$$

$$S_{Z3} = Z_0\cdot Z_1\cdot Z_2\cdot\overline{Z_3} \tag{4.63}$$

$$R_{Z3} = Z_0\cdot\overline{Z_1}\cdot\overline{Z_2}\cdot Z_3 + C \tag{4.64}$$

가 된다.

표 4.17 10진 카운터의 진리표

n					$n+1$				
10진수	Z_3	Z_2	Z_1	Z_0	10진수	Z_3	Z_2	Z_1	Z_0
0	0	0	0	0	1	0	0	0	1
1	0	0	0	1	2	0	0	1	0
2	0	0	1	0	3	0	0	1	1
3	0	0	1	1	4	0	1	0	0
4	0	1	0	0	5	0	1	0	1
5	0	1	0	1	6	0	1	1	0
6	0	1	1	0	7	0	1	1	1
7	0	1	1	1	8	1	0	0	0
8	1	0	0	0	9	1	0	0	1
9	1	0	0	1	0	0	0	0	0
10	1	0	1	0	0	0	0	0	0
11	1	0	1	1	0	0	0	0	0
12	1	1	0	0	0	0	0	0	0
13	1	1	0	1	0	0	0	0	0
14	1	1	1	0	0	0	0	0	0
15	1	1	1	1	0	0	0	0	0

단지 C는 클리어 조건으로서 전원을 넣을 때에 이 회로가 10~15의 10진법에는 없는 값을 취하면 10진 카운터로서 정상적인 기능을 기대할 수 없으므로 이 경우에 4개의 플립플롭을 자동적으로 0으로 하라는 신호이다. 클리어 조건은 플립플롭이 10~15가 된다는 것이므로

$$\begin{aligned} C &= \overline{Z_0}\cdot Z_1\cdot\overline{Z_2}\cdot\overline{Z_3} + Z_0\cdot Z_1\cdot\overline{Z_2}\cdot Z_3 + \overline{Z_0}\cdot\overline{Z_1}\cdot Z_2\cdot Z_3 \\ &\quad + Z_0\cdot\overline{Z_1}\cdot Z_2\cdot Z_3 + \overline{Z_0}\cdot Z_1\cdot Z_2\cdot Z_3 + Z_0\cdot Z_1\cdot Z_2\cdot Z_3 \\ &= (Z_1 + Z_2)\, Z_3 \end{aligned} \tag{4.65}$$

가 된다.

따라서 10진 카운터는 그림 4.61과 같이 된다.

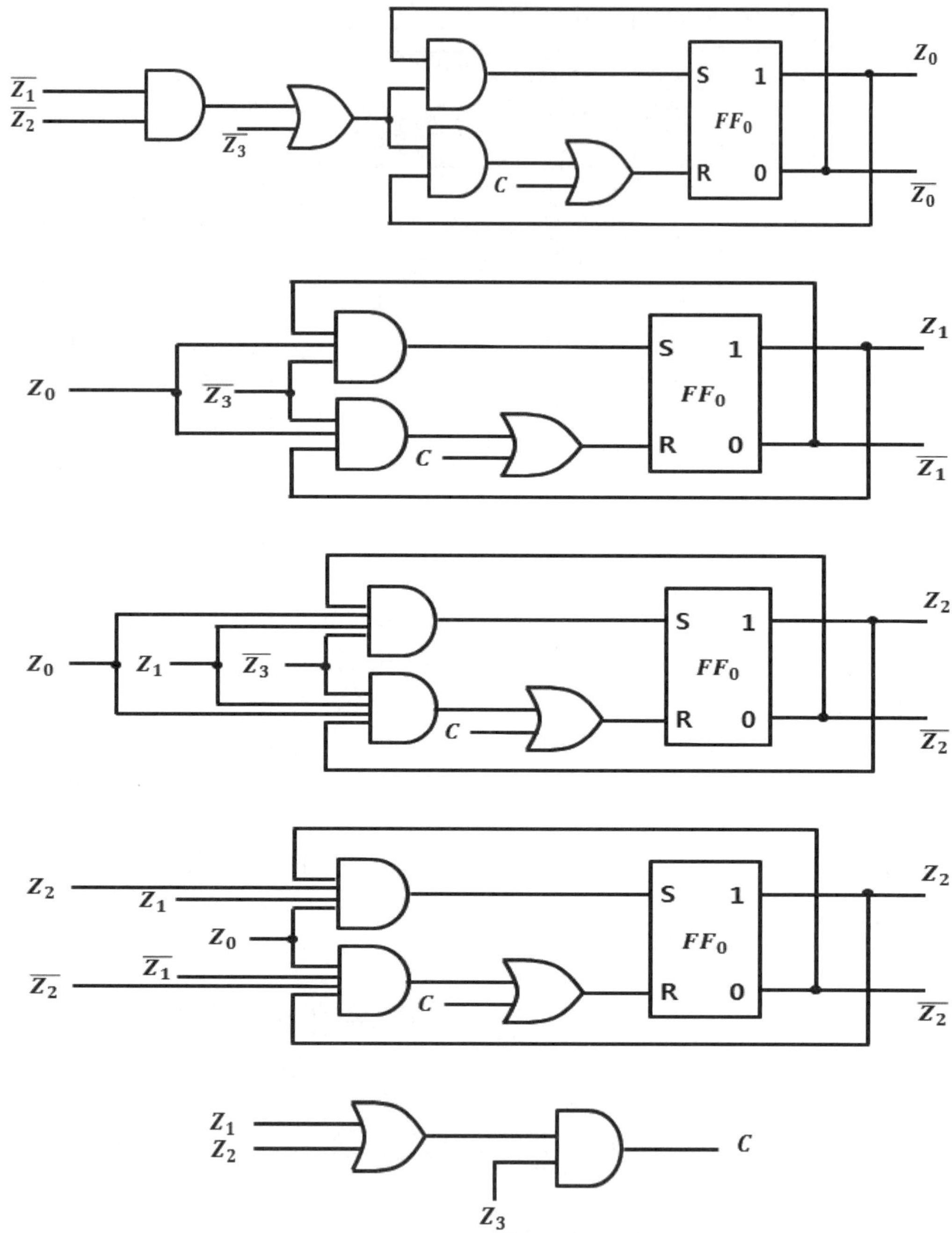

그림 4.61 10진 카운터

4.5.2 시프트 레지스터(shift register)

어떤 플립플롭에 기억되어 있는 정보를 다른 플립플롭으로 옮기는 동작을 시프트라고 말하며 시프트는 정보를 수용하거나 송출하는 경우 및 2진수를 2^n으로 곱하거나 나누는 경우에 사용된다.

플립플롭 FF_A를 FF_B에 시프트할 때를 생각해 보자. 플립플롭 FF_A, FF_B의 출력을 각각 Z_A, Z_B라 할 때 진리표는 표 4.18과 같이 되므로 FF_B의 세트 조건, 리셋 조건은

$$S_{ZB} = Z_A \cdot Z_B \tag{4.66}$$

$$R_{ZB} = Z_A \cdot Z_B \tag{4.67}$$

가 되고 그림 4.62와 같이 플립플롭 FF_A, FF_B를 조합해서 시프트 회로를 구성할 수 있다. 시프트 동작은 또한 그림 4.63과 같이 출력 측으로부터의 피드백 없이도 구성할 수 있으며 실제로 시프트하는 자리수가 많은 경우에는 이 방식이 자주 사용된다. 표 4.19는 이 경우의 진리표이다.

표 4.18 시프트 회로의 진리표

n		$n+1$
Z_A	Z_B	Z_B
0	0	0
0	1	0
1	0	1
1	1	1

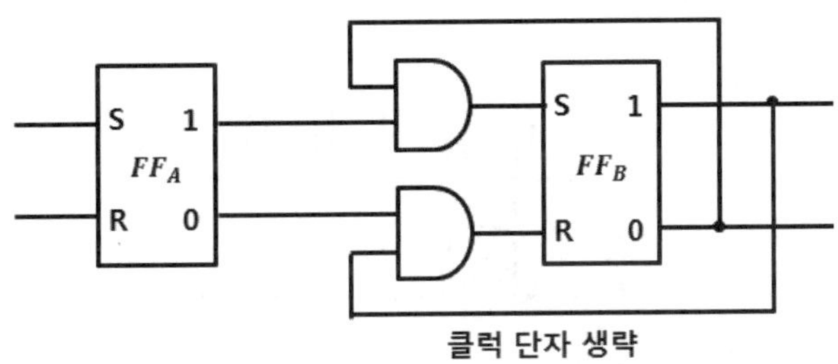

그림 4.62 표 4.18의 시프트 회로

표 4.19 피드백이 없는 시프트 회로의 진리표

n	$n+1$
Z_A	Z_B
0	0
1	1

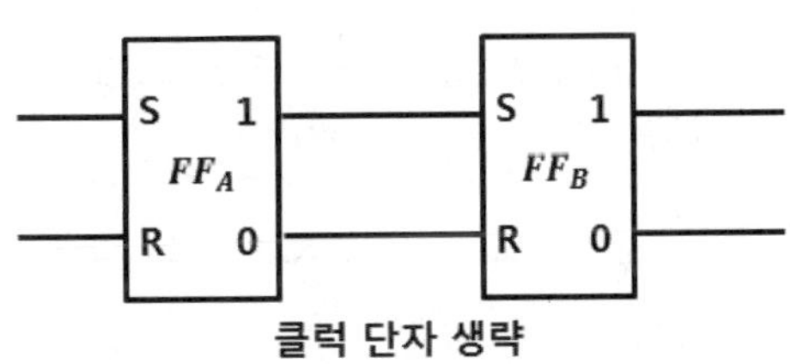

그림 4.63 피드백 없는 시프트 회로

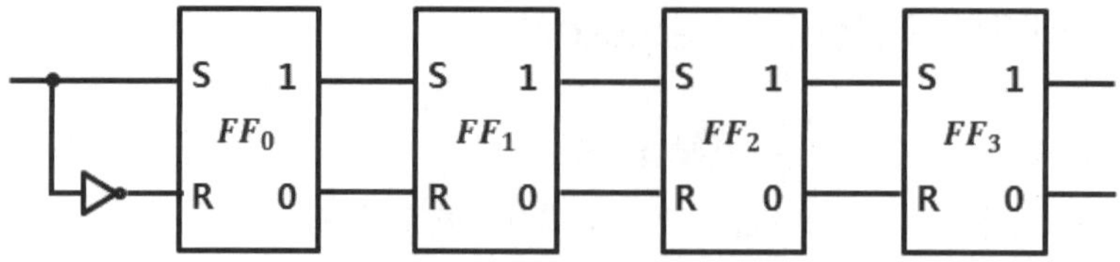

그림 4.64 직렬 시프트 회로

디지털 기기에 있어서는 어느 일정수의 언어·수 또는 명령을 어떤 부분으로부터 다른 장소에 옮겨서 다른 회로를 제어하거나 연산을 하지만 이러한 언어·수 명령을 옮기는 시프트 회로에는 2 종류가 있다.

첫째는 언어·수 등을 하나의 도선상에서 시간적으로 변화하는 전압으로서 다른 장소에 전달하는 직렬 시프트 회로이며 각 플립플롭은 그림 4.64와 같이 조합된다.

이 **직렬 시프트 회로**에서 최초의 모든 플립플롭이 리셋되어 0의 상태로 되어 있다고 하고 입력 1000…가 있다고 하면 그림 4.65가 보여주는 바와 같이 제 1의 클록 펄스 t_1에서는 FF_0는 입력을 FF_1, FF_2, FF_3은 각각 전단의 출력을 읽는다. 따라서 t_1이 종료된 시점에서는 FF_0가 입력 1을 읽고 1로 반전하고 있지만 다른 플립플롭은 모두 0을 읽고 있으므로 출력은 그대로 0이다.

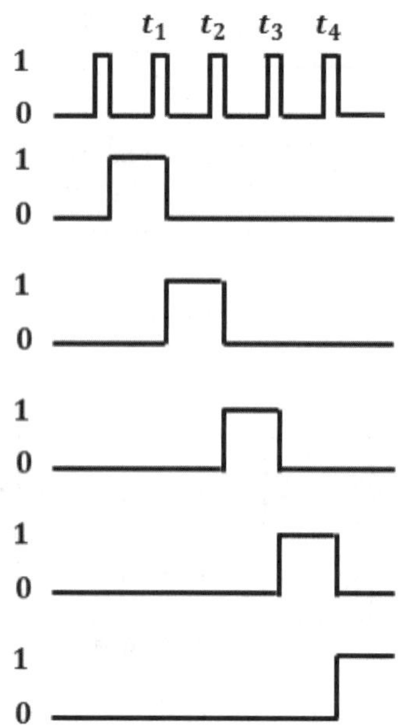

그림 4.65 직렬 시프트 회로의 동작 파형

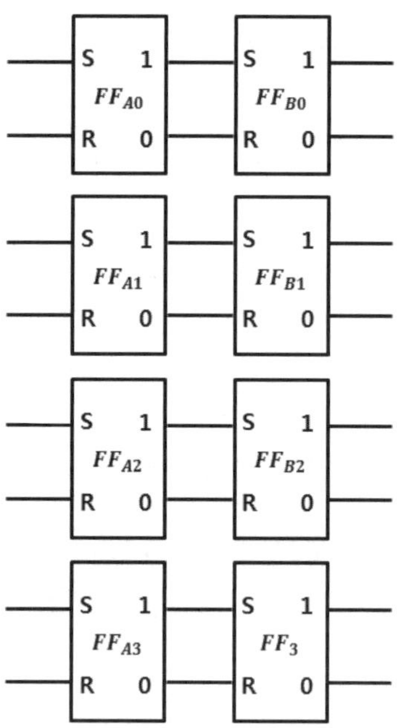

그림 4.66 병렬 시프트 회로

이어서 제 2의 클록 펄스는 FF_0의 입력은 0으로 되고 있고 FF_0는 1이 되어 있으므로 FF_1만이 1을 읽는다. 따라서 t_2가 종료된 시점에서는 FF_1만이 1로 되고 FF_0는 원래의 0으로 된다. 여기서 FF_2, FF_3는 그대로 0이다. 이하 똑같이 반복되어 입력은 클록에 의해 하나씩 오른쪽의 플립플롭에 옮겨진다. 즉 정보의 시프트가 이루어진다. 이 때 클록 펄스가 들어오지 않으면 정보는 시프트 되지 않고 플립플롭은 그 상태를 유지한다.

둘째로 고려되는 시프트 회로는 언어·수 등의 각 비트(bit) 하나하나에 별개의 도선을 사용하여 모든 비트를 동시에 이동시키는 병렬 시프트 회로이다. **병렬 시프트 회로**에서 각 플립플롭은 그림 4.66과 같이 조합된다. 2진 부호화 10진법을 사용하는 디지털 기기에 있어서는 보통 1디지트(10진법의 1자리로 최소 4비트는 필요)의 이동은 병렬로 행하는 방식이 많이 사용된다.

지금까지는 모두 클록 펄스가 들어올 때 시프트를 행하는 것을 고찰했지만 클록 펄스와는 별도로 시프트 신호를 넣을 필요가 있는 경우에는 그림 4.67과 같이 플립플롭의 세트 조건에 시프트 신호 S_t를 AND에 추가하면 된다.

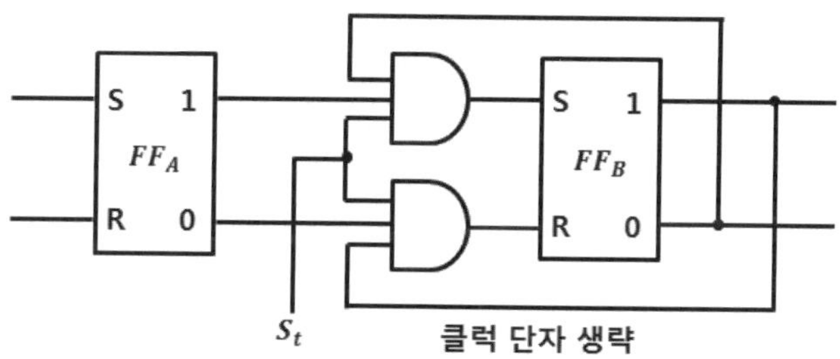

그림 4.67 시프트 신호가 있는 시프트 회로

CHAPTER 5

기전시스템 개요

앞에서도 언급했듯이 기계공학 측면에서 보면 기전시스템이란 기계장치(기구)에 전자공학을 접목한 자동기계시스템이라 할 수 있다. 이러한 기전시스템을 응용한 것에는 NC공작기계, 자동차 및 카메라 등이 있다. 기계장치에 전자공학이 어떻게 접목되어 있는지를 알고 있으면 기전시스템을 배우거나 알고자 하는 학생들에게 기전시스템 설계도를 작성하는데 도움이 될 것이다.

본 장에서는 구체적인 기전시스템에 대한 내용을 다루기는 지면상 어려우므로 기전시스템의 개략적인 내용 및 그 응용을 살펴보는 것으로 하고 자세한 내용은 전문 서적을 참고하기 바란다.

5.1 기전시스템 특징

우리 생활 주변에는 많은 기계들이 있으며, 이 기계들은 인간의 육체노동을 대폭적으로 감소시켜 왔다. 그러나 기계는 사람의 손과 발로 조정하거나 조작하지 않으면 어떤 일도 하지 못한다. 이 단계의 기계는 사람의 손과 발에 전적으로 의존하는 사람의 기능 수준에 불과한 기계이다.

그러나 전자기술이 기계공업에 응용되기 시작하면서 기계는 감지하여 판단하고 명령하는 지적인 능력을 갖추게 되었다.

기계기술도 전기, 전자 기술, 신소재기술, 계측제어기술, 광학기술, 정보처리기술 등을 도입하여 복합화된 새로운 첨단 산업기술을 탄생시켰다. 이것이 기전공학이며 일본에서 사용되기 시작된 기전공학(mechatronics)이라는 용어는 1970년대 중반에 기계공학과 전자공학의 경계 영역에 대한 명칭으로서 기계공학(mechanics)과 전자공학(electronics)을 합성한 영어이다. 지금은 전 세계에서 통용될 정도로 완전히 정착된 용어이다. 한편 종래의 기계는 기구(mechanism)에 의해 만들어져 있었기 때문에 그것에 전자 부품을 조합해 넣도록 되었다는 이유에서 기전시스템을 메카니즘과 일렉트로닉스의 합성어로 한다는 의견도 있다. 그러나 어느 것도 이 분야에서는 기계 장치에 일렉트로닉스를 부가하여 고성능이며 다양한 기능을 갖도록 하는 기계 장치의 개발을 목표로 하고 있다. 기전공학으로 이루어진 기계와 전자공학의 융합시스템을 기전시스템이라 한다.

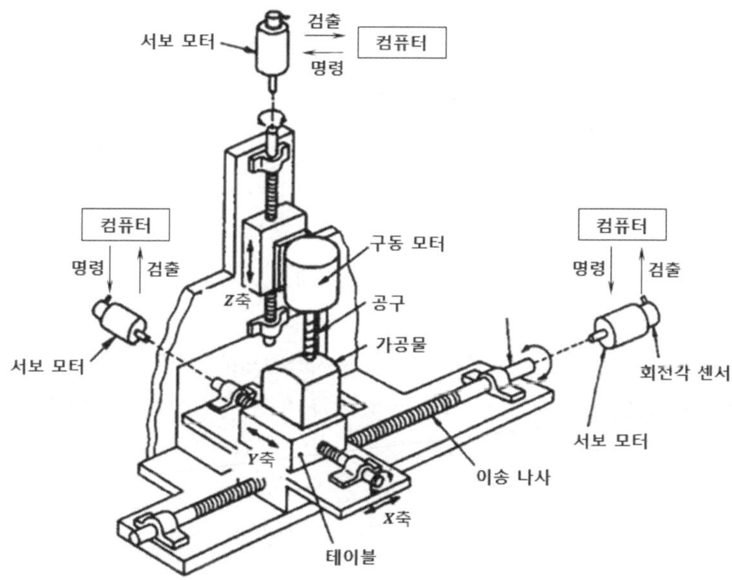

그림 5.1 NC공작기계

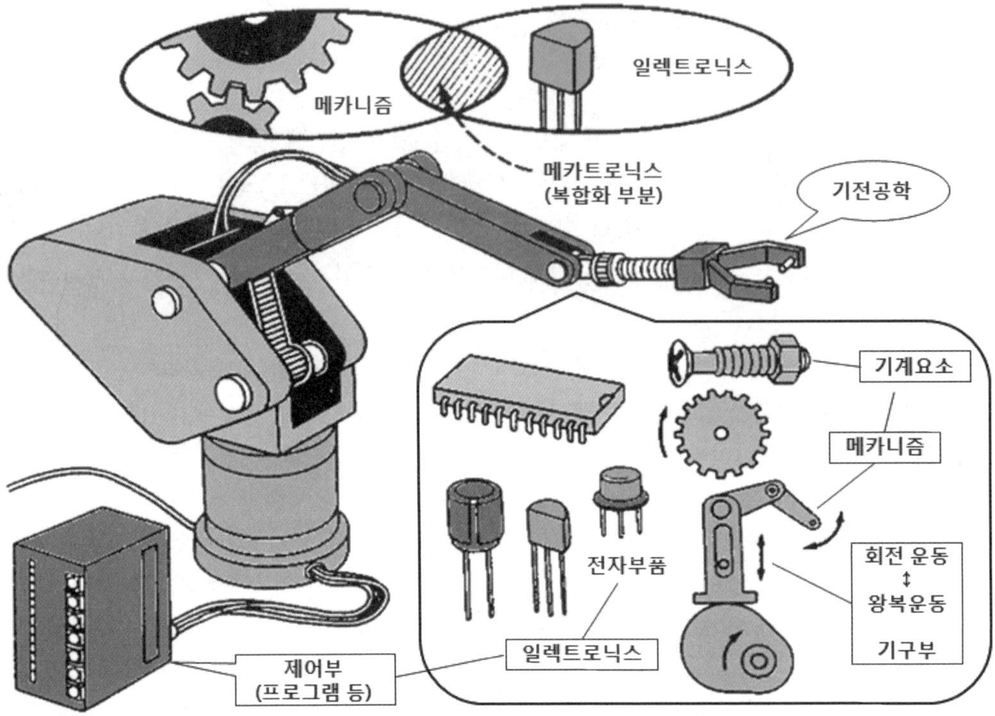

그림 5.2 로봇

예를 들어 NC공작기계는 일반 공작기계에 그림 5.1과 같이 각 축에 전기 모터를 상착함으로써 x, y, z축에 대해 수동으로 구동하던 것을 전기 모터에 의해 자동으로 구동할 수 있게 되었으며, 로봇의 경우는 그림 5.2와 같이 메카니즘과 일렉트로닉스를 결합하여 자동으로 로봇을 구동할 수 있게 되었다.

근년 기전시스템 기술에 의해 제조된 각종의 기계, 기기는 그들의 구성 요소의 지능화가 진행되고 그것에 동반하여 기전시스템이란 언어의 의미가 고도의 정보 처리 기능과 고도의 운동 기능이 융합하여 고도의 목적 기능을 수행할 수 있는 시스템으로 해석되도록 되어 왔다. 예를 들어 산업 로봇은 산업에 있어서 여러 가지 작업을 행할 수 있는 전자 기계이지만 그의 한 가지 예인 그림 5.3의 다관절 로봇은 그림 5.4에서와 같이 인간의 팔과 손에 유사한 기구로 되어 있다. 이 다관절 로봇에는 인간으로부터 주어진 작업 명령을 이해하는 정보처리 기능이 있으며 또한 팔과 손같이 동작하는 운동 기능이 있다. 더구나 물건의 이동뿐만 아니라 용접, 도장, 조립 등의 작업을 행하는 목적 기능도 갖추고 있다.

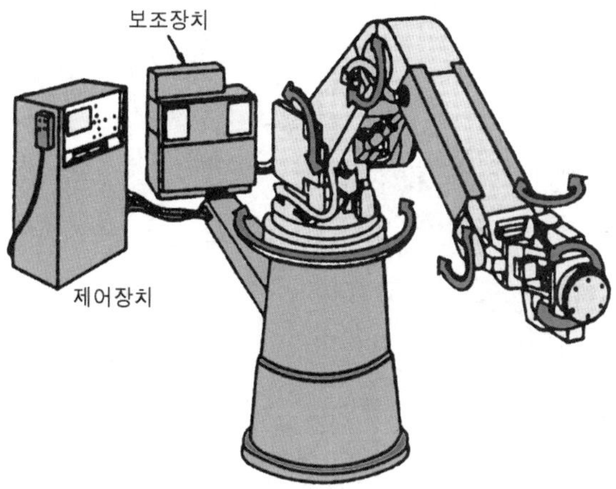

그림 5.3 산업용 다관절로봇

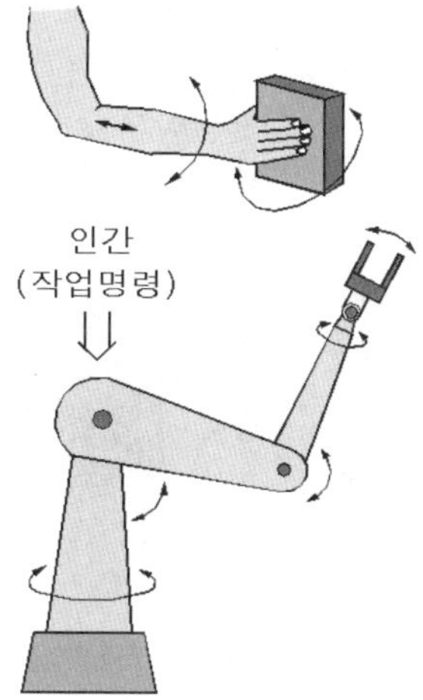

그림 5.4 팔과 다관절로봇

이와 같이 전자 기계는 종래 기계적으로 구성되어 있던 각 제어 부분을 센서(sensor), 컴퓨터(computer) 및 액추에이터(actuator)로 바꿔 놓았으며 학습 및 진단 기능이나 프로그래머블 기능을 갖고 있는 시스템도 있다.

일반적으로 대형 컴퓨터에 의한 시스템 공학(system engineering)이 대규모의 시스템을 대상으로 하고 주로 소프트웨어적인 수법을 이용하고 있는 것에 대하여 기전시스템은 개개의 기계를 대상으로 하여 소형 컴퓨터를 사용한 하드웨어적 수법을 이용하는 점이 특징이다.

5.2 기전시스템의 구성

1) 메커니즘(mechanism)

기계의 기구와 기구에 의한 운동전달에 관한 것이다. 로봇을 예를 들어 생각하기로 한다. 그림 5.5은 다관절 로봇의 팔로서 인간의 팔과 같은 움직임을 실현한 것이다. 인간의 허리, 어깨, 윗팔, 아랫 팔, 손목, 손, 손가락의 운동을 실현하는 기계를 조합하여 인간과 같은 운동을 전달할 수 있는 구조를 만들고 있다. 메커니즘 기술이란 이러한 구조를 구성하는 기술이다.

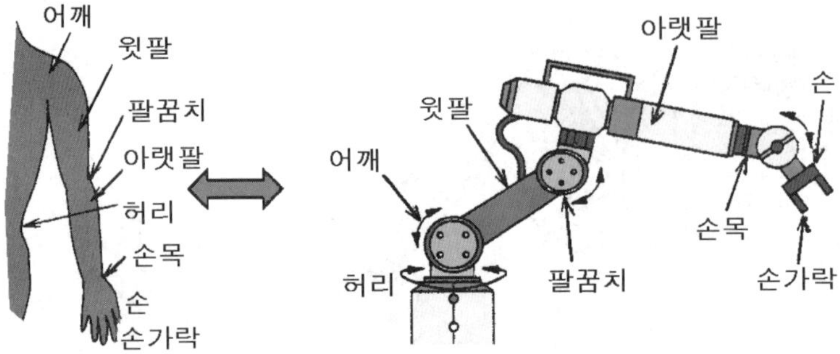

그림 5.5 인간의 팔과 다관절 로봇 구성의 대비

2) 액추에이터와 그의 구동장치(actuator and drive system)

메커니즘을 움직이기 위해서는 구동원이 필요하다. 이 구동원이 액추에이터이다. 액추에이터는 전력을 이용하는 모터(직류 모터, 교류 모터, 펄스 모터, 리니어 모터 등), 유압이나 공압을 이용하는 모터 등이 있다. 구동장치는 컨트롤러(계산기)로부터의 지령을 파워업 하여 액추에이터에 전달하기 위한 파워일렉트로닉스 장치이다. 파워일렉트로닉스가 발달함에 따라 모터를 움직이게 하는 전력 제어계는 소형화되고 제어도 간편하게 되고 있다. 직류 모터, 교류 모터는 모두 간단하면서도 고정밀로 제어할 수 있다.

3) 센서(sensor)

메커니즘의 상태를 항상 계측하는 장치로서 측정원리나 계측하려는 물리량에 따라 다양하다. 기계의 움직임은 변위, 속도, 가속도, 힘, 각도, 각속도, 각가속도, 거리가 중요한 것이다. 이 양을 정전 용량, 저항 변화, 자기 변화나 자계의 변화 횟수, 빛과 그 전파, 소리의 전파, 코리올리(Coriolis)힘 등의 다른 물리량으로 변환하고 최종적으로 그 물리량을 전압이나 주파수로 변환하여 파악한다. 센서는 정밀도나 정확도가 문제이다. 또한 어떤 환경에서도 확실하게 동작해야 한다. 센서로 파악된 기계의 움직임은 그 움직임에 비례하는 연속적인 전압으로 주어진다. 이와 같은 신호는 아날로그 신호라 불리우며 그대로는 컴퓨터에 입력할 수 없다. 컴퓨터 내에서 취급하는 신호는 디지털 신호이다. 따라서 센서로부터 아날로그 신호는 A/D 변환기를 통해서 디지털 신호로 변환한 후 컴퓨터에 입력해야 한다. 반대로 컴퓨터로부터 나온 신호를 아날로그 신호로 변환하는 경우는 D/A 변환기를 필요로 한다. 그림 5.6은 컴퓨터와 센서, 액추에이터의 접속 상태를 나타낸다.

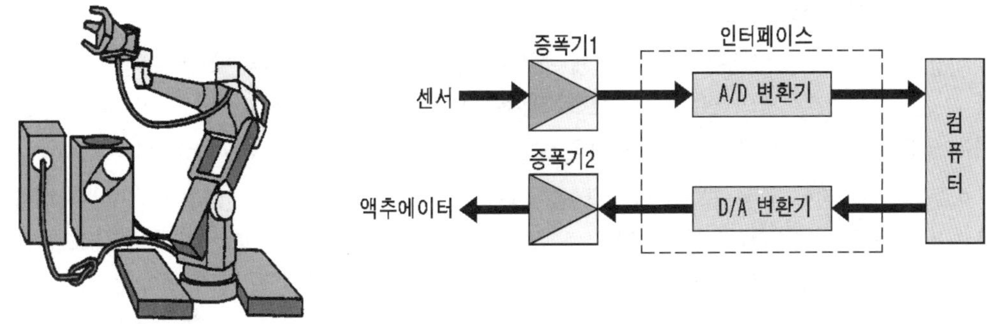

그림 5.6 컴퓨터의 센서, 액추에이터의 접속

그림 5.7 시컨스 제어계

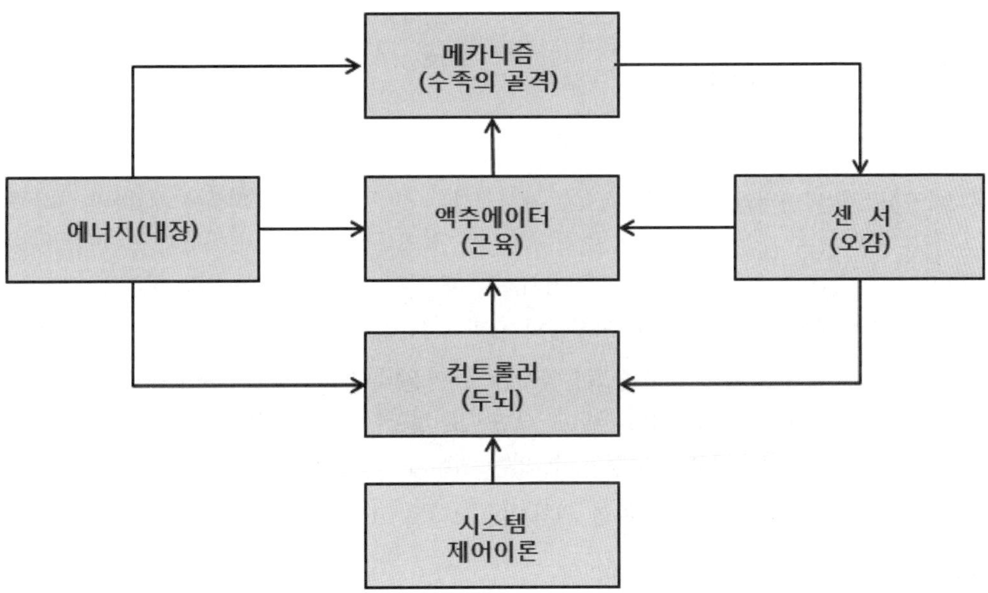

그림 5.8 기전시스템의 구성요소와 시스템 제어이론

4) 컨트롤러(controller)

이상의 3가지 요소는 주로 하드웨어에 관련한 기술이지만 제어 기술은 소프트웨어 기술이라고 할 수 있다. 센서로부터의 신호를 바탕으로 액추에이터나 메커니즘 상태가 바람직한 값(목표값)이 되어 있는지 어떤지를 판단하여 다르다면 수정 동작을 지령하도록 프로그램을 만드는 기술이다.

이들은 다음 절에서 설명하는 피드백 제어계를 구성하고 있는 경우가 많다. 이와 같은 계를 폐루프 시스템이라고도 한다. 한편으로 그림 5.7과 같이 시컨스 제어계(또는 개루프 시스템)에 의한 것도 있다. 이들은 스테핑모터를 이용한 공구 제어나 프린터의 운동 제어 등에서 이용되고 있으며 미리 작성된 컨트롤러로부터의 지령에 따라서 스테핑모터가 동작을 행하는 것이다. 스테핑모터는 펄스 수에 응한 양의 이동을 확실히 보증하는 액추에이터이기 때문에 이와 같은 시컨스 제어계의 구성이 가능한 것이다.

그림 5.8은 인간을 하나의 시스템으로 간주할 때 그 구성 요소와 대응하여 나타낸 것이다. 기전시스템의 목표가 고도의 기능을 가지는 시스템이라는 것을 생각하면 인간을 모델로 하는 것은 극히 자연스런 일이 될 것이다. 이와 같이 기전시스템의 기본 구성은 메커니즘, 센서, 액추에이터 및 컨트롤러이다.

5.3 피드백 제어

기전시스템은 기계의 일을 전기적으로 제어한다는 것이다. 새로운 제품을 개발한다든지 종래의 제품을 기전시스템기술을 이용하여 변경한다든지 할 경우는 우선 먼저 어떻게 제어방법을 채용할 것인지를 생각하지 않으면 안 된다. 기전시스템 제품을 개발할 경우는 만들려는 것의 목적에 적합한 제어 방법을 선택하는 것이 완성품의 결과에 크게 좌우한다.

기전시스템은 여러 가지 제어방법이 있지만 그 가운데 피드백제어나 서보기구는 꼭 알아야 할 지식이다. 특히 기전시스템 제품은 부드러우면서도 정확한 동작이 요구되기 때문에 이들 제어 방법을 사용하지 않으면 목표를 달성할 수 없는 경우가 있다.

따라서 피드백제어와 서보 기구의 위치제어 그리고 그 밖의 제어방법에 대해 설명한다.

서보 기구는 피드백제어 중에 위치하고 있다. 서보 기구의 큰 특징은 기계의 위치나 각도, 속도, 자세를 취급하는 제어라는 것이다. 이와 같은 물리적인 데이터를 정확히 제어하기 위해서는 서보 모터라는 모터가 있다. 일반적으로 직류모터는 일정방향밖에 회전할 수 없는 것에 대해 서보 모터는 회전각도(360°이내)나 좌우 회전(정역 회전)을 자유자재로 설정할 수 있는 구조로 되어 있다.

제어는 인간이 스위치나 제어기 등을 사용하여 조작하는 수동제어와 그것을 컴퓨터나 기계 등이 자체 판단하여 조작하는 자동제어로 크게 나눈다.

기전시스템은 기구를 전기적으로 제어한다는 것이므로 자동 제어에 포함된다. 이러한 자동 제어에는 시컨스 제어와 피드백 제어가 있다. 피드백 제어는 모든 분야에서 이용되고 있다. 대표적인 것으로서는 자동차나 카메라 등 기계 산업을 대상으로 한 기계 제어, 석유나 화학, 철강 등의 소위 오토메이션 산업을 대상으로 한 프로세스(생산설비) 제어 등이 있다. 한편 시컨스 제어는 부하 용량이 큰 것과 전기적인 노이즈에 안정하고 있기 때문에 신호기나 자동판매기 등의 전동기로부터 세탁기나 에어콘 등의 가전까지 우리 주변에 많이 사용되고 있다.

피드백 제어의 최대 목적은 목표로 하는 동작과 현시점에서의 동작 오차를 없애도록 제어하는 것이다. 당연한 말이겠지만 현시점에서의 동작은 시간과 함께 목표(목표치)로 향해 변화해 간다. 이것을 **제어변수**라는 표현을 쓴다. 또한 제어변수와 목표치의 차를 편차라 부른다. 피드백 제어란 편차를 제로로 하기 위해서는 어떻게 하면 좋을지 그 수단을 생각하는 것이다. 피드백제어의 최대 강점은 외란이다. 외란이란 제어를 혼란시키는 요인이며 예기할 수 없는 환경의 변화에 따라 기계에서는 많은 외란이 발생한다. 외란을 알기 쉽게 설명하면 예를 들어 모터 부착 자전거로 도로를 주행하는 경우 결코 평탄한 도로로는 한정되지 않는다. 경사 도로를 만난다든지 돌풍이 불어 닥친다든지 단차가 있다든지 한다. 이 경사로나 돌풍이나 단차와 같이 생각지 못한 조건이 외란에 해당한다. 이와 같은 외란을 얼마나 클리어할지가 피드백 제어에 주어지는 과제이다.

외란이 없으면 제어의 값은 일정하게 유지된다. 그러나 외란이 존재하고 외란에 의해 제어 값이 변화해 버리기 때문에 피드백 제어가 필요한 것이다. 피드백 제어에는 목적을 달성하기 위해 시스템을 추상화할 수 있는 **블록선도**라는 것을 이용하고 있다. 그림 5.9는 피드백 제어계의 블록선도이다.

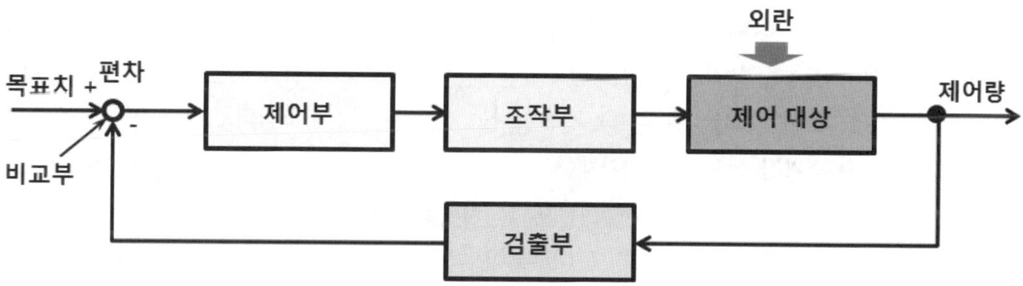

그림 5.9 피드백 제어계의 블록선도

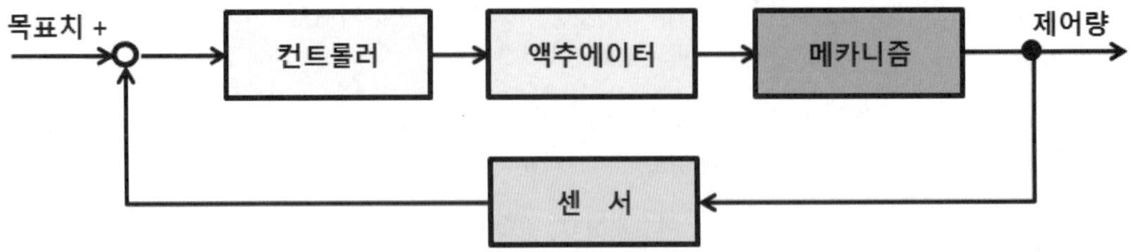

그림 5.10 전형적인 기전시스템 구성의 블록선도

전형적인 기전시스템의 구성을 블록선도로 나타내면 그림 5.10과 같으며 피드백 제어의 블록선도와 같은 구성을 하고 있다.

5.4 서보기구

5.4.1 서론

본 절에서는 물체의 위치, 방위, 자세 등을 제어량으로 하고 목표치의 임의의 변화에 추종하도록 구성된 제어계인 서보 기구에 대해 알아보기로 한다.

서보기구는 시간과 함께 변화하는 기계의 위치, 방향, 자세 등을 명령대로 추종시켜 제어하는 피드백 제어의 하나이다. 예를 들어 공작기계의 공구 위치검출, 로봇 암의 관절 각도 등을 제어한다든지 할 때에 사용한다. 서보기구는 재빠르고 정도가 좋은 동작을 실현하기 위해 지령한 신호와 피드백 된 신호와의 오차를 얼마나 작게 하도록 제어하는지가 열쇠가 된다.

서보기구는 기계를 제어한다는 목적으로부터 기계 제어라고도 한다. 서보 기구는 펄스(신호)에 의해 자유자재로 기계를 움직일 수 있으며 그 펄스는 컴퓨터 등의 전자 기술에 의해 자유롭게 만들 수 있다. 기계를 움직이는 전기전자 기술이라는 점에서 기전시스템의 핵이라 할 수 있다.

서보 기구에는 3가지 모드 즉, 위치제어 모드, 속도제어 모드, 토크제어 모드가 있다.

위치제어 모드는 목적 위치에 기계(대상물)를 적절한 속도로 이동시키고 정도 좋게 정지시키는 것이 목적이다. 서보 기구라 하면 그 대부분이 위치 결정 제어를 목적으로 사용되는 것이 많다. 위치 정도는 모터의 1회전당 이동량, 엔코더의 펄스 출력수, 기계시스템의 백래시(거터) 등

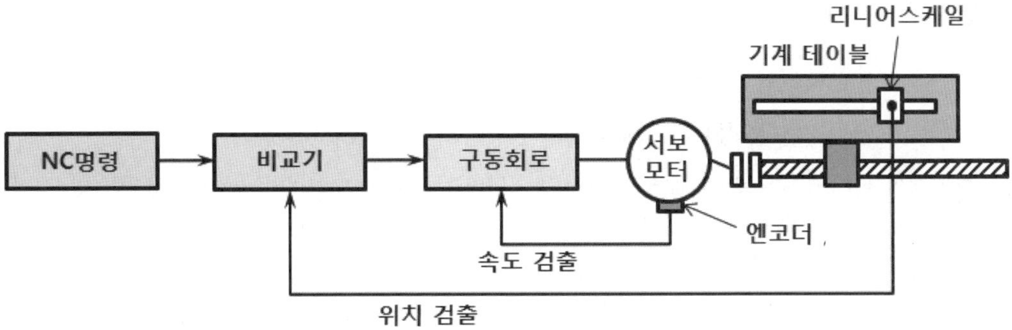

그림 5.11 서보기구에서의 위치 제어와 속도 제어

의 오차로 결정된다. 공작기계에서 위치제어가 이루어지는 블록선도의 예를 그림 5.12와 같이 나타낼 수 있다.

속도 제어 모드는 세심하게 넓은 속도 범위와 작은 속도 변동으로 제어하는 것을 목적으로 한다. 저속으로부터 고속까지를 같은 시스템에서 안정시키는 것이 어려운 기술이다. 저회전의 경우 모터의 관성에너지가 작기 때문에 부하 변동에 약점이 있다. 가속, 감속 시에 충격이 가해지지 않도록 펄스의 폭을 조정하면서 기계를 움직이는 것이 포인트이다. 공작기계에서 속도제어가 이루어지는 블록선도의 예를 그림 5.11과 같이 나타낼 수 있다.

토크제어 모드는 중량 및 경량물을 이동시키는 것이 목적이다. 토크제어는 서보 모터에 흐르는 전류를 조정하고 목적의 토크를 출력한다. 출력 토크는 모터의 토크 정수와 전류의 곱이다. 반경 r과 힘의 곱이 모터의 회전력 즉, 토크가 된다.

5.4.2 서보기구의 제어기술

서보의 응용은 필연적으로 동적인 기계를 설계하는 데 있다. 이때에 반드시 느끼는 것은 어떤 일을 하기 위해 기구의 위치나 속도를 자신의 생각대로 자유자재로 제어하고 싶다는 것일 것이다.

그리면 이와 같이 하기 위해서는 무엇이 필요할까? 우선 기구에 힘을 가하기 위한 액추에이터가 필요하다. 그러나 액추에이터만으로는 단지 힘만 발생시킬 뿐이다. 기구의 속도나 위치를 잘 제어하려면 기구에 가해지는 힘을 미묘하게 제어해야 한다. 이를 위해서는 제어장치가 필요하다. 또한 액추에이터는 발생하는 힘을 정밀하게 가변할 수 있어야 한다. 거기에는 통상 서보모터가 사용된다.

1) 서보기구 제어의 기본

(1) 완전폐쇄와 반폐쇄의 제어

기구를 이상적으로 제어하기 위해서 제어장치는 어떻게 있어야만 할까? 우선 그림 5.12의 개념도에서 나타내고 있는 소위 완전폐쇄 방식(full-closed method)을 이용해야만 할 것이다. 완전폐쇄란 제어장치가 모터뿐만 아니라 기구 선단부분의 속도나 위치까지도 책임을 갖고 잘 제어하고자 하는 것이다. 이를 위해 모터는 물론이고 기구의 선단까지도 각종 검출기를 부착할 필요가 있다. 이 방식이 이상적인 것임에 불구하고 다음과 같은 이유로 반폐쇄 방식이 널리 사용되고 있다.

① 실제로는 기구의 선단에 가속도, 속도, 위치 등의 각종 검출기를 직접 부착하는 것이 곤란한 경우가 많다.

② 기구 자신의 진동, 모터와 기구 사이에 힘을 변환하는 요소의 거터, 마찰 등의 적합치 못한 특성이 직접 제어계에 영향을 미치게 된다. 이 때문에 제어계의 설계 및 조정이 어렵게 된다.

③ 각 기구 마다의 성질을 고려하여 최적한 제어방식을 검토해야 한다.

그림 5.13에 반폐쇄방식의 개념도를 나타낸다. 이 방식에서는 제어장치가 모터의 축끝의 속도나 위치까지를 정확하게 제어하는 방식이다. 그러므로 기구 자신의 정도에 따라 기구 선단의 정도가 결정되게 된다. 기구의 정도 이상의 종합정도를 내려고 하면 완전폐쇄방식을 취해야만 한다.

실용적으로 제어장치로부터 보았을 때에 주어진 설계사양의 범위로 이상적인 기구를 설계하고 이것을 표준적인 제어방식으로 구동하는 것이 많다. 여기서는 "입문서"의 입장이므로 반폐쇄방식을 전제로 어떻게 기구의 위치나 속도가 자유자재로 제어될 수 있는가에 대해 설명하기로 한다.

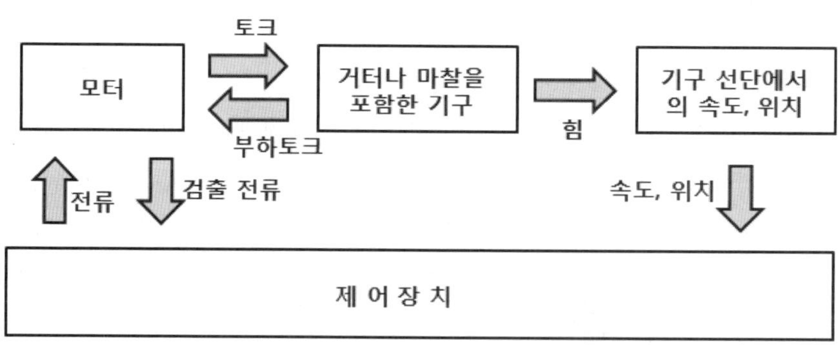

그림 5.12 완전폐쇄 방식의 개념

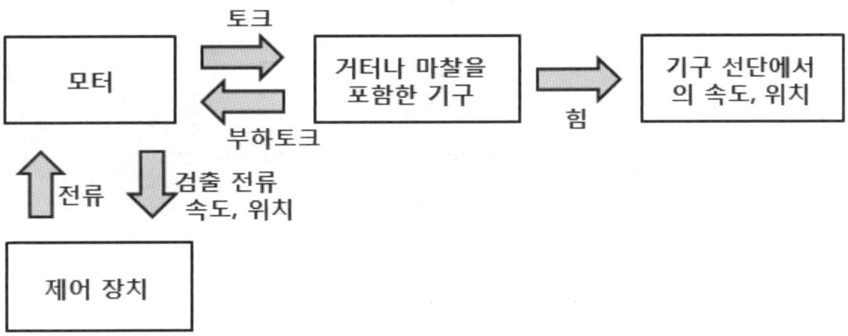

그림 5.13 반폐쇄 방식의 개념

(2) 기구 구동의 모델

반폐쇄 방식이므로 모터의 축 끝 속도와 위치가 자유자재로 제어될 수 있어야 한다. 한 가지 예로서 그림 5.14에 나타낸 바와 같은 직선운동을 행하는 기구를 생각하기로 한다. 모터는 DC 모터를 사용하는 것으로 하고 모터로부터 볼 때 부하가 이상적이라고 가정한다. 즉, 기구의 고유진동수가 충분히 높아 무시할 수 있다고 가정한다. 또한 볼나사의 거터도 고려하지 않아도 좋다고 가정한다. 실제 한 방향으로 움직이고 있는 경우는 이와 같이 생각할 수 있다. 방향이 반대일 때에 거터의 영향이 나타나지만 이것은 위치결정 장치의 백래시 보정기능에 의해 대체적으로 보정할 수 있다. 따라서 이와 같이 가정해도 현실에서 크게 동떨어져 있다고는 할 수 없다.

여기서 모터의 축단에 주목하여 모델화하기로 한다. 이것을 그림 5.15에 나타낸다. 일반적으로 볼나사나 테이블 등의 가동물체의 관성은 모두 모터축에 결합하고 있는 부하로서 환산할 수 있

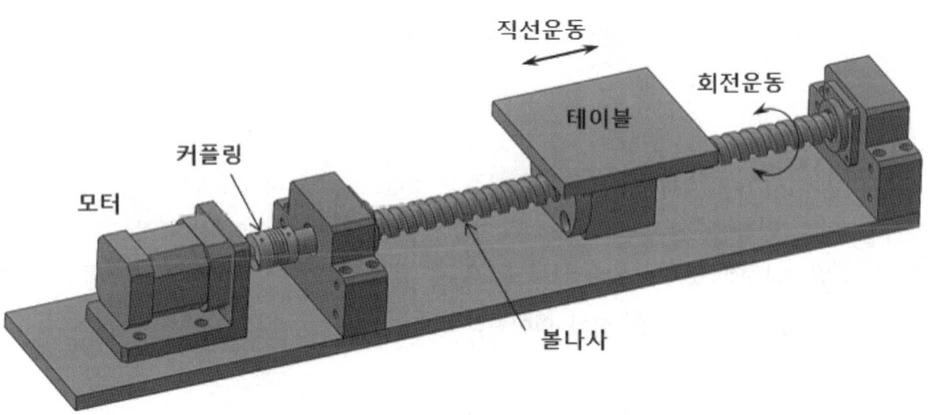

그림 5.14 직선운동을 행하는 기구

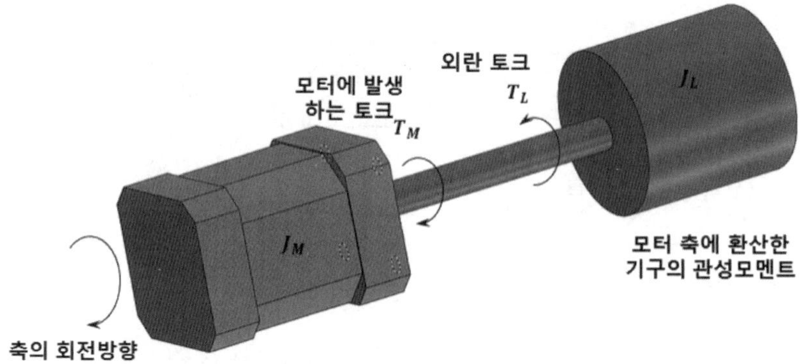

그림 5.15 모터축단에 있어서의 모터와 기구의 모델

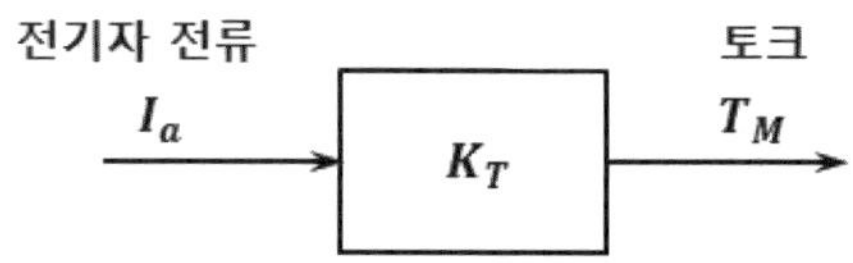

그림 5.16 DC모터의 마크로적인 모델

다. 그림 중의 J_L [kgf·cm·s^2]은 모터축에 환산한 부하관성이다. J_M [kgf·cm·s^2]은 모터자신의 관성, T_M [kgf·cm]은 모터가 발생한 토크이다. 모터 회전시의 모터내부의 점성적 손실토크나 내부의 마찰토크와 볼나사의 마찰토크나 테이블에 가해지는 외력에 의한 토크 등을 종합해서 외란토크 T_L [kgf·cm]로 한다. DC 서보모터에서는 영구자석으로 자계를 발생시키고 있는 것이 많다. 이와 같은 모터를 통상의 사용범위에서 사용할 경우 모터 자신이 발생하는 토크 T_M은 전기자전류 I_a [A]에 비례한다. 즉, 다음 식이 성립한다.

$$T_M = K_T \cdot I_a \tag{5.1}$$

여기서 K_T [kgf·cm/A]는 토크정수라 부르고 있다. 모터를 마크로적으로 보는 한 K_T는 정수로 생각해도 지장이 없다. 식 (5.1)은 그림 5.16에 나타낸 바와 같이 블록선도로 나타낼 수 있다. 그림 5.15에 있어서 모터가 토크 T_M을 발생했을 때에 모터축의 속도를 v [rad/s], 각도를 Θ [rad]로 하면 다음 식이 얻어진다.

$$(J_M + J_L) \cdot \frac{dv}{dt} = T_M - T_L \tag{5.2}$$

식 (5.2)에서 $J_M + J_L$은 계의 전체 관성이므로 이것을 J[kgf·cm·s^2]로 하면

$$J = J_M + J_L \tag{5.3}$$

식 (5.3)을 식 (5.2)에 대입하면

$$\frac{dv}{dt} = (T_M - T_L)\frac{1}{J} \tag{5.4}$$

식 (5.4)를 라플라스변환하면

$$s \cdot v = (T_M - T_L) \cdot \frac{1}{J}$$

$$\therefore \ v = (T_M - T_L) \cdot \frac{1}{J \cdot s} \tag{5.5}$$

또한 각도를 미분한 것이 속도이므로

$$\frac{d\theta}{dt} = v \tag{5.6}$$

이것을 라플라스변환하면

$$s\theta = v$$

$$\therefore \ \theta = \frac{1}{s} \cdot v \tag{5.7}$$

이다.

(3) 서보의 기본 블록선도

여기서 식 (5.5)와 식 (5.7)을 블록선도로 나타내면 그림 5.17에 나타낸 바와 같이 된다. 그림 5.17에서 우선 모터를 정지하고 있다고 가정한다. 모터를 회전시키기 위해 전기자 전류 I_a를 공급하면 모터의 축에 토크 T_M이 발생한다. 마찰토크는 모터의 회전을 정지하도록 작동하므로 그림 5.17에서 통상 외란토크 T_L은 양의 값을 갖는다. 물론 이것이 음의 값을 취하는 경우도 있다. 결국 모터가 발생하는 토크로부터 외란토크를 뺀 토크가 부하에 가해진다. 블록선도의 $1/s$은 적분하는 것을 나타내고 있으므로 이 토크가 적분되어 속도 v로 된다. 또한 속도가 적분되어 각도 θ로 된다.

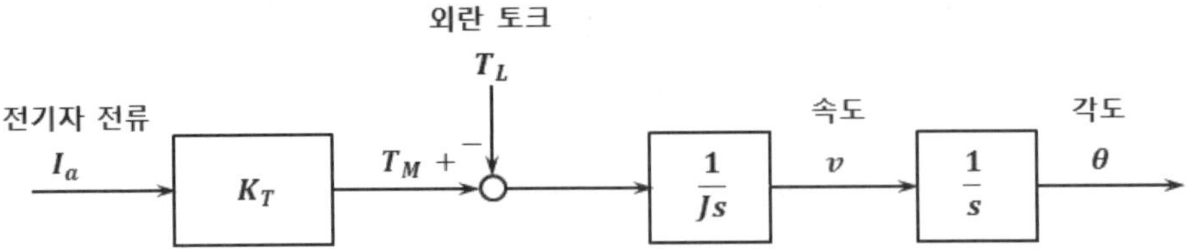

그림 5.17 모터와 기구에 관한 블록선도(전기자 전류를 입력으로 한 경우)

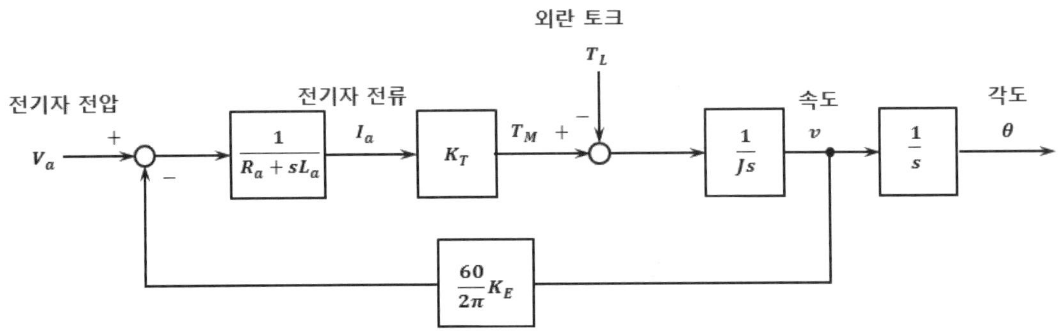

그림 5.18 모터와 기구에 관한 블록선도(전기자 전압을 입력으로 한 경우)

이상으로부터 전기자 전류 I_a를 정교하게 제어하므로써 모터축의 속도와 위치가 자유로 가변할 수 있다는 것을 알았다. 그러면 전기자 전류는 어떻게 흐르는 것일까? DC서보모터에 전압을 가하면 충분한 것이다. 그런데 모터의 단자 전류 V_a [V] 와 전기자 전류 I_a [A]의 관계는 그렇게 단순하지 않다.

그림 5.18에 이것을 고려한 블록선도를 나타낸다. 그림 중 R_a는 전기자 저항, L_a는 전기자 인덕턴스, K_E는 유기전압 상수이다. 실제로 모터에 파워앰프를 접속하므로써 모터 단자에 전압을 가하여 전기자에 전류가 흐르도록 하고 있다. 모터를 이용하는 목적은 발생토크를 정밀하게 가변하는 것이므로 파워앰프에 가해지는 전압 V_a에 비례하여 전기자 전류 I_a가 흐르도록 하면 충분하다.

이 때문에 그림 5.19의 블록선도에 나타낸 바와 같이 전기자 전류를 검출해서 파워앰프에 피드백을 걸고 있다. 이와 같은 파워앰프를 전류앰프라 부르고 있다. 상세한 설명은 생략하지만 파워앰프의 게인 A_i를 상당히 크게 취하므로써 그림 5.19의 블록선도는 그림 5.20에 나타낸 블록선도에 근사할 수 있다. 실용상으로는 이 블록선도로도 충분하다.

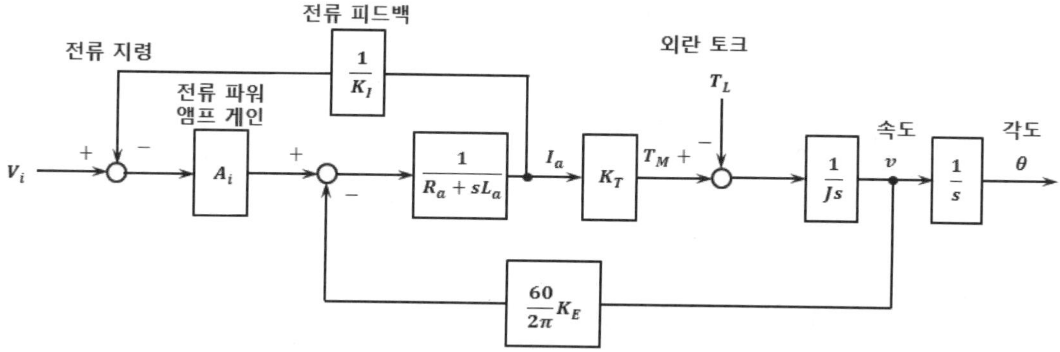

그림 5.19 모터와 기구에 관한 블록선도(전류피드백을 건 경우)

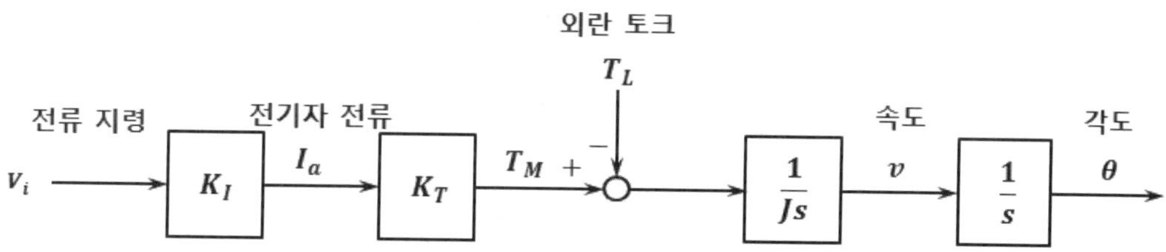

그림 5.20 전류앰프, 모터 및 기구에 관한 블록선도

그러면 모터축의 관성 J_M과 모터축에 환산한 부하관성 J_L의 비는 어느 정도로 취하는 것일까? 흔히 $J_M : J_L = 1 : 1$로 취하는 것이 가장 효율이 좋다고 알려져 있다. 이 이유를 생각해 본다.

그림 5.15에 있어서 부하가 갖고 있는 회전 에너지 P_L은 다음 식으로 주어진다.

$$P_L = 9.8 \times 10^{-2} \times \frac{1}{2} J_L v^2 \tag{5.8}$$

시각 t_1에 있어서의 회전체의 속도 v는 식 (5.2)로부터

$$v = \frac{1}{J_M + J_L} \int_0^{t_1} T dt \tag{5.9}$$

다만 T는 회전체가 받는 토크로 $T = T_M - T_L$이다. 식 (5.9)를 식 (5.8)에 대입하면 시각 t_1에 있어서의 부하의 에너지는

$$P_L = \frac{9.8 \times 10^{-2}}{2} \left[\int_0^{t_1} T dt \right]^2 \frac{J_L}{(J_M + J_L)^2} \tag{5.10}$$

여기서 $J_L = \alpha J_M$으로 놓으면 식 (5.10)은

$$P_L = \frac{9.8 \times 10^{-2}}{2 J_M} \left[\int_0^{t_1} T dt \right]^2 \frac{\alpha}{(1+\alpha)^2} \tag{5.11}$$

부하의 에너지를 최대로 하는 α의 값을 구해 본다.

P_L을 α로 편미분하면

$$\frac{\partial P_L}{\partial \alpha} = \frac{9.8 \times 10^{-2}}{2 J_M} \left[\int_0^{t_1} T dt \right]^2 \frac{1-\alpha}{(1+\alpha)^3} \tag{5.12}$$

$$\frac{\partial^2 P_L}{\partial \alpha^2} = \frac{9.8 \times 10^{-2}}{2 J_M} \left[\int_0^{t_1} T dt \right]^2 \frac{2(\alpha-2)}{(1+\alpha)^4} \tag{5.13}$$

식 (5.12)에 있어서 $\partial P_L / \partial \alpha = 0$으로부터 $\alpha = 1$이 얻어진다. 또한 식 (5.13)에 있어서 $\alpha = 1$일 때 $\partial^2 P_L / \partial \alpha^2$은 음으로 된다. 따라서 $\alpha = 1$일 때 P_L은 최대치임을 알 수 있다. 결국 $J_M : J_L = 1 : 1$로 했을 때에 부하 에너지가 최대로 된다.

결국 그림 5.20의 블록선도이다. 즉, 반폐쇄 방식을 취해 모터의 축 끝에서 생각하면 통상적인 사용방법을 취하는 한 전류 앰프, 모터 및 기구는 어떻게든 간단한 블록선도로 모델화 하여 취급할 수 있다.

5.5 기전시스템 응용

기계에서 기전시스템을 응용한 기술은 대부분 전자 포함형태로 NC 공작기계, 자동차, 로봇이 중심이다. 여기서는 이러한 기계제품에 어떠한 기전시스템 기술이 도입되고 있는 지에 대해 대략적으로 설명하도록 한다.

기전시스템이라는 어원의 원조인 NC 공작기계에는 NC 공작기계가 원하는 공작물의 가공을 위해 고정도, 고정밀로 모터 등의 액추에이터를 구동하고 센서에 의해 현재의 상태 등을 모니터링하면서 시스템을 제어하는 기전시스템 기술이 주로 도입이 되었으며 이와 더불어 주변의 환경을 고려한 센싱 시스템에 의한 가공 환경의 최적화에도 기전시스템 기술이 도입되어 있다. 이는 공장 자동화와 연결되며 이러한 공장자동화에서 생산품 흐름의 감시 또는 공작기계 등의 위치 제어 등에서 센서를 응용하고 또한 각 제품의 불량 판단 및 산업 현장의 산업재해 예방 등에서도 센서를 응용함에 따라 공장자동화에서 기전시스템 기술의 역할은 점점 중요 해지고 있다.

자동차에도 운전자의 쾌적한 실내 환경 제공이나 안정성 증대 등을 위해 기전시스템 기술이 도입되어 점점 고기능화 되고 지능화 되고 있다. 즉, ABS(Automatic Break System) 시스템과 같이 기계의 브레이크 시스템에 전자적인 기술을 도입하여 자동적으로 미끄럼에 대비하여 자동차가 회전하는 것을 막음으로써 운전자를 보호한다든지, 코너를 돌 때 쏠림을 방지하기 위해 쏠림방지시스템을 도입하였다든지 자동차의 실내 온도를 항시 감시하여 운전자가 항상 쾌적한 환경에서 운전할 수 있도록 하는 등 자동차에도 여러 가지의 기전시스템 기술이 도입되어 있다.

한편, 로봇에는 산업용 로봇과 지능로봇으로 크게 나눌 수 있는 데 여기에도 기전시스템 기술이 매우 많이 도입되어 있다. 산업용 로봇은 생산자동화와 연결되어 기계시스템의 가공 자동화나 가공품 이송의 자동화 등의 무인화에 한 역할을 하고 있다. 따라서 자동화에 필요한 센서나 액추에이터 등을 도입하여 자동화 라인을 구축하는 데 이 기전시스템 기술이 도입되고 있다. 지능형 로봇의 경우는 인간이 행하는 동작이나 지능 등을 모방하여 되도록 인간에 가깝게 하려는 궁극적 목적이 있으므로 여기에는 상당한 여러 기전시스템 기술을 필요로 한다. 즉, 인간은 오감을 가지고 있으므로 이에 대응하여 고감도의 오감 센서 및 고성능의 액추에이터, 그리고 고도의 제어기술 등을 필요로 한다.

5.5.1 NC 공작기계

1) CNC의 구성

당초의 NC는 MPU(Micro Process Unit)를 사용하지 않고 각 종 논리소자(IC)를 조합한 전자회로의 구성에 의해 소정의 기능을 발휘하였다. 당연히 복잡한 기계 운동이나 CRT 표시기를 사용한 화면 표시는 할 수 없었다.

그 후 반도체의 진보에 의해 MPU가 개발되고 MPU를 핵으로 한 수치제어 장치는 Computer NC(CNC)라 불려져 오늘날에는 수치제어 장치라 하면 CNC를 의미한다.

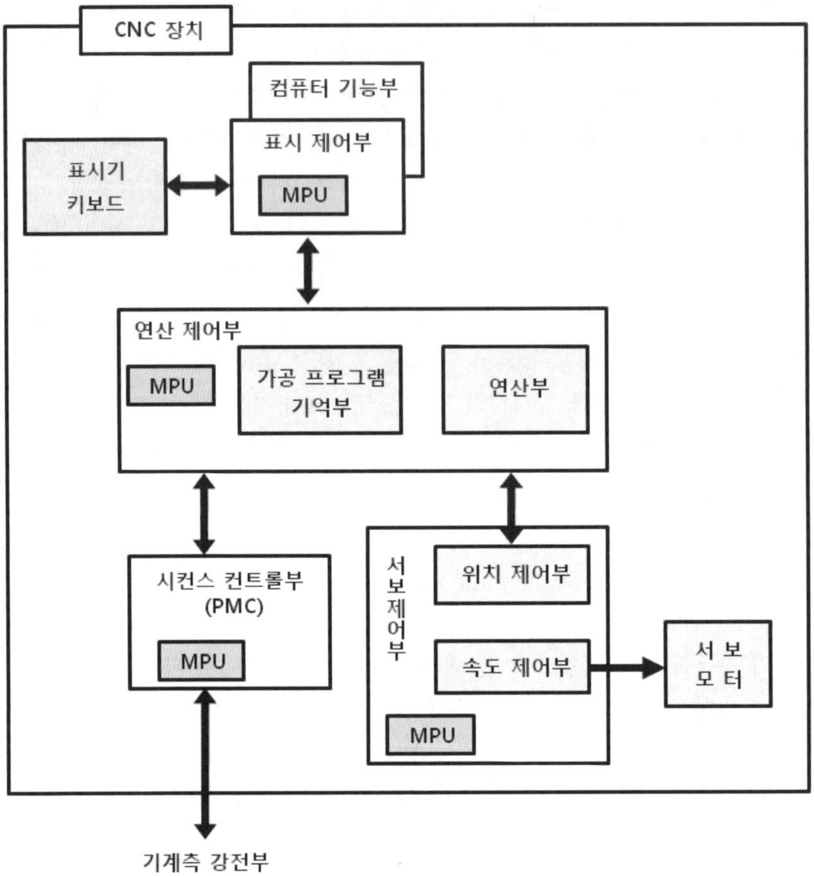

그림 5.21 CNC 장치의 구성 개념

최근의 MPU의 고성능화, 소형화는 현저하여 한 대의 CNC 중에 복수의 MPU를 탑재한 것도 많다. 고성능 MPU 기술에 의해 복잡한 기계운동의 고속, 고정도 제어가 가능하게 되며 조작하기 쉽고 시각에 호소하는 표시화면이 가능하게 되어 있다. 더구나 Open CNC라 불려지는 PC 기능을 내장한 CNC도 나타나 공장 내의 LAN의 구축 혹은 CNC의 가스타마이즈화도 용이하게 되어 왔다.

그림 5.21은 MPU를 핵으로 한 수치제어 장치(CNC)의 구성을 개념적으로 나타낸다.

우선 가공프로그램을 연산제어부의 가공 프로그램 기억부에 격납한다. 더욱이 표시기와 키보드에서 가공 프로그램의 표시 및 편집, 기계의 좌표 표시나 알람 표시가 가능하며 공작기계의 오퍼레이터는 통상 이 표시화면을 보고 조작한다. 표시기로서는 종래는 CRT가 주류이었지만 요즈음의 PC 보급에 의해 LCD(액정 표시판)의 저가격화가 이루어지면서 뒷부분이 얇은 LCD로 교체되었다.

(1) 표시 제어부

표시 제어부는 당초 문자만으로 더구나 흑백만이 표시되는 것이었지만 표시 제어부에 전용 MPU를 장착하므로써 컬러이면서 더구나 고속의 그래픽 표시나 가공 형태의 애니메이션도 가능하게 되었다. 이 기능에 의해 실제로 기계를 운전하지 않고 가공프로그램을 체크하는 것이 가능하게 되었다.

또한 오픈 CNC에서는 표시제어부 대신에 PC기능부를 삽입하여 시판 OS가 그대로 사용될 수 있도록 되어 있다. PC 기능부는 PC와 마찬가지 화면을 표시할 수 있으며 시판의 PC소프트웨어를 그대로 움직일 수 있다.

(2) 시컨스 컨트롤부

시컨스 컨트롤부(PMC ; Programmable Machine Controller)는 개개의 공작기계에 붙어있는 릴레이나 시컨서를 CNC 내부에 조합한 것이다.

PMC의 기능은 조작반의 스위치나 기계에 부착된 리밋 스위치 등으로부터 정보를 읽어 들이고 수동/자동 등의 운전모드의 교체나 자동운전의 기동/정지 등의 신호로서 이것을 NC에 보내기 위한 기능이다. 더욱이 NC로부터 출력된 자동운전 중이나 알람 등의 상태신호를 읽어내어 조작반의 램프를 점등한다든지 가공프로그램에서 지령된 보조기능(M, S, T기능)의 시컨스 제어를 행하여 주축의 회전/정지, 자동 공구교환장치나 자동 팰럿 교환장치(APC)를 제어하는 기능이다.

연산제어부와 시컨스 컨트롤부란 버스(Bus)로 접속되어 있으며 외부의 시컨서를 사용한 경우에 비교하여 데이터 전송이 상당히 고속으로 되며 가공프로그램의 실행시간이 짧게 된다. 시컨스 컨트롤부의 프로그램은 래더(ladder)언어 외에 플로우 차트 형식으로 기술하는 SFC(Sequential Function Chart)가 이용된다. 시컨스 프로그램은 공작기계의 사양에 맞춰 기계마다 만들어진다. 시컨스 컨트롤부가 CNC에 주어지는 신호에 의해 연산제어부는 가공프로그램의 기동 정지나 매뉴얼 동작의 개입이라는 CNC 개개의 동작이 행해진다.

(3) 연산 제어부

연산 제어부는 CNC의 핵심 부분이며 외부사상에 리얼타임으로 응답하며 서보에의 이동지령을 생성한다든지 시스템 전체의 관리를 행한다. 예를 들면 시컨스 컨트롤부로부터의 기동 신호에 의해 기억부(일반적으로 비휘발성메모리)에 기억된 가공 프로그램을 읽어 내어 연산부에서 해석하며 축마다의 단위 시간당 이동량으로 분할하여 서보 제어부에 데이터를 보낸다. 실제의 이동량은 단순히 가공 프로그램만으로 결정되는 것은 아니며 공구 마찰이나 피치 오차라 하는 기계위치에 대한 오차 등을 고려하여 계산된다.

또한 입수에 의한 매뉴얼 운전은 지시된 이송 속도를 실시간으로 처리하여 축마다 단위시간당 이동 량으로 분할하여 서보제어부에 데이터를 보낸다. 이들의 축동작 처리 이외에 시컨스 컨트롤부로부터의 신호 감시나 서보제어부의 정상 운전의 감시라 하는 CNC 시스템 전체의 실시간 처리를 행하고 있다.

(4) 서보 제어부

서보 제어부는 위치 제어부와 속도 제어부로 구성되어 있다. 종래는 아날로그 서보가 주류이었지만 요즈음 반도체의 급속한 진보에 의해 고속의 MPU를 사용한 디지털 서보가 주류가 되었다. 위치 제어부에서는 연산부로부터의 지령과 모터의 회전 각도를 나타내는 위치 귀환신호를 비교하여 항상 지령에 추종하는 제어를 행하고 있다. 속도 제어부에서는 모터를 원활히 회전시키기 위해 제어를 행하고 있다. 디지털 서보의 서보 제어부에서는 MPU를 내장하고 있음으로써 복잡한 연산을 행할 수 있게 되며 서보계의 추종지연에 의한 가공 오차를 개선하는 기능이나 기계의 마찰 토크에 의한 가공 오차를 개선하는 기능 등에 의해 고도의 서보 제어가 실현 가능하게 되었다.

2) 서보기구

NC 공작기계는 액추에이터에 수치제어 명령을 줌으로써 원하는 동작을 부여하는 기전시스템으로 여기서 가장 중요한 부분은 서보기구이다. 서보기구는 일반적으로 "서보", "서보시스템", "서보 메커니즘"이라 부른다. 이들은 모두 같은 것을 의미하고 있으며 "목표 위치 등의 물리량에 추종하는 제어 메커니즘"이라고 할 수 있다.

NC공작기계에 사용되는 서보기구는 크게 두 가지로 나눌 수 있다.

① 기계의 가공 성능에 직접 관계하는 가공물 또는 공구를 구동하는 서보기구.

② 가공에는 직접 관계하지 않는 주변장치를 구동하는 서보기구.

이들은 각각 사용목적이 다르기 때문에 서보기구에 요구되는 기능 및 성능도 다르다.

여기서는 직접 가공에 관계하는 서보기구에 대해 서술하기로 한다.

직접 가공시스템에 관계하는 서보기구는 더욱이 다음의 2가지로 분류할 수 있다.

첫째는 가공물 또는 공구의 위치나 속도를 제어하는 이송 서보기구이며 높은 응답성과 정도가 요구된다.

둘째는 가공물이나 공구의 회전수를 제어하는 주축 서보기구이며 회전의 안정성과 고속성이 요구된다.

(1) 이송 서보기구

NC 컨트롤러로부터의 지령을 받아 실제의 제어대상인 테이블 등을 움직이기 위한 기구가 서보기구인 것이다. 상위 컨트롤러로부터의 지령에 얼마나 충실히 움직일까 하는 것이 NC시스템 전체의 성능을 좌우하므로 이것은 매우 중요한 기구이다.

서보기구는 당초에 유압 펄스모터로부터 시작하여 DC 서보모터로 변천하였으나 최근에는 마이크로컴퓨터의 성능 향상이나 제어기술의 진보에 의해 AC 서보모터가 채용되게 되었다. AC 서보모터는 DC서보모터에 비해 아래와 같은 특징이 있다.

(a) 마멸 부품인 브러시가 없으며 보수 불필요이다.
(b) 소형이며 구조도 간단하다. 전 폐쇄형이므로 내유성 등에 우수하다.
(c) 로터 이너셔가 작게 되며 민첩한 응답을 할 수 있다.
(d) 발열부가 고정부 측에 있기 때문에 발열 처리가 비교적 용이하다.
(e) 고속회전에도 대응할 수 있다.

이와 같은 특징으로부터 현재는 NC의 이송축 서보에 거의 AC서보모터가 이용된다. AC서보모터에 대한 자세한 내용은 7.3절을 참조하기 바란다.

서보기구는 그림 5.22에 나타냈듯이 ① 제어대상, ② 서보모터, ③ 검출기, ④ 서보 증폭기(서보 드라이버), ⑤ 상위장치(NC 지령장치)로 구성된다.

① 제어대상

NC는 통상, 제어대상은 공작물이나 공구를 탑재한 테이블이나 주축 등과 볼나사나 기어 등의 전달기구로 구성된다.

② 서보모터

영구자석을 로터에 갖는 회전계자형의 동기 전동기가 많이 사용된다. 동기 전동기는 전기자에 가하는 교류의 주파수를 변화하므로써 자유롭게 회전수를 바꿀 수 있다. 또한 정지시에도 강한 유지 토크가 나오므로 높은 정도가 요구되는 이송축용 모터로서 최적이다.

③ 검출기

서보기구에는 반드시 위치 혹은 속도를 검출하기 위한 수단으로서 검출기가 붙어 있다. 모터에 붙어 있는 엔코더와 제어대상에 붙어 있는 리니어 스케일 등이 있다.

④ 서보 증폭기(서보 드라이버)

상위 장치로부터의 지령대로 모터를 돌리기 위한 전류 증폭장치이며 통상 서보 드라이버(혹은 서보 앰프)라 불려진다.

⑤ 상위장치

NC시스템의 경우 NC컨트롤러가 이것에 상당한다.

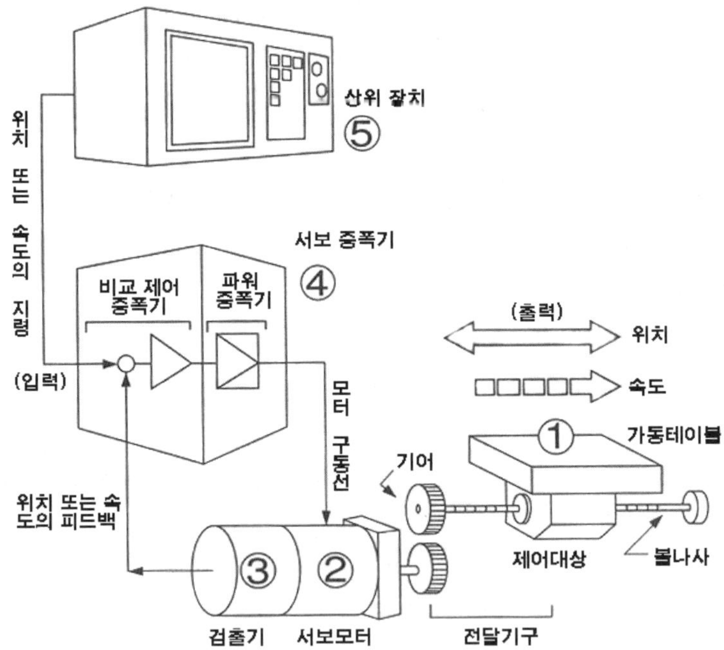

그림 5.22 서보 기구의 구성

(2) 주축 서보기구

주축 서보기구는 공구 또는 공작물의 회전수를 제어하는 시스템이다. 앞에서 서술한 AC서보에 대해서 AC 주축으로 불려진다.

공작기계의 초기부터 주축 구동용의 모터는 견고하고 값싼 인덕션 모터가 오랫동안 사용되어 왔다. 그러나 인덕션 모터는 가변속 제어에 어려움이 있어서 반도체 소자인 SCR(Silicon Controlled Rectifier)가 실용화 되면서 무단 변속이 가능한 직류기 드라이버(DC 모터)가 이것에 치환되었다.

1970년대 후반 인덕션 모터를 가변속 제어하는 인버터에 벡터제어 기술이 도입되어 인덕션 모터의 속도와 토크의 제어 성능이 향상하고 통상의 3상 농형 인덕션 모터를 주축 가변속 모터로서 사용할 수 있게 되었다.

3상 농형 유도 모터는 DC 모터에 비해 소형화, 유지가 용이하다. 그것과 강성이 있는 다이캐스터 로터는 고속 운전을 가능하게 했다. 그 후 최신의 파워 소자 및 마이크로프로세서의 기술을 응용하여 공작기계의 니즈를 실현해 왔던 결과 거의 모든 공작기계의 주축 구동에는 유도 모터가 사용되고 있다.

3) NC 컨트롤러

수치제어시스템(Numerical control system)은 공작기계에서 제어로 가장 널리 쓰이고 있으며 작업 전의 공작물은 주어진 기술 도면이나 다른 작업 데이터로 NC 공작기계에 의해 가공된다. 2축, 3축, 다(多)축 기계는 공작물의 형태나 공정기술에 의해서 결정된다. 예를 들어, 2축 공작기계는 NC선반이 대표적이며 밀링 머신은 3축 공작기계의 대표적인 예이다.

NC 공작기계에서 센서와 액추에이터는 생산 업체에 의해 프로세서와 연결되므로 작업자나 프로그래머는 작동원리와 컨트롤러 그리고 기계 사이의 상호작용에 대해 알아야 한다.

그림 5.23은 공작물에서 뚫어야 할 구멍의 위치를 나타내고 있다. 숙련공은 우선 공작물의 재료를 알아야 하며 그 후에 적절한 드릴 속도와 이송 값을 정할 수 있다. 드릴링 머신은 두 방향으로 이송할 수 있는 작업 테이블이 장착되어 있고 조정은 리드 스크류에 의해 할 수 있으며 설정 값은 측정 스케일로 읽을 수 있다(그림 5.24).

(1) 제조공정 및 제어

공작기계 적용을 위한 제조공정은 다음과 같다.

① 테이블은 기준점으로 움직인다. 기준 점 값은 컴퓨터로 전송된다. 0값은 양쪽 스케일에 의해 읽혀진다. 드릴은 원점 위에 위치한다.

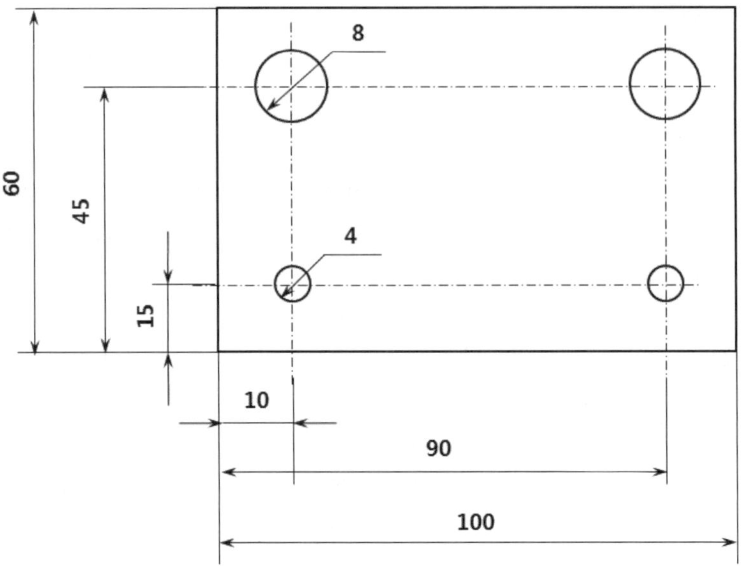

그림 5.23 시편에서의 드릴 구멍의 위치

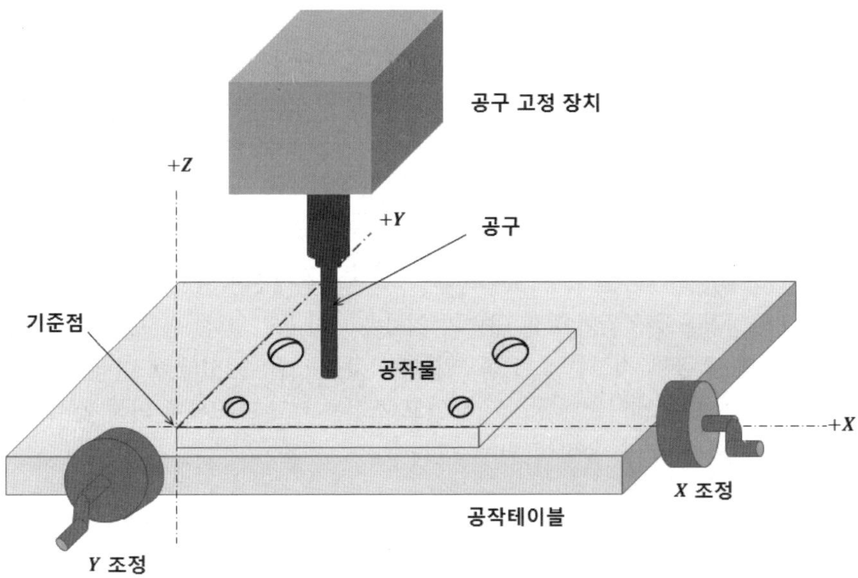

그림 5.24 2방향으로 작업 테이블의 조정이 가능한 드릴링 머신

② 공작물은 테이블 위에 요구되는 정확한 위치에 있어야 한다.

③ 공작물의 0점이 결정된다. 측정된 모든 치수의 기준 모서리 또한 결정된다. 드릴은 이 점에 위치하게 된다. 공작물의 0점은 좌표의 직사각형의 원점으로 간주된다. y축은 테이블 이동의 한 방향이고, x는 다른 방향이다.

④ 작업이 착수된다. 작업 시컨스는 자세히 기록되어야 한다.

이 기록은 기술 도면을 완전히 대체 할 수 있다. 작업자에 따라서는 이 정확히 기록된 것을 가지고 작업 사이클을 수행하는 사람도 있을 것이다.

(2) 가공 프로그램

프로그램은 시컨스 항목에 의해 결정된다.

① 드릴 1을 고정시킨다.
② x좌표를 10까지 y좌표를 15까지 설정한다.
③ 절삭속도 2로 드릴링 한다.
④ x 좌표를 95까지 설정한다.
⑤ 절삭속도 2로 드릴링 한다.)
⑥ 드릴 1을 풀고, drill 2를 고정한다.
⑦ y좌표를 45까지 설정한다.
⑧ 절삭속도 1로 드릴링 한다.
⑨ x 좌표를 10까지 설정한다.
⑩ 절삭속도 1로 드릴링 한다.
⑪ 제품을 제거한다.

보통 위치결정 데이터, 절삭 공구의 정보, 요구 절삭속도는 기계 작동을 위해서 이송이나 속도 같은 기술 데이터를 공구 데이터시트에 포함하며 공구번호, 속도, 이송 그리고 회전 방향은 모두 하나의 데이터를 구성한다. 이송속도는 위의 프로그램에서 생략되었다. 이 결정은 작업자에게 맡겼고, 만일 작업을 앞으로 자동적으로 진행시키려면 이 정보들은 추가적으로 부가되어야 한다.

위치결정 데이터는 항상 좌표의 원점으로부터 생각하는데 이 경우 이것은 항상 도면의 치수를 위한 기준선의 교차점이 된다. 그러므로 위치결정 데이터는 절대 형태로 주어지며, 절대 치수로 프로그램 될 수 있다.

정보는 또한 x값과 다음 위치에서 추가된 새로운 값이 입력될 현재 위치에 대한 관계를 제공받는다. 이것을 증분 위치결정 데이터라 하며 증분 위치결정 데이터는 다음과 같이 표현된다.

① Set x+10, y+15

② Set x+80

③ Set x+30

④ Set x−80

가장 적절한 방법의 선택은 공학 도면의 치수에 따르며 가끔 위치 결정 데이터의 증분과 절대 특성이 혼합되기도 한다. 그때에는 명백히 그 상황에서 데이터의 타입을 설명해야 한다.

위에서 기술한 예에서 공작물의 가공은 단지 서로 다른 4개의 점에서 발생한다. 말하자면 단지 하나의 기계적 위치에 접근된다. 경로가 이 점에 도달하기 위해 정해질 필요는 없으므로 드릴 작업이 이루어질 때 공작물에 변화는 생기지 않으며 테이블은 두 번째 드릴링을 위한 위치로 지그재그로 이송된다. 이것을 점에서 점으로의 제어라고 한다.

그림 5.25에서 보는 것처럼 만일 그루브가 공작물에 밀링 가공된다면 상황은 달라진다. 사용되는 공구는 밀링 커터이다. 작업 테이블은 드릴링에서 사용했던 것과 같다. 공작물은 점 1에서 2의 경로로 접촉될 것이고, 물론 지그재그 경로는 허용할 수 없다. 그러나 문제는 간단히 해결될 수 있다. 왜냐하면 가공 부품은 두 축 중 하나에 항상 평행하기 때문이다. 공구는 P_1 위치에서 출발하도록 설정된다. 이 점으로부터 y값은 Y_2로 설정된다. 공구가 그 곳에 도달하면 x값은 새로운 값 X_2로 설정된다. 이것이 단순한 직선 제어이다.

그림 5.26은 점 1에서 점 2까지의 대각선 홈 가공을 나타낸다. 간단한 방법으로 지그재그 경로를 사용하여 실현 할 수 있지만 그림 5.27에 나타낸 것처럼 정확하게 계산되어야 한다.

지루한 계산이 없으면 공구가 증분 값 Δx만큼 움직인 후에 Δy만큼 움직이고 한 번 더 Δx만

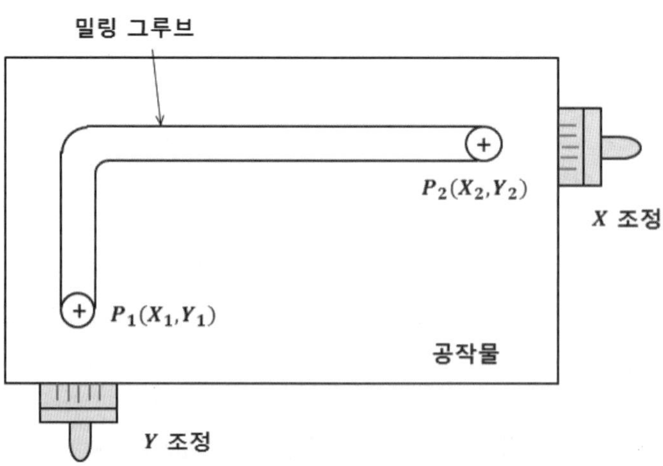

그림 5.25 시편에 드릴링 된 그루브

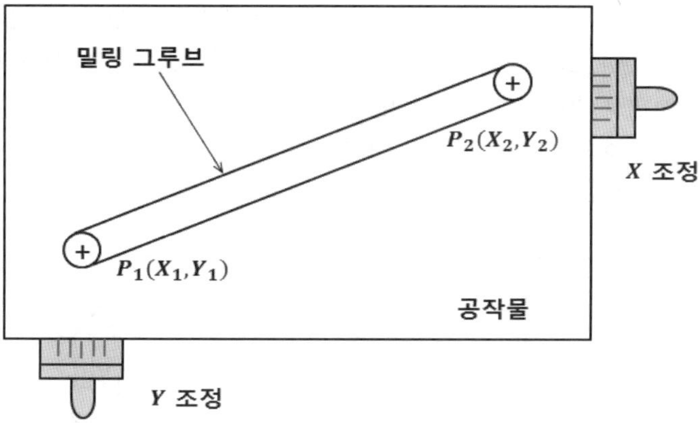

그림 5.26 점 1로부터 점 2로 밀링 가공되는 대각선 그루브

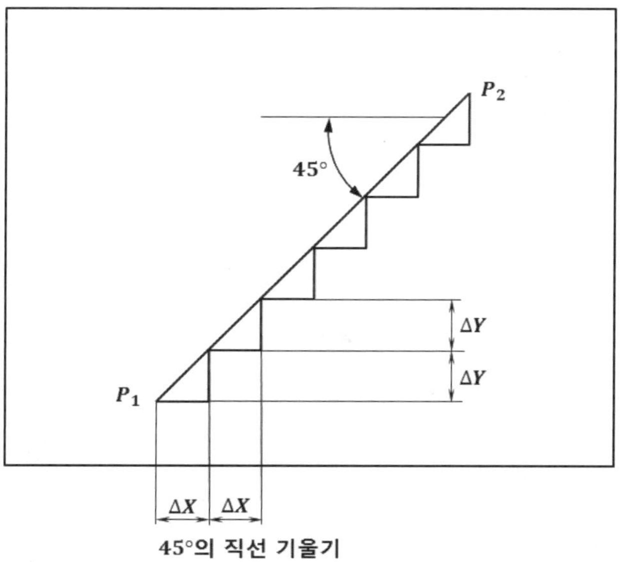

그림 5.27 대각선 그루브의 밀링 지그재그 경로

큼 등 움직이게 될 때 기계는 점 2에 분명히 도착한다. 만약 증분 값 Δx와 Δy가 작으면 지그재그 선은 더 이상 의식할 수 없으며 이상적인 경로의 편차는 오차 한도 내에서 남는다. 만약 요구 경로가 45°이하가 아니라면 선분의 기울기에 따라 Δx와 Δy의 값은 각각 달라진다. 이러한 값들은 계산되어야 한다. 자동 제어 시스템에서 컴퓨터가 이 문제를 해결한다. 이 예에서의 직선 제어를 확장 직선 제어라고 한다.

점 1에서 점 2까지의 임의 경로는 그림 5.28에 나타내었다. x방향과 y방향의 증분 값(Δx, Δy)은 정해져야 한다. 그러나 이 경로의 계산은 만일 지나칠 곡선이 간단한 형상 방정식에 의해 설명되지 않으면 복잡해 질 것이다. 따라서 윤곽제어 방식은 이러한 생산 응용에 사용된다. 윤곽 제어는 일반적으로 원호와 타원을 따라 움직일 수 있다. 복잡한 형상은 좌표 점에 의해 직선경로로 변환되어야 한다. 컴퓨터가 이러한 응용에 필요하다.

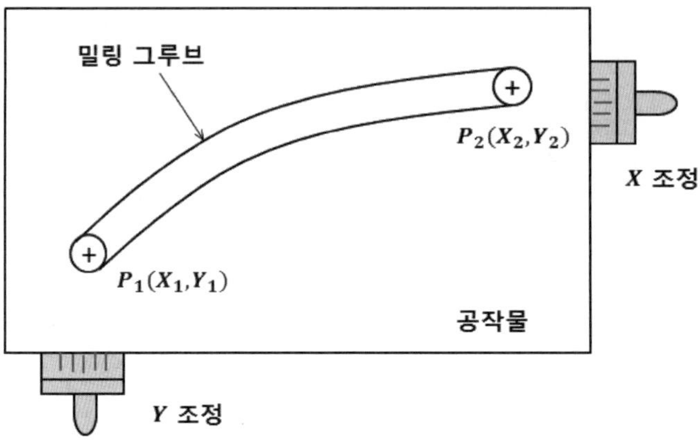

그림 5.28 점 1로부터 점 2까지의 임의 경로

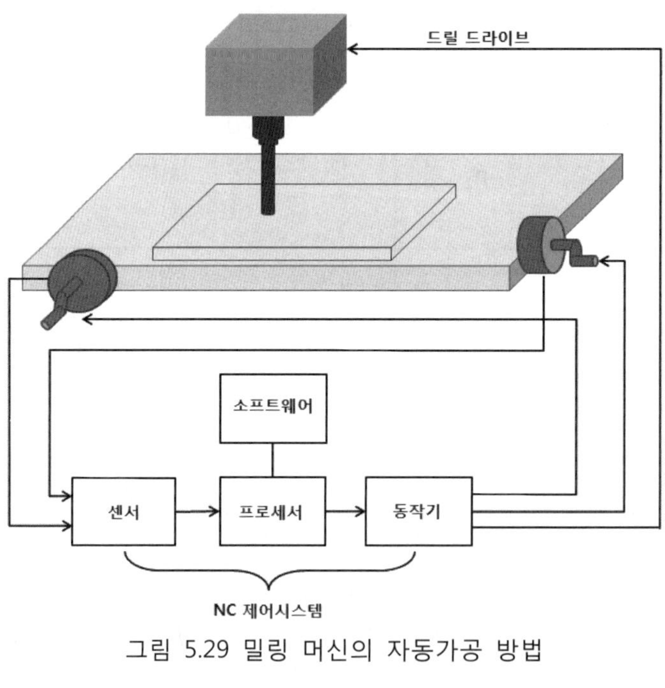

그림 5.29 밀링 머신의 자동가공 방법

그림 5.29는 드릴머신의 자동 방식의 개략도를 나타낸 것이다. 스케일이 증분 또는 절대 위치 측정 시스템으로 대치된다. 적절한 액추에이터가 핸들을 대신하여 사용된다. 센서는 정확하게 이동 거리의 끝단에 위치한다. 오늘날 모든 축과 주 구동에 대해 무한대이면서 간단한 조정을 제공하는 직류모터가 널리 사용된다.

공구 혹은 기계 슬라이드의 경로를 설명하는 데는 다른 두 가지 방법 즉, 증분적인 방법과 절대적인 방법이 있다. 따라서 기계 슬라이드의 움직임과 같은 부 제어 작업은 각각에 대해 달리 해결된다.

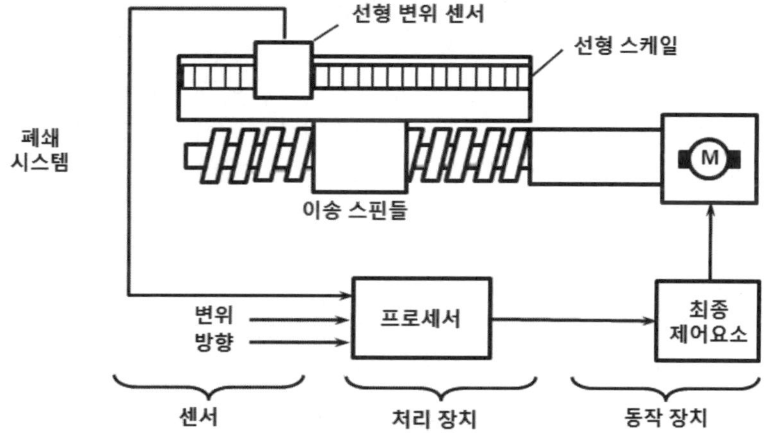

(a) 변위 모니터링을 가진 증분 시스템

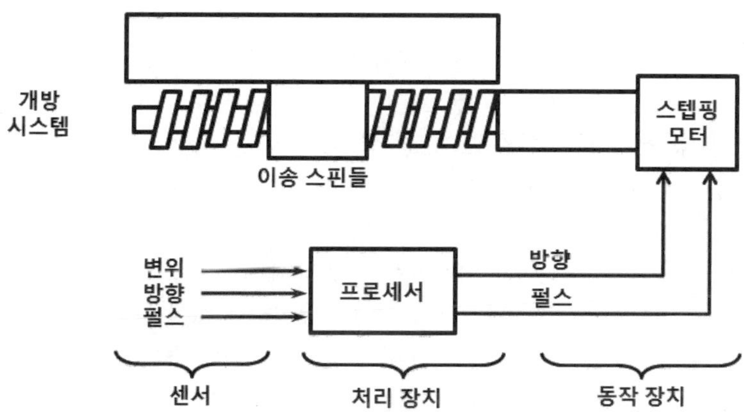

(b) 스텝핑 모터를 가진 증분 제어

그림 5.30 증분 제어 시스템의 두 가지 형태

증분제어 시스템의 두 가지 형태는 그림 5.30에 나타내었다. 증분 위치 엔코더를 사용하는 증분제어 시스템에서 처리 장치가 선형 변위 센서에 의해 공급되는 펄스를 계수한다. 펄스는 변위의 가장 작은 측정 단위에 따른다. 이동 거리와 이동 방향이 기준 값으로서 처리 장치에 들어온다. 이 데이터 처리 장치에서 구동 모터의 최종 제어 요소에 필요한 제어 신호를 생성한다. 만약 그 값이 일치하지 않으면 모터는 계속 움직여야 한다. 일단 그 값이 일치하면 처리 장치에서 최종 제어 요소에 신호를 보내는 것을 멈추고 정확한 슬라이드 위치에 도달하도록 지시한다. 새로운 기준 값이 제공되면 이러한 처리 과정은 다시 시작된다. 슬라이드가 빨리 정지하는 것이 중요하며 제동 시간도 고려되어야 한다. 예를 들어 끝점에 도달하기 전에 간격의 감소를 유지하면서 속도를 줄여야 한다.

액추에이터로서 스텝핑 모터를 갖는 증분 제어에서 슬라이드 위치의 인지는 없다. 선형 위치 센서로부터의 임펄스 대신에 펄스가 처리 장치에 바로 주어진다. 처리 장치는 펄스가 위치 기준 값에 이르기까지 스텝핑 모터에 펄스를 보낸다. 스텝핑 모터의 스텝 당 정의된 회전각을 정확하게 파악함으로써 각각의 위치는 스핀들에 의해 쉽게 접근할 수 있다.

(3) 절대 제어

그림 5.31은 절대 제어 시스템의 두 가지 형태를 설명하고 있으며 하나는 절대 위치 엔코더를 갖고 있고 하나는 증분 위치 엔코더를 갖고 있다.

각 엔코더나 선형 엔코더와 같은 절대 위치 엔코더를 갖는 절대제어 시스템에서 슬라이드의 실제 절대 위치 값은 어떤 주어진 시간에 알려져 있다. 처리 장치는 이 값과 기준 값을 받아들이며 이 두 값 사이의 산술적 차이를 계산한다. 그 차이가 클수록 기준 위치로부터 슬라이드의 편차는 더 커진다. 그 차이 값은 프로세서의 출력으로서 디지털 값이 유용하다. D/A 변환 후에 그 차이는 구동 모터를 트리거하는 트랜지스터와 같은 최종 제어요소에 아날로그 값으로 표현된다. 기준 값으로부터 편차가 크면 클수록 모터 속도와 슬라이드 조절 속도는 더 커지며 편차가 없으면 모터는 정지한다. 모터는 물론 최고 속도와 최저 속도의 제한이 있으며 낮은 속도에서 토크는 공구가 잠깐 멈출 만큼 작아진다.

증분 위치 엔코더를 갖는 절대 제어 시스템에서 센서는 슬라이드 끝 위치에서 있는 제한 스위치(limited swich)로 작동한다. 일단 기계가 움직이면 처리 장치의 증분 위치 계수기가 기준점의 값으로 설정한 슬라이드는 끝 위치로 움직인다. 슬라이드의 추가 움직임은 어떠한 주어진 시간에 위치 엔코더를 갖는 절대 시스템과 같이 계수기의 절대 위치를 알기 위해 계수기에 의해 기록된다.

증분 위치 엔코더를 갖는 절대 제어 시스템이 오늘날 가장 널리 사용된다.

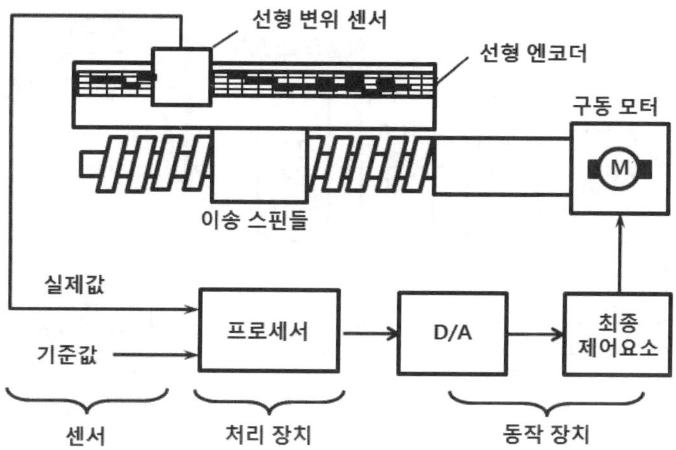

(a) 절대 위치 엔코더를 가진 절대 제어 시스템

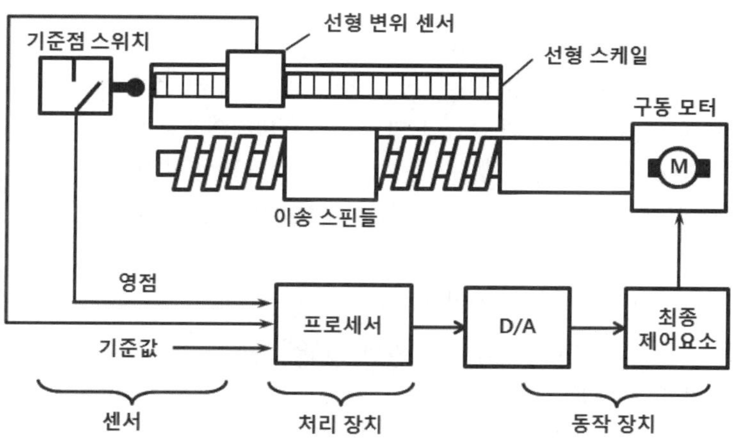

(b) 증분 위치 엔코더를 가진 절대 제어 시스템

그림 5.31 절대 제어 시스템의 두 가지 형태

(4) 디지털 제어

그림 5.32와 같이 서보기구를 이용하여 입력의 지령펄스 수에 비례한 위치 또는 각도 변화를 얻는 장치를 디지털 서보라 한다. 그림을 보면 출력축에 위치코더인 증분식의 검출기를 부착하여 출력축이 단위 각도 회전할 때마다 하나씩 펄스를 발생하게 한다. 이 펄스를 각도 변환 방향에 따라서 방향 판별회로에서 시계 방향 단자 또는 반시계방향 단자로 분할하여 편차 레지스터에 피드백하고 지령펄스와 비교한다. 편차 레지스터에는 지령펄스 수와 피드백 펄스 수의 차

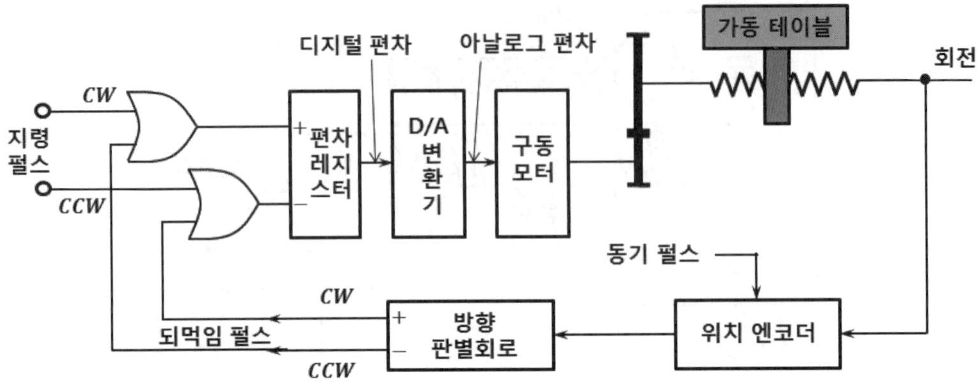

그림 5.32 디지털 제어의 원리도

가 시시각각 기억되며 서보모터는 이 편차가 0이 되도록 추종한다. 이와 같이 출력에서는 한 개의 지령펄스마다 위치코더 구조에 의해 정해지는 단위 각도만큼 변화가 생겨 결국 지령펄스 수에 비례한 각도 변화가 얻어진다.

한편, 2개 이상의 축을 동시 제어하는 경우 어느 시점에서 각 축에 대한 구동용 펄스를 발생하는지는 수치제어 장치에 있어서 중요한 과제이다. 일반적으로 자유 곡면을 비롯한 복잡한 윤곽도 세분화하면 직선 원호, 혹은 포물선을 이용하여 근사할 수 있으므로 임의 방향의 직선, 원호 혹은 포물선에 연해 공구의 운동을 제어하는 직선보간, 원호보간 및 포물선 보간이 이용된다. 보간 방식으로서는

① 펄스분배 제어방식(MIT 제어방식)

② DDA(Digital Differential Analyzer) 제어방식

③ 대수 연산 제어방식

등이 있다. 여기서는 MIT 제어방식을 소개하기로 한다.

① MIT 디지털 제어방식

그림 5.33에서는 2점 O, A가 주어지고 그것을 연결하는 직선에 연해서 ΔT_i초 사이에 O로부터 $A(x_i, y_i)$로 공구를 움직이고자 한다. 이 경우에 각 축의 움직임이 1개의 펄스에 의해 1단위씩 움직인다 하면 동시에 X축, Y축 방향에 펄스를 주어서는 공구가 45°방향으로 점선의 경로를 따라 A에 도달하게 되므로 좋은 근사라고는 말할 수 없다. 그래서 X축과 Y축의 이동을 균등히 하기 위해 양축에 적당한 시간 간격으로 펄스를 주어 가는 실선으로 나타낸 이상의

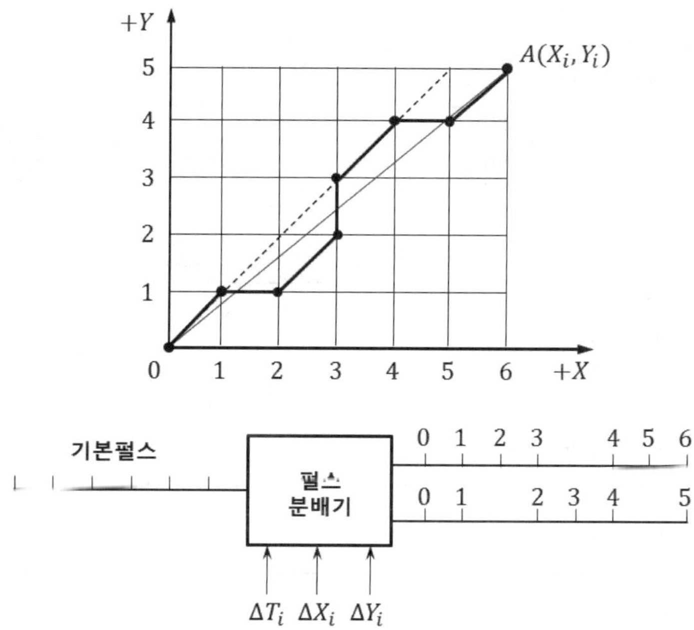

그림 5.33 MIT 방식에 의한 직선의 펄스 분배

직선 OA에 될 수 있는 대로 근사하도록 경로를 주는 방법으로서 MIT가 NC를 개발할 때 이용한 방식이다. 이 방식은 직선 보간만 가능하다.

그림 5.34에 이 방식의 원리를 나타낸다. 2진 카운터를 주체로 하는 간단한 회로로 실현할 수 있다. 같은 그림 5.34의 표에 나타냈듯이 필요한 지령펄스의 개수를 2진수로 표현하고 그 각 자리에 대응하는 플립플롭의 $\overline{Z_i}$(i=0,1,2) 출력을 제어하면 된다.

예를 들어 그림 5.34와 같이 3비트의 경우는 클럭 펄스 8(=23)개가 1주기로 된다. 1주기 사이에 6개의 지령펄스가 필요하다면 이것을 2진 표시하여 110으로 한다. 그리고 각각 AND게이트 G_2, G_1, G_0의 개폐를 제어하면(1은 개, 0은 폐) G_2는 1, 3, 5, 7번째의 클럭 펄스를, G_1은 2, 6번째의 펄스를 통과시킨다. 4번째의 펄스는 $X_0=0$이므로 G_0에서 저지되어 합계 6개의 출력이 얻어진다. 또한 클럭 펄스의 주파수를 가변으로 함으로써 지령 펄스의 주파수, 따라서 최종적으로는 공구의 이송 속도를 제어할 수 있다.

이제 선분의 양 끝점 사이의 좌표 증분치가 $\Delta X=6$, $\Delta Y=5$로 주어진 경우의 직선 보간 모양은 그림 5.35의 굵은 실선과 같다. 3차원의 경우에는 ΔZ용 AND와 OR회로를 추가하면 된다.

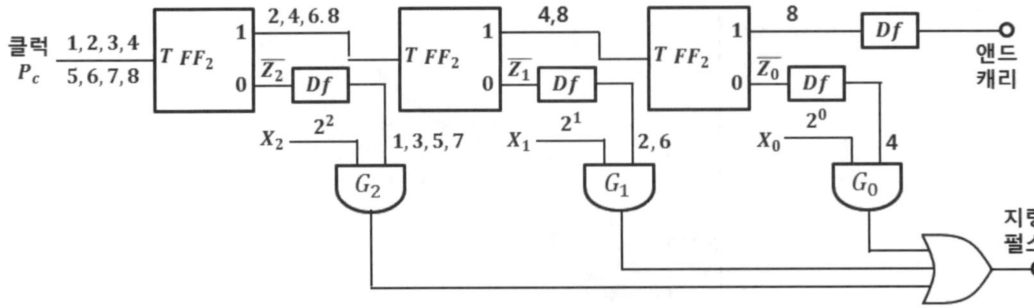

지령 펄스 의수	2진 표시		
	X_2	X_1	X_0
7	1	1	1
6	1	1	0
5	1	0	1
4	1	0	0
3	0	1	1
2	0	1	0
1	0	0	1

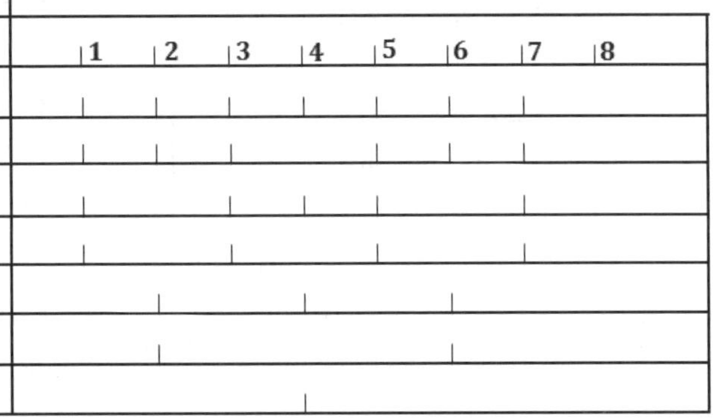

그림 5.34 MIT 제어방식의 원리

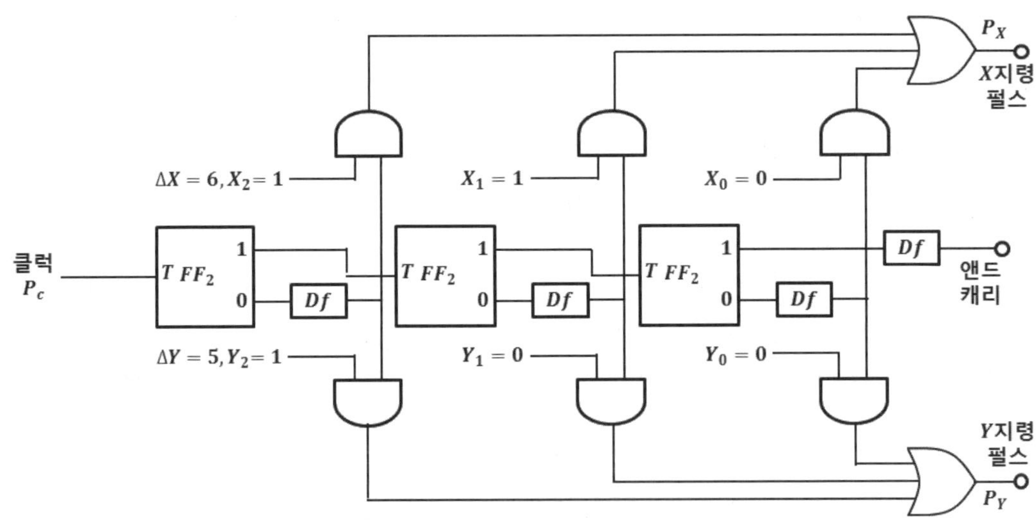

(a) 회로도

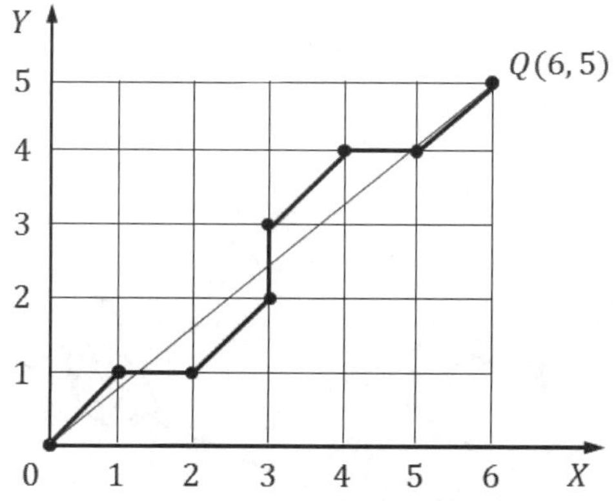

(b) 제어 경로

그림 5.35 직선 보간에 의한 디지털 제어(MIT)

5.5.2 자동차

1) 서론

자동차는 엔진, 동력전달장치, 제어장치, 현가장치, 조종장치, 차체, 전장부품 등으로 구성되어 있고 종래의 이들 장치는 기계식의 제어 기구였다. 그런데 1976년 미국의 GM이 엔진의 점화계통에 컴퓨터를 이용한 후로 자동차 부품은 컴퓨터나 LSI등을 이용한 제어장치 즉, 기전공학을 적용한 장치를 도입하여 고도의 제어가 가능하게 되었다. 오늘날에는 자동차의 각 장치에 기전시스템기술이 적용되어 성능의 향상, 저공해화, 쾌적성 등을 도모하고 있다.

그림 5.36은 자동차 각부의 제어에 기전시스템기술을 적용한 예를 나타낸 것으로 이들의 개요는 다음과 같다.

2) 엔진 제어

자동차의 엔진은 운전상태가 빈번하면서 크게 변하는 특징이 있다. 운전 성능의 향상이나 배기가스의 규제를 만족시키기 위하여 공연비, 점화시기, 배기가스의 순환(EGR ; exhaust gas recirculation)률 등을 제어할 필요가 있으며 이들은 서로 관계를 갖고 있어서 고속의 응답이나 고정도의 제어가 요구된다. 따라서 종래의 기계식으로는 충분한 제어를 할 수가 없어 컴퓨터나 전자제어장치의 필요성이 높아지고 있다. 그림 5.37에 엔진제어의 원리도를 나타내었다.

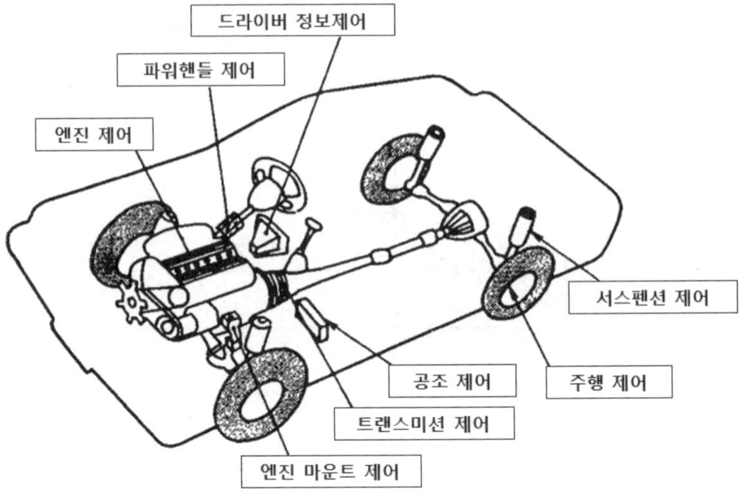

그림 5.36 자동차의 제어시스템

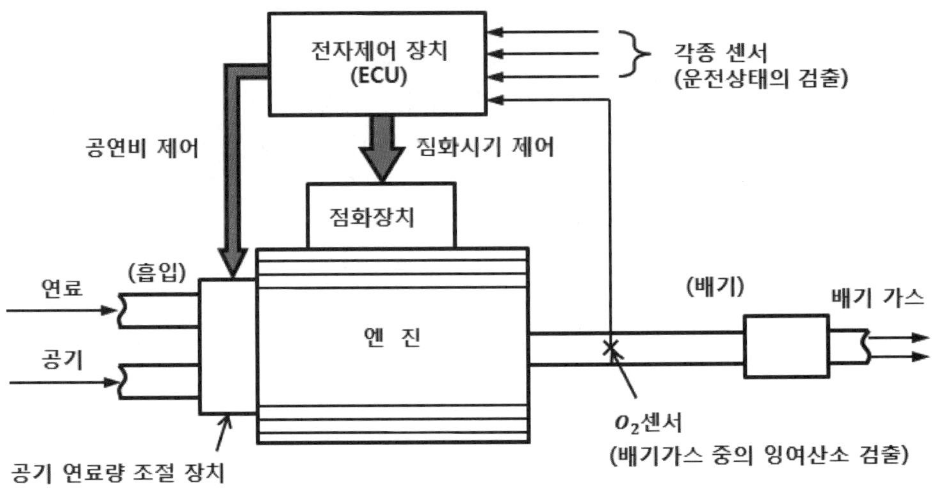

그림 5.37 엔진 제어

(1) 공연비 제어장치

엔진에 흡입되는 공기량에 대한 연료량의 비율을 공연비(air–fuel ratio)라고 하는데 이 공연비를 제어하는 장치를 공연비 제어장치라고 한다.

종래의 공연비 제어는 기계식 기화기(carburetor)로 하였지만 배기가스의 규제에 충분히 대응

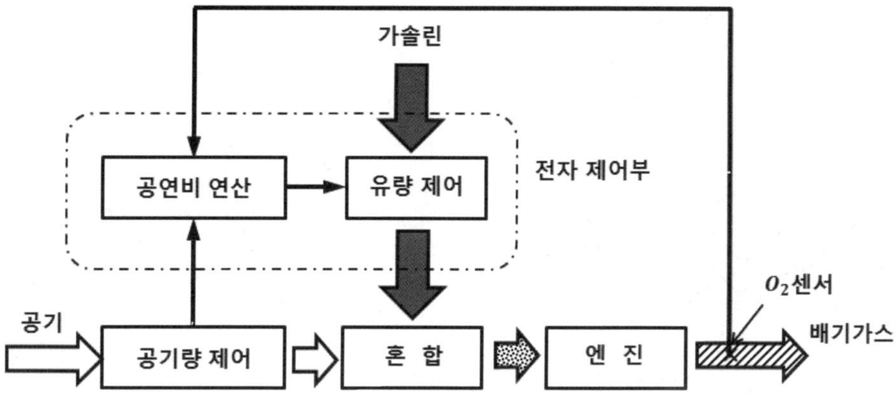

그림 5.38 공연비 제어의 구성

하지 못하여 현재는 컴퓨터를 사용하여 시시각각으로 변하는 엔진의 운전상태에 대응하는 제어장치에 의해 가장 좋은 공연비를 얻고 있다. 이 제어장치를 전자제어장치(electronic control unit ; ECU)라고 한다.

또 공연비는 배기가스 중 유해한 성분인 CO, HC, NO_x (삼원) 농도의 영향을 크게 받기 때문에 이 성분들을 촉매반응에 의해 정화시키고(삼원촉매), 공연비를 이론공연비(공기질량/가솔린질량≒14.8)부근으로 정도 높게 제어할 필요가 있다. 이 때문에 전자제어장치가 쓰이게 되었다. 그림 5.38은 연료분사방식 엔진의 공연비 제어의 구성을 나타낸 것인데 전자제어 부분은 연료유량 제어부와 공연비 연산부로 구성된다.

(2) 배기가스 순환 제어장치

배기가스의 일부를 흡기계로 돌려 혼합기가 연소할 때의 최고 온도를 낮추어 NO_x(질소산화물)를 저감하는 장치인데, 제어는 스로틀밸브 부근의 부압이나 배기관 내의 배기압으로 제어하는 컨트롤밸브(EGR밸브)로 한다.

(3) 점화 진각 제어장치

진각장치의 일종으로 점화시기(ignition timing)를 제어하는 장치이다. ESA (electronic spark advance)라고 한다.

이 제어장치는 엔진의 회전속도, 흡입공기량 등을 검지하여 최적점화시기를 결정하고 점화 타이밍을 전기신호로 출력하는 것이다. 점화시기는 스파크플러그(spark plug)로부터 전기불꽃

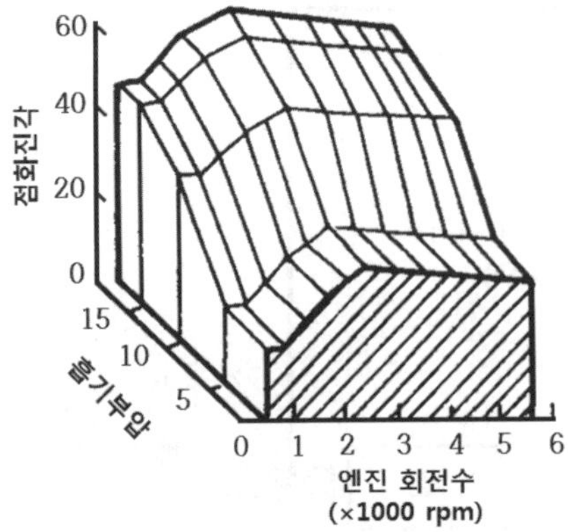

(a) 이상 점화 진각치

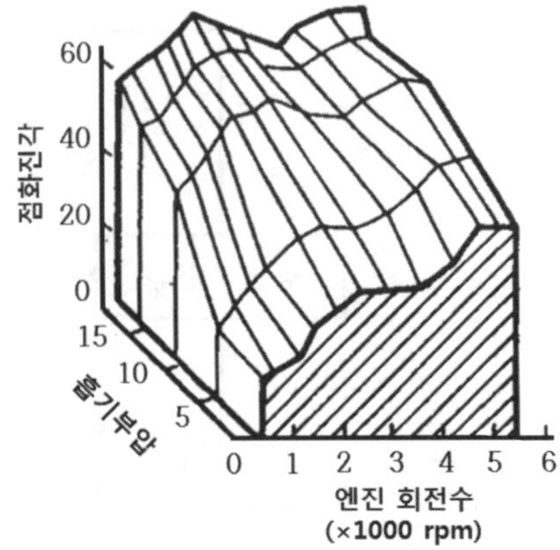

(b) 기계에 의한 실현치

그림 5.39 점화진각의 예

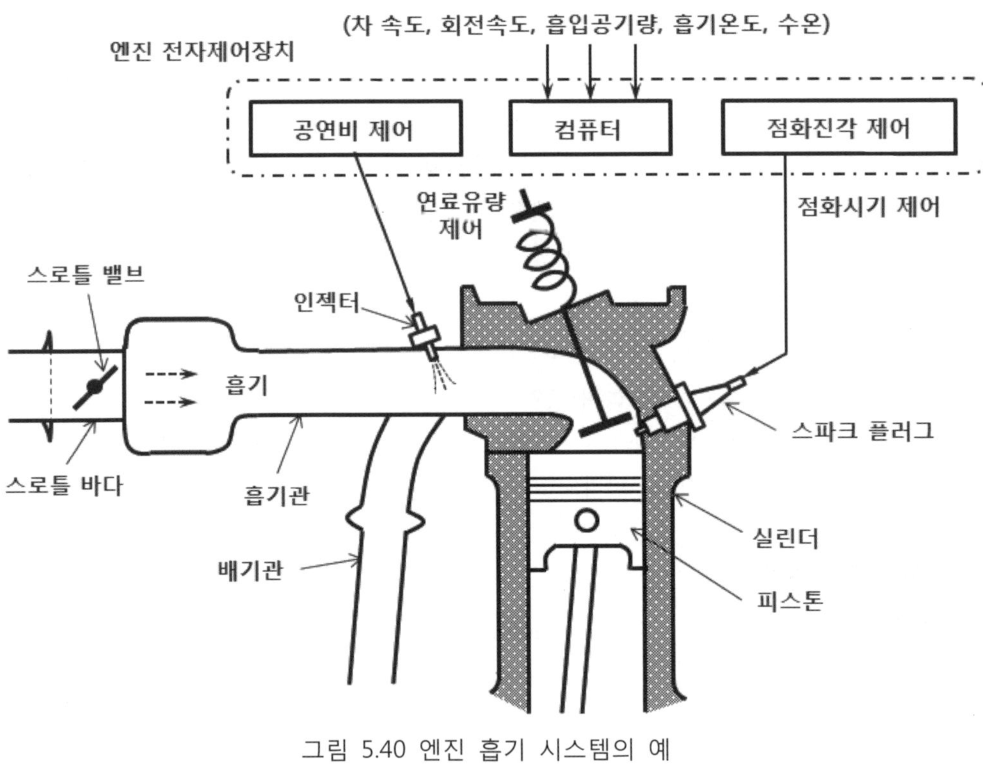

그림 5.40 엔진 흡기 시스템의 예

이 튀는 타이밍으로 압축행정이 끝날 무렵에 동작하게 되어 있다. 이것은 고속회전을 하는 엔진에 있어서 압축행정이 끝나고 피스톤이 상사점에 있을 때 점화하게 되면 혼합기의 압축비가 낮기 때문에 폭발력이 작게 되며, 반대로 타이밍이 너무 빠르면 엔진을 손상시킬 우려가 있기 때문이다. 따라서 피스톤이 상사점에 도달하기 직전에 점화할(점화진각) 필요가 있으며 동시에 엔진의 회전속도에 맞춰 제어할 필요가 있다.

과거 엔진의 회전속도와 부하에 대한 점화진각의 제어는 캠과 접점의 기계적인 위치관계를 변화시키는 배전기로 하였지만 현재는 그림 5.39 (a)와 같이 복잡한 점화진각치를 얻을 수 있는 엔진 전자제어가 실용되고 있다. 연료분사 방식의 엔진에서는 스로틀밸브의 열린 정도, 엔진의 회전속도, 흡기관의 압력과 라디에이터(radiator ; 방열기)의 수온 등의 정보를 바탕으로 엔진의 전자제어 장치에 의해 연료의 필요량과 점화시기를 결정한다(그림 5.40). 이와 같이 최근의 자동차에서는 연료소비율을 개선하고 오염물질의 배출을 감소시키는 등 고효율화, 저공해화가 도모되고 있다.

3) 파워스티어링 제어장치

파워스티어링(power steering) 제어장치는 엔진에 의해 구동되는 유압펌프의 유압으로 스티어링 휠의 조작력을 가볍게 하는 장치이다. 기능에 따라 차속 감응형과 회전수 감응형이 있다.

4) 드라이버 정보 제어장치

차속이나 엔진의 회전수 등 게이지류의 디지털화나 그래프의 표시장치이다. 구체적으로 말하면 오드 트립미터의 전자 표시화, 운전시 주행위치와 방향을 연산하여 지도상에 표시하는 네비게이션장치, 주행거리, 연료소비량, 평균속도, 평균연비, 시간 등 주행에 관한 정보의 집중 표시, 또는 엔진온도, 유압, 램프의 단선이나 도어열림, 키 꽂힌 상태의 방치, 주차브레이크의 걸림 상태 등 드라이버의 부주의에 관한 경보를 램프로 표시하거나 부저 등으로 알리는 장치이다. 이들의 정보처리는 모두 컴퓨터나 각종 전자회로에 의해 제어된다. 그림 5.41에 전자식 계기판의 블록도를 나타내었다.

5) 공조제어장치

차 실내의 온도, 습도, 공기의 세척도와 흐름, 창의 이슬이나 서리 제거 등 탑승자에게 최적의 환경 상태로 제어하는 장치이다.

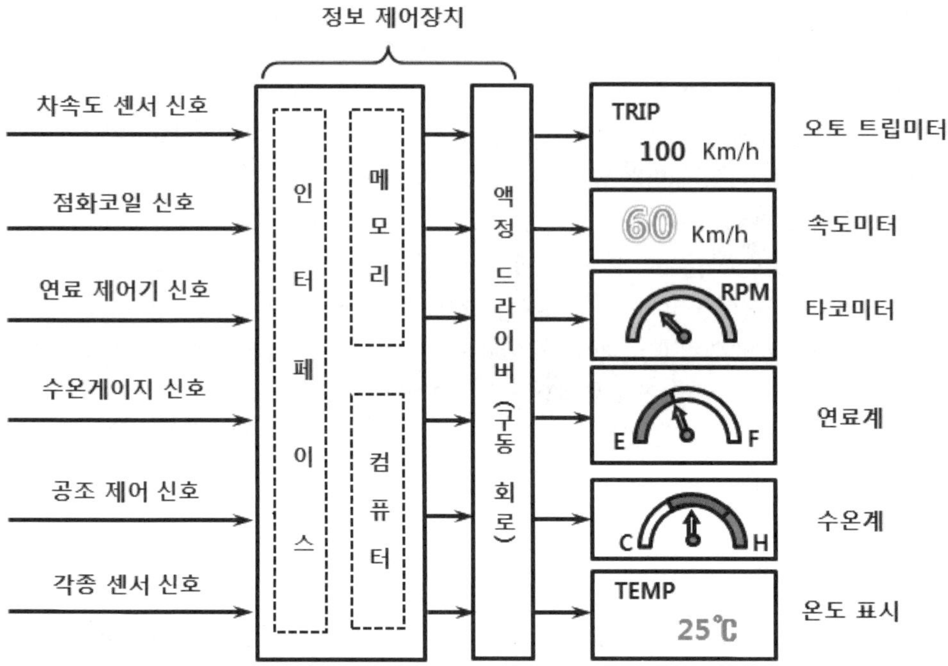

그림 5.41 전자식 계기판의 블록도

6) 엔진마운트 제어장치

엔진으로부터 차체로 전달되는 진동의 소음이나 가감속의 충격을 적게 하기 위하여 액셀의 열린 정도나 변속신호, 엔진의 회전속도신호를 센서로 검출하고 컴퓨터에 의해 엔진마운트(engine mounting)의 스프링상수와 감쇠력을 변화시키는 장치이다. 엔진의 진동을 차내에 전달되지 않게 하기 위하여 엔진마운트는 부드러운 것이 좋지만 회전속도의 급격한 변화에 대한 엔진의 떨림을 막기 위하여 어느 정도 단단할 필요가 있다. 엔진마운트 제어장치라는 것은 이것을 양립시키도록 설계되어 있다. 또한 엔진마운트는 그림 5.42에 나타낸 것처럼 액체를 가득 채운 상하의 방을 연결하는 통로 구멍을 로터리솔레노이드로 제어하는 기구이다.

7) 트랜스미션 제어장치

트랜스미션(transmission) 제어장치는 토크컨버터(torque converter)와 기어를 조합시킨 변속기에 있어서 차속, 엔진의 회전속도, 액셀의 조작량 등의 주행상태에 대응하여 최적 변속비를 구하고 치밀한 제어를 가능하게 하는 장치이다.

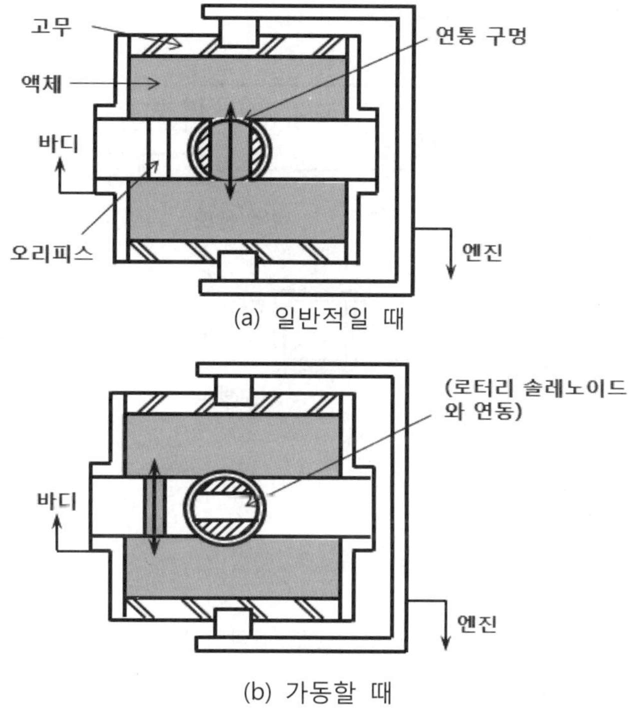

그림 5.42 엔진 마운트

8) 주행제어

정속주행(cruise control), 스키드(skid) 제어장치 등이 있다.

(1) 정속주행

희망하는 속도에 세팅하면 운전자가 액셀을 조작하지 않아도 속도센서 정보를 바탕으로 일정 속도를 유지하며 주행시키는 정속 주행장치이다. 최근에는 차속제어에 차간거리를 제어하는 시스템도 있다. 이것은 앞차와의 치긴거리를 센서로 검지하고 컴퓨터에 의해 스로틀과 브레이크를 제어하여 안전한 간격을 유지하며 주행할 수 있도록 한 것이다.

(2) 스키드 제어장치

젖은 노면 등에서 급제동을 하면 차의 바퀴가 고정되어 옆으로 미끄러지게 된다. 이것을 막기

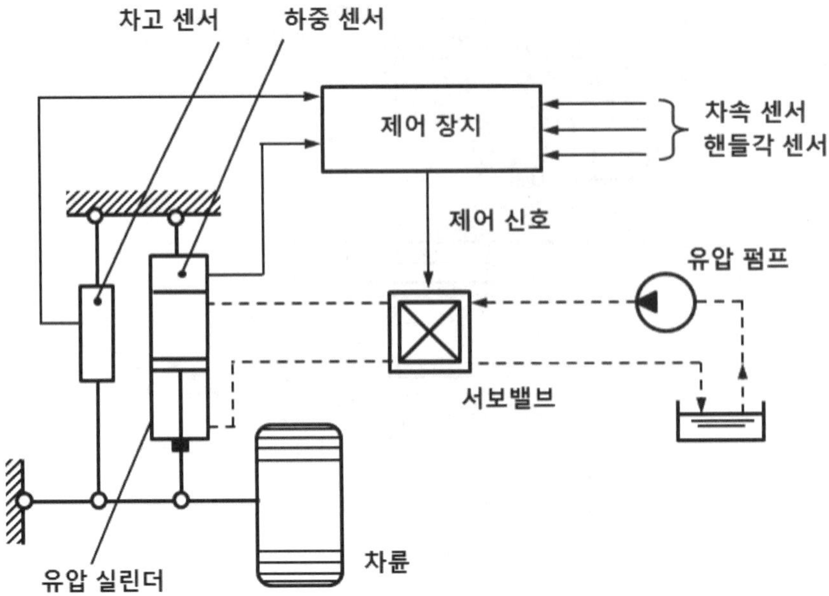

그림 5.43 서스펜션 제어의 원리

위하여 차륜의 회전속도나 차륜의 바닥에 대한 상대속도 등을 검지하여 브레이크를 풀고 조이고를 반복하여 조작한다. 스티어링의 조종성능을 확보하는 제어장치이다.

9) 서스펜션 제어장치

서스펜션(suspension) 제어장치는 차체와 차륜의 사이에 있으면서 차체를 지지하고 있는 공기스프링의 스프링상수나 충격 흡수기(shock absorber)의 오일의 흐름을 주행상태에 따라 제어하는 것이다. 즉 고속주행이나 악로주행, 급선회에서는 차속센서, 핸들 각센서, 스로틀 개도센서 등으로부터의 정보에 의해 서스펜션을 자동적으로 단단하게 하여 조종의 안정성을 향상시키거나 고속 주행시에는 공기스프링의 압력이나 용적을 제어하여 차의 높이를 낮게 하여 바람의 저항을 작게 하면서 안정성을 향상시킨다. 그림 5.43에 서스펜션제어의 원리도를 나타내었다.

10) 트랙션 제어

트랙션(traction)이라는 것은 엔진과 구동계에 의해 연결된 타이어의 접지면과 노면 사이에 작용하여 바퀴를 구동하는 힘으로 구동력 또는 견인력이라고 한다. 트랙션 제어는 비나 눈 또는 빙판길, 자갈길, 등의 미끄러지기 쉬운 노면에서 발진, 가속, 곡선주행 등이 과잉 구동력에 의한 구동륜의 공회전을 방지하기 위하여 제어하는 것이다.

그림 5.44는 트랙션제어시스템(traction control system)의 예로 연료의 분사량, 점화시기, 스로틀밸브 등의 제어를 하여 엔진의 출력을 낮춰 구동력을 작게 하는 방식이다. 이 시스템에서는 엔진출력의 제어를 엔진의 전자제어장치에서 스로틀밸브를 스테핑모터로 구동하는 방법으로 하고 있다.

트랙션 제어시스템은 그림 5.45와 같이 다음과 같은 제어를 할 수 있다.

① 가속제어 … 센서가 전륜과 후륜의 속도차 즉 차륜의 공회전을 검출하여 미끄러지기 쉬운 노면에서의 발진과 가속을 제어한다.

② 조종제어 … 습지 노면에서의 곡선주행을 할 때 전륜의 좌우 속도의 차를 계산하여 안정된 코너링이 실현되도록 출력제어를 한다.

③ 접지제어 … 마찰력이 큰 노면에서 곡선주행을 할 때 전륜속도센서의 정보를 토대로 차륜에 발생하는 전후방향의 가속도와 가로방향의 가속도를 산출하여 타이어에 걸리는 접지력을 제어한다.

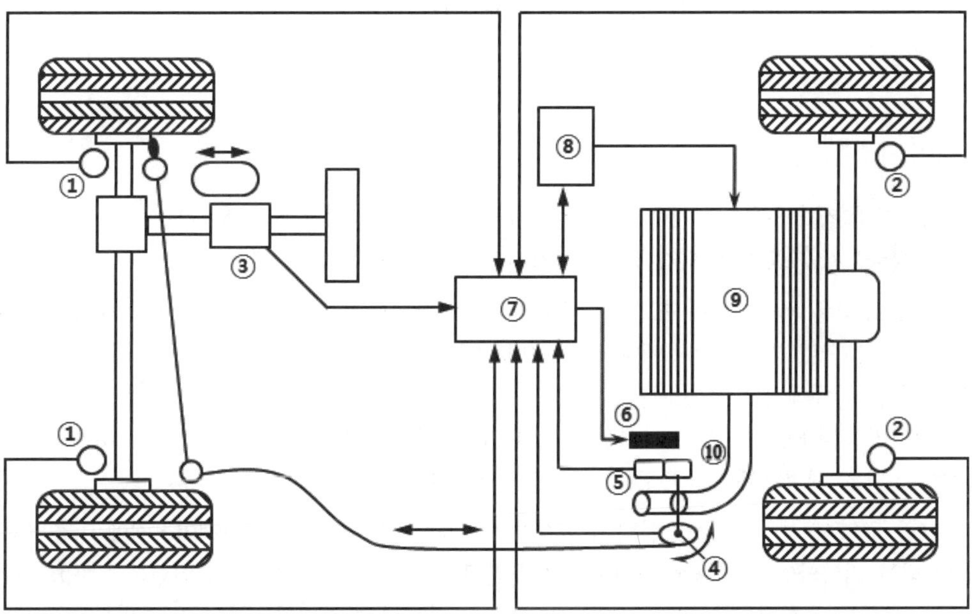

① 종동륜 센서, ② 구동륜 센서, ③ 스티어링각 센서, ④ 액셀 각 센서, ⑤ 스로틀 보디(센서부착), ⑥ 스테핑 모터(액추에이터), ⑦ 트랙션 제어시스템, ⑧ 엔진 전자제어 장치, ⑨ 엔진, ⑩ 흡기관

그림 5.44 트랙션제어 시스템의 예

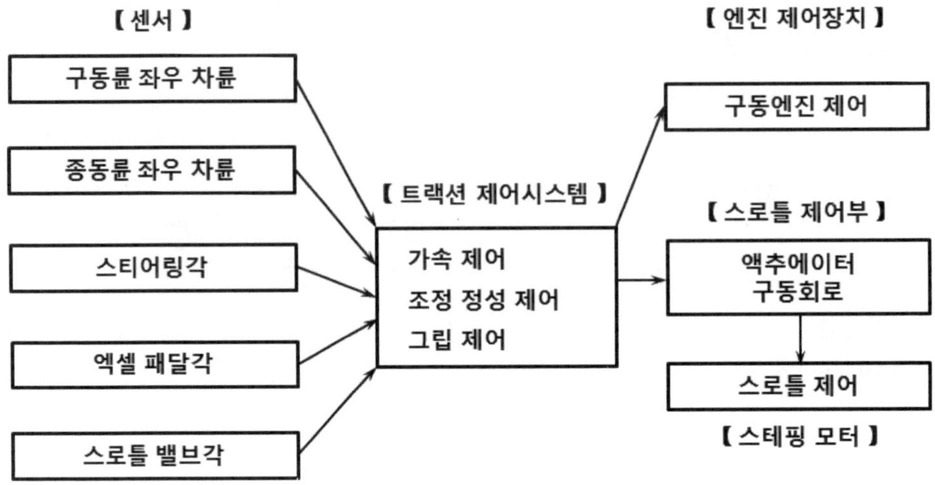

그림 5.45 트랙션제어 시스템의 흐름

따라서 이 시스템은 구동륜의 좌우 차륜센서, 피구동륜의 좌우 차륜 센서의 정보와 스티어링, 액셀 패달, 스로틀밸브 등의 각도 센서에 관한 정보를 입력하여 가속, 조종, 접지 등의 제어를 하는 것이다.

11) 제어시스템

지금까지 컴퓨터를 자동차에 탑재하여 엔진 성능의 향상이나 저공해화가 가능하게 된 것을 설명하였는데 각 자동차 메이커에서는 독자적으로 개발한 제어시스템을 실현하고 있다.

그림 5.46은 컴퓨터제어시스템의 구성을 예로 나타낸 것이다. 이 그림의 구성에서는 연료분사방식을 기본으로 하여 점화시기제어, 공연비제어 및 아이들링(idling)의 회전속도(엔진이 공회전하고 있는 상태에서 회전속도는 엔진이 안정되게 회전할 수 있는 최저한으로 낮춰 있다)의 제어를 하나의 컴퓨터로 하고, 동시에 메모리의 기능을 활용하여 자기진단도 행하고 있다. 또 엔진의 적합 조건을 재평가하므로 EGR제어가 불필요하게 된다.

그림 5.47에 엔진제어시스템의 구체적인 회로도를 나타내었다. 전자제어장치에 이용되고 있는 컴퓨터는 리얼타임 처리능력을 대폭 향상시킨 12비트 CPU를 채용하여 연료분사제어, 점화사가제어, 아이들링 회전수 등의 엔진전자제어와 오토매틱 트랜스미션(automatic transmission: 자동변속기)제어를 일체화하여 하나의 CPU로 제어하는 구동계의 제어시스템으로 되어 있다.

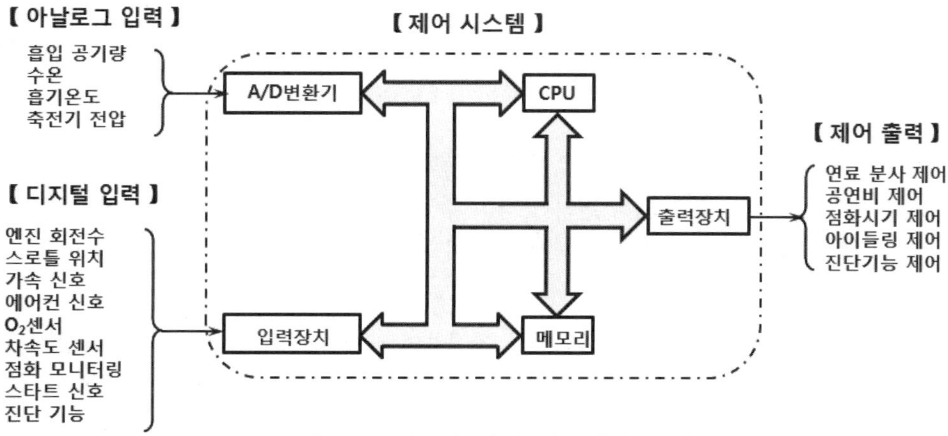

그림 5.46 컴퓨터 제어 시스템의 구성

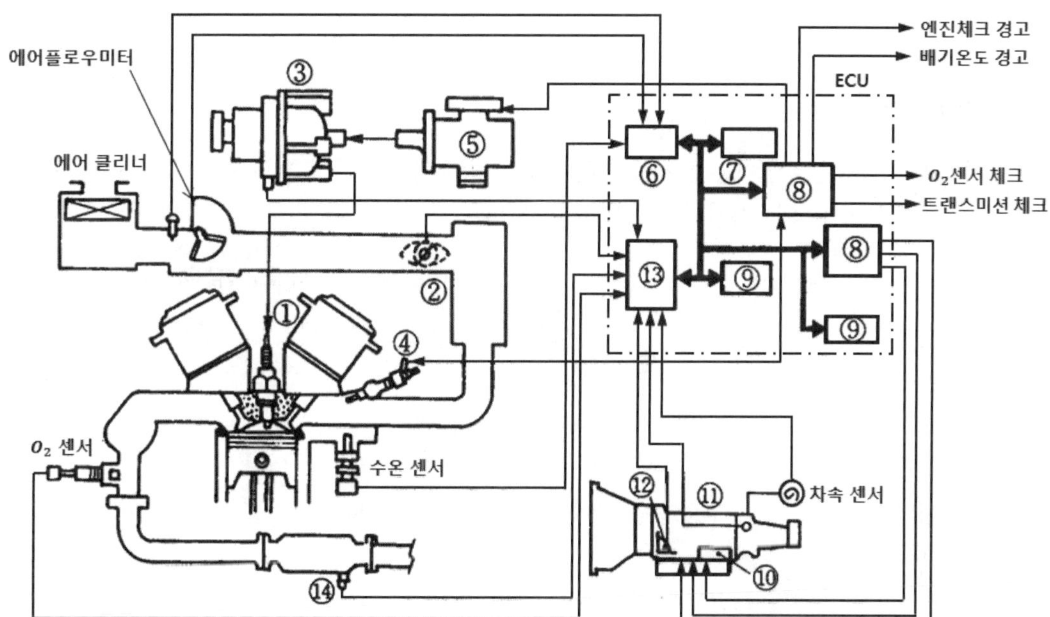

① 스파크 플러그 ② 스로틀 위치센서 ③ 디스트리뷰트 ④ 인젝터 ⑤ 이그니션코일 & 이그나이터 ⑥ A/D 컨버터 ⑦ CPU ⑧ 출력 인터페이스 ⑨ 메모리 ⑩ 트랜스미션 솔리드 ⑪ 전자제어식 트랜스미션 ⑫ 뉴트럴 스타트 스위치 ⑬ 입력 임피던스 ⑭ 배기온도 센서

그림 5.47 엔진 제어 시스템의 회로도

5.5.3 자동카메라

1) 서론

과거 카메라로 사진촬영을 할 경우에 필름 감도의 설정을 시작으로 필름 감기, 초점 조절, 조리개 조절, 셔터 속도의 조절 등의 일련의 조작을 주로 해왔다. 따라서 카메라의 취급에 있어서 그 성능을 충분히 발휘하기 위하여 기구나 동작을 이해하고 또한 많은 경험을 갖고 있지 않으면 어려운 일이었다.

그러나 최근 메카니즘으로 구성되어 있는 카메라의 제어 기구가 일렉트로닉스로 대체되어 이 양자가 융합된 결과 자동카메라가 출현하였다. 그리고 경험이 적은 사람이라도 카메라를 간단히 취급할 수 있게 되었다. 즉 카메라를 기전시스템화 하는 것에 의해 초점 조절의 자동화, 조리개의 자동화, 셔터 속도의 자동화, 필름 이송의 자동화와 스트로브의 자동화 등 제어 기능의 고도화가 이루어지게 된 것이다. 이렇게 하여 사용자가 볼 때 카메라의 조작성이나 신뢰성이 한층 더 향상된 것이 된다.

2) 카메라 기구

카메라는 필름을 수납하는 본체와 필름에 피사체의 상을 만들기 위한 렌즈로 구성되고 여기에 셔터, 파인더, 필름 이송장치 등이 부가되어 있다.

그림 5.48은 카메라의 구성을 나타낸 것인데 그림의 A~I에 대하여 간단히 설명한다.

A…촬영 렌즈로 피사체에서 오는 빛을 모아 필름의 표면에 상을 맺게 한다.

B…렌즈를 통과하는 빛의 양을 제어하는 조리개이다. 이것은 얇은 날개를 여러 장 겹쳐서 크기 조정이 가능한 구멍을 만들어 빛의 양을 변화시키는 구조로 되어 있다.

C…초점조절기구로 렌즈를 전후로 이동시켜 초점 조절을 할 수 있다.

D…셔터 부분으로 필름의 표면에 빛이 닿는 시간을 제어하여 B의 조리개와 함께 노출제어를 한다.

E…필름으로 필름의 표면에는 감광 재료가 발라져 있고 빛의 강약과 색을 기록한다.

F, I…필름의 이송장치로 최근에는 모터에 의한 자동감기와 되감기를 하는 것이 많다.

G…파인더 부분으로 촬영 화면과 거의 같은 시야로 되어 있어 피사체를 찍는 범위를 알 수가 있다.

H…스트로브 부분으로 실내나 역광에서 촬영할 때 보조광으로 이용된다.

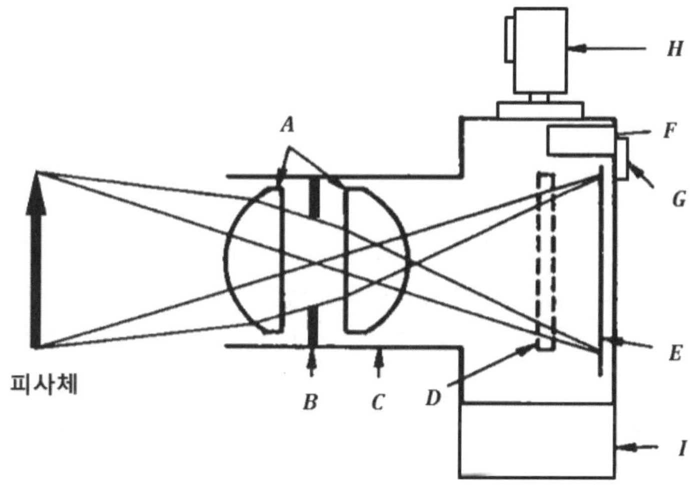

그림 5.48 카메라의 구성

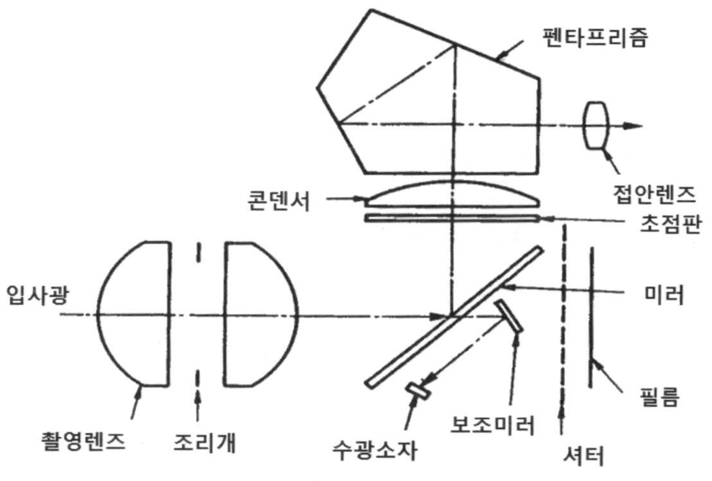

그림 5.49 일안 리플렉스 카메라

여기서 카메라의 동작을 이해하기 위하여 그림 5.49에 일안 리플렉스 카메라의 예를 나타낸다.

일안 리플렉스 카메라는 촬영렌즈에 입사된 빛을 거울로 반사시켜 접안렌즈에 피사체의 영상을 비추어 초점과 찍히는 범위를 결정하는 것이다. 자동 노출을 할 때는 촬영렌즈를 통한 피사체의 밝기를 계측한다. 따라서 카메라의 내부에 수광소자를 설치하고 입사광을 받는 방법이 취해지고 있다. 그리고 촬영할 때에 셔터 버튼을 누르면 거울이 튀어 오르고 셔터가 열려 필름이 노광된다.

3) 카메라의 기능

일반적으로 사진촬영을 할 경우 그림 5.50과 같은 수순으로 카메라를 조작하지만 최근에는 피사체를 향하여 셔터를 누르면 파인더의 중앙부에 있는 피사체에 대하여 자동적으로 거리를 측정하여 초점을 맞추고 나서 셔터가 작동하는 AF(automatic focusing ; 자동초점조정)기능을 갖는 카메라가 대부분이다. 피사체의 밝기를 카메라에 내장하고 있는 노출계로 측정하고 항상 표준적인 상태가 되도록 조리개와 셔터 스피드(노광량)을 자동 조절하는 AE(automatic exposure; 자동노출조정)기능도 갖추고 있다. 결국, AF 기능이나 AE기능, 필름의 자동 이송, 촬영일을 기록하는 데이터 기구 등을 갖추고 있는 것이다.

(1) AF 기능

카메라의 AF 기능에 있어서 거리의 측정 방법에는

① 촬영 렌즈와 연동된 가동미러를 조절하여 고정 미러의 상과 일치하는 위치를 구하여 초점을 맞추는 이중상의 합치식.
② 초음파를 피사체에 부딪쳐 반사에 걸리는 시간으로부터 거리를 측정하는 초음파 송수신식.
③ 촬영렌즈에 입사된 광속을 두 개로 나누어 검출하는 위상차 검출식.
④ 초점이 맞을 때 명암이 가장 높은 것을 이용하는 콘트라스트 검출식.

등이 있다.

여기서, 일안리플렉스 카메라에 응용되고 있는 위상차 검출식의 원리에 대하여 설명하겠다.

그림 5.51은 위상차 검출식에 의한 자동 초점의 원리를 나타낸 것으로, 이것은 필름 면의 후방에 렌즈블록을 배치하여 피사체의 상을 CCD(charge coupled device)이미지센서(수광소자)상에 상을 맺게 하는 방법이다. 미리 초점이 일치된 상태에 있는 렌즈의 위치, CCD이미지센서면의 두 개의 광속간격, 즉 CCD의 A, B의 출력을 측정해두면 그것으로부터 광속의 간격이 넓은가 좁은가로, 촬영렌즈가 초점의 앞 상태인가 초점의 뒤 상태인가를 확실하게 판별할 수가 있다. 따라서 항상 초점이 맞는 방향으로 모터를 제어할 수 있다. 이 모터는 카메라에 내장되고 소형의 서보모터나 초음파모터 등이 이용된다.

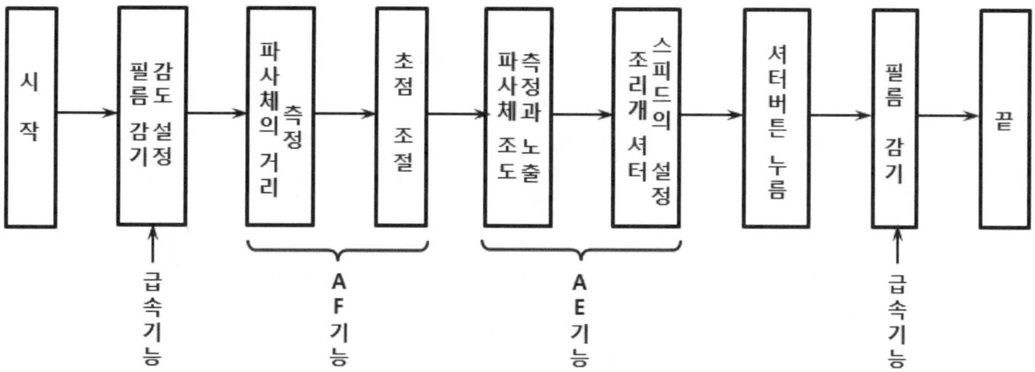

그림 5.50 카메라의 조작순서

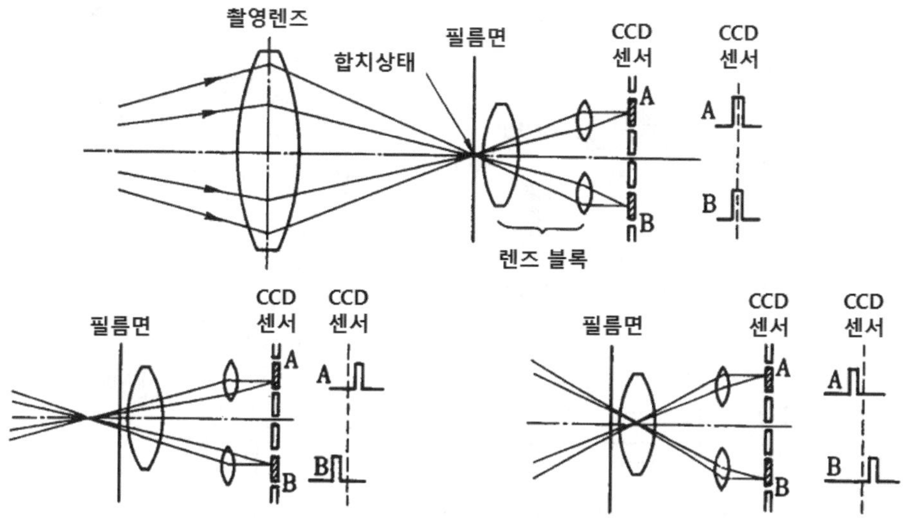

그림 5.51 위상차 검출식에 의한 자동 초점의 원리

(2) AE 기능

AE기능에 필요한 제어에는 조리개의 자동제어와 셔터 속도의 제어가 있는데, 여기서는 조리개 우선 방식인 전자셔터에 대하여 설명한다. 그림 5.52에 셔터속도제어의 원리를 나타낸다. 그림에서 셔터의 날개에는 앞막과 뒷막이 있는데 앞막은 필름의 노광을 개시하고 뒷막은 필름의 노광을 차단하는 것이다. 필름을 감으면 셔터의 날개는 동작이 가능한 상태(이것을 charge된 상태라고 한다)가 되어 셔터 버튼을 누르면 앞막의 클램프 레버가 풀려 스프링1에 의해 가동되고 촬영렌즈를 통과한 입사광으로 필름의 노광이 개시된다. 이와 동시에 적분 콘덴서C를 단락시키고 있던 스위치 S_2가 열려 C에는 CdS(황화카드뮴셀)을 통하여 전하가 충전된다. 충전에 필요한 시간은 피사체 조도의 함수로 밝은 부분은 짧은 시간에 충전되고 어두운 부분은 시간이 더 걸린다. 그리고 C의 양단의 전압이 정해진 값에 도달하면 스위칭 회로에 의해 지금까지 뒷막을 지탱하던 전자석이 off가 되어 뒷막은 스프링2의 힘에 당겨져 노광을 종료하게 한다. CdS셀은 황화카드뮴 등의 반도체에 빛이 닿으면 전기저항이 변하는 현상을 이용한 광전소자이다.

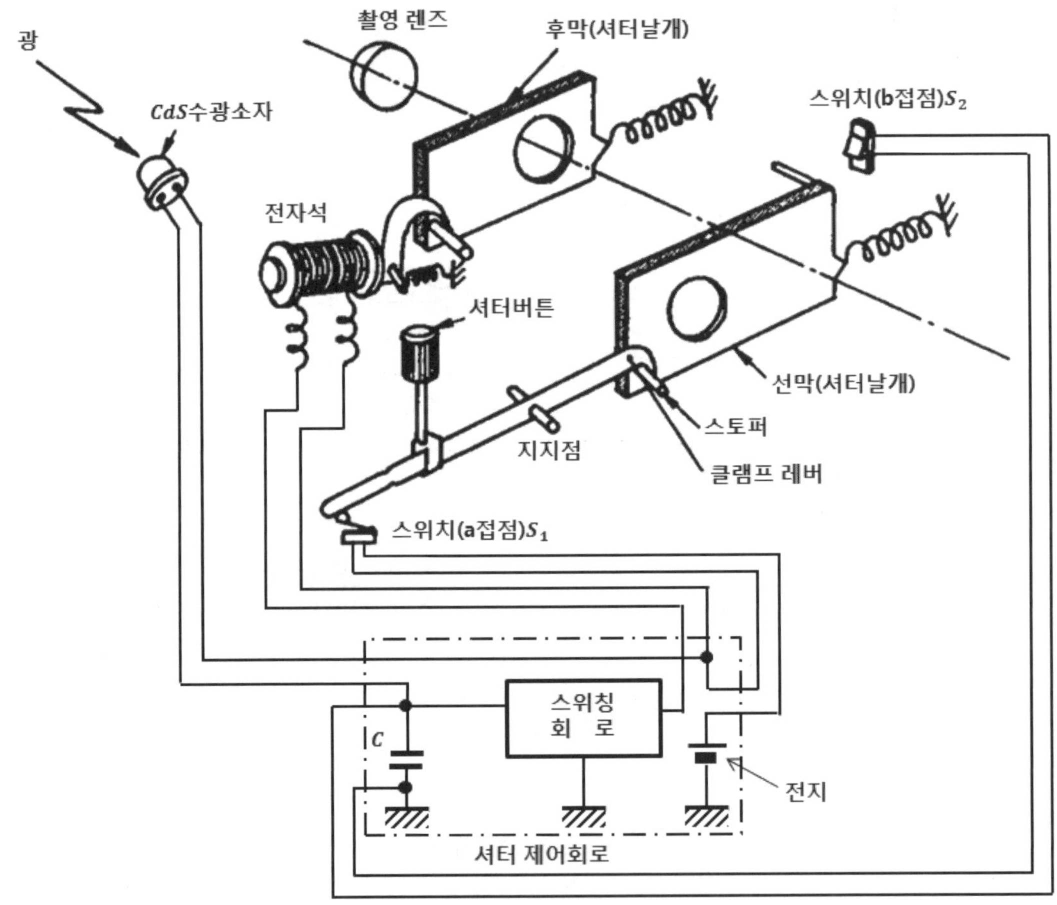

그림 5.52 셔터 속도제어의 원리

CHAPTER 6

운동 변환 기구

6.1 직선운동 변환 기구
6.2 좌표형 운동 변환 기구
6.3 운동 변환 기구의 입출력 관계
6.4 기어의 선택 방법

기전시스템에서 기구는 액추에이터가 만드는 운동을 전달 또는 변환시켜 구동 부하에 목표 운동을 주는 역할을 한다. 전달 기능은 액추에이터의 운동 발생 위치와 부하의 구동 입력 위치가 공간적으로 떨어져 있을 때 운동을 전달하기 위해 필요로 된다. 변환 기능은 액추에이터의 운동과 다른 운동을 부하가 얻기 위해 기구의 입력과 출력 사이의 함수로서 나타낸다.

본 장의 제목을 운동변환 기구라고 한 것은 운동변환 기능에 중점을 두고 다루기로 한 이유 때문이다. 본 장의 내용은 선형 운동변환 기구와 좌표형 운동변환 기구의 종류를 들고 모터로부터 회전에 의한 동력 입력이 있을 때 운동변환 기구를 통한 토크 출력이 어떻게 되는 지를 알아보는 것이다.

6.1 직선운동 변환 기구

6.1.1 기어 감속기

기어 전동요소 가운데 감속기는 로봇관절의 구동에 많이 이용된다. 감속기 역할의 하나는 토크의 증대이다. 로봇기구에서 요구되는 관성에 비해 일반적으로 전자모터의 정격회전수는 상당히 높으며, 역으로 토크는 작다. 감속기를 이용하여 모터의 회전을 감속함으로써 큰 토크를 얻어 관절을 구동할 수 있다.

감속기의 성능은 로봇의 효율, 위치결정 정도, 강성, 진동 등에 직접 영향을 미치므로 극히 중요한 역할을 하고 있다.

1) 평 기어(spur gear)

기어에는 많은 종류가 있지만 그림 6.1의 평 기어는 평행한 2축 사이의 운동을 전달하는 단순한 구성이며 감속 기구로 널리 사용되고 있다. 평 기어는 회전축에 나란한 이를 가지며 조합시킨 기어의 잇수에 역 비례하는 감속비를 갖는다.

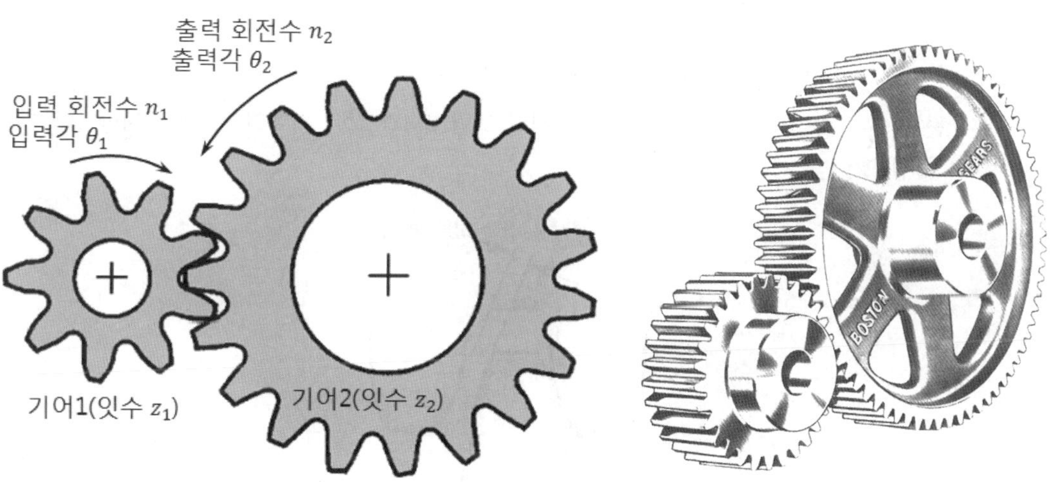

그림 6.1 평 기어

그림 6.1의 평 기어에서 입력축의 회전수 및 각속도는 n_1, ω_1이고 출력축의 회전수 및 각속도는 n_2, ω_2일 때 회전 감속비 i는 다음과 같다.

$$i = \frac{n_2}{n_1} = \frac{\omega_2}{\omega_1} = \frac{\theta_2}{\theta_1} = \frac{z_1}{z_2} \tag{6.1}$$

예제 6.1

입력축의 평 기어 잇수가 20이고 출력축의 평 기어 잇수가 40일 때 평 기어 기구의 회전 감속비는 얼마인가?

풀이

평 기어 기구의 회전 감속비는 $i = \frac{n_2}{n_1} = \frac{z_1}{z_2} = \frac{20}{40} = 0.5$가 된다. 즉, 입력에 대해 출력은 1/2배로 회전 속도가 줄게 되는 것이다. 따라서 출력의 회전 속도를 100rpm으로 하고 싶으면 입력축의 회전 속도를 50rpm으로 결정하면 된다.

그런데 보통은 운동, 힘의 진달에 슬립은 없지만 이의 피치와 치형의 오차에 의한 거터(백래시)(그림 6.2)가 있으며 회전 방향이 변할 때에 그의 백래시로 인해 운동이 전달되지 않는 현상이 발생한다. 그래서 축간 거리를 줄이고 예압을 걸면 백래시는 감소할 수 있지만 마찰이 크게 되므로 한 쌍의 기어에서 얻는 감속비는 3정도이다.

더 큰 감속비가 필요한 때는 기어를 조합시킨 그림 6.3과 같은 기어열도 사용되지만 용적이 크며 실장 밀도가 높은 구성은 어렵다.

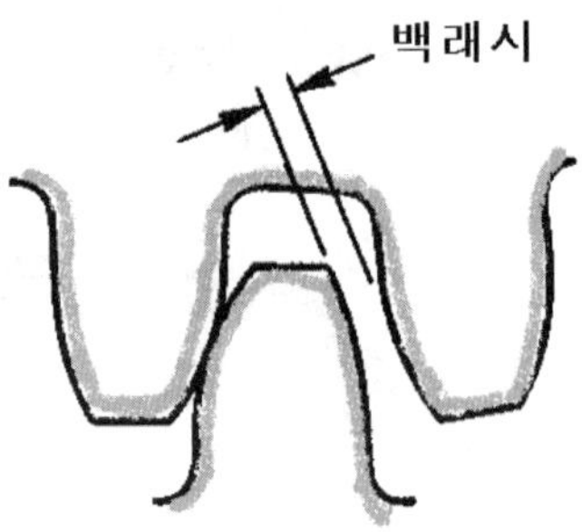

그림 6.2 기어의 백래시

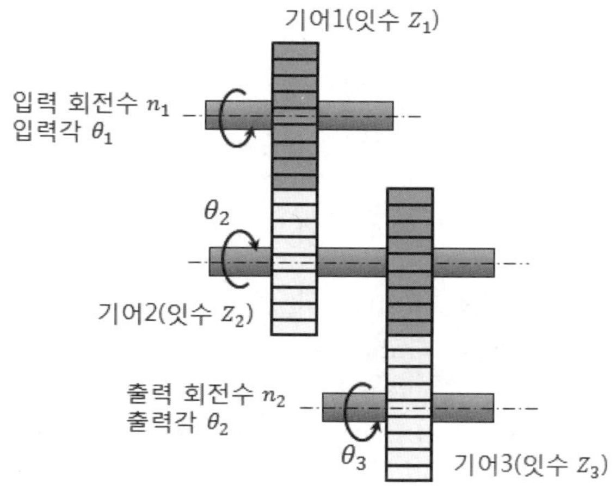

그림 6.3 평 기어 열

그림 6.3에서 회전 감속비 i는 다음과 같다.

$$i = \frac{n_2}{n_1} = \frac{\theta_2}{\theta_1}\frac{\theta_3}{\theta_2} = \frac{\theta_3}{\theta_1} = \frac{z_1}{z_2}\frac{z_2}{z_3} = \frac{z_1}{z_3} \tag{6.2}$$

2) 베벨 기어(bevel gear)

감속과 함께 운동 전달방향을 직각으로 바꿀 때에는 그림 6.4와 같이 베벨기어를 사용한다. 구조상 축의 지지가 편측지지이므로 지지강성이 평 기어에 비해 낮다.

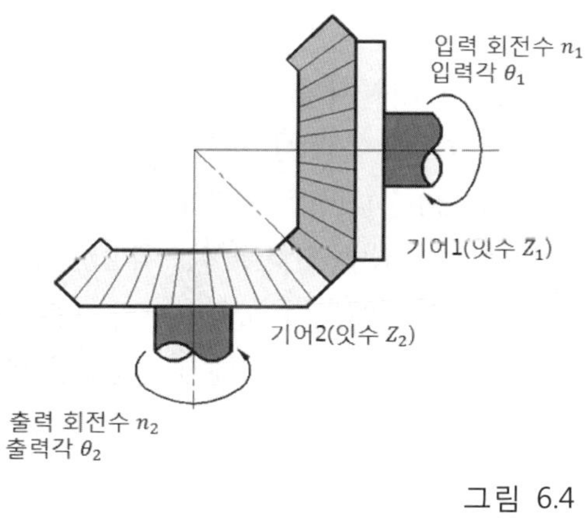

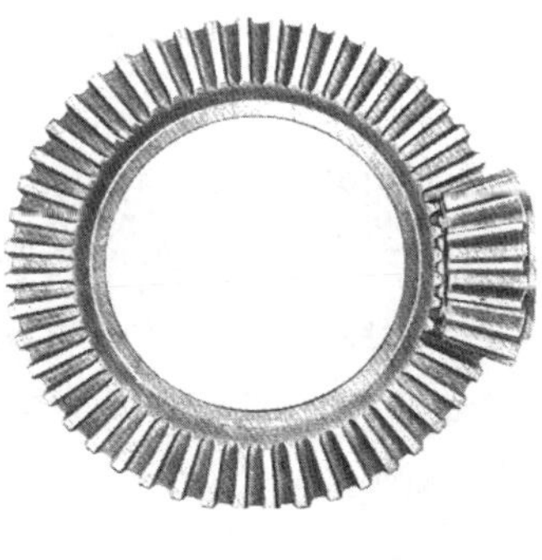

그림 6.4 베벨기어

그림 6.4에서 회전 감속비 i는 다음과 같다.

$$i = \frac{n_2}{n_1} = \frac{z_1}{z_2} = \frac{\theta_2}{\theta_1} \quad (6.3)$$

3) 웜기어(worm gear)

그림 6.5에 나타낸 웜기어는 작은 기어(웜)와 큰 기어(웜기어)로 구성되어 있으며 각각의 축이 교차하지 않은 채 직각 방향을 하고 있다. 1단에서 10~60의 큰 감속비를 얻을 수 있지만 효율이 80%~85%로 낮다. 이의 각도를 적절히 선택하면 웜기어로부터 웜을 회전할 수 없게 할 수 있으며 구동 부하에 외력이 가해져도 역전을 방지할 수 있다.

그림 6.5에서 회전 감속비 i는 다음과 같다.

$$i = \frac{n_2}{n_1} = \frac{z_1}{z_2} = \frac{\theta_2}{\theta_1} \quad (6.4)$$

4) 유성 기어(planetary gearset)

유성기어 장치는 태양기어, 캐리어, 내접기어, 유성피니언으로 구성하고 있다.

서로 맞물리는 한 쌍의 기어가 회전할 때 한쪽의 기어가 다른 쪽의 기어축을 중심으로 공전하는 장치를 말한다.

중심에 태양기어(sun gear)가 있고 이에 맞물린 몇 개(대개 3~4 개)의 유성피니언(planetary pinion)이 내접기어에 물려 있다. 캐리어(carrier)는 태양기어, 유성피니언의 중심을 연결하는 역할을 한다.

유성기어장치에서는 아주 높은 비율의 감속비를 얻을 수 있다. 태양기어를 중심으로 한 유성기어피니언의 운동이 태양계의 유성과 비슷하다고 하여 유성기어장치라고 한다.

이 태양기어, 캐리어, 내접기어 중 두 개의 속도가 결정되면 나머지 한 개의 속도가 결정되며, 유성피니언은 위의 태양기어, 캐리어, 내접기어 사이에서 상대운동을 전달하는 역할을 한다.

만약 태양기어, 캐리어, 내접기어 중 두 개가 서로 고정되어 있으면 나머지 하나도 고정되어 세 개가 서로 상대운동을 하지 않고 일체(한 몸체)가 되어 회전하게 되므로 세 개가 동일한 회전각속도를 갖게 된다.

유성기어의 구성은 전형적으로 그림 6.6과 같다.

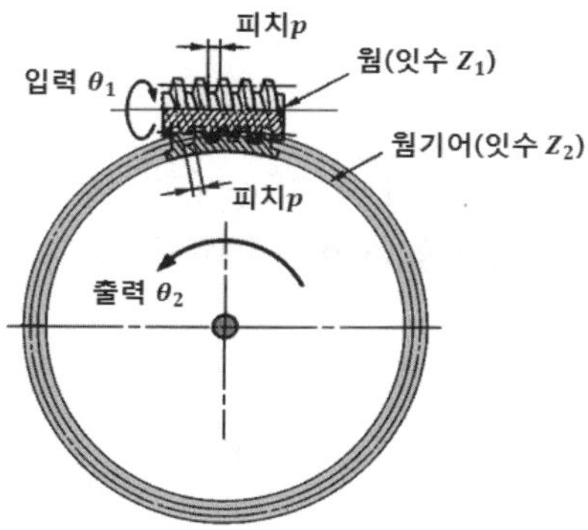

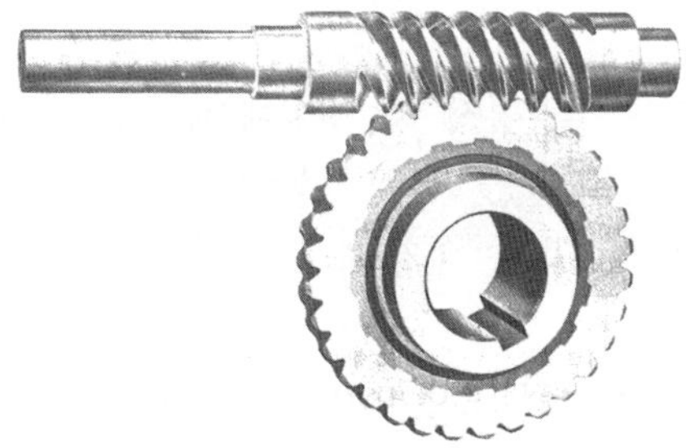

그림 6.5 웜기어

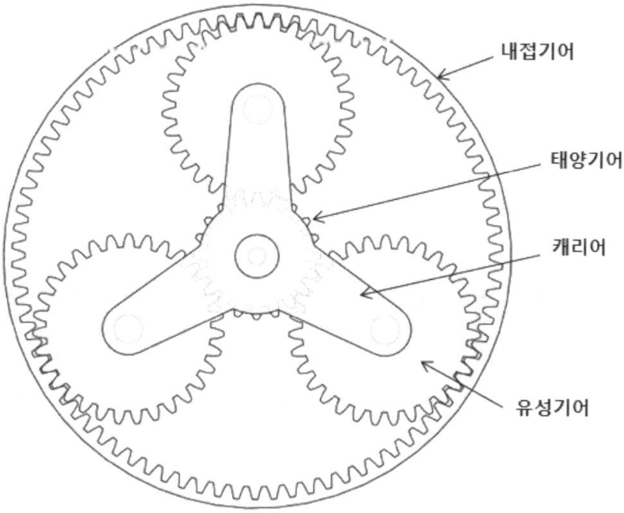

그림 6.6 유성기어 장치의 기본 요소

그림 6.6에서 태양기어(sun gear), 고정되어 있는 경우, 고정되어 있지 않은 경우가 각각 있다. 유성피니언(planetary pinion)은 태양기이 주위를 공선 및 자전을 하며 1개 이상의 개수로 구성된다(보통 3~4개). 캐리어(carrier)는 암(arm)이라고도 하며, 태양기어의 중심과 유성피니언의 중심을 연결한다. 내접기어(internal gear)는 모든 유성기어에 있는 것은 아니며 없는 경우도 있다.

그림 6.6에서 입력축의 회전수 n_1[s−1], 출력축의 회전수 n_2[s−1], 태양기어의 잇수를 z_s, 유성기어의 잇수를 z_p, 내접기어의 잇수를 z_r 라 하면 유성기어의 감속비 i 는 다음과 같이 된다.

$$i = \frac{n_2}{n_1} = \frac{z_s}{(z_s + z_r)} \tag{6.5}$$

이와 같은 유성기어 장치에서는 유성기어의 내경 측은 태양기어로 맞물리고 외경 측은 내접기어와 맞물려 있기 때문에 각각의 잇수에 다음과 같은 제약이 있다. 이 제약을 지키지 않으면 장치로서 조립할 수 없기 때문에 특히 주의를 요한다.

(1) 태양기어와 내접기어의 잇수 합이 유성기어의 개수 N으로 나눠떨어질 것

이 조건은 유성기어 장치로서 성립하기 위한 절대 조건이다. 이 조건을 만족하지 않으면 기어 장치로서 조립할 수 없다. 유성기어 장치는 유성기어 개수 N은 보통 3~5개인데 만일 N이 3의 경우 각각의 유성기어가 태양기어 및 내접기어와 각 2개소씩, 즉 6개소 동시에 맞물려 있지만 식 (6.6)을 만족하지 않는 경우 하나의 유성기어를 태양기어와 내접기어에 맞물리게 하면 다른 2개의 유성기어는 맞물림을 행할 수 없다.

유성기어 장치의 성립 조건식

$$\frac{(z_s + z_r)}{N} = \text{정수} \tag{6.6}$$

(2) 태양기어의 잇수와 유성기어의 잇수의 2배의 합이 내접기어의 잇수와 같을 것

그림 6.7로부터도 확실하듯이 유성기어 장치에서는 태양기어의 피치원 지름에 유성기어의 피치원 지름의 2배를 더한 것이 링기어의 피치원 지름과 같게 되어야 한다.

$$d_{ws} + 2d_{wp} = d_{wr} \tag{6.7}$$

표준기어 사용의 경우에는 맞물림 피치원 지름과 표준 피치원 지름이 같으므로 다음과 같이 된다. 또는

$$\begin{gathered} d_s + 2d_p = d_r \\ m(z_s + 2z_p) = mz_r \end{gathered} \tag{6.8}$$

지금까지의 설명은 잇수의 제한으로서

$$z_r = z_s + 2z_p \tag{6.9}$$

을 도입한 기어장치에 대해 행하고 있다.

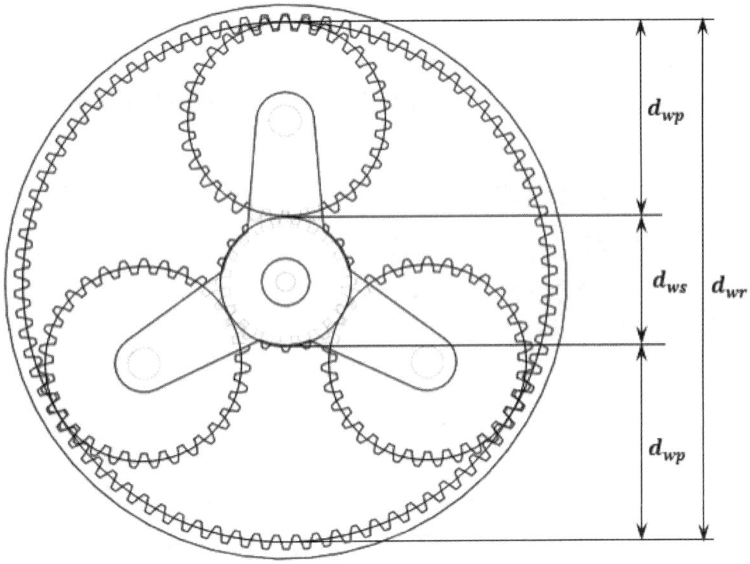

그림 6.7 유성기어 장치의 기어 맞물림

예제 6.2

유성기어 잇수가 31이고 태양기어 잇수가 20일 때 링기어의 잇수는 얼마로 하고 유성기어 개수는 얼마로 해야 하는가?

풀이

유성기어 잇수가 31이고 태양기어 잇수가 20이므로 링기어 잇수는 $z_r = 20 + 2 \times 31 = 82$이다. 또한 이것은 식 (6.6)도 만족해야 하므로 유성기어 개수가 3이면 정수로 떨어지지만 4나 5이면 정수로 떨어지지 않으므로 유성기어 개수가 3인 경우만 유성기어 장치로서 만족하게 된다.

그러면 유성기어 장치에서 각 기어의 회전 방향에 대해 알아보기로 한다.

유성기어 장치의 캐리어는 기어가 아니므로 기어이가 없다. 그러나 일정한 기어 잇수에 상당하는 값으로 회전하게 된다. 이것을 '캐리어 상당 잇수' 또는 '캐리어 유효 잇수'라고 하며 캐리어 상당 잇수 z_c는 다음과 같이 나타낸다.

$$z_c = z_s + z_r \tag{6.10}$$

단순 유성기어장치에서 내접기어나 태양기어를 고정할 경우는 입력축과 출력축의 회전방향은 같다. 그러나 캐리어를 고정하면 입력축과 출력축의 회전방향은 서로 반대가 된다. 즉, 역전된다. 그리고 단순 유성기어장치의 3요소 중 2요소를 동시에 고정하거나, 2요소에 동시에 동력을 전달하면 입력축과 출력축은 직결(直結)된다.

3요소를 모두 자유롭게 회전되도록 하면 동력전달은 이루어지지 않는다.(중립)

단순 유성기어장치에서의 회전 감속비는 식 (6.5)로 구하고, 회전방향은 위에 설명한 내용에 따라 결정하면 되는데 이것을 정리한 것이 표 6.1이다. 표 6.1은 앞에서 설명한 내용을 종합 정리한 것으로서 회전 감속비는 태양기어 잇수(z_s) 40, 유성기어 잇수(z_p) 20으로 하여 구하였다.

5) 랙과 피니언(rack and pinion)

스퍼 기어에서 한쪽의 기어 잇수를 무한대로 하면 평면이 된다. 이 평면의 이를 랙, 회전 기어를 피니언이라 부르며 피니언의 회전 운동은 랙의 직선 운동으로 변환된다. 치형에 인벌류트 곡선을 사용하면 랙의 치형은 직선으로 된다(그림 6.8).

표 6.1 유성기어 장치의 회전 감속비와 회전방향(예)

내접기어	캐리어	태양기어	회전 감속비	결과
출력	입력	고정	$i=\frac{z_s+z_r}{z_r}$ $i=\frac{120}{80}>1$	증속
입력	출력	고정	$i=\frac{z_r}{z_s+z_r}$ $i=\frac{80}{120}<1$	감속
고정	입력	출력	$i=\frac{z_s+z_r}{z_s}$ $i=\frac{120}{40}>1$	증속
고정	출력	입력	$i=\frac{z_s}{z_s+z_r}$ $i=\frac{40}{120}<1$	감속
입력	고정	출력	$i=\frac{z_r}{z_s}$ $i=\frac{80}{40}>1$	역전 증속
출력	고정	입력	$i=\frac{z_s}{z_r}$ $i=\frac{40}{80}<1$	역전 감속

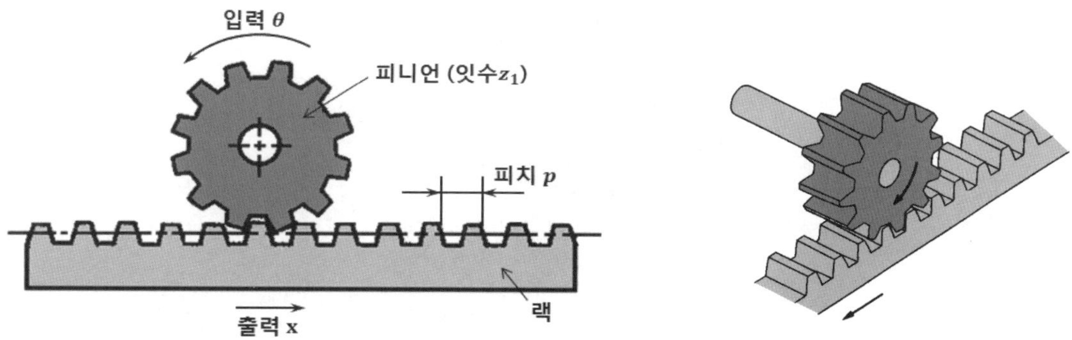

그림 6.8 랙과 피니언

랙의 출력 x는 다음과 같다.

$$x = \frac{z_1 p}{2\pi}\theta \tag{6.11}$$

6.1.2 감아 걸기 전동 기구

1) 체인(chain)

체인은 미끄럼이 없는 큰 힘이 작용하여 확실한 운동 전달을 할 수 있다. 무겁고 소음이 발생하며 윤활이 필요하기 때문에 이 붙임 벨트로 대체되고 있다. 사용에 동반하는 마모에 의해 변형이 발생하므로 아이들 풀리를 체인에 눌러 붙여서 적절한 장력을 유지할 필요가 있다. 그림 6.9에는 체인의 동력 전달을 나타낸다.

2) 이붙임 벨트(toothed belt)

이붙임 벨트는 항력을 높이기 위한 강선 등의 심선이 들어가 있는 고무벨트에 이를 붙여 만든 것이다. 이붙임 벨트는 이가 구동 풀리와 맞물려 운동을 전달하므로 미끄럼이 없는 확실한 전동을 할 수 있으며 전달효율이 크고 경량이며 윤활이 필요하지 않는 등의 특징을 가지고 있다. 백래시가 없기 때문에 위치결정 정도도 높다. 고속 구동 시에는 벨트와 풀리의 맞물림 충격음이 크다. 축간 거리를 자유롭게 취할 수 있으며 풀리의 잇수를 조절하면 감속기구로서도 사용할 수 있다(그림 6.10). 그림 6.11은 이붙임 벨트의 응용 예로서 타이밍 벨트이다.

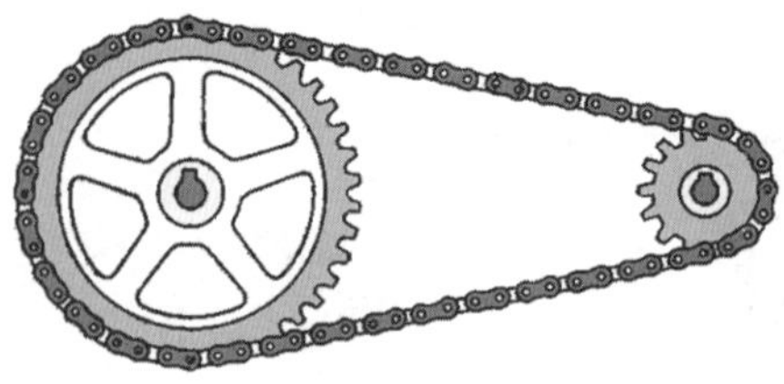

그림 6.9 체인의 동력 전달

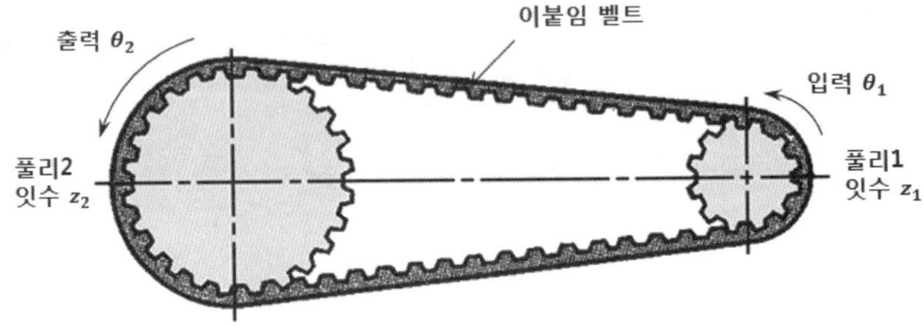

그림 6.10 이붙임 벨트 감속기구

그림 6.11 이붙임 벨트의 이용 예- 타이밍 벨트

이붙임 벨트의 회전 감속비 i는 다음과 같다.

$$i = \frac{\theta_2}{\theta_1} = \frac{z_1}{z_2} \tag{6.12}$$

6.1.3 이송나사

1) 미끄럼나사(sliding screw)

미끄럼 나사는 그림 6.12와 같이 나사와 너트를 조합시킨 것으로 나사의 회전에 따라 너트가 직진운동으로 변환된다. 미끄럼마찰이 작용하므로 마찰저항을 줄이기 위해 윤활제를 사용한다. 강성이 높으므로 적절하게 설계 제작하면 0.01 μm의 미소한 위치결정도 가능하다.

출력 x는 다음과 같다.

$$x = \frac{p}{2\pi}\theta \tag{6.13}$$

2) 볼나사(ball screw)

볼나사는 수나사와 너트 사이에 강구를 넣어 전동하도록 한 것으로 나사의 미끄럼 마찰을 구름 마찰로 바꾼 것이다. 그 구조는 그림 6.13과 같이 강구가 수나사와 너트 사이를 굴러가며 진행되어 나사를 2회반 내지는 3회반 돌고 나서 튜브의 선단에 의해 밖으로 배출된다. 배출된 강구는 튜브 속을 통해 원래의 위치로 돌아오고 재차 수나사와 너트 사이를 굴러가며 똑같은 진행을 반복한다.

볼나사의 종류는 나사봉의 바깥지름, 리드의 크기, 강구의 순환 방식의 조합으로 나누고 있다. 강구의 순환 방식의 종류는 권수와 회로 수와의 조합으로 결정한다.

권수는 강구가 수나사의 주위를 몇 회 굴러가고 나서 튜브에 들어가는가를 나타내며 NC용으로서는 보통 2.5권, 3.5권이 사용된다. 회로 수는 순환 회로가 몇 열 있는가를 나타내는 것이며 1열, 2열, 3열 등이 있다.

구름마찰로 인해 마찰계수가 작으며 미끄럼나사보다 높은 전동 효율을 얻을 수 있다. 로봇이나 자동 기계에서 널리 사용되고 있다.

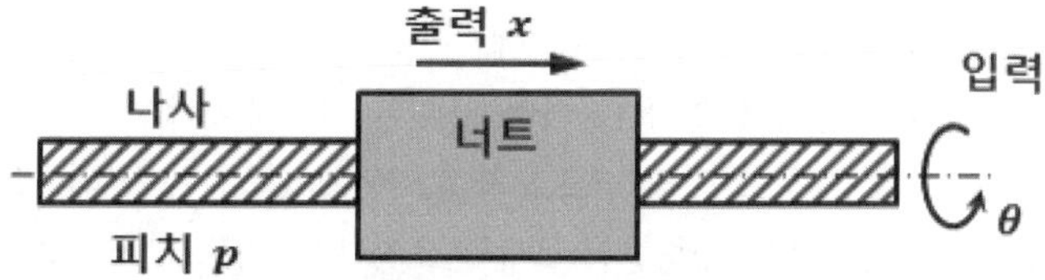

그림 6.12 미끄럼나사

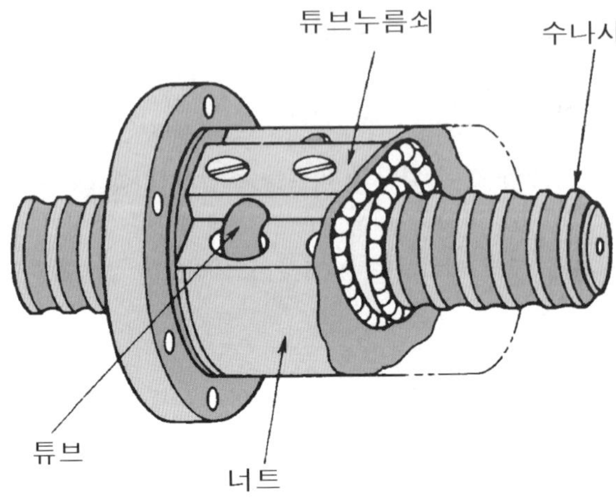

그림 6.13 볼나사의 구조

(1) 볼나사의 선택시 고려 사항

볼나사는 회전 운동으로부터 직선 운동을 얻기 위해서 이용된다. 서보 구동의 발달에 따라서 이송축으로서의 볼나사에의 기술적 요구도 단지 나사의 정적 정도나 기계 부품으로서의 강도만이 아니고 볼나사의 강성, 정적 변형, 열에 의한 신축, 수명 등에 이르고 있다.

폐쇄 루프 제어를 하는 기전시스템의 이송 나사에 이용하는 볼나사의 성노나 백래시는 직접 조작량의 정도에 영향을 주기 때문에 아래 4개 항목이 필요조건이다.

(ⅰ) 정확한 위치 결정을 할 수 있도록 한 피치 정도일 것

(ⅱ) 장시간의 사용에도 피치 정도가 저하하지 않을 것.

(ⅲ) 이송축의 원인에 의한 오차가 작고 장기간의 사용에도 증대하지 않을 것.

(ⅳ) 미소한 이송에 대해서도 스택 슬립 현상을 일으키지 않을 것.

① 정적 정도와 오차

볼나사의 정적 정도에 영향을 주는 요인에는 여러 가지 요소(단일리드 오차, 누적리드 오차, 나사봉의 굽힘, 유효지름의 상호차, 나사골에 대한 나사봉이나 너트의 기계부착부의 흔들림)가 생각되지만, 이들은 어느것도 단일리드 오차, 누적리드 오차에 의해 그 오차 범위를 결정할 수 있기 때문에 볼나사의 정도는 보통 이 2개의 오차(단일리드 오차, 누적리드 오차)로 대표되고 있다.

리드 오차는 나사봉과 너트에 있어서의 개개의 오차와 이것을 조합시킬 때의 너트의 진행 오차가 생각되지만 후자는 측정이 어렵기 때문에 나사봉의 오차를 정도 규격으로 하고 있다.
너트의 진행 오차는 강구의 순환 회로의 권수가 많을수록 각 골 사이의 강구로 간섭을 받아 나사봉의 단일리드 오차 보다 작게 된다. 예를 들면 3.5권의 경우는 너트 1회전에 의한 진행량의 오차는 나사봉의 단일리드 오차의 약 1/2 정도로 된다. 또한, 누적리드 오차도 그 오차 변화의 상태가 안정한다.

② 동적 변형량

기전시스템 가운데 NC 공작기계를 예를 들면, 이송축계의 로스트 모션에 기인하는 요소로서는 축 방향 간격 등의 백래시 외에 나사봉의 신축, 비틀림 변형, 너트의 변형, 볼나사의 압력 영향, 지지 베어링의 축 방향 탄성 변위 등이 있다.

③ 이송축의 구동 토크

이송축의 각 변위를 리졸버 등으로 검출하는 폐쇄 루프 제어 방식에서는 문제로 되지 않지만 개방 루프 제어 방식에서는 펄스 모터의 작동 오차는 NC 공작기계의 오차에 직접 영향을 준다. 따라서 기어를 포함한 이송축의 관성 모멘트나 볼나사의 구동 토크, 예압에 의한 드래그 토크(drag torque) 등을 확실히 파악하고 구동 모터를 선택하지 않으면 안 된다.

④ 볼나사의 온도 변형

볼나사는 수나사와 암나사가 볼을 개입하여 구름 접촉하고 있기 때문에 사각형 나사와 같은 미끄럼 접촉의 이송 나사에 비해 구동에 의한 발열은 적다. 따라서 구동 빈도가 낮은 NC 공작기계에서는 온도 변형을 무시할 수 있지만, 온도에 의한 강재의 변형량은 대략 0.01㎜/1000㎜/1℃이기 때문에 머시닝 센터나 연삭반, 치공구 보링 머신과 같은 고정도를 요구하는 기계는 온도 변형에 의한 정도에의 영향을 면밀히 검토하지 않으면 안 된다.
고정도의 NC 공작기계에서는 오일 온도 조정 장치를 갖추어 볼나사를 오일 목욕시킴과 동시에 나사축에 예압을 걸어 인장 응력을 발생시켜 나사축의 발열에 의한 신장을 내부 응력의 변화에 의해 흡수해 버리도록 하여 열 변형에 의한 오차를 작게 하고 있다. 이 경우 기계 본체의 강성이 충분히 크고 예압에 대해 변형하지 않는 것이 필요하다.
볼나사의 발열은 나사의 바깥 지름과 회전 속도와의 곱 및 사용 빈도에 의해 다르지만, 상정 온도는 최대로 5~10℃ 이내에 억제하지 않으면 안된다.

이상은 주로 개방 루프 제어의 경우의 볼나사의 정도에 대한 주의 사항이지만 위치 검출 센서 등을 이용하여 최종 변위량을 직접 검출하는 폐쇄 루프 제어 NC 공작기계에서는 볼나사의 온도에 의한 변형이나 동적 변위량은 무시할 수 있다. 따라서 이 경우에는 커터(cutter), 드릴(drill)이나 바이트(bite)의 강성보다 큰 서보 강성을 필요로 하며, 장시간 일정 위치에 고정도로 정지가 요구되는 경우 등에는 역시 온도에 의한 영향이 문제로 된다.

6.2 좌표형 운동 변환 기구

6.2.1 2축의 직교 좌표형 운동 변환 기구

2축의 직교 좌표형 기구는 1축의 직진 모듈 기구를 2식 조합 구성으로 하고 있지만 축 방향에 의해 수평-수평과 수평-상하축계의 2가지로 대별된다. 더구나 각 축계는 이동체에 의해 4형식으로 구분할 수 있다.

이하 각 축마다 본체 고정측은 첨자 f, 본체 이동측은 첨자 m을 붙여 표시한다.

1) 수평-수평 ($X-Y$) 축계

형식에는 그림 6.14와 같이 여러 가지가 있다.

(a) 고정-고정 ($X_f - Y_f$) (b) 고정-이동 ($X_f - Y_m$)

(c) 이동-고정 ($X_m - Y_f$) (d) 이동-이동 ($X_m - Y_m$)

2) 수평-상하 ($X-Z$) 축계

베이스가 되는 주축을 X축 또는 Z축으로 하는지에 따라 형식이 다르지만 주축 부분을 앞에 표시한다. 각종 형식은 그림 6.15와 그림 6.16과 같다.

(a) 고정-고정 ($X_f - Z_f$), ($Z_f - X_f$) (b) 고정-이동 ($X_f - Z_m$), ($Z_m - X_f$)

(c) 이동-고정 ($X_m - Z_f$), ($Z_f - X_m$) (d) 이동-이동 ($X_m - Z_m$), ($Z_m - X_m$)

(a) $X_f - Y_f$

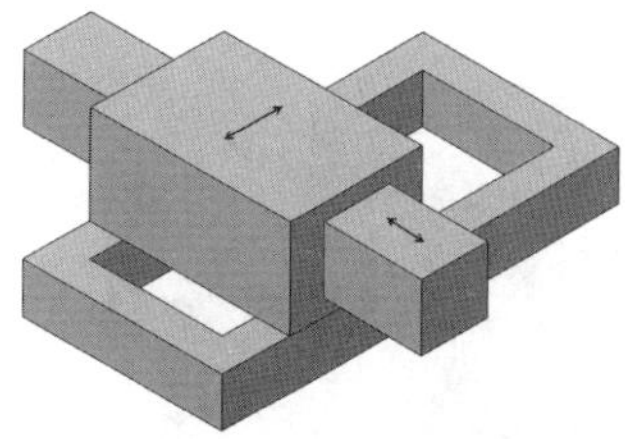

(b) $X_f - Y_m$

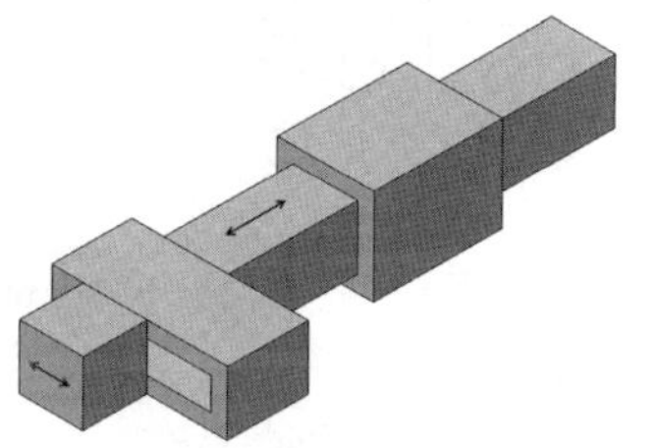

(c) $X_m - Y_f$

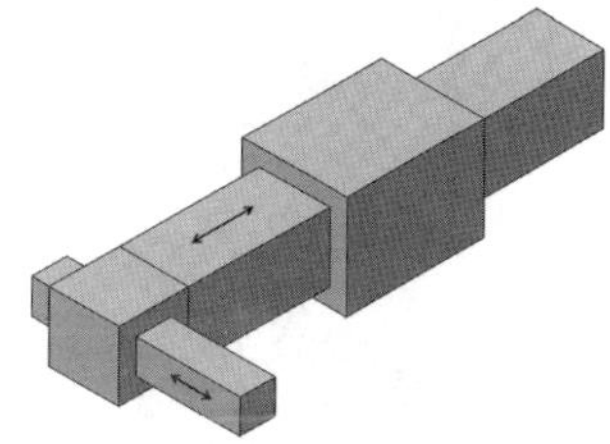

(d) $X_m - Y_m$

그림 6.14 2축 직교좌표 형태(X-Y축계)

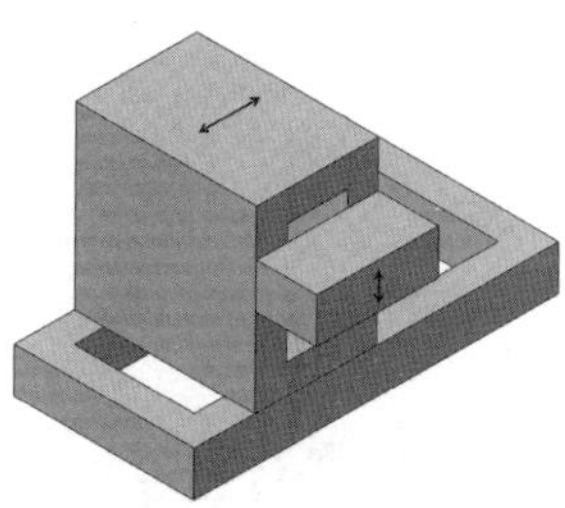

(a) $X_f - Z_f$

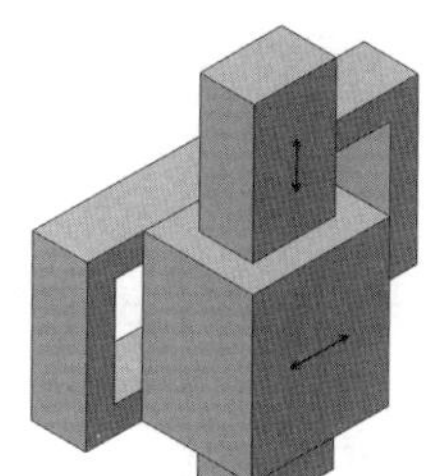

(b) $X_f - Z_m$

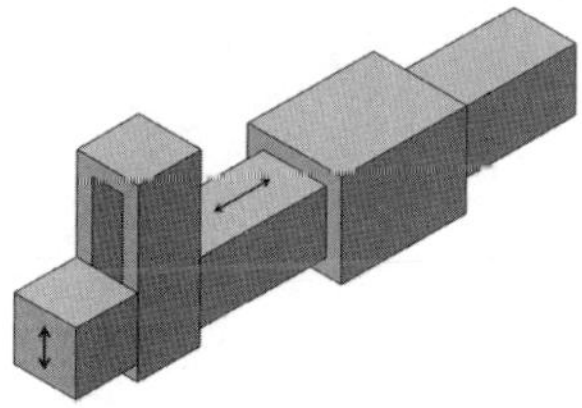

(c) $X_m - Z_f$

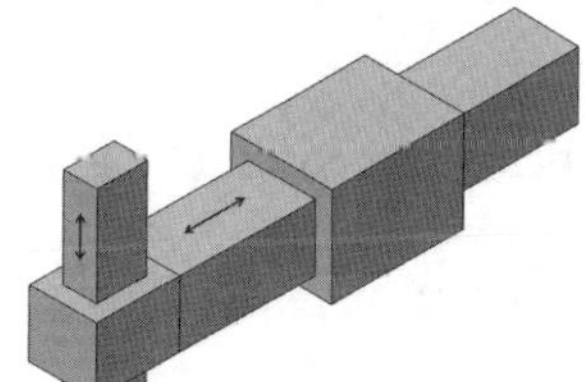

(d) $X_m - Z_m$

그림 6.15 2축 직교좌표 형태($X - Z$축계)

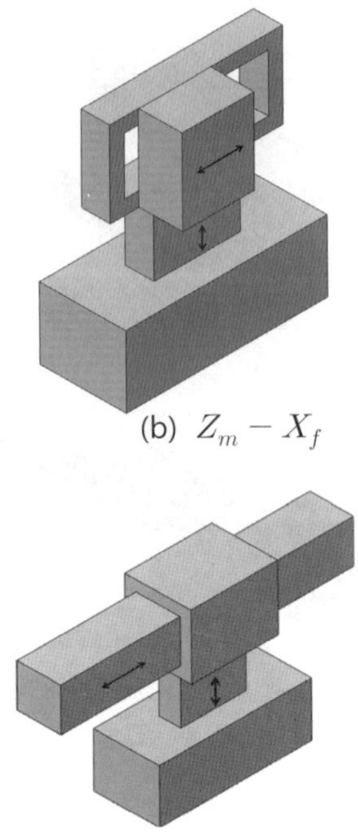
(a) $Z_f - X_f$　(b) $Z_m - X_f$

(c) $Z_f - X_m$　(d) $Z_m - X_m$

그림 6.16 2축 직교좌표 형태($Z-X$축계)

6.2.2 2축의 원통 좌표형 운동 변환 기구

2축의 원통 좌표형 기구는 1축의 회전 모듈 기구와 1축의 직진 모듈 기구를 조합하여 구성되지만 축 방향에 의해 수평 선회-수평, 수평 선회-상하, 상하 선회-상하의 3형식으로 대별된다. 더구나 이동체에 의한 구분과 주축의 취득방법에 의해 각종 형식이 있다.

1) 수평 선회-수평 ($\theta - X$) 축계

$\theta - X$ 축계의 각종 형식은 그림 6.17과 같다.

(a) X축 고정 ($\theta - X_f$)

(b) X축 이동 ($\theta - X_m$)

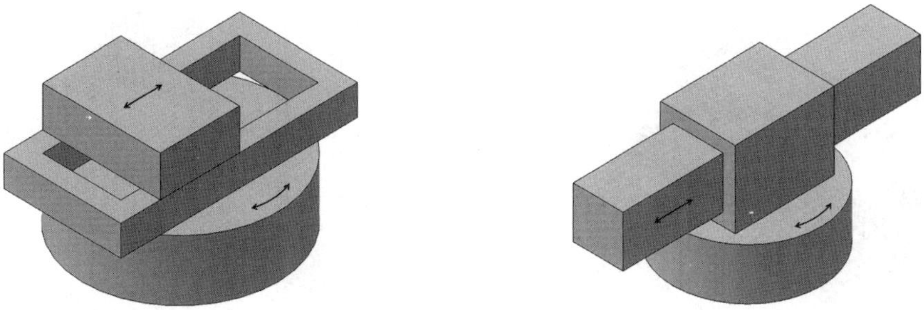

(a) $\theta - X_f$ (b) $\theta - X_m$

그림 6.17 2축 원통좌표 형태($\theta - X$축계)

2) 수평 선회-상하 ($\theta - Z$) 축계

$\theta - Z$ 축계의 각종 형식은 그림 6.18과 같다.

(a) Z축 고정 ($\theta - Z_f$)

(b) Z축 이동 ($\theta - Z_m$)

(a) $\theta - Z_f$ (b) $\theta - Z_m$

그림 6.18 2축 원통좌표 형태($\theta - Z$축계)

3) 상하 선회-상하 ($\alpha - Z$) 축계

$\alpha - Z$ 축계의 각종 형식은 그림 6.19와 같다.

(a) Z축 고정 ($\alpha - Z_f$)

(b) Z축 이동 ($\alpha - Z_m$)

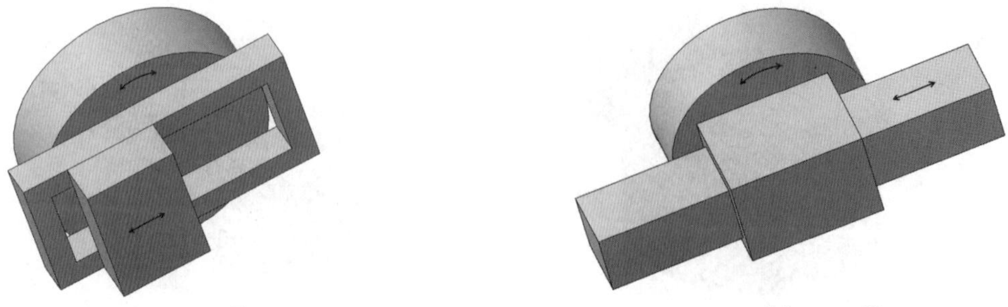

(a) $\alpha - Z_f$ (b) $\alpha - Z_m$

그림 6.19 2축 원통좌표 형태($\alpha - Z$축계)

6.2.3 2축의 관절형 운동 변환 기구

2축의 관절형 기구는 1축의 회전 모듈 기구를 2식 조합으로 구성되지만 축 방향에 의해 수평–수평, 상하–상하의 2형식으로 대별된다. 각종 형식은 그림 6.20과 같다.

1) 수평-수평 ($\theta - \theta$) 축계

$\theta - \theta$축계의 형식 예를 그림 6.20 (a)에 나타낸다.

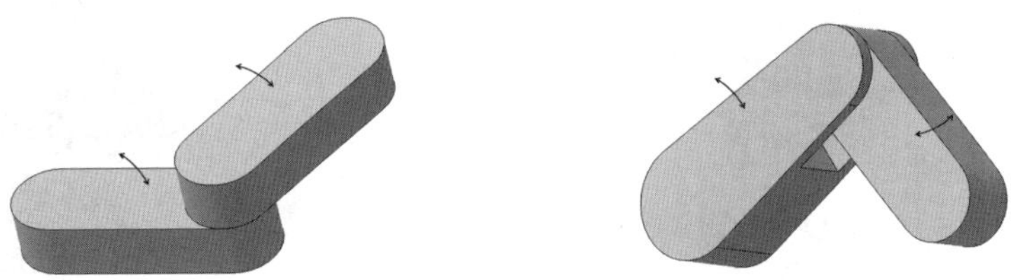

(a) $\theta - \theta$ (b) $\alpha - \alpha$

그림 6.20 2축 관절 형태

2) 상하-상하 ($\alpha - \alpha$) 축계

$\alpha - \alpha$ 축계의 형식 예를 그림 6.33 (b)에 나타낸다.

6.2.4 3축의 직교 좌표형 운동 변환 기구

3축의 직교 좌표형 기구는 6.2.1항의 2축 직교 좌표형의 $X-Y$ 또는 $X-Z$ 축계에 Z 또는 Y축을 부가한 것이지만 주축~3축까지의 구성 순서에 의해 3형식으로 대별된다. 더구나 각 형식은 이동체에 의해 각각 8종류로 구분할 수 있다(그림 6.21~그림 6.23).

1) 수평-수평-상하 ($X-Y-Z$) 축계

(a) 고정−고정−고정 ($X_f-Y_f-Z_f$)　(b) 고정−고정−이동 ($X_f-Y_f-Z_m$)

(c) 고정−이동−고정 ($X_f-Y_m-Z_f$)　(d) 고정−이동−이동 ($X_f-Y_m-Z_m$)

(e) 이동−고정−고정 ($X_m-Y_f-Z_f$)　(f) 이동−고정−이동 ($X_m-Y_f-Z_m$)

(g) 이동−이동−고정 ($X_m-Y_m-Z_f$)　(h) 이동−이동−이동 ($X_m-Y_m-Z_m$)

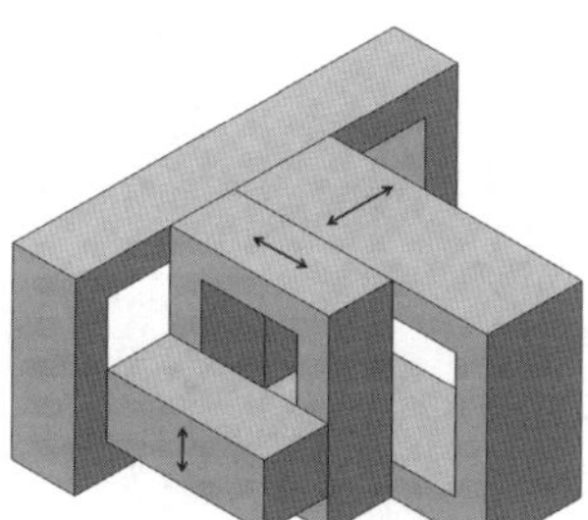

(a) $X_f-Y_f-Z_f$

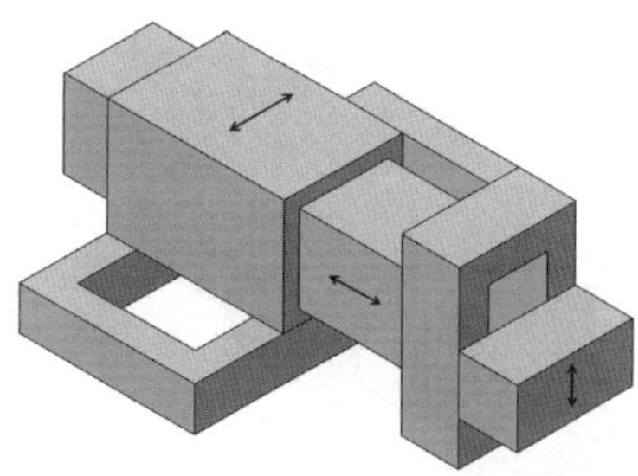

(b) $X_f-Y_m-Z_f$

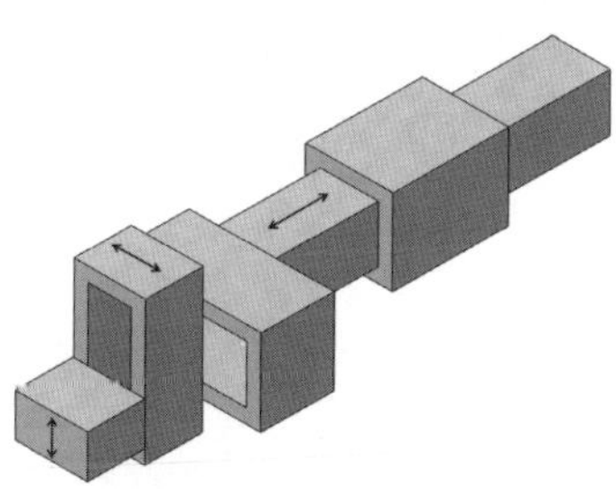

(c) $X_m-Y_f-Z_f$

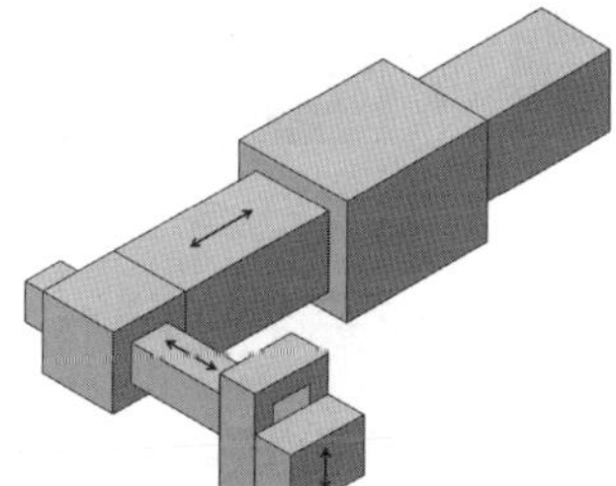

(d) $X_m-Y_m-Z_f$

그림 6.21 3축 직교좌표 형태($X-Y-Z$축계)

2) 수평-상하-수평 ($X-Z-Y$)축계

(a) 고정–고정–고정 ($X_f-Z_f-Y_f$) (b) 고정–고정–이동 ($X_f-Z_m-Y_f$)

(c) 고정–이동–고정 ($X_f-Z_f-Y_m$) (d) 고정–이동–이동 ($X_f-Z_m-Y_m$)

(e) 이동–고정–고정 ($X_m-Z_f-Y_f$) (f) 이동–고정–이동 ($X_m-Z_m-Y_f$)

(g) 이동–이동–고정 ($X_m-Z_f-Y_m$) (h) 이동–이동–이동 ($X_m-Z_m-Y_m$)

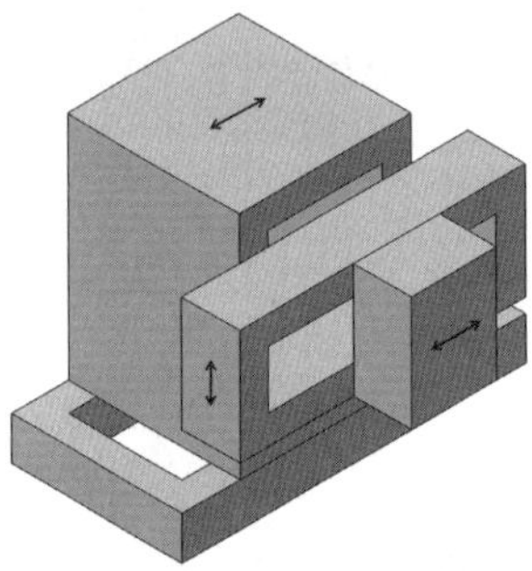

(a) $X_f-Z_f-Y_f$

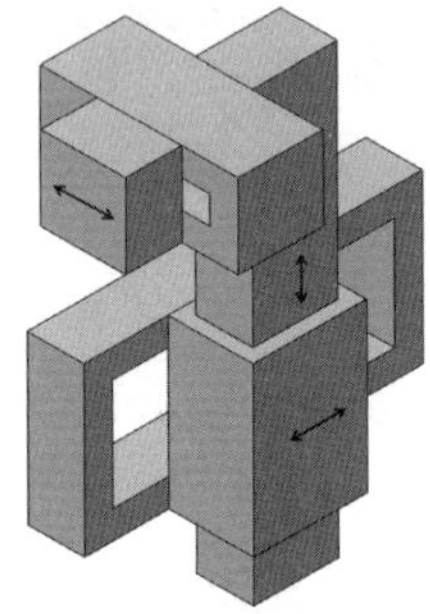

(b) $X_f-Z_m-Y_f$

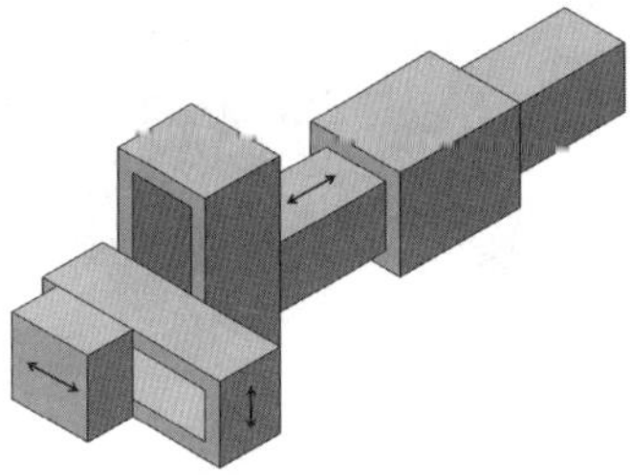

(c) $X_m-Z_f-Y_f$

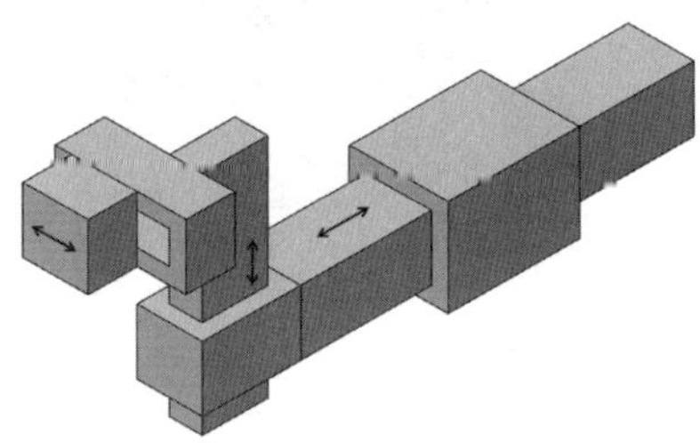

(d) $X_m-Z_m-Y_f$

그림 6.22 3축 직교좌표 형태($X-Z-Y$축계)

3) 상하-수평-수평 ($Z-X-Y$) 축계

(a) 고정–고정–고정 ($Z_f-X_f-Y_f$) (b) 고정–고정–이동 ($Z_m-X_f-Y_f$)

(c) 고정–이동–고정 ($Z_f-X_f-Y_m$) (d) 고정–이동–이동 ($Z_m-X_f-Y_m$)

(e) 이동–고정–고정 ($Z_f-X_m-Y_f$) (f) 이동–고정–이동 ($Z_m-X_m-Y_f$)

(g) 이동–이동–고정 ($Z_f-X_m-Y_m$) (h) 이동–이동–이동 ($Z_m-X_m-Y_m$)

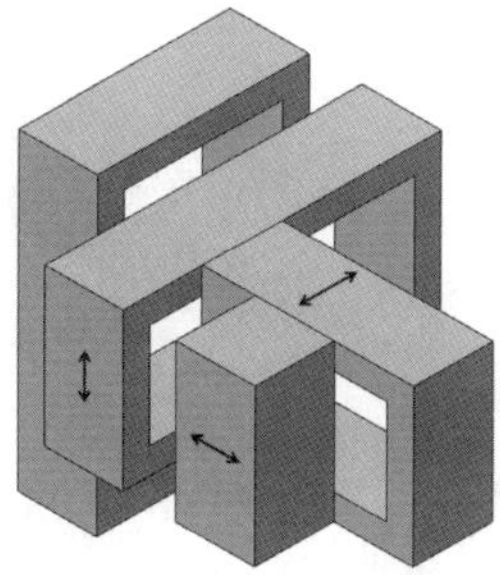

(a) $Z_f - X_f - Y_f$

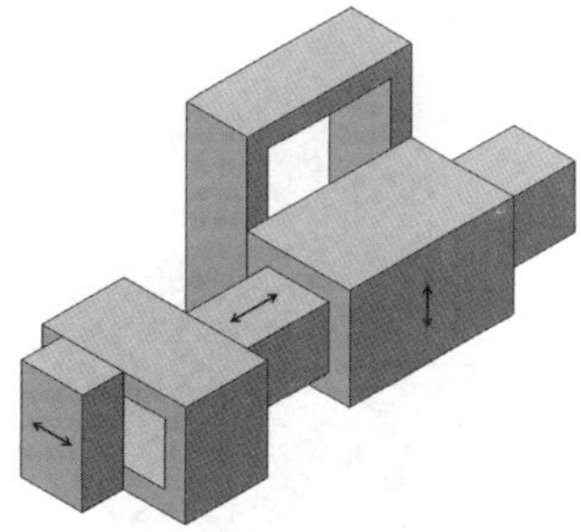

(b) $Z_f - X_m - Y_f$

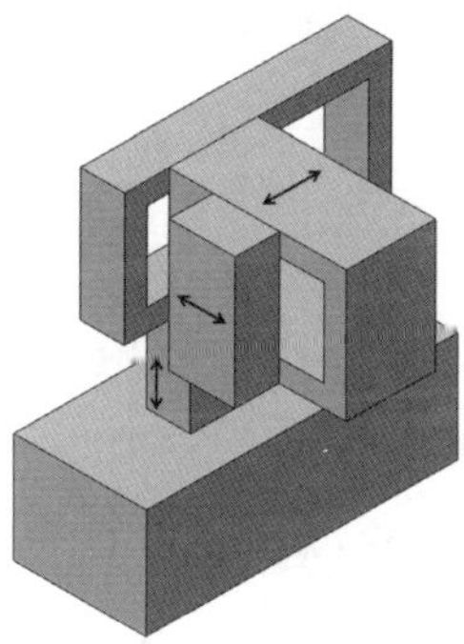

(c) $Z_m - X_f - Y_f$

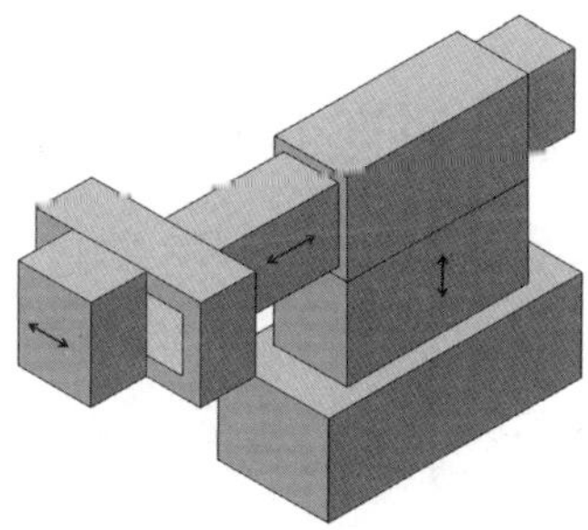

(d) $Z_m - X_m - Y_f$

그림 6.23 3축 직교좌표 형태($Z-X-Y$축계)

6.2.5 3축의 원통 좌표형 운동 변환 기구

일반적으로 2축의 원통 좌표형 기구는 6.2.2항의 $\theta - X$축 또는 $\theta - Z$ 축계에 Z축 또는 X축을 부가한 것이지만 이동체에 의한 구분과 주축의 취득 방법에 의해 각종 형식이 있다.

1) 수평 선회-수평-상하 ($\theta - X - Z$) 축계

$\theta - X - Z$ 축계의 각종 형식은 그림 6.24와 같다.

(a) X축 고정 ($\theta - X_f - Z_f$), ($\theta - X_f - Z_m$)

(b) X축 이동 ($\theta - X_m - Z_f$), ($\theta - X_m - Z_m$)

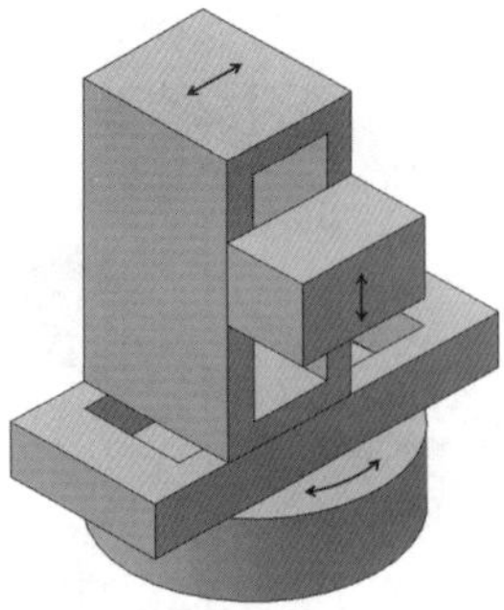

(a) $\theta - X_f - Z_f$

(b) $\theta - X_m - Z_m$

그림 6.24 3축 원통좌표 형태($\theta - X - Z$축계)

2) 수평 선회-상하-수평 ($\theta - Z - X$) 축계

$\theta - Z - X$ 축계의 각종 형식은 그림 6.25와 같다.

(a) Z축 고정 ($\theta - Z_f - X_f$), ($\theta - Z_f - X_m$)

(b) Z축`이동 ($\theta - Z_m - X_f$), ($\theta - Z_m - X_m$)

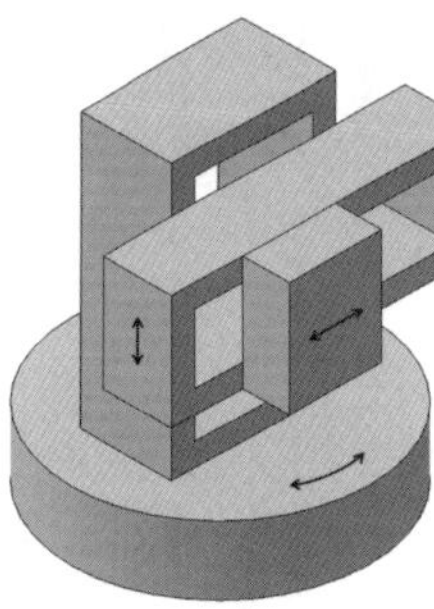

(a) $\theta - Z_f - X_f$

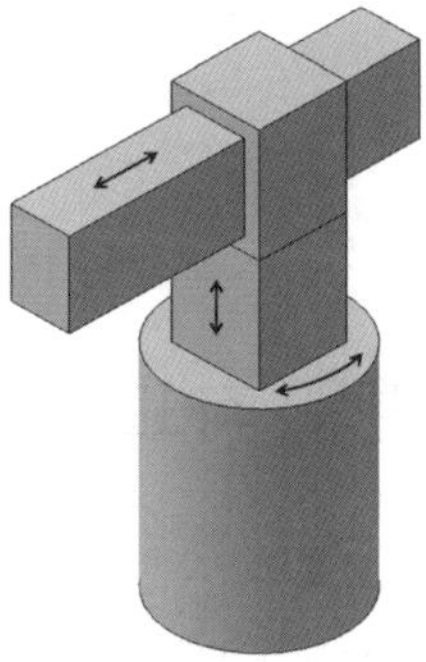

(b) $\theta - Z_m - X_m$

그림 6.25 3축 원통좌표 형태($\theta - Z - X$축계)

6.2.6 3축의 관절형 운동 변환 기구

일반적으로 3축의 관절형 기구는 6.2.3항의 $\theta - \theta$ 또는 $\alpha - \alpha$ 축계에 Z축 또는 X축을 부가한 것이다. 각종 형식은 그림 6.26과 같다.

1) 수평 선회-수평 선회-상하 ($\theta-\theta-Z$) 축계

$\theta-\theta-Z$ 축계의 형식 예를 그림 6.26 (a)에 나타낸다.

(a) Z축 고정 ($\theta-\theta-Z_f$)

(b) Z축 이동 ($\theta-\theta-Z_m$)

2) 상하-수평 선회-수평 선회 ($Z-\theta-\theta$) 축계

$Z-\theta-\theta$ 축계의 형식 예를 그림 6.26 (b)에 나타낸다.

(a) Z축 고정 ($Z_f-\theta-\theta$)

(b) Z축 이동 ($Z_m-\theta-\theta$)

3) 상하-상하 ($\theta-\alpha-\alpha$) 축계

$\theta-\alpha-\alpha$ 축계의 형식 예를 그림 6.26 (c)에 나타낸다.

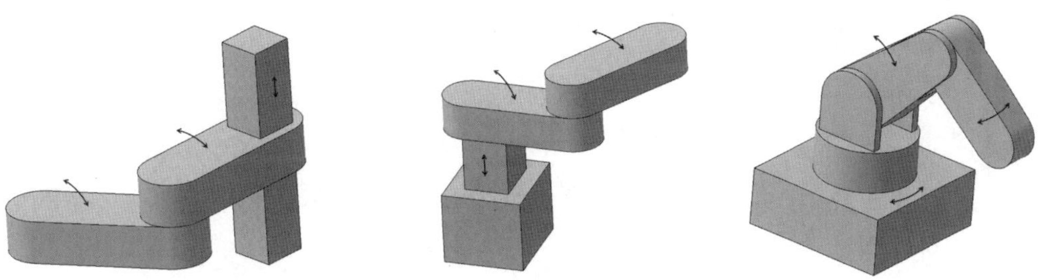

(a) $\theta-\theta-Z_m$ (b) $Z_m-\theta-\theta$ (c) $\theta-\alpha-\alpha$

그림 6.26 3축 관절형태

6.3 운동 변환 기구의 입출력 관계

6.3.1 기어 감속기

일반적으로 서보모터를 이용하여 물체를 구동시키는 동력 전달 기구부의 경우, 모터의 출력 토크를 증폭하기 위해 기어 감속기를 모터축에 직결하는 경우가 많다. 기어 감속기에는 주로 평기어 감속기나 유성기어 감속기, 유성차동기어 감속기 등이 있다.

택트(tact) 타임을 단축하기 위해 가감속 시간을 짧게 해야 하며 이를 위해 장치 설계 시에 기어 감속기를 고려한 GD^2 산출이 불가결한 것으로 되어 있다.

여기서 그림 6.27 (a)와 같이 회전수 n[rpm]의 모터만을 사용하고 직경 D[m], 질량 M[kg]의 중실 원통인 부하를 회전속도 v[m/min]로 가속시킬 경우의 모터로부터 본 부하의 GD^2(이것을 ${GD^2}_L$으로 한다)을 생각해 본다.

$$ {GD^2}_L = \frac{MD^2}{2} [\text{kg} \cdot \text{m}^2] \tag{6.14} $$

$$ D = \frac{v}{\pi n} [\text{m}] \tag{6.15} $$

즉,

$$ {GD^2}_L = \frac{M}{2}\left(\frac{v}{\pi n}\right)^2 [\text{kg} \cdot \text{m}^2] \tag{6.16} $$

또한 그림 6.27 (b)와 같이 감속비 i의 기어 감속기를 사이에 넣어 가속시키는 경우를 생각해 보면 부하의 회전 속도는 $1/i$로 되므로

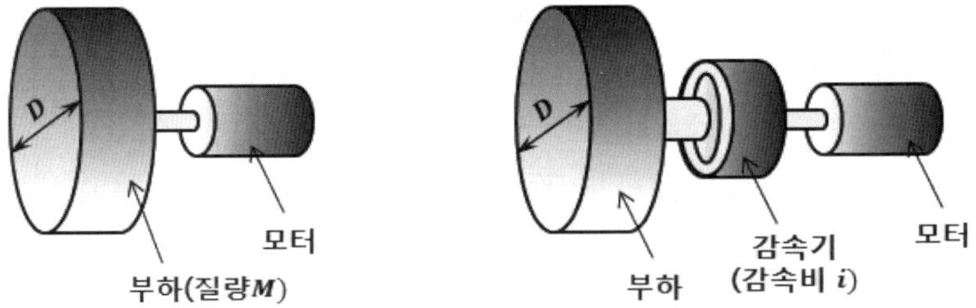

(a) 모터 직접구동 (b) 감속기 삽입 모터구동

그림 6.27 모터 구동 기구

$$D = \frac{v}{i}\frac{1}{\pi n}\,[\mathrm{m}] \tag{6.17}$$

따라서 모터로부터 본 부하의 GD^2은 $\frac{1}{i^2} \times \frac{M}{2}\left(\frac{v}{\pi n}\right)^2$이며 결국, $\frac{1}{i^2} \times {GD^2}_L\,[\mathrm{kg \cdot m^2}]$으로 된다.

이것은 기어 감속기를 사용하는 것에 의해 모터로부터 본 부하의 GD^2을 $1/i^2$으로 줄이는 것을 알 수 있다.

실제의 장치를 설계할 때는 부하 자체의 GD^2 이외에 모터와 기어 감속기의 GD^2도 고려하지 않으면 안 되며 각각을 ${GD^2}_M$, ${GD^2}_R$으로 하면 전체 GD^2은 ${GD^2}_L/i^2 + {GD^2}_M + {GD^2}_R$으로 된다.

한편, 모터 및 기어 감속기의 GD^2은 카탈로그 등의 정격표에 기재되어 있으므로 각각 이 값을 이용한다.

또한 모터 및 기어 감속기 선정 시에는 가감속시의 관성에 의한 토크(기동 및 정시지의 허용 토크)를 각각 산출하여 이들 값이 정격표의 허용치를 넘지 않도록 최적의 형번을 선택할 필요가 있다.

그러므로 그림 6.27 (b)에 있어서 모터 및 기어 감속기에 대한 가감속시의 관성 토크의 산출에 대해 생각해 본다.

모터에 있어서의 관성 토크를 T_M으로 하면 다음과 같이 된다.

$$T_M = \frac{1}{4}\left(\frac{{GD^2}_L}{i^2} + {GD^2}_M + {GD^2}_R\right) \times \dot{\omega}\ \ [\mathrm{N \cdot m}] \tag{6.18}$$

여기서 $\dot{\omega}$는 모터의 각가속도[rad/s^2]이다. 또한 기어 감속기에 있어서의 관성 토크를 T_R로 하면 기어 감속기 출력 측에서 모터의 각가속도는 $1/i$로 감속되며 더욱이 부하 자체의 GD^2만이 관계하기 때문에 다음과 같이 된다.

$$T_R = \frac{{GD^2}_L}{4} \times \frac{\dot{\omega}}{i}\ \ [\mathrm{N \cdot m}] \tag{6.19}$$

예제 6.3

그림 6.28에 나타낸 기어 감속기를 개입하고 부하를 랙과 피니언으로 직동운동을 시키는 반송 장치의 경우 모터 축에 가해는 GD^2은 어떻게 되는가? 여기서 부하의 질량은 M_w[kg], 랙의 질량은 M_R[kg], 피니언의 질량은 M_P[kg], 회전 직경은 D_P[m], 감속비는 i로 한다.

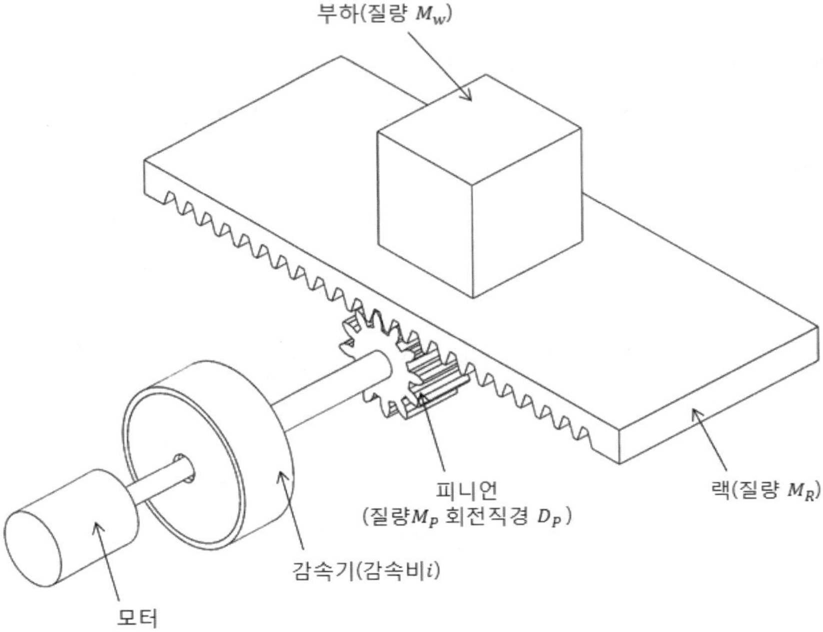

그림 6.28 직선 운동장치

풀이

모터 축에 가해지는 GD^2은 다음과 같다.

$$GD^2 = \frac{((M_w + M_R + M_P)/2) \times {D_P}^2}{i^2} + {GD^2}_M + {GD^2}_R \, [\mathrm{kg \cdot m^2}]$$

예제 6.4

그림 6.29에 나타낸 기어 감속기를 개입한 회전 테이블을 구동시키는 회전 장치의 경우 모터 축에 가해는 GD^2은 어떻게 되는가? 여기서 회전 테이블 GD^2은 ${GD^2}_T$, 1차측 기어 GD^2은 ${GD^2}_{G1}$, 2차측 기어 GD^2은 ${GD^2}_{G2}$, 1차측과 2차측 기어부에서의 감속비는 i_1, 기어 감속기의 감속비는 i_2로 한다.

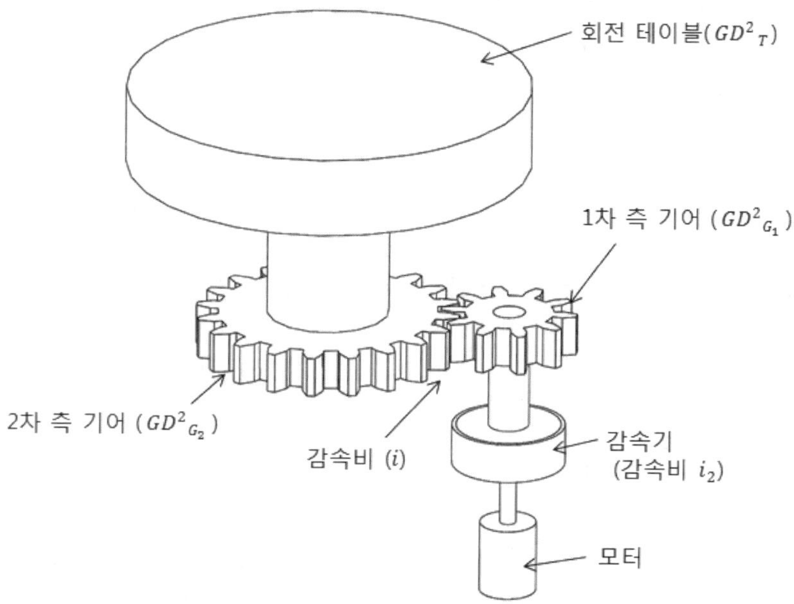

그림 6.29 회전 운동장치

풀이

모터 축에 가해지는 GD^2은 다음과 같다.

$$GD^2 = \left(\frac{1}{i_1 i_2}\right)^2 + ({GD^2}_T + {GD^2}_{G2}) + \left(\frac{1}{i_2}\right)^2 \times {GD^2}_{G1} + {GD^2}_M + {GD^2}_R \,[\mathrm{kg \cdot m^2}]$$

6.3.2 XY테이블

1) XY테이블

XY테이블은 위치결정 장치로서 반도체, 액정관련 제조의 검사장치를 비롯하여 각종 계측, 정밀 가공, 조립, 반송 등의 용도로 널리 사용되고 있다.

테이블의 구조는 그림 6.30과 같으며 판상의 베이스와 스테이지를 안내부로 연결하여 구동축에 볼나사를 조립한 직선 스테이지식의 1축 테이블을 직각으로 적층한 것이다. 상하, 좌우의 직진성을 중시하고 고정도의 위치결정을 행하기 위해 구동축은 스테이지 중앙부에 설치하고 안내부는 일반적으로 구름 안내 기구를 이용한다.

2) 관성모멘트의 계산식

앞 절에서 언급한 볼나사 구동 방식의 경우는 회전모터의 운동을 직선운동으로 변환하고 있기 때문에 모터에 대한 부하 조건을 검토하는 경우, 운동 방정식을 모터 회전계로 치환하고 계산할 필요가 있다. 그림 6.30에 나타낸 XY테이블의 외관도를 알기 쉽게 전개한 개략도를 그림 6.31에 나타낸다.

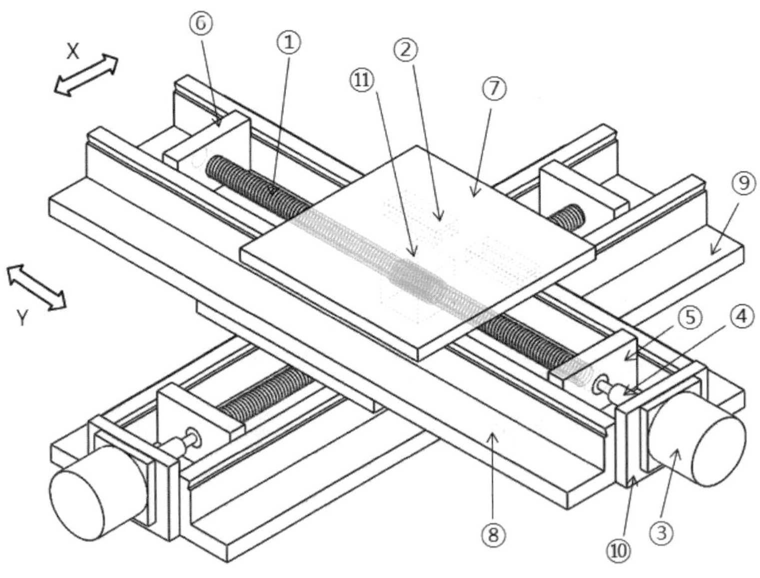

그림 6.30 XY테이블 외관도

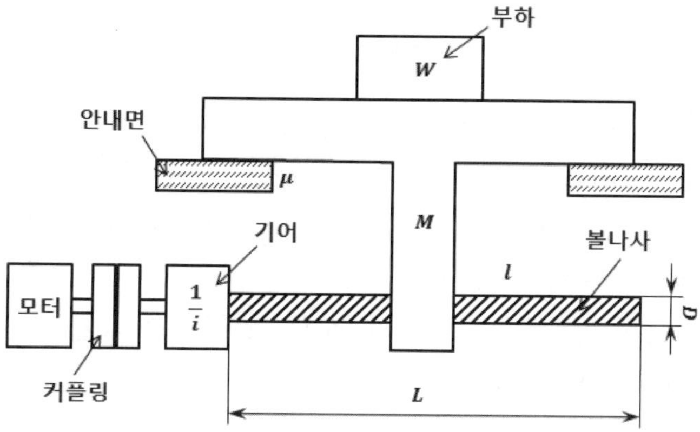

그림 6.31 XY테이블 개략 전개도

각각의 변수를 W: 부하 질량 [kg](XY테이블의 하측축의 경우는 상측 테이블의 질량을 포함한다), M: 스테이비의 질량[kg], μ : 안내부의 마찰계수(미끄럼 안내 ; 0.15, 구름 안내 ; 0.01), l: 볼나사의 리드[mm], D: 볼나사의 외경[mm], L: 볼나사의 길이[mm], ρ: 볼나사의 비중, $1/i$: 기어의 감속비로 정의한다.

XY테이블의 모터축 변환 총부하관성모멘트 I_L[kg · ㎡]은 아래 식으로 나타낸다.

$$I_L = I_B + I_W + I_C + I_G [\text{kg} \cdot \text{m}^2] \tag{6.20}$$

여기서 I_B: 볼나사축의 관성모멘트, I_W: 부하+스테이지의 모터축 환산 관성모멘트, I_C: 커플링의 관성모멘트, I_G: 기어의 관성모멘트이다.

볼나사축의 관성모멘트 I_B는

$$I_B = \left(\frac{1}{i}\right)^2 \times \left(\frac{\pi \rho D^4 L}{32}\right) \times 10^{-12} [\text{kg} \cdot \text{m}^2] \tag{6.21}$$

부하+스테이지의 모터축 환신 관싱모멘트 I_W는

$$I_W = \left(\frac{1}{i}\right)^2 \times (M + W) \times \left(\frac{l}{2\pi}\right)^2 \times 10^{-6} [\text{kg} \cdot \text{m}^2] \tag{6.22}$$

예제 6.5

다음과 같은 각 변수의 사양을 가진 XY테이블의 관성모멘트를 계산해 보아라.

부하 질량(W) : 10[kg](상측 테이블의 질량 : 15[kg]), 스테이지의 질량(M) : 5[kg], 안내부의 마찰계수(μ) : 0.01(구름 안내), 볼나사의 리드(l) : 4[mm], 볼나사의 외경(D) : 16[mm], 볼나사의 길이(L) : 200[mm], 볼나사의 비중(ρ) : 7.8(볼나사의 재질 : 철), 기어의 감속비($1/i$) : 1/2, 커플링의 관성모멘트(I_C) : 2.74×10^{-6}[kg · ㎡], 기어의 관성모멘트(I_G) : 3.50×10^{-6}[kg · ㎡]

풀이

상기 사양의 XY테이블의 상하 축 각각의 관성모멘트를 구한다.

(1) 상측축의 경우

상측축의 모터축 환산 관성모멘트 I_{L1}은 다음과 같다.

$$I_{L1} = I_B + I_{W1} + I_C + I_G$$

여기서 볼나사축의 관성모멘트 I_B는

$$I_B = \left(\frac{1}{2}\right)^2 \times \left\{\frac{\pi\times7.8\times(16)^4\times200}{32}\right\}\times10^{-12} = 2.51\times10^{-6}\,[\text{kg}\cdot\text{m}^2]$$

상측축의 부하+스테이지의 모터축 환산 관성모멘트 I_{W1}는

$$I_{W1} = \left(\frac{1}{2}\right)^2 \times(5+10)\times\left(\frac{4}{2\pi}\right)^2\times10^{-6} = 1.52\times10^{-6}\,[\text{kg}\cdot\text{m}^2]$$

이다. 각 관성모멘트를 합하면

$$I_{L1} = (2.51+1.52+2.74+3.50)\times10^{-6} = 1.03\times10^{-6}\,[\text{kg}\cdot\text{m}^2]$$

이다. 따라서 상측축의 모터축 환산 관성모멘트 I_{L1}은 1.03×10^{-6}[kg · ㎡]으로 된다.

(2) 하측축의 경우

하측축의 모터축 환산 관성모멘트 I_{L2}은 다음과 같다.

$$I_{L2} = I_B + I_{W2} + I_C + I_G$$

여기서 하측축의 부하+스테이지의 모터축 환산 관성모멘트 이외는 상하축과 동일하므로 I_{W2}만을 계산한다. 이 때 하측축의 경우, 부하질량에 상측테이블의 질량을 가산한다.

$$I_{W2} = \left(\frac{1}{2}\right)^2 \times (5+10+15) \times \left(\frac{4}{2\pi}\right)^2 \times 10^{-6} = 3.04 \times 10^{-6}[\mathrm{kg \cdot m^2}]$$

이다. 상측축과 마찬가지로 각 관성모멘트를 합하면

$$I_{L2} = (2.51 + 3.04 + 2.74 + 3.50) \times 10^{-6} = 1.18 \times 10^{-5}[\mathrm{kg \cdot m^2}]$$

이다. 따라서 하측축의 모터축 환산 관성모멘트 I_{L2}은 $1.18 \times 10^{-5}[\mathrm{kg \cdot m^2}]$으로 된다.

6.3.3 로봇 암

로봇 암의 관성모멘트 계산은 일반적으로 복잡하다고 생각하기 쉽다. 그러나 실제로는 기본적인 공식으로 간단히 구할 수 있다. 그의 예에 대해 서술하기로 한다.

1) 로봇 암의 구성

단순 로봇 암의 구성을 그림 6.32에 나타낸다. 이 로봇 암은 모터, 감속기, 암, 베이스로 구성되어 있다. 로봇 암의 관성모멘트는 다음 3가지로 크게 구분된다.

① 모터 로터의 관성모멘드(브레이크 부착 모터의 경우는 브레이크의 관성모멘트 포함)

② 감속기의 관성모멘트

③ 암의 관성모멘트

일반적으로 모터 및 감속기의 관성모멘트는 카탈로그 값을 이용하므로 여기서는 암의 관성모멘트의 계산 예에 대해 서술한다.

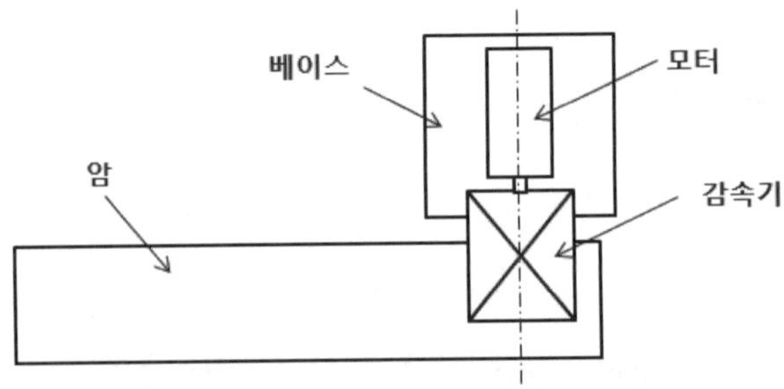

그림 6.32 단축 로봇 암 구성

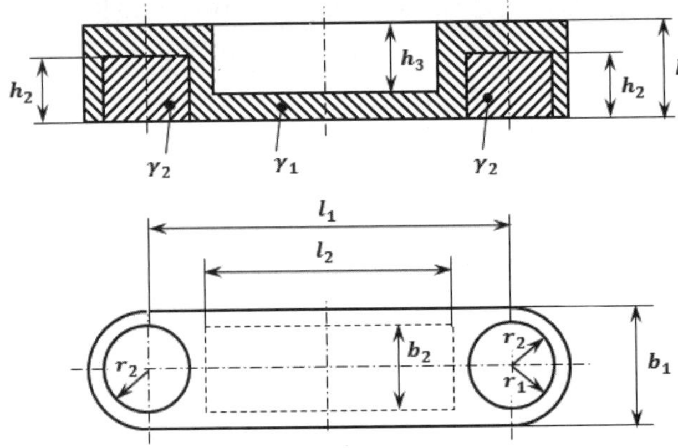

그림 6.33 암의 상세 형상

2) 암의 관성모멘트

그림 6.33에 암의 상세 형상을 나타낸다. 이 암을 그림 6.34에 나타낸 ①~⑩의 부분으로 나누어 계산한다.

(a)

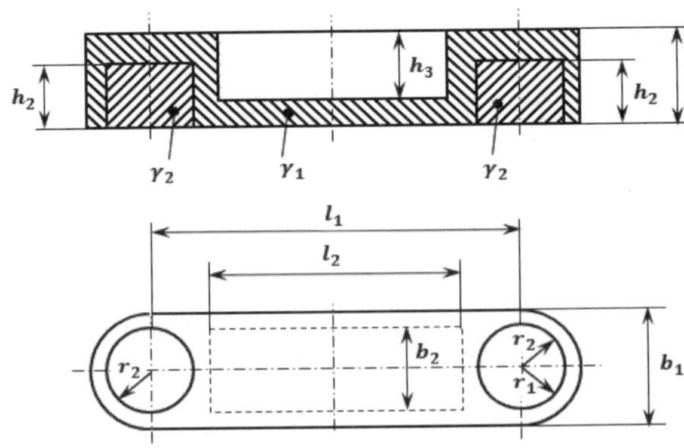

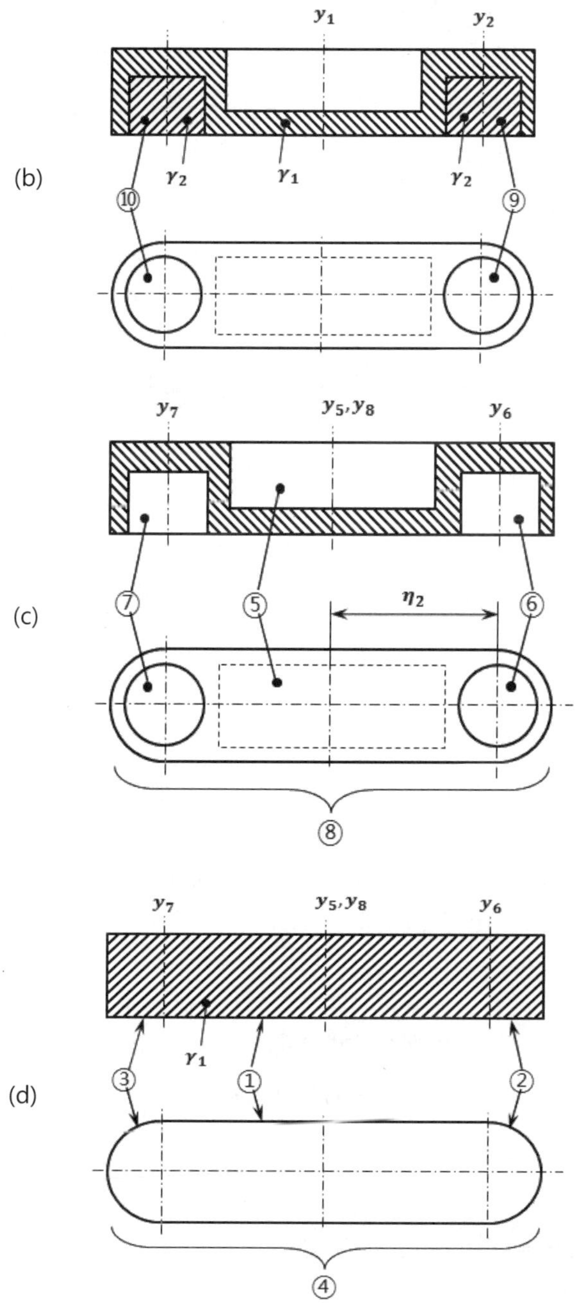

그림 6.34 암의 분할 형상

우선 전체를 비중 γ_1의 중실 형상 ④로 하고 계산하며 그 후에 ⑤~⑦을 중공축으로 하고 뺀 형상 ⑧로서 계산을 행하며 최후에 비중 γ_2의 ⑨, ⑩의 형상을 합하여 암의 관성모멘트를 구한다. 암의 중량을 w, i 부의 중량을 w_i로 한다. 한편, 중량의 계산식은 앞의 1장의 반원판의 관성모멘트 계산법을 참조하기 바란다.

(1) ①의 관성모멘트

①의 중심축 y_1축 주위의 관성모멘트는 1.3절의 직방체 관성모멘트 식 (1.64)에 의해

$$GD^2{}_1 = \frac{1}{3} \times w_1 \times (l^2{}_1 + b^2{}_1)$$

(2) ②의 관성모멘트

우선 y_2축 주위의 반원판 ②의 관성모멘트를 원주의 관성모멘트의 절반으로 구하고 다음에 평행축의 정리를 역으로 이용하여 부분 ②의 중심축 주위의 관성모멘트를 구한다.

y_2축 주위 ②의 관성모멘트는

$$GD^2{}_{2'} = \frac{1}{2} \times \frac{1}{2} \times w_2 \times (2 \times r_1)^2 = w_2 \times r_1{}^2$$

y_2축과 중심(重心)축의 거리는 $y = 4r_1/3\pi$이므로 평행축의 정리로부터

$$GD^2{}_2 = GD^2{}_{2'} - 4 \times w_2 \times \left(\frac{4}{3\pi} - r_1{}^2\right) = \left(1 - \frac{64}{9\pi^2}\right) \times w_2 \times r_1{}^2$$

(3) ③의 관성모멘트

③의 관성모멘트는 ②와 동일 형상이며 더욱이 $w_3 = w_2$이므로

$$GD^2{}_3 = GD^2{}_2$$

(4) ④의 관성모멘트

부분 ①~③을 모아 놓은 ④의 y_4(y_1과 같음)축 주위의 관성모멘트는 제 1장의 평행축 정리와 가법 정리에 의해

$$GD^2{}_4 = GD^2{}_1 + GD^2{}_2 + GD^2{}_3 + 4 \times w_2 \times \left(\frac{l_1}{2} + \frac{4r_1}{3\pi}\right)^2 + 4 \times w_3 \times \left(\frac{l_1}{2} + \frac{4r_1}{3\pi}\right)^2$$

$$= GD^2{}_1 + 2 \times GD^2{}_2 + 8 \times w_2 \times \left(\frac{l_1}{2} + \frac{4r_1}{3\pi}\right)^2$$

(5) ⑤의 관성모멘트

⑤의 $y_5(y_1)$축 주위의 관성모멘트는 ①과 마찬가지로

$$GD^2{}_5 = \frac{1}{3} \times w_5 \times (l_2^2 + b_2^2)$$

(6) ⑥의 관성모멘트

⑥이 y_6축 주위의 관성모멘트는 제 1장의 원주의 관성모멘트 식으로부터

$$GD^2{}_6 = 2 \times w_6 \times r_2^2$$

(7) ⑦의 관성모멘트

⑦의 y_7축 주위의 관성모멘트는 ⑥과 동일 형상이며 더욱이 $w_7 = w_6$이므로

$$GD^2{}_7 = GD^2{}_6$$

(8) ⑧의 관성모멘트

중실체 ④로부터 중공부 ⑤~⑦을 뺀 ⑧의 $y_8(y_1)$축 주위의 관성모멘트는 제 1장의 평행축 정리와 감법 정리에 의해

$$GD^2{}_8 = GD^2{}_4 - \left[GD^2{}_5 + GD^2{}_6 + GD^2{}_7 + 4 \times w_6 \times \left(\frac{l_1}{2}\right)^2 + 4 \times w_7 \times \left(\frac{l_1}{2}\right)^2\right]$$

$$= GD^2{}_4 - (GD^2{}_5 + 2 \times GD^2{}_6 \times 2 \times w_6 \times l_1^2)$$

(9) ⑨의 관성모멘트

이상은 부재를 경합금으로 계산하고 있지만 부분 ⑨는 강재를 상정하고 있으므로 비중이 다르다. 그러나 이것은 단지 ⑥의 γ_1이 γ_2로 되었던 것이므로

$$GD^2_9 = 2 \times w_9 \times r_2^2$$

(10) ⑩의 관성모멘트

⑩의 관성모멘트는 ⑨와 동일 형상이며 더욱이 $w_{10} = w_9$이므로

$$GD^2_{10} = GD^2_9$$

(11) y_1축 주위의 전체 관성모멘트

가법 정리에 의해

$$\begin{aligned} GD^2_{y_1} &= GD^2_8 + GD^2_9 + GD^2_{10} + 4 \times w_9 \times \left(\frac{l_1}{2}\right)^2 + 4 \times w_{10} \times \left(\frac{l_1}{2}\right)^2 \\ &= GD^2_8 + 2 \times GD^2_9 \times 2 \times w_9 \times l_1^2 \end{aligned}$$

(12) y_2축 주위의 전체 관성모멘트

실제 암의 구동은 y_2축을 중심으로 해서 행한다. 평행축 정리에 의해

$$GD^2_{y_2} = GD^2_{y_1} + 4 \times w \times \left(\frac{l_1}{2}\right)^2$$

이 $GD^2_{y_2}$이 모터가 구동하는 부하의 관성모멘트이다.

예제 6.6

그림 6.35에서 그림 6.35과 같이 암의 각 제원이 주어졌을 때 $GD^2_{y_2}$을 구하라.

l_1 : 300㎜, l_2 : 200㎜, b_1 : 100㎜, b_2 : 70㎜, r_1 : 50㎜, r_2 : 40㎜, h_1 : 70㎜, h_2 : 50㎜, h_3 : 55㎜, γ_1 : 2.7×10^{-6}kgf/㎣, γ_2 : 7.86×10^{-6}kgf/㎣

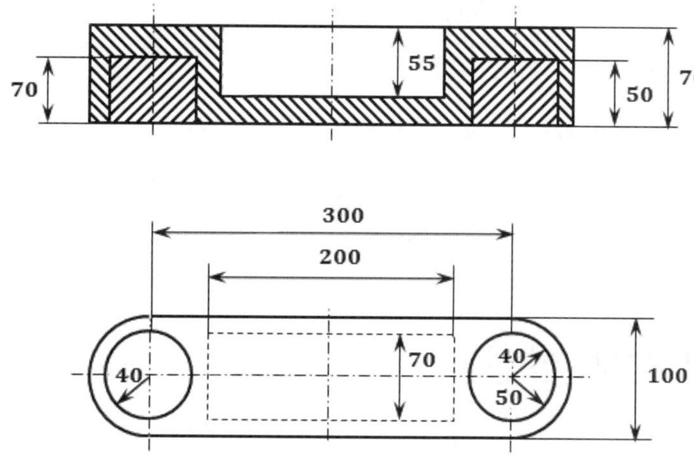

그림 6.35 암의 상세 형상 제원

풀이

(a) $GD^2{}_1 = \frac{1}{3} \times 5.5 \times (300^2 + 100^2) = 18.3 \times 10^4 \mathrm{kgf \cdot mm^2}$

(b) $GD^2{}_2 = \left(1 - \frac{64}{9\pi^2}\right) \times 0.7 \times 50^2 = 0.05 \times 10^4 \mathrm{kgf \cdot mm^2}$

(c) $GD^2{}_3 = 0.05 \times 10^4 \mathrm{kgf \cdot mm^2}$

(d) $GD^2{}_4 = (18.3 + 2 \times 0.05) \times 10^4 + 8 \times 0.7 \times (171.2)^2 = 34.8 \times 10^4 \mathrm{kgf \cdot mm^2}$

(e) $GD^2{}_5 = \frac{1}{3} \times 2.0 \times (200^2 + 70^2) = 3.0 \times 10^4 \mathrm{kgf \cdot mm^2}$

(f) $GD^2{}_6 = 2 \times 0.7 \times 40^2 = 0.2 \times 10^4 \mathrm{kgf \cdot mm^2}$

(g) $GD^2{}_7 = 0.2 \times 10^4 \mathrm{kgf \cdot mm^2}$

(h) $GD^2{}_8 = 34.8 \times 10^4 - \left[(3.0 + 2 \times 0.2) \times 10^4 + 2 \times 0.7 \times (300)^2\right] = 18.8 \times 10^4 \mathrm{kgf \cdot mm^2}$

(i) $GD^2{}_9 = 2 \times 2.0 \times 40^2 = 0.6 \times 10^4 \mathrm{kgf \cdot mm^2}$

(j) $GD^2{}_{10} = 0.6 \times 10^4 \mathrm{kgf \cdot mm^2}$

(k) $GD^2{}_{y_1} = (18.8 + 2 \times 0.6) \times 10^4 + 2 \times 2.0 \times (300)^2 = 56.0 \times 10^4 \mathrm{kgf \cdot mm^2}$

(1) $GD^2_{y_2} = 56.0 + 4 \times 7.7 \times \left(\frac{300}{2}\right)^2 = 125.3 \times 10^4 \text{kgf} \cdot \text{mm}^2$

단축 로봇 암의 계산 예를 나타냈지만 복수의 경우에도 평행축의 정리 및 가법의 정리를 이용하여 마찬가지의 계산으로 관성모멘트를 구할 수 있다.

6.4 기어의 선택 방법

현재 서보모터에 감속기가 부착되어 나오는 것이 많이 있지만 그냥 서보모터에 기어를 이용하여 가감속을 할 경우 기어계는 토크 전달에 대해 충분한 강도를 갖게 함과 동시에 관성 모멘트를 될 수 있는 대로 작게 하여 동일 가속을 얻는 데 요하는 토크를 최소로 하도록 선택해야 한다. 바꿔 말하면 동일 구동 출력에 대해 응답 가속도가 최대로 되도록 선택할 필요가 있다.

6.4.1 구동 모터의 부하를 최소로 하는 기어비의 선택 방법

그림 6.36에 있어서 모터의 구동 토크 T_M과 부하에 의한 토크 $T_L + J_L\alpha_L$이 평형이다 가정하면 다음 식이 성립한다.

$$(T_M - J_M \cdot \alpha_M)\ N\eta = T_L + J_L\alpha_L \qquad (6.23)$$

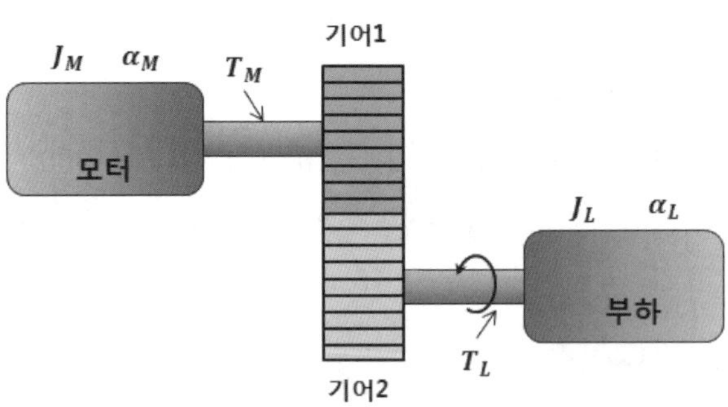

그림 6.36 모터 구동 기어계

여기서, T_M : 모터의 구동 토크, T_L : 부하의 마찰에 의한 토크, J_M : 모터의 관성 모멘트, J_L : 부하의 관성 모멘트, α_M : 모터의 각가속도, α_L : 부하의 각가속도, N : 기어비, η : 기어열의 효율

식 (6.23)에 있어서의 가정에 의해 $\alpha_M = N\alpha_L$이므로

$$T_M\ N - \frac{T_L}{\eta} = \left(J_M\ N^2 + \frac{J_L}{\eta}\right)\alpha_L \tag{6.24}$$

계산을 간단히 하기 위해 효율 $\eta = 1$, 마찰 부하 토크 $T_L = 0$의 경우에 대해서 생각하면

$$\alpha_L = \frac{T_M\ N}{J_L + J_M\ N^2} \tag{6.25}$$

이 된다.

식 (6.25)를 기어비 N의 함수로 구동 토크와 관성 모멘트와의 관계를 나타내면 그림 6.37 (a)와 같이 된다.

그러면 「가속도 = 구동 토크/관성 모멘트」로 되는 관계가 있으므로 그림 6.37 (a)에 있어서 가속도 α_L은 원점 O와 식 (6.25)를 나타내는 곡선상의 임의점과를 연결하는 직선과의 기울기로 된다. 따라서 이 가속도의 최대값은 원점으로부터 그 곡선에 그은 접선이다. 즉, (관성 모멘트/구동 토크)가 최소로 되는 값과 동일하다.

식 (6.25)에 있어서 N의 최적값을 구하기 위해서는 N에 대해서의 미분값을 0으로 놓으면 된다. 즉, 다음과 같다.

$$\frac{d}{dN}\left(\frac{T_M\ N}{J_L + N^2 J_M}\right) = \frac{T_M\ (J_L - N^2 J_M)}{(J_L + N^2 J_M)^2} = 0 \tag{6.26}$$

$$\therefore\ J_M = \frac{J_L}{N^2} \tag{6.27}$$

덧붙여서, $\eta = 1$, 정마찰 토크 0으로 되는 이상 상태에서의 최대 가속도를 얻는 조건은 모터축 측으로부터 본 부하의 관성 모멘트와 모터의 관성 모멘트를 같게 한다는 것이다.

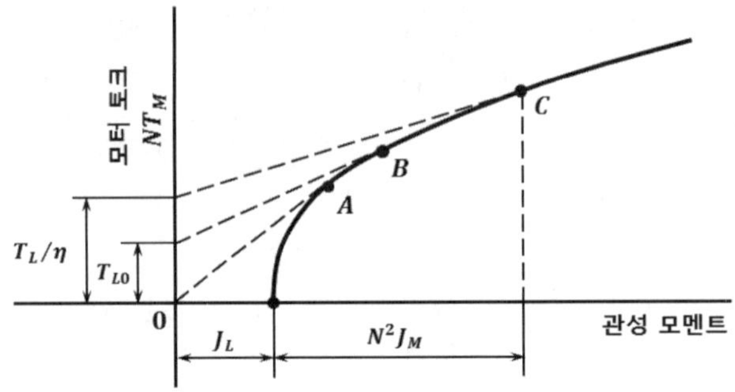

(a) 마찰 토크가 없는 경우

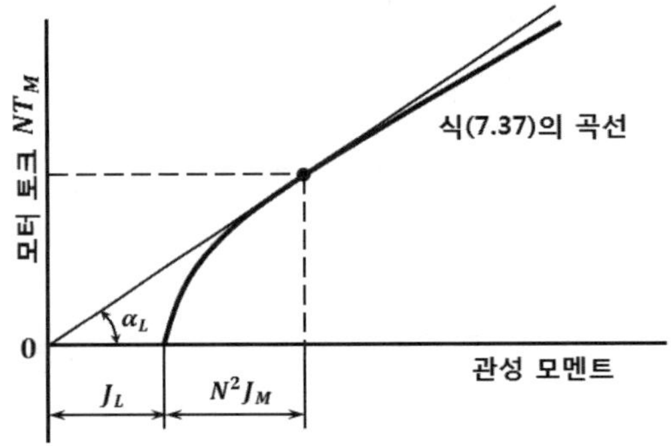

(b) 정마찰 토크 T_L이 있는 경우

그림 6.37 기어비를 생각한 경우의 모터 토크 관성 모멘트 곡선

더욱이 정마찰 토크와 기어 효율과의 영향을 생각해 보면 그림 6.37 (b)에 나타냈듯이 정마찰 토크 T_L은 모터 토크로부터 감소되므로 이 영향을 생각한 가속도는 세로축 상에 그 값만을 이동한 점으로부터 이 곡선상의 임의 점에 그은 직선의 기울기로 나타난다. 따라서 그림 6.37 (a)의 경우보다도 큰 기어비를 필요로 하는 것을 알 수 있다.

식 (6.24)로부터 기어 효율 η의 값은 정마찰 부하 토크와 관성 부하에 의한 토크의 크기에 영향을 주므로 효율을 좋게 하는 것이 바람직하다.

그림 6.37 (b)에 있어서 기어비 N을 최대값보다 작게 하면 가속도는 급하게 저하한다. 또한, 최적 값보다 큰 기어비로 하면 가속도가 상당히 일정값에 수렴하는 것을 알 수 있다. 따라서 기어비를 크게 함으로써 최적의 범위에 상당히 가깝게 근접할 수가 있다. 그러나 부하의 소요 최대 속도를 유지하기 위해서는 기어비를 얼마든지 크게 할 수는 없다. 만약, 이 한계에 달하는 경우에는 가속도를 희생하든지 보다 마력이 큰 모터를 선택하지 않으면 안 되기 때문이다.

6.4.2 기어열의 관성 모멘트를 최소로 선택하는 방법

원판 기어의 관성 모멘트 J는 다음 식으로 구한다.

$$J= \frac{D^2}{4} \cdot \frac{W}{g} \fallingdotseq \rho D^4 \cdot B \cdot 10^{-6} \quad [\mathrm{kg}f \cdot \mathrm{cm} \cdot s^2] \tag{6.28}$$

여기서 ρ: 밀도, D: 피치원 직경[㎜], W: 중량[kgf], g: 지구 중력 가속도[㎝/s2], B: 두께[㎜]

이와 같은 원판 기어를 그림 6.38과 같은 기어열로 하여 큰 감속비를 얻는 경우, 각 단의 기어비를 어떻게 선택하면 모터에 있어서의 전체 관성 모멘트를 최소로 할 수 있을까를 생각해 본다.

그림 6.38에 있어서 각 피니언의 관성 모멘트는 전부 같은 값 J_P로 가정하고 두께가 같은 기어의 관성 모멘트는 각각의 직경의 4제곱에 비례하는 것으로 하여 제 2단까지의 모터 축에 대한 기어의 관성 모멘트 J_T를 구하면 다음과 같다.

$$\begin{aligned} J_T &= J_P + \frac{1}{n_1^2}(J_P n_1^4 + J_P) + \frac{1}{n_1^2 n_2^2}(J_P n_2^4) \\ &= J_P\left(1 + n_1^2 + \frac{1}{n_1^2} + \frac{n_2^2}{n_1^2}\right) \end{aligned} \tag{6.29}$$

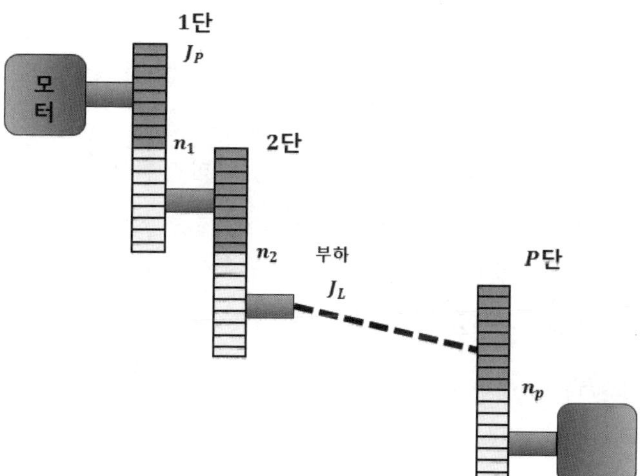

그림 6.38 감속 기어열

$n = n_1 \cdot n_2$로 놓고 위 식에 대입하면 다음과 같다.

$$J_T = J_P\left(1 + n_1^{\ 2} + \frac{1}{n_1^{\ 2}} + \frac{n^2}{n_1^{\ 4}}\right) \tag{6.30}$$

$\partial J_T / \partial n_1 = 0$으로 하여 관성 모멘트 J_T의 최소값에 대한 n_1의 값을 구하면 다음과 같다.

$$n_2 = \left(\frac{n_1^4 - 1}{2}\right)^{\frac{1}{2}} \fallingdotseq \frac{n_1^2}{\sqrt{2}} \tag{6.31}$$

다단의 경우에 있어서 서로 인접하는 단의 감속비 사이에 이와 같은 관계가 있으면 전체의 관성 모멘트가 최소로 된다.

지금, 그림 6.38에 표시한 기어열의 전체 감속비를 n으로 하면 다음과 같다.

$$n = n_1 \cdot n_2 \cdot n_3 \cdots n_i \cdots n_p \tag{6.32}$$

각 점의 기어비 사이에 식 (6.32)의 관계가 있도록 n_i가 선택되도록 하면 n_i의 값은 다음 식과 같이 된다.

$$n_i = \sqrt{2}\left(\frac{n}{2^{\frac{P}{2}}}\right)^{\frac{2^i - 1}{2^r - 1}} \tag{6.33}$$

식 (6.33)으로부터 알 수 있는 것은 P(단수)가 증가 할수록 n_i값은 감소하므로 등가 관성 모멘트의 비 J_T / J_P 또한 감소하게 되어 기어의 관성 모멘트를 작게 하기 위해 단수를 증가시키는 것은 무의미한 것을 알 수 있다. 또한, 단수를 많게 하면 백래시나 각도 전달 오차의 누적, 구조의 복잡화 등 바람직하지 않은 결과를 초래한다.

3) 기어의 직경과 관성 모멘트와의 관계

서보기구에 이용하는 기어의 설계에서는 강도를 계속 보지하는 관성 모멘트를 작게 하지 않으면 안 된다.

원통 회전체의 관성 모멘트 J는 다음 식으로 구한다.

$$J = \frac{1}{g} W\ R^2 = D^4 L \times 77.5 \times 10^{-5} = \frac{1}{4} GD^2 \quad [\text{kg}f \cdot \text{cm}^2] \qquad (6.34)$$

여기서, W: 중량[kgf], R: 원통의 반경[㎝], D: 원통의 직경[㎝], L: 길이[㎝]

식 (6.34)로부터 원통 회전체의 관성 모멘트는 원통 직경의 4제곱에 비례하고 있다. 이 관계를 나타낸 것이 그림 6.39이며 직경의 약간의 감소에 대해서도 관성 모멘트 J는 대폭으로 감소하는 것을 알 수 있다.

예를 들면 기어열의 전체 회전부의 직경을 20% 작게 하면 그림 6.39로부터 관성 모멘트는 59% 감소한다.

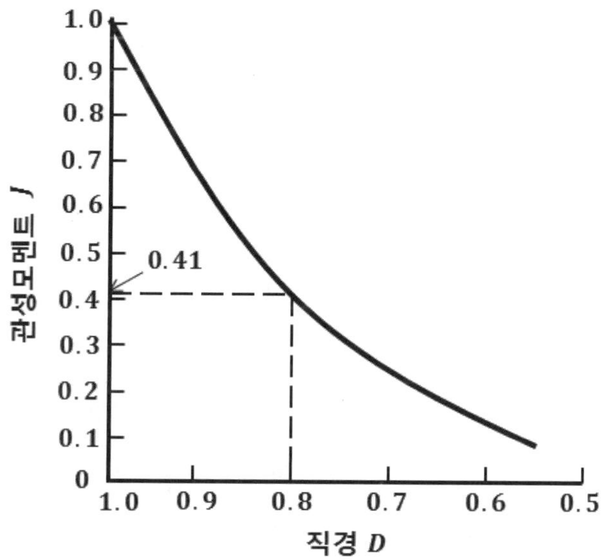

그림 6.39 기어의 직경과 관성 모멘트의 관계

CHAPTER 7

액추에이터

액추에이터(actuator)는 각종 에너지를 기계적 에너지로 변환하여 인간의 손이나 발의 기능을 수행하는 요소이다. 그러나 동작을 위해서는 제어장치가 필요하다. 즉, 기전시스템에서 액추에이터는 제어가 반드시 필연적이라 할 수 있다. 단순히 액추에이터가 있어도 유기적인 동작은 불가능하며 제어에 의해 필요한 신호의 발생과 처리과정을 통하여 액추에이터에 신호를 전달한다. 그 결과 액추에이터가 요구하는 동작을 실현한다. 이러한 동작에는 운동, 다양한 형태(기계적, 전기적, 열적)의 일 또는 상태의 감지 등이 있다.

따라서 본 장에서는 가장 많이 사용하는 위치나 변위 제어용 액추에이터로서의 서보모터에 대한 특징 등을 서술하며 또한 기전시스템을 자동 제어하기 위해서는 어떻게 서보모터를 선정하면 좋을지에 대해서도 언급하기로 한다.

7.1 개요

7.1.1 정의 및 분류

기전시스템에 있어서 액추에이터(actuator)란 인간에 비유하면 손이나 발에 해당하는 부분이라고 생각할 수 있으며 기계에서 신호처리 부분(두뇌)의 지시대로 힘을 내어 동작을 행하는 말하자면, 동력 처리 기구를 총칭하는 말이다. 보통 모터나 실린더를 대표적인 액추에이터로 생각하고 있으며 최근에는 다기능의 CNC 공작기계 및 지능 로봇에 많이 활용되면서 액추에이터의 기술은 더욱 중요시되고 있는 실정이다.

마이크로프로세서 제어와 같이 좋은 두뇌를 가지고 있어도 액추에이터의 기능이 불충분하면 기계(혹은 설비) 전체의 입장에서 볼 때 아세가 약한 시스템이 되어 버리고 만다. 반대로 큰 힘을 낼 수 있는 액추에이터를 갖추고 있어도 제어계가 이를 뒷받침하지 못하면 그만큼 우둔한 기계가 되고 만다. 따라서 제어계와 액추에이터가 전체의 시스템으로서 균형에 맞춰 복합화 될 수 있도록 다각적인 구상이 필요하다.

액추에이터를 운동 형태에 따라 분류하면 표 7.1과 같이 왕복 형태와 회전 형태의 두 가지로 나눌 수 있다.

최근에는 왕복 형태 액추에이터도 더욱 다양하게 이용되며 이것이 기계 내부에 직접 결합된 형태로 내장되어 있는 경우를 많이 볼 수 있다. 종래에는 이 직선 왕복운동을 회전 형태 액추에이터로부터 변환시켜 이용해 왔기 때문에 이러한 점에서 보면 자동화를 간단히 할 수 있으며 직접 구동방식을 취한다는 점에서 왕복 운동형 액추에이터가 바람직하다고 할 수 있다.

또한 액추에이터의 동력원에는 주로 공기압, 유압, 전기 등이 사용된다. 즉, 공압식 액추에이터, 유압식 액추에이터, 전동 액추에이터 그리고 그 밖의 동력원을 갖는 액추에이터 등으로 분류할 수 있다.

표 7.1 운동 형태에 따른 액추에이터의 분류

형 태		사 례
왕복형태	직선 왕복	공기압, 유압, 전동실린더, 솔레노이드, 리니어헤드 기구, 리니어 모터, 형상기억합금 기구, 압전소자 기구 등
회전형태	요동 회전	공기압식, 유압식, 로터리 솔레노이드 등
	연속 회전	공기압, 유압, DC·AC모터, DC·AC서보모터, 스테핑 모터 등

7.1.2 액추에이터의 선택과 성능 평가

전동식, 유압식 및 공기압식 액추에이터는 표 7.2와 같이 각각 액추에이터마다 특징을 갖고 있다.

따라서 액추에이터를 채용할 때 다음의 점들을 고려해야 한다.

(a) 정특성과 동특성
(b) 효율, 조작성, 신뢰성, 크기, 중량, 가격, 런닝 코스트
(c) 보수성, 내환경성, 소음 및 진동, 오염, 안전성

더구나 정특성이란 시간적인 변동을 무시하고자 할 때의 입력 신호와 출력 신호의 관계곡선을 말하며 이것에 의해 감도(sensitivity)나 직선성(linearity)를 평가한다.

액추에이터에 관한 상기의 고려점 가운데 정특성과 동특성은 액추에이터의 성능을 직접 좌우하는 것이며 특히 다음의 특성이 중요하다.

(a) 빠른 응답성을 가질 것
(b) 제어 요소로서의 선형성이 우수할 것
(c) 필요만큼의 제어 정도, 분해능을 가질 것
(d) 관성이 작고 발생력 또는 발생 토크가 크며 또한 그 변동이 작을 것

이들의 성능을 비교 평가하기 위해 주로 다음과 같은 척도가 이용된다.

(a) 힘/질량비(force-mass ratio)
- 액추에이터 가동부의 질량에 대한 발생력의 비(직진 운동형 액추에이터에 대한 속응성의 척도).

(b 토크/관성비(torque-inertia ratio)
- 모터의 회전자의 관성모멘트에 대한 발생 토크의 비(회전 운동형 액추에이터에 대한 속응성의 척도).

(c) 파워-밀도(power density)
- 액추에이터의 단위 질량당 발생파워(소형-경량화에의 척도).

표 7.2 동력원별로 본 각종 액추에이터의 특징과 장단점

특 징		장 점	단 점
공기압	• 기계기술자에 있어서 관계가 아주 깊음. • 공기압원의 압력은 보통 2~20kg/cm²임.	• 비교적 취급이 쉬움. • 배출물이 없어 그 처리가 불필요. • 안전성에 있어서 다른 것에 비해 우수.	• 소형화가 곤란 • 장거리의 동력 전달이 어려움. • 작동시 큰 소음이 발생 • 공기압원의 보수가 약간은 번거로움.
유압	• 기계기술자에게 연관이 깊음. • 유압원의 크기는 보통 50~250kg/cm²정도 사용	• 소형으로 큰 힘을 낼 수 있음. • 위치결정용 서보계를 구성할 수 있음.	• 장치가 비쌈. • 유압원이나 작동유의 보수관리가 까다로움. • 누설의 발견은 용이하여도 그 대책이 어려움.
전기	• 들어오는 동력을 그대로 이용할 수 있음. • 신호나 동력전달이 완전히 1방향성임(이 특성은 전기와 기계 사이의 가장 두드러진 차이점임) • 직류, 교류, 전압, 주파수 등의 상태나 크기에 유념해야 됨.	• 취급하기가 간단함. • 프로그램화하기가 용이함. • 위치결정 서보계의 실현이 가능함.	• 순간적으로 큰 출력을 내는 데는 부적합. • 과부하에 약함. 특히, 소손사고가 발생할 염려가 큼. • 외란에 방해받기 쉬움. • 누전을 눈으로 발견할 수 없으므로 위험한 사고를 초래할 수 있음.

(d) 응답 주파수(한계 주파수라고도 한다 ; critical frequency)

정형파 입력에 대해 추종이 보증되는 진동수의 한계. 이 값이 클수록 높은 주파수에 추종할 수 있기 때문에 속응성의 척도가 된다.

(e) 동력비(power rate)

전기 모터 등의 회선형 액추에이터의 속응성을 나타내는 척도이며 부하를 가속, 감속하기 위해 허용할 수 있는 동력을 나타낸다. 회전자의 관성모멘트를 J, 모터의 발생 토크를 T라 하면 파워레이트 P_r은 $P_r = T^2/J$로 표현된다. 역학량으로서는 P_r은 토크 T와 각가속도 α의 곱을 취하고 있으며 따라서 그 단위는 단위 시간당 파워[W/s]로 표현된다.

각종 액추에이터가 있지만 이 가운데 전기 액추에이터를 본서에서는 취급하며 그 가운데서

도 특히 위치, 속도 등을 제어하기 위한 전기 서보모터(앞으로는 서보모터로 통일함)에 대해서 다루기로 한다.

7.1.3 서보모터의 명칭과 종류

그림 7.1은 모터의 각부 명칭을 소개하고 있다. 브레이크가 장착되지 않은 모터에는 브레이크 케이블이 없다. 모터의 각부 명칭은 모터 기종에 따라 그림 7.1과 다를 수 있다.

서보 모터의 종류는 크게 나누어 DC 서보 모터, 유도형 AC 서보 모터, 동기형 AC 서보 모터가 있으며 구조는 그림 7.2와 같다.

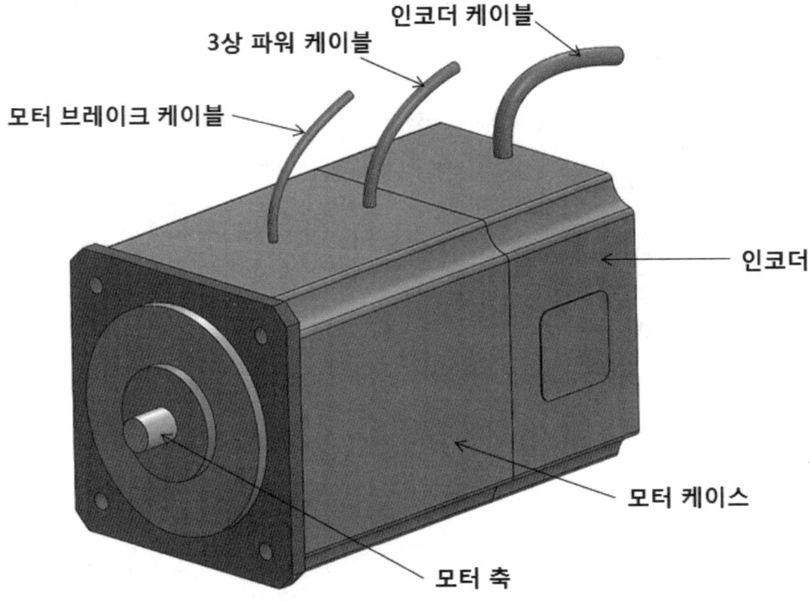

그림 7.1 서보 모터의 명칭

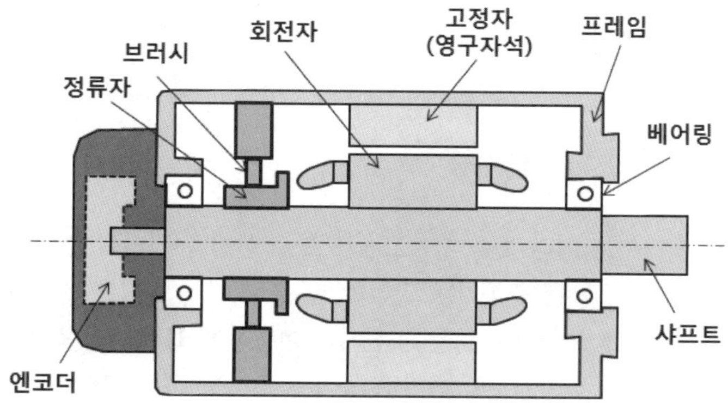

(a) 직류(DC) 서보 모터

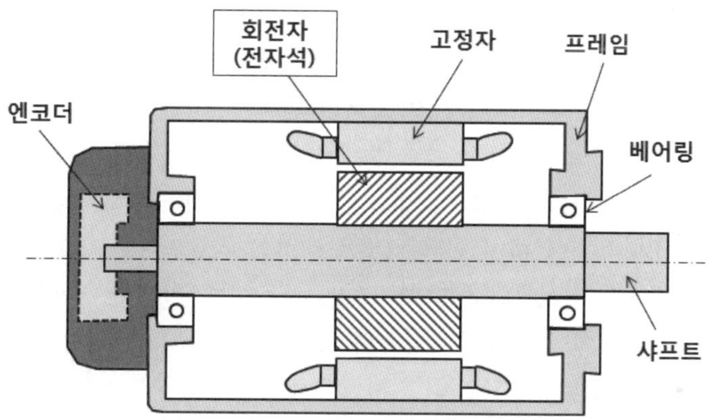

(b) 유도형 교류(AC) 서보 모터

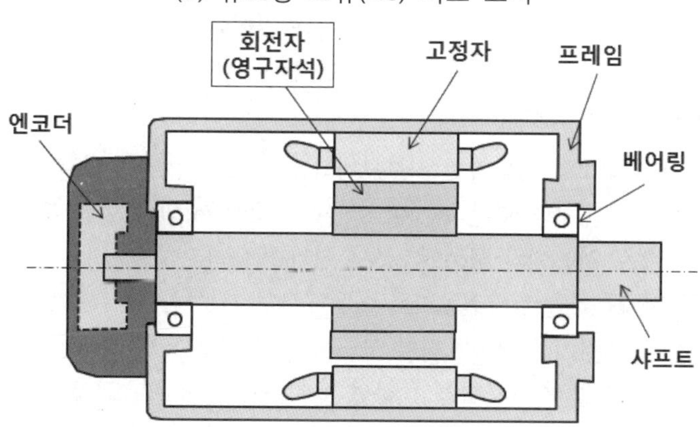

(c) 동기형 교류(AC) 서보 모터

그림 7.2 서보 모터의 종류와 단면도

7.2 직류 서보모터

7.2.1 서보모터의 정의 및 분류

모터(motor)라는 단어는 여러 뜻을 가지고 있으므로 한번쯤 정리해 보는 것도 중요하다. 넓은 의미의 모터는 전동기를 포함한 원동기를 말하며, 좁은 의미의 모터는 전동기를 말한다. 그러나 모터는 좁은 의미의 모터를 지칭하며 보통은 전기를 이용하여 회전 운동을 만들어 내는 기계라는 것을 암시적으로 의미한다. 영어에서도 전기로 돌리는 모터를 정식으로 electric(al) motor이라 하는데 단순히 motor이라 부르는 경우가 대부분이다.

이러한 전기 모터의 발명은 영국 물리학자 마이켈 파라데이(1791~1876)인데 전자기유도의 발견이 그 계기이다. 전자기 유도에 의하여 변압기를 만들고 더 발전하여 발전기를 만들었으며, 발전기의 반대개념이 모터로 유도전동기가 모터의 원형이다.

서보(servo)라는 것은 "추종한다, 따른다."는 의미이며 명령을 따르는 모터를 서보모터라고 한다. 좀 더 쉽게 말하면, 환풍기나 선풍기, 제분기, 믹서기, 윤전기 등에 들어가는 모터처럼 적당한 속도로 힘껏 잘 돌아가 주기만 하면 되는 자동차의 파워 윈도우처럼 사용자가 일일이 멈추고 움직임을 제어하는 모터를 서보모터라고 하지 않는다. 이에 반해서, 프린터, DVD, 공작기계, CCTV 카메라, 캠코더 등에 사용되는 모터처럼 명령에 따라 정확한 위치와 속도를 맞출 수 있는 모터를 서보모터라고 한다.

여기서 중요한 사실은 모터 자체를 가지고 이게 서보모터냐 아니냐를 따지는 것은 아니다. 서보모터라는 개념은, 모터의 구동시스템까지 포함하는 것이다. 어떠한 종류의 모터라 하더라도 적당한 알고리즘과 회로를 가지는 구동시스템을 갖다 붙여서 위치와 속도를 추종할 수 있도록 만들면 서보시스템이 이루어지는 것이다.

보통, 직류전동기나 BLDC 전동기를 서보모터라고 부르는 경우가 있는데 옳지 않다. 특히, 유도전동기는 구조가 간단한 반면 회전 특성이 깔끔하지 않아서 앞에 예를 든 선풍기, 윤전기 등의 비(非)서보 응용에 주로 사용되기 때문에 서보모터가 아니라고 하는 경우가 많은데 역시 틀린 말이다. 구성이 아주 까다롭지만 유도전동기를 이용해서도 서보시스템을 구성할 수 있으며 이 경우 서보모터의 역할을 하는 것이다. 반면, 직류 모터도 그냥 덜렁 모터 하나만 놓고 건전지만 연결하면 돌아가는 상황에서 이를 서보모터라고 하면 옳지 않고, 적절한 구동시스템과 연계하여 어떤 위치나 속도 지령을 추종할 수 있게 된 경우에만 서보모터라고 부를 수 있는 것이다.

직류모터는 무조건 전류에 비례하는 토크를 내기 때문에 제어가 아주 쉬워서 서보응용에 매우 많이 쓰인다. 앞에서도 서술했지만 직류모터의 치명적인 단점은 모터 안에 있는 브러시와 정류자의 기계적인 접촉 전환을 이용하여 회전력을 유지하기 때문에 브러시나 정류자가 쉽게 손상된다는 점이다.

이 단점을 극복한 것이 영구자석 동기전동기(PMSM)인데 반도체 소자를 이용한 인버터를 사용하여 회전자계를 만들어주기 때문에 모터 자체가 닳거나 부서지지 않는 한 반영구적으로 사용할 수 있다. 다만, 직류모터에는 없는 인버터를 사용하기 때문에 구동시스템이 복잡해진다는 단점이 있는 것이다(영구자석을 안 쓰고 전자석을 쓴 종류도 있는데, 이것은 영구자석이라는 말은 빼고 그냥 동기전동기라고 부른다).

BLDC(brushless dc) 모터라는 것은 실제로 직류모터가 아니고 PMSM을 적당한 알고리즘으로 돌려서 직류모터와 아주 유사한 토크 특성을 보이게 만든 것이다.

교류 서보모터는 서보시스템에 BLDC 모터나 동기전동기를 사용한 경우 이들 모터를 지칭하는 말이다. 직류 서보모터에 비해 구동 시스템이 복잡하다는 단점이 있지만 같은 크기의 직류 모터에 비해 더 큰 힘을 낼 수 있고 방열특성이 좋으며 브러시와 정류자가 없어서 수명이 길다는 장점이 있다.

세탁기처럼 비교적 큰 힘이 필요한 곳에는 교류 서보가 쓰이지만, 수명은 짧아도 좋으니 아주 고성능의 추종능력이 필요한 경우에는 직류 서보가 쓰이기도 한다. 수명이 중요한 경우에는 당연히 교류 서보가 쓰이고, 값싸게 구성할 필요가 있는 시스템에는 직류 서보가 쓰인다. 그러나 교류 서보와 직류 서보는 서로 섞여서 쓰이는 분야가 많기 때문에 쓰임을 딱히 구분하기는 곤란하다.

교류 서보와 직류 서보를 구별하는 법도 명확하게 말하기 곤란하다. 모터 케이스에 직류 혹은 교류의 표시가 있으면 분명히 구별할 수 있지만 그렇지 않은 경우에는 구동회로를 봐야 한다.

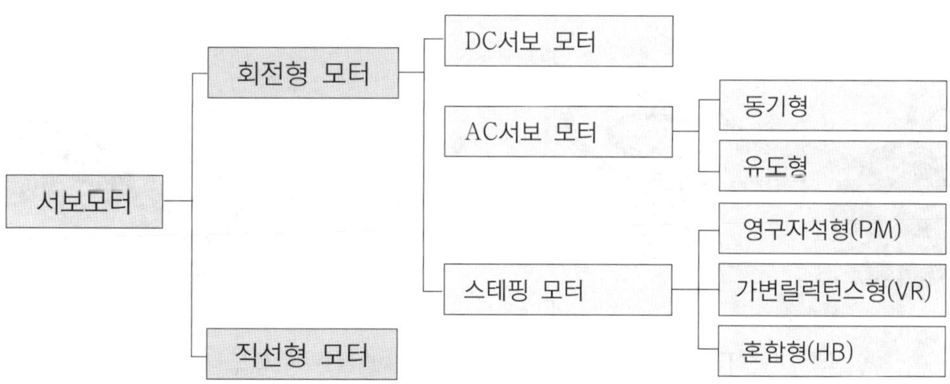

그림 7.3 서보모터의 분류

구동회로가 인버터를 포함하고 비교적 복잡하다 싶으면 교류 서보라고 판단하고 그렇지 않으면 직류 서보라고 판단할 수 있다. 혹은 모터 외부에 나침반을 들이대고 축을 돌려보아서 축의 위치에 따라 바늘이 움직이면 PMSM을 이용한 교류 서보이고 그렇지 않은 경우라면 직류 서보, 혹은 흔치 않지만 전자석을 이용한 교류 서보라고 볼 수도 있다.

서보모터를 분류하면 그림 7.3과 같다.

7.2.2 직류 서보모터

동력용으로서의 직류 모터는 전기기관차의 구동용을 비롯하여 현재 가장 많이 사용되고 있는 전기 모터의 하나이다. 직류 모터는 단지 직류 전원과 간단한 스위칭회로를 접속함으로써 비교적 간단하게 구동할 수 있다.

한편 제어용으로 이용되는 직류 서보 모터는 위치 결정, 속도 제어 등의 서보 시스템을 구성하는 필요성으로부터 보다 복잡한 구동, 제어법이 된다.

또한 직류 모터와 비교하여 높은 제어 성능이 요구되는 직류 서보 모터에서는 토크/관성비가 될 수 있는 한 크게 하기 때문에 전기자를 극히 경량이며 저 관성으로 억제되도록 한다든지 또는 전기적 시정수를 작게 하기 위해 인덕턴스를 작게 하는 등 독자의 대책이 이루어지고 있다.

이러한 직류 서보 모터의 특성은 큰 기동 토크, 입력 전압의 변화에 대한 선형적인 회전 특성, 입력 전류에 대한 출력 토크의 직선성, 고출력 효율, 저가격 등 제어용 모터로서 우수하다는 것이다. 반면 브러시나 커뮤테이터 등 기계적 접점을 갖기 때문에 소음과 마멸 등의 문제도 있다. 그림 7.4는 교류 서보모터와 직류 서보모터 외관 및 드라이버이다.

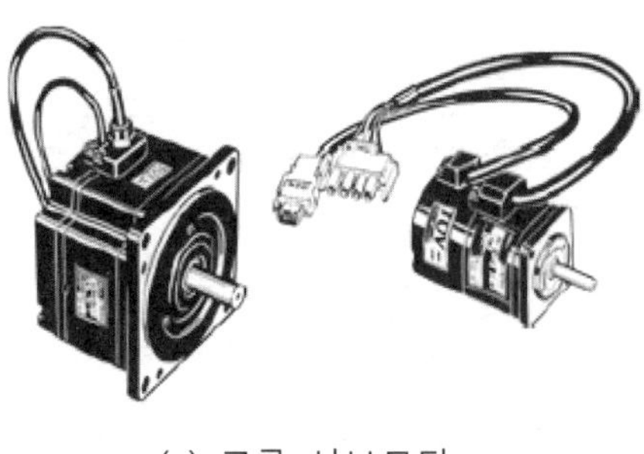

(a) 교류 서보모터

(b) 직류 서보모터 및 드라이버

그림 7.4 교류, 직류 서보모터 및 드라이브

1) 직류 서보모터의 구조

직류 서보 모터의 구조는 크게 나눠서 계자와 전기자(armature)로 되어 있다. 여기서 계자란 모터의 내부에 일정의 자계를 만드는 것이며 자력선을 통한 요크와 마그네트로 구성된다.

또한 회전자(rotor)는 외부로부터 전류를 공급받아 회전 자석을 만드는 것이며 여기서는 구동 권선이 사용되고 있다. 이 경우 회전자는 연속적으로 회전할 필요가 있으므로 정류자(commutator)가 부가되고 있다.

정류자의 역할은 브러시를 통하여 공급된 전류의 극성을 일치시켜 전기자가 어느 위치에 있어도 일정 방향으로 회전하게 하는 것이다.

그림 7.5는 직류 서보 모터의 구조를 나타낸 것이다. 회전구조를 한 회전자(rotor)는 브러시, 정류자의 동작에 의해 전자석의 극성을 바꾸고 고정자(stator) 측의 자계와 흡인/반발을 반복하며 회전자를 연속적으로 회전시키는 것이다.

그림 7.5의 모터는 3슬롯(극수)이지만 이 밖에도 5~11슬롯 등이 있다. 이 경우 슬롯수가 많은 모터일수록 모터의 전류가 완만하게 되며 제어성도 우수하다. 이 때문에 산업용 모터는 7슬롯 이상의 것이 많이 사용되고 있다.

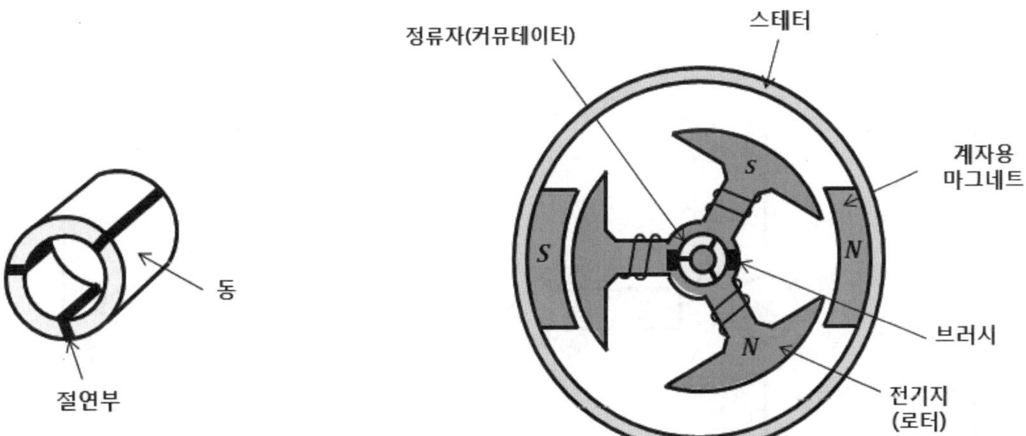

(a) 정류자　　(b) 직류 서보모터 단면도

그림 7.5 직류 서보 모터의 구조

2) 직류 서보 모터의 등가회로

직류 서보 모터를 사용하여 제어를 할 경우 직류 서보 모터의 등가회로를 고려할 필요가 있다. 그 이유는 모터의 등가회로를 보면 모터의 특성을 알 수 있고 회로 설계가 용이하기 때문이다.

그림 7.6 (a)는 모터와 전원을 접속한 회로의 예이다. 이것을 전기의 등가회로로 치환하면 그림 7.6 (b)와 같이 된다. 여기서 그림 7.6 (b)에는 아래의 관계식이 성립한다.

$$E_b = R_a \cdot I_a + V_B + E_C = R_a \cdot I_a + V_B + K_R N \quad (7.1)$$

여기서 E_b : 전원전압[V]

R_a : 전기자 저항[Ω]

I_a : 모터전류[A]

V_B : 브러시 정류자 사이의 접촉전압[V]

E_C : 모터의 유도전압[V]

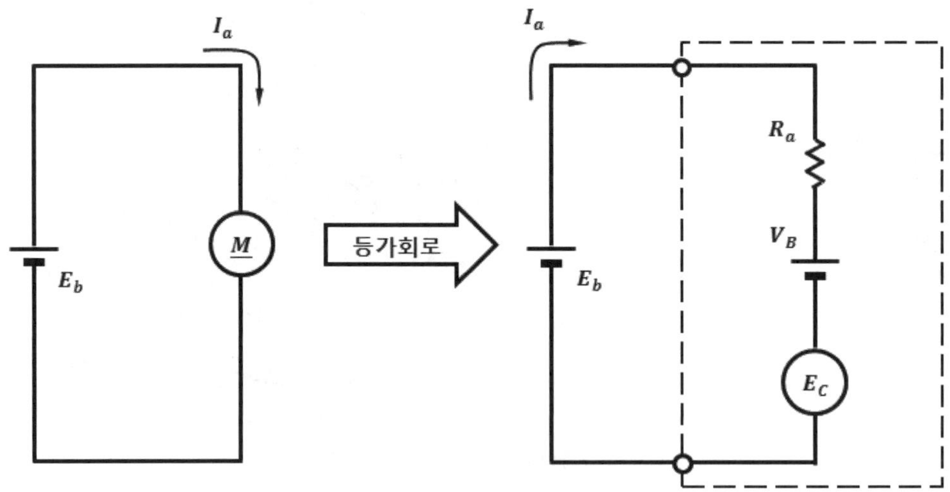

(a) 전원과 접속한 경우 (b) 등가회로

그림 7.6 직류 서보 모터의 등가회로

K_R : 역기전력 상수[V/rpm]

N : 모터의 회전속도[rpm]

브러시와 정류자 사이에 발생하는 접촉 전압 V_B는 $E_b \gg V_B$, $E_C \gg V_B$로부터 V_B를 무시하면 식 (7.1)은

$$E_b = R_a \cdot I_a + K_R N \tag{7.2}$$

$$T = KI_a = \frac{KK_R N}{R_a} - \frac{KE_b}{R_a} \tag{7.3}$$

과 같이 된다.

따라서 식 (7.2)로부터 직류모터가 일정 회전수로 놀고 있는 경우는 그림 7.7과 같은 등가회로로 나타낼 수 있다. 또한 식 (7.2)의 I_a를 식 (7.2)에 대입하면 식 (7.3)과 같이 되며 $I_a = I$로 하면 그림 7.8과 같은 직류 서보 모터의 특성을 얻을 수 있다. 즉, 전압이 일정하면 회전속도 증가에 따라 토크는 직선적으로 감소한다. 또한 전압과 회전속도나 토크는 비례적 관계에 있다. 따라서 부하토크를 알면 전압제어에 의하여 회전속도를 제어할 수 있다.

실제로는 회전속도가 증가하면 전기자의 리액턴스에 의해 모터의 T−N 특성은 그림 7.9와 같이 직선형으로부터 곡선형으로 변하고 반대로 회전속도가 감소하면 리플 현상이 일어난다.

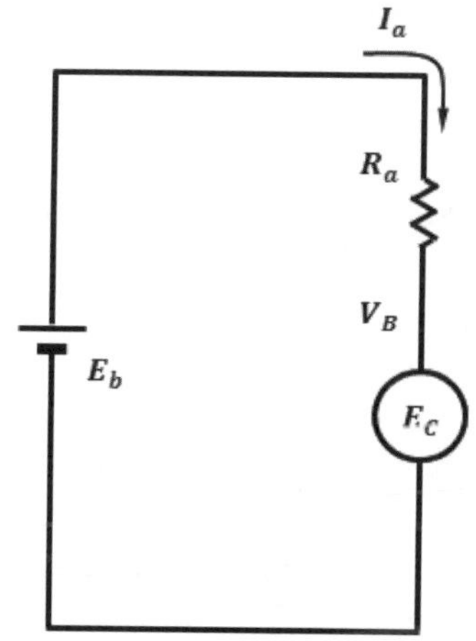

그림 7.7 정상상태의 등가회로

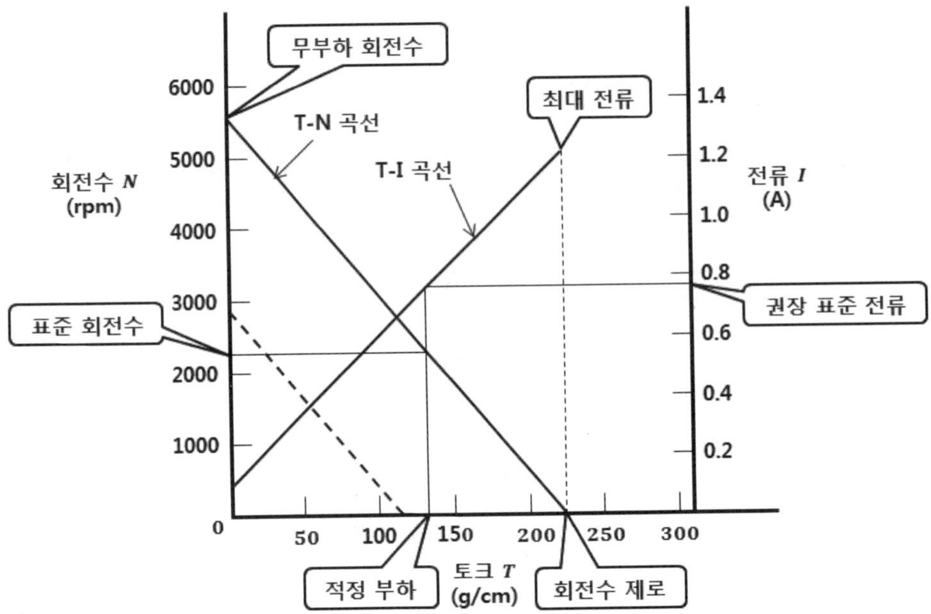

그림 7.8 직류 서보모터의 특성곡선

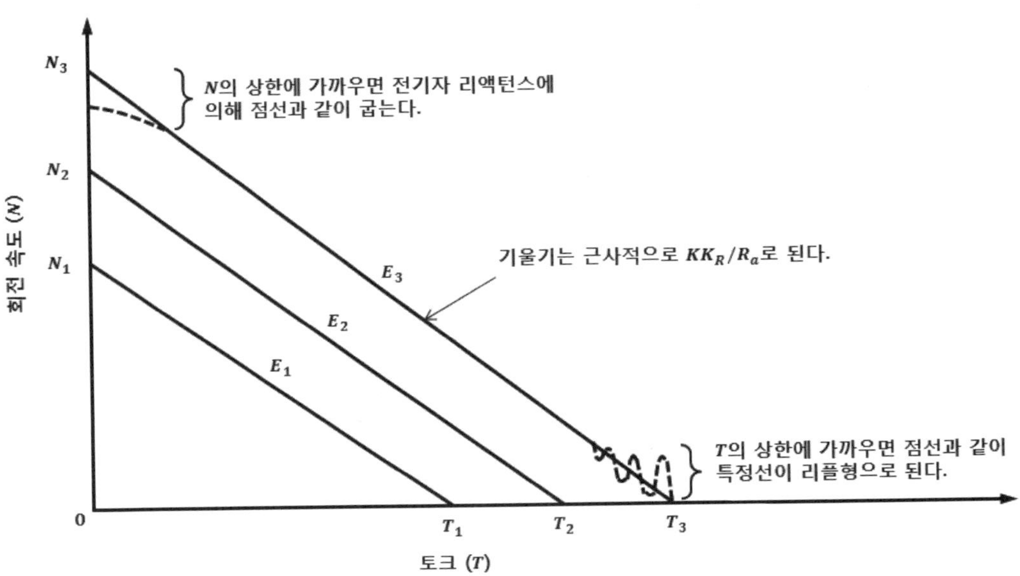

그림 7.9 직류 서보 모터의 T-N 특성

3) 직류 서보 모터의 구동 회로

일반적으로 직류 서보모터는 구동전압이 수 volt에서 수백 volt, 구동전류는 수십 mA에서 수십 A로 큰 구동전력(power)을 필요로 한다. 이러한 직류 서보모터를 TTL IC 또는 OP앰프와 같은 비교적 소전력의 소자로 구동하기 위해서는 파워 트랜지스터(Power transistor) 또는 파워 MOSFET(Power MOSFET)와 같은 전력소자를 이용하여야 한다. 직류 서보 모터에 구동파워를 공급하기 위한 구동회로는 통상 다음의 두 가지 방식이 이용되고 있다. 이들 가운데 어느 방식을 선택할 것인지는 필요한 파워 크기나 응답 성능에 따라 결정된다.

(1) 트랜지스터에 의한 리니어 증폭기 방식

입력 신호에 비례한 출력 신호를 만들기 위한 증폭기이며 전류 제어 방식과 전압제어 방식이 있다. 이것은 일반적으로 오디오용으로 사용되고 있는 직류 증폭기와 기본적으로 같으며 수 10W 이하의 작은 파워의 구동회로로서 이용된다.

PWM 방식에서는 신호 처리가 온 오프로 이루어지기 때문에 전류의 맥동적 변동을 동반하는 것에 대해 이 방식에서는 아날로그로 이루어지므로 원활하며 더구나 저 소음의 구동을 할 수 있다. 특징으로서는 응답 성능이 극히 우수하다는 것을 들 수 있으며 약 100kHz의 주파수까지 서보 모터를 추종시킬 수 있다.

한편 트랜지스터를 온 또는 오프 상태 이외의 영역에서 사용하는 방식(직류 전압의 변동을 트랜지스터의 컬렉터 손실로 받는 방식)에서는 에너지 손실의 증대와 그것에 동반한 발열을 무시할 수 없기 때문에 출력 파워가 작은 경우에 한정된다.

(2) PWM 방식

트랜지스터를 사용한 경우에도 온 오프 구동으로 하면 큰 전력을 다룰 수 있기 때문에 효율이 좋은 고출력 파워의 구동회로(스위칭 앰프)를 구성할 수 있다. 온 오프 구동을 실현하기 위한 신호처리 법으로서는 많은 경우 PWM(pulse width modulation)법이 이용되고 있다.

반송파에 기초하여 구동되는 이 제어 방식에서는 서보 모터를 고속, 고정밀로 구동하기 위해 반송파의 주파수를 될 수 있는 한 크게 설정해야 한다. 전계효과 트랜지스터(FET : field effect transistor) 등의 스위칭 소자를 사용하면 그 주파수를 수 10kHz까지 높일 수 있으며 이때 약 1kHz의 (응답) 주파수까지 서보 모터를 추종시킬 수 있다.

그림 7.10는 전압제어 방식의 PWM 서보 증폭기에 대한 기본 동작을 나타내고 있다.

그림 7.10에서 비교기(comparator)는 두 개의 입력단자를 갖고 있다. 이중에서 (+)단자에

는 전압 제어 신호(voltage control signal)가 입력되고, (-)단자에는 삼각파 신호(triangular signal)가 입력된다. 비교기의 입력신호와 출력신호, 그리고 모터에 인가되는 전압과의 관계는 다음과 같다.

- 입력전압 V_I의 크기가 삼각파 신호보다 큰 경우 비교기의 출력전압은 $+V_{cc}$가 된다. 출력전압 $+V_{cc}$가 Tr_1과 Tr_2의 게이트 단자에 가해지면 Tr_1은 ON 상태가 되어 포화영역에서 동작하게 되고 Tr_2는 OFF상태가 되어 컷오프 영역에서 동작한다. 그러므로 모터에는 전원전압 $+E$가 인가된다.
- 입력전압 V_I의 크기가 삼각파 신호보다 작은 경우 비교기의 출력전압은 $-V_{dd}$가 된다. 출력전압 $-V_{dd}$가 Tr_1과 Tr_2의 게이트 단자에 가해지면 Tr_1은 OFF상태가 되고 Tr_2는 ON 상태가 되어 모터에는 전원전압 $-E$가 인가된다.

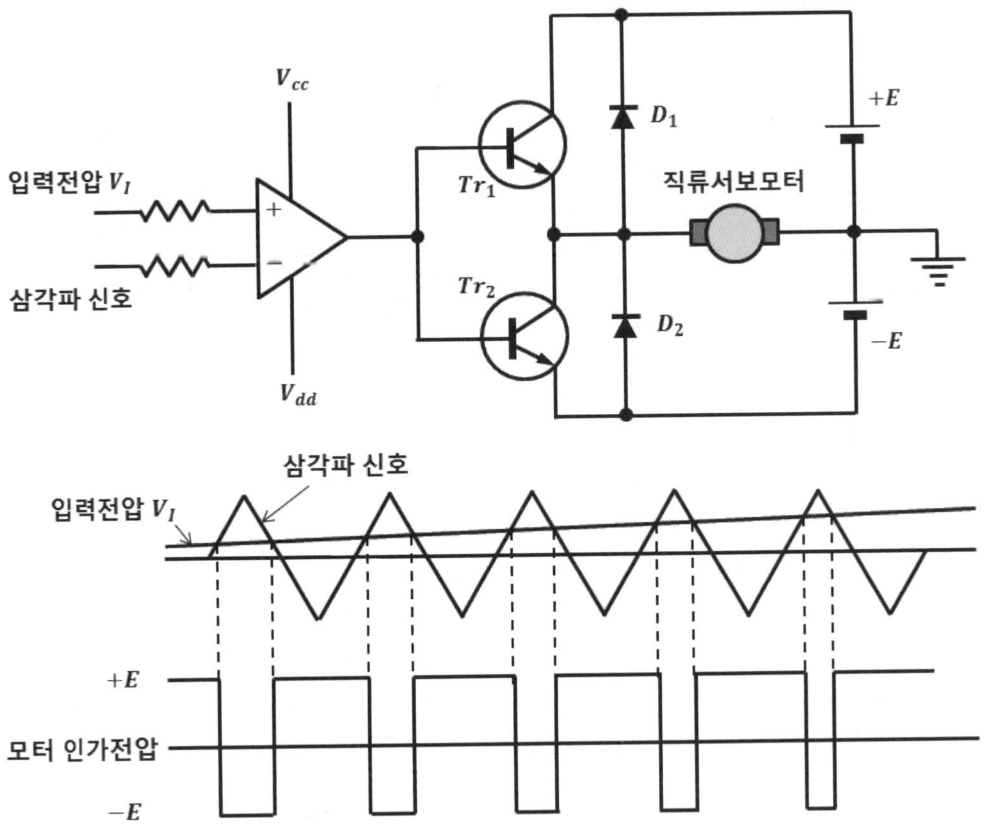

그림 7.10 전압 제어형 PWM 서보 증폭기

한편 상기의 방식 이외에도 사이리스터에 의한 위상제어방식이라 하는 방식이 있다. 그러나 이 방식에 의한 구동회로에서는 큰 파워 출력(수 kW~ 수백 kW)을 발생하지만 응답 주파수가 낮게 억제되기 때문에(수 10Hz 정도까지) 적용 범위가 일부에 한정된다.

이들 각 방식에 기초한 구동회로의 선택에 즈음하여 그것에 접속된 서보 모터나 부하의 사양 및 요구 시스템의 제어 성능 등이 고려되어야 한다.

그림 7.11 (a)는 그림 7.10의 PWM 서보 증폭기에 의해서 모터의 양단에 인가되는 전압파형과 평균전압 그리고 전류파형에 대해서 나타내고 있다.

그림 7.11 (b)에서 보듯이 Tr_1이 ON 상태인 t_p 구간이 Tr_2가 ON 상태인 t_n 구간보다 길다. 그러므로 전류는 t_p 구간에서 그림 7.11 (b)의 실선 방향과 같이 모터의 좌측에서 우측으로 흐르게 된다. 결국 전원 전압 $+E$에 의해서 모터의 권선에 실선 방향의 전류가 흐르게 되고, 이때의 전류 방향을 (+)로 가정한다. 이 구간에서 전류는 시간에 따라 증가 하게 된다. t_n 구간 동안 전류의 경로가 그림 7.11 (b)에서 점선으로 나타나 있다. 즉 모터에 흐르던 전류가 다이오드 D_2를 통해서 전원전압 $-E$로 회생되고 있음을 알 수 있다. 이 전류는 시간에

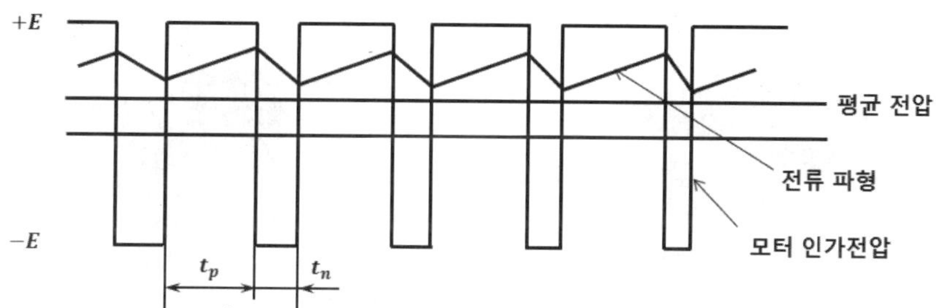

(a)

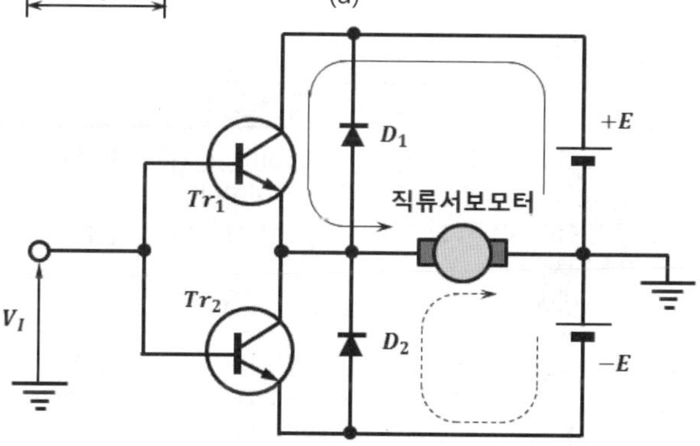

(b)

그림 7.11 PWM 전압파형과 전류파형

따라 감소하게 된다. 이러한 상황에서 스위칭 주파수가 높게 되면 전류가 0으로 감소하기도 전에 다음 t_p 구간의 순서가 되어 전류는 다시 증가하게 된다. 그러므로 스위칭 주파수를 높일수록 전류의 리플이 감소하게 된다. 최근 PWM 서보 증폭기에는 스위칭 주파수를 20[kHz] 혹은 그 이상의 높은 주파수 영역에서 사용하는 경우가 많다.

4) 브러시리스 직류 모터

브러시리스 직류 모터(Brushless DC motor; BLDC)는 브러시를 사용하지 않고 비접촉의 위치 검출기와 반도체 소자로서 통전 및 전류시키는 기능을 바꾸어 놓은 모터이다. 즉, 직류 서보 모터의 문제점이었던 기계적 접점을 광센서나 자기 센서로 바꾸어 무접점화한 것이다.

그림 7.12는 브러시모터와 브러시리스 모터의 외관상 차이를 알기 위해 나타낸 것이다.

브러시리스 모터의 특징은 표 7.3과 같다.

브러시 - 정류자 사이의 마모가 없게 되기 때문에 수명이 길며 전기적 노이즈나 소음이 경감되

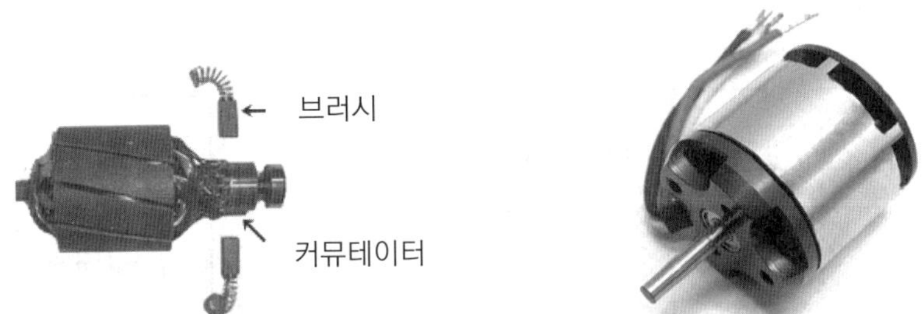

(a) 브러시 모터 (b) 브러시리스 모터

그림 7.12 브러시 모터와 브러시리스 모터 외형 구분

표 7.3 브러시리스 직류 모터의 특징

종류	특 징
장 점	• 기계적 정류 기구를 전자화(무 접점화)하여 전기적노이즈(불꽃), 기계적노이즈가 작다. • 신뢰성이 높고 수명이 길고 고속화가 용이하다. • 기기의 고밀도화에 따른 요청에 용이하게 대응된다.(형상, 구조의 자유도화 → 경박 단순화 → 기전일체화) • 기기의 다기능화에 쉽게 대응된다.(일정 속도제어, 가변 속도제어 등)
단 점	• 로터에 영구자석을 사용하므로 저관성화에는 제한이 있다. • 일반적으로 페라이트 자석을 사용할 경우가 많으므로 체적당 토크가 작다.(결점 보완을 위해 희토류 자석을 사용하는데 비용이 높음) • 정류 기구를 전산화하기 위해 반도체 회로를 필요로 하여 비용이 높아진다.(최근의 반도체 기술의 진보에 의해 개선됨)

었다. 이 때문에 고속 회전과 수명이 긴 것을 필요로 하는 컴퓨터와 그 주변기기 그리고 AV기기에 폭 넓게 사용되고 있다. 예를 들면 하드디스크 드라이브나 플로피 디스크 드라이브, CD-ROM 드라이브, 비디오 데크의 드럼모터나 스핀들 모터 등이다.

(1) 브러시리스 직류 모터의 동작

브러시리스 모터의 구동 상수는 2~20상 정도까지 있지만 기본적으로는 3상 구동에 대응할 수 있을 것이다. 저속에서 부드러운 회전 특성을 요하는 경우 로터에 다극 마그네트를 사용하는 방법이 유리하다. 일반적으로 브러시리스 모터는 사용 목적에 따른 구동회로를 필요로 하고 있지만 아주 특수한 경우가 아니고는 시판하고 있는 구동용 IC를 활용하고 있다.

브러시리스 직류 모터를 구조면에서 분류하면 권선으로의 통전은 브러시 등 접동 요소를 사용하지 않는 고정식으로 하기 때문에 자계를 만드는 마그네트 회전기를 어디에 배치하느냐에 따라서 자로의 구성방법, 권선의 배치방법이 변한다.

그림 7.13 (a)는 브러시리스 직류 모터의 구조도와 구동회로를 나타낸 것이다.

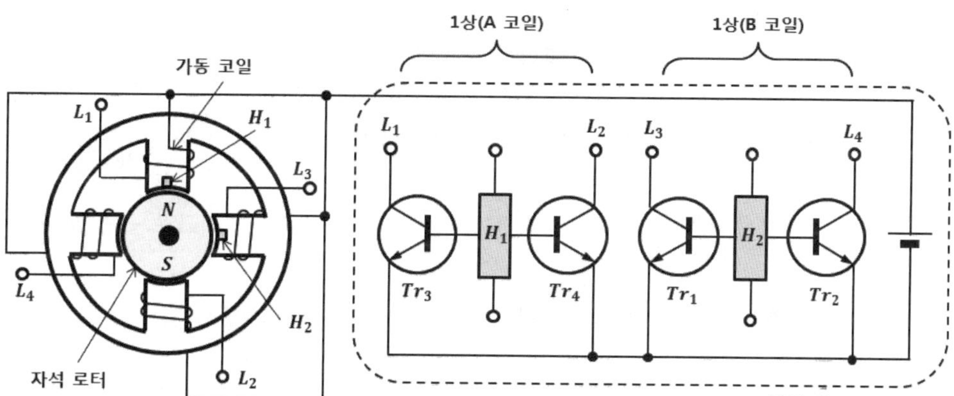

(a) 구조도

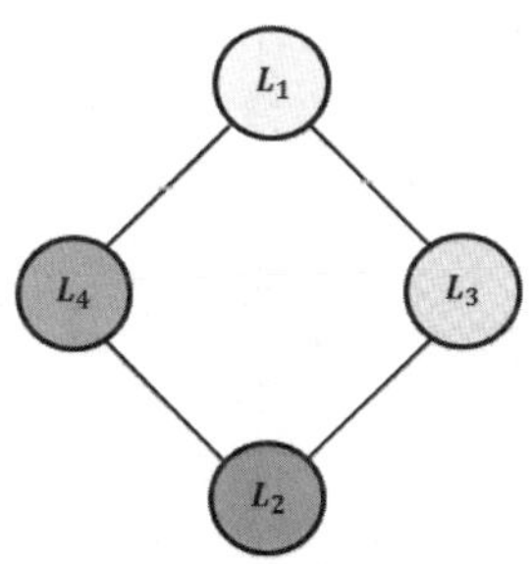

(b) 통전순서

그림 7.13 2상 브러시리스 직류 모터의 동작원리

N−S극 1쌍의 마그네트 로터가 구동코일 $L_1 \sim L_4$의 중간에 있다. 이와 같은 위치에 있을 때 홀소자 H_1에 전압이 발생하며 트랜지스터 Tr_1이 통전한다. Tr_1이 ON되면 L_3가 여자 되어 로터 근방의 선단에 S극이 발생하며 로터 자석을 90°끌어당긴다. 다음에 로터 자극의 N극이 L_3 중심까지 오면 H_2에 전압이 발생하고 Tr_4가 통전한다. 여기서 Tr_4가 ON이 되면 L_2가 여자 되어 로터 근방의 선단에 S극이 발생하며 로터 자석을 90°더 끌어당긴다. 이와 같은 과정으로 브러시리스 직류 모터는 계속 회전하게 된다. 그림 7.13 (b)에 구동 코일의 통전 순서를 나타낸다.

브러시리스 모터 중에는 홀소자 등의 검출기를 제거한 센서리스형도 있다. 회전 쏠림이나 토크 쏠림이 크고 기동 특성은 나쁘지만 구조가 단순하고 저가격이라는 이점이 있다.

(2) 여러 가지 통전방법

브러시리스 직류 모터를 회전시키기 위해 구동회로가 필요하지만 이 경우 복수의 구동코일을 정해진 방향으로 통전하지 않으면 안 된다. 모터를 회전시키기 위해서는 2상 이상의 구동 코일을 필요로 한다. 이 때문에 구동 코일도 그들에 대응한 회로구성이 필요하게 된다.

그림 7.14는 2상 브러시리스 직류 모터의 구동회로를 나타낸 것이다. 그림 7.14 (a)는 반파 통전 방식이라 불려지며 회로 구성이 가장 간단한 방법이다. 그러나 구동코일을 4개 이상 필요로 한다. 이에 대해 그림 7.14 (b)는 전파 통전(쌍방향 통전) 방식이라 부르며 코일이 2개로 충분하다. 이 때문에 코일의 이용율이 높고 출력 파워도 크게 취할 수 있다. 그러나 2개의 코일을 전파 통전하기 위해 회로부의 코스트 증가는 피할 수 없다. 그러므로 구동 코일을 3상으로 한 브러시리스 직류 모터도 있다.

그림 7.15는 3상 양파 통전의 설명도이며 그림 7.15는 (a)의 델타 결선과 그림 7.15 (b)의 스타 결선을 들고 있다.

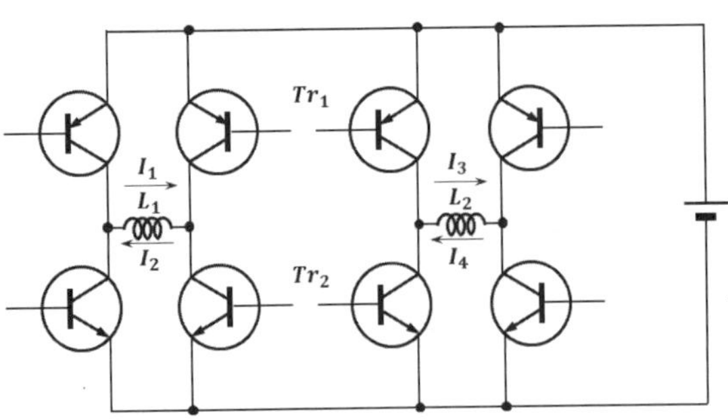

(a) 반파 통전

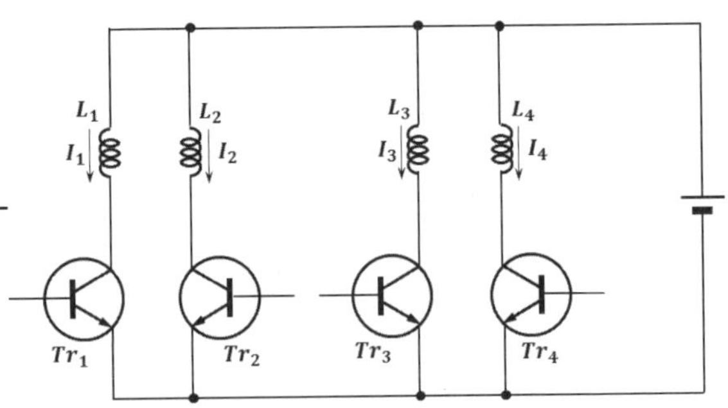

(b) 전파 통전

그림 7.14 2상 브러시리스 직류 모터의 구동회로

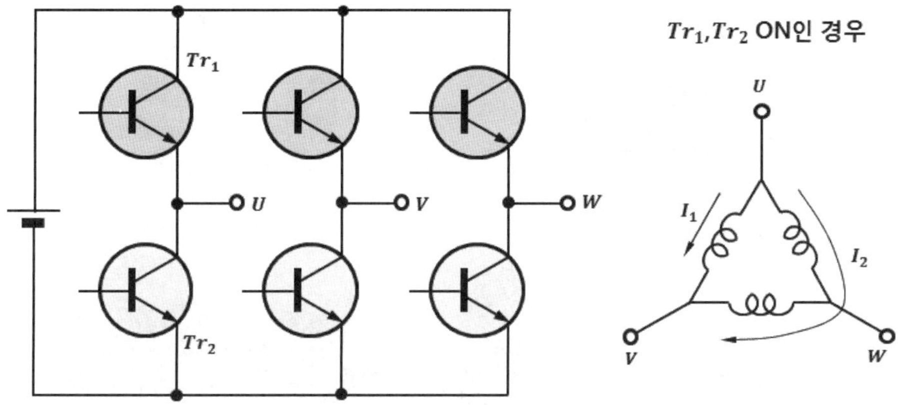

(a) 델타 결선

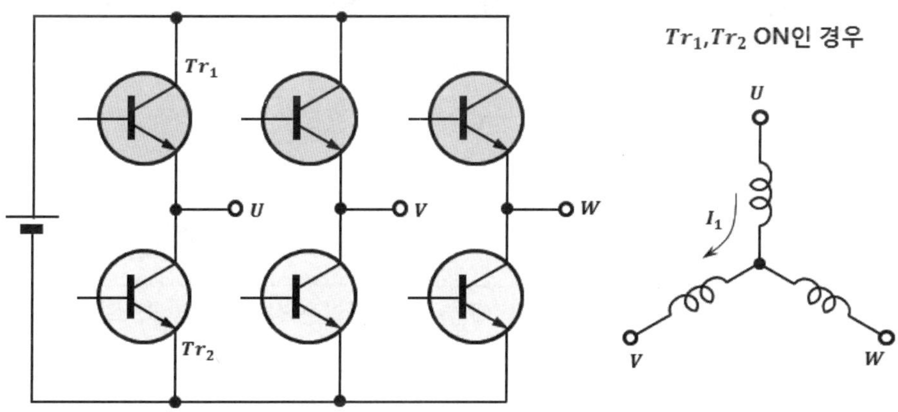

(b) 스타 결선

그림 7.15 3상 브러시리스 직류 모터의 구동회로

델타 결선의 경우 3상의 어느 코일에도 통전하고 있는 것에 대해 스타 결선에서는 2상의 코일만 통전한다. 구동 코일은 앞의 2상 전파 통전보다 간단하다.

(3) 브러시리스 직류 모터의 종류 및 특징

브러시리스 모터는 최근 모형항공기의 파워 소스로 널리 채택되고 있다. 특히 모터의 구조와 특성상 높은 토크, 고효율 및 낮은 소음으로 일반 브러시 모터 보다 상대적으로 전동 매니아들이 선호하고 있다. 브러시리스 직류 모터의 종류는 그림 7.16과 같이 (a) Inner Rotor형과 (b) Outer Rotor형이 있으며 그림 7.16 (c)는 분해한 모습이다. 이들의 특징은 표 7.4와 같다.

(a) Inner Rotor형

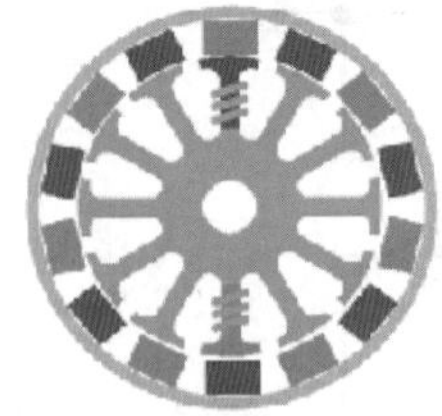

(b) Outer Rotor형

(c) 분해 모습

그림 7.16 브러시리스 직류 모터 종류와 분해 모습

표 7.4 브러시리스 직류 모터의 종류 및 특징

종류	구조	특징
Outer Rotor형	• 모터의 외주측으로 회전자를 배치 • 모터의 내부 측면으로 회전자계를 만든다.	• 회전자의 관성모멘트가 크므로 정속도 주행에 유리하다. • 마드네트를 비교적 크게 할 수 있으므로 고효율, 고토크화하기 쉽다. • 권선의 1코일 평균길이가 짧게 되어 손실절감, 고효율화 하기 쉽다. • 회전자 지지기구가 복잡하다. • 밀폐구조로 하기 어렵다.
Inner Rotor형	• 모터의 내주측으로 회전자를 배치 • 모터의 외주측으로 회전자계를 만든다.	• 회전자의 관성모멘트가 Outer motor에 비하여 작다. • 모터구조를 비교적 간단하게 구성할 수 있다.
Gap형	• 축방향의 두께를 비교적 얇게 한 원판상의 모터 회전자의 전기자를 축방향으로 나열한 구조	• 축수간 간격이 짧기 때문에 공작의 정확을 요함, 축수구조도 복잡 • 권선과 전기자를 분리 Slotless구조로 함 • 회전율을 저감시킬 필요가 있는 곳에서 많이 사용되고 있지만, 권선의 배치정도와 권선형상의 밸런스를 작게 하여야 할 필요가 있다.

4) 직류 모터의 이용 포인트

(1) 위치결정 정도는 엔코더와 제어방식에 의존한다.

스테핑 모터와 달리 위치결정 정도는 엔코더의 분해능과 정도에 의존한다. 제어계의 게인에도 관계하지만 기본적으로는 엔코더이다.

(2) 응답성을 좌우하는 기계적 시정수

서보 모터로서 구동 속도는 기계적 시정수 τ_M에 따라 거의 결정된다. τ_M을 좌우하는 계수 K_T와 K_E는 앞에서 언급했지만 여기서 다시 한 번 언급하기로 한다.

모터가 발생하는 토크는 전류에 비례하고 다음 식으로 주어진다.

$$T = K_T I \tag{7.4}$$

실제로는 모터 내부 손실이 있지만 이론적으로는 식 (7.4)와 같다.

한편 회전자에 발생하는 역기전력 e는 회전속도 ω에 비례하고 다음 식으로 주어진다.

$$e = K_E \omega \tag{7.5}$$

이러한 계수들은 이론적으로 앞에서도 지적했듯이 동일한 것으로 회전속도(rad/s), 토크(N · m)을 사용하여 나타내면 같은 값으로 나타날 터이다.

그런데 K_T와 K_E는 사용하고 있는 영구자석에도 관계한다. 페라이트 자석은 낮고, 희토류 자석의 경우는 높으므로 τ_M이 작다. 더구나 모터 제어에 이용되는 속도 센서의 하나인 타코제네레이터가 있지만 식 (7.5)는 그 원리이다. 결국 타코제네레이터의 축을 외부로부터 돌렸을 때 거의 전류를 취출되지 않을 때에 식 (7.5)의 전압이 관측된다. 은을 함유한 흑연 브러시를 사용함으로써 브러시에 소비되는 전압은 거의 제로로 된다.

(3) 모터의 종류와 브러시

모터의 사용자가 브러시의 선정에 상세한 지식을 갖고 있을 필요는 없지만 DC모터에 있어서 브러시는 매우 중요한 부품인 것을 인식할 필요는 있다.

직류 모터는 기본적으로 아마추어(자속과 쇄교하여 토크를 발생하기 위한 전류가 흐르는 권선

시스템)가 회전한다. 결국 아마추어가 회전자가 되고 있다. 자속을 공급하는 계자(필드) 시스템에는 영구 자석을 이용한다. 아마추어와 계자의 차이에 의해 다양한 종류가 있으며 각각 이 특징을 갖고 있다.

이용되는 브러시의 종류는 다양하지만 기본적으로 다음 3가지가 있다.

① 카본(흑연)이 100%에 가까운 브러시
색은 흑색으로 정류자의 동과 친근감이 좋지만 브러시와 정류자 사이에 1~2V의 전압 손실이 있다.

② 금속 분말 함유 카본 브러시
대부분은 동 분말을 넣어 브러시 정류자 사이의 전압 손실을 0.1V 단위로 하고 있다.

③ 귀금속 브러시
정류자에도 귀금속을 이용하고 있으며 브러시 정류자 사이 전압을 거의 0V로 하고 있다.

(4) 코깅

모터의 코깅이란 전류가 흐르고 있지 않은 상태에서 아마추어의 이와 계자인 영구자석이 상호 작용하여 들쑥날쑥한 토크 진동이 발생하는 형상을 말한다. 이것은 위치결정에 약간의 영향을 주는 경향이 있다고 생각된다. 그러나 브러시와 정류자가 닿아 접촉하면서 전류가 절환될 때의 토크 맥동이 코깅과 마찬가지 주기를 가지며 크기가 필적한다. 따라서 본래 코깅이 없는 코아리스 모터에서도 통전에 의한 코깅은 있다.

(5) 최대 효율 조건

직류 모터의 이점의 하나는 에너지 효율이 높다는 것이다. 결국 전력 손실이 낮다는 것이다. 그러나 모터의 선정이나 사용방법을 잘못하면 이 장점을 활용할 수 없다. 최대 효율 운전에 관해서는 극히 간단한 법칙이 있으므로 그것을 참고로 하는 것이 좋다.

해당 모터가 상시 어떤 전압 V로 부하를 구동한다고 하자. 그 때의 전류가 I로 한다. 한편 그 전압에서의 공회전하고 전류를 I_{no}로 한다. 또한 그 전압에서 구속했을 때의 전류를 I_{st}로 한다. 최대 효율 전류 I_M은 I_{no}와 I_{st}의 기하학 평균은 다음과 같이 나타낸다.

$$I_M = \sqrt{(I_{no} I_{st})} \tag{7.6}$$

따라서 I가 이 값에 가까워지면 좋다는 것이다. 이 관계는 브러시리스 모터에도 해당된다고 생각할 수 있다.

6) 직류모터를 이용한 부하 산정법

모터의 종류는 상당히 많지만 그 가운데 영구자석을 이용한 직류 모터가 소위 정직한 특성을 나타낸다. 그 가운데에서도 코어리스 모터는 들쑥날쑥한 회전 불균일이 적으며 특히 심플한 특성을 나타낸다. 앞에서 지적했듯이 직류 모터는 브러시와 정류자의 접촉기구가 있으며 그것 때문에 마찰이라든지 수명 문제가 있으므로 용도에 따라서 배제된다. 그래서 실제로는 브러시리스 모터를 이용하는 경우에서도 부하의 산정 등 때문에 단순한 성질의 직류 모터를 부착하고 조사할 수 있다.

영구 자석형 직류 모터에서는 구동시의 토크는 흐르는 전류에 거의 비례한다. 그러나 정확히는 다음 식으로 주어질 수 있다.

$$T = K_T(I - I_o - I_e) \tag{7.7}$$

여기서 K_T는 토크 정수라 불려지는 계수이며 제품의 카타로그에 기재되어 있다.

다음에 중요한 것은 I_o의 취급이다. 이것은 모터의 속도에 관계없이 모터 내부의 기계적 마찰이나 자기 회로의 히스테리시스로 손실되는 토크를 대표하는 전류이다. I_o의 계측은 간단하다. 그 직류 모터에 낮은 전압을 가하고 천천히 공회전 시켰을 때 흐르는 전압이다. 그림 7.17에 보는 것처럼 전압을 조금 변화시켜도 이 전류는 그다지 변화하지 않을 것이다. I_e는 속도에 관계해서(예를 들어 비례해서) 증가하는 토크 손실이지만 거의 모든 모터에서는 I_o에 비해 상당히 작으므로 I_e는 무시해도 바꾸지 않는다. 이처럼 직류 모터의 토크는 회전속도에는 그다지 관계없고 흐르는 전류에 의존하는 것을 알 수 있다. 취부한 직류 모터의 속도는 전압에 의해 조정할 수 있다. 이 원리를 이용하여 부하의 속도와 필요 토크의 관계나 조건에 의한 토크의 변화를 조사할 수 있다.

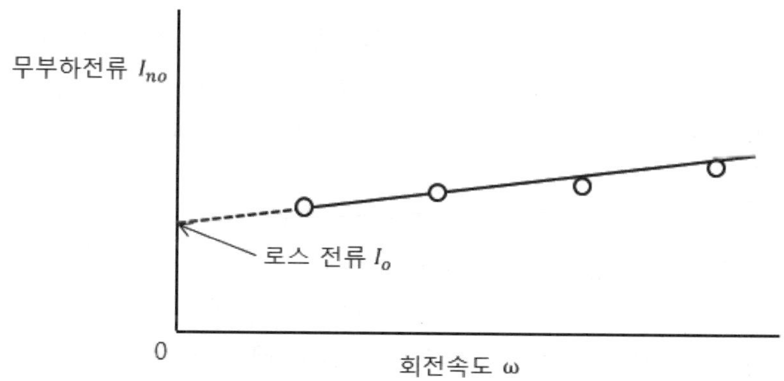

그림 7.17 무부하 전류 특성

7.3 교류 서보모터

7.3.1 서론

FA 분야에 있어서 빼 놓을 수 없는 산업용 로봇을 비롯하여 NC 공작기계 등의 전기식 서보 모터로서 종래는 직류 서모 모터가 많이 사용되었다. 그러나 최근에 보면 이들 서보 모터는 교류 서보 모터로 치환되고 있다. 그 중요한 이유는 내환경선, 내구성, 고속(회전)성 등에서 교류 서보 모터가 유리하기 때문이다.

직류 서보 모터의 최대 약점은 기계적 습동부를 갖는 정류자와 브러시의 존재에 있지만 교류 서보 모터에는 그것이 없기 때문에 나쁜 환경 하에서도 보수할 필요가 없다. 그 반면 정류 기능을 전기적인 구동 회로에 의존하기 때문에 제어 장치가 복잡하고 고가로 될 수 밖에 없으며 이 단점의 해소가 종래의 기술 과제였다. 그러나 최근의 파워일렉트로닉스를 비롯하여 마이크로프로세서나 LSI의 발전 보급은 이 과제를 극복하고 있으며 전동 서보 모터에 관한 새로운 국면을 맞이했다.

교류 서보모터의 구조(회전 계자형)는 고정자(stator)측 구성은 기계적 지지를 목적으로 하는 원통형의 프레임과 프레임 내경에 원통형의 고정자 코어(stator core)가 있고, 코어에 전기자 권선이 감겨져 있다. 교류 서보모터는 직류 서보모터와 반대로 그림 7.18과 같이 영구자석이 회전자측에 부착되어 있고, 전기자 권선은 고정자측에 감겨져 있다.

교류 서보모터 장점은 높은 최대속도와 용량의 증대, 악조건 하에서의 신뢰성 확보, 낮은 유지비와 저소음, 구조적 간결성, 설치의 용이성 등이며 브러시리스 서보모터는 반도체 스위칭 소자인 싸이리스터 기술의 발달에 따라서 대용량이 요구되는 산업현장에 널리 사용한다.

브러시리스 서보모터의 적용이 늘어가는 이유는 파워 TR의 용량증대와 가격인하, PWM인버터에 의한 전류제어 기술의 발달, 영구자석 재료의 개발, 센서 기술의 발달, 제품의 소형화이다.

브러시리스 서보모터는 직류모터의 정확한 제어성과 교류모터의 견고성을 동시에 겸비한 특징을 갖고 있다. 정류자에 의한 전력손실이 없고, 유지비가 거의 들지 않으므로 경제적으로도 유리한 잇점을 갖고 있다. 무엇보다도 브러시리스 서보모터의 가장 큰 특징은 직류모터의 정류자 기능을 반도체 소자를 이용한 전력변환기로 대체한 점이다.

회전자에 영구자석을 사용한 것을 "동기형(PM형태)"이라 하며 영구자석을 사용하지 않고 범용 모터와 동일한 구조를 가진 것을 "유도형(IM형태)"라 한다. 일반적으로 대용량에는 유도형, 소-중 용량에는 동기형이 채용되고 있다. 분리한 이유는 제작상의 문제, 토크 특성, 제어성능 및 소형화의 측면에서 분리한 것이다.

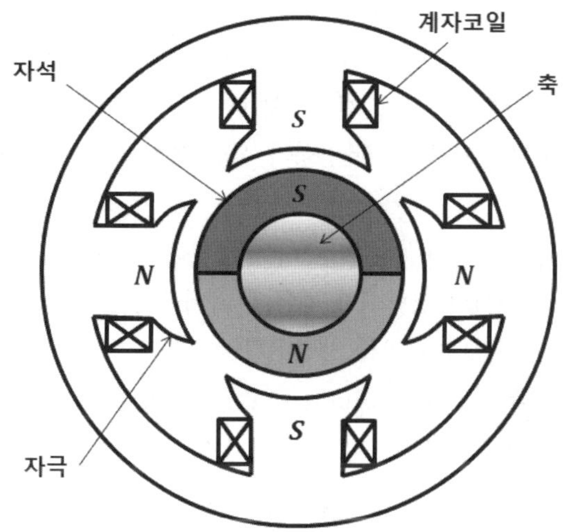

그림 7.18 교류(PM형) 서보 모터

표 7.5 서보모터의 비교

항목	직류 서보모터	교류 서보모터(PM형)	교류 서보모터(IM형)
적정 용량	수 [W] ~ 수 [kW]	수십 [W] ~ 수 [kW]	수백 [W]이상
구동전류파형	직류	사각파, 정현파	정현파(사각파에서는 토크 리플이 크다)
자극센서	불필요	홀소자 광학 인코더 리졸버	불필요
속도센서	DCTG	브러시리스 DCTG 광학 인코더 리졸버	브러시리스 DCTG 광학 인코더 리졸버
수명	브러시 수명	베어링 수명	베어링 수명
모터정수	브러시전압으로 제약된다.	고압저전류가 가능 모터구조에 의해 저속 대토크가 가능	고압저전류가 가능, 정출력특성을 낼수 있다.(약한 계자제어)
고속회전	부적당	적용가능	최적
비상제동	다이내믹 브레이크 토크 크다.	다이내믹 브레이크 중(中)	직류 전원이 필요 다이내믹 브레이크 토크 소(小)
내환경성	나쁘다	좋다	좋다
영구 감자석	있음	있음	없음

동기형과 같이 영구 자석을 사용하면 모터의 효율이 높고, 발열이 적고, 소형화가 가능하며, 저속 회전 성능이 좋으며 고토크를 얻기 쉽다. 반면 용량이 커짐에 따라 영구자석의 크기도 커지므로 회전자를 설치할 때 기계적 강도나 제작상의 어려움과 가격으로 인하여 문제가 발생하였으나 근래는 동기형의 장점이 인정되면서 대용량화가 실현되어 교류 서보모터는 전반적으로 동기형 모터가 대세이다.

인버터로 구동되는 범용 모터나 유도형 모터는 정전이 생기면 모터의 정지 제어능력이 없고 모터는 자연 정지(프리런 정지)의 상태이기 때문에 기계단의 충돌 등의 위험이 있으므로 일반적으로 기계식의 브레이크(전자브레이크)를 채용한다.

동기형은 영구자석의 효과(자석의 에너지 이용)로 정전 시에는 모터를 발전기의 상태로 하여 급정지시키는 제동(다이나믹 브레이크)을 할 수 있다.

표 7.5는 직류 모터와 교류 모터를 항목별로 비교해 본 것이다.

7.3.2 교류 서보모터의 구동원리

3상 AC 모터에 3상 전류를 공급하기 위한 기본적인 회로의 구성이 그림 7.19에 나타나 있다. 그림 7.19 (a)에서 무터는 스타결선(Star-connection)된 3상 코일로 표시하였으며 각 상에는 1개의 스위치가 연결되어 있다. 여기에서 각 상의 스위치(S_1, S_2, S_3)는 일정한 순서대로 스위칭 동작을 하므로써 DC 입력전원으로부터 3상 AC 전류를 발생하게 된다. 여기에서 각 상에 연결된 3개의 스위치가 3상 전류를 발생하기 위한 스위칭 시퀀스에는 기본적으로 "120도 통전 타입"과 "180도 통전 타입"이 있다. 여기서는 120도 통전형 3상 인버터에 대해 설명하도록 한다.

120도 통전형 3상 인버터의 스위칭 시퀀스가 그림 7.20에 나타나 있다.

그림에서 보듯이 1사이클이 6스텝으로 나누어져 있으며 각 스텝은 전기적으로 60도의 간격을 형성하고 있다. 각 상에 연결된 스위치의 상태를 살펴보면 하나의 스위치는 ON 상태에, 다른 하나는 OFF 상태에, 그리고 나머지 하나는 OPEN 상태에 있음을 알 수 있다.

또한 모터 내에서 발생되는 회전자계(Rotating Magnetic Field)를 설명하기 위해서 전류의 분포와 이에 따른 저장의 분포가 그림에 나타나 있다. 이와 같은 저장 내에 위치한 회전자는 자장의 회전방향으로 회전하게 된다. 만약 그림 7.20에 나타난 시퀀스에 대해서 역방향으로 스위칭을 하게 되면 회전자계의 회전방향과 이에 따른 회전자(Rotor)의 회전방향이 역방향으로 바뀌게 된다.

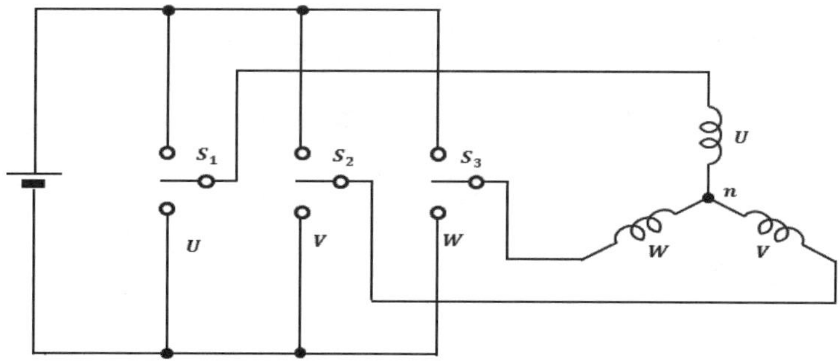

(a) 3개의 스위치에 의한 등가회로

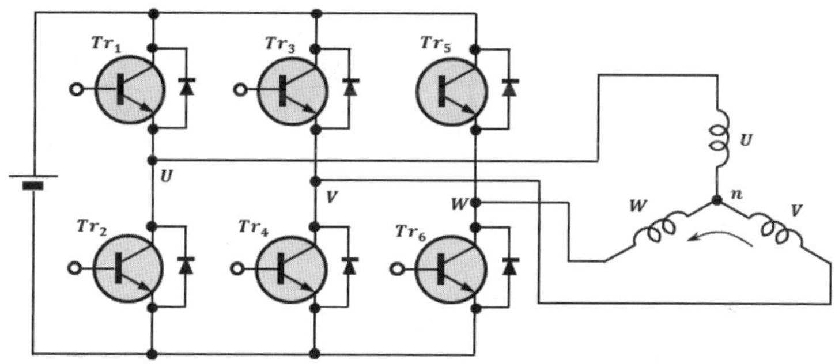

(b) 3상 인버터회로

그림 7.19 3상 인버터에 대한 기본 회로

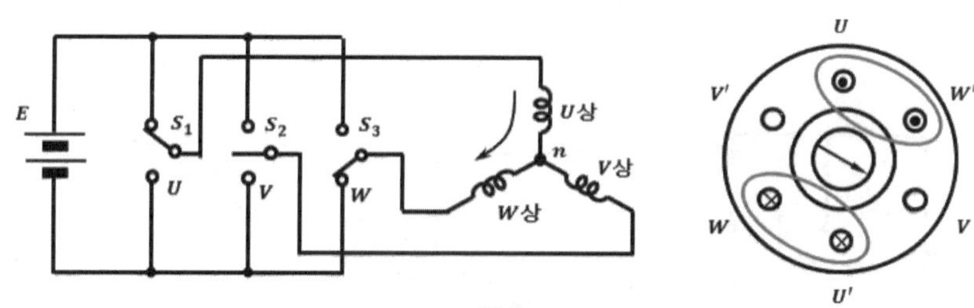

(1)

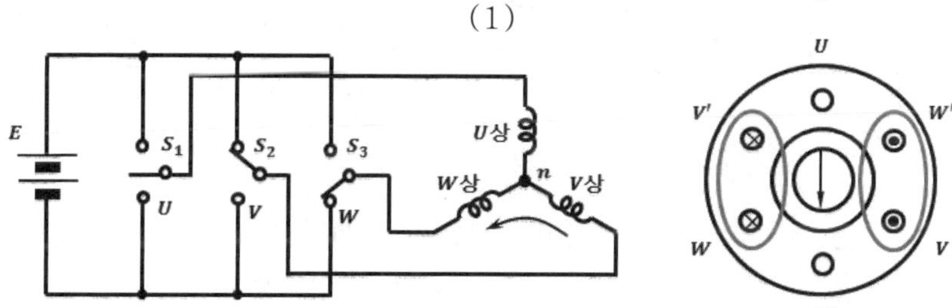

(2)

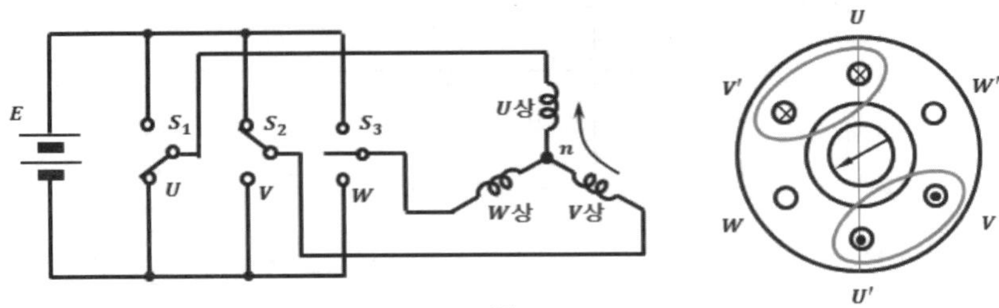

(3)

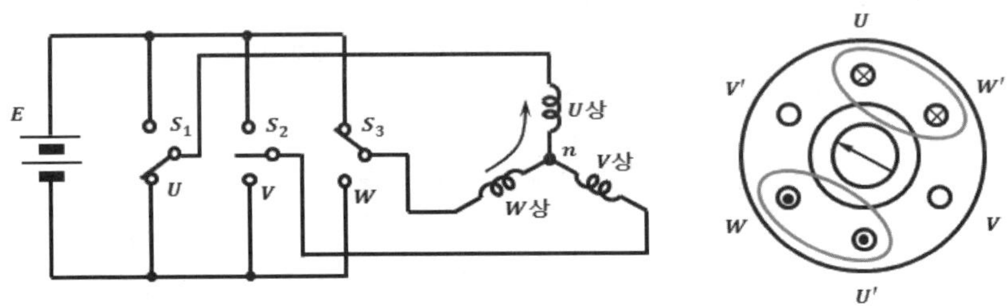

(4)

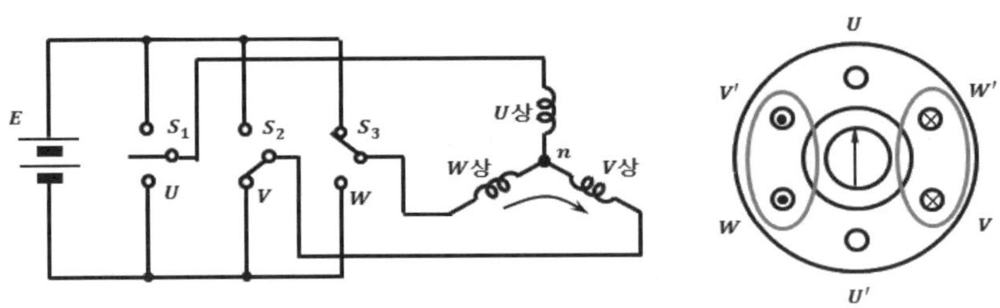

(5)

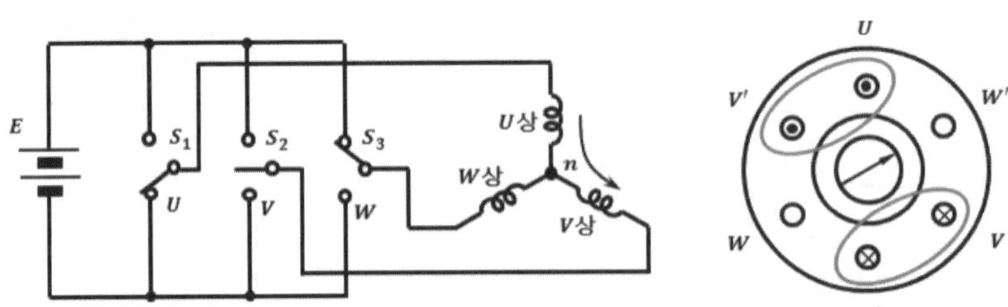

(6)

그림 7.20 120도 통전형 3상 인버터의 스위칭 시퀀스

다시 그림 7.20을 주목해 보면 1사이클 동안 각 상의 스위치가 연속해서 ON상태에 있는 구간은 항상 2 스텝 즉, 전기적으로 120도를 유지하고 있음을 알 수 있다. 이와 같은 이유에서 그림 7.20과 같은 스위칭 시퀀스를 갖는 3상 인버터를 "120도 통전형 3상 인버터"라고 한다.

7.3.3 유도모터(Induction Motor)

1) 종류와 특징

서보용의 유도 모터로서는 농형이라 하는 모터(농형 유도 모터 : squirrel-cage induction motor)가 주로 사용되고 있다. 이 모터는 회전자의 관성을 작게 할 수 있기 때문에 고속 응답을 얻을 수 있는 반면에 그의 제어법은 동기형 모터와 비교하여 복잡하다. 통상은 중, 대 파워의 서보시스템에 사용되고 있다.

표 7.6 단상 유도 모터의 종류와 특징

종류	특 징
분상 기동형 (split phase motor)	• 회전자는 농형권선(squirrel cage winding)으로 되어있고, 고정자는 주권선인 운전권선(running winding)과 보조권선인 기동권선(starting winding)이 병렬로 감겨저 있어서 이 병렬회로에 단상 교류전압을 가하면 운전권선과 보조권선 사이의 리액턴스 차이로 두 회로에 흐르는 전류에 위상차이가 생겨서 회전자기장이 발생하여 토크가 발생하게 된다. • 가격이 싸나, 기동 토크가 작고 원심력 스위치 때문에 부피가 크며 큰 기동전류 때문에, 소형 분수 마력형 모터(냉장고, 펌프, 세탁기 등)에 많이 사용되고 있다.
콘덴서 기동형 (capacitor start motor)	• 분상 기동형 모터와 비슷하나, 기동토크 증대 목적으로 콘덴서를 기동권선과 직렬로 연결한 점이 다름. • 분상기동형 모터에 비하여 기동토크가 크고 기동전류가 작으며, 분수 마력형에서 10여 마력까지 다양하고, 펌프 에어컨 냉장고 등에 사용된다.
영구콘덴서형 (permanent split capacitor motor)	• 콘덴서 기동형 모터에서 원심력 스위치를 제거한 것. 따라서 컨덴서를 기동시 뿐만 아니라 정상 운전 시에도 계속하여 사용. • 용량이 적은 콘덴서를 사용하기 때문에 기동 토크는 콘덴서 기동형 모터보다 작으나, 원심력 스위치가 없어서 구조가 간단하다. • oil-filled capacitor가 주로 사용되며, 큰 기동 토크가 필요하지 않은 선풍기나 세탁기 등에 많이 사용.
셰이딩 코일형 (shaded pole motor)	• 각각의 고정자 자극의 한쪽 끝에 홈을 파서 돌출(salient)극을 만들고 이 돌출극에 세이딩 코일(shading coil)이라 부르는 구리 단락 고리를 끼운 것. 이 세이딩 코일에 의해서 회전 자계장이 형성되어 토크가 발생하여 회전하게 된다. • 운전 중에도 세이딩 코일에 전류가 계속 흐르므로 효율과 역률이 아주 작으며, 기동토크도 작다. • 구조가 간단하고 견고하지만 회전방향을 변경할 수 없다. • FCU의 팬, 소형 condensing unit의 팬, 소형 선풍기, 레코더 등에 쓰인다.

이 농형 유도모터는 회전이 가능한 자석 속에 농형(바구니형)으로 만든 구리막대의 회전자를 둔 장치라 할 수 있다. 따라서 자석을 회전시켜 주면 회전자도 자석과 같은 방향으로 회전하게 된다. 자석의 회전을 정지시키면 회전자도 정지하고 자석을 역방향으로 돌리면 회전자도 역방향으로 돌게 된다. 회전자에서 생긴 유도전류와 자석의 자계 사이에 플레밍의 왼손 법칙에 따른 전자력이 발생하며 전자력의 방향은 자석의 회전방향과 일치한다.

회전자에는 규소강판을 적층한 것을 사용하며 슬롯부는 동이나 알루미늄으로 상자형의 권선을 형성하고 있다. 또한 고정자에 규소 강판을 적층한 코어를 사용하고 이것에 회전자계 발생용의 코일을 감은 것이다. 표 7.6은 단상 유도모터의 종류와 특징에 대해 설명한 표이다.

2) 구조와 특성

고정자에 규소 강판을 적층한 코어를 사용하고 이것에 회전자계 발생용의 코일을 2상으로 감은 것이다. 그림 7.21은 그 구조를 그림 7.22는 로터 구조를 나타낸 것이다.

그림 7.23은 농형 유도 모터의 특성도이다. 모터에 입력하는 전압을 바꾸면 슬립 S의 변화를 동반하며 회전수가 변화한다. 또한 이것에 대응하여 토크 특성도 변화한다. 이 경우의 회전속도는 전압 또는 전하 토크에 의해 슬립이 변한다.

$$n = \frac{120f}{P}(1-S) \tag{7.8}$$

n : 회전속도[rpm], f : 전원 주파수[Hz], P : 극수, S : 슬립

슬립 S는

$$S = \frac{N_S - N}{N_S} \tag{7.9}$$

여기서 N_S는 동기 회전수, N은 임의 부하에서 회전수이다.

또한 동기속도, 결국 전원 주파수에 동기하는 속도는

$$n_S = \frac{120f}{P} \tag{7.10}$$

로 된다. 또한 토크는 다음과 같이 된다.

$$T = \frac{P_M}{\omega} = \frac{P_M}{\frac{2\pi}{60}n} = \frac{P_M}{\frac{4\pi f(1-S)}{P}} \tag{7.11}$$

T : 토크[N·m]

P_M : 극수(S = 1~0 사이의 최대수)

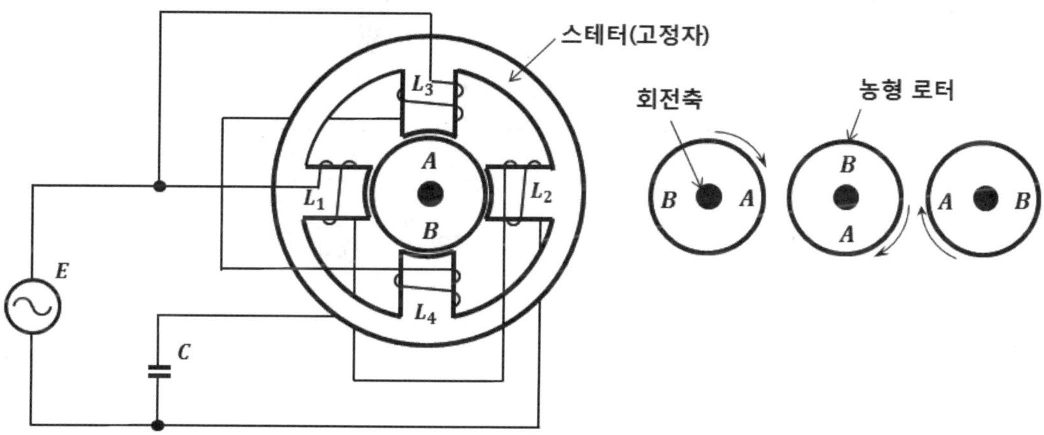

그림 7.21 유도 모터의 구조와 회로도

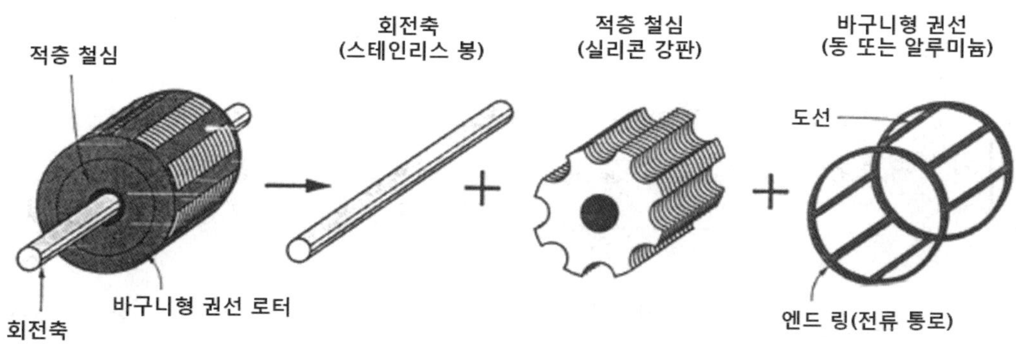

그림 7.22 2상 유도 모터의 로터 구조

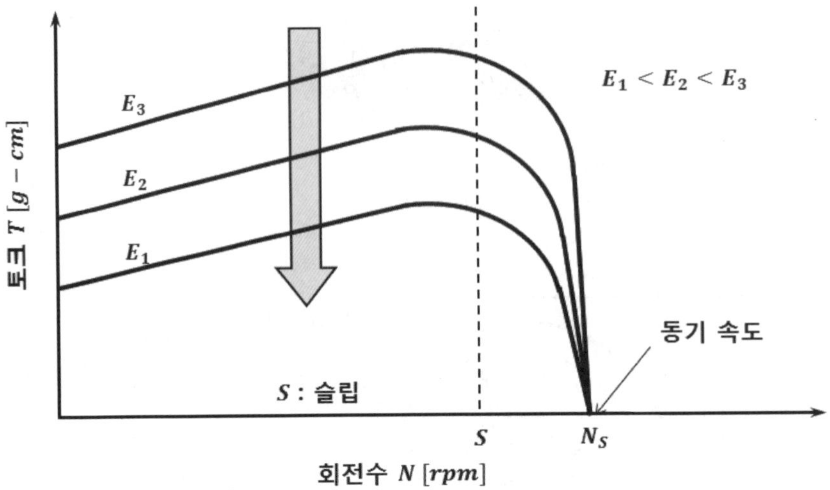

그림 7.23 농형 유도 모터의 T-N 특성

예제 7.1

4극의 유도형 교류 모터가 60Hz의 전원에 의해 구동될 때 슬립 S가 5%라면 모터의 회전수 N[rpm]을 구하라.

풀이

식 (7.8)로부터

$$n = \frac{120f(1-S)}{P} = \frac{120 \times 60(1-0.05)}{2} = 1710\text{rpm}$$

그림 7.24는 제어용 모터와 일반의 농형 모터의 특성을 비교한 것이다. 제어용 모터로서는 T−n 특성이 직선인 것이 바람직하므로 a 커브의 모터는 2차측의 저항을 높이고 될 수 있는 한 직선으로 근사하도록 궁리한 것이다.

유도 모터의 회전수를 제어하는 방법으로는 전압 제어, 위상 제어, 주파수 제어, 벡터 제어 등이 있지만 모터의 특성상 인버터를 사용하는 주파수 제어가 가장 우수하다.

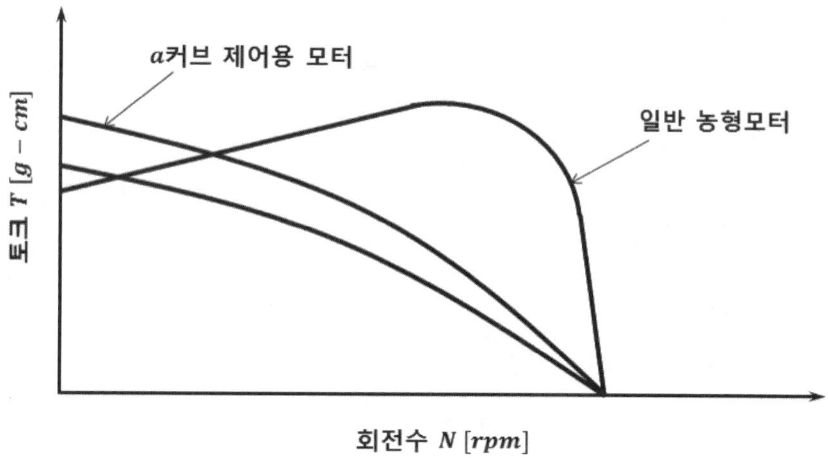

그림 7.24 유도 모터의 T-N 특싱

3) 삼상 유도 모터(three phase induction motor)

같은 마력수의 단상 유도 모터에 비해서 구조가 간단하고 더 소형이다. 회전자의 구조에 의해서 농형(squirrel cage induction motor)과 권선형(star winding induction motor)으로 나누어진다. 고정자의 권선법에는 성형결선(star winding or Y winding)법과 델타(delta winding) 결선법이 있다. 대부분 공장용으로 사용되며 1마력 이상에서 수 천 마력까지 다양한 크기가 생산된다.

표 7.7 삼상 유도 모터

종류	특 징
농형 (squirrel cage induction motor)	• 회전자는 구리나 알루미늄 환봉을 도체 철심 속에 넣어서 그 양쪽 끝을 원형 측판(shorting ring)에 의해서 단락시킨 것으로, 그 모양이 마치 다람쥐 쳇바퀴처럼 생겼다하여 squirrel cage라고 함. • 회전자의 구조가 간단하고 튼튼하며 운전 성능이 좋으므로 건축설비에 쓰이는 대부분의 삼상 모터는 농형이다. • 권선이 타기 쉽고 공급전원에 나쁜 영향을 끼친다. • 기동 토크는 전부하 토크의 100~150% 정도.
권선형 (wound−rotor induction motor)	• 회전자에도 3상의 권선을 감고(대개 wye 결선), 각각의 단자를 Slip Ring을 통해서 저항기에 연결한다. 저항기의 저항치를 가감하여 광범위하게 기동특성을 바꿀 수 있다. • 회전자 권선으로 인하여 농형보다 구조가 복잡하다. • 상대적으로 적은 전원 용량에서 큰 기동 토크를 얻을 수 있다. • 기동이 빈번하여 농형으로는 열적으로 부적합한 경우 및 대용량에 많이 사용.

표 7.8 농형 유도모터의 기동 방법

종류	특 징		
전전압기동	전전압 기동기	across-the-line starter(미국) 또는 direct-on-line starter(영국)	
감압기동	기동보상 기동기 (단권변압기식 기동기)	auto-transformer starter- compensator	어느 모터나 적용가능
	저항(삽입) 기동기	primary-resistor starter	
	리액터(삽입)기동기	primary reactor starter	
	스타-델타 기동기	star-delta starter 또는 wye-delta start	특별한 모터에만 적용 가능

4) 농형 유도 모터의 기동방법

전전압기동기(full voltage starter)와 감압기동기(reduced voltage starter)방법으로 구분한다. 전전압기동법이나 감압기동법의 선택 시 고려할 사항은 다음과 같다.

① 감압기동시의 기동전류와 기동토크

② 모터의 용량

③ 비용

④ 전력공급회사의 규정 등이다.

농형유도모터의 기동기(starter)를 세분하면 아래와 같다.

5) 단상 및 삼상 모터의 사용

(1) 교류전기는 발전기에서 발전하여 보내는 방식에 따라 여러 상이 있다.

- 단상: 선 2가닥 (대지를 이용하면 1선으로 공급 할 수 있음.)
- 2상: 선 4가닥 (제어 모터에 사용함)
- 3상: 선 3가닥 (중성선이 필요시는 4선 공급, 3상4선식)
- 6상도 있음(구형 정류회로에 사용하였음)
- 교류60 [Hz] 동기속도는 2극일 때 3600 [rpm], 4극일 때 1800 [rpm]이다. 상(phase)과는 상관없다.

(2) 3상을 사용하는 이유(단상과 비교)

- 각상의 위상차가 120° 로 벡터 합성하면 0° 가 되는데, 6가닥 중 3가닥은 공통으로 묶고 3가닥으로 전원공급을 한다.
- 단상과 비교하면 발전기 모터 변압기 크기가 10% 정도 작아지고 효율은 증가

(3) 3상 모터 장점(단상과 비교)

- 회전자계를 얻기 쉽고 구조가 간단하다.
- 같은 출력, 전압, 규격의 모터를 비교하면 크기는 작아지고 효율증가, 가격 저렴, 기동력 증가, 구조 간단, 정역회전 쉽다 등
- 단상모터는 2마력 이하용으로 주로 사용함
- 전체적으로 분석하면 같은 용량 의 전기기기 제작, 송전선로 건설시 비용 절감과 효율 증대 시킨다(비용은 약 10% 감소하고 효율은 약 10% 증가하는 대단한 경제 효과임)

7.3.4 동기 모터(synchronous motor)

영구자석형 동기 모터는 영구자석을 회전자에 부착하며 한편 회전 자계를 발생하기 위한 코일이 고정자에 부착되어 있다. 이 모터는 소형의 제품화가 가능하기 때문에 고속 응답용 및 소, 중형 파워용 서보시스템에 적용하고 있다.

영구자석형 동기 모터가 회전하는 원리는 다음과 같다. 우선 고정자 코일에 교류 전류를 주어 회전 자계(영구 자석을 회전시킬 때와 같은 효과)를 만들고 이것과의 사이에 움직이는 전기적 흡입력에 의해 회전자(영구자석)가 끌어 당겨져 회전 하게 된다. 따라서 회전자는 회전 자계와 같은 속도로 회전한다.

그러면 3상 교류에 의해 발생하는 회전 자계를 생각할 때 고정자 코일은 3상 코일에 의해 구성되고 있는 것으로 한다. 3상 코일이란 그림 7.25 (a)에 나타냈듯이 3개의 코일 a, b, c로 되어 있으며 그들이 공간적으로 120°씩 배열되어 있는 것을 말한다. 또한 3상 교류는 같은 그림 가운데 나타냈듯이 서로 시간적으로 위상이 120°씩 어긋난 전류 i_a, i_b, i_c에 의해 표현된다.

코일에 발생하는 자속은 전류와 비례 관계에 있으므로 이제 a상 코일에 있어서의 $t=0$의 시점에서 자속의 크기를 1로 하고 각 상의 코일에 발생하는 자속을 살펴본다.

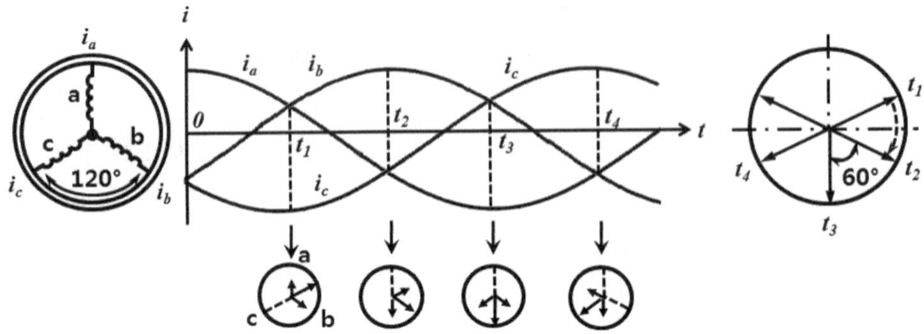

(a) (b) (c)

그림 7.25 3상 교류에 의한 회전 자계의 발생

예를 들어 a상 코일만 보면 t_1의 시점에서는 1/2, t_2의 시점에서는 −1/2(부의 부호는 역방향의 자속으로 된다), t_3의 시점에서는 −1의 자속이 발생한다. 마찬가지로 a, b, c의 각 상 코일에는 t_1의 시점에서는 각각 1/2, 1/2, −1의 자속이 발생한다.

이들 관계를 공간 벡터에 의해 표현하면 그림 7.25 (b)와 같은 자속 벡터 선도가 얻어진다. 그림 7.25 (c)는 그림 7.25 (b)의 자속 벡터를 합성한 것이며 그림에 의하면 합성 자속은 시간 경과와 함께 60°씩 회전 하는 것을 알 수 있다. 즉, 공간적으로 120°씩 어긋난 코일에 대해 시간적으로 120° 어긋난 진류를 흘리면 회전 자속이 발생하는 것이다.

그 회전수는 입력 전류의 주파수 f_{in}[Hz]와 같으므로 회전 각속도 ω_r[rad/s]은 식 (7.12)로 표현된다.

$$\omega_r = 2\pi f_{in} \tag{7.12}$$

식 (7.12)는 한 쌍의 3상 교류에 의해 이루어지는 한 쌍의 회전 자계에 대한 관계식, 즉 2극 모터에 대한 관계식이다. 일반적으로 3상 코일을 p조 배치한 다극 모터가 이용된다. 극수가 $2p$일 때 회전 자계는 전원의 1주기에 대해 공간적으로 $1/p$회전하므로 동기 속도 ω_r은 식 (7.13)으로 주어진다.

$$\omega_r = \frac{2\pi f_{in}}{p} \tag{7.13}$$

이와 같이 동기형 서보 모터에서는 그 회전수가 외부 신호인 전원의 주파수 f_{in}에 지배되는 외부 형식으로 되어 있다. 따라서 주파수 f_{in}을 제어하는 것에 의해 회전 속도의 제어를 행할 수 있다.

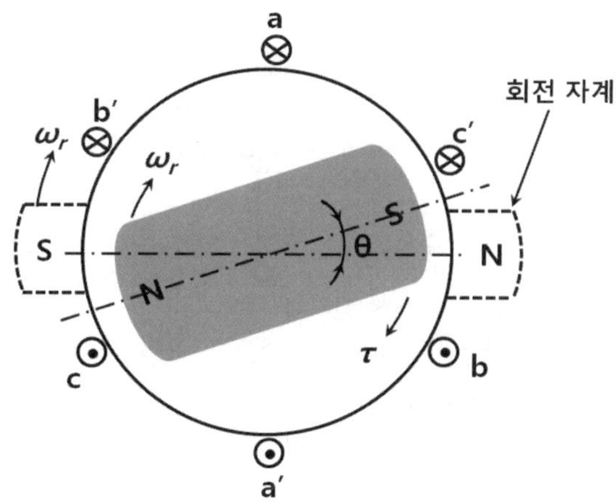

그림 7.26 동기형 모터의 작동 원리

주파수 f_{in}을 임의로 제어하는 데는 인버터(inverter)를 이용한다. 인버터는 본래 직류를 교류로 변환하는 기기이지만 PWM 제어 방식 등의 인버터에 의하면 변환된 교류 전압의 크기와 함께 주파수도 제어할 수 있다.

다음에 모터의 발생 토크에 대해 생각한다. 무부하의 상태에서는 회전 자계와 회전자의 자기축은 일치하면서 회전 하지만 회전자에 부하가 걸리면 그림 7.26에 나타냈듯이 θ가 증가하며 토크가 발생한다. 이 각도는 위상차각 또는 토크각이라 한다. 부하가 증대해서 $\theta = 90^\circ$ 를 넘으면 역으로 토크가 감소하며 회전이 추종할 수 없어 정지하고 만다.

이와 같이 동기형 모터의 발생 토크는 θ와 함께 정현적으로 변화하며 식 (7.14)와 같이 표현된다.

$$\tau = k_t i \sin\theta \tag{7.14}$$

예제 7.2

6극의 동기형 교류모터를 입력 주파수 $f_{in} = 60\text{Hz}$로 구동할 때의 회전수 N[rpm]을 구하라.

풀이

식 (7.9)로부터

표 7.9 유도형과 동기형의 특징 비교

종류	특 징
유도모터 (induction motor)	• 고정자 : 교류 공급(주파수에 비례 전류흐름 변화) • 회전자 : 고정자의 자장변화에 의해 전류 유도(전자유도 작용/회전자에서 역기전력발생) → 회전력 발생 • 고정자와 회전자로 구성되어 있으며, 고정자 권선이 삼상인 것과 단상인 것이 있다. 삼상 고정자 권선에 교류가 흐를 때 발생하는 회전자기장에 의해서 회전자에 토크가 발생하여 모터가 회전하게 된다. • 직류 모터가 브러시를 필요로 하는 것과 달리 대부분의 유도 모터는 Brush가 필요 없다. • 세계에서 가장 많이 사용되는 모터. • 구조가 간단하고 튼튼하며 염가이고 취급이 용이하다. • 원래 정속도 모터이지만 가변속으로도 사용되고 있다. • 슬립이 있다.
동기모터 (synchronous motor)	• 고정자 : 전류공급 • 회전자 : 영구자석 • 구동 시스템이 복잡하다 • 큰 힘을 낼 수 있다.(세탁기) • 방열특성이 좋다. • 수명이 길다(브러시와 정류자가 없음) • 고정자와 회전자로 구성되어 있으며 고정자는 유도모터의 고정자 같으나, 회전자는 자극과 여자 권선으로 되어있으며 이 권선에 브러시와 슬립링을 통하여 직류 전류를 공급하여 자극을 여자하게 된다. • 전원주파수와 극수로 결정되는 속도로 완전 동기되어, 정확히 일정한 속도로 회전한다. • 부하의 증감으로 회전속도가 변화하지 않는다(슬립이 없다). • 여자용 직류 전원이 필요하다. • 컨베이어 벨트용 모터, 소형 시계 또는 타이밍 모터에 사용한다.

$$\omega_r = \frac{2\pi f_{in}}{p} = \frac{2\pi \times 60}{3} = 40\pi \mathrm{rad/s}$$

$$\therefore N = \frac{60\omega_r}{2\pi} = \frac{60 \times 40\pi}{2\pi} = 1200\mathrm{rpm}$$

7.3.5 스테핑 모터

1) 스테핑 모터의 종류와 특징

스테핑 모터는 한 단계 한 단계 끊어서 일정각을 회전한다. 가령 60°돌고 멈추고 60°돌고 멈추고 이렇게 60°씩 돌면 1회전을 하면서 6번 멈춘다. 끊어지는 타이밍은 전류를 흘려보냄으로써 모터 안에 코일이 들어있다. 코일에 전류가 흐를 때 자기장이 발생한다. 타이밍을 어떻게 주냐에 따라서 1상 여자방식 2상 여자방식이 있고, 1.2상 여자방식이 있다. 속도는 펄스 속도에 비례한다. 스테핑 모터는 펄스신호 입력 때마다 일정각도씩 움직인다.

스테핑 모터의 최대 특징은 펄스 전력에 의존한 회전 특성을 갖는 것이다. 입력 펄스에 비례한 회전각과 입력 주파수에 비례하는 회전 속도는 디지털 신호로 피드백게 없는 위치 결정 제어를 가능하게 한다.

스테핑 모터를 분류하는 경우 자기회로의 구조에 의한 분류가 일반적이지만 그 외에 모터의 구동 상수, 여자 모드 등에 의한 분류법도 있다.

위치결정 장치의 구동원으로는 직류 서보 모터나 교류 서보 모터에 로타리 엔코더를 조합시킨 것으로도 가능하지만 이 경우 고도의 제어기술을 필요로 한다. 이에 대해 스테핑 모터는 펄스 전력의 수를 컨트롤 하는 것만으로 사용할 수 있으므로 PC 등의 디지털 회로를 아는 사람이면 비교적 용이하게 사용할 수 있다.

스테핑모터의 종류에 따른 특징을 좀 더 구체적으로 살펴보기로 한다.

(1) 2상 PM(permanent magnet)형 스테핑 모터

① 장점

㉠ 값이 저렴(동일 크기의 HB형의 1/2)
㉡ 비교적 저소음

② 단점

㉠ 분해능이 낮으므로(스텝각에서 7.5°가 많음) 위치결정 정도, 저속시(200rpm이하)의 회전이 고르지 못함이 있음
㉡ 에어 갭을 작게 할 수 없기 때문에 출력이 작음
㉢ 축 베어링부가 슬립메탈 때문에 수명이 짧음
㉣ 회전자가 페라이트 자석의 경우가 많아 온도 특성이 좋지 않음

(2) 2상 HB(hybrid)형 스테핑 모터

① 장점

㉠ 분해능이 높고(스텝각에서 1.8°가 많음) 중정도의 용도에 적합
㉡ 고토크
㉢ 구동 IC가 저렴

② 단점

㉠ 진동, 소음이 크다.
㉡ 하프 스텝시의 토크 리플이 크다(1:1.41).
㉢ 동일 정도의 분해능 기기에서는 다상 기기에 비해 고속역의 토크가 낮음

(3) 3상 HB형 스테핑 모터

① 장점

㉠ 분해능이 2상 HB보다 높고 고정도의 용도에 적합하다.
㉡ 주극수가 6개로 적기 때문에 쇄교 자속이 크고 더욱이 2상 여자시의 토크 합성효율이 2상보다 좋기 때문에 고토크이다.
㉢ 실용 주극수가 6개로 매우 적고 더욱이 3개의 리드 구동으로 Tr 6개 구동이 가능하며 저렴한 다상 기기로 할 수 있다.

② 단점

㉠ 진동, 소음이 2상기기 보다 좋으나 HB이기 때문에 눈에 띄는 경우가 있음

(4) 5상 HB형 스테핑 모터

① 장점

㉠ 분해능이 3상 HB보다 높고 고정도의 용도에 적합.
㉡ 동일 정도의 HB형의 분해능 기기에서는 고속역의 토크가 높음.

② 단점

㉠ 모터 주극수 10개, 구동 Tr 10개로 매우 복잡하기 때문에 비용이 높고 OA기기보다 FA기기 쪽이 유리

㉡ HB형이기 때문에 진동 소음이 두드러짐.

(5) 3상 RL(reluctance)형 스테핑 모터

① 장점

㉠ 저진동, 저소음

㉡ 고속에서 고토크

㉢ 실용 주극수가 6개로 매우 적고 더욱이 3개의 리드 구동으로 Tr 6개 구동이 가능하며 저렴한 다상 기기로 할 수 있다.

㉣ 마이크로 스텝시의 위치정도가 좋음

② 단점

㉠ 고분해능 제품이 HB형 보다 되기 어려움

㉡ 회전자의 비용이 HB형보다 약간 고가임

2) 스테핑 모터의 구동 시스템

그림 7.27은 스테핑 모터의 토크대 주파수(T－f)특성이다. 그림 가운데 기동범위(starting range)는 갑자기 그의 펄스 레이트의 신호를 넣어도 확실하게 기동하는 범위이다.

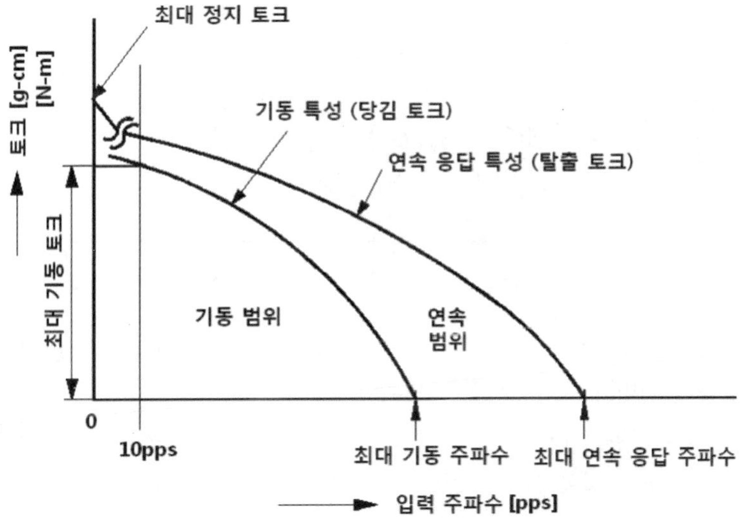

그림 7.27 스테핑 모터의 T-f 특성

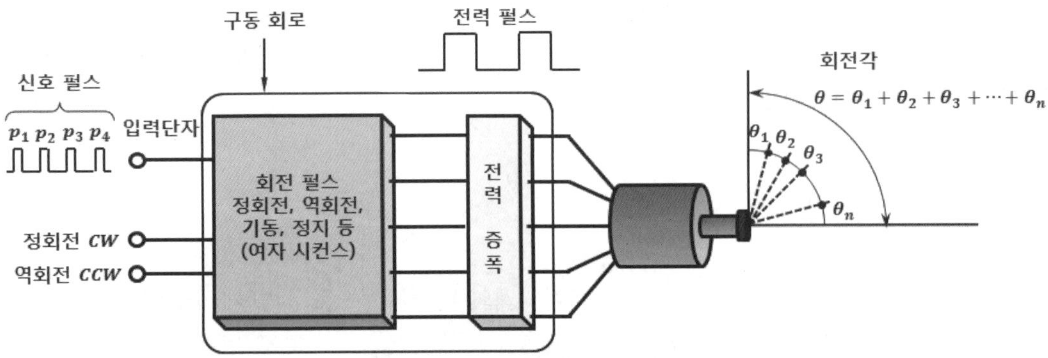

그림 7.28 스테핑 모터의 개요

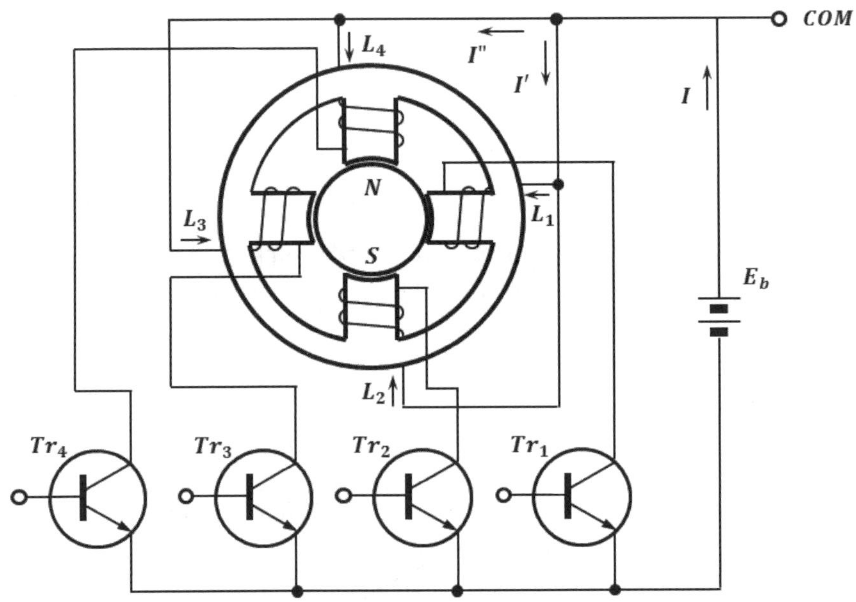

그림 7.29 스테핑 모터의 동작원리

이것에 대해 연속범위(through- range)는 일단 기동 범위에서 모터를 기동시킨 후 서서히 펄스 레이트를 높이며 사용할 수 있는 범위이다.

그림 7.28은 스테핑 모터의 개요를 나타낸 것이다. 여기서는 신호 펄스가 구동회로를 통하여 전력 펄스를 만들어 스테핑 모터에 공급하고 있는 모습을 나타내고 있다. 출력축의 회전각은 전력 펄스가 입력 될 때마다 $\theta_1 \sim \theta_n$ 으로 변화하는 모습도 나타내고 있다.

표 7.10 스텝수와 여자상의 관계

스텝수	여자코일	Tr_1	Tr_2	Tr_3	Tr_4	회전각도
1	L_1	ON				90도
2	L_2		ON			180도
3	L_3			ON		270도
4	L_4				ON	360도
5	L_1	ON				450도

구동회로는 구동 펄스를 증폭할 뿐만 아니라 모터의 회전 자계를 구성하는 여자 시컨스, 결국 좌회전, 1상 여자, 2상 여자 등의 기능도 포함하고 있다.

그림 7.29는 스테핑 모터의 동작 원리를 나타내고 표 7.10은 스텝수와 여자상의 관계를 나타낸 것이다. 이 그림을 통하여 간단하게 동작원리를 설명한다.

우선 그림에서 트랜지스터 Tr_1이 ON으로 되고 코일 L_1을 여자한다. 이에 따라 그림에 나타낸 화살표 방향으로 전류가 흐르며 자석 로터측에 S극이 발생한다. 여기에 S극이 발생하면 자석 로터 N극을 끌어 당겨 자석 로터가 90°회전한다.

다음에 Tr_2가 ON이 되고 그 밖의 트랜지스터를 모두 OFF로 하면 이번은 코일 L_2가 여자되어 L_2가 전자석으로 되며 앞에서와 마찬가지로 자석 로터가 또 한번 90°회전한다.

이 동작을 순서대로 반복하며 모터는 소정의 회전을 계속한다. 이 모터는 1스텝 각도가 90°이므로 4스텝 진행하면 1회전한다. 표 7.11은 스테핑 모터의 동작형태를 정리한 것이다.

표 7.11 스테핑모터의 동작 형태

항목	특징 및 동작형태
간헐구동	간헐 초저속구동, 1시간에 1스텝, 1일 1스텝 등 입력펄스의 주기를 변화시켜 가변 감속기(전기적 기어)로서 사용한다.
연속회전	일반 모터와 같은 사용 방법, 간난한 동력원으로서 사용할 수 있다. 회전수는 입력 펄스의 주파수에 비례한다. 총 회전각은 입력 펄스의 총수에 비례한다.
정·역회전	회전자계의 방향을 바꾼다. 유니폴라 통전에서는 여자상의 순번을 바꾸는 것만으로 좋다. 브리지형의 스위치회로를 필요로 하지 않기 때문에 저가격이다.
변속회전	입력 펄스의 펄스 레이트를 바꾼다(입력 주파수를 가변한다).
다상구동	여자모드를 전환함으로서 스텝각, 발생토크, 주파수 특성을 변화시킬 수 있다.
마이크로·스텝구동	전기적으로 미세한 스텝각을 실현할 수 있다. 저진동

스테핑 모터는 구동 권선의 상수에 따라서도 특성이 크게 다르다. 현재 많이 사용되고 있는 것은 2~5상의 것이지만 숫자상 압도적으로 많은 것은 2상 모터이다. 특히 PM형은 소형, 경량화가 용이하며 저가격이기 때문에 많이 사용되고 있다. 예를 들면 팩스의 종이 피드, 소형 프린터 등이 있다. 구동 상수가 많은 것은 고속회전, 고토크, 토크 쏠림이 작으며 저진동 등 우수한 특성을 나타내지만 고가이기 때문에 특수 용도에 한정된다.

3) 스테핑 모터 이용의 포인트

예부터 컴퓨터 주변 기기에는 스테핑 모터가 잘 이용되고 있다. 물론 FA 분야에서도 이용이 많으며 스테핑 모터 이용에 있어서 주의해야 할 포인트를 몇 가지 열거하기로 한다.

(1) 상수(相數)

2상, 3상, 5상이 있다. 예전에는 4상 모터가 있었으나 2상의 별도 개념으로 밖에 쓰이고 있지 않다. 서보 모터는 압도적으로 3상 모터가 많지만 스테핑 모터에서는 2상과 5상이 주류를 이루고 있다. 5상 모터가 FA분야에 쓰이고 있는 것은 분해능뿐만 아니라 안정하게 동작하는 주파수 영역이 넓기 때문이다.

(2) 진동

스테핑 모터는 본질적으로 진동을 발생하기 쉬운 성질을 갖고 있다. 그 때문에 한때 DC모터로 대체하여 쓰기도 했으나 진동 문제가 많이 해결되어 현재는 많이 사용하고 있는 현실이다.

(3) 개성적

스테핑 모터는 개성이 강하다. 토크 특성이라는 여러 특성은 실제로는 복잡하여 모터마다 다르다. 이것은 이의 형태나 재료의 제조 처리공정에 따라 미묘하게 다르다고 할 수 있다. 진동이나 소음도 이 개성과 관계하고 있다.

스테핑 모터의 분해능(1회전의 스텝수) S는 로터의 잇수(N_r), 스텝 권수의 상수(m), 구동법에 따라 다음 식으로 결정된다.

풀 스텝 구동(예를 들어 2상 여자)에서는 다음 식으로 된다.

$$S = 2mN_r \tag{7.15}$$

예를 들어 표준적인 $N_r = 50$의 경우, $m = 2$이면 $S = 200$스텝이지만 $m = 3$이면 300스텝, $m = 5$이면 500스텝이다.

영구자석을 이용하지 않는 VR형에서는 식 (7.15)의 2가 나타나지 않지만 현재의 스테핑 모터는 모두 영구자석을 사용하고 있다.

7.4 리니어 서보모터

7.4.1 서론

직선운동으로 출력하는 모터가 리니어 모터이다. 동작원리는 각각의 회전형 구성을 수평으로 전개한 형태이며 회전형 모터의 토크에 해당하는 추진력도 여러 가지가 있으나 각 모터의 종류에 맞춰 각각의 특징을 살려서 쓰고 있다. 각 모터에 공통된 문제점은 리니어의 지지기구와 형태의 문제이다. 그림 7.30은 리니어 모터의 외형을 나타낸 예이다.

7.4.2 종류

1) 리니어 직류 모터(단극형)

Linear DC Motor(LDM)이라 한다. 단극형의 경우, 일반적으로 보이스 코일모터라고도 불리며, 가동코일형이다. 다극형의 경우는 브러시 달린 직류모터이며, 위치검출용 디지털 스케일과 조합시켜 사용한다.

그림 7.30 리니어 서보 모터 외형 예

2) 리니어 유도 모터

Linear Induction Motor(LIM)이라 한다. 권선측을 고정측에 두고, 가동부측에 유도체를 배치하고 있으며, 특히 가동부의 구조가 간단해 경량화가 용이하다. 반송 등에 쓰이며 스테이션에 고정권선을 배치한다.

3) 리니어 동기 모터

Linear Synchronous Motor(LSM)이라 한다. 권선계자를 가동부로 한 것과 자석용 가동부로 한 것이 있다. 권선계자를 가동부로 한 것은 급전용 리드, 검출기 리드 등을 강제로 가동시키는 구성이 되어 리드 처리상 문제가 있다. 자석가동의 경우는 이 문제가 없다. 제어에는 자극검출기와 위치검출기가 필요하다.

4) 리니어 펄스 모터

Linear Puls Motor(LPM)이라 한다. 공급하는 펄스로 1스텝씩 이동하는 모터이며, 영구자석형이다. VR형은 여자전류에 의해 모든 자속을 얻고 있는데, 영구자석형은 약 절반의 자속을 영구자석에서 얻기 때문에 여자전류는 적어도 된다.

그밖에 리니어 진동 액추에이터(Linear Oscillatory Actuator; LOA), 리니어 전자펌프(Linear Electromagnetic Pump; LEP), 리니어 하이브리드모터(Linear Hybrid Motor; LHM) 등이 있다.

표 7.12는 리니어 모터의 분류를 형상과 가동방식에 따라 나타낸 것이다.

7.4.3 리니어모터의 특성 비교

로봇을 비롯한 FA기구, OA기구, 정보 단말기 등에 리니어모터의 이용이 많아졌다. 이 배경은 제품의 소형, 경량화, 특성향상시 종래의 회전형 모터에서의 대응법이 반드시 낫다고 보기 어렵다는 점이다. 즉, 모터시스템에 대한 다음의 사항이 요구된다.

① 구조가 간단하고, 소형, 경량화가 가능하다.
② 보수가 간단하다.

표 7.12 리니어모터의 분류

명칭	약칭	형상	가동 방식
리니어 직류모터	LDM	평판형, 원통형	코일 가동, 영구자석 가동
리니어 유도모터	LIM	평판형, 원통형	1차측 가동, 2차측 가동
리니어 동기모터	LSM	평판형, 전자석형, 영구자석형	1차측 가동, 2차측 가동
리니어 펄스모터	LPM	평판형, 원통형	1차측 가동, 2차측 가동

표 7.13 리니어모터 특성 비교

	연속직선운동	간헐직선운동	소변위왕복운전	대변위왕복운전	위치결정성능	대추력화	저속운전	고속운전	페루프제어성	가격	비고
LDM	△	◎	◎	△	◎	○	○	○	×	△	소변위, 고속, 위치결정 제어용
LIM	◎	△	△	◎	△	◎	○	◎	○	◎	대추력 연속 고속반응, 수송용
LPM	○	◎	◎	○	◎	○	◎	△	◎	△	저속대추력, 간헐운전,위치 결정 제어용
LSM	◎	○	△	◎	△	◎	△	◎	×	△	고속 수송용
LOA	×	×	◎	×	×	△	×	×	○	○	소변위 왕복운동

③ 출력이 크고 부하에 대한 특성값이 변동이 작다.

④ 응답성이 좋고, 신뢰성이 높다.

⑤ 위치결정제어가 가능하고 또한 제어회로가 간단하다.

⑥ 정역회전 또는 왕복 운전 시에 위치의 엇갈림이 없다.

⑦ 저가격이다.

리니어모터는 자체가 심플하고 소형, 경량이 가능할 뿐 아니라 비접촉에서의 직접 구동이 가능하므로 특성의 경년변화가 적도, 보수성, 신뢰성이 우수하다.

리니어모터의 기종은 위에서 언급했지만 총 8가지 기종이 있으며 이들은 각각 장점과 단점을 가지고 있다. 직선 구동시에 이들 가운데 5가지 기종에 대해 특성 비교를 표 7.13에 나타내었다.

7.5 서보모터 용량 선정 순서

7.5.1 직류 서보모터의 선정 순서

1) 부하 기본 사양의 체크

어떤 모터를 사용할 것인지 결정되었다는 가정 하에 기종 선택을 포함하여 제어성, 정도, 모터 용량 등을 결정하기 위해 반드시 체크해야 할 부하 기본 사양 및 모터와 구동장치의 기본 사양들을 살펴보기로 한다. 먼저 부하 기본 사양 체크 항목에 대해 알아보기로 한다.

(1) 부하용도

체크 내용은 ① 부하 환경(온도, 습도, 염해, 고도 등), ② 진동 그 외 부하의 영향이 모터 측에의 전달 가능성, ③ 부하에 요구되는 수명, 신뢰성의 정도, ④ 보수 점검 작동을 허용여부 등이 있다.

체크 포인트는 ① 직류 서보모터가 사용 가능한 환경인지, ② 구동장치 및 검출기 구조가 견딜 수 있을지, ③ 대책 가능한지 등이다.

(2) 움직임 형태

체크 내용은 ① 불연속 위치결정 제어인지, ② 연속 위치결정 제어인지, ③ 시동 및 정지의 빈도가 높은 제어인지 등이 있다.

체크 포인트는 ① 직류 서보모터가 사용 가능한 속도 및 토크 범위 내인지, ② 위치결정 방식인지 등이다.

(3) 부하의 특성

체크 내용은 ① 속도 변화에 대해 마찰토크는 일정한지, 마찰토크가 변화하는 경우 속도와의 관계, ② 속도 변화에 대해 관성모멘트는 일정한지, 관성모멘트가 변화한 경우 속도와의 관계, ③ 부하의 속도 범위는 또는 변속이 아니면 정속, ④ 부하의 속도 선도, ⑤ 시동 가역운전 빈도는 또는 부하의 듀티 사이클, ⑥ 구조체의 거터, 백래시, 강성 등이 있다.

체크 포인트는 ① 시시각각 변화하는 동작에 동반하여 변하는 속도, 마찰력, 관성모멘트의 수치, ② 부하로부터 모터 축까지의 토크 전달 기구의 관성모멘트, 마찰토크, 백래시, 전달 정도, 강성, ③ 부하의 속도 선도가 모터 회전속도 선도로 변화 가능 등이다.

(4) 요구 부하 동특성

체크 내용은 ① 응답속도, ② 추종정도, ③ 정속성, ④ 위치결정 정도, ⑤ 외란, ⑥ 허용진동 주파수 및 진폭, ⑦ 정정 시간, ⑧ 가감속 성능(가속-감속 시간, 가속-감속 거리) 등이 있다.
체크 포인트는 ① 요구되는 서보 성능으로부터 선정된 위치결정 방식, 모터의 종류와 구동장치의 적정 등이다.

2) 모터와 구동장치의 기본 사양 체크

(1) 부하 용도로부터 모터 측에의 영향

체크 내용은 ① 부하의 요구되는 성능 및 동작 성능을 만족시키기 위한 모터 특성 성능 외에 특히 유의해야 할 것, ② 용도에 부합한 환경에의 방호책, ③ 요구된 모터의 수명 acl 신뢰성의 정도, ④ 안전성에 대한 배려, ⑤ 모터의 보수 작업의 허용 가능 등이 있다.
체크 포인트는 ① 부하 및 환경을 고려한 모터와 구동장치의 구조, ② 직류 서보모터 사용 가부 등이다.

(2) 모터토크 출력

체크 내용은 ① 정격토크, ② 순간 필요한 최대토크, ③ 정격 회전수, ④ 순간 필요한 최대 회전수, ⑤ 모터 축의 회전속도 선도, ⑥ 듀티 사이클, ⑦ 실효 토크, ⑧ 평균 출력, ⑨ 순간 필요한 최대 출력 등이 있다.
체크 포인트는 ① 직류 서보모터 사용 가부, ② 위치결정 방식, ③ 구동장치, ④ 파워레이트, ⑤ 토크대 속도의 사용영역, ⑥ 과부하내량 등이다.

(3) 운전형태

체크 내용은 ① 수동운전 또는 자동 운전, ② 자동제어에 의한 위치결정인지, ③ 응답성, 안전성, 위치결정 정도 등이 있다.
체크 포인트는 ① 직류 서보모터 사용 가부와 위치결정 방식, ② 검출기와 구동장치의 특성 및 성능 등이다.

(4) 제동기

체크 내용은 ① 브레이크 필요 여부 등이 있다.
체크 포인트는 ① 제동 토크, ② 제동 입력 전압-전류, ③ 수명, ④ 사용온도 등이다.

(5) 감속기

체크 내용은 ① 감속기구와 치수, ② 감속비, ③ 감속기의 필요 여부 등이 있다.

체크 포인트는 ① 백래시, ② 토크 전달효율, ③ 최대토크, ④ 최고 회전수, ⑤ 소음, ⑥ 전달 정도, ⑦ 최고 감속비 등이다.

3) 직류 서보모터 용량의 선정

① 부하의 동작으로부터 모터축으로 환산한 부하 관성모멘트 I_L, 부하토크 T_L, 속도 선도, 듀티 사이클 등을 명확히 한다.

② 속도 선도로부터 최고 회전수 N, 각가속도 α_1 및 α_2, 가속 시간 t_1, 정속 시간 t_2, 감속 시간 t_3, 정지 시간 t_4로 하면 그림 7.31과 같은 속도 선도를 그릴 수 있다.

③ 모터 사이즈가 크게 되어도 구동 장치의 용량 증가를 하지 않을 수만 있다면 대폭으로 비용 증가는 없다. 또한 부하 관성모멘트와 모터의 관성 모멘트의 비는 10:1~3:1로 보통 하고 있다. 그러므로 큰 모터 3:1을 대신해서 선택하면 부하 관성모멘트 I_L과 모터 관성모멘트 I_M의 합계는 $I_L + I_M = 1.3I_L$로 해서 계산을 한다. 그 때 이미 후보로 선정하고 있는 기종의 카탈로그 가운데 동등한 관성모멘트의 모터를 선택해 본다. 관성모멘트에 수정이 있으면 $I_L + I_M$을 수정한다. 여기서는 수정이 없는 경우로 상정하여 $I_L + I_M = 1.3I_L$을 사용한다.

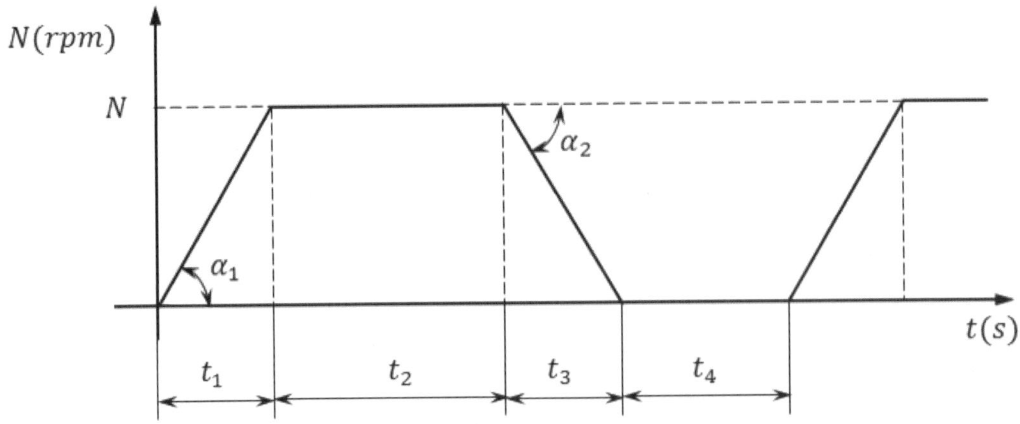

그림 7.31 속도 선도

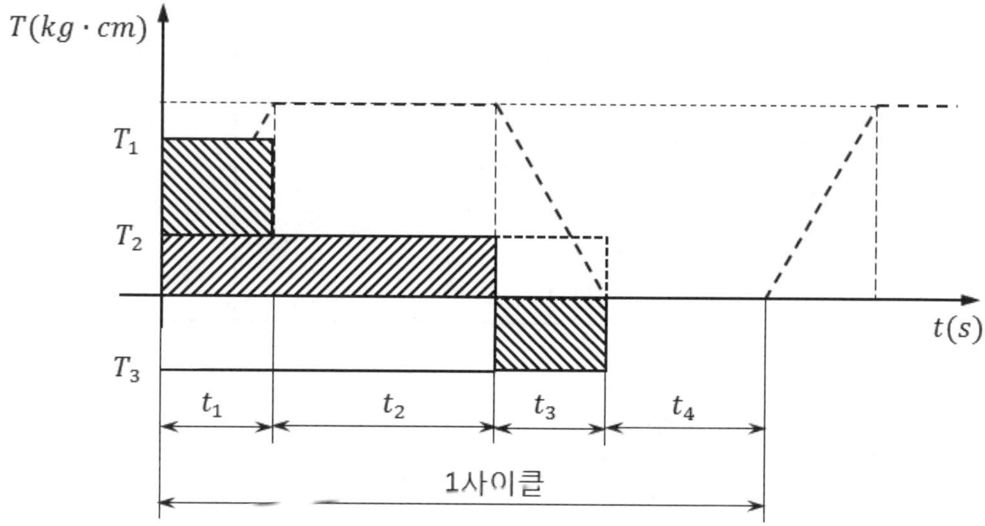

그림 7.32 토크 선도

④ 속도 선도로부터 토크 선도를 작성한다. 명확히 된 α_1, α_2 및 T_L을 사용하여 작성한다. 여기서는 간단을 위해 $\alpha_1 = \alpha_2$로 한다. 소요 각가속토크 T_a는

$$T_{a1} = \frac{1.3 I_L \times \alpha_1}{g}, \quad T_{a2} = \frac{1.3 I_L \times \alpha_2}{g} = \frac{1.3 I_L \times \alpha_1}{g} = T_{a1}$$

그림 7.32의 토크 선도는 T_a와 T_L의 구성으로 시간축은 속도 선도와 동일하다. 여기서 $T_1 = T_{a1} + T_L$, $T_2 = T_L$, $T_3 = T_L - T_{a2}$이다.

⑤ 실효 토크를 계산한다. ④에서 나타낸 토크 선도는 시시각각 토크가 변화한다. 장시간 평균해서 봤을 때 어느 정도의 토크를 평균적으로 내고 있는지를 앎으로써 모터의 온도 상승이 문제일지 어떨지를 시효 토크로 판단할 수 있다. 실효 토크 T_{rms}는

$$T_{rms} = \sqrt{\frac{T_1^{\,2} \times t_1 + T_2^{\,2} \times t_2 + T_3^{\,2} \times t_3}{t_1 + t_2 + t_3 + t_4}}$$

⑥ 직류 서보 모터의 사용영역을 확인한다. 직류 서보모터의 카탈로그에는 직류 서보모터의 사용영역이 기재되어 있으며 이것을 사용하여 ⑤까지의 결과를 기초로 모터 용량을 선정한다.

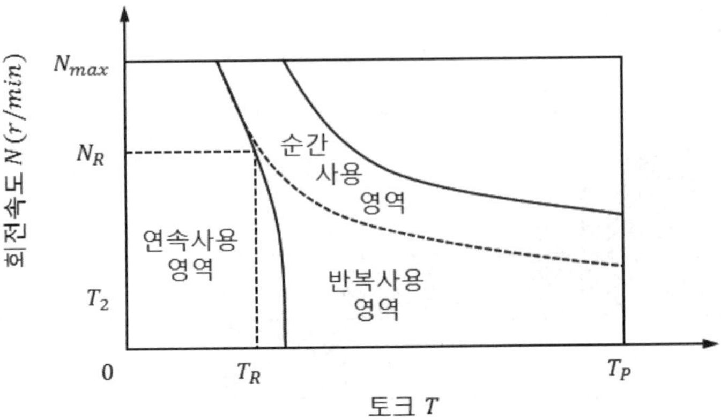

그림 7.33 직류 서보모터의 사용영역

7.5.2 교류 서보모터의 선정 순서

교류 서보모터의 선정은 결코 어려운 것이 아니다. 다만 몇 가지 포인트를 모르고 있다면 그것은 무의미한 선정으로 되고 결국은 의도한대로 움직이지 않게 되어 버린다. 여기서는 각 선정 단계에서의 포인트에 대해 서술하기로 한다.

1) 선정의 흐름

모터 선정전에 기구의 검토를 행하고 그 후에 모터의 선정에 들어가도록 한다. 모터의 선정은 크게 나누어 2단계로 행한다. 최초로 서보 모터를 사용하는 기구 사양의 확인을 행하고 다음에 그 사양에 부합하는 모터를 가선정하고 안전율을 고려한 모터라는 것을 확인한다. 이 내용을 정리하면 다음과 같다.

(1) 기구의 검토

(2) 기구의 사양 확인

① 분해능의 확인
② 속도 패턴의 작성
③ 이동량의 확인

④ 필요 속도의 확인

⑤ 감속비의 확인

⑥ 부하 토크의 확인

⑦ 부하 관성모멘트 확인

(3) 모터 용량의 확인

① 모터의 가선정

ⓐ 적용 부하 관성모멘트 > 부하 관성모멘트

ⓑ 정격 토크 > 부하 토크 × 안전율

ⓒ 정격 회전수 > 운전 속도(모터축)

ⓓ 모터 분해능 < 사양 분해능

ⓔ 모터의 크기

② 가속도 토크, 소요 토크의 확인

③ 토크 패턴의 작성

④ 실효 부하 토크의 확인

2) 기구의 검토

서보 모터를 사용하는 목적으로서 ① 위치결정 시간의 단축(위치결정이 주된 경우), ② 시스템의 신뢰성 향상, ③ 공간 절약 등을 들 수 있다. 그러나 위치 결정 시간의 단축을 목적으로 서보 모터를 선정했음에도 불구하고 선정 그대로 움직이지 않는 경우도 있다. 이것은 선정 계산에는 나오지 않는 기계 강성과 모터 제어의 안정성의 관계에 의한 것이다.

다음에 위치결정 시간 단축을 실현시키기 위해서 알아 두어야 할 포인트로서 기계 강성의 중요성에 대해 설명한다.

(1) 모터의 정정시간

서보 모터에 있어서 위치결정을 하는 경우, 모터를 n회전시키고 정지시킬 때 선정 계산상 다음 식이 성립한다(그림 7.34).

$$n = \frac{N_M}{60} \times (t_c - t_1) \tag{7.16}$$

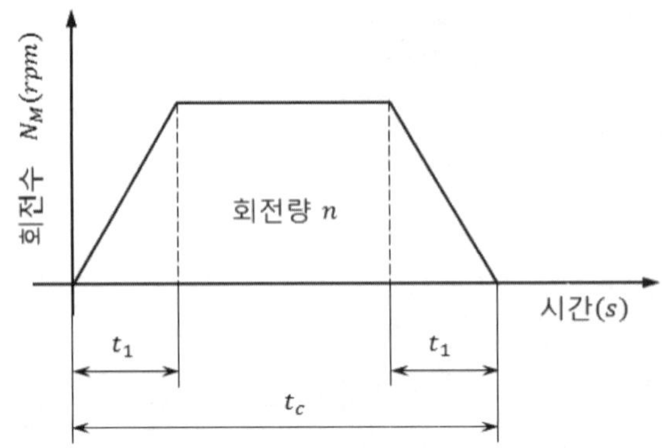

그림 7.34 속도 선도

여기서 n은 회전수, N_M은 모터 회전수(r/min), t_1은 가감속 시간, t_c는 위치 결정 시간이다. 그러나 실제로는 드라이버 내부의 지연이나 댐핑에 의해 지연이 생긴다. 지령 펄스와 실제의 모터 운전에는 지연이 있으며 이 차를 정정 시간(dwell time)이라 부른다. 이들의 관계를 다음 식으로 나타낸다(그림 7.35).

$$t = \frac{60\,n}{N_M} + t_1 + t_D \qquad (7.17)$$

여기서 t는 실제의 위치 결정 시간, t_D는 정정 시간이다. 특히 빠른 인칭 운전의 경우는 이 정정 시간을 고려하는 것이 중요하다.

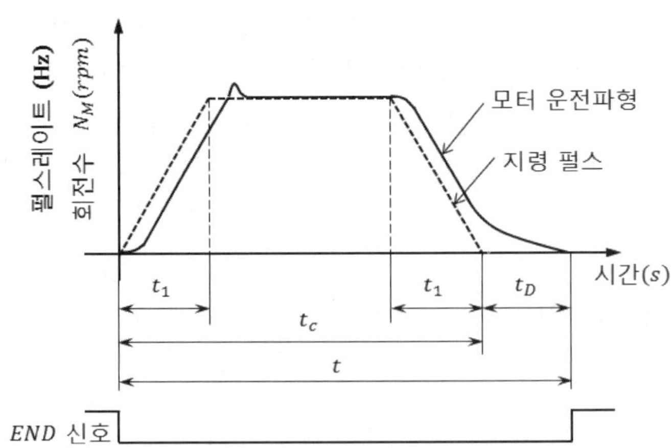

그림 7.35 지령 펄스와 모터 운전파형

(2) 기구의 강성

강성이 낮은 경우, 가감 속도, 정지 시의 댐핑이 발생하기 쉽게 되어 결과적으로 위치 결정 시간이 길게 된다. 예를 들어 볼나사 구동과 벨트-풀리 구동을 비교한 경우 강성이 높은 볼나사 구동 쪽이 정정 시간을 보다 짧게 할 수 있다. 더욱이 볼나사의 감속 효과에 의해 보다 큰 부하도 구동할 수 있으며 가감속 시간도 단축할 수 있다.

(3) 동력 전달 경로의 강성

위치결정 시간은 기구의 강성뿐만 아니라 동력 전달 경로의 강성에도 영향을 미친다. 커플링의 강성에 의한 정정시간의 차이를 나타낸다. 즉, 커플링의 강성을 높임으로써 정정 시간을 짧게 할 수도 있다.

(4) 부하의 경량화

이송량이 짧은 운전의 경우 위치결정 시간 가운데 가감속 시간이 점하는 비율이 크게 된다. 이 가감속 시간을 짧게 하는 데는 부하의 경량화가 효과적이다. 한편 관성 부하가 크게 되면 될수록 댐핑을 억제하기 때문에 가감속 시간을 길게 할 필요가 있다.

이상의 내용을 정리하면 다음과 같다.

위치 결정 단축을 위해서는 ① 기구의 강성을 고강성으로 함, ② 동력 전달 경로의 강성을 고강성으로 함, ③ 전체 부하를 경부하로 하고 아울러 저관성 모멘트이어야 한다.

3) 기구의 사양 확인

그림 7.36와 같은 볼나사 구동의 위치결정 서보기구를 예로 하여 기구의 사양 확인을 해보도록 한다. 기구의 사양이 다음과 같다고 가정한다.

① 1회전 당 이송량 : l=1000(㎜)=100(㎝)

② 위치결정 시간 : t_0=2(sec)

③ 테이블과 부히의 총 중량 : W = 80(kg)

④ 외력 : F = 0(kg)

⑤ 볼나사의 각도 : α=0(°)

⑥ 볼나사 전장 : L_B=110(㎝)

⑦ 볼나사의 축 직경 : D_B=20(㎜)=2(㎝)

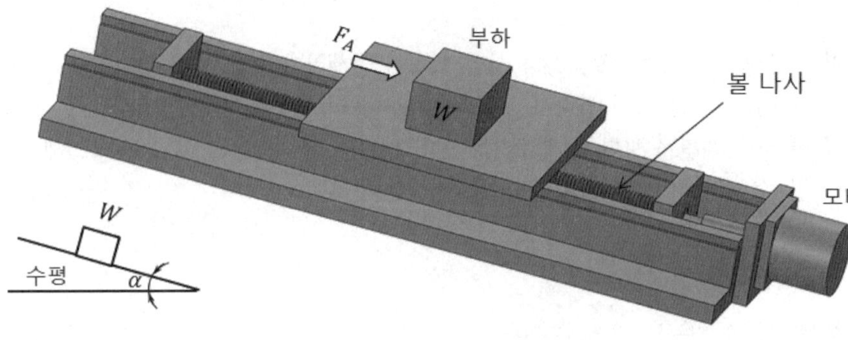

그림 7.36 볼나사 구동 예

⑧ 볼나사의 피치 : P_B=20(㎜)=2(㎝)

⑨ 분해능(1펄스당 이송량) : Δl=0.02(㎜/step)=0.002(㎝/step)

⑩ 습동면의 마찰계수 : μ=0.05

⑪ 볼나사의 효율 : η=0.9

⑫ 예압 너트의 내부 마찰계수 : μ_0=0.3

⑬ 예압 하중 : F_0=1.67(kg)

⑭ 가감속 시간 : $t_1(t_2)$=0.4(sec)

⑮ 정지 시간 : t_4=1.5(sec)

(1) 분해능의 확인

테이블의 분해능 Δl이 0.002(㎝/step)으로 지정되어 있으므로 필요 분해능은 다음과 같다.

$$\theta_n = \frac{\Delta l \times 360}{P_B} = \frac{0.002 \times 360}{2} = 0.36(\text{deg/step})$$

(2) 속도 패턴 작성

정정 시간을 고려한 속도 패턴을 작성한다(그림 7.37).

(3) 이송 펄스량

이송 펄스량 A는 다음과 같이 정한다.

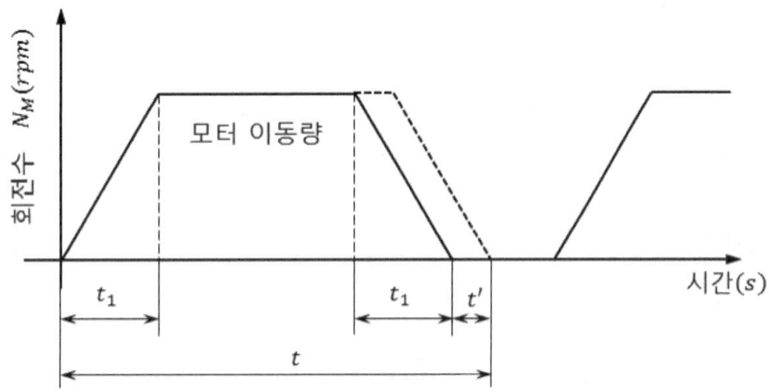

t : 위치결정 시간　　t_1 : 가감속 시간　　t' : 정정 시간

그림 7.37 속도 선도

$$A = \frac{l \times 360}{P_B \times \theta_n} = \frac{100 \times 360}{2 \times 0.36} = 50000\,(\text{펄스})$$

(4) 회전 속도

일반적으로 정정 시간(dwell time)은 t=0.05~0.2(sec)를 잣대로 한다. 회전 속도 N_0는 다음과 같이 구한다.

$$N_0 = \frac{l \times 60}{P_B(t_0 - t_1 - t')} = \frac{100 \times 60}{2 \times (2 - 0.4 - 0.2)} = 2143\,(\text{r/min})$$

(5) 감속비의 확인

회전 속도보다 감속이 가능한지 계산한다(모터에 감속기 부착인 경우).

$$i = \frac{N_M}{N_0} = \frac{3000}{2143} = 1.4$$

여기서 N_M은 모터의 정격 회전 속도이다. 따라서 이 경우는 감속기가 필요 없기 때문에 그냥 감속기가 없는 모터를 직결로 하면 된다.

이 경우는 속도가 빨라 직결로 사용하지만 저속의 경우에는 감속기가 유효하다. 즉, 다음과 같은 경우에 감속기를 사용함으로써 유효할 수 있다.

① 회전수는 늦어도 좋지만 토크가 필요한 모터일 경우에 유효하다.
② 기구상에서 어떻게 해도 관성을 줄일 수 없을 경우에 유효하다.
③ 1회전을 조금 더 세분해서 분해하고 싶을 경우에 유효하다.
④ 0.1r/min정도의 늦은 속도로 회전하는 모터가 필요한 경우에 유효하다.

(6) 부하 토크의 계산

부하 토크 T_L은 계산 혹은 실측으로 구할 수 있다. 축방향 하중 F는 다음과 같다.

$$F = F_A + W(\sin\alpha + \mu\cos\alpha) = 0 + 80 \times (\sin 0^\circ + 0.05 \times \cos 0^\circ) = 4(\text{kg})$$

볼나사의 예압 하중은 다음과 같다.

$$F_0 = \frac{F}{3} = \frac{4}{3} = 1.33(\text{kg})$$

모터축 환산 부하 토크 T_L은 다음과 같다.

$$T_L = \frac{F \times P_B}{2\pi \times \eta} + \frac{\mu_0 \times F_0 \times P_B}{2\pi} = \frac{4 \times 2}{2 \times 3.14 \times 0.9} + \frac{0.3 \times 1.33 \times 2}{2 \times 3.14} = 1.54(\text{kgcm})$$

(7) 부하 관성모멘트의 계산

기구에 대응한 계산 방법으로 구한다. 사용하는 장치의 모터축에 관한 모든 부하 관성모멘트 GD_L을 구한다.

① 볼나사의 관성 모멘트

나사의 밀도를 ρ=0.0079(kg/㎤)로 계산한다.

$$GD^2{}_B = \frac{\pi \times \rho \times L_B \times D^4{}_B}{8} = \frac{3.14 \times 0.0079 \times 110 \times 2^4}{8} = 5.46(\text{kgcm}^2)$$

② 테이블+부하의 관성모멘트

$$GD^2{}_W = W \times \left(\frac{P_B}{\pi}\right) = 80 \times \left(\frac{2}{3.14}\right)^2 = 32.5(\text{kgcm}^2)$$

③ 전체 부하 관성모멘트

$$GD^2_L = GD^2_B + GD^2_W = 5.46 + 32.5 = 37.9(\text{kg㎝}^2)$$

4) 모터 용량의 확인

(1) 모터의 가선정

기구의 사양(조건)을 만족할 수 있는 모터를 가선정한다. 즉, 모터의 가선정 조건은 다음과 같다.

① 정격 토크 > (부하 토크×안전율(1.5~2)) : 1.54×2=3.08(kg㎠)
② 적용 부하 관성모멘트 > 부하 관성모멘트 : 37.9(kg㎠)
③ 정격 회전수 ≥ 필요 회전수 : 2143(r/min)
④ 분해능 ≤ 필요 분해능 : 0.36°
⑤ 모터 사이즈 : 취부 각도, 길이

위의 가선정 조건을 바탕으로 다음과 같이 가선정했다고 가정한다.

① 정격 회전수 N=3000(r/min)
② 정격 토크 T_M=4.4(kg㎝)
③ 순간 최대 토크 $T_{\max}$=9.8(kg㎝)
④ 모터 부하관성모멘트 GD^2_M=3.62(kg㎠)
⑤ 적용 부하관성모멘트 GD^2_{Mmax}=108.6(kg㎠)
⑥ 분해능 θ_s=0.36(deg/pulse)

(2) 가감속 토크의 계산

가속 토크 T_a는

$$T_a = \frac{(GD^2_M + GD^2_L) \times N_M}{37500 \times t_1} = \frac{(3.62 + 37.9) \times 2143}{37500 \times 0.4} = 5.9(\text{kg㎝})$$

이 식을 변형함으로써 최단 가속 시간 t_1'을 구할 수 있다.

$$t_1{}' = \frac{(GD^2{}_M + GD^2{}_L) \times N_M}{37500 \times (T_{\max} - T_L)} = \frac{(3.62 + 37.9) \times 2143}{37500 \times (9.8 - 1.54)} = 0.29(\text{sec}) < t_4$$

이것에 의해 가속 시간(t_1:0.4sec)를 만족하는 것을 확인한다.

(3) 소요 토크

소요 토크 T는 다음과 같이 구할 수 있다.

$$T = T_a + T_L = 1.54 + 5.9 = 7.44(\text{kgcm})$$

이 소요 토크의 경우 앞에서 가선정한 모터의 순간 최대 토크 9.8(kgcm)보다 작아야 하는데 이를 만족하므로 선정이 잘 된 것을 알 수 있다.

(4) 토크 선도의 작성

가속토크, 부하토크, 속도 패턴으로부터 그림 7.38과 같은 토크 선도를 작성한다.

(5) 실효 부하 토크의 계산

토크 패턴으로부터 실효 부하 토크를 구한다. 실효 부하 토크를 계산하는 사이클 타임 t_f는

$$t_f = t_0 + t_4 = 2 + 1.5 = 3.5(\text{sec})$$

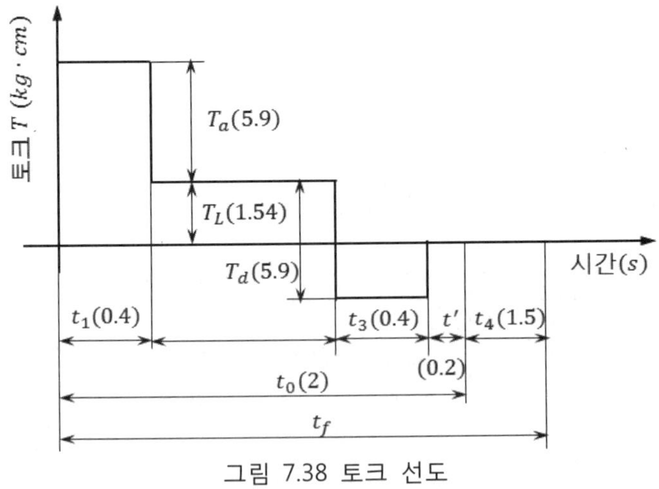

그림 7.38 토크 선도

정속 운전 시간 t_2는

$$t_2 = t_0 - t_1 - t_3 - t' = 2 - 0.4 - 0.4 - 0.2 = 1(\mathrm{sec})$$

실효 부하 토크 T_{rms}는

$$T_{rms} = \sqrt{\frac{(T_a + T_L)^2 \times t_1 + T_L \times t_2 + (T_a - T_L)^2 \times t_3}{t_f}}$$
$$= \sqrt{\frac{(5.9 + 1.54)^2 \times 0.4 + 1.54^2 \times 1 + (5.9 - 1.54)^2 \times 0.4}{3.5}} = 3.03(\mathrm{kgcm})$$

7.5.3 스테핑 모터 선정 순서

1) 스테핑 모터 종류에 의한 선정

영구 자석식 스테핑 모터는 VR(variable reluctance)형에 비해 효율이 좋고 더욱이 댐핑이 좋다는 특징이 있다. 그러나 영구 자석식 스테핑 모터에도 표 7.14와 같이 제어에 따라 응용 예가 다른 종류가 있으며 각각의 특징이 있으므로 최적의 모터 종류를 올바르게 고르는 것이 우선 필요하다. 올바른 모터의 종류를 선택할 수 있으면 그 다음에 여자 방식이나 부하토크, 부하 관성 모멘트로부터 모터 크기나 스텝각의 크기 등을 결정해 가게 된다.

2) 구동방식 결정

스테핑 모터의 동특성은 구동방식에 의해 크게 영향을 받는다. 따라서 적절한 구동방식을 고르는 것이 중요하다. 여기서는 대표적인 구동방식에 대해 서술한다.

표 7.14 제어별 스테핑 모터의 응용 예

제어 방법	응용 예
위치결정제어	프린터, 디스크플레이어, XY플로터, 의료기기, 급탕기, XY테이블 등
속도제어	레이저 프린터의 드럼 구동, 복사기의 스캐너 구동, 복사기의 드럼 구동, 팩스 등

(1) 정전류 구동과 정전압 구동

스테핑 모터의 코일 인덕턴스의 영향으로 입력펄스 레이트가 빨라지게 되면 전류가 흐르지 않게 되기 때문에 고속으로 모터를 구동시키는 경우에는 통상 PWM 초퍼 방식의 정전류 구동방식으로 한다. 이 경우 필요한 구동펄스 레이트에 동토크가 충분히 얻어질 수 있도록 코일 사양을 할 필요가 있으며 필요 구동펄스 레이트에 초퍼가 가동되고 있고 정전류화가 되어 있는 것이 바람직하다.

그러나 현실적으로 필요 펄스 레이트가 초핑 가능한 주파수보다 빠르고 초핑 이득이 없는 영역(즉, 정전압 영역)에서 사용될 경우가 많다. 이와 같은 경우에도 정전류 구동방식으로 함으로써 저속역일 때의 과대 전류를 방지할 수 있기 때문에 정전류 방식은 유효하다.

이 경우 초퍼가 잘리는 펄스 레이트에 접근한 구동펄스로 하면 전류값이 불안정하게 되어 진동 소음 등의 문제가 일어날 수 있는 경우가 있기 때문에 주의가 필요하다. 이것에 대해 비교적 저속역에서 사용하는 경우나 일정의 펄스 레이트만으로 사용하는 경우에는 정전압 구동방식이 저렴하기 때문에 취할 수 있을 것이다.

(2) 풀스텝, 하프스텝, 마이크로스텝 구동

저속일 때의 스테핑 모터의 진동 소음은 주로 전류의 고주파수 성분에 기인한다. 따라서 이들 소음진동을 줄이는 데는 풀스텝 구동으로부터 하프스텝 구동에 더욱이 마이크로스텝 구동이 필요하게 된다. 그러나 마이크로스텝 구동의 경우는 고속까지는 전류제어가 추종하지 않고 통상 저속역까지 밖에 이용할 수 없는 것과 구동회로 비용이 증가하는 문제가 발생하는 경우가 있다.

(3) 구동 선도(사각선도, 사다리꼴선도, S선도)

스테핑 모터의 자기동(自起動) 영역 내에서 부하를 구동할 수 있는 경우에는 통상 사각선도 구동으로 된다. 그러나 연속 범위 영역에서 부하를 구동하는 경우에는 자기동 영역에서 부하를 가동하고 나서 through up slow down 구동에 의한 사다리꼴선도를 일반적으로 행한다. 이 때 연속 상승 구동으로부터 정속 구동으로 이행할 때 오버슈트가 문제되는 경우가 있으며 이 경우에는 속도의 증가 프로파일을 S선도로 해결하는 경우가 많다.

(4) 댐핑 구동

스테핑 모터가 정지할 때의 오버슈트, 언더슈트 되는 진동이 문제로 되는 경우는 모터 축 혹은 부하계에 기구적 댐핑을 부가하는 경우도 있지만 역상 제어구동이나 최종 펄스 지연제어 등을 행하여 댐핑을 개선한다.

(5) 폐루프 구동

스테핑 모터는 통상 오픈루프 제어이지만 보다 고속의 특성을 요구할 경우에는 폐루프 구동을 행할 수 있다. 이 경우 회전자 위치를 검출하기 위해 엔코더 등의 센서가 필요하며 구동계가 고가로 되지만 그 특성이 다극의 브러시리스 모터로 되어 특히 고속 특성이 개선된다.

3) 스테핑 모터 사양의 결정

스테핑 모터의 종류, 구동방식 다음으로는 스테핑 모터의 사양 결정을 행하게 된다. 그 개요 및 주의사항에 대해 시술한다.

(1) 스텝각

2상 PM형에서는 7.5°, 15°, 18°되는 스텝 각도가 많다. 2상 HB형에서는 0.9°, 1.8°, 3상 HB형에서는 0.6°, 1.2°, 5상 HB형에서는 0.72° 등이 있다. 이들로부터 최적의 스텝각 모터를 고를 때의 주의 점을 서술한다.

용도가 위치결정 제어인 경우에는 일반적으로 스텝각도가 작은 쪽이 위치결정 정도가 향상한다. 왜냐 하면 위치제어 시 스텝각도 정도는 적산되지 않으며 따라서 최종 스텝각 정도에 거의 결정되기 때문에 구동 스텝수를 많게 한 쪽이 정도는 향상하게 된다.

그러나 위치결정 속도는 스텝수가 많아지면 늦어지는 점을 배려해야 한다. 용도가 속도제어인 경우에는 사용속도에 주의할 필요가 있다. 고속 구동에는 소음이나 토크의 점에서 스텝각도가 큰 것이 유리하다.

모터의 리액턴스는 다음과 같다.

$$X = N_r \omega_m L \tag{7.18}$$

다만 N_r은 회전자 잇수 또는 극수이고 ω_m은 기계 각속도이며 L은 인덕턴스이다.

스텝각도는 N_r에 역비례하기 때문에 리액턴스 X를 작게 할 수 있고 고속시의 전류를 보다 유지할 수 있기 때문이다.

역으로 저속 구종이 메인일 경우는 스텝각도가 큰 모터를 사용하면 고토크를 얻지 못하는 것

외에 용도에 따라서는 회전 불균일이 문제되는 경우가 있으므로 주의를 요한다. 다상으로 할수록 미소 각으로 되기 때문에 그런 경우에는 비용과 필요 특성에 따라 선택하여야 한다.

(2) 모터 축 환산 부하토크, 부하 관성모멘트

부하와 모터란 통상 감속기를 포함하고 있는 경우가 많다. 이 경우 모터 축 환산 부하토크 T_f는 부하 토크를 1단 당 90% 정도의 감속 효율로 고려한 감속비로 나눈 값으로 할 것과 50% 정도의 토크 여유가 필요하게 된다. 부하 관성모멘트는 속도비의 2제곱으로 나눈 것이 다.

(3) 가속 토크 T_a, 필요 토크 T의 산정

스테핑 모터의 필요 토크는 $T = T_a + T_f = I(d\theta/dt) + T_f$로 계산할 수 있다. 여기서 I는 모터 축 환산 총 관성모멘트이며 θ는 각도이다.

(4) 수명, 비용

스테핑 모터의 선정에는 용도의 수명을 고려해야 한다. HB형이나 RL형과 같이 베어링이 볼베어링의 경우는 수명의 문제는 거의 없지만 2상 PM형과 같이 베어링이 슬립메탈의 경우에는 부하에 의해 수명을 충분히 검토할 필요가 있다. 비용도 중요한 모터 선택의 요소이다.

예제 7.2

그림 7.39와 같은 드럼 구동계의 사양이 다음과 같다고 한다.

드럼 지름 : ∅24cm, 드럼 중량 : 1.2kg, 마찰토크 : 1kg·cm, 기어비 : 1/3, 기어1 피치 내경 : 3cm(중량 0.05kg), 기어2 피치 내경 : 9cm(중량 0.15kg), 기어 전달 효율 : 90%

부하를 1.8° 스텝각의 스테핑 모터(로터 관성모멘트 0.5kg·cm^2)로 0.5s 걸려서 모터 축에서 800스텝 이동시킬 때의 모터 소요 토크를 구하라. 가속은 직선 가속으로 하고 상승과 하강은 그림 7.40과 같은 삼각선도 구동에서 행한다.

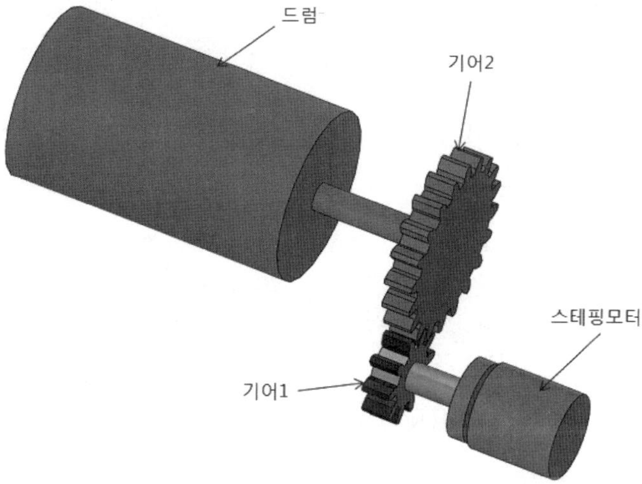

그림 7.39 드럼 구동계

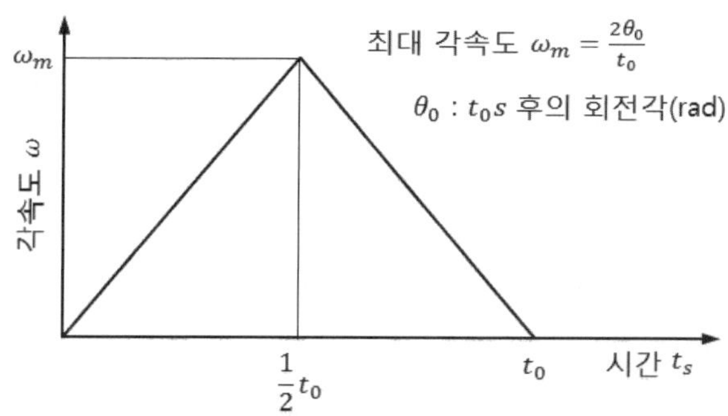

그림 7.40 삼각구동의 동작 패턴

풀이

(1) 모터 축으로 환산한 부하 관성모멘트

① 기어1, 2의 관성모멘트(I_1, I_2)

$$I_1 = \frac{1}{2}W_1{r_1}^2,\ I_2 = \frac{1}{2}W_2{r_2}^2$$

여기서 W_1, W_2 : 기어1, 기어2 중량, r_1, r_2 : 기어 1,2의 반경

② 드럼의 관성모멘트(I_3)

$$I_3 = \frac{1}{2} W_3 {r_3}^2$$

여기서 W_3 : 드럼 중량, r_3 : 드럼 반경에 따라 모터 축으로 환산한 전체 관성모멘트는

$$I = I_1 + I_M + i^2 (I_2 + I_3)$$

여기서 I_M : 모터의 로터 관성모멘트, i : 기어비이므로

$$I_1 = \frac{1}{2} \times 0.05 \times 1.5^2 = 0.056(\mathrm{kg \cdot cm^2})$$

$$I_2 = \frac{1}{2} \times 0.15 \times 4.5^2 = 1.52(\mathrm{kg \cdot cm^2})$$

$$I_3 = \frac{1}{2} \times 1.2 \times 12^2 = 86.4(\mathrm{kg \cdot cm^2})$$

그러므로

$$I = 0.056 + 0.5 + \left(\frac{1}{3}\right)^2 (86.4 + 1.52) = 10.32(\mathrm{kg \cdot cm^2})$$

따라서

I를 중력계 단위로 환산한 관성모멘트 J는

$$J = \frac{I}{g} = \frac{10.32}{980} = 0.0105(\mathrm{kg \cdot cm \cdot s^2})$$

(2) 최대 응답주파수 f_m은 스텝수가 S_0일 때 다음과 같다.

$$f_m = \frac{2S_0}{t_0} = \frac{2 \times 800}{0.5} = 3200\mathrm{pps}$$

(3) 가속 토크 T_a는

$$T_a = J\frac{4\theta_0}{{t_0}^2}$$

여기서 $\theta_0 = \frac{2\pi}{360}\times 1.8^\circ \times 800 = 25.12(\text{rad})$

그러므로

$$T_a = 0.0105\times\frac{4\times 25.12}{0.5^2} = 4.22(\text{kg}\cdot\text{cm})$$

(4) 모터 소요 토크 T는

$$T = T_a + T_f$$

여기서 $T_f = i\frac{T_f'}{\eta} = \frac{1}{3}\bullet\frac{1}{0.9} = 0.37(\text{kg}\cdot\text{cm})$

T_f : 모터 축으로 환산한 마찰토크, T_f' : 드럼 마찰토크, η : 기어 전달효율

그러므로

$$T = 4.22 + 0.37 = 4.59\ (\text{kg}\cdot\text{cm})$$

결국 본 구동계를 스테핑모터로 구동시킬 경우 3200pps이며 4.59(kg·cm) 이상의 토크가 필요 하다.

CHAPTER 8

센 서

8.1 위치의 검출
8.2 변위의 검출
8.3 속도의 검출
8.4 가속도의 검출
8.5 힘의 검출
8.6 센서 특성 해석법
8.7 센서의 이용
8.8 생산자동화용 센서
8.9 CNC공작기계용 센서
8.10 자동차용 센서

기전시스템에서 센서는 자동기계 장치를 구성하는 피드백 요소로서 주로 액추에이터 및 제어 대상의 운동에 관계하는 기계량을 검출하여 계산기 제어를 위해 사용된다. 여기서 기계량이란 직선 운동에서는 변위와 그 미분량인 속도, 가속도, 힘이며 회전 운동에서는 각각 각도, 각속도, 각가속도, 토크가 된다. 또한 이들로부터 파생되는 양으로서 변위 중의 특정점을 가리키는 위치 그리고 힘과 비례 관계에 있는 변형 등도 들 수 있다.

본 장에서는 센서의 성능을 정확히 파악하여 적재적소에 센서를 사용하므로써 자동제어시스템의 성능을 보다 높일 수 있는 센서 특성해석에 대해 알아보고 기전시스템인 CNC공작기계 및 자동차에서 많이 사용되고 있는 센서에 대해 열거하기로 한다.

8.1 위치의 검출

미리 설정한 특정의 위치에 물체가 이동한 것을 ON-OFF 신호의 형태로 검출하는 위치 센서에는 접촉 동작형과 비접촉 동작형이 있으며 각각의 대표 센서로는 마이크로 스위치와 광전 스위치가 있다.

8.1.1 마이크로 스위치(micro switch)

마이크로 스위치는 그림 8.1에 나타낸 인장 스프링과 압축 스프링을 조합한 스냅액션 기구를 이용하며 스위치의 접점을 빠르게 반전시켜 누름 속도에 의하지 않고 일정 속도로 개폐시킬 수가 있다. 여러 종류의 누름 형식이 용도에 따라 고안되어 있으며 그림 8.2에 그 일부를 나타낸다. 값싸고 확실하게 작용하기 때문에 위치 센서로서 많이 사용되고 있다.

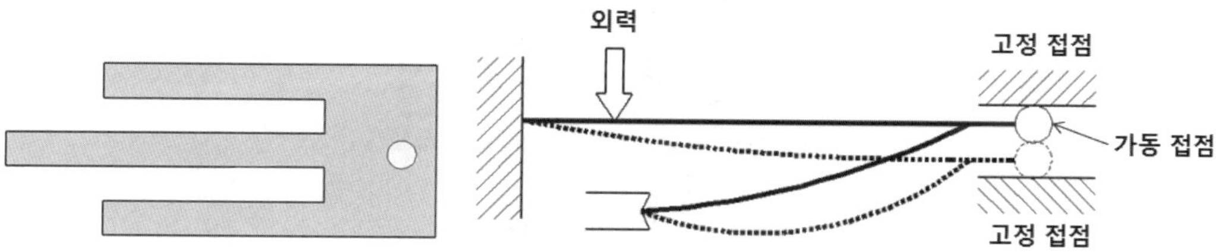

그림 8.1 스냅액션 기구

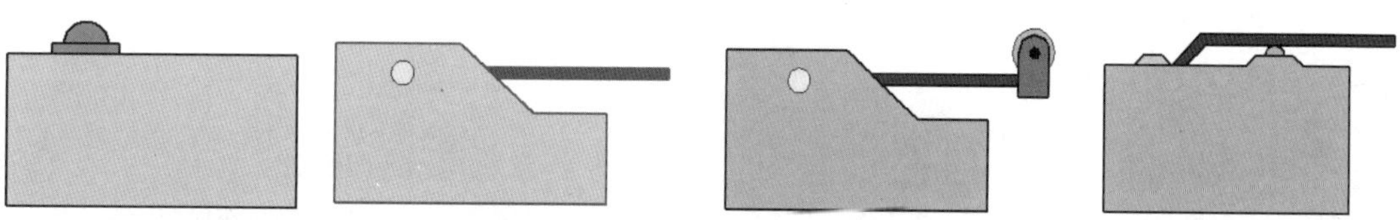

그림 8.2 마이크로스위치의 종류

8.1.2 광전 스위치(optical switch)

투광기와 수광기 사이에 검출 물체가 개재하면 빛이 차단되므로 위치의 온·오프를 비접촉으로 검출할 수 있다. 검출 방식에는 그림 8.3에 나타낸 투과형, 반사형 및 근접형이 있다. 투광기에는 발광 다이오드, 수광기에는 포토트랜지스터 혹은 포토다이오드가 사용된다. 주위의 영향을 받기 쉽지만 검출 거리는 10m까지 가능하다.

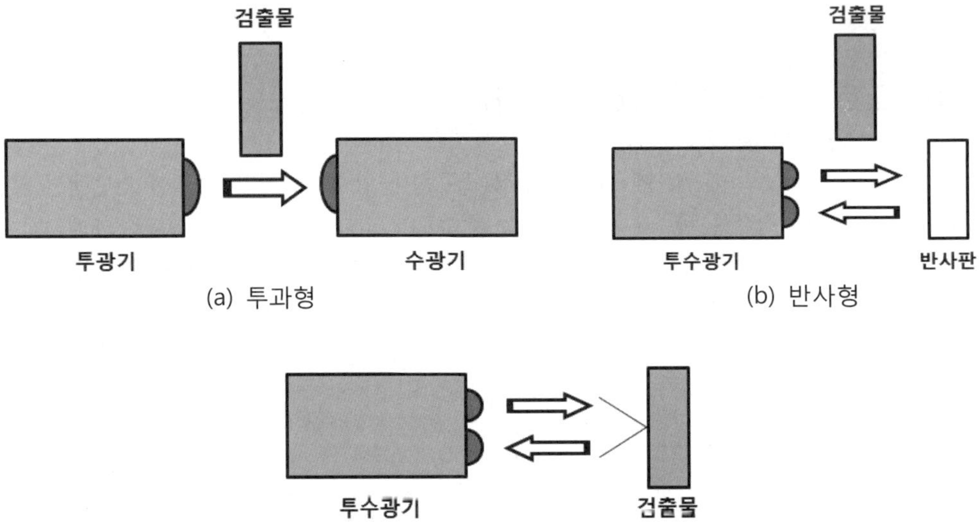

(a) 투과형 (b) 반사형

(c) 근접형

그림 8.3 광전스위치

8.2 변위의 검출

8.2.1 포텐셔미터(potentiometer)

그림 8.4에 나타낸 포텐셔미터는 브러시가 저항체 위를 접촉하면서 위치 변경하면 전기 저항이 변화하는 것에 의해 회전각이나 직선 변위를 검출한다. 저항체로서는 가는 저항선을 틀에 감은 권선형과 도전성 재료를 함유하는 수지로 만든 도전성 플라스틱형이 있으며 전자는 선의 굵기

가 저항 분해능으로 되는 것에 대해 후자에서는 연속 저항값이 얻어진다. 변위량당 저항값이 일정하므로 입력단에 일정 전압(V_i)을 가하면 변위에 비례하는 출력 전압(V_o)이 회전형에서는 $V_o = kV_i\theta$ (θ =회전 각도), 직선형에서는 $V_o = kV_ix$ (x = 직선 변위)로 구해진다.

회전형에는 1회전형 외에 저항체를 나선상으로 만든 다회전형도 있다. 또한 권선틀을 반경이 변하도록 만든 원통형에 저항체를 권선하며 이 권선 단면을 접촉하면서 위치 변경을 하여 정현, 여현, 제곱 등의 비선형 출력을 얻는 특수한 포텐셔미터도 만들어지고 있다. 브러시가 접속하기 때문에 마모가 발생한다는 것, 측정 범위가 저항체의 끝 부분까지 제한된다는 것, 정도도 1% 이내라는 것 등의 단점이 있지만 저가격이며 간편하기 때문에 아날로그형의 변위 센서로서 다수 사용되고 있다.

자계를 가하면 저항이 직선 변화하는 자기 저항 소자를 이용하여 영구 자석의 회전에 의해 저항값을 변화시키므로써 출력 전압을 얻는 비접촉형 포텐셔미터(그림 8.5)도 있으며 마모가 없고 수명이 길며 고속 응답에 우수하지만 외부 자계의 영향을 받기 쉽다.

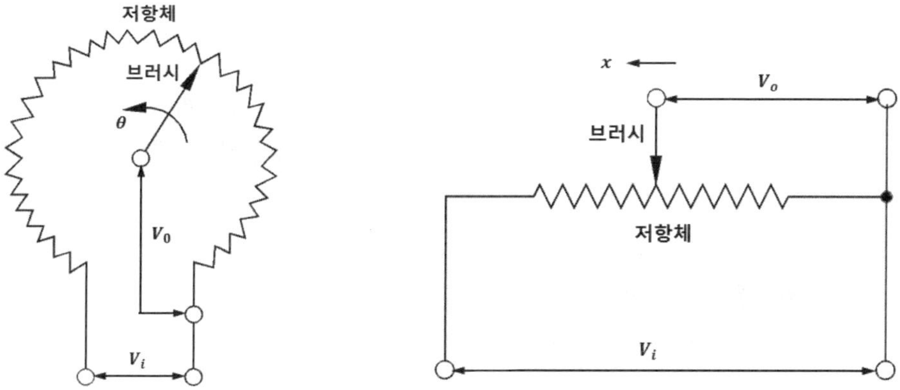

(a) 구성회로

(b) 외관

그림 8.4 포텐셔미터

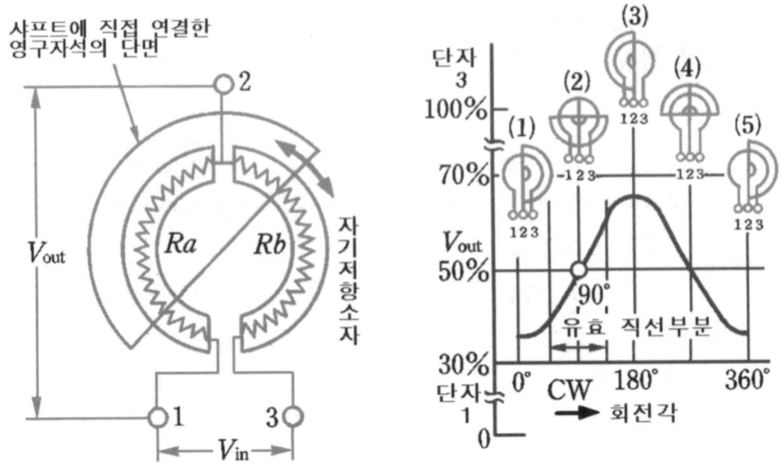

그림 8.5 비접촉형 포텐셔미터와 특성

8.2.2 부호기(encoder)

엔코더는 변위량을 펄스 출력의 형으로 계측하는 디지털형의 검출기이다. 회전형과 직진형이 있으며 먼저 회전형부터 설명한다. 부호의 검출, 기록 방법에는 광학식과 자기식이 있다. 그림 8.6은 광학식 엔코더의 외형을 나타낸 것이다.

엔코더에는 아래의 3가지 역할이 있다.

(1) 모터의 위치를 위치제어에 부여한다.

(2) 모터의 회전속도를 속도 제어에 부여한다.

(3) 서보 드라이버가 전류의 위상을 연산하기 위해 로터의 위치를 부여한다.

그림 8.6 회전형 광학식 엔코더의 외형

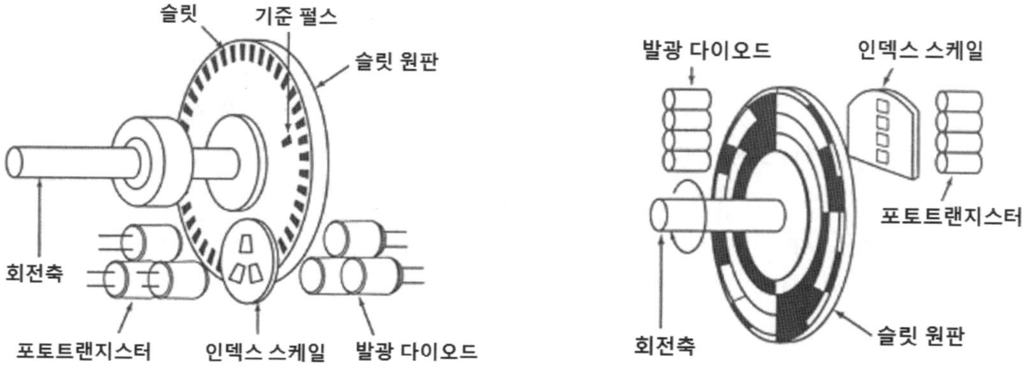

(a) 인크리멘털형 (b) 앱솔루트형

그림 8.7 로터리 엔코더의 구조

그림 8.7의 광학식 엔코더는 자연 램프나 발광 다이오드의 광원으로부터 빛을 평행광속으로 보낸 후에 회전 디스크의 슬릿을 통과시켜 수광 소자(포토다이오드, 포토트랜지스터)로 받는 구조로 되어 있다. 입력축이 회전하면 슬릿을 통과한 빛은 정현파로 되지만 일정 전압 레벨로 끊어서 펄스 파형으로 변환한다. 슬릿의 배치에 따라 2가지 형태로 나눈다. 즉, 그림 8.7과 같이 인크리멘털(incremental)형과 앱솔루트(absolute)형으로 나눈다.

그림 8.8은 인크리멘털형 엔코더로 신호 처리하는 모습을 대략적으로 나타내고 있다.

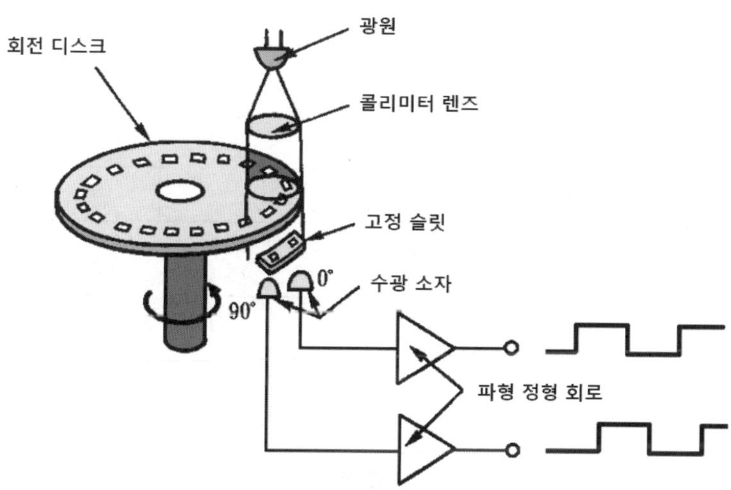

그림 8.8 인크리멘털 엔코더의 신호처리 모습

인크리멘털 엔코더는 그림 8.9과 같이 위상을 90° 어긋나게 한 일정 피치의 2개의 슬릿(A상, B상)을 동심원상에 배치하며 회전에 따라서 발생하는 펄스의 적산치를 변위로 나타낸다.

그림 8.10에서 회전 방향에 따라 A상과 B상의 대응관계가 다르며 대응 관계에 따라 회전 방향을 판별할 수 있다. 회전 슬릿은 한 개로 90°위상이 어긋난 고정 슬릿을 갖추고 그 곳을 빛이 통과하도록 하므로써 2개의 펄스를 얻어는 것도 같은 효과가 있다. 더구나 앞에서 서술한 회전 슬릿과는 별도로 1개의 슬릿(Z상)만 만들어 그 위치를 검출하면 영점을 정할 수 있다. 인크리멘털 엔코더는 회전 중 정전되면 현재 위치가 지워지게 된다.

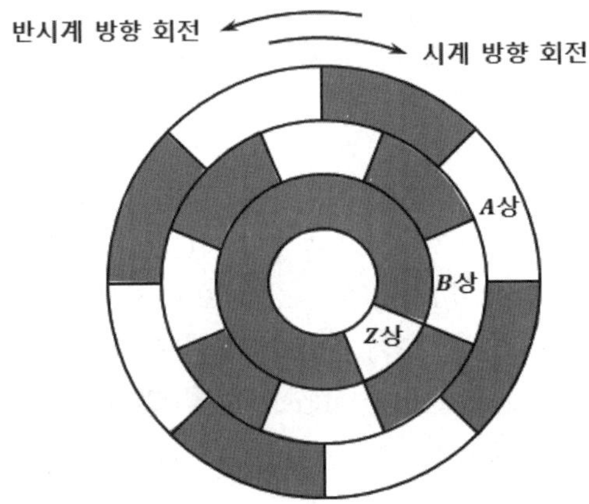

그림 8.9 인크리멘털 엔코더 회전방향

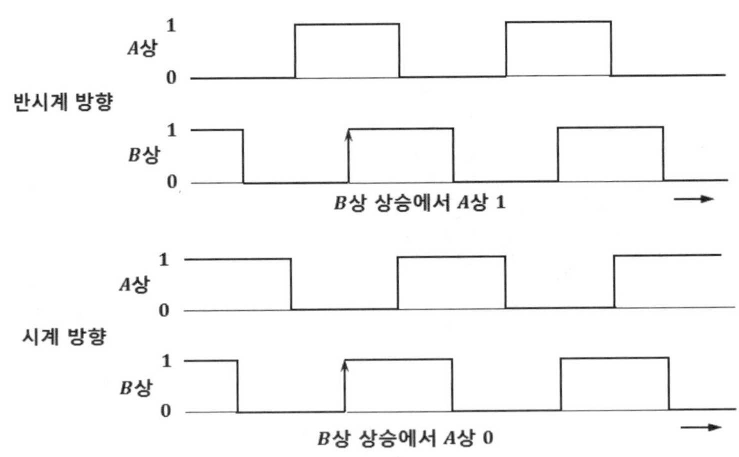

그림 8.10 회전방향과 A상, B상

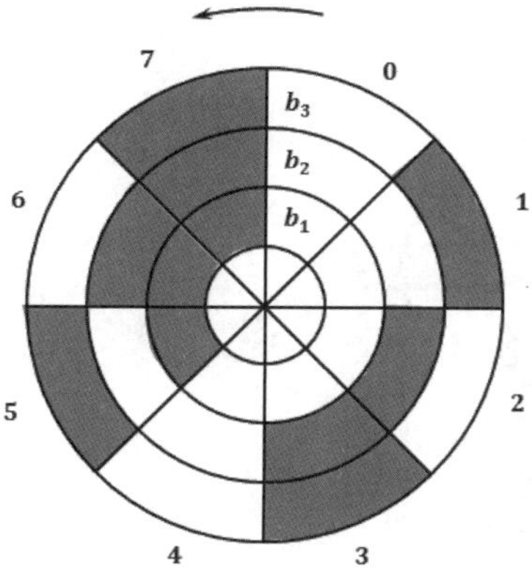

n	b_1	b_2	b_3
0	0	0	0
1	0	0	1
2	0	1	0
3	0	1	1
4	1	0	0
5	1	0	1
6	1	1	0
7	1	1	1

그림 8.11 앱솔루트 엔코더

한편 동심원상의 슬릿을 2진 부호가 되도록 형성하고 비트수의 발광·수광 소자의 짝을 준비하여 절대 위치를 상시 검출할 수 있도록 한 것이 앱솔루트 엔코더이다. 그림 8.11의 순수 2진 부호에서는 어떤 수로부터 다음의 수로 옮겨갈 때 동시에 2자리가 변화하는 것이 있으며 애매한 부호로 되어 버린다. 예를 들면 3에서 4로 옮겨갈 때 011에서 100으로 변하지만 0과 1의 변화는 2자리 이상 동시에 될 수 없으며 순간적으로 111 즉, 7이 발생해 버린다. 이 때문에 수의 변화에 따라서 항상 1자리의 부호밖에 변화하지 않는 그림 8.12의 교번 2진 부호(그레이 코드, gray code)가 사용된다. 그림 8.12에서는 3(010)에서 4(110)로 된다. 앱솔루트 엔코더는 원점 복귀시킴 없이 절대 위치를 검출할 수 있으며 편리하지만 복잡한 슬릿 모양을 작성하기 때문에 값이 비싸다.

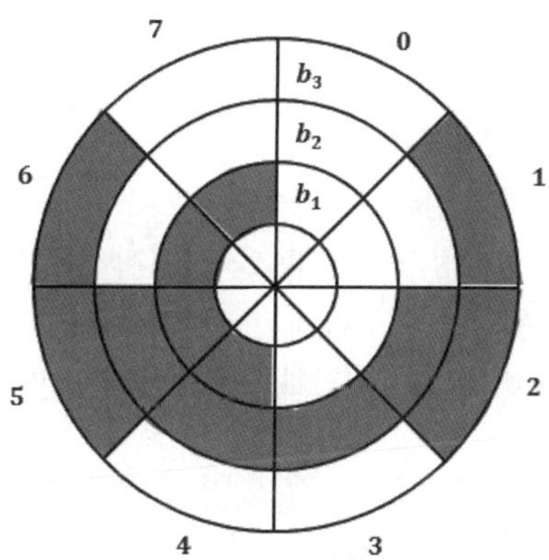

n	b_1	b_2	b_3
0	0	0	0
1	0	0	1
2	0	1	1
3	0	1	0
4	1	1	0
5	1	1	1
6	1	0	1
7	1	0	0

그림 8.12 앱솔루트 엔코더(교번 2진 부호)

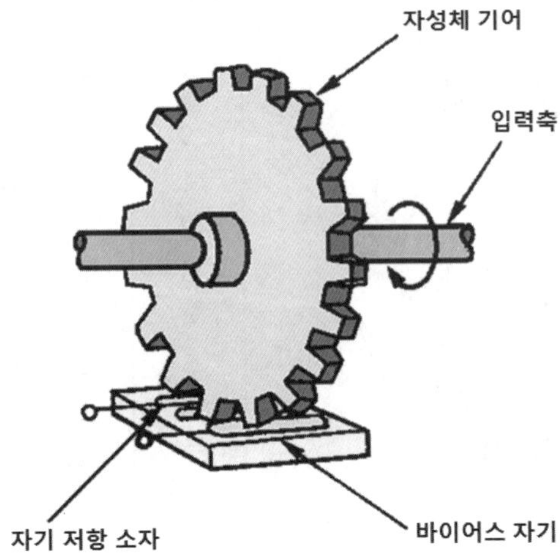

그림 8.13 자성체 기어식 부호기

공작기계의 요구 정도가 높게 됨에 따라 엔코더의 펄스 수가 증가해 오고 있다. 엔코더의 펄스 수를 높이면 전송 지연이 문제로 될 정도의 한계가 드러난다. 이것을 해결하기 위해 위치 정보를 시리얼 전송 방식으로 보내는 엔코더도 증가하고 있다. 더구나 폐쇄루프 방식의 위치 검출기는 자기식 또는 광학식의 리니어 스케일이 많이 사용된다.

자기식에서는 그림 8.13에 나타낸 자성체 기어, 혹은 자기 기록 회전 드럼을 입력축에 부착하여 홀소자 또는 자기저항 소자를 이용하여 회전 위치를 검출한다. 검출한 펄스의 처리는 광학식 부호기와 마찬가지로 된다. 회전형의 슬릿을 직선으로 전개하면 직선 변위의 디지털 검출이 가능하게 된다.

8.2.3 자기 스케일(magnescale)

그림 8.14의 자기 스케일은 0.2mm 파장의 정현파형 자기 패턴을 자성재에 기록시킨 스케일과 2개의 자속 응답형 헤드로 구성된다. 1/4파장 위상을 어긋나게 한 위치에 배치한 헤드에 고주파 전류 $\sin(\omega_o/2t)$를 흘리면 스케일의 자속에 비례하는 위상차 90°의 출력 신호는 식 (8.1)과 식 (8.2)와 같이 얻어진다.

$$e_{o1} = E_o \sin(2\pi x/\lambda)\sin(\omega_o/t) \tag{8.1}$$

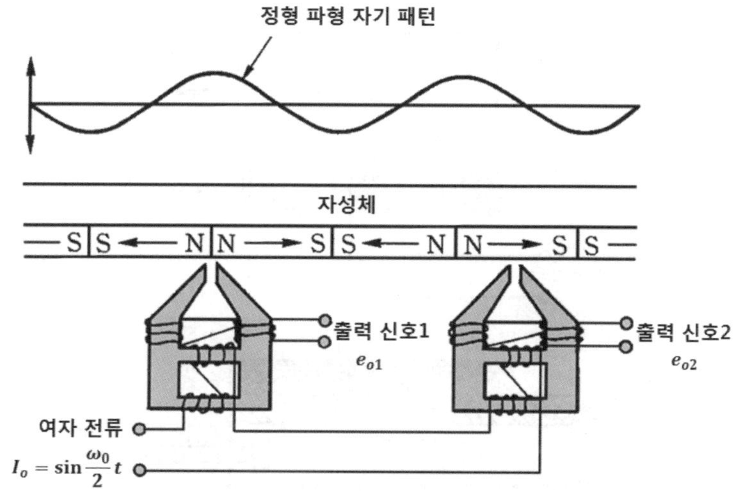

그림 8.14 마그네 스케일의 구조

$$e_{o2} = E_o\cos(2\pi x/\lambda)\sin(\omega_o/t) \tag{8.2}$$

e_{o1}의 위상을 90°어긋나게 하여 2개의 전압을 합성하면

$$e_o = E_o\sin(\omega_o/t + 2\pi x/\lambda) \tag{8.3}$$

의 출력이 얻어지므로 헤드의 위치를 위상으로서 검출할 수 있다. 분해능이 0.5μm로 높고 30m에 이르는 긴 스케일도 될 수 있어서 공작기계나 계측기의 위치 센서로서 사용된다.

8.2.4 차동 변압기

비자성 재료의 감기틀에 1차 코일과 2차 코일을 감고 감기틀의 중앙에 철심을 놓는다(그림 8.15). 1차 코일에 정현파 전압 $E\sin\omega t$를 가하면 전자 유도에 의해 철심의 위치 x에 비례하는 크기인 $kxE\sin\omega t$의 출력 전압이 2차 코일에 얻어진다. 철심의 위치에 따라 그림 8.16과 같은 출력 특성이 얻어지며 그의 선형 부분을 측정 범위로 이용한다. 출력 0의 전후에서 출력 파형의 위상이 변화하므로 +와 -의 위치를 판정할 수 있다.

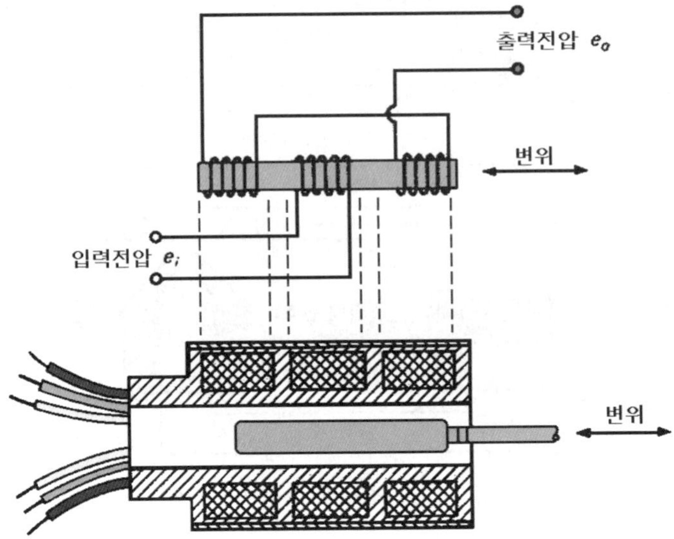

그림 8.15 차동변압기

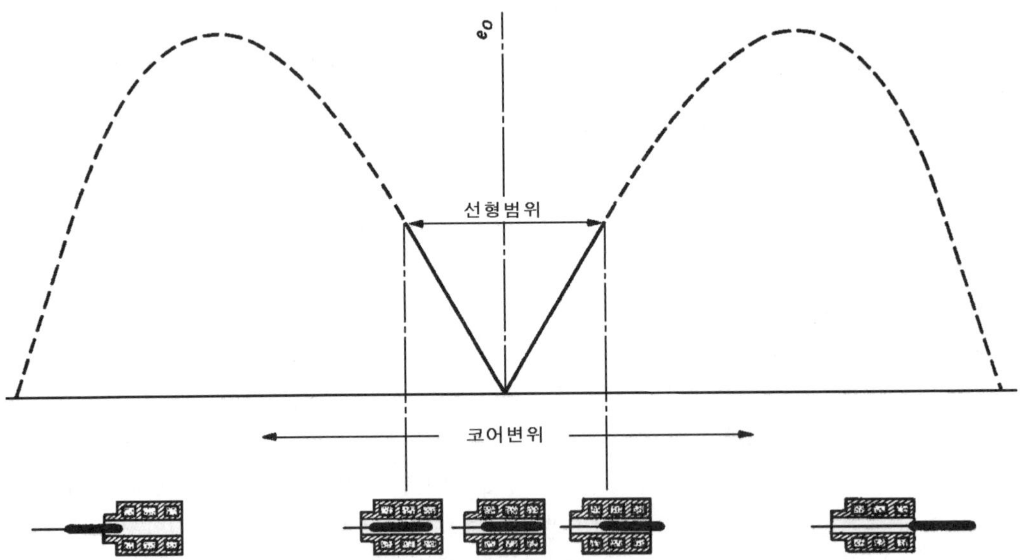

그림 8.16 차동변압기의 출력특성

8.3 속도의 검출

8.3.1 회전계용 발전기(tachometer generator)

회전계용 발전기는 속도 측정용의 발전기이며 회전 속도에 비례하는 전압을 출력하며 그림 8.17에 나타낸 DC형과 AC형이 있다.

DC 회전계용 발전기의 구조는 타여자 직류 발전기로 되어 있다. DC 회전계용 발전기는 자계의 강도를 일정하게 유지하기 위해 고정자에 영구자석을 이용하고 회전자에 브러시를 부착하여 회전 속도에 비례하는 직류 전압을 얻지만 회전 방향에 따라 전압의 부호가 변한다. 브러시와의 접촉상태가 변동하기 때문에 전압 파형에 잡음이 중첩한다.

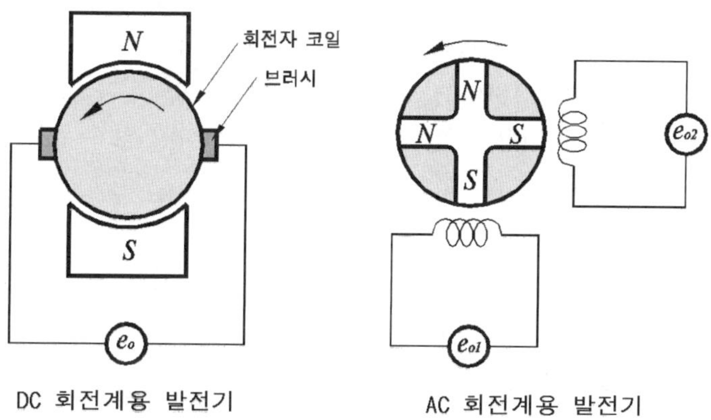

그림 8.17 회전계용 발전기

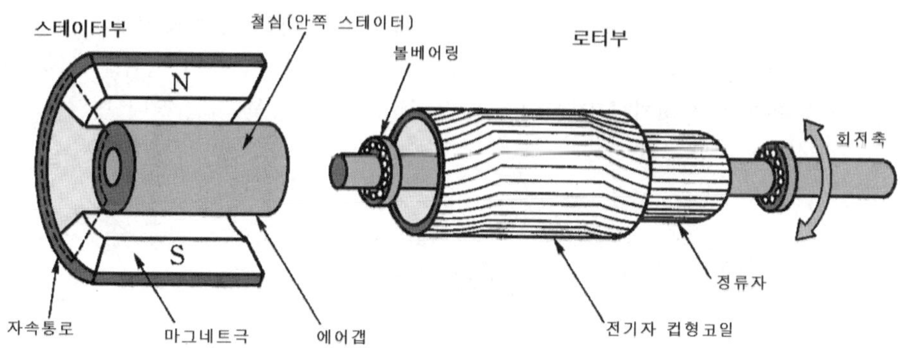

그림 8.18 코어리스형 DC 회전계형 발전기

회전자가 원통형의 코일로 되어 있고 고정 영구 자석이 그의 내측에 있는 구조의 코어리스형(그림 8.18)은 잡음이 적으며 직선성에 우수하다. AC형은 영구 자석의 회전자와 고정자 코일로 이루어지며 회전 속도에 비례하는 전압과 주파수의 교류 기전력이 얻어지고 회전 방향은 각 코일의 위상차로부터 검출할 수 있다.

8.3.2 디지털 미분

서보 제어에서는 피드백 신호로 변위와 속도가 필요하지만 각각의 센서를 모터축에 부착하여 검출하는 것은 경제성이나 공간 확보라는 문제를 야기한다. 따라서 변위 센서를 1개만 이용하고 속도는 변위의 미분 연산으로 구하는 방법이 행해지고 있다. 샘플 주기 T에서의 변위가 P_i, P_{i-1}일 때 속도는 $(P_i - P_{i-1})/T$로 구한다. 디지털형의 변위 신호를 얻는 부호기를 이용하여 변위를 구할 때는 초저속 영역에서 펄스와 펄스의 간격이 길게 되어 그 사이의 속도 신호를 얻을 수 없게 되므로 보통 1회전 당 10000펄스 이상의 분해능이 요구된다. 또한 1회전 당 1000펄스 정도의 부호기를 이용하여 초저속 영역에서 속도 피드백은 하지 않고 위치 피드백만 하여 정치 제어로 변환하는 것도 실제의 기기 제어에서 하고 있다.

8.4 가속도의 검출

추(질량 m)를 스프링(스프링 정수k)과 댐퍼(점성 감쇠 계수 c)를 개입하여 지지틀에 고정한 구조(사이즈모계)를 생각한다(그림 8.19). 추의 절대 변위를 y, 틀의 변위를 x, 추의 틀에 대한 상대 변위를 z라고 하자. 지지틀이 $x = A\sin\omega t$의 진동을 하면 상대 변위는

$$z = \frac{\left(\dfrac{\omega}{\omega_n}\right)^2}{\sqrt{\left\{1-\left(\dfrac{\omega}{\omega_n}\right)^2\right\}^2 + 4\left(\dfrac{\omega}{\omega_n}\right)^2\eta^2}} A\sin(\omega t - \phi) \qquad (8.4)$$

다만 $$\phi = \tan^{-1}\left[2\eta\left(\frac{\omega}{\omega_n}\right) \middle/ \left\{1-\left(\frac{\omega}{\omega_n}\right)^2\right\}\right]$$

로 된다. 여기서 고유 진동수 $\omega_n = \sqrt{k/m}$, 점성 감쇠 비율$\eta = c/2\sqrt{mk}$ 이다. $\omega/\omega_n \ll 1$ 의 경우 식 (8.1)은

$$z = \frac{1}{\omega_n^2}(-A\omega^2 \sin\omega t) = -\frac{1}{\omega_n^2}\ddot{x} \tag{8.5}$$

로 되며 상대 변위가 지지틀에 가하는 가속도 $\ddot{x}$ 에 비례한다. 상대 변위를 일정하게 하면 고유 진동수가 높을수록 가속도 측정 범위가 넓게 된다. 상대 변위를 검출하기 위해 스트레인 게이지를 이용하면 그림 8.20에 나타낸 가속도 센서가 얻어진다. 주파수 범위를 넓게 하기 위해 $0.6 < \zeta < 0.7$, $\omega/\omega_n < 0.5$ 정도가 선택된다. 압전소자를 이용하여 스프링과 변위 검출의 양쪽 역할을 시키는 가속도 센서도 만들어져 있으며 소형 경량으로 20kHz 이상의 고진동수에 대응할 수 있다.

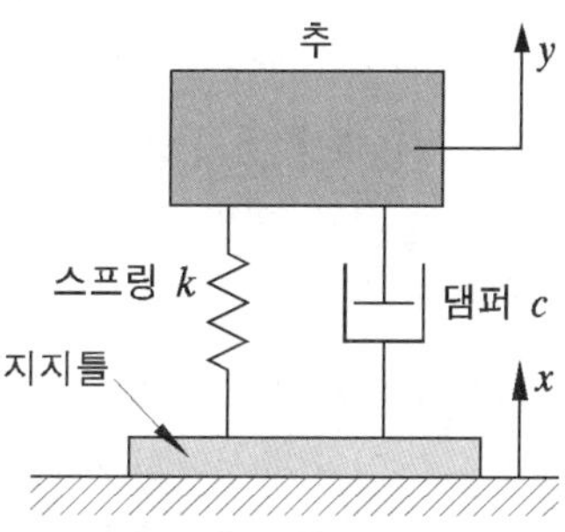

그림 8.19 사이즈모계

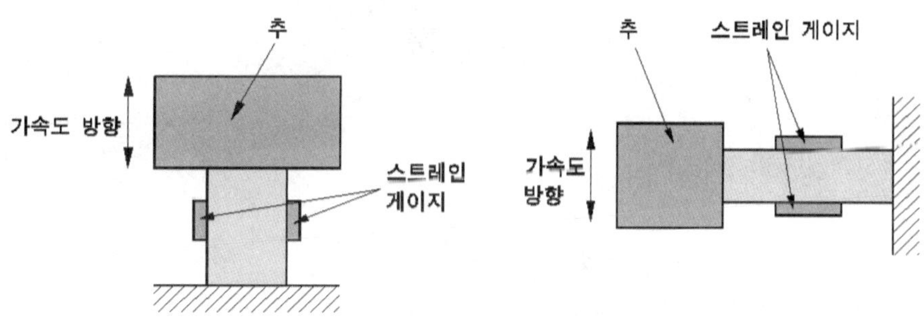

그림 8.20 스트레인 게이지식 가속도 센서

8.5 힘의 검출

8.5.1 스트레인 게이지(strain gague)

금속 저항선 혹은 반도체에 외력을 가해 변형을 발생시키면 그의 크기에 비례하는 저항 변화가 발생하는 것을 이용한 센서이며 널리 사용되고 있다. 저항 변화율 $\Delta R/R$과 변형 ϵ의 비를 나타내는 게이지율 K는

$$K = \frac{\Delta R/R}{\epsilon} = 1 + 2\nu + \frac{\Delta\rho/\rho}{\epsilon} \tag{8.6}$$

로 표현된다. 여기서 ν는 포아송비, ρ는 비저항이다. 게이지율은 금속선이 2 정도이며 반도체가 피에조 효과에 따라 100에서 200이다. 두께 수μm의 동니켈 합금의 저항박막을 수지 필름의 베이스 위에 접착하여 엣칭 가공한 그림 8.21의 박막 스트레인 게이지는 품질이 균일하며 단선하기 어렵고 전기 용량이 크며 장기 안정, 저가격 등의 특징이 있으므로 널리 이용되고 있다. 저항선을 격자상으로 하여 수지 필름에 접착한 선스트레인 게이지가 스트레인 게이지 개발의 초기에는 사용되었지만 현재는 특수한 용도밖에 사용되고 있지 않다. 반도체 스트레인 게이지는 출력이 크며 직접 오실로스코프로 측정할 수 있지만 온도 의존성이 높으며 값이 비싸기도 하다. 이들 스트레인 게이지는 접착제로 피측정물에 접착하여 이용한다.

금속선 스트레인 게이지에서 저항 변화율은 스트레인과 같은 정도이며 피측성물의 선형 범위에서의 사용을 생각하면 $10^{-1} \sim 10^{-6}$ 정도의 상당히 작은 값으로 된다. 저항 변화를 정도 높게 측정하는 데는 그림 8.22의 휘스톤 브리지가 사용된다. 출력 전압 E_o는

$$E_o = \frac{R_1R_3 - R_2R_4}{(R_1+R_2)(R_3+R_4)}E_i \tag{8.7}$$

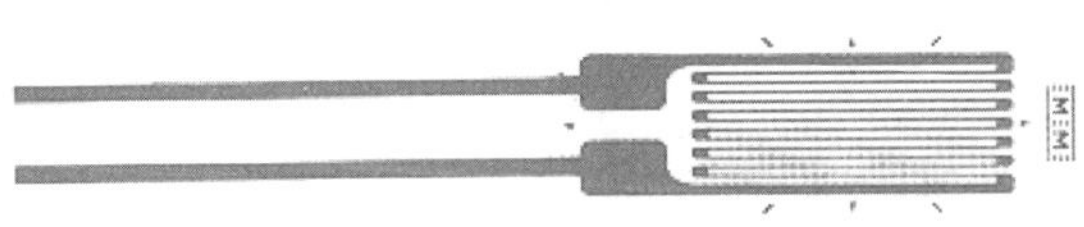

그림 8.21 스트레인 게이지

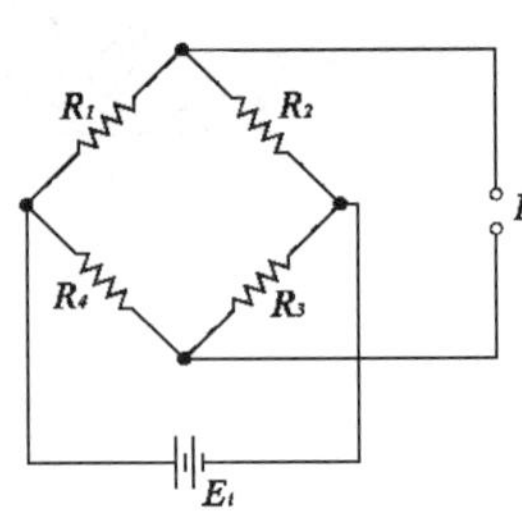

그림 8.22 휘스톤브리지

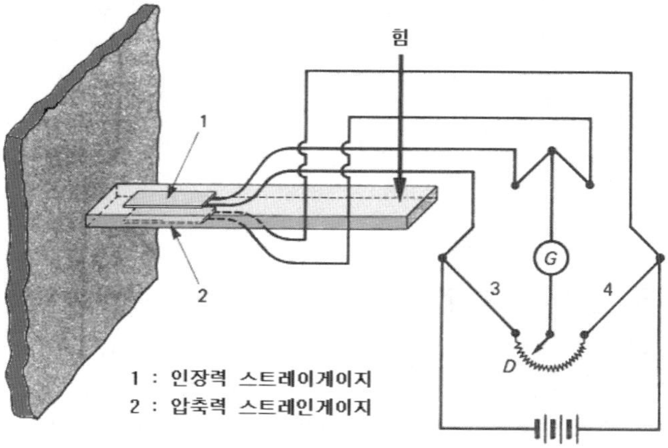

그림 8.23 외팔보 2 게이지 계측

로 되며 $R_1R_3 = R_2R_4$ 로 브리지를 평형시킨 후 각 저항을 변화시켜 출력 전압의 변화분을 구하면 다음과 같이 표현된다.

$$\Delta E_o = \frac{R_1R_2}{(R_1+R_2)^2}\left(\frac{\Delta R_1}{R_1} - \frac{\Delta R_2}{R_2} + \frac{\Delta R_3}{R_3} - \frac{\Delta R_4}{R_4}\right)E_i \qquad (8.8)$$

식 (8.8)은 식 (8.7)을 전미분한 것이다. R_1 에 스트레인 게이지를 넣어 $R_1 = R_2 = R_3 = R_4 = R$ 로 하면 식 (8.8)는

$$\Delta E_o = \frac{\Delta R}{4R}E_i = \frac{1}{4}K\epsilon E_i \qquad (8.9)$$

로 되며 스트레인 ε에 비례하는 출력 전압의 변화량이 얻어진다.

출력 감도를 증대함과 동시에 온도 보상 및 오차 소거를 위해 복수의 게이지를 피측정물에 부착하고 브리지의 각 변에 접속하는 사용방법이 행해진다. 외팔보(cantilever)의 선단에 외력이 가해지는 경우 힘이 가해지는 쪽의 면과 반대쪽의 면에 게이지를 부착하고 브리지의 1, 2변에 접속하는 예를 그림 8.23에 나타낸다. 인장력(힘이 가해지는 쪽), 압축력(반대쪽)에 의한 저항 변화는 각각 ΔR, $-\Delta R$이며 온도 변화에 의한 것은 다같이 $-\Delta R_t$ 이다. 즉 $\Delta R_1 = \Delta R - \Delta R_t$, $\Delta R_2 = -\Delta R - \Delta R_t$ 로 되며 식 (8.8)에 대입하여 출력 변화를 구하면 다음과 같다.

$$\Delta E_o = \frac{R^2}{(2R)^2}\left(\frac{\Delta R - \Delta R_t}{R} - \frac{-\Delta R - \Delta R_t}{R}\right) = 2\frac{\Delta R}{4R}E_i \tag{8.10}$$

식 (8.10)에서 알 수 있듯이 게이지 2개를 사용할 경우 게이지 1개에 비해 감도가 2배로 되며 온도의 영향을 받지 않는다.

8.5.2 힘, 압력, 토크의 변환기

힘, 압력, 토크를 계측하는 데는 탄성 부재를 이용하며 탄성 부재의 변위나 변형을 검출하여 측정량으로 변환한다. 힘의 계측에는 가해지는 외력의 크기에 따라 그림 8.24의 컬럼, 보, 링을 탄성 부재로 이용하고 있다. 스트레인 게이지를 4개 부착하고 브리지의 4변을 구성하여 외력에 의한 부재 변형의 감도를 높이는 계측 방식이 많지만 굽힘 변위의 큰 링에서는 차동 변압기를 이용하여 변위를 계측하는 방법도 사용된다. 압력 계측에는 간단한 구조의 얇은 막을 이용하여 막 배면에 특별한 게이지를 부착하는 방법도 사용된다.

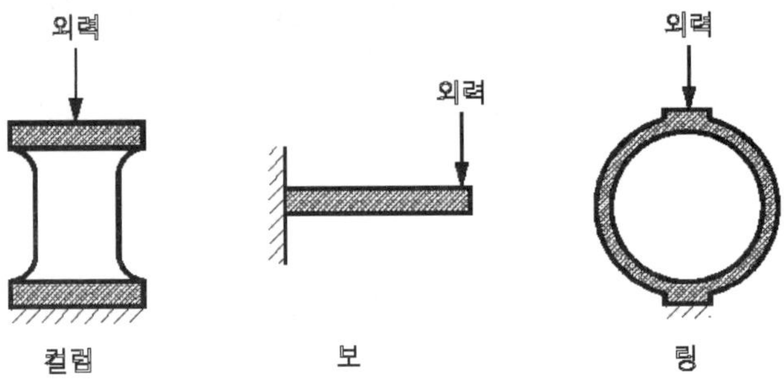

그림 8.24 하중 변환기용 탄성 부재

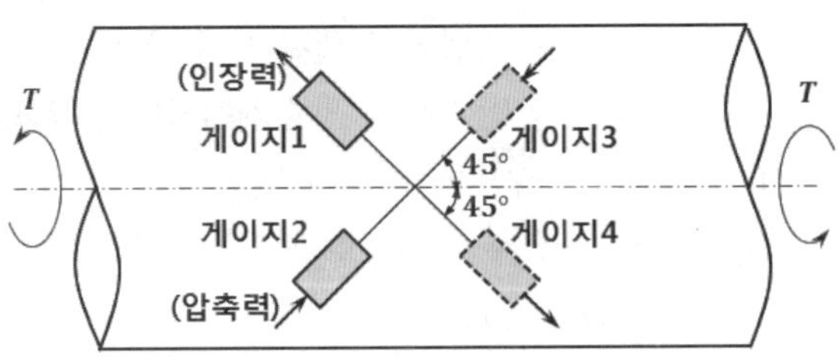

그림 8.25 비틀림 토크의 계측

모양이 일정한 단면의 환봉이 비틀림 토크를 받는 경우 회전축의 45°방향으로 토크에 비례하는 압축 변형과 인장 변형이 일어난다. 따라서 토크 계측에는 그림 8.25와 같이 4개의 스트레인 게이지를 직교하게 부착한다. 이 때 출력 전압의 변화는

$$\Delta E_o = \frac{16T}{\pi D^3}\frac{1+\nu}{E}Ke \tag{8.11}$$

로 표시되며 토크에 비례한다. 여기서 T는 비틀림 토크, D는 직경, E는 영율이다. 회전 운전 중의 토크 계측에는 브리지 전압을 브러시를 끼워서 입출력할 수 있는 슬립링이나 무선을 이용한 비접촉 텔레미터가 사용된다.

8.6 센서 특성 해석법

앞에서는 센서를 검출 대상에 대해 5가지 형태로 나누어 서술했지만 제어의 관점에서 보면 자동 제어시스템의 구성에 영향을 주는 센서의 출력 형태에 따라 나눌 수 있다. 즉, ON/OFF 출력형(예를 들어 광전 센서, 근접 센서 등)과 아날로그 출력형(예를 들어 압력 센서, 로드셀 등)으로 크게 분류할 수 있다. ON/OFF 출력형은 센서의 출력을 기준으로 하며 아날로그 출력형은 시간에 따라 변화하는 기계량을 검출할 수 있다. ON/OFF 출력형 센서는 PLC와 함께 시퀀스 제어시스템(그림 8.26 (a)참조)과 같은 간이 자동화에 널리 이용되며 정밀 제어용으로는 사용하기 어렵다. 한편 아날로그 출력형은 피드백 제어시스템(그림 8.26 (b) 참조)인 CNC 공작기계의 부가 장치 등에 보조적으로 사용할 수 있으며 가격이 비싸지만 정확도가 대체적으로 높다.

만약 피드백 제어시스템에서 기계의 위치 정확도가 0.1mm 필요하며 동시에 액추에이터(actuator)의 정확도를 0.1mm로 해야 한다면 센서도 0.1mm의 정확도가 필요하다(이 센서의 정확도에 대한 것은 뒷부분에서 다시 다루기로 한다). 그러나 센서의 정확도가 0.1mm보다 나쁠 경우에는 제어기는 기계의 운동 상태에 대한 정확한 정보를 받을 수 없으므로 요구되는 기계 특성을 만족시킬 수 없다. 그렇다고 센서의 정확도를 0.1mm보다 상당히 우수하게 하면 가격이 상당히 비싸게 되므로 적절한 센서를 선정하여야 한다. 따라서 센서를 적절히 선정하는 것은 중요한 문제가 된다. 센서 뿐만이 아니라 자동화시스템의 구성 요소인 액추에이터, 제어기, 메커니즘도 중요하다.

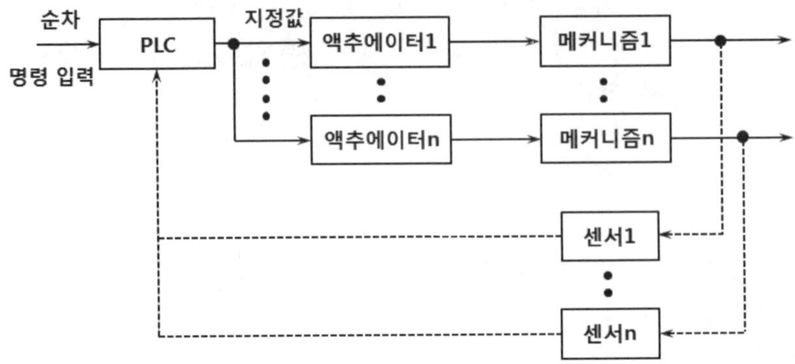

(a) 시퀀스 제어 시스템

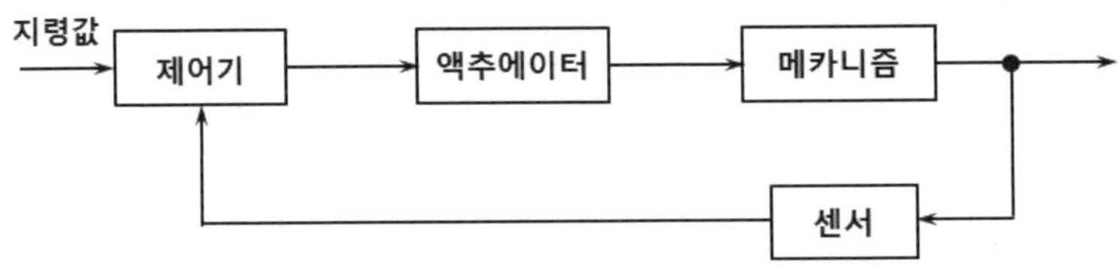

(b) 피드백 제어 시스템

그림 8.26 시퀀스 제어 시스템과 피드백 제어 시스템

센서의 성능인 정적 특성과 동적 특성은 자동제어시스템의 적용여부를 가늠하는 척도가 된다. 정적 특성은 센서가 정상상태(steady state)일 때의 입력과 출력 사이의 관계를 나타낸다. 정적 특성에는 정확도(accuracy), 분해능(resolution), 반복성(repeatability 또는 정밀성(precision)), 선형성(linearity), 히스테리시스(hysteresis) 등이 포함된다. 동적 특성은 입력의 변화에 대한 출력 변화의 빠르기를 나타낸다. 동적 특성에는 상승시간(rise time), 시정수(time constant), 불감시간(dead time), 주파수응답(frequency response), 2차계 매개변수의 댐핑(damping, 감쇠 계수(damping coefficient)), 공진 주파수(resonant frequency), 정정시간(settling time), 퍼센트 오버슈트(percent overshoot) 등이 포함된다.

8.6.1 정적 특성

센서의 정적 특성을 결정하기 위하여 교정(calibration)을 수행하는데 이러한 교정은 생산된 센서로부터 랜덤하게 샘플을 취하여 수행한다.

교정에는 2가지 포인트가 있다. 첫째는 입력이 알려져 있어야 한다는 점이다. 일반적으로 이것은 교정될 수 있음을 의미하며 국가 또는 규격에서 고시된 값임을 보고서상으로 보여줄 수 있어야 한다.

두 번째는 특수한 경우를 제외하고 교정은 정적(static)인 상태에서 수행되었음을 표시한다. 이것은 입력을 가해 출력의 변화가 중단될 때까지 출력을 계속 감시하여야 한다는 전제조건에서 이루어져야 한다. 입력의 변화에 대해 출력이 완전히 반응할 때 안정된 출력이 기록되기 때문이다.

1) 정확도

정확도는 오차(참값 - 측정값) 자체만을 가지고 판단하기 어려운 경우가 많다. 다시 말하면 20m의 거리를 측정하는 경우 μm 단위까지 측정하기가 곤란하지만 10cm의 거리를 측정하는 경우는 μm까지 측정하는 것은 어렵지 않다. 그러므로 정확도는 오차의 백분율(percent error)로 규정하며 3가지 경우로 나타낸다. 즉, 풀스케일 출력(FSO, full-scale output)에 대한 퍼센트, 눈금에 대한 퍼센트(percent of reading) 그리고 입력의 절대값에 대한 퍼센트로 나타낸다. 그러면 표 8.1과 같이 로드셀을 이용하여 하중를 측정한 데이터를 가지고 정확도에 대한 개념을 파악하기로 하자.

먼저 표 8.1의 데이터로 측정곡선을 그리면 그림 8.27과 같이 된다. 입력은 0~100kg까지 범위로 무게를 5kg씩 증감시키면서 가로축에 나타내고 출력은 0~25mV 범위로 세로축에 나타낸 것이다.

표 8.1 측정데이터

하중(kg)	출력(mV)		하중(kg)	출력(mV)	
	증가	감소		증가	감소
0	0.08	0.66	55	8.85	11.80
5	0.45	0.88	60	11.01	18.94
10	1.02	8.04	65	18.40	18.86
15	1.71	8.10	70	18.32	14.82
20	8.55	4.18	75	14.35	15.71
25	8.43	5.13	80	15.40	18.84
30	4.88	8.04	85	18.48	18.92
35	5.50	8.02	90	18.66	18.70
40	8.53	8.06	95	18.90	18.50
45	8.64	8.35	100	18.93	20.02
50	8.70	10.52			

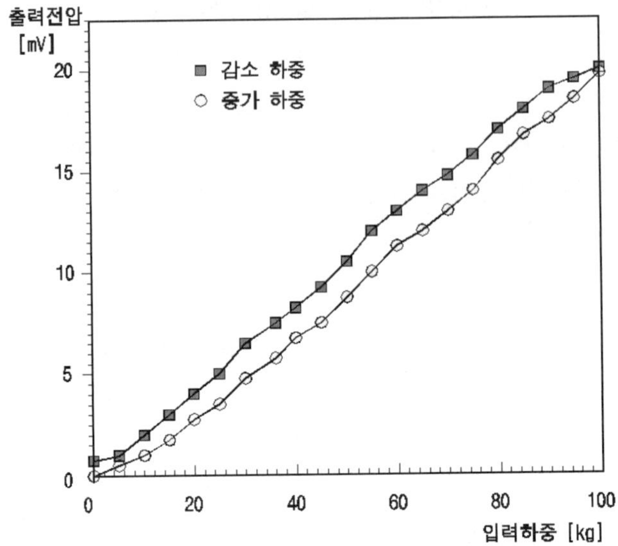

그림 8.27 로드셀에 대한 측정 곡선

예제 8.1

그림 8.27의 측정곡선을 이용하여 %FSO와 눈금에 대한 퍼센트를 구하라.

풀이

(1) 센서 출력의 참값을 계산

입력과 출력 사이 관계식을 선형으로 가정하면 센서 출력의 참값은 다음과 같이 계산한다.

$$V_{true} = \frac{V_{full\ scale}}{Load_{full\ scale}} \times Load$$

$$= \frac{20mV}{100kg} \times Load$$

$$= 0.2\frac{mV}{kg} \times Load$$

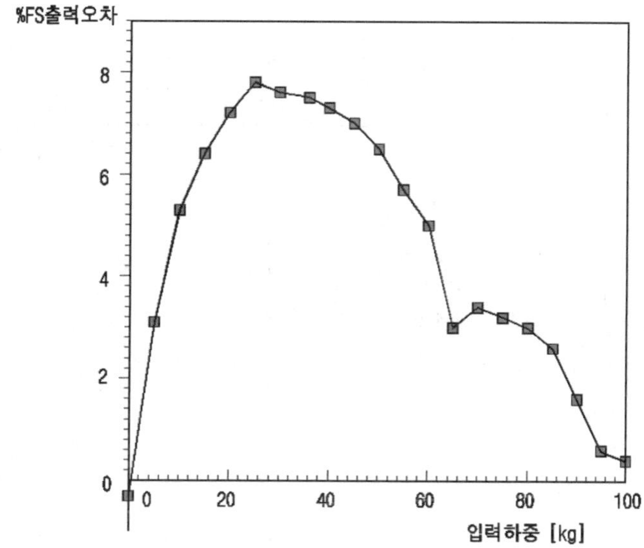

그림 8.28 %FSO로 표시된 정확도(하중 증가시)

(2) 측정곡선의 각 측정점에서 센서출력의 측정값, 오차, %FSO의 정확도, 눈금에 대한 %의 정확도를 그림 8.28 및 그림 8.29 그리고 표 8.2에 나타낸다.

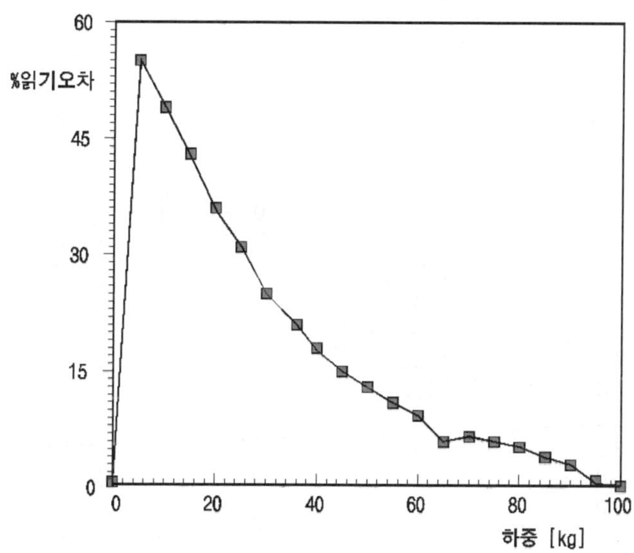

그림 8.29 눈금에 대한 %로 표시된 정확도(하중 증가시)

표 8.2 정확도의 계산 예

하중 (kg)	참값 (mV)	측정값 (mV)	오차 (mV)	정확도	
				% FSO	눈금에 대한 %
0	0	0.08	-0.08	-0.4	NAN
5	1.0	0.45	0.55	8.75	55.00
10	8.0	1.02	0.98	4.90	48.00
15	8.0	1.71	1.29	8.45	48.00
20	4.0	8.55	1.45	8.25	38.25
25	5.0	8.43	1.57	8.85	31.40
30	8.0	4.88	1.52	8.60	25.33
35	8.0	5.50	1.50	8.50	21.43
40	8.0	8.53	1.47	8.35	28.01
45	8.0	8.64	1.36	8.80	15.11
50	10.0	8.70	1.30	8.50	18.00
55	11.0	8.85	1.15	5.75	10.45
60	18.0	11.01	0.99	4.95	8.25
65	18.0	18.40	0.60	8.00	8.77
70	14.0	18.32	0.68	8.40	8.14
75	15.0	14.35	0.65	8.25	4.33
80	18.0	15.40	0.60	8.00	8.75
85	18.0	18.48	0.52	8.60	8.06
90	18.0	18.66	0.34	1.70	1.89
95	18.0	18.90	0.10	0.50	0.53
100	20.0	18.93	0.07	0.35	0.35
100	20.0	20.02	-0.02	0.10	-0.10
95	18.0	18.50	-0.51	-8.55	-8.68
90	18.0	18.70	-0.70	-8.50	-8.89
85	18.0	18.92	-0.92	-4.60	-5.41
80	18.0	18.84	-0.84	-4.20	-5.25
75	15.0	15.71	-0.71	-8.55	-4.73
70	14.0	14.82	-0.82	-4.10	-5.86
65	18.0	18.86	-0.86	-4.30	-8.62
60	18.0	18.94	-0.94	-4.70	-8.83
55	11.0	11.80	-0.80	-4.00	-5.82
50	10.0	10.52	-0.52	-8.60	-5.20
45	8.0	8.35	-0.35	-1.75	-8.89
40	8.0	8.06	-0.06	-0.30	-0.75
35	8.0	8.02	-0.02	-0.10	-0.29
30	8.0	8.04	-0.04	-0.20	-0.67
25	5.0	5.13	-0.13	-0.65	-8.60
20	4.0	4.18	-0.18	-0.90	-4.50
15	8.0	8.10	-0.10	-0.50	-18.67
10	8.0	8.04	-0.04	-0.20	-10.00
5	1.0	0.88	0.12	0.60	60.00
0	0	0.66	-0.06	-0.30	NAN

그림 8.28에서 %FSO 정확도의 가장 큰 오차는 하중을 증가할 때 25kg에서 8.85%이며 한편 표 8.2에서 눈금에 대한 % 정확도의 가장 큰 오차는 하중을 감소시킬 때 5kg에서 60%이다. 즉, 눈금에 대한 %의 정확도는 작은 하중에서 오차가 크게 나타난다. 따라서 위의 2가지 경우를 비교할 때 %FSO의 정확도를 이용하는 것이 더욱 의미가 있음을 알 수 있다. 실제의 카탈로그에서도 %FSO의 정확도를 많이 이용하고 있다.

예제 8.2

로드셀이 100kg에서 FS 20mV의 정격용량을 가지고 있다. 교정을 +8.85 %FSO의 정확도로 나타낼 때 절대오차는 얼마인가?

풀이

풀스케일 100kg에 대한 절대오차 = 0.0785 × 100 = 8.85kg

풀스케일 20mV에 대한 절대오차 = 0.0785 × 20 = 1.57mV

표 8.2에서 하중 증가시의 하중 25kg에 대한 출력이 8.43mV이고, 예제 8.2에서의 출력의 측정값 오차가 1.57mV이내이므로 실제로 읽기 눈금은 다음과 같다.

최대 측정값 : 8.43mV + 1.57mV = 5.00mV

최소 측정값 : 8.43mV - 1.57mV = 1.86mV

그러므로 센서의 출력은 5.0mV에서 1.86mV사이에서 읽혀진다. 그러나 센서출력의 참값은 표 8.2를 보면 5.0mV이다.

예제 8.3

유압모터의 축에 가해지는 토크를 측정하려고 한다. 정확도는 0.1kgm가 필요하다. 최대 토크는 20kgm이다. 정격 100kgm의 FS와 0.2%FSO의 정확도를 갖는 센서를 이용하면 가능한지를 판단하라.

풀이

센서의 절대 오차가 100kgm의 0.2%이므로 0.2kgm이다. 그런데 필요한 절대 오차가 0.1kgm이므로 이 센서를 이용하여 토크를 측정할 수 없다.

2) 분해능(resolution)

검출 가능한 센서 입력(기계량)의 가장 작은 검출 변화량을 분해능이라 한다. 그림 8.30과 같이 광학식 부호기(optical encoder)를 이용하여 예를 들기로 한다.

디스크가 90°만큼 회전하면 카운트되어 디스플레이에 표시된다. 따라서 이 부호기는 90°의 분해능을 가지고 있다고 할 수 있다. 실제로 부호기는 일반적으로 100~1000pulse/rev가 제공된다.

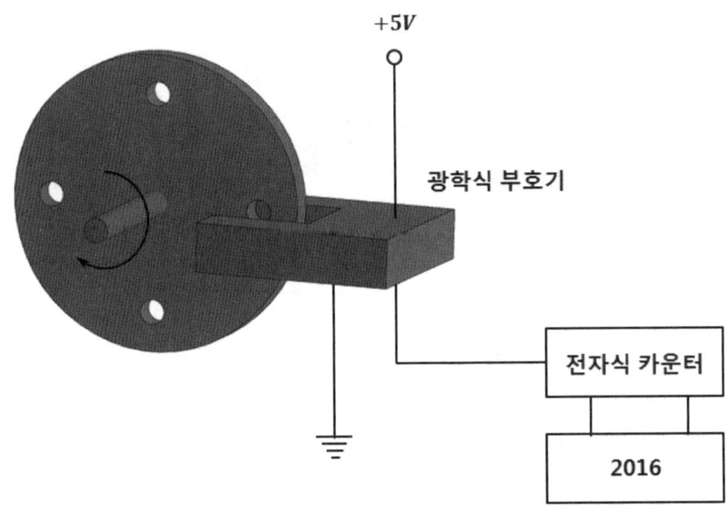

그림 8.30 부호기를 이용하여 예를 든 분해능의 개념

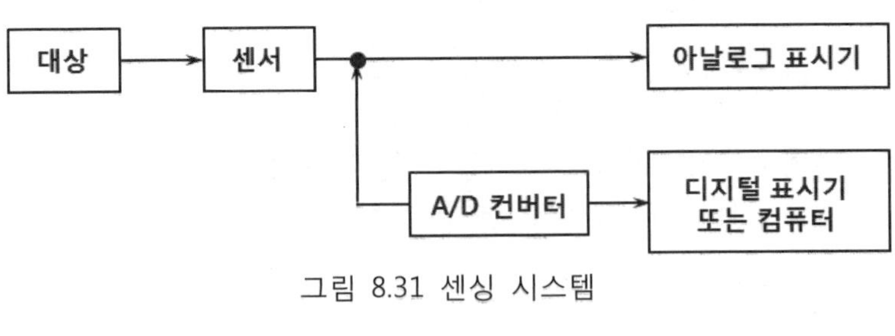

그림 8.31 센싱 시스템

컴퓨터를 제어에 이용할 때 A/D컨버터에 의해 발생하는 비트수가 측정할 때의 분해능이 될 수 있다. 그 이유를 그림 8.31과 같은 센싱 시스템을 통해 알아보기로 한다.

아날로그 표시기(예를 들어 전압계 또는 전류계)보다는 당연히 디지털 표시기 또는 컴퓨터를 이용하는 것이 효과적이다.

아날로그 표시기에 센서 출력을 접속할 경우에는 임피던스(impedance)를 맞추어 직접 접속하면 되지만 디지털 표시기 또는 컴퓨터에 접속하는 경우에는 센서 출력의 아날로그 신호를 컴퓨터가 알아들을 수 있도록 디지털 신호로 변환시켜야 한다. 이것이 바로 A/D 컨버터(Analog to Digital Converter)이다. 따라서 센서의 분해능이 A/D 컨버터의 분해능보다 좋아도 소용없게 된다. 왜냐하면 최종적으로 컴퓨터에 정보를 전달하는 것이 A/D 컨버터이기 때문이다. 그러면 A/D 컨버터가 어떻게 분해능과 관련되는가를 알아보자.

A/D 컨버터의 분해능은 $resolution = 2^n$ (n : 비트수)으로 표시된다. 예를 들어 8비트 A/D 컨버터는 센서 출력의 아날로그 신호를 256 부분($2^8 = 256$)으로 분해할 수 있다. 10비트 A/D 컨버터는 아날로그 신호를 1024 부분($2^{10} = 1024$)으로 분할한다. 그리고 12비트 A/D 컨버터는 4096 부분($2^{12} = 4096$)으로 분할할 수 있다. 그러나 A/D 컨버터는 분해능이 좋을수록(예를 들면 8비트보다 12비트가 좋다) 가격이 비싸진다. 그러므로 측정 목적에 알맞게 센서의 분해능과 A/D 컨버터의 분해능을 적절히 선택하여 조합할 필요가 있다.

그러면 다음 예제를 통해 분해능의 개념을 알아보자.

예제 8.4

길이 2.5m의 날개를 가진 풍차가 있다. 모터와 기어는 날개의 중심에 붙어 있으며 늦은 속도로 회전한다. 오차 2cm 내의 풍차 위치를 알려고 한다. 부호기를 축에 직접 설치할 때 부호기의 분해능은 적어도 얼마나 필요한가?

풀이

원주의 둘레는

$$\text{원주 둘레} = \pi d = 3.1415 \times 2.5m = 7.854m$$

이므로 원호의 길이는 다음과 같이 계산된다.

$$\frac{\text{arc}}{360^\circ} = \frac{2cm}{785.4cm} \qquad \therefore \quad \text{arc} = 0.917^\circ$$

그러므로 부호기의 출력 펄스수는 다음과 같다.

$$\frac{360^\circ}{0.917^\circ} = 392.6\,\text{pulse/rev}$$

즉, 부호기는 모터축 1회전 당 적어도 393 펄스의 분해능이 필요하다.

예제 8.5

10mV/℃의 성능을 갖는 온도 센서가 있다. 이 센서로 챔버 내의 온도를 0~100℃까지 측정하려고 할 때 FS 5V를 갖는 8비트 A/D 컨버터를 이용하여 1℃의 분해능 측정이 가능한가?

풀이

8비트 A/D 컨버터의 분해능력은 $2^8 = 256$ 이고, FS 5V 입력에 대한 1비트당 분해능은 $5V/256 = 19.5mV/1bit$ 이다. 따라서 온도센서의 성능이 $10mV/1℃$ 의 입력 변화를 갖는 분해능을 가지므로 $19.5mV/1bit$ 의 분해능을 가지는 A/D 컨버터는 충분하지 못한 것을 알 수 있다. 그러면 이 경우 8비트 A/D 컨버터로 가능한 최소 온도를 살펴보자.

최대 온도(100℃)에서 센서 출력은 $(10mV/℃) \times 100℃ = 1V$로 이것은 A/D 컨버터의 FS 가 된다. 따라서 센서 출력을 5배까지 증폭하면 100℃일 때 5V의 출력을 내게 되어 A/D 컨버터의 FS 입력과 일치한다.

1℃당 출력은 $1℃ \times (10mV/℃) \times 5 = 50mV$이고 따라서 8비트 A/D 컨버터를 이용할 때 분해능이 $19.5mV/1bit$ 이므로 $0.39℃$ 로 분해($19.5mV/50mV = 0.39$)가 가능하다.

3) 반복성(repeatability)

반복성은 정확도(accuracy)와 유사한 정밀도(precision) 개념이다. 학술적으로는 정밀도라는 용어를 많이 사용하지만 일반적으로 센서 카탈로그에서는 반복성이 많이 사용되고 있다.

표 8.3 3개의 로드셀에서 반복성 실험 결과

시행 횟수	로드셀 출력 (mV)			시행 횟수	로드셀 출력 (mV)		
	A	B	C		A	B	C
1	10.02	11.50	10.00	8	8.47	11.50	10.00
2	10.96	11.53	10.03	9	10.08	11.43	8.97
3	11.20	11.52	10.02	10	8.32	11.48	8.98
4	8.39	11.47	8.93	최대값	11.20	11.58	10.08
5	10.50	11.42	8.92	최소값	8.02	11.42	8.92
6	10.94	11.51	10.01	평균값	10.09	11.49	8.99
7	8.02	11.58	10.08				

반복성은 동일한 입력을 여러 번에 걸쳐서 인가했을 때 출력이 어떤 값에 잘 추종하는가를 나타내는 말이다. 이것을 재현성이라 하는 데도 있다.

일반적으로 정확도란 계통적 오차로서 여러 번 반복하여 얻은 센서 출력 신호의 평균값과 참값(교정시 이용하는 값)의 차를 나타내는 치우친 정도를 의미한다. 한편 정밀도란 우연오차에 의한 것으로서 흩어진 정도(통계에서는 분산이란 용어를 사용)를 나타낸다.

한편 반복성은 다음과 같이 표현할 수 있다.

$$\text{반복성} = \frac{(\text{최대값} - \text{최소값})}{\text{풀스케일}} \times 100\%$$

$$\text{반복성} = \frac{(\text{최대 편차값} - \text{평균값})}{\text{풀스케일}} \times 100\%$$

여기서 최대 편차는 평균값으로부터 가장 멀리 떨어진 값이다.

예제 8.6

3개의 로드셀에 대한 반복 성능을 검사한 결과 표 8.3과 같다. 이 표는 동일한 50kg의 무게를 각각의 로드셀에 10회씩 가할 때의 측정 결과이다. 반복성(또는 정밀도)과 정확도에 대해 논하라.

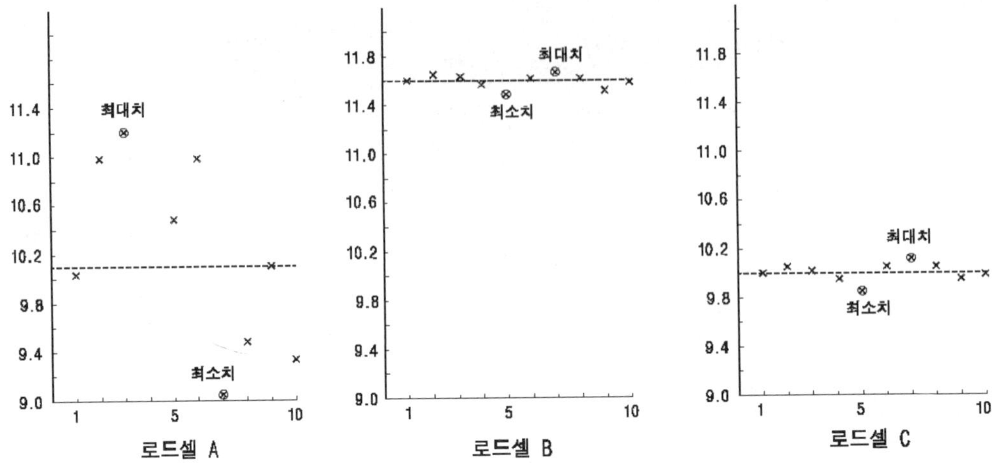

그림 8.32 로드셀의 반복성 검사(예제 8.6)

풀이

3개의 로드셀에 대한 출력 분포는 그림 8.32와 같이 나타낼 수 있다.

로드셀 A, B, C의 참값을 10으로 가정한다. 이 때 위의 반복성 검사 결과에서 로드셀 A는 평균값 10.09에 대해 넓게 분포되어 반복성은 떨어지지만 참값 10에 가까우므로 정밀도는 좋다. 로드셀 B는 평균값 11.49에 대해 측정값의 분포가 크지 않아서 반복성은 좋지만 참값 10에서 많이 치우치므로 정밀도는 나쁘다. 로드셀 C는 평균값 8.99에 대해 측정값의 분포가 작고 참값에 대한 치우침도 작으므로 반복성과 정밀도가 모두 좋다.

4) 히스테리시스(hysteresis)

히스테리시스는 입력을 증가시킬 때와 감소시킬 때의 센서 출력값이 달라지는 것을 말한다. 이것은 각종 센서 재료(트랜스듀서)가 갖는 물리적 성질에 따라서 히스테리시스가 나타나는데 탄성재료(스트레인 게이지), 강자성체(유도형 근접 센서), 강유전체(정전용량형 근접 센서)로부터 발생되는 것이 대표적인 예이다.

예제 8.1의 표 8.1을 그래프로 나타내면 그림 8.33과 같다. 그림에서 55kg을 가할 때 8.85mV가 출력되고 계속해서 풀스케일까지 무게를 증가시킨 다음 다시 무게를 줄여서 55kg이 될 때는 11.80mV가 된다. 그러므로 히스테리시스는 다음과 같이 계산할 수 있다.

$$\text{히스테리시스} = \frac{11.80mV - 9.85mV}{20mV} \times 100\% = 9.75\%\text{FSO}$$

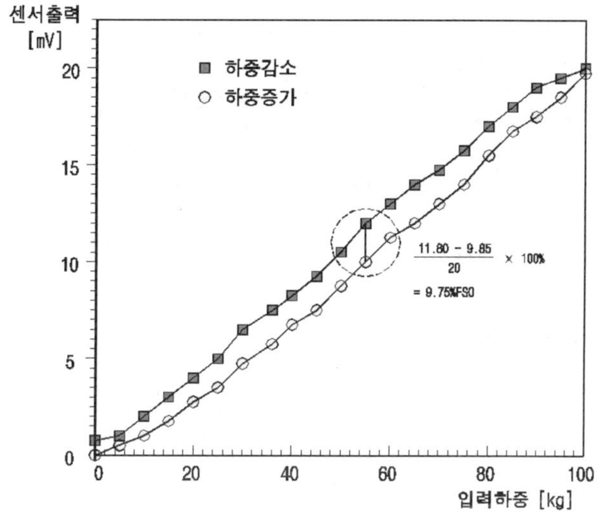

그림 8.33 히스테리시스의 계산 예

실제로 이러한 히스테리시스를 피하기 위해서는 가능한 풀스케일까지 측정하지 말아야 한다.

5) 선형성(linearity)

선형성이란 한 마디로 말해서 직선 관계식으로부터의 어긋남 정도를 나타낸다. 반드시 센서의 입력과 출력이 꼭 직선적이어야 한다는 것보다는 그림 8.34와 같은 시스템이 있을 때 다음과 같은 성질을 가지고 있으면 선형성이라 판정할 수 있다.

$$y = L(x_1) + L(x_2) = L(x_1 + x_2) \text{ : 덧셈 특성}$$

$$y = L(\alpha x_1) = \alpha L(x_1) \text{ : 스케일링(또는 증폭) 특성}$$

여기서 y는 센서의 출력이고 x_1 또는 x_2는 센서의 입력, α는 증폭율(스케일 계수)이다. 즉 센서 입력을 x_1과 x_2로 할 경우 x_1신호를 입력한 것과 x_2신호를 입력한 경우의 출력과 x_1신호에 x_2신호를 더하여 입력한 경우의 출력이 동일할 때(덧셈 특성), 또한 x_1신호에 α배 한 것을 센서에 입력하여 얻은 센서 출력과 x_1신호를 입력하여 얻은 센서 출력에 α배 한 것이 동일할 경우(스케일링 특성) 이 센서는 선형성을 가지고 있다고 말할 수 있다.

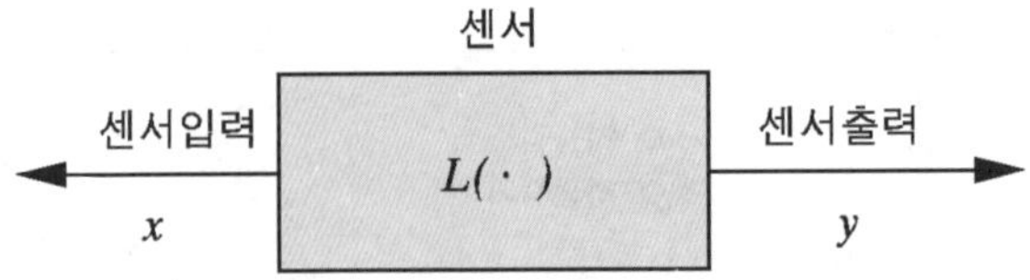

그림 8.34 선형성의 또다른 개념

이러한 선형성의 표현 방법은 다음과 같이 3가지 경우가 있다.

(1) 시작점 - 끝점 선형성(end point linearity)

교정 곡선에서 시작점과 끝점 사이를 직선으로 나타낸 것으로서 이 직선에서 벗어난 최대 편차와 최소 편차를 결정하며 풀스케일 출력의 +__%와 -__%로 표시한다. 이러한 시작점 - 끝점 선형성의 계산 예를 그림 8.35에 나타내었다.
그림 8.35에서 시작점 - 끝점 선형성의 계산은 다음과 같다.

$$\text{시작점} - \text{끝점 선형성} = \frac{13.00mV - 13.94mV}{20mV} \times 100\% = -4.70\%\text{FSO}$$

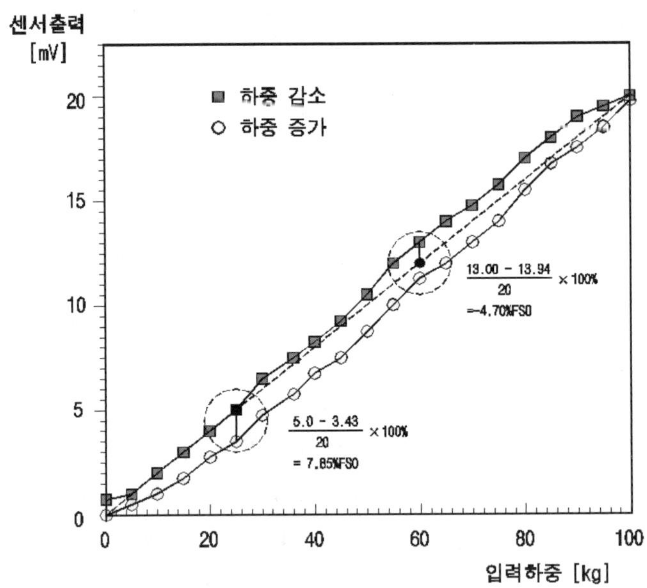

그림 8.35 시작점 - 끝점 선형성의 계산 예

또한 다음과 같이 계산할 수도 있다.

$$\text{시작점}-\text{끝점 선형성} = \frac{5.00mV-3.43mV}{20mV} \times 100\% = 7.85\%\text{FSO}$$

(2) 독립선분 선형성(independent straight-line linearity)

독립선분 선형성의 계산은 다음과 같이 한다. 2개의 평행 직선을 교정 곡선상에 그린다. 2개 선분의 중간값을 독립 선분으로 그린 다음 중앙 선분으로부터의 최대 편차를 풀스케일 출력의 +__%, -__%로 표시한다. 이러한 독립선분 선형성의 계산 예를 그림 8.36에 나타내었다. 그림 8.36에서 독립선분 선형성의 계산 값은 다음과 같다.

$$\text{독립선분 선형성} = \frac{11.90mV-13.94mV}{20mV} \times 100\% = -5.2\%\text{FSO}$$

또한 다음과 같이 계산할 수도 있다.

$$\text{독립선분 선형성} = \frac{5.65mV-4.48mV}{20mV} \times 100\% = 5.85\%\text{FSO}$$

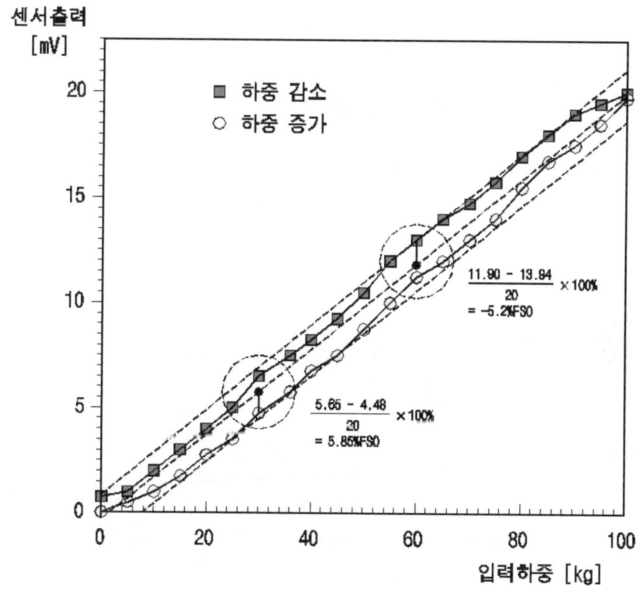

그림 8.36 독립선분 선형성의 계산 예

(3) 최소자승 선형성(least square linearity)

최소자승 선형성은 통계적인 방법으로서 제곱 편차의 합이 최소가 되도록 한 선을 기준으로 하여 구한다.

x : 센서의 입력값
y : 센서의 출력값
m : 직선의 기울기
b : 직선의 y축과의 절편
N : 데이터수

$$m = \frac{N\sum xy - \sum x \sum y}{N\sum x^2 - (\sum x)^2}$$

$$b = \frac{\sum y}{N} - m\frac{\sum x}{N}$$

$$\text{센서의 출력} = m \times \text{센서의 입력} + b$$

위의 계산식에서 구한 직선으로부터 데이터의 최대 편차를 구하고 다음 식으로 선형성을 구한다.

$$\%\ \text{선형성} = \frac{\text{최대편차}}{\text{풀스케일}} \times 100\%$$

예제 8.7

표 8.1의 로드셀 데이터로부터 최소자승 선분을 구한 다음 그 결과를 그리고 선형성을 계산하라.

풀이

측정 곡선으로부터 증가 방향과 감소 방향의 데이터를 입력하면 다음과 같은 기울기와 절편을 구할 수 있다.

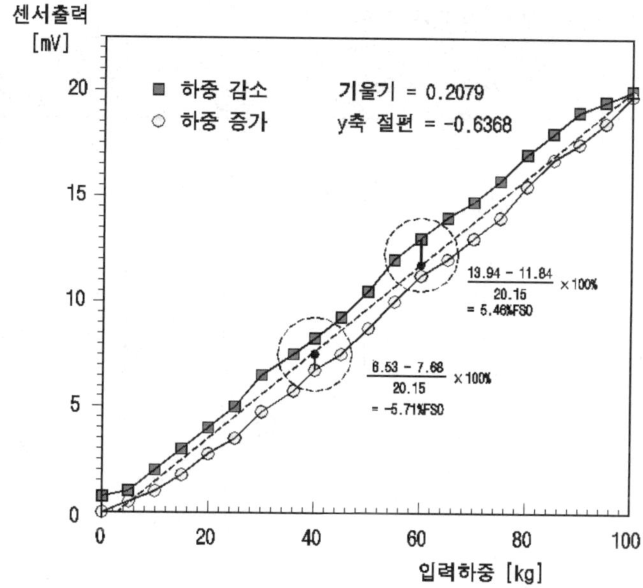

그림 8.37 최소자승 선형성 계산 예

$$m = 0.2079\, mV/kg$$

$$b = -0.6368\, mV$$

따라서 로드셀 데이터의 최소자승 선형성은 그림 8.37과 같다.
또한 이 선분의 방정식은 다음과 같으며 표 8.4에 그의 결과를 나타낸다.

$$V_{out} = \left(0.2079 \frac{mV}{kg}\right) \times 부하입력 - 0.6368$$

최대 편차는 40kg 입력과 60kg 입력에서 발생하므로 선형성은

$$\%\,선형성 = \frac{-1.15mV}{20.15mV} \times 100\% = -5.71\%\,FSO$$

$$\%\,선형성 = \frac{+1.10mV}{20.15mV} \times 100\% = 5.46\%\,FSO$$

가 된다.

표 8.4 최소자승 방정식의 계산 결과와 측정값의 비교

부하 출력	V_{out}	하중 증가시의 측정값	하중 감소시의 측정값
0	−0.64	0.08	0.66
5	0.40	0.45	0.88
10	1.44	1.02	8.04
15	8.48	1.71	8.10
20	8.52	8.55	4.18
25	4.56	8.43	5.13
30	5.60	4.48	8.04
35	8.64	5.50	8.02
40	8.68	8.53	8.06
45	8.72	8.64	8.35
50	8.76	8.70	10.52
55	10.80	8.85	11.80
60	11.84	11.01	18.94
65	18.88	18.40	18.86
70	18.92	18.32	14.82
75	14.96	14,35	15.71
80	18.00	15.40	18.84
85	18.03	18.48	18.92
90	18.07	15.66	18.70
95	18.11	18.90	18.50
100	20.15	18.93	20.02

6) 감도(sensitivity)

감도란 센서 입력(기계량)의 변화에 의해 발생되는 변화의 비율을 나타낸다. 감도의 표현법은 센서의 최소 눈금(1눈금)이 지시하는 측정량을 이용하거나 센서 입력을 일정하게 할 때의 센서 출력의 변화량에 의하여 나타낼 수 있다. 이러한 감도는 값을 크게 하면 좋아질 수 있으나 일반적으로 감도가 좋은 센서 일수록 검출 범위는 좁고 진동이나 온도 등의 검출 환경에 예민하다. 또한 감도가 좋다고 하여 센서가 반드시 정밀도나 정확도가 높다고 할 수 없다. 따라서 센서의 성능은 감도, 정밀도, 정확도 등 어느 한 쪽만을 가지고 평가할 수 없다.

8.6.2 동적 특성

제어시스템에 직접적으로 영향을 줄 수 있는 제어기의 입력 값을 변화시키고자 센서를 이용한다. 그러므로 입력의 변화에 따른 센서의 응답이 매우 중요하며 바로 이러한 것이 센서의 동적 특성이다.

센서의 동적 특성은 상승시간, 시정수, 불감시간 등에 의해 규정되며 이들은 스텝입력(step input)에 의해 측정된다. 만약 센서가 2차계이면 감쇠계수(ζ)는 고유 진동수(ω_n), 정정시간, 퍼센트 오버슈트 등으로 주어진다. 이러한 2차계의 동적 특성은 센서에 사인파 입력(sinusoidal input)을 가하여 측정한다.

1) 1차계 센서의 특성

일반적으로 1차계 센서의 동적 특성은 시정수로 나타낸다.

(1) 상승 시간(rise time)

상승시간이란 스텝 입력을 가할 때 FSO의 10%에서 90%에 도달할 때까지의 시간을 말한다. 그림 8.38은 상승시간($t_r = 1.2s$)의 계산 예이다.

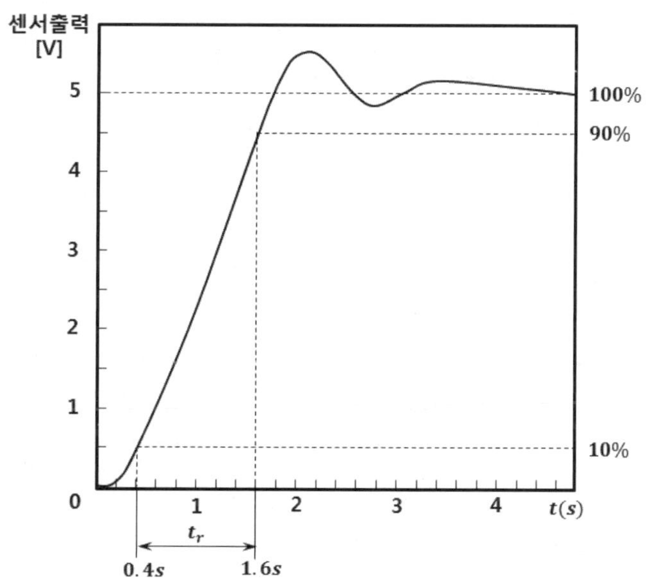

그림 8.38 상승시간의 예

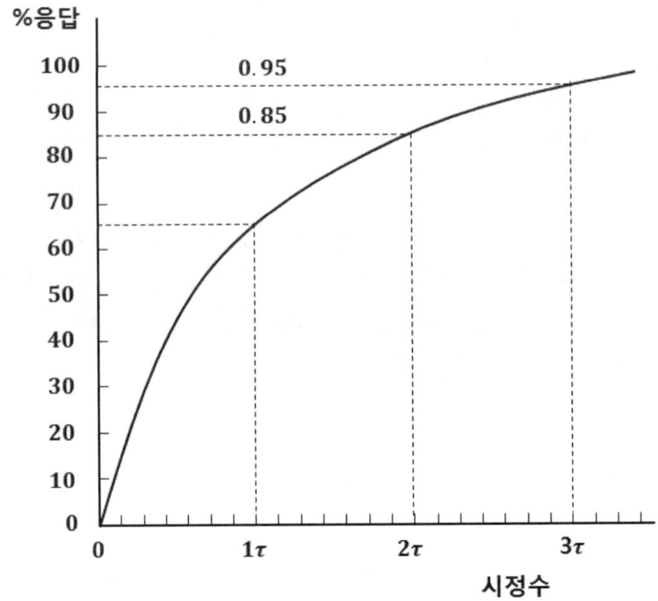

그림 8.39 시정수의 특성

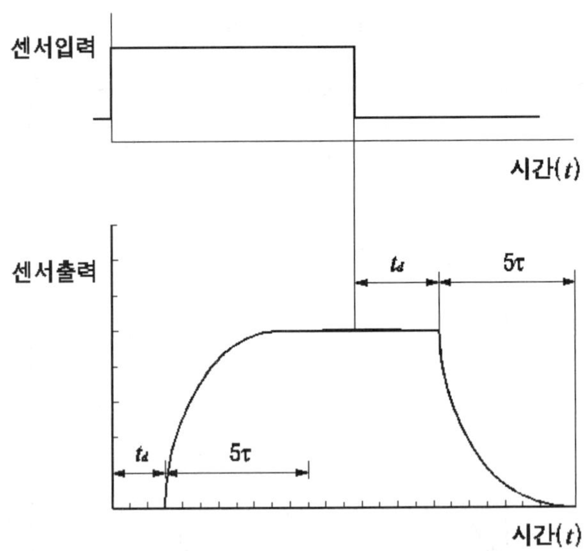

그림 8.40 불감시간의 예

(2) 시정수(time constant)

시정수란 FSO의 68.2%에 도달할 때까지의 시간을 말한다. 그림 8.39에서 1τ는 1시정수를 의미하며 3시정수(3τ)는 응답이 최종 값의 5%이내 범위에 존재한다. 제 4시정수(4τ)는 2% 범위 내에 존재하며 제 5시정수 이후의 응답은 최종 값에 수렴하게 된다.

(3) 불감시간(dead time)

불감시간이란 입력을 준 후 출력이 나올 때까지의 시간을 말한다. 이 불감시간은 그림 8.40과 같이 입력을 줄 때와 입력을 끊을 때 t_d가 된다.

2) 2차계 센서의 특성

일반적으로 2차계 센서의 동적 특성은 주파수 응답 선도(보드선도)에서 볼 수 있는 고유 진동수(ω_n)로 나타낸다.

(1) 감쇠 계수

감쇠계수 ζ에 따라 다음과 같이 분류할 수 있다.

$\zeta>1$이면 과감쇠형 센서
$\zeta=1$이면 임계감쇠형 센서
$\zeta<1$이면 부족감쇠형 센서

(2) 퍼센트 오버슈트

오버슈트는 부족 감쇠형 센서에서 생기고 다음 식과 같이 퍼센트 오버슈트로 나타낸다.

$$\%\ 오버슈트 = \frac{초기\ 첨두값 - 정상\ 상태}{정상\ 상태} \times 100\%$$

(3) 정착 시간

정착 시간은 센서에 입력을 가한 후 어느 시간 후에 만족할 만한 출력이 나오는가를 나타내는 것이다. 2% 정착 시간은 출력이 최종 목표값의 ±2% 밴드(band) 내에 도달할 때까지의 시간이다. 그림 8.41은 이러한 ±2% 밴드 내의 정착 시간 $t_{2\%}$를 나타낸다.

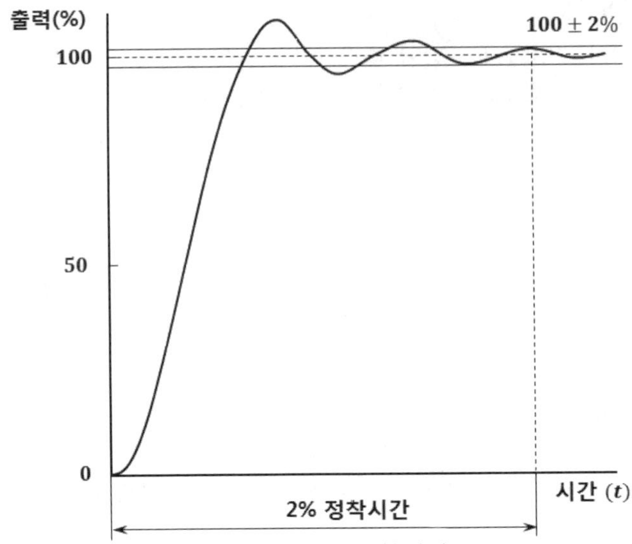

그림 8.41 2% 정착시간

(4) 주파수 응답(frequency response)과 차단 주파수(high frequency cut off)

만약 센서가 선형적이면 사인 입력 신호에 대해 사인 출력 신호가 출력된다. 입력 주파수가 증가하면 센서는 더욱 더 빨리 응답해야만 한다. 그러나 센서는 입력의 빠른 변화에 대해 더 이상 추종할 수 없게 되며 센서의 출력은 작아지게 된다. 입력 주파수가 증가함에 따라 출력의 진폭이 계속 떨어지고 이러한 입력 주파수의 증가에 대한 출력의 진폭 강하를 보는 그림이 주파수 응답이다.

그림 8.42에서 y축은 센서의 게인(gain)이고 이것은 입력에 대한 출력의 비이다. 일반적으로 게인은 다음과 같은 식이 이용된다.

$$dB = 20\log\left(\frac{출력}{입력}\right)$$

x축은 선형축이 아니라 로그축이며 이것은 그림으로 나타낼 주파수의 영역을 넓게 잡을 수 있다. 고주파수 영역에서 차단 주파수(f_h, cut off frequency)는 센서 게인이 0.707로 떨어질 때의 주파수이다. 만약 y축이 dB단위로 되어 있으면 게인이 -3dB되는 점이 f_h이다.

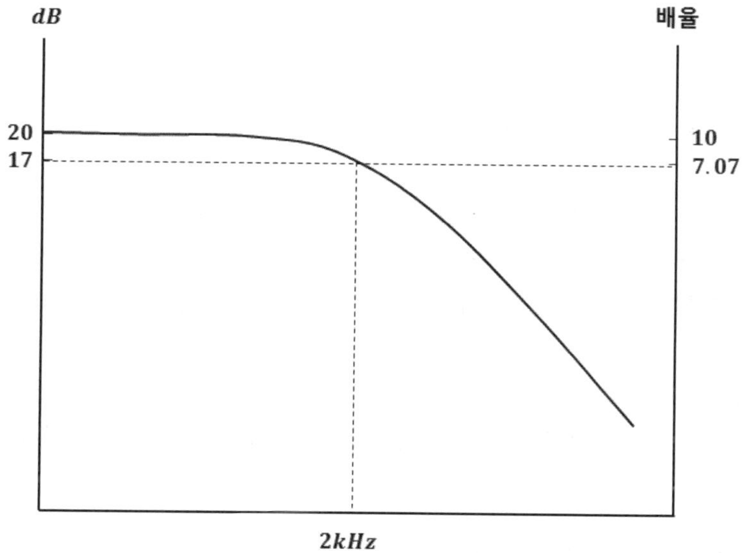

그림 8.42 주파수응답과 차단주파수의 예

예제 8.8

그림 8.42에서 차단 주파수 f_h 를 결정하라.

풀이

저주파수 이득은 20dB이며 차단 주파수는 이득 약 -3dB(감쇠율 0.707)로 감쇠하는 주파수이다. 이것은 데시벨 이득이 17dB이고 이득이 8.07에 해당되는 주파수이다. 따라서 차단주파수는 그림과 같이 2kHz가 된다.

한편 고주파 영역의 차단 주파수는 상승시간과 관계가 있다. 즉,

$$t_r = \frac{0.35}{f_h}$$

이다. 그러므로 과도 응답 특성이 아니면 고주파수 영역의 차단 주파수 특성으로부터 센서의 검출속도(성능)를 계산해 낼 수 있다.

8.7 센서의 이용

8.7.1 센서의 사용상 주의사항

자동 기계나 장치에는 기계의 동작을 감시하기 위해서 센서가 사용되고, 그의 출력 신호에 의해 기계가 제어되고 있다. 출력 신호로서는 신호처리의 편리함으로부터 일반적으로는 전기 신호가 이용되고 있다. 특수한 환경(폭발을 방지하는데 필요로 하는 환경)에서는 안전 면에서 공기압 신호를 이용하는 수가 있다.

제품의 품질 보증을 위해 상용되는 센서는 제품의 품질을 측정하여 그의 데이터를 기본으로 컨트롤러가 제품을 부류 분리 한다든지 전의 공정에 수정의 명령을 한다. 그 경우도 전기신호가 많이 이용되고 있다.

이상으로부터 알 수 있듯이 센서를 사용하는 목적은 다음과 같이 지적할 수 있다.

① 자동기계나 장치의 사고를 감소할 것
② 고능률로 안전을 보장할 것
③ 안전한 품질의 제품을 만들 것

또한, 센서를 사용하는 이점은 다음과 같게 된다.

① 시스템을 자동화할 수 있을 것
② 시스템의 신뢰성을 향상할 수 있을 것

그 결과 센서는 시스템을 항상 감시하고 작업자 대신에 기계 시스템을 조작하는 것으로 된다. 이를 위해서는 센서는 인간의 눈과 귀 등에 상당하는 능력을 갖고, 항시 신뢰성이 있는 출력을 낼 필요가 있다. 기계나 제품의 신뢰성을 향상하기 위해서라고 생각해서 흔히 많은 센서를 사용하는 경우가 있다. 이것은 틀리다. 시스템이 절대 확실하다고 보증할 수 있는 센서는 없고 센서를 사용한 것으로 인해 역으로 신뢰성이 떨어지는 경우도 있다.

센서를 사용하는 경우 성능이나 동작원리, 신호처리 등의 기본 사항에 대해서 충분히 조사할 필요가 있지만 무엇보다도 기본적인 사고방식이 중요하다. 그 기본적인 사항에는 아래와 같은 것이 있다.

1) 필요 센서 수의 최소

센서에는 절대적으로 신뢰할 수 있는 것은 없다. 센서로부터의 오신호에 의해 사고나 동작불량, 기계정지, 불량품 발생 등의 문제가 일어나는 경우가 있다. 센서를 사용하면 기계나 시스템에 있어서는 크게 편리하지만 역으로 동작 불량 등에 의해 불량한 상태도 발생한다. 따라서 센서를 사용하는 경우는 어떻게 해서도 필요한 장소에 최적인 종류의 것을 필요한 개수만큼 붙이도록 해야 한다.

2) 센서의 구조는 간단, 취급용이

센서는 구조가 간단, 단순한 만큼 확실히 동작한다. 또한, 작은 고장이 발생해도 전문가 없이 처리할 수 있다. 센서의 구조가 복잡한 경우에는 현장에서 수리하는 것은 불가능하게 되고 전문가에 보이지 않으면 안 된다. 더구나 센서에 전자회로가 포함되어 복잡한 경우에는 전문가라도 오신호의 발생 장소조차 찾아내기가 곤란하게 된다. 따라서 센서를 사용하는 경우는 될 수 있는 한 간단한 구조의 것이 바람직하다.

3) 센서의 수명을 고려

센서에는 수명이 있으므로 그것을 연장하기 위해서는 보수를 잘하는 것이 필요하다. 센서를 기계에 붙이면 안심하여 기계가 고장 없이 운전한다고 생각하여 보수를 게을리 하는 경우를 자주 본다. 그러나 센서에도 수명은 있다. 붙인 상태도 변할지도 모르므로 정기적으로 보수 점검을 행할 필요가 있다.

4) 센서의 붙임 장소의 주의

센서가 상당히 좋은 성능을 가지고 있어도 사용 방법이 부적당하면 그의 성능은 충분히 발휘할 수 없으며 오동작의 원인도 된다. 센서를 붙임으로 인해 시스템의 안정이 무너지는 경우도 있다. 따라서 센서를 불안한 장소에 붙여 진동 등이 원인으로 센서가 흔들려 그 결과 오동작을 발생하는 것은 절대로 피하기 바란다.

8.7.2 센서의 선택 방법

센서는 천차만별이며 같은 종류의 측정량에 대해서도 다른 동작원리의 센서가 있으므로 목적에 적합한 센서를 선택할 필요가 있다. 적합한 센서를 선택하는 데는 센서에 대한 기준을 만들어 그것에 기준하여 선택하는 것이 필요하다. 기준들을 전부 만족하는 센서는 반드시 필요하지 않지만 센서를 선택할 때에 여러 가지 항목에 대해서 검토하지 않으면 안 된다.

1) 측정 조건

센서의 선택을 잘못하면 시스템이 신뢰성 없는 것으로 되어버린다. 이와 같은 것을 방지하기 위해서는 시스템 전체에 대해 검토하여 센서의 필요성과 사용 목적을 명확히 해놓지 않으면 안 된다. 부적절한 센서나 불필요한 센서는 사용하지 않도록 한다.

측정 조건의 명확화의 검토 항목을 다음에 열거한다.

① 측정의 목적
② 측정량의 선택
③ 측정 범위
④ 입력 신호의 대역폭
⑤ 요구 정도
⑥ 측정의 소요 시간
⑦ 과도 입력의 발생 빈도

이것들을 충분히 음미한 후에 목적에 맞는 센서를 선택하는 것이 중요하다.

2) 센서의 성능

센서는 각각 틀린 성능을 갖고 있다. 센서의 성능을 요구된 센싱 대상에 잘 어울리게 하는 것이 센서를 선택하는 데에 중요하다. 또한 검지가 뛰어나다 해도 센서로부터의 신호를 처리하는 데에 적합한 출력이고 양이 아니면 의미가 없다.

센서를 선택할 때는 성능에 대해서 다음의 항목을 검토할 필요가 있다.

① 정도
② 안정도

③ 응답 속도
④ 아날로그 신호인지 디지털 신호인지
⑤ 출력량과 그의 레벨
⑥ 대상물의 특성 영향
⑦ 교정 주기
⑧ 과도입력 보호

3) 센서의 사용 목적

센서가 사용되는 환경은 센서로부터 보면 일반적으로 그다지 좋은 조건의 장소는 아니다. 붙여진 장소가 좁은 곳이라든지 뜨거운 곳이라든지 제한이 있다.

① 설치 조건
② 환경 (온도, 습도, 진동)
③ 측정 시간
④ 표시기와의 사이에 신호 전송 거리
⑤ 외부 기기와의 접속법
⑥ 소요 동력원의 용량

4) 입수와 보수

센서는 성능에 의해서 가격에 커다란 차가 있다. 이를 위해서는 센서는 필요로 하는 충분한 성능을 사용해야 하고 쓸데없이 고감도의 센서를 사용할 필요는 없다. 오동작으로 파손한 경우에 교환하기 쉬운 것이나 생산 업체의 서비스 체제에 대해서도 고려해 놓는 것이 중요하다. 센서는 될 수 있는 한 시판되고 있는 표준품 가운데 선택하는 편이 좋다.

센서를 선택할 때에는 입수와 보수에 대해 다음의 항목을 검토할 필요가 있다.

① 가격
② 납기
③ 서비스 체제
④ 교환 부품의 정비
⑤ 보증기간

8.8 생산자동화용 센서

생산자동화에 사용되는 센서는 미리 설정한 특정의 위치에 물체가 이동 또는 존재하는 것을 검출하는 센서로서 접촉 동작형태와 비접촉 동작형태가 있다. 각각의 대표 센서로는 ON/OFF 신호의 형태로 검출하는 마이크로 스위치, 광전 스위치, 근접 스위치 등이 있고 영상처리에 의해 물체를 검출하는 시각 센서가 있다. ON/OFF 출력형태는 센서의 출력을 기준으로 하며 아날로그 출력형태는 시간에 따라 변화하는 기계량을 검출할 수 있다. ON/OFF 출력형태 센서는 PLC와 함께 시퀀스 제어시스템과 같은 간이 자동화에 널리 이용되며 정밀 제어용으로는 사용하기 어렵다. 시각센서는 생산자동화에서 제품의 패턴 결함검사에 널리 이용된다.

8.8.1 광전 스위치(optical switch)

투광기와 수광기 사이에 검출 물체가 개재하면 빛이 차단되므로 위치의 온·오프를 비접촉으로 검출할 수 있다. 검출 방식에는 8.1절에서 언급한 그림 8.3에 나타낸 투과감지, 근접감지 및 반사감지가 있으며 그림 8.43과 같은 모습이다. 투광기에는 발광 다이오드, 수광기에는 포토트랜지스터 혹은 포토다이오드가 사용된다. 주위의 영향을 받기 쉽지만 검출 거리는 10m까지 가능하다.

투과 빔에 의한 감지는 소스와 감지기가 정반대에 위치해서 빔이 소스에서 직접적으로 감지기로 투사되어져야 한다. 물체가 소스와 감지기 사이를 지나가면 빔은 중단이 되고 물체의 감지를 신호화한다. 투과 빔에 의한 감지 방법은 세 가지 감지 형태 가운데 가장 긴 범위를 제공한다. 소스와 감지기의 배치는 정확해야 한다.

반사 감지는 소스와 감지기가 감지되는 물체의 방향에 같이 설치되어야 한다. 빔은 소스로부터 역반사기로 투사되고 이는 다시 감지기로 보내어 진다. 물체가 반사되는 빔을 차단하면 물체가 감지되게 된다. 반사 감지는 가장 널리 쓰이고 있는데, 이유는 설치하는데 쉽고 유연성이 있으며 세 가지 방법 중에 가장 높은 비용 및 수행능력 비를 가지고 있기 때문이다. 감지되는 물체는 역반사기 보다 덜 반사적이어야 한다.

근접 감지는 소스와 감지기가 감지되는 물체의 방향에 같이 설치되어 있고, 센서 앞에 있는 한 점을 겨냥하고 있다. 물체가 소스와 감지기 앞을 지나갈 때 소스로부터 나온 빔은 물체의 표면에서 반사되어 감지기로 전해지며, 물체가 감지되게 된다. 각각의 센서의 타입은 그에 따르는 작동

영역을 가지고 있다. 일반적으로 한 쌍의 빔 투사기 방법이 가장 넓은 범위를 가지며, 그 다음으로 반사 감지법, 근접 감지법이 된다.

광전 스위치는 생산 자동화 라인 상에서 그 응용이 상당히 많이 있으므로 여기서 그 응용 가운데 몇 가지만 소개하기로 한다.

delay dark를 위해 설정된 시간 지연 회로가 장착되어 있는 광전자 반사 센서는 순간적인 빔의 중단을 무시한다. 빔이 미리 정해진 시간보다 더 길게 중단 될 경우에는 출력은 강해져서 경보를 울리거나 컨베이어를 중단하도록 한다(그림 8.44).

톱니의 위치를 알기 위해 광전자 센서를 달면, 프로그램화 가능한 제어기는 신호를 받아서 날을 회전시키고 다른 톱니를 날카롭게 할 수 있다(그림 8.45).

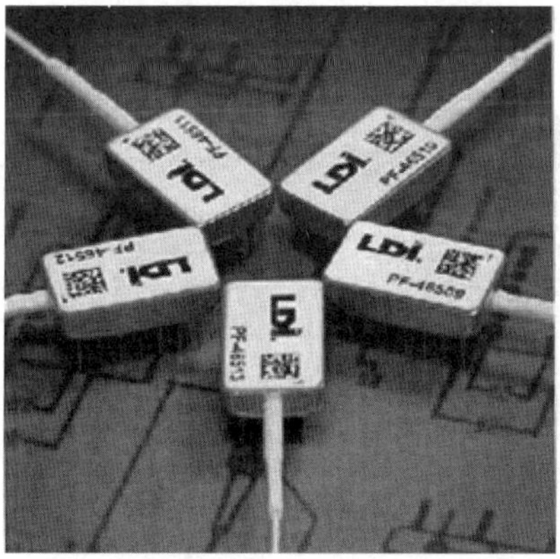

그림 8.43 광전 스위치 모습

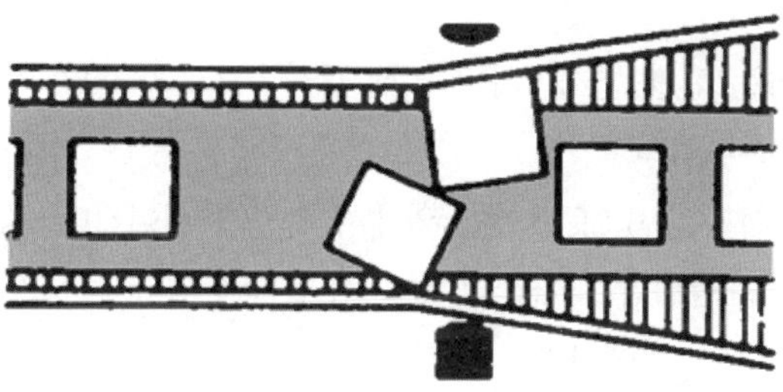

그림 8.44 막힘 감지(투과 감지)

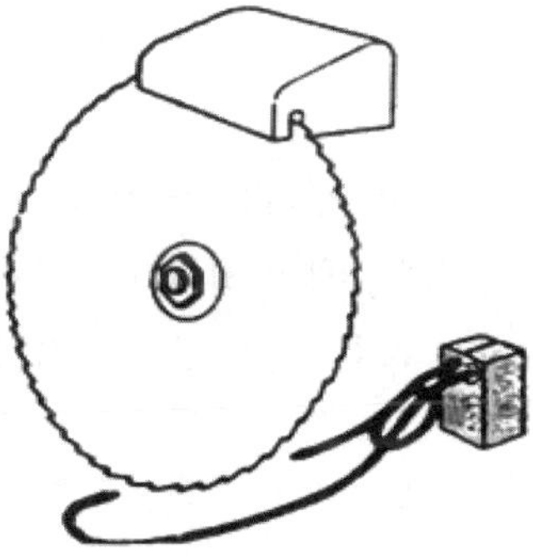

그림 8.45 톱날 검사(투과 감지)

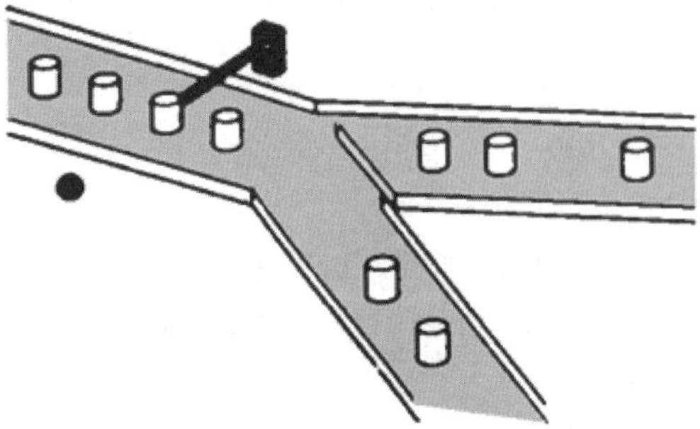

그림 8.46 깡통 계수 및 분리(반사감지)

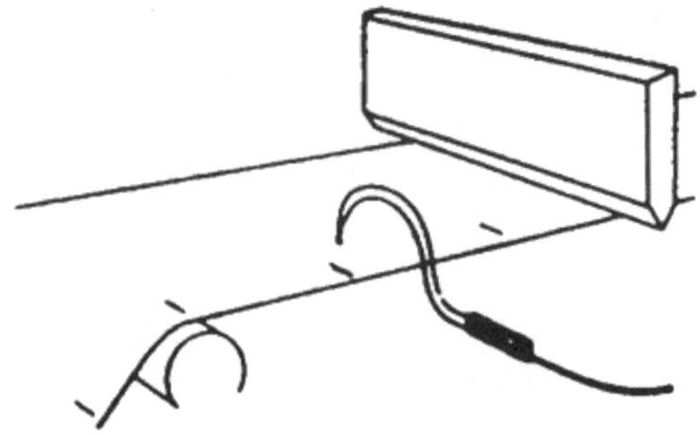

그림 8.47 인덱싱 마크 감지(근접감지)

그림 8.48 작은 물체 감지(근접감지)

깡통들이 분리 회로가 있는 극성 광전자 반사 센서에 의해서 제어되는 두 대의 다른 컨베이어로 나누어진다(그림 8.46). 물건들이 2, 6, 12, 24개로 그룹지어 나누어질 수도 있고 개수가 세어질 수도 있다.

종이의 가장자리에 있는 인덱스 표시는 절단하는 전단을 제어하기 위해 광섬유 소스/감지기 센서에 의해서 감지된다(그림 8.47).

빛의 커튼을 통해서 움직이는 작은 물체는 반사되는 빛의 변화에 의해서 숫자가 세어진다. 광전자 센서 유닛에 있는 낮은 대비 논리회로는 미세하지만 갑작스런 신호의 변화에 반응한다. 반면에 먼지의 축적으로 인한 느린 변화는 무시한다(그림 8.48).

8.8.2 근접 센서(Proximity Sensors)

근접 센서는 물체의 존재 유/무를 탐지해 내는 전기적 비접촉 센서이다. 근접.센서에는 유도성(Inductive) 근접센서와 용량성(Capacitive) 근접센서가 있다.

유도성 근접센서는 금속성물체의 비접촉 감지장치로 기계스위치를 대신해 사용된다. 용량성 근접스위치는 유도성 근접센서와 대등하게 사용된다. 그러나 용량성 근접센서는 비금속물체도 탐지할 수 있다. 유도성 근접센서와 용량성 근접센서 모두 100mm의 감지거리를 가진 한계스위치이다.

유도성, 용량성 근접센서에 비해서 광전 센서(스위치)의 장점은 감지거리가 증가되었다는 점이다. 그러나 먼지나 오일 찌꺼기 및 기타요소들은 생산과정 상황을 전달하는 중요한 과정 가운데 광전 센서의 원활한 작동을 방해할 수 있다. 이것은 비효율적이며 잘못된 데이터를 양산할 수도 있다.

유도성 근접센서는 4개의 기본요소로 이루어져 있다(그림 8.49). 즉, 센서고일과 페라이트 코어, 오실레이터회로, 탐지회로 및 고상출력히로로 이부어져 있다.

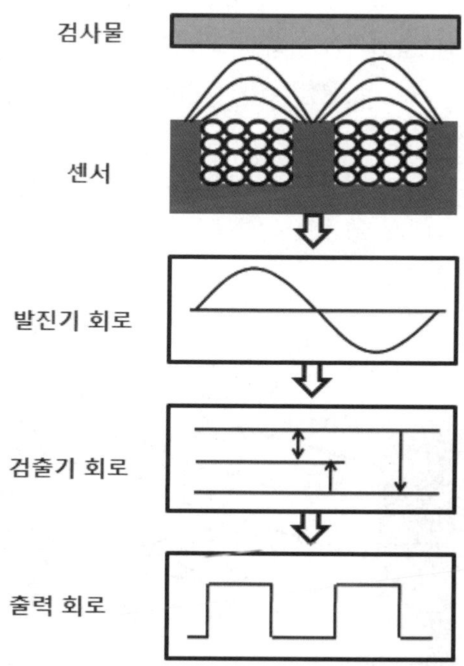

그림 8.49 유도성 근접센서의 구성요소

오실레이터회로는 페라이트 코어와 코일의 조립 부품으로부터 방출되는 무선주파 전자기장을 만든다. 무선주파 전자기장은 페라이트 코어의 중심축 주위에 집중되어 있는데 그 모양은 장의 형상이며 센서 면을 향하고 있다. 금속 검출체가 전자기장에 접근하여 들어가면 와전류가 금속 검출물의 표면에 유도된다. 이것은 하중효과(감쇠효과)를 유발하여 오실레이터 신호의 진폭을 감소시킨다(그림 8.50).

탐지회로는 오실레이터의 진폭변화를 탐지한다(그림 8.51) 탐지회로는 특정 작동진폭에서 스위치를 작동시킨다. 작동신호는 고상출력을 ON으로 변환시키는 신호를 발생시킨다. 이러한 상태를 감쇠상태라고 한다. 금속 검출이 전자기장에서 멀어지면 오실레이터는 진폭을 증가시킨다. 진폭이 특정진폭 이상이 되면, 탐지회로에 의해 탐지되어 스위치를 OFF 시키고 출력신호는 보통상태 또는 OFF(비감쇠) 상태로 전환된다.

그림 8.52는 유도성 근접센서의 설치 예를 나타낸 것이다.

용량성 근접센서는 그림 8.53과 같은 구성요소를 가지고 있다. 용량성 근접센서의 특징은 비금속 검출물을 감지할 수 있으며 기계적 리밋 스위치에 의해 감지될 수 없는 가볍고 작은 물체도 감지 가능하며, 비금속 방해물(유리, 플라스틱 등)을 통해 액체 검출물을 감지할 수 있다. 또한 실제적으로 무제한의 작동 사이클을 가지며 긴 작동 수명을 갖고 있다. 그러나 수분과 습도에 의해 영향을 받을 수 있으며, 효과적인 감지를 위해서는 범위에 제한이 있다는 것이다.

감지 범위는 유도성 근접센서보다 더 큰 감지 범위를 가지며, 용량성 근접센서는 감지거리가 코일의 크기에 따르는 반면 유도성 근접센서는 판 지름의 크기에 따른다.

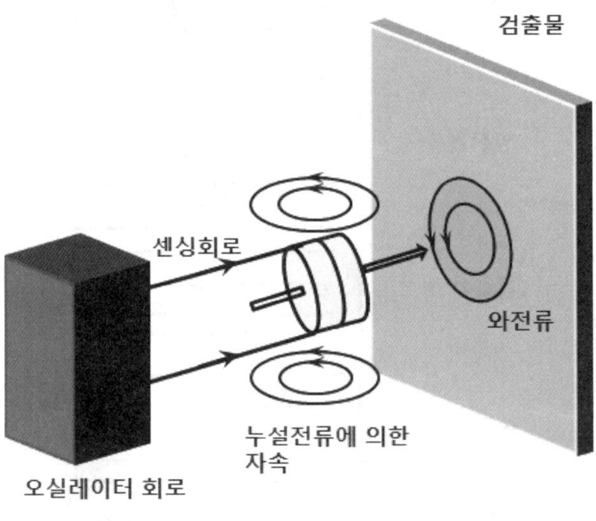

그림 8.50 유도된 와전류

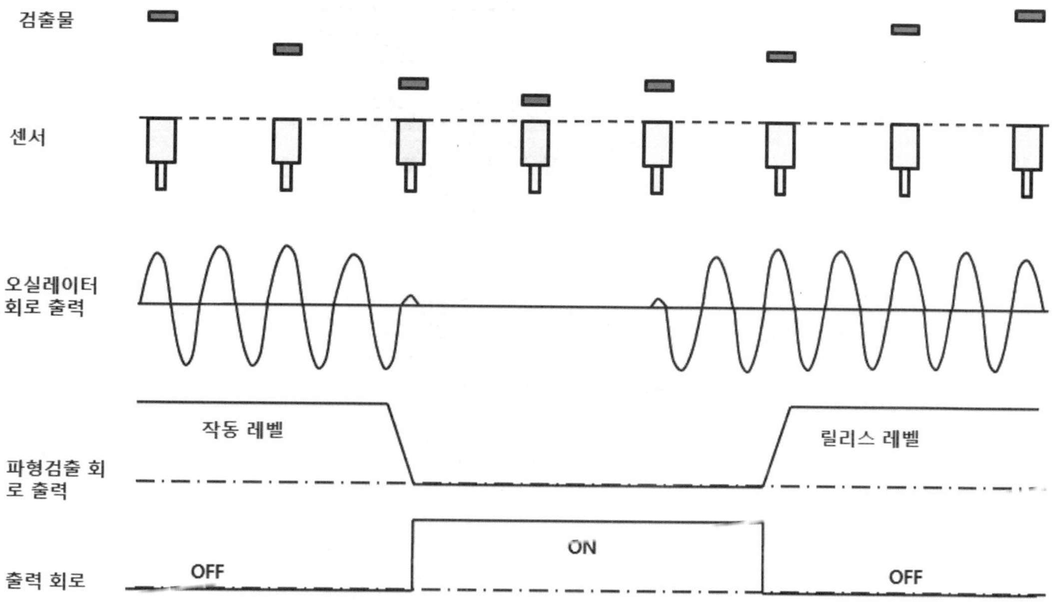

그림 8.51 유도성 근접센서의 검출 사이클

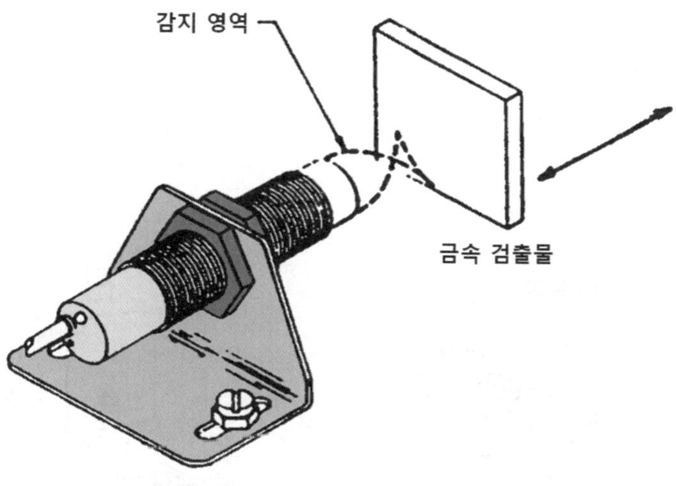

그림 8.52 유도성 근접센서의 설치 예

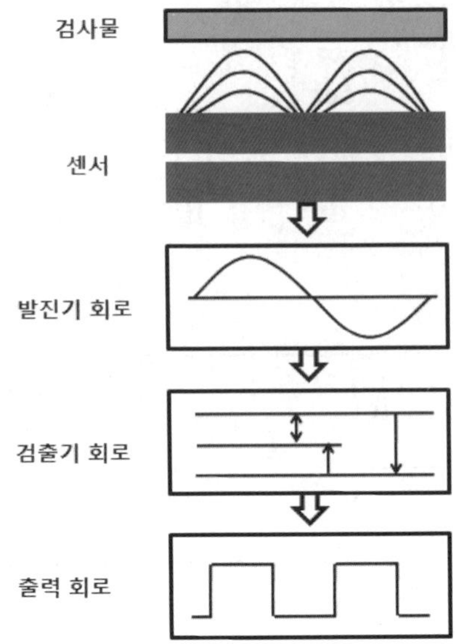

그림 8.53 용량성 근접센서의 구성요소

8.8.3 레이저 변위 센서

레이저 변위 센서는 삼각법에 의해 물체의 존재 유/무를 탐지해 내는 전기적 비접촉 센서이다. 광원으로서는 LED나 반도체 레이저를 사용하고 있다.

그림 8.54에서 그림 8.59까지는 각종 산업에의 응용 예를 나타낸 것이다.

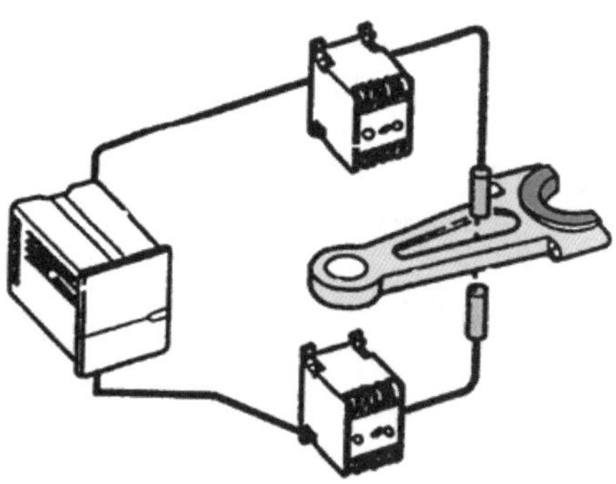

그림 8.54 커넥팅 로드의 두께 측정

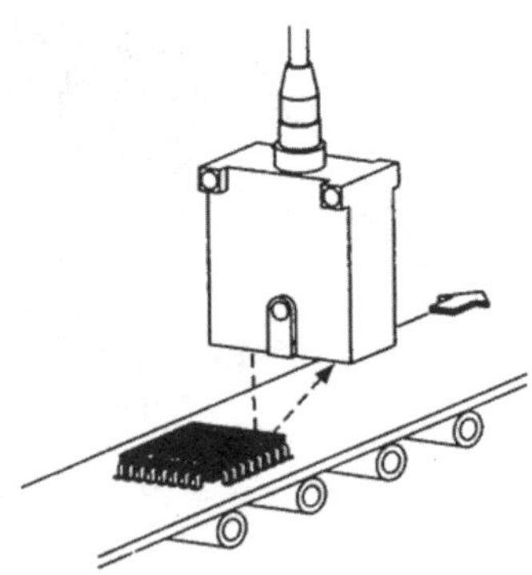

그림 8.55 IC 리드의 열 뒤틀림과 피치

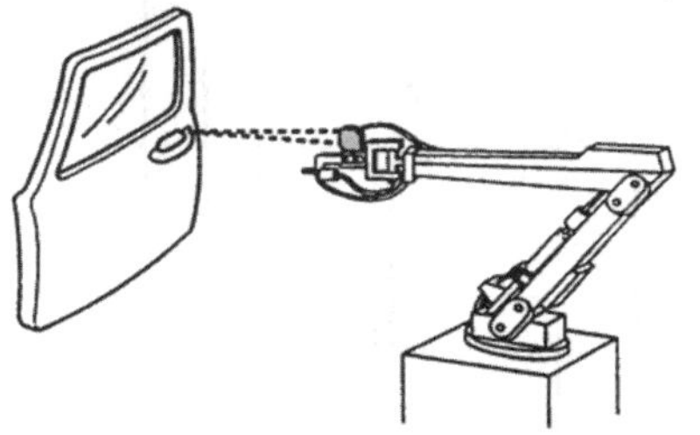

그림 8.56 로봇 암의 위치 결정

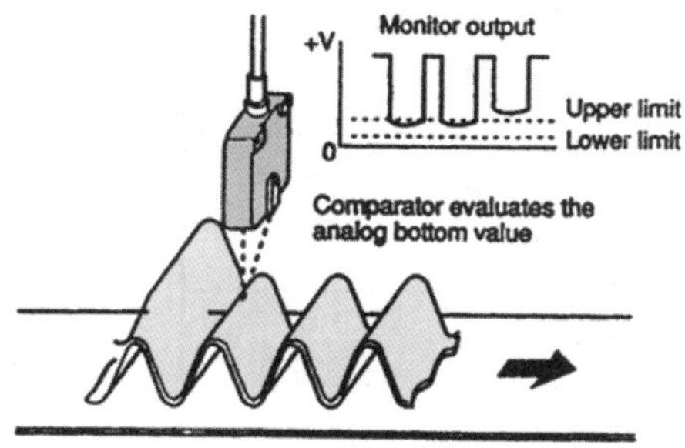

그림 8.57 라지에이터 핀 높이 측정

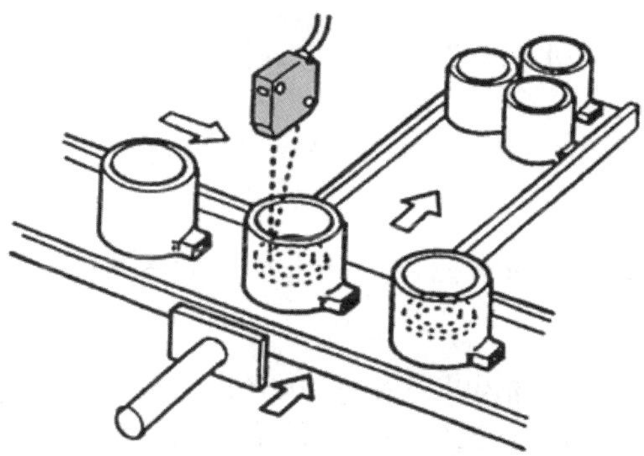

그림 8.58 덮개 빠짐 검출 또는 중복 패킹링 검출

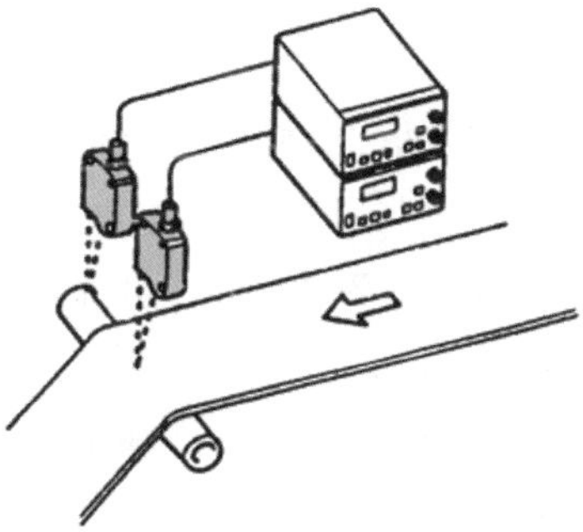

그림 8.59 종이 두께 측정

8.9 CNC 공작기계용 센서

8.9.1 공작기계의 센싱

그림 8.60에 작업자와 공작기계의 맨-머신 시스템을 나타낸다.

작업자가 외부로부터 정보를 얻는 것은 주로 감시, 청각 더구나 촉각의 각종 감각 기관이다. 이 경우 시각(눈)을 통해 얻는 정보량이 가장 많게 되지만 작업자는 절삭칩의 생성 상태, 공작물의 표면품질, 공구마멸·손상 상태 등 눈으로 감시하고 있다. 청각(귀)에서는 진동의 발생, 공작기계의 구동요소의 이상을 감시하고 있다.

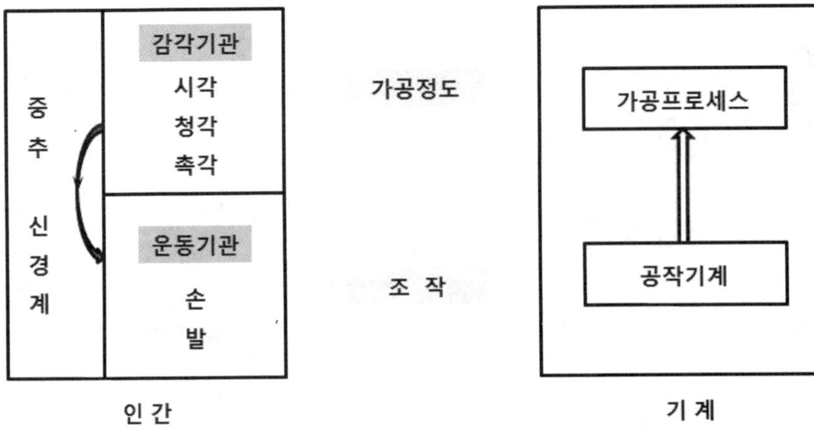

그림 8.60 가공프로세스에 있어서의 맨-머신 시스템

또한 촉각(손가락)을 이용하여 공작물의 표면조도, 진동의 발생, 공구의 절삭상태, 온도 상승에 의한 공작기계의 이상 등을 감시한다.

무인화 운전을 가능하게 하기 위해서는 표 8.5에 나타낸 기능을 감시할 수 있는 센서도 당연히 필요하게 된다.

공작기계에 사용되는 센서에 관해서는 뒤에서 서술하지만 상술한 인간의 감각을 대행하는 센서로서는 매개 물리현상으로서 빛이 이용되며 청각에서는 음, 촉각 대행으로서는 압력이나 온도 등의 매개 물리현상을 각각 이용하는 것이 생각되어지고 있다. 더욱 감시기능의 신뢰성을 높이기 위해서 복수 센서 병용도 하고 있다.

또한 이들의 정보를 거둬들이는 타이밍으로서 다음의 3종류가 있다.

① 인프로세스 감시 – 가공 중의 치수를 항상 계측하고 목표치와 일치하도록 상시 보정하고 감시한다. 적응제어에 빼놓을 수 없는 방법이다. 가공의 프로세스 감시는 필연적으로 이 방법에 의한다.

② 온프로세스 감시 – 전가공 종료 후 일단 기계를 멈추고 측정 환경을 좋게 한 후 공작물의 치수를 측정하고 재가공시의 절삭깊이를 구하는 방법으로 가장 실용화되어 있다.

③ 포스트프로세스 감시 – 가공된 공작물을 공작기계로부터 분리하여 측정하는 방법으로 치수오차를 그것 이하로 가공하는 공작물에 피드백하는 방법으로 상당히 실용화되어 있다.

센서에 의해 검출된 신호는 각종 처리를 거쳐 상태 인식이 행해진다. 처리 방법은 시간영역에서의 처리와 주파수 영역에서의 처리로 크게 나누며 처리된 신호는 미리 설정된 수치와 비교, 경향에 의한 판단, 패턴 인식 수법 등을 통해 상태의 인식에 이용된다.

표 8.5 무인 운전 공작기계의 기능과 감시 대상

<table>
<tr><td rowspan="3">가공 기능</td><td>운동기능</td><td colspan="2">공구 교환, 절삭칩 처분, 절삭유 처리</td></tr>
<tr><td>공작물 공급기능</td><td colspan="2">공작물 장착, 치구 장착</td></tr>
<tr><td>제어기능</td><td colspan="2">NC장치, 시컨스 처리</td></tr>
<tr><td rowspan="5">감시 기능</td><td rowspan="4">가공 상태 감시</td><td>기계</td><td>오동작, 주축회전, 주축부하, 이송구동, 진동, 음, 열, 마멸</td></tr>
<tr><td>공구</td><td>선택실수, 손상, 마멸, 수명</td></tr>
<tr><td>공작물</td><td>장착, 치수정도, 마무리면 조도</td></tr>
<tr><td>그 외</td><td>절삭칩, 절삭유</td></tr>
<tr><td>기계 상태 감시</td><td colspan="2">고장 진단, 화재 검지</td></tr>
</table>

종래의 공작기계에서는 검출 정보를 직접 전기신호로 얻는 것은 불가능하며 통상 검출은 전기신호로 변환시키는 기구부 등의 간접 변환신호를 거쳐 전기신호로 변환시키고 있다. 이 때문에 이들의 센서는 기구부와 그것에 의한 변환 신호로 구성되며 양방을 조합시킨 것으로 수많은 센서가 연구 개발되고 있다.

8.9.2 공작기계에 있어서의 센서

공작기계에 있어서의 센서는

① 기계본체, 구동기구의 기능에 관한 것
② 공구에 관계되는 기능에 관한 것
③ 공작물에 관계되는 기능에 관한 것
④ 기계본체의 부속장치에 관한 것

으로 크게 나눌 수 있다.

1) 기계본체, 구동기구에 관한 센서

기계본체, 구동기구의 기능에 관해 실용화되어 있는 센싱 기술을 표 8.6에 나타낸다.

주요 항목으로서

① XY테이블, 인덱스 테이블의 위치결정이나 오버런의 방지
② 공구나 공작물용의 클램퍼 등의 각종 액추에이터의 동작확인
③ 베어링, 기어, 볼나사의 이상, 손상

표 8.6 공작기계 본체, 구동기구에 관한 센싱 기술

감시-계측대상	선반-터닝센터-자동선반	머시닝센터	연삭머신계
위치결정 불량, 오버런, 충돌, 폭주 등	• 리밋스위치 • 엔코더	• 리밋스위치 • 각종 리니어스케일 • 엔코더 • 근접스위치 • 인덕토신 • 스케일 • 마그네스케일 • 리졸버 • 타코제너레이터 • 레이저 • 펄스코더 • 모아레스케일 • 터치센서 • 차동트랜스	• 엔코더 • 리밋스위치 • 리니어스케일 • 마그네스케일 • 인덕토신 • 근접스위치
주축의 회전 불량	• 엔코더 • 타코미터 • 마그네틱센서	• 엔코더 • 타코미터 • 마그네틱센서	
주축 오리엔테이션		• 엔코더 • 마그네스케일	
주축안내면기어상자의 윤활 (윤활유 부족, 윤활 불량 등)	• 레벨센서 • 플로우트 스위치 • 플로우스위치	• 압력센서 • 플로우미터 • 레벨센서	• 압력센서 • 레벨센서 • 플로우미터 • 적하의 센서
안내면의 마찰손상 (미끄럼면)		• 오토콜리미터	
구동모터의 과부하•손상	• 온도센서 • 전류계	• 전류계 • 온도센서	• 전류계 • 온도센서 • 지령값과 실제 • 회전의 어긋남 • 와전류센서
각종 액추에이터의 동작확인	• 리밋스위치 • 근접스위치	• 근접스위치 • 리밋스위치 • 압력스위치 • 타이머	
베어링•기어•볼나사의 이상, 손상	• 리밋스위치 • 근접스위치	• 가속도센서	• 압력센서
변속장치의 인터록	• 근접스위치 • 리밋스위치	• 리밋스위치 • 근접스위치 • 광전관	• 근접스위치
서보록, 클램프기구	• 리밋스위치 • 근접스위치 •	• 리밋스위치 • 근접스위치 • 유압센서	
V벨트의 헐거움, 절단	• 리밋스위치 • 근접스위치 • 엔코더	• 엔코더	• 텐션게이지 • 근접스위치
유압펌프, 배관계, 유압실린더의 이상, 손상	• 압력스위치	• 압력센서 • 플로우미터 • 리밋스위치	

등을 들 수 있다. 각종 공작기계와 함께 리밋 스위치, 근접 스위치, 로터리 엔코더, 리니어 스케일, 압력 센서 등이 많이 이용되고 있는 것을 알 수 있다.

2) 공작물에 관한 센서

공작물에 관한 센싱 대상 항목으로서

① 공작물의 식별 확인
② 공작물의 장착위치의 확인 및 장착 상태, 장착 불량의 검출
③ 척의 척킹 미스, 헐거움, 파악력의 검출
④ 센터링의 확인

등을 들 수 있다. 공작물에 관련된 기능에 관해서 실용화되어 있는 센싱 기술을 표 8.7에 나타낸다. 공작물의 장착 위치나 장착 상태의 확인 또는 척킹의 파악에 대해서는 소형의 근접 스위치나 리밋 스위치가 주로 사용되고 있다.

표 8.7 공작물에 관련된 센싱 기술

감시-계측대상	선반-터닝센터-자동선반	머시닝센터	연삭머신계
공작물의 식별	• 근접스위치 • 리밋스위치 • 이미지센서 • 팔렛ID	• 근접스위치 • 리밋스위치 • 터치센서 • 포텍셔미터 • 이미지센서 • 식별센서 • 팔렛ID	• 광빔스위치 • 초음파스위치 • 터치센서 • 근접스위치 • 팔렛ID
공작물의 장착 위치	• 근접스위치 • 광전스위치 • 에어센서 • 압력센서	• 터치센서 • 에어센서 • 마그네틱센서 • 압력센서	• 압력스위치 • 리밋스위치 • 전기마이크로미터
공작물의 장착 확인, 장착 불량	• 에어센서 • 압력센서 • 근접스위치	• 에어마이크로미터 • 압력센서 • 터치센서 • 에어플렉셔스위치 • 토크센서	• 근접스위치 • 에어마이크로미터 • 리밋스위치 • 압력스위치
척의 척킹미스, 헐거움, 파악력	• 근접스위치 • 리밋스위치	• 압력센서 • 근접스위치	• 압력센서 • 근접스위치
센터링		• 터치센서	

3) 공구에 관한 센서

공구에 관한 센싱 대상 항목으로서

① 공구의 식별, 파악 상태의 확인

② ATC(오토 툴 첸저)의 동작 상태의 확인

③ 공구 매거진의 동작확인

④ 공구의 마모, 손상, 파손 검출 및 수명 예측

등을 들 수 있다. 공구에 관련된 기능에 관해서 실용화되어 있는 센싱 기술을 표 8.9에 나타낸다.

표 8.8 공구에 관련된 센싱 기술

감시-계측대상	선반-터닝센터-자동선반	머시닝센터	연삭머신계
공구의 식별	• 툴 ID	• 리밋스위치 • 광센서 • 근접스위치 • 터치센서 • 엔코더 • 식별센서 • 툴 ID •바코드센서	
공구의 유무, 장착상태, 파악상태의 확인	• 어센서 • 압력센서	• 근접스위치 • 압력스위치	
ATC, 공구 매거진의 동작확인	• 리밋스위치 • 근접스위치 • •	• 근접스위치 • 리밋스위치 • 배리어 블루인 덱서 • 압력스위치	• 리밋스위치 • 근접스위치
공구날끝 위치의 확인	• 터치센서 • 마이크로스위치 • 접점스위치	• 터치센서 • 리밋스위치	
공구 마모, 손상, 파손, 수명	• 로드셀 • 근접스위치 • AE 센서 • 터치센서 • 에어센서 • 전류계 • 와전류 변위검출 • 리밋스위치	• AE 센서 • 터치센서 • 주축 부하전류 • 리밋스위치 • 압전형 가속도 센서 • 차동센서 • 근접스위치 • 스트레인게이지 • 토크센서 • 차동트랜스 • 주축 회전수(발전형, 자기센서) • 에어센서 • 도통	• 압력센서 • 리밋스위치 • 포크게이지 • 와트미터와 엔코더 • 차동트랜스 • 마이크로미터

① 공구의 식별, 수명관리에 관해서 자기결합방식 등을 이용한 툴 ID시스템이 실용화되어 있다.

② 공구의 장착 확인, ATC 관계에서는 근접 스위치나 리밋 스위치가 중심으로 사용되고 있다.

③ 공구날 끝 위치의 검출에 대해서는 터치센서(터치 프로브) 등의 기계적인 접촉에 의한 센싱 방법이 일반적으로 되고 있다.

④ 공구의 파손에 대해서는 상당히 많은 센서가 시행 착오되어 사용되고 있다.

반계에서는 로드셀, 근접스위치, AE(Acoustic Emission) 센서가 다용되고 있으며 머시닝센터계에서는 AE 센서, 터치센서가 많고 주축 부하전류를 측정하는 전류계(미터 릴레이) 방식도 실용화되고 있다.

4) 주위 환경의 상태를 인지-제어하기 위한 센서

주축의 열변형에 의한 가공오차를 보정하기 위한 온도센서의 사용 예를 그림 8.61에 나타낸다.

온도센서를 각 장소에 배치하여 온도 정보를 읽는 것으로 기계 전체의 자동 보정을 행하고 있다. 또한 절삭액의 PH값을 체크하는 PH 센서, 절삭칩의 생성상태, 배출상태를 검출하는 센서나 공작기계의 사고를 미연에 방지하기 위한 진동센서, 와전류 검지센서, 화재센서 등 수 많은 센서가 사용되고 있다.

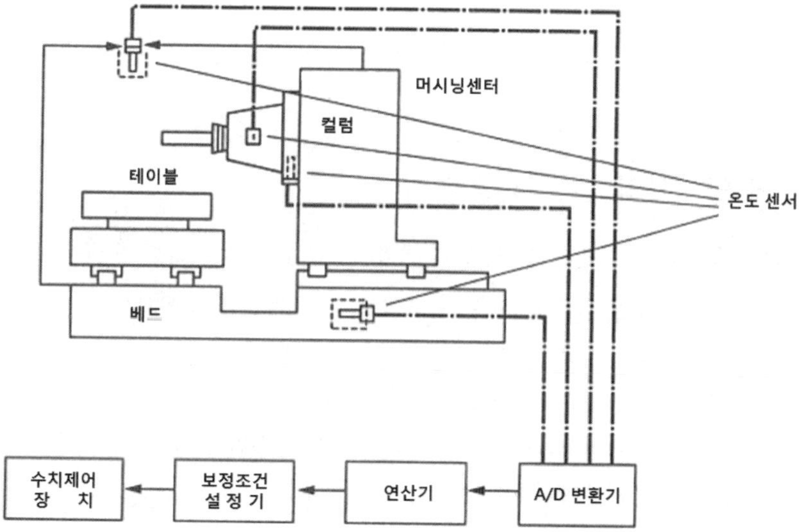

그림 8.61 주축 열변위에 의한 가공오차를 보정하는 시스템의 구성

NC 공작기계용 센서는 기계의 위치, 회전 각도나 속도를 전기량으로 취하고 있다. 이들의 검출 정도는 NC 서보의 정도를 결정하므로 고정도를 얻기 위해서 여러 가지 연구가 행해지고 있다.

8.9.3 각 공작기계에 있어서의 센서의 사용 예

공작기계에 있어서의 센서 기술의 개발은 활발하게 행해지고 있지만 아직 연구단계의 것도 많으며 실용화를 향한 과제가 많다. 여기서는 연구단계의 것은 피하고 실용화 되고 있는 것에 초점을 두고 그의 용도를 소개한다. 우선 머시닝센터 및 NC 선반에 대해 센서 응용을 설명하고 다음에 공작기계 각각의 기계요소 마다 대표적인 것을 설명한다.

1) 머시닝센터에 있어서의 센서의 응용

XY 테이블 및 인덱스 테이블 주변의 센서 응용 예를 그림 8.62에 나타낸다.

① 테이블의 X축, Z축, Y축 극한, 원점 위치 확인 리밋 스위치
② 인덱스 테이블의 커플링, 클램프/언클램프의 확인용 리밋 스위치
③ 팔렛의 클램프/언클램프 확인용 리밋 스위치
④ 테이블의 위치 결정용 로터리 엔코더
⑤ 인덱스 테이블의 회전위치 결정용 로터리 엔코더

상기 ①~③의 리밋 스위치는 비접촉 장수명이라는 관점으로부터 근접 스위치로 계속 옮겨가고 있다.

2) NC 선반에 있어서의 센서의 응용

공구대 및 주축 스핀드 변환기어박스 주변의 센서 응용 예를 그림 8.63에 나타낸다.

① 공구 위치의 X축, Z축의 극한, 원점위치 확인용 리밋 스위치
② 공구 위치의 X축, Z축의 위치결정용 로터리 엔코더
③ 공구 위치 산출(회전방향)용 로터리 엔코더
④ 공구대 클램프 확인 및 공구 선택 확인용 리밋 스위치
⑤ 주축 스핀드 변환 확인용 리밋 스위치

상기 ①, ④, ⑤는 앞에서와 마찬가지로 근접 스위치로 계속 옮겨가고 있다.

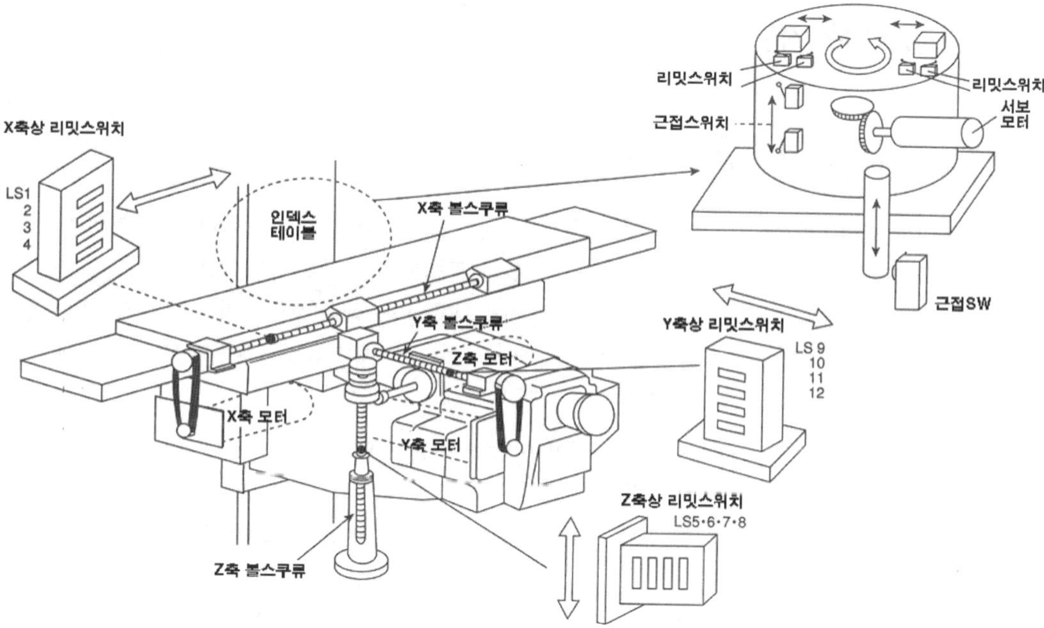

그림 8.62 머시닝센터에 있어서의 센서 응용

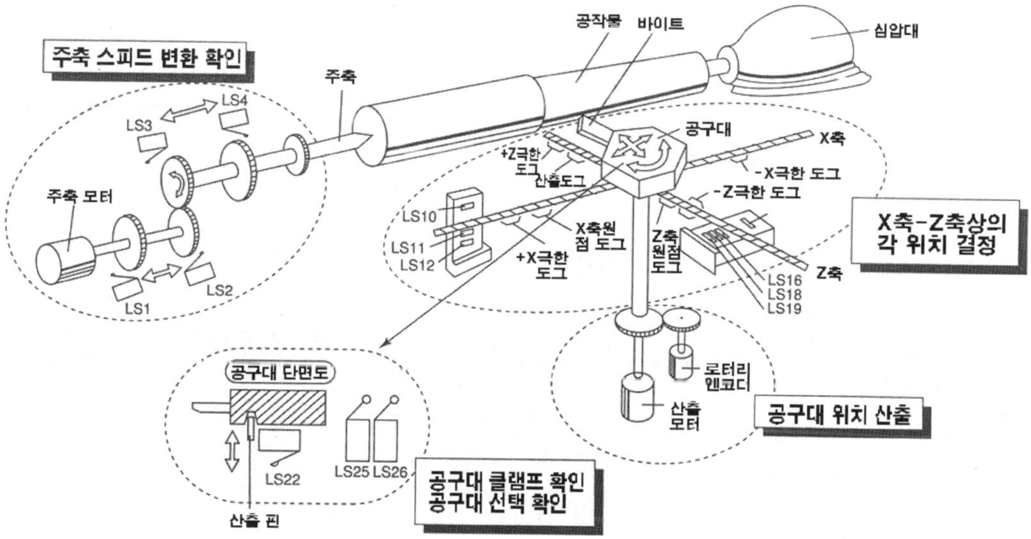

그림 8.63 NC 선반에 있어서의 센서 응용

8.10 자동차용 센서

8.10.1 안전 및 편리성을 위한 센서

자동차용 센서는 자동차의 안전 및 편리성을 추구하기 위해 많이 사용한다. 자동차의 안전 기술에는 각종 센서의 역할이 중요하지만 그 가운데 특히 압력, 가속도, 각속도 센서가 중요하다. 이들은 에어백, 차량 안정화 장치/브레이크 제어에 사용된다. 에어백에는 가속도 센서, 차량 안정화 장치/브레이크 제어에는 각속도와 가속도 센서를 조합한 센서 유닛, 차륜 속도 센서 등이 사용되고 있다.

현재 상용화 되어 있는 자동차 엔진 제어용 압력센서(MAP센서)를 비롯하여 엔진제어시스템(압력, 유속 센서), ABS 시스템(가속도, 각속도센서) Traction 시스템(가속도 센서), 후륜 제어 시스템(각속도, 가속도 센서), 항법 시스템(전동 자이로 센서)에 사용되고 있다. 이외에도 엔진, 트랜스미션, 브레이크, 공조, 조명, 음향 및 차내 쾌적 환경 등 다양한 부분에 가스, 홀, 이미지, 초음파, 온도, 습도, 하중, 광, 적외선, 자기 및 위치 센서 등이 사용되고 있다. 그림 8.64는 자동차에서 안전과 편리성을 위해 응용된 센서의 예를 나타낸 것이다.

1) 압력 센서

압력을 감지하여 전기 신호로 변환시키는 목적으로 사용되는 감지기이다. 실리콘 다이어프램형 압력 센서는 외부 압력에 의한 다이어프램의 후비 정도가 달라짐을 이용하는 정전용량형과 다이어프램 위에 위치한 저항체가 응력에 따라 저항값이 바뀌게 됨을 이용하는 압저항형으로 구분된다.

정전용량형 압력센서는 온도계수가 낮고 전력 손실이 작지만 소자면적이 넓어야 하고 정전용량을 출력 신호로 이용하기 때문에 복잡한 신호 처리부를 필요로 한다.

표 8.9 자동차용 센서의 종류 및 용도

구분	센서 종류	용도
에어백	가속도	• 에어백의 충동 감지 • Front, 사이드 등
Rollover	각속도	• 가속도 센서에 의한 차량의 횡전각도 검출
차량 안정화 장치 브레이크 제어	고압 가속도 각속도	• 가속도, 가속도 센서에 의한 차량 상태 검출 • 고압 센서에 의한 브레이크압 검출
타이어 공기압	저압	• 밸브에 내장된 저압 센서로 각 타이어의 공기압 검출

반면에 압저항형 압력센서는 선형성이 우수하고 신호처리가 용이하지만 감도가 낮으며 온도 의존성이 용량형보다 높다. 그림 8.65는 다이어프램형 압력 센서의 구조와 그 응용제품을 나타낸 것이며 그림 8.66과 8.67은 정전용량형과 압저항형 압력센서의 응용제품을 각각 나타낸 것이다.

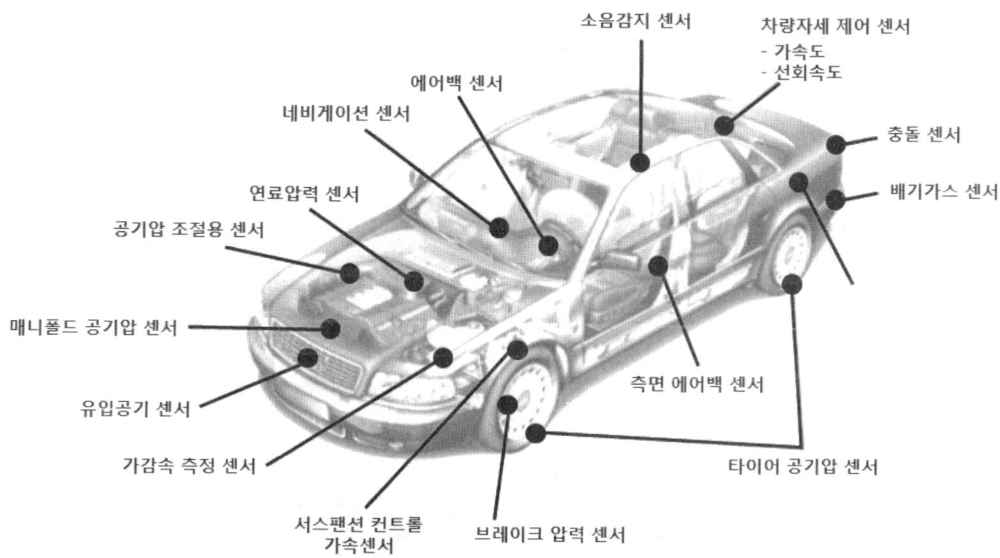

그림 8.64 자동차에서 안전 및 편리성을 위한 센서 이용 예

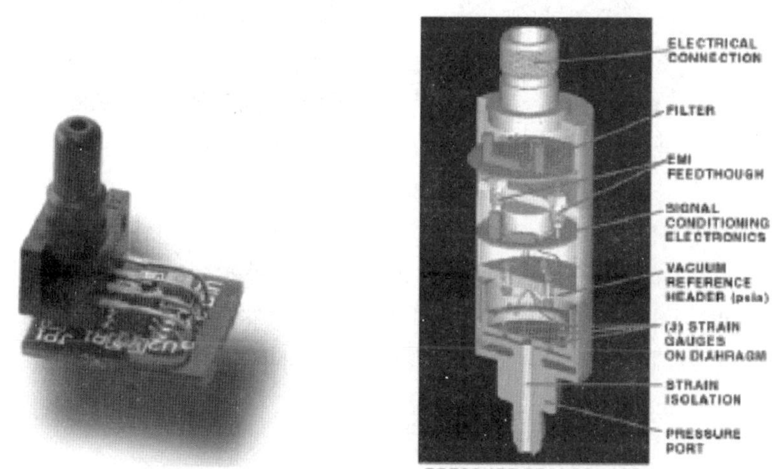

그림 8.65 다이어프램형 압력 센서

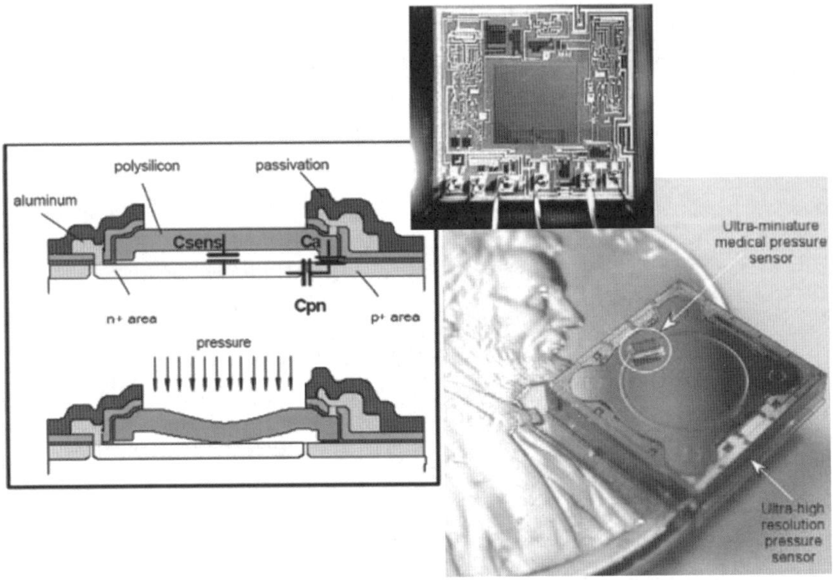

그림 8.66 정전형 압력 센서 및 ISSYS Sensing System사의 제품

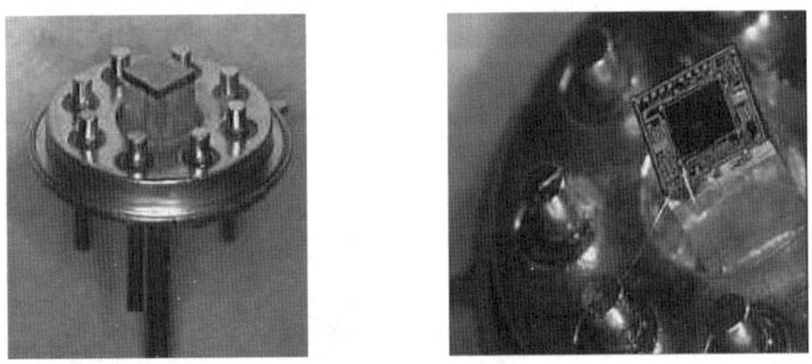

그림 8.67 자동차의 MAP센서용 압저항형 압력 센서(KEC)

실리콘 압력 센서는 주로 자동차의 엔진 흡입 기관 내의 진공 변화를 이용해서 실린더에 공급되는 공기량을 간접적으로 알아내는데 이용되고 있다. 따라서 이 형식을 사용한 자동차에서는 별도의 공기 유량 센서가 필요 없다. 압력 센서가 엔진 가까이에서 사용됨으로 고온(약 120℃)에서 견딜 수 있어야 하며 특히 온도 특성이 좋은 것이 바람직하다. 이를 위해 고온 특성이 좋은 SOI(Silicon On Insulator) 구조의 실리콘 압력 센서가 개발되어 있다.

2) 가속도 센서

가속도 센서는 물체에 작용하는 가속력, 진동력 및 충격력 등의 동적 힘을 순간적으로 감지할 수 있다. 특히, 최근에 자동차의 안정도에 관한 관심이 높아지면서 정면 충동 시 운전자와 승객을 보호하기 위한 안전장치로서 에어백의 설치를 법규화하면서 에어백에 들어가는 핵심 소자인 자동차용 가속도 센서에 관해 연구가 많이 이루어지고 있다. 또한 자동차의 안정성, 신뢰성, 안락성, 편의성 향상을 위하여 가속도센서는 전자식엔진제어시스템, ABS(anti-lock braking system), 지능형현가장치(smart suspension system), 조향시스템(steering system), 자동잠금장치(auto-door lock system)등에 핵심부품으로 사용되고 있다.

그러나 현재 사용되고 있는 가속도센서는 거의 모두가 기계식이며 코일 내에 장치된 이동체가 가속에 의해 움직일 때 자장의 변화를 측정하는 servo type이 대표적 예이다. 이러한 기계식 가속도센서는 구조가 복잡하고 크고 무거우며 규격양산이 힘들어 신뢰성이 낮고 가격이 높아 그 활용이 제한된다. 반면에 그림 8.68과 같은 실리콘 가속도 센서는 실리콘의 기계적 성질이 우수하고 기존에 확립된 반도체 집적회로 공정기술을 이용함으로써 신뢰성과 양산성이 우수하며, 소자의 소형화, 경량화 및 저가격화가 가능하다는 장점이 있다. 지금까지 발표된 실리콘 가속도센서는 박막형성이 용이한 poly-silicon을 표면 마이크로머시닝(surface micromachining)하여 만든 용량형(capacitive type)과 단결정 실리콘 위에 압저항 소자를 제작하고 이를 기판 마이크로머시닝(bulk micromachining)으로 박막 가공하여 만든 압저항형(piezoresistive type)으로 크게 두 가지로 나눌 수 있다.

그림 8.68 실리콘 가속도 센서

실리콘 가속도센서는 크게 3가지 부분으로 나누어진다. 가속도 즉, 힘을 받아들이는 실리콘 미세 기계구조부와, 힘을 전기적 신호로 바꾸어 주는 변환 소자부, 정격출력을 만들어 주는 신호 처리부로 구성되어 진다. 미세기계구조물 제작을 위한 마이크로머시닝 기술은 집적회로 제조기술을 기반으로 하고 있으나, 공정자체가 반드시 일치하는 것은 아니다. 특히, 영점, 감도, 온도보상 및 자기진단회로가 센서부와 같이 단일 칩에 집적화 되는 on-chip 센서의 개발추세에 따라 기존의 Bipolar, CMOS, BiCMOS 공정기술과 마이크로머시닝 기술의 호환성(compatibility), 재현성(reproducibility) 및 안정성(stability)을 유지하는 상호보완적인 공정기술이 강조되고 있다.

변환소자부는 감지원리에 따라 압전형, 압저항형, 용량형 등으로 나눌 수 있다. 압전형은 ZnO과 같은 압전물질의 응력에 대한 전기분극을 이용하며, DC 가속도의 측정이 불가능한 단점이 있다. 압저항형은 확산에 의한 저항만 형성하면 되므로 다른 센서에 비하여 공정이 간단하며, 선형성 및 주파수 특성이 좋으며 DC 가속도의 측정이 가능하다. 용량형은 미세구조부의 변위에 의한 용량변화를 측정하며, 감도(sensitivity)는 높은 반면에 공정이 상대적으로 복잡하며, 주파수변환 회로가 한 칩내에 실장 되어야 하며, 선형성(lineality)이 나쁜 단점이 있다. 압저항형 가속도센서는 압전형과 용량형의 중간적인 특성을 나타내고 있지만, 구조 및 신호처리가 단순하며, 요구되는 성능을 만족시키면서 저렴한 가격으로 제조할 수 있는 장점이 있다.

3) 각속도 센서

MEMS 기술에 의해 제작된 수정 진동자 각속도 센서(Angular Rate Sensor)는 콜리오리 효과를 이용하여 이동체 자신이 좌우로 빗나가는 선회 각속도를 감지한다. 이로써 자신이 진행하게 될 진로를 판단하고 진행 방향을 수정, 갱신하면서 바퀴를 굴려 목적지에 도달한다.

Gyro Chip은 진동 수정음차를 이용하여 각속도를 감지하는 센서이다. 코리올리 효과를 이용함으로써 센서의 세로축에 대한 회전 운동이 회전각에 비례하는 DC 전압으로 나타난다. 센서는 단결정 압전 수정의 단면 웨이퍼를 화학적으로 처리한 초미세 양단형 수정음차와 이것을 지지하는 구조물로 구성된다. 압전 수정 소재의 이용으로 능동 소자가 단순화되어 온도와 경사 변화에 뛰어난 안정성을 갖는다.

센서의 Active 부분인 Drive tine(구동빗살)들은 진폭이 정밀한 발진회로로 구동되어 높은 진동수로 서로 가까워지고 멀어지는 운동을 지속하게 된다(그림 8.69).
각각의 Tine 들은 다음 식과 같이 각 Tine에 작용하는 Coriolis force(지구의 자전으로 인하여 비행중인 물체에 작용되는 편향의 힘)를 갖게 된다.

$$F = 2m\omega_i \times V_r$$

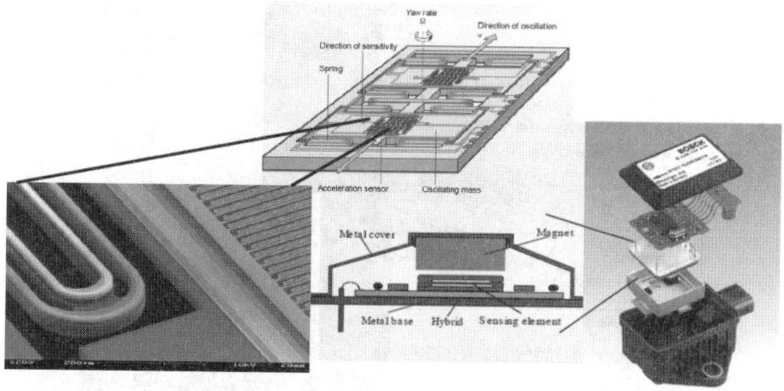

그림 8.69 각속도 센서(BOSCH 제품)

여기서 m은 빗살의 질량, V_r은 순간 래디알 속도 그리고 ω_i는 입력 각속도이다.

이 힘은 입력 각속도와 순간적인 Radial 속도 모두에 대해 직각을 이룬다.

두 개의 Drive tine은 서로 반대방향으로 운동하며 음차의 구조면과 직각이면서 반대방향의 힘이 생기게 된다. 이것은 입력 각속도와 비례하는 토크를 발생시키는데 Radial 속도가 싸인 곡선이므로 발생되는 토크도 Drive tine과 동일한 진동수를 갖는 싸인 곡선을 이루며, 위상은 음차 빗살의 방사방향 속도와 일치한다.

Pickup tine은 센서의 감지부로서 진동토크에 응답하여 음차면의 안과 밖으로 운동하면서 Pickup 증폭부에 신호를 전달하며 증폭된 후, 이 신호들은 센서의 회전에 비례하는 DC 전압으로 변환(복조)된다. 선회방향이 역으로 바뀌면 Coriolis 효과가 역상으로 작용하여 진동토크를 생성하므로, Gyro-Chip의 출력신호는 역방향 입력 각속도와 더불어 부호가 반전된다.

Gyro-Chip은 음차의 대칭축에 대한 회전에 의해서만 신호를 발생시킨다. 이것은 Coriolis 감지에 의해 Drive tine 주파수의 진동토크를 생성하게 되는 오직 유일한 모션이며, 또한 Gyro-Chip이 Zero rate 의 입력을 정확하게 감지할 수 있음을 의미하는 것이다.

4) 유량센서

압력, 온도, 레벨 등과 함께 산업 현장에서 많이 측정되는 측정량 중의 하나로 유량 측정은 가장 측정하기가 까다로우며 측정 방법도 측정 목적 및 액체, 기체, 증기, 유체의 물성(밀도, 점도, 비열, 온도, 압력, 전기전도도 등)에 따라 매우 다양하다. 유량 측정은 다른 측정량과는 달리 직접 유량을 측정하는 방식은 매우 적으며 다른 물리량을 측정하고 이 측정된 정보로부터 유량을 산출

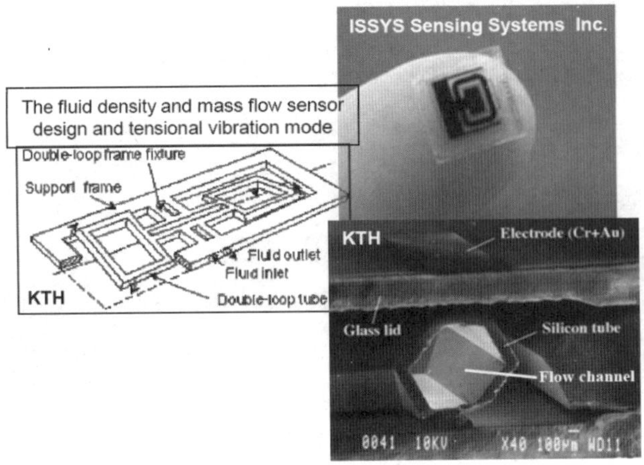

그림 8.70 전자식 유량센서

하는 방식이 대부분이다.

유량을 측정하는 방법에는 매우 많은 종류가 있으며 유량 센서의 종류도 다양하다. 유량센서의 종류는 기계식, 전자식 등이 있으며 유량 산출을 위한 측정량으로는 열, 차압, 온도, 동압, 회전수, 초음파의 전달시간, 레벨, 유도된 전기, 변이량, 와류 발생 주파수, 힘 등 다양하다. 그림 8.70은 전자식 유량 센서를 나타내고 있다.

8.10.2 엔진 관련 센서

1) 개 요

자동차의 전자제어 시스템은 엔진의 운전상태를 전기신호로 바꾸어 컴퓨터로 전달하는 각종 센서와 이 신호를 분석·판단해 연료 인젝터의 밸브 열림량이나 시간을 결정하는 ECU로 구성하고 있다. ECU에는 각종 센서로부터 정보가 보내진다. 이것을 받은 ECU는 미리 짜여진 프로그램에 의해 최적의 분사량을 계산, 연료 인젝터에 명령을 내리는 순서로 처리하게 된다.

엔진과 관련된 센서에는 배기가스에 함유된 산소의 양을 측정하는 산소 센서, 흡입 공기량을 검출하는 공기유량 센서, 스로틀 밸브의 열림정도를 검출하는 스로틀 포지션 센서, 엔진 냉각수온을 검출하는 수온센서, 흡입 공기온도를 검출하는 흡입온도 센서 등이 있다. 그림 8.71은 엔진과 관련된 각종 센서의 설치 위치를 나타낸 것이다.

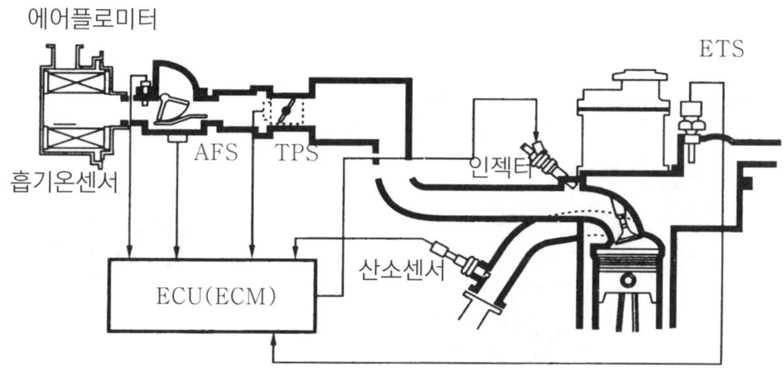

그림 8.71 엔진과 관련된 각종 센서의 설치위치

센서명	센서위치[소나타]	역할
산소센서(O_2)	• 배기다기관에 부착	• 배기중의 산소 농도 검출
공기흐름센서(AFS)	• 에어클리너 속에 내장	• 흡입공기량 검출(인젝터의 기본 분사량 설정)
흡기온도센서(ATS)	• 에어클리너 속에 내장	• 흡입공기의 온도 검출(인젝터의 기본 분사량 보정)
스로틀위치센서(TPS)	• 스로틀 보디 앞쪽 (스로틀 밸브와 연동)	• 스로틀밸브의 개도 검출
모터위치센서(MPS)	• ISC서보모터 뒤쪽 상단	• 서보모터 플런지 위치검출
냉각수온센서(WTS)	• 흡기다기관 하단(냉각수 통로)	• 기관의 냉각수 온도 검출(인젝터의 기본 분사량 보정)
크랭크 각센서(CAS)	• 배전기속에 내장	• 점화시기 결정(피스톤의 위치를 검출)
1번상사점센서 (No1 TDC)	• 배전기속에 내장	• 점화순서 결정(1번을 기준) (1-3-4-2)
차속센서(VSS)	• 스피드 미터 속에 내장	• 차량의 속도 감지
대기압센서(BPS)	• 에어클리너 속에 내장	• 대기압 검출(연료분사량 보정)

2) 산소 센서(O_2 센서)

산소 센서는 배기가스 중 함유된 산소의 양을 측정해 그 출력전압을 컴퓨터(ECU)로 전달하는 역할을 한다. 컴퓨터는 산소 센서의 신호를 받아 인젝터의 시간을 제어해 항상 이론 공연비에 가깝도록 자동 조정함으로써 촉매변환기의 정화율을 높여준다. 그림 8.72는 산소 센서의 구조 및 설치위치를 나타낸 것이다.

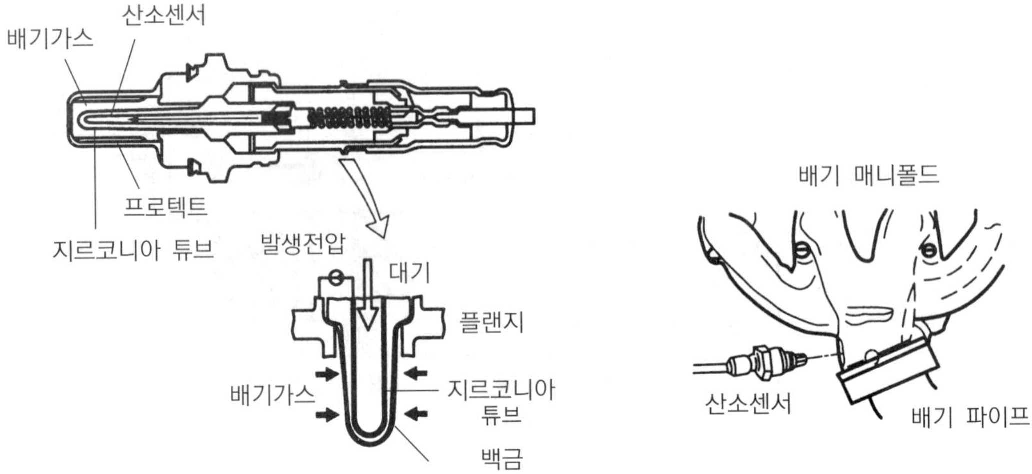

(a) 구 조 (b) 설치위치

그림 8.72 산소 센서의 구조 및 설치위치

산소 센서의 종류로는 질코니아와 티타니아형이 있지만 대부분 질코니아 방식을 많이 쓴다. 산소 센서는 열을 받으면 기전력이 발생하는 특징이 있기 때문에 '전압을 만들어 내는 발전기'라고도 한다.

3) 공기 유량센서(AFS ; Air Flow Sensor)

공기 유량센서는 칼만 와류방식, 맵센서 방식, 베인식, 핫 와이어 방식, 핫 필름방식 등 5가지 종류가 있다. 이 가운데 칼만 와류방식만 펄스제어 방식이고 나머지는 모두 전압검출 방식이다. 칼만 와류현상을 전기적 디지털 신호로 바꾸어 ECU로 보내면 ECU는 흡입 공기량 신호와 엔진 회전수를 이용해 기본 분사량과 시간을 계산하도록 하는 중요한 센서이다(그림 8.73).

응답성이 빠른 순서로 본다면 핫 와이어 방식, 핫 필름방식, 칼만 와류방식, 베인식, 맵센서 방식 순이다. 고장이 잘 나는 순서로 본다면 칼만 와류방식, 베인식, 핫 필름방식, 핫와이어 방식, 맵센서 방식 순이다.

공기 유량센서 중 조정이 가능한 센서는 베인식 뿐이다. 배기량에 따라 호환성 있게 조정이 가능한 센서로는 칼만 와류방식이 있다. 맵센서 방식이나 핫 와이어, 핫 필름방식은 배기량에 따라 종류가 틀리다. 핫 와이어 방식과 핫 필름방식은 흡입되는 방향으로 센서부에 표시되어 있는 화살표 방향으로 조립해야만 아이들 상태가 정상이 되므로 주의해야 할 센서이다.

그림 8.73 AFS 사진

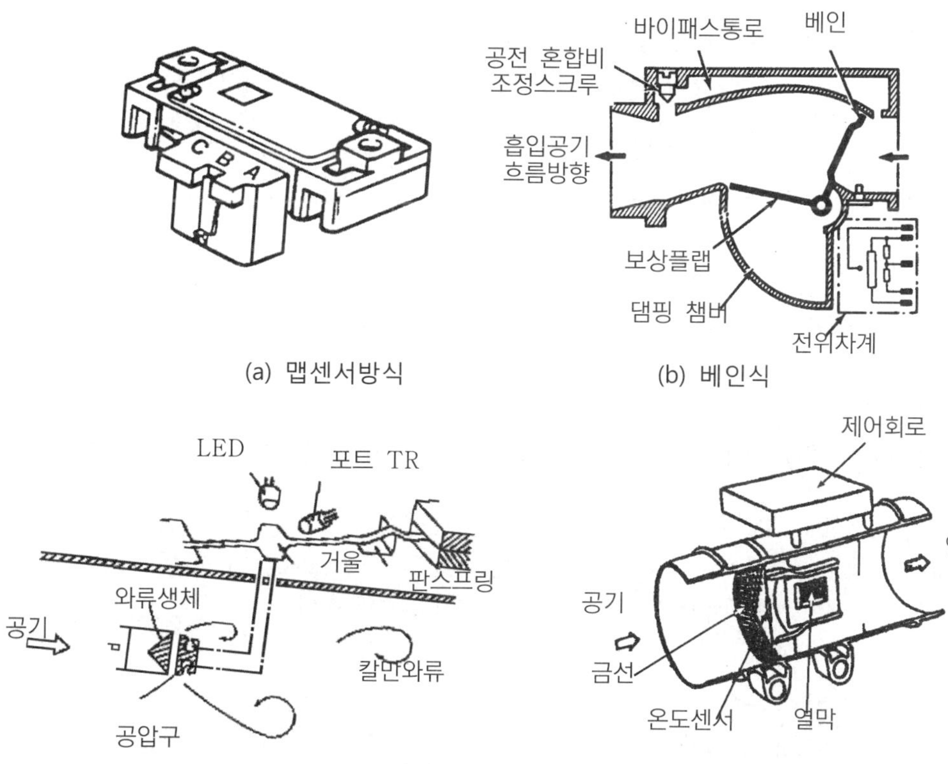

(a) 맵센서방식 (b) 베인식

(c) 칼만 와류방식(미러 검출방식) (d) 핫 필름방식

그림 8.74 공기 유량 센시의 종류

엔진 ECU에는 공기량 신호가 입력되어야만 시동이 걸리는 방식이 있는 반면 공기량 신호가 들어오지 않아도 TPS 신호와 엔진[rpm] 신호로 대처해 시동이 걸리게 하는 방식도 있다.

공기 유량 센서의 종류(그림 8.74)와 기능은 다음과 같다.

① 핫 와이어 방식

백금선(Hot Wire)과 온도센서와의 온도차에 따른 전류를 이용해 일정하게 유지하도록 제어

② 핫 필름방식

얇은 백금 필름(Hot Film)과 온도센서와의 온도차에 따른 전류를 이용해 일정하게 유지하도록 제어

③ 칼만 와류방식

칼만와류 현상을 이용, 흡입 공기량을 측정한 후 전기적 신호로 바꾸어 ECU로 전달하면 ECU는 흡입 공기 량 신호와 엔진 회전수 신호를 이용해 기본 분사시간을 결정

④ 베인식

실린더에 흡입되는 공기량을 에어플로미터를 이용해 간접 계측

⑤ 맵센서 방식

흡기 매니폴드의 압력변화, 즉 엔진의 부하변동을 전기적 신호로 바꾸어 ECU로 전달(간접 계측)

4) 냉각 수온센서(WTS ; Water Temperature Sensor)

냉각 수온센서(그림 8.75)는 흡기다기관 냉각수 통로에 설치되어 냉각수 온도를 검출하는 일종의 가변저항기(부특성 서미스터)이다. 온도센서 신호가 ECU로 입력되면 냉각수온도 센서 값에 따라 냉간 때에는 엔진rpm을 보상시켜 주고 엔진 온도가 높아지면 높아진 만큼 엔진 rpm을 저하시키는 역할을 한다.

그림 8.76은 냉각 수온센서의 구조 및 설치위치를 나타낸 것이다.

인젝터 분사방식이 순차분사인 경우 냉각수 온도가 낮게 입력되고, 셀프 모터 신호가 들어올 때는 연료분사를 동시분사로 바꾸어 냉간 때 시동을 원활하게 해주는 역할도 겸하고 있다.

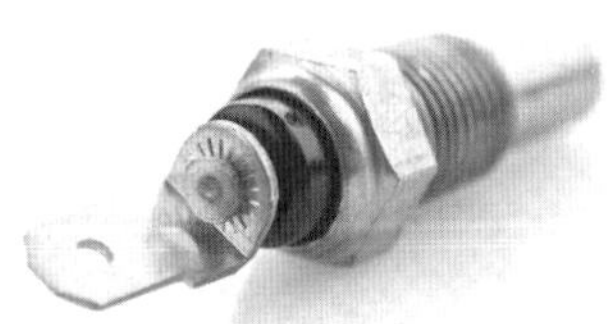

그림 8.75 WTS 사진

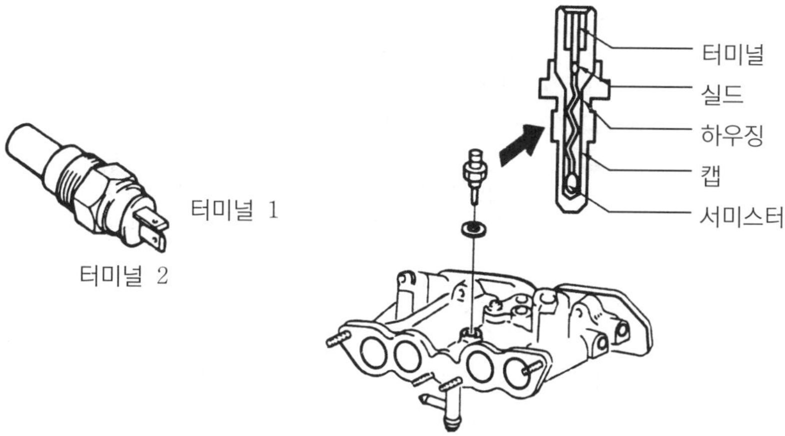

그림 8.76 냉각 수온센서의 구조 및 설치위치

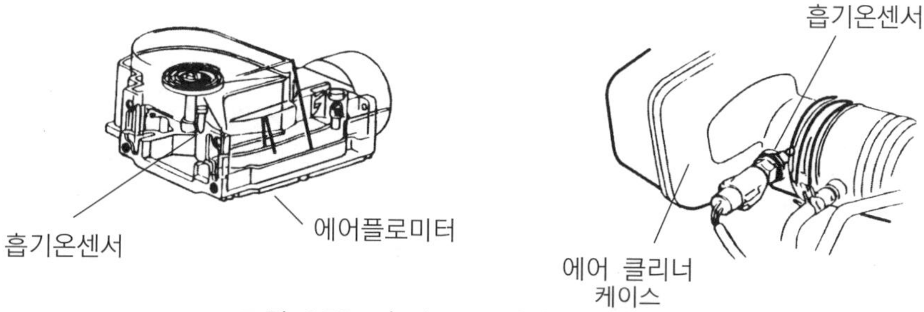

그림 8.77 흡기 온도센서의 장착위치

5) 흡기 온도센서(ATS ; Air Temperature Sensor)

흡기 온도센서(그림 8.77)는 에어플로 센서와 함께 일체로 되어있는 방식과 흡기 온도센서만 독립적으로 달려있는 방식이 있다. 2가지 모두 엔진으로 흡입되는 공기온도 변화에 따라 저항값이 변하는 일종의 NTC 저항이다.

6) 대기압 센서(BPS : Barometric Pressure Sensor)

대기압 센서(그림 8.78)는 스트레인 게이지의 저항치가 압력에 비례해 변화하는 것을 이용해 압력을 전압으로 변화시키는 반도체 피에조 저항형 센서이다. 대기압 센서는 칼만와류 방식에서 사용하다가 지금은 칼만 와류방식에서도 사용을 않고 있다(우리나라에서는 고지대가 별로 없기 때문에).

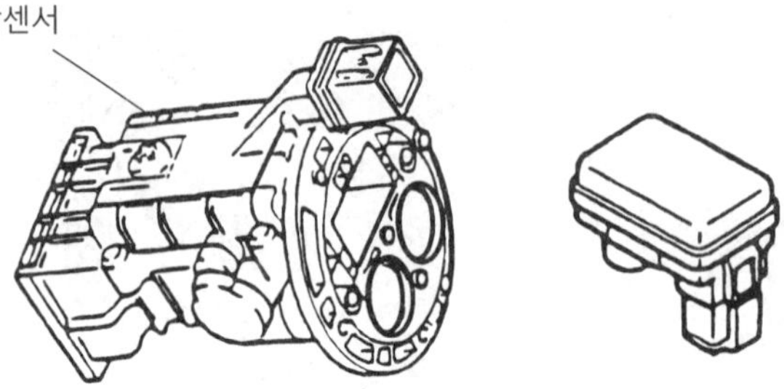

그림 8.78 대기압 센서의 구조 및 설치위치

대기압 센서는 AFS센서에 설치되어 대기의 압력에 비례하는 아날로그 전압으로 변화시켜 ECU에 보내면 ECU는 이 신호로 자동차 의 고도를 계산하게 된다.

7) 스로틀 포지션 센서(TPS ; Throttle Position Sensor)

스로틀 포지션센서의 종류에는 접점식과 가변저항식이 있다. 대부분 가변저항식을 사용하고 있다. TPS는 스로틀 보디에 설치되어 스로틀 밸브 열림량을 검출한다. 공전상태, 가속상태, 감속상태, 전부하 상태 등을 ECU에 알려주어 연료 분사량을 결정하고 점화시기를 보정하며 부하상태에 따라 에어컨 컴프레서 단속기능까지 하고 있다.

8) 모터 위치 센서(MPS ; Motor Position Sensor)

모터 위치 센서(그림 8.79)는 가변 저항식으로 서보 모터 위에 설치된 것도 있고, ISC 서보 모터 옆에 설치된 것도 있다. ISC 모터 회전에 의해 플런저가 작동될 때 변화되는 출력 전압으로 플런저의 위치를 검출해 ECU로 전달하는 역할을 한다. 이 신호를 근거로 ECU는 공전신호, 냉각수 온도 신호, 부하신호 및 차속신호 등을 이용해 공전 때 회전수를 제어한다.

9) 크랭크각 센서(CAS ; Crank Angle Sensor)

크랭크 각 센서(그림 8.80)는 옵티컬 방식과 페이스 센서 신호방식으로 크게 나눌 수 있다. 이 신호가 ECU로 입력되면 이 정보를 기준으로 점화시기와 엔진 회전수를 연산하게 된다.

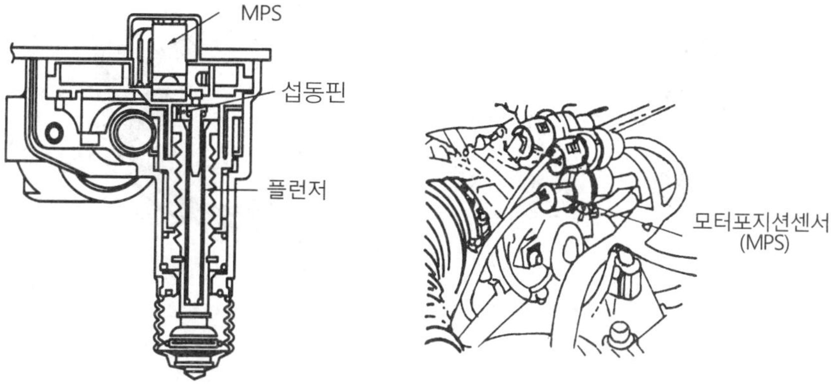

그림 8.79 모터 위치센서의 위치 및 작동회로

(a) 홀소자방식 (b) 옵티컬방식 (c) 동작원리

그림 8.80 크랭크각 센서의 외형 및 동작원리(전자유도식)

10) 차속센서(VSS ; Vehicle Speed Sensor)

차속 센서(그림 8.81)에는 리드 스위치 형식과 홀센서 방식이 있다. 리드 스위치 형식은 스피드 미터 속에 설치되어 있는 타입이고 홀센서 원리를 이용한 것은 트랜스 액슬의 스피드 미터 드리븐 기어에 설치한다.

리드 스위치형식은 출력기어 1회전에 4펄스 신호가 출력된다. ECU에서 공급된 5[V]의 전원을 리드 스위치로 차단함으로써 발생되는 차속 신호를 펄스신호로 변환시켜 ECU로 보내면 이 정보를 기초로 공회전 속도조정을 하게 된다. 홀센서 방식은 자동차가 공회전 상태인지 혹은 주행 상태인지(작동할 때)를 파악한다.

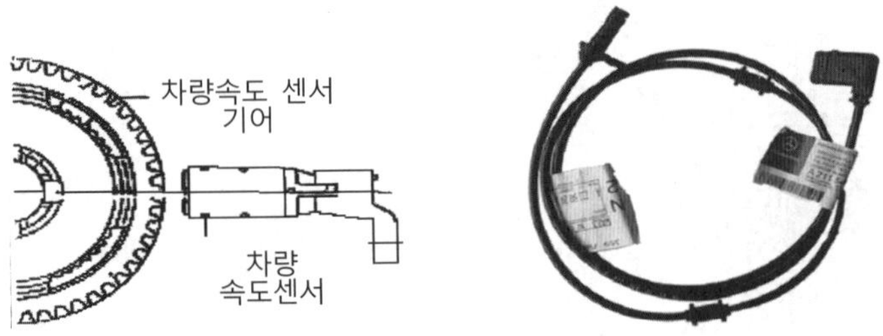

그림 8.81 차속센서

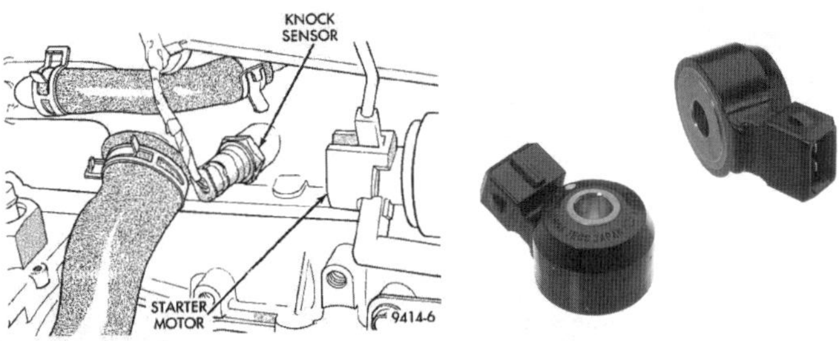

그림 8.82 노크 센서

11) 노크센서(Knock Sensor)

노크센서(그림 8.82)의 종류는 전자유도식, 압전식, 광대형, 공진형 등이 있다. 4실린더에서는 실린더 측면에 1개, 6실린더는 2개 정도 설치해 작동하며 노크센서 신호들은 전자 컨트롤 ECU에서 평가되는데, 기준 레벨은 각 실린더마다 개별적으로 형성하는데 이 레벨은 지속적이고 자동적으로 자신의 작동 상태에 적용된다. 크랭크 각도 영역에서 여과 되고 통합된 센서 신호에서 얻은 유용한 신호는 모든 실린더에서 각 연소 과정마다 노킹이 발생하는 지를 검출한다.

노킹이 감지되면 점화시기 관련 실린더에 대해 고정량 만큼 늦춰진다. 이런 과정은 노킹이 발생한다고 인지되는 연소과정과 실린더에 대해 반복 실시한다. 더 이상의 노킹이 없으면 점화시기는 서서히 점화시기에 가깝게 도달할 때까지 진각된다.

노킹 한계는 엔진의 실린더마다 다르고 작동범위마다 변하므로 노킹 한도에서의 실제 작동은 모든 실린더에 대한 개별적인 점화시기이다.

부 록

용어	해설 및 관계식
가속시간	모터의 속도를 변화시킬 때 현재의 회전속도에서 다음의 회전속도에 이를 때까지의 시간일이다.
가속 시정수	모터가 정지 상태에서 특정의 회전속도(정격 회전속도, 파라미터의 제한속도 등)까지 가속할 때 가속 개시부터 완료까지의 시간의 일이다. 1차 지연 함수의 가속 패턴의 경우에는 실제속도가 목표속도의 63.5%에 이를 때의 시간을 말한다. 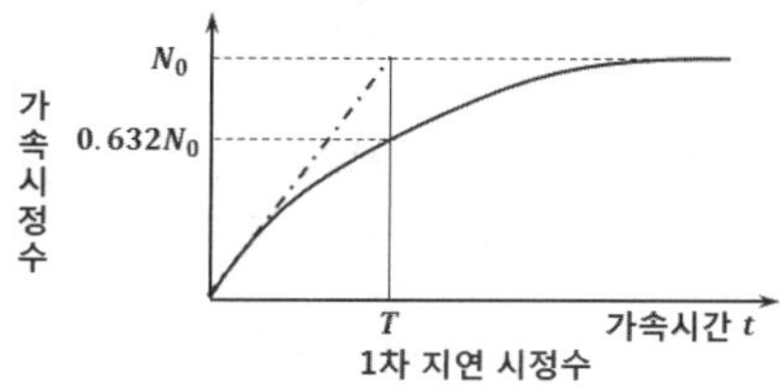 1차 지연 시정수를 갖는 가속 패턴 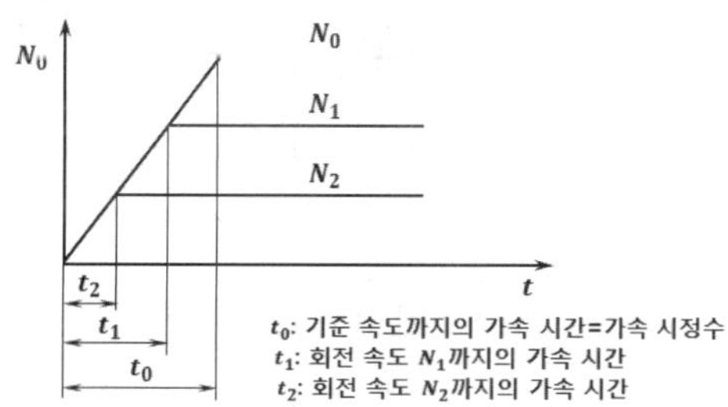
가속도	회전속도의 변화를 가속시간에 대한 비율로 나타낸 것으로 회전속도의 변화의 시간에 대한 기울기가 된다. 또한 일반적으로 가속도라고 하는 경우에는 직선 운동 시에 이용되고 $[m/s^2]$로 나타낸다.
가속시간	모터의 속도를 변화시킬 때 현재의 회전속도에서 다음의 회전속도에 이를 때까지의 시간일이다.
각 주파수(ω)	연속 정현파를 나타내는 단위로서 매초당의 사이클 수를 Hz(헤르츠)로 나타낸다. 이것을 각도(래디언)로 나타낸 것이 각 주파수입니다. 주파수 f[Hz] 때 2πf[rad/sec]로 환산된다.
각도 정도	스테핑 모터의 회전 각도의 정확성을 나타낸 것으로 스텝 각도 오차, 정지 각도 오차, 히스테리시스 오차가 있다.
감자 곡선 (DEMAGNETIZING CURVE)	영구자석의 성능을 판정하기 위한 곡선, 포화상태까지 자화시켰을 때의 히스테리시스 곡선의 제2상한 부분에 해당된다. 자계강도와 자속밀도의 곱이 최대 자기 에너지로서 이 값으로 재료의 우열을 비교하는 경우가 많다.
감자 기자력	전기자 전류가 흐르는 계자 자속에 의해 계자 기자력을 감소시키는 방향으로 전기자 기자력이 작용한다. 이 때문에 생기는 기자력을 말한다. 회전기기의 전기자 반작용을 일으키는 기자력의 일종으로 전기자 반작용으로 중성점이 옮겨지며 새 중성점에 브러시를 설정할 때 계자 기자력과 직각방향과 역방향분의 기자력이 생긴다. 이 역방향분이 계자 기자력을 감소시켜 유도 기전력을 저하 시킨다.
감자 작용	전기자 권선의 전류로 인해 기자력과 반대의 기자력이 생겨, 계자 기자력을 약하게 하는 현상임.

용어	해설 및 관계식
강자성체	어떠한 온도 범위에서 강한 자성을 나타내는 물질로 비 투자율이 1보다 큰 물질이다. 강자성체로는 원소 Fe, Co, Ni, Gd, Tb, Ho, Tm 과 Fe, Co, NI, Mn 등을 포함한 합금이나 산화물 등이 잇다. 그 특징 중의 하나의 자장이 없어도 자화가 존재하는 것이다(자발자화). 그 이유는 강자성체내에서 자기 모멘트를 갖는 원자가 이웃원자와 강한 상호작용으로 결합하여 서로 평행하게 되는 것이 에너지 적으로 안정되기 때문이다. 그러나 온도가 높아지면 열운동에 의한 교란이 커져 자와를 감소시키게 되는데 일정의 큐리온도를 넘어가면 자화가 소멸하여 상자성체로 된다. 그 예로 자발자화가 되는 물질을 우리는 (영구)자석이라고 부르고, 자석을 가열하면 자석은 그 능력을 잃게 된다. (큐리온도 : 온도가 증가하면 스핀의 열 진동에 의해 평행이 깨져 결국 어떤 임의의 온도에서 자발 자화가 감소하는데 자화 M이 0이 될 때의 온도를 큐리 온도(Tc)라 한다.)
게인 서치	정정 특성이 가장 좋아지는 게인을 자동적으로 탐색할 수가 있다.(위치제어 모드시만 유효) 자동으로 게인을 변화시키면서 정정시간이 최단에 오버슈트의 작은 게인을 찾아낸다. 높은 수준의 조정이 필요할 때에 위력을 발휘한다. 또 게인 서치를 실행할 때까지의 사전 준비는 게인 서치 설정 위저드에 따라 간단하게 실시할 수가 있다.
계자	전자석 또는 영구자석으로서 만든 자기적인 힘이 파급되는 범위, 보통은 지장으로 부르나 회전기기에서는 보통 계자라고 부른다.
계자 권선	회전기에서 자극에 설치하는 권선, 직류기에서는 고정자 쪽에 동기기에서는 회전자 쪽에 설치하며, 둘 다 직류로 여자한다. (DC전동기의 경우 일반적으로 고정자에 MAGNET가 부착되고 최전자인 ARMATURE에 DC전원이 인가된다.)
계자 전류	계자 권선에 흐르는 전류.
계자 코일	계자를 만들기 위해 계자 철심에 감는 코일.
고정손	철손, 기계손 등 부하전류의 증감과는 관계가 없는 전력손실.
고정자	전동기, 발전기 등에서 고정되어 있는 부분, 일반적으로 고정자 프레임, 고정자 철심, 고정자 권선의 세 부분으로 구성되어 있다.
관성 모멘트(관성)	회전체의 회전 무게를 나타내는 양이다. 직선 운동에 있어서의 질량에 상당한다. 정의식 $J=m \cdot r^2$ 여기서 J : 관성 모멘트 [$kg \cdot cm^2$], m : 질량 [kg], r : 회전 반경 [cm] 또한 종래부터 관성 모멘트를 나타내는 양으로서 GD^2가 이용되지만 이것은 위에 식의 r(반경)을 2r(직경)로 나타낸 것으로 $GD^2=m \cdot (2r)^2=4J$의 관계가 있다.
교류	교류(交流, AC : ALTERNATING CURRENT)는 직류와 달라서 +극과 −극이 일정한 시간적 주기를 가지고 서로 교차되도록 전원에서 흘러내는 전류로서 전류 및 전압의 방향과 값이 일정한 주기를 가진 정현파가 되어 변화하는 것이고 시계의 추가 일정한 리듬으로 좌우로 왔다 갔다 하고 있는 것과 같다.
권선	전기기기의 철심에 절연을 하여 감은 구리선등의 코일.
규소 강판	순철에 3~4%의 규소를 첨가한 자성재료, 순철에 규소를 첨가하면 저항률이 증가하고 투자율도 향상되기 때문에 와전류손이 감소되어 교류기기의 철심으로 유리하게 된다.
기계적 시정수	모터의 회전속도가 최종치의 63.2%에 도달할 때까지의 시간을 말한다. 그의 측정은 무부하 상태에서 스텝상의 전압을 입력하여 행한다. 더구나 기계적 시정수는 로터의 관성, 전기자의 내부저항, 토크정수, 유도전압정수로부터도 구할 수 있다. $$T_m = \frac{J \cdot R_a}{K_e \cdot K_t}$$ T_m : 기계적 시정수[s], J : 로터의 관성, R_a : 전기자 저항[s] K_e : 토크정수[g·cm/A 또는 N·m/A], K_t : 유도전압정수[V/1krpm]

용어	해설 및 관계식
기동 토크	모터가 시동할 때에 발생하는 회전력. 이 힘이 클수록 빠르게 목적의 회전수에 도달한다.
기어 헤드 (GEAR HEAD)	**1) 감속비** - GEAR HEAD가 MOTOR의 회전수를 감속하는 비율이다. - MOTOR 회전수는 GEAR HEAD 출력축에서는 감속비가 $\frac{1}{출력비}$이 된다. GEAR HEAD 감속비에는 50Hz, 60Hz에서의 MOTOR 회전수의 차이에 대응하여 GEAR HEAD의 출력축의 회전수를 동일하게 하기 위하여 3, 5, 7.5, 12.5, 15 …라고 하는 계열과 그 1.2배의 감속비인 3.6, 6, 9, 15, 18 …의 계열이 있다. **2) 최대 허용 TORQUE** - GEAR HEAD에 걸리는 최대의 부하 TORQUE이다. - GEAR HEAD에 사용하고 있는 치차(齒車), 축수(軸受)의 재질, 크기 등의 기계적 강도에 의해 정해지므로 GEAR HEAD의 종류, 감속비에 따라 달라진다. **3) SERVICE FACTOR** - GEAR HEAD의 수명을 추정할 때 사용하는 계수이다. - 부하의 종류와 사용 조건에 대하여 수명시험 등에 의하여 경험적으로 결정하는 수치이다. **4) 전달 효율** - MOTOR에 GEAR HEAD를 접속하여 TORQUE를 증폭시킬 때의 효율로서 %로 표시한다. GEAR HEAD에 사용하고 있는 축수(軸受), 치차(齒車)의 마찰 및 윤활유의 저항 등으로 결정된다. - 전달효율을 GEAR HEAD 감속단수 1단당 대략 90%로 되어 2단은 81%이며, 감속비가 커지면 감속단수가 증가되어 3단의 전달효율은 73%, 4단의 전달효율은 66%, 5단의 전달효율은 59%로 저하된다.
기자력	철심에 코일을 N회 권선하고 전류I를 흐르게 하면, 철심에 생기는 자속 Φ는 NI에 비례한다. 이 NI를 기자력이라고 한다. 단위는 (A).
기전력	전하의 전위를 올리는 것으로서 전기회로에 전류를 흐르게 하는 작용을 하는 것을 기전력이라고 한다. 단위는 (V).
내전압 (WITHSTAND VOLTAGE)	견디는 전압, 즉 어떤 기기, 기계, 기구 혹은 재료에 전압을 인가해서, 그 전압을 서서히 높여갈 때 기기, 기계, 기구 혹은 재료가 그 전압을 견디지 못하고 파괴가 되거나 소손이 되기 시작하는 시점의 전압.
누설 자속 (LEAKAGE FLUX)	2개의 권선 간의 전자유도에 유효하게 작용하는 주 자속에 대하여 한편의 권선만이 쇄교하여 유효하게 작용하지 않는 자속, 누설 자속이 많으면 에너지 손실이 크다.
다이나믹 브레이크	정전시나 서보앰프 고장시 기계를 급속하게 정지시키는 경우에 사용하는 브레이크 기능으로 선사 브레이크보다 큰 브레이크 토크를 얻을 수 있다. 다만, 정지시의 보관 유지 토크는 없다. 유도 전압기를 이용한 IM 서보에는 이 기능은 없다.
단락	단락 0도는 0에 가까운 저항의 도선으로 접속하는 것.
단자 전압	전류를 받거나 송출하는 전선의 끝을 말하는데, 2개의 단자간의 전압을 단자 전압이라고 한다.
도전율	저항률의 역수, 저기를 얼마나 잘 흐르게 하는가에 대한 정도. Ka 〈 Ca 〈 Na 〈 Mg 〈 Zn 〈 Fe 〈 Ni 〈 Sn 〈 Pb 〈H 〈 Cu 〈 Hg 〈 Ag 〈 Pt 〈 Au

용어	해설 및 관계식
도체	물체에 전기를 주었을 때에 그 전기가 주어진 곳에 머물지 않고 다른 곳으로 이도해 가는 물체를 말한다. 전류가 잘 흐르는 물체를 도체라 부르고, 흐르지 않는 물체를 부도체라고 부른다.
등 손	전기기기에 생기는 손실 중 권선의 저항에 의해 생기는 주울(JOULE)열, 등손 $P=R\times I^2$
디지털 제어	디지털 소자로 구성된 제어회로에 의해 실현된 제어 방식이다. 최근에는 연산량의 증대에 대응해 마이크로컴퓨터, 마이크로프로세서를 사용하여 제어를 소프트웨어에서 처리하는 방식이 많아지고 있다. 디지털 제어 방식의 이점은 옵-셋, 온도 드리프트가 없게 성능이 안정되고 재현성이 높다.
리니어 모터	전동기의 회전운동을 직선 운동으로 변환한 전동기.
리액턴스	전기회로에서 직류 전류를 방해하는 것은 저항이지만, 교류 전류는 방향 및 크기가 시시각각으로 변화하기 때문에 저항이외에도 전류를 방해하는 저항 성분이 있다. 이 저항 성분을 리액턴스라고 한다. 또한 저항과 리액턴스를 합성한 것을 임피던스라 한다. 임피던스는 $z=R+jX(X=wL=2\pi fL, X=wC=1/(2\pi fC), w=2\pi f)$ 회로를 흐르는 Sine파 교류에 대하여 그 전압과 전류사이에 진폭 변화와 함께 위상차를 생기게 하는 작용을 말한다. 일반적으로는 복소수로 나타낸 교류저항(임피던스)의 허수부라고 정의된다. 콘덴서나 코일은 이러한 성질을 나타내는 대표적인 것이다. 전압에 대해서 전류의 위상이 뒤지는 것을 양(陽) 또는 유도성 리액턴스, 앞서는 것을 음(陰) 또는 용량성 리액턴스라고 한다. 리액턴스에는 전력은 전기장 또는 자기장의 에너지로 축적 방출되어 저항에서와는 달리 손실이 생기지 않으므로 무효전력(無效電力)이라고 한다.
리플	정류 회로에서 교류를 정류한 경우 직류분에 남아있는 교류의 성분.
마그네터 홀더	프레임내부에서 영구자석을 고정시키기 위하여 사용하는 것.
맴돌이(와)전류	철심(Core)과 교차하여 자속이 변화할 때 금속판 내에 생기는 소용돌이 형태의 전류, 와류손은 철심의 두께에 비례하며, 이것에 대한 대책은 철심 두께를 얇게 하여 적층을 하면 손실을 줄일 수 있다.
무부하 시험	피 측정기기를 무부하로 운전하여 그때의 전동기 특성을 시험하는 것으로서 무부하 전류, 무부하 전압, 무부하 RPM, 무부하 손 등을 측정하는 시험, 정격 주파수를 가할 때에 전력계의 지시가 무부하 손이 된다. 변압기의 경우는 철손, 회전기의 경우에는 철손과 기계손이 포함된다.
바리스터	전압, 전류 특성이 비선형적인 저항 소자의 총칭. 바리스터는 인가되는 전압에 따라 저항값이 변하는 소자이다. 가령 10V 이하에서는 전류가 흐르지 않다가 10V 이상이 되면 갑자기 전류가 흐른다든지 하는 소자이며, 주로 외부의 써지전압 등을 차단해주는 역할을 한다. 전화기나 모뎀등과 같이 외부와 통신하는 기기에서 외부인입선에 장착하여 외부서 지노이즈를 차단하는 역할을 한다.
발전 제동	전동기를 발전기로 운전하여 회전 부분의 운동에너지를 전기회로중의 저항에서 열로 소비시키면서 제동하는 방법. 실례로 자동차 도어록용 모터의 경우 회전자에 폐 결선된 코일이 들어있어 관성력에 의한 최전으로 최소화 시켜주고 있다.
벡터제어	모터 속도를 엔코더로 검출하여 모터의 미끄러짐(슬립)을 연산으로 요구하는 것에 의해 부하의 크기를 알 수 있다. 여기서 구한 부하의 크기에서 인버터의 출력 전류를 벡터 연산에 의해 여자 전류(자속을 발생시키는데 필요한 전류)와 토크분 전류(부하 토크에 비례하는 전류)와에 분할하여 각각 필요한 전류가 흐르도록 주파수와 전압을 최적으로 제어하는 방식을 말한다.

용어	해설 및 관계식
부족 전압	서보앰프, 인버터에서 전원 전압이 규정값 이하가 되었을 경우 장치 보호를 위해 제어를 정지하고 외부 에러 신호를 출력한다. 이 규정값은 200V가 사용되는 기기의 경우 통상 약 160V로 이 전압 레벨 이하를 부족 전압 레벨이라고 부르고 있다.
브러시 스프링	전동기에서 브러시가 정류자에 밀착하도록 일정한 텐션을 갖는 스프링
브러시 홀더	브러시를 잡거나 감싸주는 것으로 Leaf type과 Cage type이 있다. Leaf type의 경우 자체 Tension을 가지고 있으나 Cage type인 경우 별도의 Brush Spring이 필요하다.
VF제어	주파수를 가변 할 때에 출력 전압과의 비율이 일정이 되는 것 같은 제어 방식을 말한다. 이 방식은 배선이나 모터의 1차 코일에서의 전압 강하에 의해 실제로 유효하게 되는 전압이 감소하면 충분한 토크가 나오지 않게 되기 때문에(이 현상은 저속이 될 만큼 크게 영향을 준다), 미리 전압 강하분을 추정하여 그 만큼 전압을 높게(토크 부스트)하여 저속에서의 토크 부족을 보충한다.
비례제어	비례제어를 P제어라고도 하지만 조작량 Y가 편차값 ε에 비례하는 것으로 $Y=\epsilon\times K_p$로 나타낸다. 위치결정 완료 후 기계적으로 락된 모터가 1펄스 분량이라도 마련되어 있으면 모터에는 큰 전류가 흘러 위치 차이를 보정하려고 한다. 이것을 피하기 위해서 위치결정 완료와 동시에 비례제어로 하면 토크 게인이 낮아져 전류가 억제된다. 또한, 비례제어로 하는 것으로 서보 록시의 진동을 억제할 수가 있다. 여기서 비례제어는 돌발적인 외란에 대해서는 즉시 편차를 없애도록 일하지만 연속적 외란에 대해서는 편차를 완전하게 없앨 수 없다. 이것은 연속적인 외란에 대해 수정할 방향으로 제어계는 동작을 계속하기 때문이며 그러기 위해서는 어느 정도의 편차가 필요하기 때문이다.
서비스 계수 (SERVICE FACTOR)	모터 및 감속기의 수명을 추정할 때 사용하는 계수이다. 부하의 종류와 사용조건에 대하여 수명시험 등의 의하여 경험적으로 결정하는 수치이다.
셋트링 타임	스테핑 모터에 최종 펄스 신호를 입력하고 나서 모터가 정지할 때까지의 감쇠 진동시간. 정지할 때까지의 시간이 짧으며 진폭이 작을수록 좋다.
소결 베어링	회전자를 지지하기 위하여 금속분말을 소결시켜 성형한 베어링에 윤활유를 함침시킨 부싱.
속도 변동율	모속도 서보로서 사용했을 경우에 발생하는 모터 회전속도의 변동율로, 변동한 회전속도의 정격 회전속도에 대한 비를 백분율로 나타낸다. 부하 변동에 의한 속도 변동율을 다음 식에 나타낸다. $\text{속도변동율}=\dfrac{\text{정격부하 시 회전속도}-\text{무부하시 회전속도}}{\text{정격 회전속도}}\times 100[\%]$
속도루프 게인	속도제어에 대해, 지령에 대한 응답성을 나타내는 것이다. 모터에 의해 정해지는 정수를 K1로 하면 속도루프 게인 $=\dfrac{K_1\times K_v}{J_M+J_L}$이 된다. K_v는 속도 루프게인, J_L은 부하 이너셔, J_M은 모터 이너셔이다. 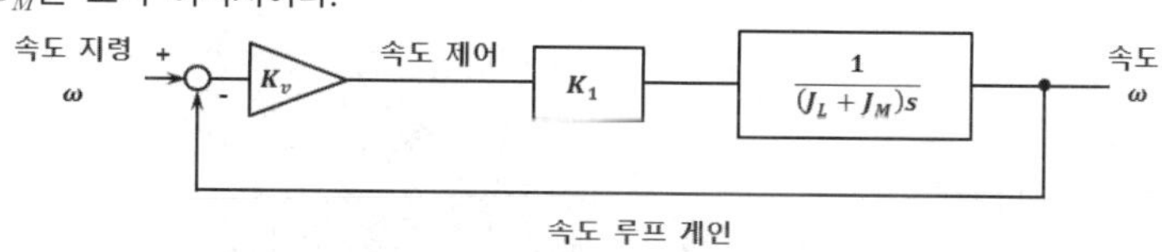 속도 루프 게인
순간 정전	서보앰프, 인버터는 정전이 지극히 짧으면(통상, 15msec 이하) 그대로 제어를 속행하지만 그 이상 길어졌을 경우에는 순간 정전 에러를 내어 제어를 멈추어 버린다. 정전이 계속되면(통상, 수 100msec 이상) 전원 OFF시와 같이 복전으로 전원 투입시와 같은 상태가 된다. 정전이 상기의 15msec 이상 수 100msec 이하의 경우를 통상 순시 정전이라고 해 순시 정전 에러가 보관 유지된다.

용어	해설 및 관계식
스루잉 특성	스테핑 모터를 스타팅 특성 내에서 기동시킨 후로 입력 신호 주파수를 서서히 높인 경우 동기 회전할 수 있는 부하 토크의 범위를 말한다. 풀·아웃·토크 특성이라는 경우도 있다. 대폭으로 특성을 향상시킬 수 있으므로 거의 모든 경우에 이 방법을 사용하고 있다.
스텝각도	입력펄스 1개에 대응하는 모터의 회전각도.
스타팅 특성	스테핑 모터의 동특성을 나타낸 것으로 모터의 스텝수가 입력 펄수와 1 : 1의 관계로 기동할 수 있는 부하 토크의 범위를 말한다. 이 범위를 넘은 펄스의 입력에 대해서 모터는 일정 상태를 벗어나고 이상진동을 동반하며 정지한다. 풀·인·토크 특성이라는 경우도 있다
슬롯	회전기의 고정자 권선이나, 회전자 권선을 넣기 위해 철심에 파져있는 홈.
슬립 (SLIP)	- 회전수를 다른 방법으로 표현하는 것이며 다음 식으로 표시한다. $S=\frac{NS-N}{NS}$ 또는 $N=NS\times(1-S)$ 여기서 NS는 동기 회전수[rpm], N은 임의 부하시 회전수[rpm], S는 슬립이다. 예를 들어 4극 60Hz의 I인덕션 모터로 슬립 S=0.1로 운전시킨다면 $S=\frac{120\times60}{4}(1-0.1)=1800(1-0.1)=1620$[rpm]
써지	어떤 기기, 기계, 기구 혹은 재료(이하 기기라함)의 제조자(또는 설계자)가 그 기기에 대하여 정해놓은 내전압(耐電壓)을 훨씬 초과하는 과전압으로서, 그 과전압이 그 기기에 들어오면 그 기기 및 그 기기에 접속되고 연결되어 있는 장치, 부품 등을 소손 파손시키거나 그 기기의 동작을 방해하는 이상전압을 말한다. 그 써지는 인간이 일부러 만든 것이 아니고 기기의 내부 혹은 외부에서의 외란(外亂)에 의하여 만들어지는 것으로서 그 발생 형태가 다양하다. 각종 차단기나 개폐기의 ON/OFF 시 발생하는 개폐 써지, 각종 전선로의 고장에 따른 과도현상에 의한 써지, 번개로 표현되고 대표되는 뇌(雷)에 의하여 만들어지는 다양한 형태의 써지 등.
아날로그 제어	오피앰프 등, 아날로그 소자를 사용하여 구성된 제어회로에 의해 실현된 제어 방식이다.
앤드 벨 앤드 캡	회전자를 지지하고 브러시를 포함하는 전류공급 경로를 구성한 구조 모터의 출력 측(전면)에 조립되는 것을 Front Cover, 뒤쪽에 조립되는 것을 Rear Cover로 부르기도 한다.
앱솔루트(절대위치) 검출기	검출기 1회전내의 각도 데이터를 외부에 출력할 수 있도록 한 검출기로, 360도를 8~12비트 데이터로 불러 낼 수 있는 것이 일반적으로 사용되고 있다. 서보모터의 검출기로서 사용하면, 모터 1회전내의 위치가 알기 위해 회전량 카운터와 조합하여 절대위치 시스템을 구성할 경우에 사용된다. 아래 그림은 일반적인 절대위치 검출기의 구조로, 이 경우 7비트의 절대위치 신호를 출력한다. 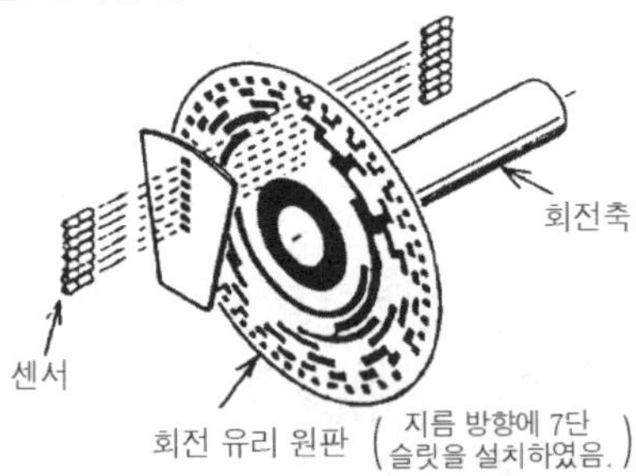

용어	해설 및 관계식
앱솔루트(절대위치) 위치결정	기계의 이동 범위에 대해 원점을 기준으로 한 절대위치 좌표를 설정하여 위치결정 데이터에 대해 그 좌표를 지정하는 것에 의해 위치결정 하는 방법이다.
어드밴스드 자속 벡터제어	출력 전류를 여자 전류와 토크분 전류에 벡터 연산에 의해 분할하여 부하 토크에 알맞은 모터 전류를 흘릴 수 있도록 주파수와 전압의 보정을 실시하는 일에 의해 토크 특성을 개선하고 저주파 수역으로부터 고주파 수역까지 정토크 특성을 얻는 미쓰비시 독자적인 제어 방식이다.
열시정수	모터의 온도상승이 최종치의 63.2%에 달할 때까지의 시간을 말하며 그의 측정은 일정 부하를 스텝상으로 가하여 행한다.
에어 갭	회전자의 원주와 고정자의 극 면사이의 거리나, 또 자기회로 등에 마련된 공극을 말한다.
영구 자석	자화된 철편의 잔류 자기를 사용하는 것을 목정으로 한 자석.
오버런 (OVER RUN)	전원을 차단한 순간부터 정지하기까지 모터의 초과회전을 각도(회전수)로 나타낸 것이다.
오버헝 하중 (OVERHUNG 하중)	기어헤드 출력 축에 직각 방향으로 걸리는 하중이다. 기어헤드에 걸리는 오버헝 하중의 최대치를 허용 오버헝 하중이라고 하고 기어헤드의 종류 및 축 선단에서의 거리에 따라 달라진다. 벨트 구동일 때의 장력 등이 이것에 해당된다.
오차 과대	잔류 펄스가 편차 카운터의 용량을 오버하는 것이다. 위치결정 시스템으로 편차 카운터가 오버플로우 하면 정확한 위치결정이 불능
오토튜닝(온라인 오토튜닝)	어드밴스드 자속 벡터제어에 필요한 모터 정수를 인버터 자신이 측정·기억하는 기능이다. 온라인 오토튜닝이란 시동 시에 모터 상태를 재빠르게 튜닝 하는 기능이다. 그 때문에 모터의 온도에 영향을 받지 않는 고정밀도 운전, 초저속까지의 고토크, 안정 운전을 할 수 있다.
오토튜닝(리얼타임 오토튜닝)	서보모터가 구동하는 기계의 성능(특히 응답성, 안정성)은, 기계의 특성(관성 모멘트, 강성)에 좌우된다. 그래서 기계의 성능을 최고로 가지고 가기 위해서 조정하는 조작이 필요하며 이 조작을 튜닝이라고 한다. 오토튜닝이란 위의 튜닝을 자동적으로 실시하는 기능으로 보통은 서보앰프로 설정하는 속도 루프 게인, 위치루프 게인을 자동조정 하는 기능을 가리킨다. 리얼타임 오토튜닝이란 특히 기계의 특성이 운전 중에 변화해도 튜닝이 항상 추종하여 자동적으로 행해지는 기능을 가리킨다.
오픈루프	스텝 모터 등에 의한 위치결정이 이 방식이다. 검출기를 이용하지 않는 방식이기 때문에 제어계가 간단하고 저가이기 때문에 비교적 간단한 위치결정이나 소용량으로 고속시의 토크를 그다지 필요로 하지 않는 용도에 많이 이용되고 있다.
올 디지털 제어 (디지털 제어)	마이크로 컴퓨터나 그 주변의 LSI 및 논리 IC로 구성된 회로에 의해 제어되는 방식입니다.
용량 리액턴스	커패시터의 축전 작용에 리액턴스. $j_{wc} = j\times 1/(2\pi fC)$
위치루프 게인	위치제어에 대해 그 지령에 대한 응답성을 나타내는 것이다. 속도제어계를 $G_v(s)$로 해 정리한 위치제어의 블럭도를 나타낸다. 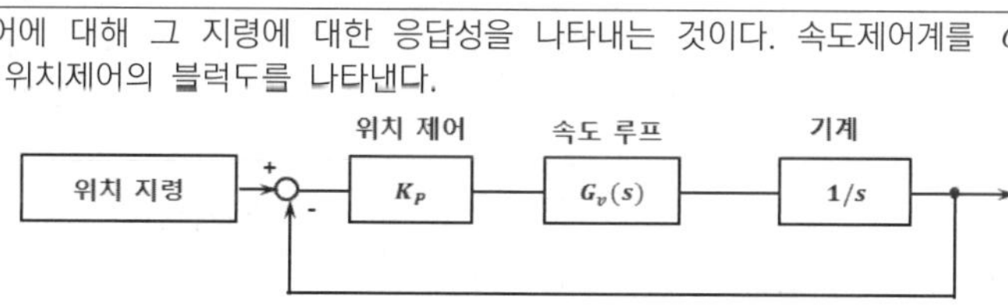 여기서 위치루프 게인은 위치루프 게인 = $K_pG_v(s) = K_p(1/\text{sec})$ 위치제어에 대해서 속도제어는 충분히 응답이 높기 때문에 $G_v(s) \fallingdotseq 1$로서 생각한다.

용어	해설 및 관계식
웨버	자속 및 자극의 세기를 나타내는 단위. 자기력선속(磁氣力線束)의 MKSA 단위로 기호 Wb. 자기력선속밀도(자기유도율)가 1만G(가우스)인 균일 한 자기장에 수직인 넓이 1m^2의 평면을 통과하는 자기력선속이 1Wb이다. CGS전자기 단위로는 1Mx(맥스웰)이라 한다. 즉 이다. 1993년 국제전기표준회의에서 채택, 1948년 국제도량형총회에서 채용되었다. 명칭은 독일 물리학자 W.E.베버의 이름에 유래한 것이다.
유도 전압정수	모터가 회전하고 있을 때 모터 내부에 발생하는 유도 전압과 회전수의 비율을 말하며, 일반적으로 1000rpm당 발생 전압으로 표현된다. 발전정수, 역기전력정수 등으로도 부른다.
응답성	서보계에서는 위치, 속도, 전류 루프가 있지만 각각의 지령에 대한 추종성을 나타내는 것이며 일반적으로는 속도 응답성을 가리키고 있다.
인크리멘털(상대위치) 위치결정	기계 이동 범위에 있어서의 상대적인 위치결정으로 현재의 위치를 기준(원점)으로 하며 위치결정 데이터에 대해서는 현재 위치에서의 이동량을 지정하는 것에 의해 위치결정 한다.
IGBT(Insulated Gate Bipolar Transistor)	종래의 트랜지스터 등에 비교해 고속 스위칭이 가능하고 전류나 내압성 등에도 뛰어나다.
임펙트 드롭	피드백 제어에 있어서의 입력 지령에 대한 출력의 변동 폭을 나타내는 값으로서 그 시간적인 응답 특성을 나타내기 위해 스텝 상에 부하를 변화시켰을 때의 그 일시적인 변동량의 크기 및 연속 시간으로서 나타난다. 특히 적분 동작을 포함하고 있을 때 유효가 된다.
인덕턴스	유도용량이라고도 하며 전류의 변화율과 이에 의해서 코일 내부에 유도되는 기전력, 즉 전압의 상대적인 크기에 의해서 결정되는 도체의 특성. 단위는 헨리(H).
자계	전류 상호간, 자석 상호간 또는 전류와 자석과의 사이에 힘이 작용하고 있는 장소.
자기모멘트	중심을 축으로 하여 자유로 회전할 수 있는 막대자석을 자계 속에 넣어보면, 자석의 S극은 자계의 N극으로, 자석의 N극은 자계의 S극으로 회전한다. 이 회전력은 자석의 길이와 자극 세기의 곱에 비례한다. 즉 자석의 길이와 자극의 세기의 곱을 자기 모멘트라 한다.
자기 에너지	자성체가 외부 자겨의 영향에 의해 자화되는 형상. 코일에 흐르는 전류가 변화되면 코일증의 자속이 변화되어 코일에 유도전압이 발생되는 현상.
자기유도	자성체가 외부 자계의 영향에 의해 자화되는 현상. 코일에 흐르는 전류가 변화되면 코일증의 자속이 변화되어 코일에 유도전압이 발생되는 현상.
자기 인덕턴스	코일의 정수이며 유도전압의 비례정수. 기호는 L, 단위는 헨리(H).
자기저항	자기회로에 기자력 NI(A)가 작용할 때 생기는 자속을 Φ라고하면 NI와 Φ의 비를 말한다. $R_m = NI/\Phi$
자기포화	자화곡선에서 자계의 세기를 크게 하여도 자화의 세기가 변화되지 않는 영역.
자기회로	자속의 통로
자력선	각 점에 있어서의 접선방향이 그 점에서 자장방향과 일치하고 있는 곡선. 자력선은 N극에서 나와 S극에서 끝난다. 자력선은 서로 교차하지 않는다. 자력선에 그은 접선은 그 접점에서 자장의 방향을 나타낸다. 한 점의 자력선의 밀도는 그점의 자장의 세기를 나타낸다.

용어	해설 및 관계식
자석	자성을 띈 물질. 자석을 N극과 S극으로 배향하여 자계를 형성하며 회전자와 금속 프레임(Frame)을 사용하여 자로 구성한다. 자석은 전자석과 영구자석이 있다. 영구자석은 장자성체인 산화철을 사용한 Ferrite 계열과 네오듐과 같은 희토류 금속을 사용하는 것이 있고, 성형 재질에 따라 금속, 소결페라이트, 본디드 플라스틱, 고무 마그네트가 있다. 소결 페라이트도 제조방식에 따라 건식과 습식이 있으며, 다양한 특성은 사용 용도에 따라 선정한다.
자성체	자계 중에 놓으면 자화되는 물질, 비 투자율이 1보다 매우 큰 것을 강자성체라고 하고, 1보다 매우 작은 물질을 반자성체라 한다.
자속	단위 정자극에서 나오는 자력선을 하나의 묶음으로 하여 이것을 자속이라고 한다. 기호는 Φ리고 MKS 단위는 웨버(Wb)이다.
자속밀도	자기에 관한 현상을 양적으로 다루기 위해 쓰이는 것으로 단위 면적당 자속을 말한다. $1Wb/m^2=1T(TESLA)=1\times10^4(GAUSS)$
자화	자계 내에 놓은 물체가 자기유도에 의해 자석으로 되는 것.
자화곡선	자화력 H와 자속밀도 B사이의 관계를 나타내는 곡선을 말한다. 장자성체의 자기특성을 아는데 있어서 중요한 곡선으로 B-H곡선이라고도 한다.
자화전류	전자석의 자화에 사용되는 전류로 여자전류라고 한다. 여자 권선의 권수와 자화전류의 곱이 기자력에 비례한다.
잔류 자기	자화곡선에 있어서 자화력을 0으로 했을 때의 자속밀도를 말한다.
잔류 펄스와 정지 정정(整定)시간	서보앰프의 편차 카운터로 카운트 되고 있는 지령 펄스와 위치 검출기의 피드백 펄스의 차이를 말한다. 일정 속도에서 운전 중에는 편차 카운터에는 일정량의 잔류 펄스가 존재한다. 속도가 변화하면 잔류 펄스수도 변화한다. 서보모터는 서보앰프의 잔류 펄스분 만큼 지령보다 늦게 회전하고 있기 때문에 정지시는 지령 완료시부터 약간 늦게 정지하게 된다. 이 지연 시간의 일을 정지 정정(整定)시간이라고 말한다. 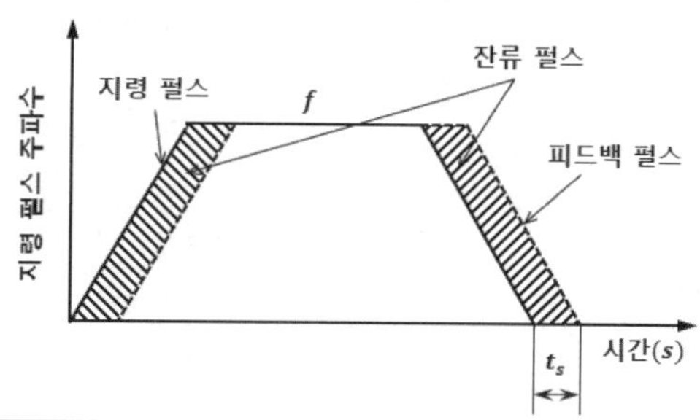
저항 회생	회생 에너지를 앰프의 모선에 접속된 저항기로 흘려보내 열 소비시켜 제동 토크를 얻는 방식이다.
전기자	전동기나 발전기의 계자(FIELD)에 상대되는 권선 및 이 권선을 감는 철심의 총칭으로 계자에서 만든 자속을 끊어서 기전력을 유도하는 부분이다.
전기자 누설 리액턴스	교류 회전기의 전기자 권선에 전류가 흐르면 그 기자력은 계자 기자력과 합성되어 갭에 자속이 발생됨과 동시에 슬롯 내부와 권선 끝에 자신의 도체와 쇄교하는 누설자속이 생긴다. 이 누설자속에 의해 생기는 리액턴스를 누설 리액턴스라 한다.

용어	해설 및 관계식
전기자 반작용	전기자에 전류가 흘러 주자극의 자기력선 분포에 영향을 주는 현상. 직류, 교류의 발전기에서 전기자 권선에 전류가 흐르면 기자력이 발생되고 이 기자력이 계자의 기자력에 작용하여 자속의 분포를 변화시키는 현상으로 전동기에도 이 현상이 나타나는데 중성점을 이동(모터는 회전방향과 반대로)시기거나 출력 파형을 변형시키고 브러시 사이에 아크가 발생 등 여러 가지 좋지 못한 영향을 미치게 한다.
전기적 시정수	전기자 전류가 최종치의 63.2%에 도달할 때까지의 시간을 말한다. 그의 측정은 모터축을 고정한 상태에서 스텝상의 전압을 입력하여 행한다. 더구나 전기적 시정수는 전기자 저항과 인덕턴스로부터도 구할 수 있다. $P_e = \frac{L_a}{R_a}$ P_e : 전기적 시정수[s], L_a : 인덕턴스[H], R_a : 전기자 저항[Ω]
전기자 인덕턴스	전기자 권선의 내부저항과 브러시 커뮤테이터 사이의 접촉저항을 가한 것. 저항은 줄열을 발생시키므로 작을수록 바람직하다.
전달 효율	모터에 감속기를 연결하여 토크(TORQUE)를 증폭시킬 때의 효율로써 %로 표시한다. 감속기에 사용하고 있는 축 개수, 치차의 마찰 및 윤활유의 저항 등에서 결정된다. 전달효율은 감속기의 감속단수 1단을 대략90%로, 2단은 81%이며, 감속비가 커지면 감속단수가 증가되어 3단의 전달효율을 73%, 4단의 전달효율은 66%, 5단 전달효율은 59%로 저하된다.
전압 강화	전선에 절류 I를 흐르게 하면 전선의 저항 R 때문에 RI의 전압이 강하된다. 이때 RI를 R에 의한 전압 강하라 한다.
전원 회생	회생 에너지를 앰프의 모선을 개입시켜 전원 측에 되돌리는 방식이다. 전원 측에 되돌리기 위한 전용의 유닛이 필요하지만 저항 회생 방식에 비해 열의 발생이 적고, 회생 에너지가 큰 경우 설치 치수도 작아지는 이점이 있기 때문에 주로 대용량 기종, 승강축 등 연속 회생이 되는 운전에서 사용된다.
전자기어	지령 펄스에 대한 피드백 펄스의 비율을 바꾸는 것을 말합니다. 다만 위치의 분해능은 엔코더에 의해 정해지기 때문에 바뀌지 않는다. 비율 변경은 파라미터에 의해 분수 설정을 할 수 있다. 기계적 기어와 달라, 감속비를 높게 해도 모터의 토크는 증가하지 않는다.
전자석	철심과 코일로 구성된 자석이며 그 자력은 코일에 전류가 흐르고 있을 동안만 발생한다.
절연 계급	전력용 기기나 계동 공작물의 절연 강도 계급

절연의 종류	내용	허용최고온도
Y종	목면, 견지 등의 재료를 구성. 바니시류에 합침 또는 기름에 침투시키지 않은 것.	90℃
A종	Y종과 같은 재료로 구성. 바니시류에 함침 또는 기름에 침투 시킨 것.	105℃
E종	에나멜선용 폴리우레탄 수지. 에폭시 수지면 적층품, 종이 적층품.	120℃
B종	마이카, 석면 그라스 섬유 등의 접착재료를 이용하여 구성한 것.	130℃
F종	B종과 같은 재료를 실리콘 알키드 수지 등의 접착재료를 이용하여 구성한 것.	155℃
H종	B종, F종과 같은 재료를 규소 수지 또는 동등의 성질을 가진 재료로 함께 사용한 것.	180℃
C종	생마이카, 석면, 자기 등으로 단독적으로 구성된 것 또는 접착재료와 함께 사용한 것.	180℃ 초과

용어	해설 및 관계식
절연 내력	절연 재료가 어느 정도의 전압에 견딜 수 있는가의 정도
절연 재료	전하가 이동하기 어려운 즉, 전기저항이 높은 부도체인 재료.
절연 저항	절연물에 직류전압을 가하면 극히 적은 전류가 흐른다. 이 경우의 전압과 전류의 비.
절연 파괴	절연물에 가해지는 전압을 차츰 증가시켜 가면 어떤 값 이상의 고전압에서 급격히 방전 현상을 일으키는 것을 말한다.
정격 (定格)	모터에 정해진 사용 조건에 적합하도록 설계되어 있는 것으로 그 조건에 맞았을 때의 사용 한도를 정격이라고 한다. 출력에 대한 사용 한도를 정하는 전압, 전류, 회전수, 주파수 등을 지정한다. 그것을 정격출력(定格出力), 정격전압(定格電壓), 정격전류(定格電流), 정격회전수(定格回轉數), 정격주파수(定格周波數)라고 한다. 정격에는 연속정격, 단시간정격, 반복정격 등이 있으며, 당사에서 생산되는 인덕션 모터는 연속정격이며, REVERSIBLE MOTOR는 단시간(30분) 정격이다. **1) 연속정격** - 지정된 조건에서 계속하여 사용 할 때 규정된 온도상승과 제반 조건을 초과하지 않고 연속 사용 가능한 것을 연속정격이라고 한다. **2) 단시간정격** - 지정된 조건으로 규정된 시간 동안 운전 할 때에 규정된 온도 상승 등 제반 조건으로 초과하지 않고 사용하는 것을 단시간 정격이라고 한다. 단시간 정격은 5분, 10분, 15분, 30분, 1시간, 2시간의 6가지를 표준으로 한다. **3) 반복 정격** - 지정된 조건에서 일정한 부하로 운전과 정지를 주기적으로 반복 사용할 때에 규정된 온도상승 등 기타의 제반 조건으로 초과하지 않는 정격이다.
정류	교류 전류를 맥류 또는 직류로 변환하는 것을 말한다. 교류 전압의 반만의 꺼내는 반파 정류와 양쪽을 모두 꺼내는 전파 정류가 있다.
정류자	직류기에서 전기자에 발생한 교류 기전력을 정류하는 부분이며, 구리판으로 만든 여러 개의 정류자편으로 구성되어 있다.
정마찰 토크	전자(電磁) BRAKE, CLUTCH BRAKE 등이 정지하고 있는 상태에서 부하를 HOLDING할 때에 내는 TORQUE이다.
정지 정정(整定)시간	서보모터는 위치 지령에 대해서 일정한 편차를 가지고 움직인다. 따라서 정지시 지령이 완료하고 나서 서보모터가 정지하기까지는 지연시간이 있다. 이 지연시간을 정지 정정시간이라고 말한다, 위의 잔류 펄스의 그림의 t_s의 시간에 개략 $3T_p$를 전망한다(T_p : 위치 루프 시정수). 서보모터의 운전 패턴을 검토할 때는 이 정지 정정시간을 고려할 필요가 있다.
정지 최대 토크	스테핑 모터가 정지시에 있어서 낼 수 있는 최대의 토크.
주파수	주파수(周波數, FREQUENCY)는 교류가 1초간에 반복한 주기의 수이다. 단위는 HERTZ(Hz)로 나타난다. 우리나라에서는 60Hz의 주파수가 표준으로 채용되고 있으며, 이것은 1초간에 60회 전류의 방향이 +에서 -로 변할 때 일시적으로 전원은 정지하는 형태가 되어 전등은 1초에 120회 꺼졌다 켜졌다 하는 것이다. 그러나 교류의 점멸은 빠른 속도이므로 사람의 눈으로 판별은 곤란하다.
주파수 응답(특성)	속도 응답성을 정량적으로 나타내는 것이다. 속도 지령을 10r/min정도의 미소한 속도 지령으로서 정현파장에 변화시켰을 때 실제의 모터가 어느 주파수까지 응답할 수 있는지를 나타내는 것으로 ωc[rad/sec] 또는 fc[Hz]로서 나타낸다. 이 주파수 응답을 올리려면 속도 루프 게인을 크게 하면 좋지만 지나치게 너무 크게 하면 기계계의 강성 등에 의해 진동이나 불안정하게 되기 쉬워진다.
중권	한 쌍의 자극 사이에 전기자 권선을 완전히 감고 다음에 자극 쌍 영역으로 감아 나가는 방법, 극수와 병렬 회로 수는 같다.

용어	해설 및 관계식
중성점	성형결선에서 각 선이 모이는 결합점, 전기자의 경우는 N, S 양극 사이의 중앙 부근에서 도체가 흐르는 자속 변화가 작기 때문에 기전력이 발생되지 않는 곳을 말한다.
중성축	자극 N과 S의 중간에서 자속밀도가 0인 점을 통과하는 선.
지락	서보앰프의 주전원 회로의 선(다이오드 정류 후의 P, N), 모터의 동력선(U, V, W)중 한쪽이 대지와 합선 되고 있는 상태를 말한다.
직류	직류(直流, DC : DIRECT CURRENT)에는 전지와 같이 +극과 -극이 항상 일정한 전원에서 흘러내는 전류는 방향이 불변이고 크기도 일정한 것이다. 전압의 방향도 일정하다. 직류 발생 장치로서는 건전지, 축전지, 직류발전기의 각종 정류기 등이 있다.
직류 전동기	전기자에 직류를 공급함으로써 회전되는 전동기의 총칭, 자극 N극과 S극 사이에 코일을 두고 코일에 전류를 흐르게 함으로써 생기는 토크에 의해 회전된다. 이 코일이 중성축을 통과할 때 마다 전류방향을 반전시켜 연속적으로 회전한다.
차동전송 방식	하나의 신호를 전송하는 경우 신호와 극성의 반전한 신호를 동시에 대응하여 전송하는 방식이다. 수신측은 신호의 논리를 세트로 판단할 수 있기 때문에 내(耐)노이즈성이 뛰어나며 펄스열의 입출력 등 고속의 신호의 전송에 이용된다. 일반적으로 발신측을 드라이버, 수신측을 리시버라고 부르며 전용 IC가 사용된다. 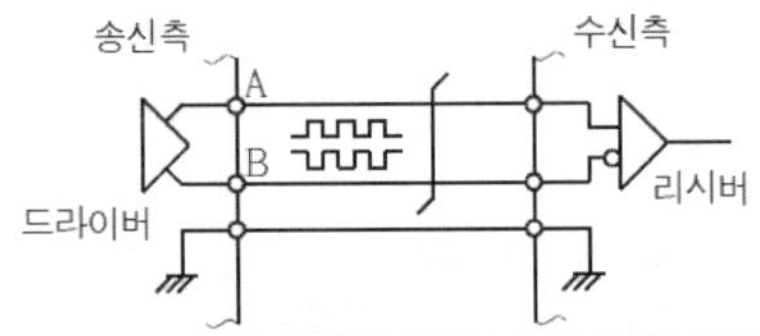
철손	전기기계의 철심 내에서 소비되는 전력손실, 히스테리시스손실과 와전류(과전류 아님) 손실을 합한 것. 부하에 상관없이 고정된 손실 값.
철심	변압기나 전동기의 자기회로에 사용되는 것으로 철판을 성층한 것, 회전기에는 규소강판 사용된다. 또 강판을 겹친 성층철심, 강판을 띠 모양으로 감은 권철심이 있다.
초크 코일	인덕턴스를 얻기 위한 부품으로서 고주파를 저기하는 목적으로 쓰인다. 보통 커패시터와 조합하여 회로나 필터를 구성한다.
최대 연속 응답 주파수	스테핑 모터를 최대 자기동 주파수 이내에서 기동시킨 후에 스루잉 특성 내에 들어 온 경우 동기 회전할 수 있는 최대의 입력 주파수. 다만 모터는 무부하 상태이다.
최대 자기동 주파수	모터의 스텝수가 입력 신호와 1 : 1로 기동할 수 있는 최대 입력 주파수. 다만 모터는 무부하 상태이다.
최대 토크	전동기 등이 발생할 수 있는 최대의 토크, 일반적으로 DC에서 기동토크가 최대 토크이다.
최대 허용 TORQUE	감속기에 걸리는 최대의 부하 TORQUE이다. 감속기에 사용하고 있는 치차, 재질, 크기 등의 기계적 강도에 의해 정해지므로 감속기의 종류, 감속비에 따라 달라진다.
출력 (出力)	모터가 단위 시간에 할 수 있는 일을 나타내며 회전수와 힘(TORQUE)을 곱한 값으로 결정됩니다. 정격 출력 값을 MOTOR에 표시한다. **출력 = $1.027 \times 10^{-5} \times T \times N$ [W]** 여기서 1.027×10^{-5}는 정수(定數), T는 토크 [g·cm], N은 회전수 [rpm], 1마력(HP)은 746[W] 이다. - 정격 출력 : 지정된 전압, 주파수의 조건에서 연속적으로 발생되는 출력을 말한다. 이 지정된 전압, 주파수를 정격전압, 정격주파수라고 한다. 이때의 정격출력을 일반적으로 모터의 출력이라고 한다.

용어	해설 및 관계식
커패시티 모터	단상 유도전동기의 일종으로 보조권선에 커패시터를 직렬 또는 병렬로 접속하고 주권선의 전류에 비해 보조권선 전류의 위상을 앞세워 동작시키는 전동기.
코깅	모터가 1회전하는 사이 토크의 맥동분의 것이며 이것에는 자기회로의 구조가 크게 영향을 미친다. 더구나 이 값이 작을수록 원활한 회전 특성을 나타낸다.
토크와 회전수	모터의 토크란 회전체를 돌리기 위한 회전력으로서 그 단위는 [g·cm] 또는 [kg·cm]가 사용된다. 나라별로 [N·m], [oz·in], [lb·in]를 사용한다. 1kg·cm의 토크라는 것은 회전체의 반경이 1cm인 외주의 한 점에서 직각 방향으로 1kg의 힘을 가한 경우의 회전력이다. 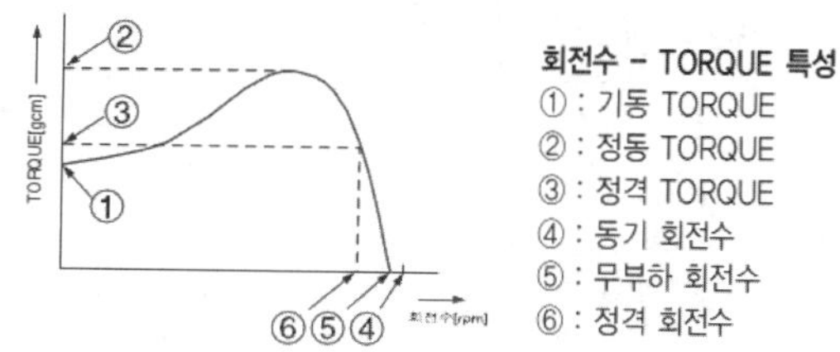 그림 1. 회전수-TORQUE 특성 1) 기동 토크 (그림 1의 ①) - MOTOR가 기동할 때 발생되는 회전력으로 회전자 구속회전력(LOCKED ROTOR TORQUE)라고도 하며, 시동 토크라고도 한다. - 이 회전력보다 큰 힘을 모터에 가하면 모터는 회전되지 않는다. 2) 정동 토크 (그림 1의 ②) - MOTOR가 낼 수 있는 회전력의 최대치로서 정동 회전력이라고 한다. - 운전 중에 최대 토크 이상의 부하가 걸리면 모터는 정지된다. 3) 정격 토크 (그림 1의 ③) - 모터가 정격 회전수일 때의 토크이다. - 모터에 정격 전압을 가해 정격 출력을 연속적으로 낼 때의 토크를 말한다. 4) 동기 회전수 (그림 1의 ④) - 전원 주파수와 모터의 극수로 결정되어지는 회전수이다. $NS = \frac{120f}{P}$ [rpm] 여기서 NS : 동기 회전수 [rpm], P : 모터의 극수, f : 전원 주파수 [Hz], 120 : 정수, rpm : 1분당 회전수(REVOLUTION PER MINUTE)이다. 예) 전원 주파수가 60Hz에서 모터가 4극인 경우 $NS = \frac{120 \times 60}{4} = 1800$[rpm] 5) 무부하 회전수 (그림 1의 ⑤) - 모터 출력축에 아무것도 걸지 않고 MOTOR를 회전시켰을 때의 회전수로 인덕션 모터나, REVERSIBLE MOTOR에서는 동기 회전수보다 약 20~80[rpm] 정도 낮게 회전된다. 6) 정격 회전수 (그림 1의 ⑥) - 모터에 정격 부하를 걸고 정격 출력을 낼 때의 회전수로 사용상 가장 이상적인 회전수이다.

용어	해설 및 관계식
토크 정수	모터가 발생하는 회전력의 비율을 말하며, 일반적으로 1A당 발생토크를 나타낸다.
토크 직선성	토크 지령에 대해 모터의 발생하는 토크와의 관계를 나타낸다. 특히 토크제어에서 사용하는 경우 토크 제로 부근에서는 불감대가 있다. 또한, 모터에 사용하고 있는 자석은 온도에 의해 자력이 변화하여 그 결과 토크 직선성에도 영향을 준다. 페라이트 자석으로 -0.2%/℃, 희토류 자석으로 -0.33%/℃이다.
투자율	어떤 물체가 놓여진 위치에서의 자화 자기장에 대하여 물체의 내부에 생기는 자기장의 상대적인 값, 이는 물체의 특성으로서 자화 자기장에 의해 물체 내에 형성된 자속밀도 B를 자화 자기장의 세기 H로 나눈 값에 해당된다. 즉 투자율(μ)은 $\mu = B/H$로 정의된다. 자속밀도 B는 물질 내에서 단위면적당의 자력선(Wb/m^2) 또는 자속의 밀도로서 실제의 자기장 세기를 나타낸다. 자기장 세기 H는 전선의 코일 내를 흐르는 전류에 의해서 형성되는 자화 자기장의 세기(A/m)를 나타낸다. 빈 공간에서는 자속밀도와 자기장은 동일한 세기인데 이는 자기장을 변경시키는 물질이 없기 때문이다. cgs 단위계에서 공간의 투자율 B/H는 무명수이며, 1의 값을 갖는다. SI단위에서 B와 H는 다른 차원에 있으며, 자유공간의 투자율(μ_0로 표시)은 $4\pi \times 10^7$로 정의가 되어 있어서 전류의 SI단위가 전류의 실용적인 단위인 A(암페어)와 동일한 단위가 된다. 이 단위계의 투자율 B/H눈 매질의 절대투자율(μ)이라고 한다. 상대 투자율 μr은 μ/μ_0로 정의 되는데 이 값은 무명수이며 cgs단위에서의 투자율과 동일한 값을 갖는다. 따라서 진공, 즉 자유공간의 투자율은 1이다.
특성 곡선	인가전압에 대하여 회전속도, 잔류, 토크, 효율, 출력 등의 성질을 나타내는 수치를 그린곡선.
트러스트 하중 (THRUST 하중)	GEAR HEAD 출력축에 축 방향으로 걸리는 하중이다. GEAR HEAD에 걸리는 THRUST 하중의 최대치를 허용 THRUST 하중이라 하고 GEAR HEAD의 종류에 따라 달라진다.
파권 (wave winding)	(1) 직류기 전기자 권선의 하나로, 두 번째의 코일변을 맨 처음의 코일변에 대하여 후(後)피치 y_1의 위치에 두고, 세 번째 코일변을 같은 방향으로 전(前)피치 y_2의 위치에 두어 순차적으로 똑같은 방식으로 감는 것을 일컫는다. 이 권선이 이루어지기 위해서는 즉, $y=y_1+y_2=(k \mp m)/p$=상수의 조건이 성립되어야 한다(단 k : 정류자 편수, p : 자극, m : 임의의 상수). (2) 교류기 전기자 권선의 경우에도 두 번째 코일변을 최초의 코일변에 대하여 거의 1자극 피치 간격을 둔 슬롯에 감고, 세 번째 코일변을 두 번째의 코일변에 대하여 거의 1자극 피치 간격으로 슬롯에 감는다. 이와 같이 순차적으로 감아 나가는 방법을 파권이라 한다.
파워 레이트	모터가 낼 수 있는 출력 상승률로 정토크 모터의 경우 모터 자신을 가속하는 경우의 속도를 나타내고 있으며, 다음과 같이 정의되고 있다. $$Q = \frac{T_R^2}{J_M} \times 10[\text{kW/s}]$$ 여기서 T_R은 모터 출력 토크[N · m]이고, J_M은 모터의 관성모멘트[kg/cm²]이다.
파워밀도	모터가 단위 중량당 얻어내는 출력값. 이 값이 클수록 에너지 발생율이 높게 된다.
펄스 모터	펄스 모양의 직류전압을 가하면 일전 각도 회전하는 모터, 스테핑 모터 또는 스텝 모터라고도 한다.
페라이트	철, 니켈, 아연 등의 산화물로 되어있는 자성 재료이며 소결하여 만든다. 전기저항이 크기 때문에 와류손실도 적다.
프레임	자석에 의해 생성된 자속의 손실을 줄이기 위하여 주위에 자로를 형성시켜 주며 전동기의 구도를 일군다.

용어	해설 및 관계식
플레밍의 법칙	1. 오른손 법칙 : 전자유도에 의한 유도 기전력의 방향을 나타내는 법칙이다. 오른손의 검지를 자력선의 방향, 엄지를 도선의 운동방향으로 향하게 하면 중지는 유도 기전력의 방향을 가리킨다. 2. 왼손 법칙 : 전자력의 방향을 왼손으로 나타내는 방법, 왼손의 중지를 전류의 방향, 검지를 자계의 방향으로 향하게 하면 엄지는 도선의 운동방향을 가리킨다.
피드백 제어	폐루프로 지령과 실속도의 차이를 검출하여 이 차이를 감소시키도록 지령값에 보정을 가하는 제어를 말한다.
피드 포워드 제어	위치루프 제어 일 때 펄스 지령이 입력되면 잔류 펄스가 증가하기 전에 속도 지령을 내도록 제어하는 것을 말한다.
허용 토크	모터를 운전할 때에 사용할 수 있는 최대의 토크를 말한다. 모터의 정격 토크, 온도상승, 조합하는 기어헤드의 강도에 의해 제한된다.
회생	모터 측으로부터 전원(서보앰프, 인버터) 측에 전력이 흐르는 상태로 모터의 회전속도가 속도 지령보다 큰 경우 등 회전 에너지의 차이가 전원 측에 흐른다. 서보앰프, 인버터에서는 이 에너지를 콘덴서에 충전하거나 큰 경우에는 저항기로 소비시키고 있다.
회생 과전압	회생 운전시 서보앰프, 인버터에 흘러들어 온 회생 에너지에 의해 컨버터 모선 전압이 허용값을 초과한 상태로 이 경우 콘덴서 등의 파괴를 부를 우려가 있기 때문에 회생 과전압 에러를 내어 제어 기능을 정지시킨다. 이 상태는 회생 에너지가 매우 큰 회생 저항기의 능력이 작은 것에서 발생하는 일이 있다.
회생 브레이크	통상, 모터로 부하를 구동할 때 앰프에서 모터에 전력을 공급한다. 이 상태를 역행이라고 한다, 이것에 대해 모터 감속시나 하강 부하를 구동하는 경우와 같이 부하의 속도를 감속시킬 때는 모터와 부하가 가지고 있는 회전 에너지가 앰프로 흘러든다. 이 상태를 회생이라고 한다. 서보앰프에서는 콘덴서와 저항에서 회생 에너지를 소비시켜 회생 브레이크 토크를 얻고 있다. 회생 브레이크 토크는 감속 패턴에 따라 자동적으로 조정되지만 회생 빈도가 높은 경우에는 회생옵션을 사용한다.
회전 불균형	지령에 대한 순간의 회전속도 변동 불균형으로 일반적으로는 저속시는 약간 크고, 고속시에는 작아집니다.
회전 쏠림	1회전 이내 또는 비교적 단시간에 있어서의 회전 변동
회전수	회전의 빠르기 정도이며 단위는 "rpm(revolution per minute)"로 표현된다. SI단위계에서는 회전/m로 표기한다.
회전자계	모터를 돌리기 위한 발생자계의 것.
회전차	회전기 또는 장치의 회전부를 말한다.
히스테리시스	철심을 자화하는 경우에 있어서 자계 강도를 증가시켜 갈 때의 자속 밀도의 변화를 나타내는 곡선과 자계의 세기를 나타내는 곡선은 일치하지 않고 별도의 경로를 통하기 때문에 환상 곡선으로 된디. 이와 같은 현상을 히스데리시스리고 히며 그 곡선을 히스데리시스 곡선이라고 한다.
히스테리시스 손	철심에 가해지는 자화력의 방향으로 주기적으로 변화시키면 철심에 열이 발생한다. 이와 같은 손실을 히스테리시스 손이라고 한다.

부록2 역학 공식표

항 목	중력 단위계	SI 단위계
기호	기호 단위 T : [kgf·m] 토크 N : [rpm] 회전수 t : [sec] 시간 P : [W] 출력 또는 [J/s] GD^2 : [$kgf \cdot m^2$] 플라이휠 효과 E : [J] 에너지	기호 단위 T : [N·m] 토크 n : [rps] 회전수 ν : [rad/s] 각속도=2π n[rad/s] P : [W] 출력 또는 [J/s] J : [$kg \cdot m^2$] 이너셔 = $GD^2/4$ [$kg \cdot m^2$] E : [J] 에너지
토크	$T = \frac{973P}{N} \times 10^{-3}$ [kgf·m] $T = \frac{GD^2}{375} \cdot \frac{dN}{dt}$ [kgf·m]	$T = \frac{1}{2\pi} \cdot \frac{P}{n}$ [N·m] $T = J\frac{d\nu}{dt} = 2\pi \cdot J\frac{dn}{dt}$ [N·m]
출력	$P = 1.027 \cdot NT$ [W] $= \frac{NT}{973} \times 10^3$	$P = 2\pi n T$ [W]
가속 파워 $\left[\begin{matrix} N = (N_2 - N_1) \\ \text{만큼가속한다} \end{matrix} \right]$	$P_a = \frac{GD^2 \cdot N^2}{365 \cdot t}$ [W] t = 가속 시간 [sec]	$P_a = \frac{J}{T}\nu^2$ [W] t = 가속 시간 [sec]
에너지	회전 운동 $E = \frac{GD^2 \cdot N^2}{730}$ [J] $E = \frac{GD^2 \cdot N^2}{7154}$ [kgf·m]	$E = \frac{1}{2}J\nu^2$ [J]
	직선 운동 $E = \frac{1}{2} \cdot \frac{m}{g} V^2$ [kgf·m] m : 중량 [kgf] V : 속도 [m/sec]	$E = \frac{1}{2} \cdot mV^2$ [J] m : 중량 [kg] V : 속도 [m/sec]
가속 시간 [일정 토크 가속]	$t = \frac{GD^2}{375} \cdot \frac{N}{T_a}$ [sec] T_a : 평균 가속 토크	$t = 2\pi J\frac{N}{T_a}$ [sec] T_a : 평균 가속 토크

부록3 산업용 로봇 용어(KS B 0067)

(1) 산업용 로봇의 종류

(a) 일반적 분류

번호	용 어	정 의	대응 영어(참고)
1110	조종 로봇	로봇에 시킬 작업의 일부 또는 모두를 사람이 직접 조작함으로써 작업이 이루어지는 로봇	operating robot
1120	시퀀스 로봇	미리 설정된 정보(순서·조건 및 위치 등)에 따라 동작의 각 단계를 순차적으로 징행해 가는 로봇.	sequence control robot
1130	플레이백 로봇	사람이 로봇을 작동시킴으로써 순서·조건·위치 및 기타의 정보를 교시하고, 그 정보에 따라 작업을 할 수 있는 로봇.	playback robot
1140	수치제어 로봇	로봇을 작동시키지 않고, 순서·조건·위치 및 그밖의 정보를 수치·언어 등으로 교시하고, 그 정보에 따라 작업할 수 있는 로봇.	numerically controlled (NC) robot
1150	지능 로봇	인공지능에 의하여 행동을 결정할 수 있는 로봇. ★ **비고** 인공지능이란, 인식능력·학습능력·추상적 사고능력· 환경 적응능력 등을 인공적으로 실현한 것을 말한다.	intelligent robot
1151	감각제어 로봇	감각정보를 사용하여 동작을 제어하는 로봇.	sensory controlled robot
1152	적응제어 로봇	적응제어 기능을 가진 로봇. ★ **비고** 적응제어 기능이란, 환경의 변화 등에 따라 제어 등의 특성에 필요한 조건을 만족하도록 변화시키는 제어기능을 말한다.	adaptive controlled robot
1153	학습제어 로봇	학습제어 기능을 가진 로봇. ★ **비고** 학습제어 기능이란, 작업경험 등을 반영시켜서 적절한 작업을 하는 제어기능을 말한다.	learning controlled robot

(b) 제어로부터의 분류

번호	용 어	정 의	대응 영어(참고)
1211	서보 제어 로봇	서보 기구에 의하여 제어되는 로봇 ★ **비고** 위치 서보, 힘 서보, 소프트웨어 서보 등이 있다.	servo-controlled robot
1212	논서보 제어 로봇	서보 기구 이외의 수단에 의하여 제어되는 로봇.	nonservo-controlled robot
1221	CP 제어 로봇	CP 제어에 의하여 운동 제어되는 로봇. ★ **비고** CP 제어란, 전체 궤도 또는 전체 경로가 지정되어 있는 제어를 말한다.	continuous path(CP) controlled robot
1222	PTP 제어 로봇	PTP 제어에 의해서 운동 제어되는 로봇. ★ **비고** PTP 제어란, 경로상의 통과점이 몇 개씩 뛰어넘어서 지정되어 있는 제어를 말한다.	point-to-point(PTP) controlled robot

(c) 동작기구로부터의 분류

번호	용 어	정 의	대응 영어(참고)
1301	직각좌표 로봇	동작기구가 주로 직각좌표 형식인 로봇.	rectangular robot, cartesian robot
1302	원통좌표 로봇	동작기구가 주로 원통좌표 형식인 로봇.	cylindrical robot
1303	극좌표 로봇	동작기구가 주로 극좌표 형식인 로봇.	polar robot, spherical robot
1304	관절 로봇	동작기구가 주로 관절에 의하여 구성되어 있는 로봇.	articulated robot

(2) 기구·기능에 관한 기본용어

번호	용 어	정 의	대응 영어(참고)
2001	머니플레이터	사람의 팔과 유사한 기능을 가지며, 대상물을 공간적으로 이동시키는 것.	manipulator
2002	매뉴얼 머니플레이터	사람이 직접 조작하는 머니플레이터	manual manipulator
2003	머니플레이팅 로봇	사람의 팔과 유사한 기능을 가진 로봇.	manipulator robot
2004	고정 시퀀스 로봇	설정정보의 변경을 쉽게 할 수 없는 시퀀스 로봇.	fixed sequence robot
2005	가변 시퀀스 로봇	설정정보의 변경을 쉽게 할 수 있는 시퀀스 로봇.	variable sequence robot
2006	이동 로봇	이동 기능을 가진 로봇. ★ **비고** 단순히 이동만을 하는 것과 작업하면서 이동하는 것이 있다.	mobile robot, locomotive robot
2007	절대 좌표계	로봇과는 관계없이 설정되는 좌표계. 설치 기준면을 기본으로 하는 수가 많다.	world coordinate system
2008	기계 좌표계	로봇의 구조로부터 결정되는 고유의 좌표계.	base coordinate system
2009	손목 좌표계	로봇의 손목을 기준으로 하여 정해지는 좌표계.	wrist coordinate system
2010	작업 좌표계	작업에 따라 결정되는 좌표계.	task coordinate system
2011	설치 기준면	로봇이 설치되는 면 ★ **비고** 일반적으로 바닥, 벽, 천장 등이다.	baseplane
2012	기계 원점	각 동작 자유도에 관한 고유의 기준점.	mechanical origin
2013	작업 원점	로봇의 작업에 관한 기준점.	task origin
2014	모듈	일단의 기능 또는 기구의 구성 단위.	module
2015	조인트	직진 또는 회전 대우에 의해서 동작이 실현되는 기구.	joint
2016	능동 조인트	조인트 중 애추에이터에 의해서 직접 구동되는 것.	active joint

번호	용 어	정 의	대응 영어(참고)
2017	수동 조인트	조인트 중 액추에이터에 의해서 직접 구동되지 않는 것.	passive joint
2018	관절	회전대우에 의해서 동작의 목적이 실현되는 조인트. ★ **비고** 손가락에서는 단순히 마디라 부르는 수가 있다.	revolute joint
2019	지지 몸체	팔이나 발이 붙여지는 부분.	support structure
2020	팔	사람의 팔과 유사한 기능을 가진 부분. ★ **비고** 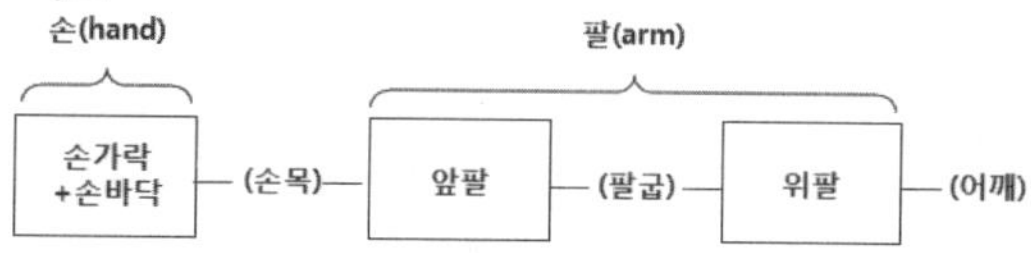 	arm, (primary axes)
2021	관절 팔	관절을 가진 구조의 팔.	articulated arm
2022	손목	팔의 끝부분에서 손을 부착하는 기능을 가진 부분. ★ **비고** 일반적으로 자세 결정 기능도 갖는다.	wrist, (secondary axes)
2023	손	사람의 손과 유사한 기능을 가진 부분. ★ **비고** 핸드, 메카니컬 핸드라고도 한다.	hand
2024	손가락	손의 앞끝부로서 대상물을 잡는다든지 집는 등의 기능을 가진 부분.	finger
2025	엔드 이펙터	로봇이 작업대상에 직접 작용하는 기능을 가진 부분. ★ **비고** 말단 효과기, 단순히 효과기라고도 한다.	end effector
2026	발	사람의 발과 유사한 기능을 가진 부분.	foot, leg
2027	밧줄모양 능동체	다수의 조인트를 가지며 자유로이 이동 또는 위치결정을 할 수 있는 기능을 가진 기구.	sinuate active mechanism
2028	유지	로봇이 손가락에 의하지 않고, 물체가 가진 이동의 자유도를 구속하는 것. ★ **비고** 유지에는 받음형, 흡착형 등이 있다.	hold without fingers
2029	파악	로봇이 손가락으로 물체가 가진 이동의 자유도를 구속하는 것. **비고** 잡기, 집기, 움켜쥐기의 형태가 있다.	grips, grasp
2030	파지	유지 및 파악의 총칭. ★ **비고** 파지는 잡기, 흡착 등을 포함한다.	hold
2031	파지 기능	파지에 관한 기능.	holding function
2032	작업 기능	로봇의 작업에 대한 기능.	working function
2033	머니퓰레이션 기능	팔, 손 등의 공간적·시간적인 움직임에 관한 기능.	manipulation function
2034	이동 기능	발, 수레 등에 의한 이동에 관한 기능. ★ **비고** 주행 기능은 이동 기능의 일종이다.	locomotive function
2035	제어 기능	로봇의 제어에 관한 기능. ★ **비고** 작업제어 기능, 교시 기능, 조종 기능 등이 있다.	control function

번호	용 어	정 의	대응 영어(참고)
2036	작업제어 기능	작업을 실행할 때의 제어에 관한 기능.	working control function
2037	운동제어 기능	작업제어 기능 중 궤도나 힘 등 역학량의 제어에 관한 기능.	motion control function
2038	동작순서 제어 기능	작업제어 기능 중 동작순서의 제어에 관한 기능.	motion sequence control function
2039	조종 기능	사람이 직접 조작하는 기능.	manual operating function
2040	교시 기능	로봇의 교시에 관한 기능.	teaching function
2041	경로	로봇의 구조에 관련된 지정점이 이동하므로써 그리는 공간적 궤적.	path
2042	궤도	로봇의 구조에 관련된 지정점이 이동하므로써 그리는 시간적 공간적 궤적.	trajectory
2043	위치결정 제어	경로에 관계없이 주어진 목표위치에 달할 것이 요구되는 제어.	positioning control
2044	궤도 제어	지정된 궤도를 취할 것이 요구되는 제어.	trajectory control
2045	궤도 생성	이동해야 할 궤도를 만들어 내는 것.	trajectory generation
2046	CP 제어	전체 궤도 또는 전체 경로가 지정되어 있는 제어.	continuous path control
2047	PTP 제어	경로상의 통과점이 띄엄띄엄 지정되어 있는 제어.	point-to-point control
2048	보간	띄엄띄엄 주어진 점을 연속적으로 접속할 경우 적당한 함수를 선택하고 도중의 점을 그 함수치로서 부여하는 것.	interpolation
2049	교시	소요 작업에 필요한 정보를 사람이 로봇에 기억시키는 것.	teaching
2050	재생	기억시킨 정보를 읽어냄으로써 그 작업을 실행시키는 것.	playback
2051	기억	작업에 필요로 하는 정보를 장치 내에 넣어 두는 것.	storage
2052	위치 기억방식	각 축의 위치 기억에 관한 방식.	position storage method
2053	순서 기억방식	각 축의 동작단계 순서의 기억에 관한 방식.	sequence storage method
2054	프로그램	로봇에 요망하는 작업을 지령하기 위한 순서를 기술한 것.	program
2055	시한 프로그램 방식	각 동작단계에 앞서 할당한 시간간격으로 프로그램을 차례로 진행시키는 방식.	time program control method
2056	순서 프로그램 방식	앞단계의 동작단계 종료신호로 다음 단계의 동작단계를 개시시킴으로써 프로그램을 차례로 진행시키는 방식.	sequence program control method
2057	내계 계측기능	로봇 자체의 상태에 관한 계측기능.	internal measuring function
2058	외계 계측기능	대상 물체나 장해물 등, 로봇의 외계 계측에 관한 기능.	external measuring function

번호	용 어	정 의	대응 영어(참고)
2059	인식 기능	로봇이 가진 인식에 관한 기능.	recognitive function
2060	정보전달 기능	로봇이 사람이나 다른 기계장치에 정보를 직접 전달하는 기능. ★ **비고** 신호전송 전선 외에 빛, 소리 등에 의한 신호전달도 포함된다.	comunicative function
2061	동작위치 계측	로봇의 자세, 동작에 관한 현재위치(또는 각도)의 계측.	acting position measurement
2062	동작속도 계측	로봇의 동작에 관한 속도(또는 각속도)의 계측.	acting speed measurement
2063	동작 가속도 계측	로봇의 동작에 관한 가속도(또는 각가속도)의 계측.	acting acceleration measurement
2064	적응성	대상물의 개체차나 환경의 변화 등에 대처할 수 있는 능력.	adaptability
2065	유연성	작업내용 등을 쉽게 변경할 수 있는 능력.	flexibility
2066	강적 동작	역학적 조건의 영향을 받지 않고 동작하는 것.	rigid motion
2067	유적 동작	역학적 조건에 순응하여 동작하는 것.	flexible motion
2068	컴플라이언스	강성의 역수로서 기구의 유연성을 표시하는 값.	compliance
2069	감각	외계 정보를 검지하는 기능.	sense
2070	센서	감각기능을 실현하기 위한 검출소자.	sensor
2071	촉각	로봇과 물체 사이의 접촉에 관한 감각.	tactile sense
2072	접촉각	로봇과 물체 사이의 접촉 유무에 관한 감각.	touch sense
2073	압각	로봇과 물체 사이의 접촉면에서 로봇이 그 면의 수직방향으로 느끼는 힘에 관한 감각.	contact force sense
2074	미끄럼각	로봇과 물체 사이의 접촉면 내에서 상대적인 움직임을 검지하는 감각.	slip sense
2075	역각	로봇의 동작에 관한 힘의 감각.	inner force sense
2076	시각	광학적 정보에 관한 감각.	visual sense
2077	청각	음향적 정보에 관한 감각.	acoustic sense, sense of hearing
2078	근접각	로봇과 물체가 어떤 범위 내로 접근한 상태에서 물체와의 상대관계를 검지하는 감각.	proximity sense
2079	온각	온도 정보에 관한 감각.	thermal sense
2080	액추에이터	에너지를 기계적인 움직임으로 변환하는 기기.	actuator
2081	자기 진단	로봇의 기계적, 전기적 이상 또는 인위적으로 발생하는 이상을 로봇 자신이 식별하는 것.	self-diagnosis
2082	자기 수복	로봇이 자기 자신에 발생한 이상을 스스로 조치하여 원상태로 복귀하는 것.	self-recovery

(3) 성능·특성에 관한 기본용어

번호	용 어	정 의	대응 영어(참고)
3001	동작 자유도	하나의 로봇 안에 존재할 수 있는 서로 독립된 조인트의 수. 비고 간략화해서 자유도라 부르는 수도 있다. 직동, 회전, 선회부분의 수로 표시하는 경우가 많다.	degree of freedom of motion
3002	팔의 상하 선회	로봇의 설치 기준면에 수직인 평면 내에서의 상하방향 팔의 선회.	up-down turning of arm
3003	팔의 상하 이동	로봇의 설치 기준면에 수직인 평면 내에서 상하방향의 팔의 선회.	up-down traverse of arm
3004	팔의 신축	팔의 길이방향 움직임.	out-in traverse of arm
3005	팔의 좌우 선회	로봇의 설치 기준면에 수직인 축을 중심으로 하는 팔의 선회.	right-left turning of arm, rotation of arm
3006	팔의 좌우 이동	로봇의 설치 기준면에 평행인 면 내에서 좌우방향의 팔의 평행이동.	right-left traverse of arm
3007	팔의 회전	팔의 길이 방향의 축둘레 회전.	revolution of arm
3008	팔의 굴신	관절에 의한 팔의 굽혀펴기.	bending of arm
3009	손의 흔들림	손목을 중심으로 한 손의 선회. 비고 상하 흔들기, 좌우 흔들기 등으로 부르는 수도 있다.	bending of hand
3010	손의 회전	팔과 손이 상대적으로 회전하는 손의 운동.	revolution of hand, swivel of hand
3011	작업 영역	로봇을 작업시킬 수 있는 공간	working space
3012	프로그램 작업 영역	일정한 프로그램에 의해서 로봇의 작업 부분이 점유할 수 있는 공간	programmed working space
3013	작동 영역	로봇을 작동시킬 수 있는 공간.	operational space
3014	프로그램 작동 영역	일정한 프로그램에 의해서 로봇의 작동부분이 점유할 수 있는 공간.	programmed operational space
3015	가동 영역	로봇의 전체 가동부분이 점유할 수 있는 공간.	motion space
3016	작동 거리	각 동작 자유도마다 작동 가능한 거리.	operating distance
3017	작동 각도	각 동작 자유도마다 작동 가능한 각도.	operating angle
3018	최대 속도	지정된 조건에서 지정된 위치가 낼 수 있는 속도의 최대치. ★ 비고 무부하 최대 속도, 정격부하 최대속도 등의 지정 조건을 기입할 것.	maximum path velocity
3019	교시 속도	교시를 할 때의 속도.	teaching speed
3020	최대 가속도	지정된 조건에서 지정된 위치가 낼 수 있는 가속도의 최대치.	maximum acceleration
3021	동작 시간	목표위치로의 이동 지령이 주어지고 나서 정지할 때까지의 시간.	acting time

번호	용 어	정 의	대응 영어(참고)
3022	위치결정 정밀도	실제 위치와 지령한 위치의 일치성. 양적으로는 오차로서 표현되며, 제어되는 기계축의 오차(그것을 구동하는 제어계의 오차도 포함된다). ★ **비고** KS B 0125의 번호 610에 따른다.	position accuracy
3023	경로 정밀도	실제 경로와 지령한 경로의 일치성.	path accuracy
3024	궤도 정밀도	실제 궤도와 지령한 궤도의 일치성.	trajectory accuracy
3025	속도 정밀도	실제 속도와 지령한 속도의 일치성.	path velocity accuracy
3026	위치반복 정밀도	같은 조건에서 같은 방법으로 위치 결정되었을 때 위치의 일치되는 정도. ★ **비고** 위치 재현 정밀도(reproducibility)를 사용하는 수가 있다.	position repeatability
3027	경로반복 정밀도	같은 조건에서 같은 방법으로 경로를 생성했을 때 경로의 일치되는 정도.	path repeatability
3028	궤도반복 정밀도	같은 조건에서 같은 방법으로 궤도를 생성했을 때 궤도의 일치되는 정도.	trajectory repeatability
3029	속도반복 정밀도	같은 조건에서 같은 방법으로 동작시켰을 때 속도의 일치되는 정도.	path velocity repeatability
3030	위치 재확인 정밀도	위치에 대하여 교시와 재생의 일치성.	position playback accuracy
3031	궤도 재확인 정밀도	궤도에 대하여 교시와 재생의 일치성.	trajectory playback accuracy
3032	속도 재확인 정밀도	속도에 대하여 교시와 재생의 일치성.	path velocity playback accuracy
3033	분해능	가변출력 변화분의 최소치.	resolution
3034	드리프트	요소 또는 시스템 출력의 완만한 정도로서 계속적인 영점 변동. ★ **비고** 정지상태에 있어야 할 로봇의 각부 위치(각도) 변동.	drift
3035	오버슛	단계 응답에서 출력이 최종치를 초과한 후 최초로 취하는 극치의 최종치에서의 차. ★ **비고** KS A 3008의 번호 37에 따른다.	overshoot
3036	가반 무게	지정된 성능을 보증하는 범위 내에서 로봇이 반송 가능한 무게로서, 손 부분 등의 무게를 포함한다. ★ **비고** 시방서 등은 손 부분 등의 무게를 병기할 것.	weight capacity
3037	순 가반 무게	가반 무게로부터 손 부분 등의 무게를 뺀 것.	net weight capacity
3038	정격 가반 무게	성능을 모두 보증할 수 있는 가반 무게의 한도.	rated weight capacity
3039	최대 허용 가반 무게	성능의 일부는 저하하여도 특정 작업을 실행할 수 있는 가반 무게의 최대치.	maximum allowable weight capacity

(4) 작업에 관한 용어

번호	용 어	정 의	대응 영어(참고)
4001	워크	로봇이 취급하는 대상 물체. ★ 비고 워크 피스라고도 함.	workpiece
4002	로딩	가공·조립·이송 등 작업을 하는 기계에 워크를 부착 또는 싣는 것.	loading
4003	언로딩	가공·조립·이송 등 작업을 하는 기계로부터 작업이 완료된 제품 또는 반제품을 떼어내는 것.	unloading
4004	팰리타이징	팰릿 등의 위에 물건을 일정한 규칙에 따라 나열하는 것. ★ 비고 스태킹이라고도 한다.	palletizing
4005	디팰리타이징	팰릿 등의 위에 나열되어 있는 물건을 순서대로 꺼내는 것.	depalletizing
4006	픽 앤드 플레이스	대상물을 들어올려서 다른 장소로 이동시켜 놓는 작업.	pick and place
4007	끼워맞춤 작업	기계부품을 서로 끼워맞추는 작업.	parts fitting
4008	빈 피킹	불특정 자세의 부품을 파지하여 지정된 장소로 운반하는 것.	bin picking
4009	동기 작업	다른 작업에 맞추어 로봇에 작업을 시키는 것.	synchronous operation
4010	작업 교시	로봇에 실행시킬 작업 내용을 교시하는 것.	task teaching
4011	환경 교시	로봇에 그 환경상황을 교시하는 것.	environment teaching
4012	직접 교시	로봇의 팔, 손 등을 직접 사람이 움직여서 교시하는 것.	direct teaching
4013	원격 교시	직접교시의 일종으로서 교시 상자 등을 사용하여 로봇의 팔, 손 등을 움직여서 교시하는 것.	remote teaching
4014	간접 교시	로봇은 움직이게 하지 않고 데이터 입력 등의 방법으로 교시하는 것.	indirect teaching

(5) 조작·제어에 관한 용어

번호	용 어	정 의	대응 영어(참고)
5001	운전	기기 또는 장치가 소정의 작용을 하고 있는 상태.	operating
5002	휴지	기기 또는 장치가 어떠한 작용도 하고 있는 않는 상태.	resting
5003	대기	즉시 운전에 들어가는 것이 가능한 상태.	waiting
5004	시동	휴지 또는 대기 상태에서 운전하는 것.	start

번호	용 어	정 의	대응 영어(참고)
5005	정지	운전 상태에서 휴지 또는 대기로 하는 것.	stop
5006	일시 정지	운전 상태에서 휴지 또는 대기로 하는 것.	hold
5007	정상 정지	정상운전 중에 정규 프로그램에 의해서 생기는 정지. ★ **비고** 노멀 정지라고도 한다.	normal stop
5008	이상 정지	로봇을 포함하는 시스템의 이상에 의한 정규의 프로그램에 따르지 않는 정지.	abnormal stop
5009	비상 정지	사람의 의지에 의한 급속한 정지.	emergency stop
5010	미동	미소한 움직임을 얻기 위하여 미소시간 조작을 하는 것.	inching
5011	보진	정해진 순서에 따라 최소 동작 단위를 순차로 진행시키는 것.	stepping, single step
5012	원점 복귀	로봇의 기준이 되는 점으로 돌아가는 것.	return tp origin
5013	자동 모드	로봇 자신에 의한 동작 상태.	automatic mode
5014	수동 모드	사람의 조작에 의하여 로봇을 움직이는 상태.	manual mode
5015	원격 모드	원격지점으로부터의 조작에 의한 동작 상태.	remote mode
5016	시퀀스 제어	미리 정해진 순서 또는 조건에 따라 제어의 각 단계를 차례로 진행시켜 가는 제어.	sequential control
5017	피드포워드 제어	외부의 교란 정보에 의하여 그 영향이 제어계에 나타나기 전에 필요한 정정동작을 하는 제어	feedforward control
5018	피드백 제어	피드백에 의해서 제어량을 목표치와 비교하고, 그들을 일치시키도록 정정동작을 하는 제어.	feedback control
5019	감각 제어	감각정보를 사용하는 로봇의 동작 제어.	sensory control
5020	힘 피드백	로봇의 움직임을 제어하기 위하여 역각정보를 피드백하는 것.	force feedback
5021	촉각 피드백	로봇의 움직임을 제어하기 위하여 압각 등의 촉각정보를 피드백하는 것.	tactile feedback
5022	비주얼 피드백	로봇의 움직임을 제어하기 위하여 시각정보를 피드백하는 것. ★ **비고** 시각 피드백이라고도 한다.	visual feedback
5023	핸드아이 시스템	비주얼 피드백으로 머니퓰레이터를 제어하는 시스템.	hand-eye system
5024	적응 제어	환경의 변화 등에 따라 제어계의 특성을 필요한 조건을 만족하도록 변화시키는 제어.	adaptive control
5025	학습 제어	작업경험 등을 반영시켜 적절한 삭업을 하는 제어.	learning control
5026	서보계, 서보 기구	물체의 위치, 방위, 자세 등을 제어량으로 하고, 목표치의 임의 변화에 추종하도록 구성된 제어계.	servo system, servomechanism
5027	온오프 서보계	폐 루프의 전진 경로에 온오프 특성을 갖게 한 서보계.	on-off servo system
5028	아날로그 서보계	입력신호와 주요부의 정보처리가 아날로그 양인 서보계.	analog servo system

번호	용 어	정 의	대응 영어(참고)
5029	디지털 서보계	입력신호와 주요부의 정보처리가 디니털 양인 서보계.	digital servo system
5030	소프트웨어 서보계	신호처리를 소프트웨어로 하는 서보계.	software servo system
5031	바이래터럴 서보계	입력쪽의 운동을 출력쪽으로 전달할 뿐 아니라, 출력쪽에 작용하는 힘을 입력쪽으로 전달하는 서보계.	bilateral servo system
5032	협조 제어	복수개의 기능 또는 복수대의 로봇에 의해서 하나의 작업을 하는 제어방식.	cooperative control
5033	분산 제어	복수의 제어 시스템에 의한 단일의 제어 방식.	distributed control
5034	계층 제어	제어 시스템이 계층적으로 구성되어 있는 분산제어 방식.	hierarchy control
5035	군관리 제어	복수의 제어대상을 집중적으로 관리하는 제어방식.	group control

(6) 지능·언어에 관한 용어

번호	용 어	정 의	대응 영어(참고)
6001	인공 지능	인식능력, 학습능력, 추상적 사고 능력, 환경 적응능력 등을 인공적으로 실현한 것.	artificial intelligence
6002	지적 기능	검출, 기억 등을 매개로 하여 판단, 인식, 적응, 학습 등을 담당하는 능력.	intelligent function
6003	패턴 매칭	2개의 패턴을 비교하여 양자가 같은 종류인지의 여부를 조사하는 것.	pattern matching
6004	화상 처리	빛, 초음파, 전자파 등을 이용하여 얻어진 화상 데이터를 처리하여 필요한 정보를 추출하는 것.	image processing
6005	시각 정보처리	생물의 눈 기능과 유사한 것을 이용하여 얻어진 데이터를 처리하여 정보를 추출하는 것.	visual information processing
6006	물체 인식	대상물체를 명암정보, 거리정보 등을 이용하여 인식하는 것.	object recognition
6007	환경 인식	환경상황을 광학적 수단이나 음향적 수단 등을 이용하여 인식하는 것.	nvironment recognition
6008	음성 인식	발생된 음성을 정보로서 인식하는 것.	speech recognition
6009	문제 해결	논리, 추론 등에 의하여 주어진 문제를 해결하는 것.	problem solving
6010	플래닝	일의 수행에 필요한 순서를 생성하는 것.	planning
6011	휴어리스틱스	문제해결에 있어서 구해의 효율을 높이기 위하여 사용되는 직감, 경험 등에 근거하는 법칙이나 기법.	heuristics

번호	용 어	정 의	대응 영어(참고)
6012	데이터 베이스	다른 목적이고, 또한 유연한 검색을 허용하도록 관리된 데이터의 집적.	data base
6013	지식 베이스	각종의 데이터 베이스가 추론, 문제해결 등에 유효해지도록 조직화된 지식의 모임.	knowledge base
6014	맨머신 인터페이스	사람과 기계 사이에서의 양방향적으로 정보수수를 가능하게 하는 수단.	man-machine interface
6015	로봇 언어	사람과 로봇 사이에서 정보를 기술하거나 교환하기 위한 언어.	robot language
6016	기술 언어	로봇에 작업을 실행시키기 위하여 필요한 정보를 기술하는 프로그램 언어.	description language
6017	동작 레벨 언어	로봇의 단위동작 레벨에 대응하는 기술형식의 프로그래밍 언어.	motion level language
6018	대상 레벨 언어	대상 물체의 취급 레벨에 대응하는 기술형식의 프로그래밍 언어.	object level language
6019	작업 레벨 언어	하나의 정리된 작업 레벨에 대응하는 기술형식의 프로그래밍 언어.	task level language

(7) 안전성·신뢰성에 관한 용어

번호	용 어	정 의	대응 영어(참고)
7001	FMEA	설계의 불완전이나 잠재적인 결점을 발견하기 위하여 구성 요소의 고장 모드와 그 상위요소 또는 시스템에의 영향을 해석하는 기법. ★ **비고** KS A 3004의 번호 D17 참조	failure mode and effects analysis
7002	FTA	신뢰성 또는 안전성 상, 그 발생이 좋지 않은 사상에 대하여 논리 기호를 이용하여 그 발생의 경로를 거슬러 올라가서 수행도로 전개하고 발생경로 및 발생원인, 발생확립을 해석하는 기법. ★ **비고** KS A 3004의 번호 D18에 따른다.	fault tree analysis
7003	MTTF	비수리 요소 또는 시스템 고장수명의 평균치. ★ **비고** mean life라고도 한다. KS A 3004의 번호 H8 참조.	mean time to failure
7004	MTBF	수리계의 서로 이웃하는 고징간의 동직시긴 평균치. ★ **비고** 평균 고장간격이라고도 한다. KS A 3004의 번호 H10에 따른다.	mean time between failure
7005	MTTR	수리복귀 시간의 평균치. ★ **비고** KS A 3004의 번호 H25에 따른다.	mean time to repair
7006	페일 세이프	이상이 발생했을 경우에 로봇이 사람에 장해를 미치지 않도록 설계되어 있는 것.	fail safe

번호	용 어	정 의	대응 영어(참고)
7007	풀 프로프	인위적으로 부적절한 행위나 과실 등이 일어나도 요소 또는 시스템의 신뢰성·안전성을 유지할 수 있는 설계 또는 상태. ★ **비고** KS A 3004의 번호 D16 참조.	foolproof
7008	확인 운전	교시 후 로봇의 작업을 확인할 목적으로 당해 작업의 전체 또는 일부를 실행시키는 것.	verification run
7009	시업 점검	운전을 시작하기 전에 로봇을 포함하는 시스템이 정상상태에 있는지를 점검하는 것.	start-up inspection
7010	재기동	이상정지 또는 비상정지에 의하여 운전을 정지한 로봇을 다시 운전 상태로 하는 것.	restarting
7011	조작 장치	로봇의 시동, 정지, 교시 등을 하기 위하여 사람이 조작해서 로봇의 동작을 제어하는 스위치 등.	manual operating device
7012	조작판	조작장치를 배치한 판. ★ **비고** 고정형, 가반형, 이동형이 있다.	manual operating panel
7013	인터로크	기기의 오동작 방지, 안전 확보 등을 위하여 관련장치 간에 전기적 또는 기계적으로 연락을 갖게 한 시스템.	interlock
7014	오버런	로봇의 제어장치 고장 등에 의하여 운동부분이 설정된 위치 또는 경로를 이탈하는 것.	overrun
7015	비상정지 기능	비상정지를 시키는 기능. ★ **비고** 누름버튼 스위치 등의 신호를 소프트웨어에 의하여 처리해서 이 기능을 달성하는 수도 있다.	emergency stop function
7016	과부하 방지기능	과부하에 의한 기계의 절손, 피파지물의 낙하, 기계의 전도 등을 방지하기 위하여 설치하는, 과부하를 방지하는 기능.	overload protecting function
7017	오버런 방지기능	오버런을 방지하는 기능. ★ **비고** 특히 이동장치인 경우, 일주방지 기능이라고도 한다.	overrun protecting function
7018	이상동작 검출기능	이상동작을 검출하는 기능. ★ **비고** 경보를 발생시키거나 동작을 정지시키는 등으로 하여 안전한 작업을 하기 위하여 사용한다.	abnormal operation detecting function
7019	데드맨 기능	사람이 힘을 빼면 자동적으로 로봇의 동작을 정지시킨다. ★ **비고** 이 기능은 교시조작용 버튼 스위치 등에도 갖게 한다.	deadman function
7020	안전 방호책 (울타리)	사람이 로봇의 가동영역에 들어가지 않도록 설치한 울타리. ★ **비고** 안전 방호책에는 로프 등도 포함된다.	safeguard
7021	안전 플러그 스위치	플러그 키를 뽑음으로써 접점을 여는 구조를 가진 스위치. ★ **비고** 울타리 문의 인터로크에 사용한다. 안전 플러그라고도 한다.	safety plug switch
7022	안전 매트 스위치	바닥에 매설하고 또는 깔아서 사용하는 매트모양의 스위치. ★ **비고** 사람이 그것에 올라섬으로써 이상정지시키기 위해서 사용한다. 안전 매트라고도 한다.	safety mat switch

번호	용 어	정 의	대응 영어(참고)
7023	광전식 안전장치	광축을 사람 또는 물체로 차단했을 경우, 수광기로부터의 신호를 이용하는 안전장치. ★ **비고** 사람이 광축을 가로잘랐을 때, 이상정지시키기 위해서 사용한다.	photoelectronic safety device
7024	강하방지용 안전블록	자체 무게에 의하여 팔이 강하하는 것을 방지하기 위하여 팔과 기반 사이에 삽입하는 블록. ★ **비고** 지지봉 모양의 것을 사용한다.	free drop prevention block
7025	감시 장치	로봇을 포함한 시스템을 감시하기 위한 장치.	monitoring device
7026	안전 라벨	위험을 동반하는 기계 등에서 소정의 규격 등에 적합한 것에 표시해야 할 합격증.	safety label
7027	방폭 구조	폭발을 방지하기 위하여 불꽃 또는 아크의 발생 등에 의하여 점화원이 되지 않도록 조치를 강구한 구조.	explosion-protected construction

(1) 수치 제어 일반에 관한 규정

번호	용 어	뜻	대응 영어(참고)
101	수치제어, NC	공작물에 대한 공구경로(工具經路) 기타 가공에 필요한 작업의 공정 등을 그에 대응하는 수치정보로 지령하는 제어.	numerical control NC
102	CNC	컴퓨터가 내장된 것으로, 기본적인 기능의 일부 또는 전부를 실행하는 수치제어.	computerized numerical control, CNC
103	DNC	1대 이상의 수치제어 공작기계의 파아트 프로그램 또는 머신 프로그램을 공통의 기억 장치에 내장하여, 수치제어 공작기계의 요구에 따라 필요로 하는 프로그램을 그 기계에 분배하는 기능을 가진 수치제어.	direct numerical control, DNC
104	위치 결정 제어	공작물에 대하여 공구가 주어진 목표 위치에 도달하는 것만을 목적으로 하는 제어로서 어떤 위치에서 다음 위치까지의 이동 중의 공구경로의 제어는 하지 않는다.	positioning control, point to point control
105	윤곽제어	수치 제어 공작 기계의 2축 또는 그 이상의 축의 운동을 동시에 서로 관련시킴으로써 공작물에 대한 공구의 경로와 속도를 계속하여 제어하는 방식.	contouring control
106	시퀀스 제어	미리 정해진 순서에 따라 제어의 각 단계를 순차적으로 진행해 가는 제어.	sequence control
107	프로그래머블 컨트롤러, PC	스튜어드프로그램 방식의 시퀀스 제어장치. 이것에는 논리 연산만이 아니고 산술연산을 포함한 것도 있다.	programmable controller, PC
108	피드백 제어	피드백에 따라 제어량을 목표치와 비교하여 그들을 일치시키도록 정정동작을 실시하는 제어. ★ **비고** 피드백이란 폐(閉)루우프를 형성하여 출력측의 신호를 입력측에 되돌아 오게 하는 것을 말한다.	feedback control
109	서보 기구	물체의 위치, 방위, 자세 등을 제어량으로 하고, 목표치의 임의의 변화에 추종하도록 제어하는 기구. ★ **비고** 서보 기구에서는 피드백 제어를 실시하는 것이 보통이다.	servo mechanism
110	적응 제어	가공 중의 조건 변화를 검출하여 소정의 가공 상태를 유지하도록 제어하는 방식.	adaptive control
111	플레이 백	수동으로 공작물에 대한 공구경로, 필요한 작업 등을 교시하여 수치 제어 장치에 기억시켜 그 작업을 재생시키는 것.	play back
112	검출기, 센서	위치, 속도 등의 물리량을 검출하여 그 물리량에 대응하는 값에 변환하는 기기.	sensor
113	지령	운동이나 기능을 시동시키는 명령.	commamd
114	레트로피트	수치제어 공작기계가 아닌 공작기계를 수치제어 공작기계에 개조한 것. 또는 진부화한 수치제어 공작기계를 개조한 것.	retrofit, retrofitting

(2) 제어 장치의 그 특성에 관한 규정

번호	용 어	뜻	대응 영어(참고)
401	보간(補間)	어느 점에서 다른 점까지의 사이를 어느 점에 부여된 직선, 원호, 포물선 등의 함수곡선에 따른 점군(點群)으로 근사하는 것.	interpolation
402	직선 보간	부여된 2점 사이를 직선에 따라 점군으로 근사하는 것.	linear interpolation
403	원호 보간	부여된 2점 사이를 원호에 따라 점군으로 근사하는 것.	circular interpolation
404	포물선 보간	부여된 2점 사이를 포물선에 따라 점군으로 근사하는 것.	parabolic interpolation
405	지령 펄스	제어축에 따른 운동을 부여하는 펄스 모양의 신호.	command pulse
406	분배 완료 신호	지령 펄스의 분배가 완료된 때에 수치제어 장치에서 나온 신호.	distribution end signal
407	시스템 프로그램	수치제어 장치로서의 기능을 수행시키는 프로그램. 이에 따라 입출력의 제어, 구동부분의 제어, 머신 프로그램의 처리 등을 한다.	system program
408	진단 프로그램	수치제어 장치나 수치제어 공작기계가 바르게 작동하는지의 여부를 확인 하는 프로그램. 이에 따라 수치제어 장치의 고장이나 잘못된 상황을 알 수 있다.	diagnostic program
409	기억 용량	기억 장치에 축적된 정보의 양. 용량은 캐릭터의 총수 또는 수치제어 테이프의 길이로 표시한다.	storage capacity
410	모달	G기능 등에 있어서 지령을 부여하면 어떤 상태를 유지하는 것. 이 상태를 변화하는 지령을 부여하지 않는 한 이 상태는 변화하지 않는다.	modal
411	리셋	수치제어 장치를 지정의 상태로 되돌리는 것.	reset
412	스킵 기능	축 이동 중에 외부에서 신호를 부여하면 나머지의 이동을 중지하고 다음의 블록에 진행하는 기능.	skip function
413	외부 데이터 입력 기능	수치제어 장치의 외부에서 데이터를 입력하는 것에 따라 프로그램 번호 서치, 공구 업셋양의 고쳐쓰기, 워크 좌표계의 설정 등이 할 수 있는 기능.	external data input
414	프로그램 번호 서치	복수의 머신 프로그램 중에서 지정한 번호의 머신 프로그램을 검색하여 호출하는 것.	program number search
415	시퀀스 번호 서치	머신 프로그램 중에서 지정한 시퀀스 번호의 머신 프로그램을 검색하여 호출하는 것.	sequence number search
416	편집	수치제어 장치내의 메모리에 있는 머신 프로그램의 내용을 변경, 삭제 또는 추가하는 것.	edit
417	준비 기능, G기능	제어동작의 모드를 지정하는 기능. 이 워드의 어드레스에는 G를 사용하고 그것에 계속되는 코드화된 수로 지정한다.	preparatory function, G-function
418	보조 기능, M기능	주축의 시동·정지, 프로그램 스톱, 엔드 오브 프로그램 등을 지정하는 기능. 이 워드의 어드레스에는 M을 사용하고 그것에 계속되는 코드화된 수로 지정한다.	miscellaneous function, M-function

번호	용 어	뜻	대응 영어(참고)
419	공구 기능, T기능	공구의 지정 또는 지정된 공구에 관련된 사항을 지정하는 기능. 등을 지정하는 기능. 이 워드의 어드레스에는 T를 사용하고 그것에 계속되는 코드화된 수로 지정한다.	tool function, T-function
420	이송 기능, F기능	공작물에 대한 공구의 이송속도 또는 이송량을 지정하는 기능. 등을 지정하는 기능. 이 워드의 어드레스에는 F를 사용하고 그것에 계속되는 코드화된 수로 지정한다.	feed function, F-function
421	주축 기능, S기능	주축의 회전속도를 지정하는 기능. 등을 지정하는 기능. 이 워드의 어드레스에는 S를 사용하고 그것에 계속되는 코드화된 수로 지정한다.	spindle speed function, S-function

(3) 기계와 그 특성에 관한 용어

번호	용 어	뜻	대응 영어(참고)
501	기텐선 좌표계	좌표축 X, Y, Z가 서로 직교하여 우수계(右手系)를 이루는 좌표계. 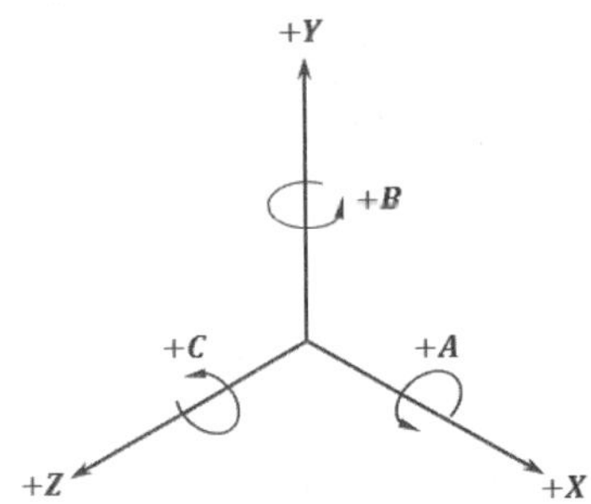 	cartesian coordinates
502	기계 좌표계	수치제어 공작기계에 고정된 카텐션 좌표계. 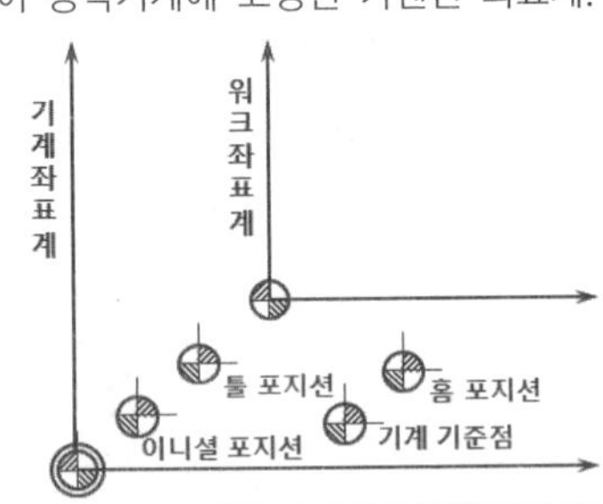 	machine coordinate system
503	워크 좌표계	공작물에 고정된 카텐션 좌표계.	workpiece coordinate system

번호	용 어	뜻	대응 영어(참고)
504	기계 기준점	기계 좌표계를 정하기 위해 필요한 수치제어 공작기계 고유의 기준이 되는 점.	machine datum
505	레퍼런스 점	기계 좌표계상의 수치제어 공작기계의 특정의 위치. 기계 기준점, 홈 포지션, 이니셜 포지션, 투울 포지션 등의 총칭. 홈 포지션 : 공구, 파레트 등의 교환에 사용되는 위치. 이니셜 포지션 : 수치제어 공작기계가 시동될 때의 위치. 투울 포지션 : 공구의 교환에 사용하는 위치.	reference position
506	워크 좌표계 설정	머신 프로그램 또는 수치제어 장치를 패러미터를 변화하는 것에 따라 워크 좌표계를 새로이 설정하는 것.	workpiece coordinate system setting
507	원점 복귀	지정된 제어축을 기계 기준점에 이동시키는 것.	return to machine datum
508	레퍼런스점 복귀	지정된 제어축을 레퍼런스점에 이동시키는 것.	return to reference position
509	원점 업셋	워크 좌표계의 원점을 기계 기준점, 앱솔루트, 위치 검출기의 원점 등의 고정한 원점에 대하여 조금 옮긴 것. 이것에 의하여 워크 좌표계를 새로이 설정할 수 있다.	zero offset
510	자동 모드	수치제어 테이프 또는 메모리에 기억되어 있는 머신 프로그램에 따라 운전하는 모오드.	automatic mode of operation
511	MDI 모드, 수동데이터 입력모드	1블록 또는 여러 블록의 머신 프로그램을 수동으로 입력하여 운전하는 모드.	manual data input mode of operation
512	수동 모드	누름버튼 스위치나 레버 스위치로 수치제어 공작기계를 운전하는 모드.	manual mode of operation
513	테이프 운전	수치제어 테이프로 운전하는 것.	tape operation
514	메모리 운전	수치제어 장치내의 메모리에 기억되어 있는 머신 프로그램으로 운전하는 것.	memory operation
515	싱글 블록 운전	머신 프로그램의 1블록만 실행시키는 것.	single block operation
516	수동 펄스 발생기	수동으로 핸들을 회전하여 지령펄스를 발생시키는 기기.	manual pulse generator
517	스텝 이송, 인클리멘탈 이송	누름버튼을 누를때마다 미리 정해진 양만큼 이동시키는 것.	step feed, incremental feed
518	죠그 이송	수동에 의하여 미리 정해진 이송속도로 이송하는 것.	jog feed
519	피드 홀드	머신 프로그램의 실행중에 이송을 일시적으로 휴지시키는 것. 피드 홀드의 누름버튼을 누르면 이송이 정지되고, 사이클 스타아트의 누름버튼을 누르면 재개된다.	feed hold

번호	용 어	뜻	대응 영어(참고)
520	사이클 스타아트	자동 모드 또는 MDI 노우드에 있어서 운전을 개시시키는 것.	cycle start
521	고정 사이클	보오링, 드릴링, 탭 등의 가공을 하기 위해 미리 정해진 일련의 작업 시퀀스를 하나로 정리한 것.	fixed cycle, canned cycle
522	드웰	이송을 어떤 시간만큼 정지시키는 것.	dwell
523	오버 라이드	프로그램시킨 값을 수동으로 변경하는 것. 이송속도 오버 라이드, 주축 오버라이드 등이 있다.	override
524	이송속도 오버라이드	프로그램시킨 이송속도를 수동으로 변경하는 것.	feedrate override
525	주축 오버라이드	프로그램시킨 주축속도를 수동으로 변경하는 것.	spindle speed override
526	드라이런	머신 프로그램의 체크 등을 목적으로 공운전하는 것. 프로그램시킨 이송속도를 무시하고, 수동으로 이송속도를 선택할 수 있다.	dry run
527	Z축 지령 캔슬	머신 프로그램의 체크 등을 목적으로 수치제어 공작기계의 Z축만 이동시키지 않고 프로그램을 실행하는 것.	Z-axis feed cancel
528	머신 록	머신 프로그램의 체크 등을 목적으로 수치제어 공작기계의 제어축을 이동시키지 않고 프로그램을 실행하는 것.	machine lock
529	디스플레이 록	현재 위치의 표시를 고정하는 것.	display lock
530	인터록 바이패스	준비된 인터록을 일시적으로 해제하는 것.	interlock bypass
531	옵셔널 블록스킵, 블록 데리트	블록의 최초에 기능 캐릭터 /를 부가하여, 이 블록을 선택적으로 뛰어넘길 수 있도록 하는 기능. 수동으로 이 기능을 유효로 하느냐, 무효로 하느냐를 선택한다.	optional block skip, block delete
532	옵셔널 스톱	보조기능의 하나로서 수동으로 이 기능을 유효하게 하면 프로그램 스톱과 동일한 기능을 달성하고, 무효로 하면 이 지령은 무시된다.	optional stop
533	주축 오리엔테이션	주축을 미리 정해진 각도 위치의 곳에 정지시키는 기능.	oriented spindle stop
534	공구 업셋, 공구 위치 업셋	제어축에 평행한 방향으로 공구 위치를 조금 옮긴 것.	tool offset
535	공구 길이 업셋	공구의 길이 방향의 공구 업셋.	tool length offset
536	공구 지름 업셋	공구의 반지름 또는 지름에 있어서의 공구 업셋.	tool radius offset, tool diameter offset

번호	용 어	뜻	대응 영어(참고)
537	와이어 전극 업셋	와이어 방전 가공에 있어서 프로그램된 와이어 전극의 경로와 실제의 와이어 전극의 경로와의 차를 보정하는 것. 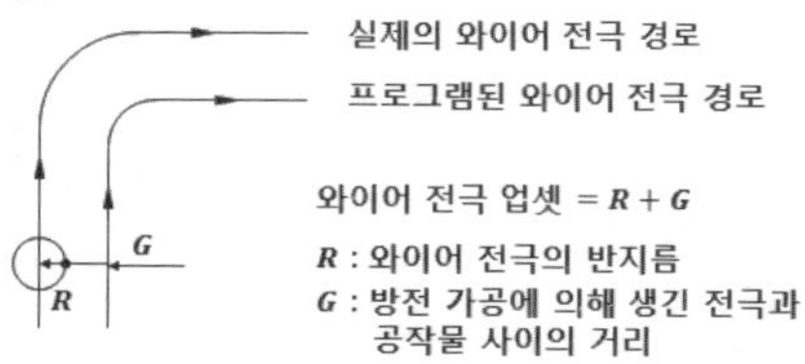 	wire electrode path correction
538	노우즈 R 보정	날 끝에 원호(노우즈 R)를 가진 비회전 공구에 있어서 프로그램화된 공구 위치와 실제의 날끝 윤곽과의 차의 보정. 공구경로에 직교하는 방향에서 실시한다.	nose-radius compensation
539	공구 지름 보정	프로그램시킨 공구경로에 대한 공구지름과 실제의 공구지름과의 차의 보정. 공구경로에 직교하는 방향에서 실시한다.	cutter compensation
540	미러 이미지 기능	지정된 좌표축에 대하여 머신 프로그램상의 디멘션 워드의 +, -를 발전시키는 기능.	mirror image function
541	주속 일정 제어	선삭 가공에 있어서 가공지름에 따라 절삭속도를 일정하게 유지하도록 주축의 회전속도를 제어하는 것.	constant surface speed control
542	테이퍼 가공 제어	와이어 방전가공에 있어서 와이어 전극 또는 공극 전극과 공작물이 전기적으로 단락한 경우에 단락이 해제할 때까지 가공완료 경로에 따라 후퇴시키는 제어.	taper cutting control
543	후퇴 제어	방전 가공에 있어서 와이어 전극 또는 공구전극과 공작물이 전기적으로 단락한 경우에 단락이 해제할 때까지 가공완료 경로에 따라 후퇴시키는 제어.	reversible control
544	유성운동 가공 제어	형조각 방전 가공에 있어서 공구전극 또는 공작물을 요동시키면서 목적의 치수가 되도록 가공을 제어하는 것.	planetary machining control
545	서보 이동 제어	방전 가공에 있어서 와이어 전극 또는 공구전극과 공작물 사이의 방전 갭을 소정의 상태에 유지하도록 방전전압 또는 방전전류의 값을 항상 피드백하면서 이송을 제어하는 것.	servo feed control

(4) 정밀도에 관한 용어

번호	용 어	뜻	대응 영어(참고)
601	최소 설정 단위	머신 프로그램으로 지령할 수 있는 좌표치의 최소 단위.	least input increment
602	최소 이동 단위	수치 제어 장치가 구동계에 이동량으로서 지령하는 최소 단위.	least command increment
603	위치 검출기	테이블, 주축헤드 등의 위치를 검출하여 전송에 편리한 신호로 변환시키는 기기. 회전(로우터리)형과 직선(리니어)형이 있다.	position sensor

번호	용 어	뜻	대응 영어(참고)
604	앱솔루트 위치 검출기	앱설루트 디멘션에 따라 테이블, 주축헤드 등의 위치를 검출하는 위치 검출기.	absolute position sensor
605	인크리멘탈 위치 검출기	인크리멘탈 디멘션에 따라 테이블, 주축헤드 등의 이동량을 검출하는 위치 검출기.	incremental position sensor
606	분해능	구별이 가능한 최소의 간격. 위치 검출기에 있어서는 검출 가능한 최소의 변화량을 말하고, 서보 기구에 있어서는 제어 가능한 최소의 변화량을 말한다.	resolution
607	피치 오차 보정	수치제어 공작기계의 이송계의 피치오차를 보정하는 것.	pitch error compensation
608	백래시 보정	기계계(系)에 있는 백래시를 보정하는 것.	backlash compensation
609	일방향 위치 결정	항상 같은 방향으로 위치 결정을 하는 것.	uni-directional approach
610	위치결정 정밀도	지령한 정지 위치와 실제로 정지한 위치와의 일치하는 정밀도. 수치제어 공작기계 축상의 양적인 오차로서 표현한다.	positioning accuracy
611	반복 위치결정 정밀도	동일 조건하에서 같은 지령에 의하여 반복 위치결정을 했을 때의 위치결정 정밀도.	repeatability
612	로스트모션	어느 위치에서의 +방향에서의 위치결정과 -방향에서의 위치결정에 의한 양 정지위치의 차	lost motion

찾아보기

(ㅅ)

(ㅇ)

(ㅈ)

저 자 **홍준희**(洪俊憙)

약 력 일본 동경대학 정밀기계공학 박사
전 건양대학교 제어계측공학과 전임강사
현재 충남대학교 공과대학 기계공학부 교수

저 서 메카트로닉스응용 수치제어공작기계
자동화를 위한 메카트로닉스
계측공학의 기초
알기쉬운 측정 공학
생산자동화 개론
메카트로닉스와 기계기술 외 다수

역 서 메카트로닉스를 위한 제어공학
자기베어링의 기초와 응용
계측과 신호처리
그림으로 이해하는 메카트로닉스 공학 외 다수

기전공학(기계공학과 전기전자의 융합)

2016년 2월 20일 초판 인쇄
2016년 2월 28일 인쇄 발행

저 자 홍준희
발 행 인 송기수
발 행 처 도서출판 GS인터비전
편 집 처 도서출판 GS인터비전
인 쇄 처 토탈프로세스
등록번호 제 313-2011-120 호
I S B N 979-11-5576-118-2(93550)

주 소 서울 은평구 증산로 15길 69 2층
전 화 02-976-7898
팩 스 02-6468-7898
홈페이지 gsintervision.co.kr
E-Mail gsinter7@gmail.com

정 가 30,000원